# AI AT WAR
# 전쟁의
# 게임체인저, AI

빅데이터, 인공지능, 기계학습이 미래 전쟁을 변화시키는 방식

샘 J. 탕그레디(Sam J. Tangredi) · 조지 갈도리시(George Galdorisi) 엮음

김성훈 · 김진우 옮김

박영사

# 역자 서문

인공지능(AI)은 4차 산업혁명의 핵심 동력이자 21세기 가장 혁신적인 기술 발전으로 평가받고 있다. 특히 군사 분야에서 AI의 활용은 미래 전장의 승패를 가를 결정적 요소가 될 것으로 전망된다. 그러나 지금까지 군사 분야 AI에 대한 논의는 과대 포장된 기대나 막연한 공포, 또는 모호한 개념 정도에 머물러 있었다.

2023년 여름, 인터넷 서점에서 우연히 『AI at War』를 접하게 되었다. 당시 해군R&D 기술기획 업무를 담당하고 있었으며, 군사 분야 AI 활용에 대한 실질적인 지침서를 찾고 있었다. 우리 군의 AI 도입이 시급하다고 느꼈으나, 대부분의 관련 문헌들은 실질적인 통찰을 제공하지 못하고 있었다.

이 책은 기존의 문헌들과 달랐다. 미 해군대학(NWC)과 해군정보전투센터(NIWC Pacific)의 전문가들이 2년여간의 연구 끝에 완성한 이 책은 AI 기술의 실체와 한계를 명확히 하면서도 해군 작전에서의 구체적 적용 방안을 제시하고 있다. 샘 탕그레디(Sam J. Tangredi) 박사와 조지 갈도리시(George Galdorisi)가 공동 편저를 맡아 19개 장의 체계적인 분석을 이끌어냈다. 전직 국방부 차관 로버트 워크(Robert O. Work), 전

태평양함대사령관 스콧 스위프트(Scott H. Swift) 제독 등 군 고위 정책 결정자부터 패트릭 설리반(Patrick K. Sullivan) 등 AI 과학자, 폴 샤레(Paul Scharre) 등 국방분석가까지 다양한 전문가들이 집필진으로 참여했다.

이 책의 가장 큰 특징은 AI의 군사적 활용에 대한 균형 잡힌 시각과 실용적 접근이다. 전반부는 AI 기술의 개념과 군사 적용의 큰 그림을 제시하고 있다. AI, 기계학습(ML), 빅데이터 등 핵심 개념을 명확히 정의하고, 단순 AI부터 일반 AI까지 각각의 특성을 분석하고 있다. 특히 자율무기체계(AWS)와 AI의 관계를 명확히 정립하고, 미국의 제3차 상쇄전략에서 AI의 역할을 심도 있게 다루고 있다. 중국, 러시아 등 경쟁국의 군사 AI 프로그램도 상세히 평가하고 있다.

중반부는 해군 작전 분야별 AI 적용 방안을 구체적으로 다루고 있다. 정보 · 감시 · 정찰(ISR)에서의 AI 활용부터 통신체계 혁신, 지휘통제(C2), 통합화력 운용까지 실전적인 적용 방안을 구체적으로 제시하고 있다. 후반부는 사이버전에서의 AI 활용과 기만 대응, 자율성과 인간 의사결정의 균형, 해군 전략 · 전술에 미치는 영향 등 전략적 · 정책적 고려사항을 다뤘다.

해군 미래혁신연구단에서 근무하며, 산학연과 기술교류회 및 세미나 등을 통해 만난 많은 전문가들과 이 책의 가치를 공유하고자 한다. 특히 최근의 전장 사례들은 AI의 군사적 활용이 더 이상 먼 미래의 일이 아님을 여실히 보여주고 있다.

러시아−우크라이나 전쟁에서는 AI를 활용한 드론 작전이 전장의 양상을 크게 바꾸었다. 특히 해상전에서 우크라이나군의 혁신적인 무인체계 운용은 강대국 러시아 해군에 큰 타격을 주며 비대칭 전력의 가능성을 입증했다. 우크라이나는 터키제 바이락타르 TB2 드론에 AI 기반 표적식별 시스템을 탑재해 러시아군의 장갑차량과 방공시스템을 효과적으로 파괴했다. 2022년 4월에는 넵튠 대함미사일과 함께 TB2 드론을 이용해 러시아 흑해함대의 기함 모스크바함을 침몰시켰다.

2023년에는 우크라이나가 자체 개발한 무인수상정으로 더욱 대담한 작전을 감행했다. 6대의 무인수상정으로 구성된 군집 무인수상정을 투입해 크림반도 세바스토폴 해군기지의 러시아 상륙함을 공격한 것이다. AI 기반 자율항해 기능과 군집 제어 기술을 탑재한 이 무인수상정들은 러시아 해군의 방어망을 뚫고 목표물에 도달해 자폭 공격을 감행했다.

이스라엘—하마스 분쟁에서도 AI의 혁신적 활용이 돋보인다. 이스라엘군은 AI 기반 영상분석 시스템 'Golden Eye'를 통해 위성사진, 드론 영상, 지상 감시카메라 등 다양한 출처의 영상정보를 통합 분석하여 하마스의 지하터널망을 신속하게 식별했다. 'Fire Factory' 시스템은 SNS 게시물, 통신 감청, 현장 정보 등 방대한 데이터를 AI로 분석해 24시간 내에 수천 개의 새로운 표적을 식별하는 성과를 거두었다.

이러한 전장 사례들은 우리 군에게 세 가지 핵심적인 함의를 제시하고 있다.

첫째, 합동전장에서 AI의 역할이 결정적이다. 현대전의 승패는 각 군의 독자적 작전보다는 통합된 합동작전에 의해 좌우된다. 육·해·공군의 개별 전력을 AI로 연결하여 실시간으로 정보를 공유하고, 신속한 의사결정이 가능한 지휘통제체계를 구축해야 한다. 예를 들어, 해군의 이지스함이 탐지한 적 미사일 정보를 AI가 즉시 분석하여 공군의 요격전투기나 육군의 방공부대와 실시간으로 공유한다면, 입체적이고 효과적인 방어가 가능하다.

둘째, AI 기반 비대칭 전력 확보가 시급하다. 우리 군은 중국, 러시아, 일본 등 주변 강대국들에 비해 병력과 장비 면에서 양적 열세에 있다. 그러나 우크라이나의 사례에서 보듯이, AI 기술을 활용한 무인체계와 정밀타격능력은 이러한 전력 격차를 상쇄할 수 있는 "게임체인저"가 될 수 있다. 고가의 함정 한 척 대신 다수의 AI 기반 무인수상정을 운용하거나, AI 군집 드론으로 적의 방공망을 교란하는 등 비대칭 전략을 구사할 수 있다.

셋째, AI를 활용한 방어와 억제 능력 강화가 필수적이다. 북한의 핵·미사일 위협이 고도화되는 상황에서, 이스라엘의 아이언 돔과 같은 AI 기반 방공체계 구축은 우리 군의 최우선 과제다. AI는 수초 내에 미사일의 궤적을 분석하고 최적의 요격 방안을 제시할 수 있으며, 동시다발적 공격에도 효과적으로 대응할 수 있다. 또한 AI 기반 조기경보체계를 통해 적의 미사일 발사 징후를 사전에 포착하여 예방적 조치를 취할 수 있다.

이러한 세 가지 전략적 함의는 상호 연계되어 있다. AI 기반 합동전장 능력은 비대칭 전력의 효과를 극대화하고, 이는 다시 방어와 억제 능력 강화로 이어진다. 우리 군은 이러한 선순환 구조를 만들어내는 방향으로 AI 도입을 추진해야 한다.

군사 분야의 AI 도입은 혁신적 기회를 제공하지만, 동시에 다음과 같은 네 가지 핵심적 도전과제에 직면해 있다.

첫째, 기술적 신뢰성과 안정성 확보가 가장 시급한 과제다. 민간 영역의 AI 오류는 서비스 품질 저하나 경제적 손실에 그치지만, 군사 AI의 오판이나 오작동은 아군 피해나 무고한 민간인 살상으로 이어질 수 있다. 특히 전장의 극한 환경에서도 안정적으로 작동하는 강건성(Robustness) 확보가 필수적이다. 예를 들어, 적의 전자교란이나 사이버 공격 상황에서도 AI 기반 무기체계가 정상 작동할 수 있어야 한다.

둘째, 윤리적·법적 규범 정립이 절실하다. AI 무기체계, 특히 치명적 자율무기체계(LAWS)의 경우 인간의 통제 범위와 수준에 대한 명확한 기준이 필요하다. "인간의 의미 있는 통제"(Meaningful Human Control)는 어느 정도여야 하는가? AI의 오판으로 인한 민간인 피해가 발생했을 때 책임은 누구에게 있는가? 지휘관인가, AI 개발자인가? 이러한 문제들에 대한 국제적 합의와 국내 법제도 정비가 시급하다.

셋째, 조직과 인력의 혁신이 필요하다. AI 전문인력 확보와 유지가 큰 도전과제다. 민간 기업들이 제시하는 파격적인 처우와 경쟁하면서 우수한 AI 인재를 군에 유치하기는 쉽지 않다. 또한 순환보직 체계에서 AI 전문성을 어떻게 유지·발전시킬 것인가의 문제도 있다. 예를 들어, AI 전문장교가 2년마다 보직을 옮긴다면 깊이 있는 전문성 축적이 어렵다.

넷째, 안보·전략적 균형 유지가 관건이다. AI 군사력 증강이 오히려 역내 군비경쟁을 촉발할 수 있다는 우려가 있다. 중국, 일본 등 주변국과의 전략적 균형을 어떻게 유지할 것인가? 한편으로는 한미동맹 차원에서 AI 체계의 상호운용성을 확보해야 하지만, 다른 한편으로는 과도한 의존이 자주국방력 약화로 이어질 수 있다는 딜레마도 존재한다.

이러한 도전과제들은 단기간에 해결하기 어려우며, 군과 민간, 그리고 국제사회가 함께 고민하고 해답을 찾아가야 할 문제들이다. 우리 군은 이러한 과제들을 정면으로 인식하고, 단계적이고 체계적인 접근을 통해 해결방안을 모색해 나가야 한다.

이 책의 번역은 이러한 도전과제들을 인식하면서도, 우리 군의 AI 도입이 나아가야 할 방향을 제시하고자 한다. 방산업체 엔지니어들에게는 구체적 개발 지침을, 대학 교수진과 학생들에게는 체계적 이론을, 연구소 연구원들에게는 기술 개발 방향을, 현역 군인들에게는 운용 개념을, 정책 실무자들에게는 전략 수립 지침을 제공하고자 한다.

군사 AI는 미래 전쟁의 게임체인저로 반드시 확보해야 하는 기술 분야이다. 맹목적 기술 도입이 아닌, 우리 군의 실정과 한반도의 전략 환경에 맞는 단계적이고 선택적인 접근이 필요하다. 이 책이 방산업체, 군 관계자, 연구기관, 정책결정자들에게 실질적인 지침이 되고, 나아가 대한민국 국방 AI 발전의 이정표가 되기를 희망한다.

2025년 1월
역자 드림

# 차례

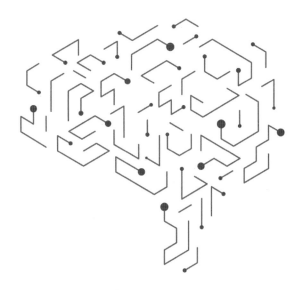

# 서 론

# 서론

샘 J. 탕그레디(Sam J. Tangredi), 조지 갈도리스(George Galdoris)

인공지능(AI)은 21세기 가장 혁신적인 기술이다. 하지만 의심할 여지 없이 지난 20년 동안 가장 과장된 기술일지도 모른다. 이러한 지나친 과장은 결과에 대한 기대를 비현실적으로 높였고, 안타깝게도 AI의 진정한 본질과 한계 그리고 잠재력에 대한 대중의 이해를 왜곡시켰다.

AI, 기계학습, 인간과 기계의 협업, 빅데이터 분석의 본질을 전문가 외에는 잘 이해하지 못했고, 이 용어들은 때로는 의도적으로 자의적인 방식으로 공개적으로 사용되어 왔다. 파이낸셜 타임스는 한 연구 결과를 인용하여 유럽의 "인공지능 스타트업"(자본 투자를 찾는 소프트웨어 회사) 중 40%가 실제로 "제품에 AI 프로그램을 전혀 사용하지 않는다"고 보도했다. "AI 기업으로 자칭하는 회사들이 지속적으로 더 많은 자금을 조달하고... 다른 소프트웨어 기업들보다 더 높은 가치 평가를 받았다"고 하며, "인공지능"이라는 용어를 사용하지 않는 기업들보다 "15% 더 높은" 평가를 받는 것으로 밝혀졌다.[1] 이로 인해, 많은 기업

---

1 Aliya Ram, "Europe's AI Start-ups Often Do Not Use AI, Study Finds," Financial Times, March 4, 2019, https://www.ft.com/content/21b19010-3e9f-11e9-b896-fe36ec32aece.

들이 일반적인 프로그래밍 작업이나 AI와 간접적으로만 연관된 연구, 또는 단순한 무인 시스템이나 자율 시스템 개발에 불과한 경우에도, 이를 AI 기술로 포장하려는 경향이 있다.

수천 또는 수백만 달러 규모의 투자를 결정하는 벤처 캐피털리스트들조차 AI가 무엇인지 확실히 알지 못하는 경우가 많은데, 비전문가들이 어떻게 알 수 있겠는가?

## 인공지능의 실체는 무엇인가?

실제로 인공지능은 마법이나 신비로운 것이 아니며, 인간보다 우월한 사고 방식도 아니다.[2] 시간, 에너지, 집중력, 데이터 저장(기억) 능력에 제한이 없다면, 정상적으로 기능하는 인간의 두뇌도 AI 기계와 동일한 기능을 수행할 수 있다. AI 기계는 본질적으로 컴퓨터 하드웨어에서 실행되는 소프트웨어와 입력 데이터로 구성되며, 이는 프로그래밍, 알고리즘, 수집 및 상관 분석이 가능한 데이터를 포함한다. AI 기계가 체스, 바둑, 텍사스 홀덤 포커에서 인간 챔피언을 이긴 이유는 인간의 두뇌보다 더 많은 데이터를 더 짧은 시간 내에 저장하고 회상할 수 있기 때문이다.

---

2 AI 과학자들 사이에서 "사고"를 구성하는 것에 대한 정의가 논쟁의 대상이 되어 왔다. 일부는 모든 AI가 개발 단계에서 한 번 이상 프로그래밍되어야 한다는 점을 지적하며, AI 기계는 단순히 생각하지 않고 지시에 반응할 뿐이라고 주장한다. 다른 이들은 AI 기계가 "생각한다"는 개념을 뒷받침하기 위해 사고를 단순히 "추론"으로 정의한다. 그러나 사고의 공식적인 정의는 "의도적인 고려나 반성 여부와 관계없이 아이디어가 마음속에 들어오는 것"을 의미하기도 한다(웹스터 제9판 대학 사전 [메리엄-웹스터(Merriam-Webster), 1985], 1226). 논리적으로 AI는 이 정의를 충족시키지 못한다. 왜냐하면 기계 내의 무작위 정보는 먼저 프로그래머나 내부 프로그래밍 기능에 의해 어떤 형태의 고려나 반성을 바탕으로 사전 프로그래밍되어야 하기 때문이다.

AI는 1950년대 후반 컴퓨터 과학의 한 분야로 처음 개발된 이후 다양하게 정의되어 왔다.[3] 그러나 이 모든 정의는 AI를 "인간의 행동을 모방하는 기계의 능력" 또는 더 구체적으로 "시각적 인식, 음성 인식, 의사 결정, 언어 간 번역과 같이 일반적으로 인간의 지능을 필요로 하는 작업을 수행할 수 있는 컴퓨터 시스템"으로 간단히 요약할 수 있다.[4] AI가 모방하는 인간의 정신 과정보다 우위에 있는 점은 계산을 더 빠르게 수행할 수 있고, 신체적 한계, 피로, 감정, 지루함, 걱정, 의심과 같은 인간의 제약에서 자유롭다는 것이다.

예를 들어, 인간 바둑 마스터가 다음 수순에 대한 수백 가지 옵션을 기억할 수 있는 반면, AI 기계는 ― 게임 규칙과 다른 바둑 마스터들의 지식으로 초기 프로그래밍된 경우 ― 수천, 심지어 수십만 가지의 옵션을 기억할 수 있다. AI는 플레이를 관찰하거나 직접 플레이함으로써 이러한 옵션 중 일부를 빠르게 "학습"할 수 있는데, 이를 "모방 학습"이라고 한다. 그러나 승리의 핵심은 기억력에 있다. 또한 기계는 피로를 느끼지 않고, 다른 생각이나 감정에 의해 주의가 산만해지지 않으며, 모든 데이터를 0과 1의 이진 시스템으로 변환하여 인간보다 훨씬 빠른 속도로 계산을 수행할 수 있다.

그러나 자가 학습이 가능하도록 프로그래밍된 AI 기계조차도 인간에 의해 프로그래밍되어야 하며, 초기에 인간이 작성한 코드를 통해 학습 방법을 배워야 한다. 또한 인간이 만들고 부착한 센서로부터 데

---

3 "인공지능"이라는 용어에 대한 공로는 매사추세츠 공과대학(MIT)과 스탠퍼드 대학교의 존 매카시(John McCarthy) 교수에게 돌아간다. 그는 인공지능을 "지능적인 기계를 만드는 과학과 공학"이라고 정의했다.
4 Skymind Inc., "Artificial Intelligence (AI) vs. Machine Learning vs. Deep Learning," A.I. Wiki, https://skymind.ai/wiki/ai-vs-machine-learning-vs-deep-learning.

이터를 제공받아야 하며, 궁극적으로 합리적 판단 — 인간의 구성 개념인 합리성 — 을 모방하도록 설계되어 있다. AI는 어떤 인간보다도 빠르게 데이터를 처리할 수 있기 때문에 인간 지능보다 "우수한" 것으로 볼 수 있지만, 이는 주로 한 가지 좁은 지식 분야에 국한된다. 그럼에도 불구하고 AI는 여전히 인간의 집단적 노력의 산물이다. 따라서 AI에는 한계, 비용, 그리고 위험이 따른다.

 AI 기계는 취약점을 가지고 있는데, 일부는 인간보다 크고 일부는 작다. 인간이 심각한 심장마비나 치명적인 전투 외상을 겪을 수 있듯이, AI 기계도 전원이 차단되면 순식간에 "사망"할 수 있다. 금속 상자에 담긴 AI 기계는 충격으로부터 보호하기 위해 장갑을 입힐 수 있듯이, 인간도 마찬가지다. AI 기계는 로봇 형태로 제작되어 인간의 힘을 능가하는 기계적 힘으로 제한된 정도의 움직임을 가질 수 있다. 그러나 인간의 모든 움직임을 완전히 모방하는 로봇을 설계하는 능력은 AI 프로그래밍 비용을 초과하는 노력과 비용이 필요하다. 현재 산업에서 사용되는 로봇은 반복적인 특성을 가진 좁은 범위의 작업을 수행하기 위해 매우 제한된 기능만을 가지고 있다.[5] AI가 주도하더라도 제한된 기능 외의 다중 작업을 수행하도록 설계되지 않는데, 이는 단순히 비용 효율적이지 않기 때문이다.[6]

 단순, 협소, 또는 일반적인 AI(이 용어들은 나중에 정의할 것이다)의 또

[5] 미국에 공급되는 로봇의 50% 이상이 자동차 산업에서 반복적인 작업을 수행하는 데 사용된다. Chloe Taylor, "A Record Number of Robots Were Put to Work Across North America in 2018, Report Says," CNBC, February 28, 2019, https://www.cnbc.com/2019/02/28/recordnumber-of-robots-were-put-to-work-in-north-america-in-2018.html.
[6] 매트 마호니(Matt Mahoney)의 "AI의 비용"이라는 미발표 초안 논문은 AI와 멀티태스킹이 가능한 인간의 비용을 비교하는 도발적인 내용을 담고 있다. Matt Mahoney, The Cost of AI (draft unpublished paper), March 27, 2013, http://mattmahoney.net/costofai.pdf.

다른 한계는 전자 이진 컴퓨터 코딩의 본질적 특성에서 비롯된다. 컴퓨터는 본질적으로 0과 1의 조합으로만 계산 ─ 아마도 "내부 사고"라고 부를 수 있을 것이다 ─ 할 수 있기 때문에(이것이 이진 시스템이라고 불리는 이유이다), 그들은 오직 예/아니오, 흑/백의 관점에서만 "생각"할 수 있고 "아마도" 또는 "회색"의 개념은 없다.[7] 아날로그 기계에서 이는 온/오프 기능으로 나타나며 "부분적으로 켜짐"이라는 결과를 낼 수 없다. 결과적으로 인간과 달리 AI는 데이터를 확률로 분류할 수 있는 상당한 프로그래밍 계층(딥러닝)이 없이는 부분적인 행동을 취할 수 없다. 다른 결정 노드로 가는 데이터를 사전 선별하는 결정 노드로 구성된 이러한 계층은 이진 루프를 결합하여 "회색 사고"를 모사할 수 있다. 그럼에도 불구하고, 이는 인간의 의심이 가진 단점과 가치를 모두 따라갈 수 없다. 일부 컴퓨터 과학자들은 "조금 임신한 상태는 존재하지 않는다"는 논리를 들어 이진법적 사고(흑백 논리)가 유효하다고 주장하며, AI의 이러한 한계를 중요하게 여기지 않는다.[8] 그러나 인간은 불확실성, 개인적 가치관, 비합리적 사고를 바탕으로 결정을 내릴 수 있으며, 이 모든 것을 AI가 복제하기는 어렵다.

　인간과 달리 AI 기계는 하드웨어가 적절히 유지되고 소프트웨어가 해킹이나 다른 손상으로부터 보호된다면(그리고 기술 발전에 따라 지속적으로 업그레이드된다면) 일반적으로 성능 저하를 경험하지 않으며, 전투에서 적과 마주칠 때 두려움이나 긴장감을 느끼지 않는다.

---

[7] 양자 컴퓨팅 연구는 일련의 0과 1을 다양한 양자 상태로 분리할 수 있게 함으로써 순수한 이진 계산의 한계를 벗어나려는 시도이다.

[8] Skymind Inc., "A Beginner's Guide to Neural Networks and Deep Learning," A.I. Wiki, https://skymind.ai/wiki/neural-network.

## 군사 AI의 이해

대중의 군사 분야 인식에서 AI라는 용어는 거의 예외 없이 "킬러 로봇"의 이미지를 연상시킨다. 이는 통제를 벗어나 의도적으로 민간인을 공격하고, 심지어 인류 전체를 멸망시킬 수 있는 존재로 인식된다. 이러한 왜곡된 인식은 명백히 해당 주제를 다룬 다수의 대중 영화와 소설에서 비롯된 것이다.

이러한 우려는 일부 과학자와 학자들이 인공지능을 무인 전투체계(이른바 킬러 로봇)와 동일시할 정도로 만연해 있다. 휴먼 라이츠 워치(Human Rights Watch)가 주도하는 비정부기구 연합은 "자율살상무기 금지 캠페인"을 발족했는데, 이들은 이를 "완전 자율무기체계를 금지하고 이를 통해 무력 사용에 대한 유의미한 인간의 통제권을 유지하려는 노력"으로 정의한다.[9] 휴먼 라이츠 워치는 자율무기를 "인간의 개입 없이 표적을 선정하고 교전할 수 있는 무기"로 정의하는데, 이는 지나치게 포괄적인 정의로서 1950년대에 개발된 열추적 미사일이나 1855년에 최초로 기록된 검증 가능한 성공적인 공격 사례가 있는 고정식 해상기뢰와 같은 기존 재래식 무기까지도 포함할 수 있다.[10] 실제로 휴먼 라이츠 워치는 모든 검증 가능한 무장 무인항공기 임무가 인간 조종사에 의해 수행되었음에도 불구하고 "무장 무인항공기"를 킬러 로봇의 "전조"로 언급한다. "무인기", "자율무기체계", "킬러 로봇", "AI"와 같은 용어들의 혼란스러운 사용과 과장되거나 경각심을

9 "A Growing Global Coalition: About Us," Campaign to Stop Killer Robots, https://www.stopkillerrobots.org/about/#about.
10 "Killer Robots," Human Rights Watch, https://www.hrw.org/topic/armas/killer-robots#.

불러일으키는 제목의 학술지 기사들로 인해, 대중과 국가 안보 정책 입안자들 모두 인공지능과 그와 관련된(하지만 구별되는) 기계학습 및 빅데이터 분석/융합 기술의 군사적 활용 사례가 가진 장점과 한계를 정확히 이해하기 어려운 상황에 처해 있다.[11]

이러한 지식과 이해의 부족은 군사 작전의 준비, 억제, 수행을 구성하는 개별 요소들에 대한 AI의 구체적이고 기능적인 적용을 상세히 논의하는 공개된 자료(논문, 서적, 발표된 연구)가 매우 제한적이라는 사실에서 기인한다. 이러한 어려움의 일부는 군 주도 연구개발 단계와 해당 시스템의 구현 및 운용 단계 모두에서 관련 정보가 기밀로 분류되기 때문이다. 또 다른 복잡성은 군사 분야의 AI 적용 잠재력에 관한 많은 전문 논문들이 AI와 관련 기술 개발에 추가적인 재정 및 인력 자원(예: 예산, 인력, 시간)을 투자해야 한다는 직접적, 간접적, 또는 (드물게) 미묘한 방식으로 이러한 주장을 하고 있다는 점이다. 다른 자료들은 미국 국방부(DoD) 조직 체계 내에서 AI 프로그램의 중요성 제고(또는 "위상" 강화)를 주장한다. 더 많은 예산이나 위상을 옹호하면서 AI 적용에 대한 균형 잡힌 평가(장단점 모두)를 내리기는 어려운 실정이다.

'전쟁의 게임체인저, AI(AI at War)'는 국가안보 전문가들과 관심 있는 일반 대중의 AI 군사 적용에 대한 이해를 증진시키기 위해 특별히 기획되었다. 이 책의 각 장에서 다루는 주제와 발견들은 모든 군종, 합

---

11 전문 학술지에 게재된 영향력 있는 논문 중 특히 주목할 만한 사례로, 존 앨런(John Allen) 미 해병대 퇴역 대장과 아미르 후세인(Amir Husain)의 "AI가 힘의 균형을 바꿀 것이다"라는 논문을 들 수 있다. 이 논문은 제목이 다소 경각심을 불러일으키거나 과장된 느낌을 주지만, 실제 내용은 보다 섬세하고 균형 잡힌 분석을 제공한다. General John Allen, USMC (Ret.), and Amir Husain, "AI Will Change the Balance of Power," U.S. Naval Institute Proceedings 144, no. 3 (August 2018): 26-31, https://www.usni.org/magazines/proceedings/2018-08/ai-will-change-balance-power. However, the article does coin yet another new buzzword: "hyperwar."

동참모본부, 국방기관은 물론 동맹국과 파트너 국가의 국방부에도 폭넓게 적용 가능하다. 그러나 본 연구의 주요 사례는 미 해군과 해병대의 전투 기능에 초점을 맞추고 있다. 여기서 "전투"의 정의는 의도적으로 광범위하게 설정되어, 실제 전투뿐만 아니라 지원에 필요한 군수 지원 및 행정 기능까지 포함한다. 이는 소위 "전투 대 지원 비율"에서 "지원"이 실제 전투력 발휘에 필수적이라는 인식을 반영한 것이다. 더 나아가 이 책에서 다루는 "전투"의 개념은 전반적인 국가안보 전략, 미래 안보 환경 평가, 그리고 미래 안보를 보장하기 위한 국방기획, 국방계획수립, 국방예산편성 과정까지 포괄한다.

국방부 내에서도 AI라는 용어가 광범위하게 사용되고 있다는 점에 주목해야 한다. 종종 AI의 핵심 특성인 패턴 인식과 자체 프로그래밍 능력보다는 데이터 융합을 위한 "자동화된 프로세스"를 제공하는 소프트웨어 프로그램과 알고리즘을 지칭하는 데 사용된다. 본 저서의 목적상, 우리는 단순한 자동화 프로세스와 진정한 AI 기술을 명확히 구분하고자 한다. 그러나 간결성을 위해 AI라는 용어를 사용할 때는 기계학습과 빅데이터 분석과 같은 관련 기능도 포함하는 것으로 간주한다.

그러나 이러한 용어들 간의 세부적인 차이점을 명확히 설명하고 구별하는 것이 필수적이다.


## 인공지능(AI) 대 기계학습(ML) 대 빅데이터

심층학습, 기계학습, 그리고 인공지능의 관계는 "러시아 마트료시카 인형 세트"에 비유할 수 있다. 가장 작은 인형부터 시작해 바깥으로 펼쳐지는 구조로, 심층학습은 기계학습의 부분집합이며, 기계학습은 인공지능의 부분집합이다.[12] 이러한 관점에서 인공지능은 기계학습을 포함한 더 넓은 개념이고, 모든 기계학습은 인공지능의 범주에 속하게 된다.

기계학습은 원래 "명시적인 프로그래밍 없이도 컴퓨터에 학습 능력을 부여하는 연구 분야"로 정의되었다.[13] 최근에는 기계학습을 컴퓨터가 더 많은 데이터에 노출될수록 의사결정을 개선하는 능력으로 설명한다.

이는 주로 예측에 기반한 시행착오 학습을 통해 이루어진다. 본질적으로, 기계는 초기에 제공된 지식과 알고리즘을 바탕으로 결과를 예측하도록 프로그래밍된다. 초기 지식(기억)과 정확성 예측을 기반으로 결정을 내리거나 행동을 취한 후, 그 결과로부터 학습한다. 오답일 경우, 해당 지식을 기억에 저장하고 예측(및 행동)을 안내하는 알고리즘을 수정할 수 있다. 데이터의 일부는 정답과의 "거리"로 측정되는 오차의 정량적 크기이다.[14] 이를 단순화하여 설명하면, "if−then" 컴퓨터 문장에 새로운 요소를 추가하는 것과 같다.[15] 즉, "if−then"에서

---

12 Skymind Inc., "Artificial Intelligence (AI) vs. Machine Learning vs. Deep Learning."

13 Skymind Inc., quoting Arthur Lee Samuel of IBM in 1959. Samuel programmed a computer to learn how to play checkers, prompting the more recent efforts at chess and iGo. The computer learned by playing itself thousands of times.

14 "거리"를 시각화하는 한 가지 방법은 연속된 숫자선 상의 숫자들을 상상하는 것이다. 3과 5 사이의 거리를 3과 10 사이의 거리와 비교한다. 3이 정답이라고 가정할 때, 5라는 예측은 10이라는 예측보다 더 정확하다고 판단된다. 왜냐하면 3과 5 사이의 거리가 3과 10 사이의 거리보다 짧기 때문이다.

15 "if−then" 구문을 사용하여 컴퓨터 프로세스를 설명하는 방식은 의사코드(pseudo-code) 또는 의사코딩이라고 불린다. 이는 실제로 "if-then-else" 논리, "while/until" 루프 등을 포함하는 더 복잡한 과정을 포함하지만, 이 소개에서는 "if−then" 구문만을 다룬다. 의사코드에 대한 간단한 설명은 존 에릭슨(Jon Erickson)의 저술에서 찾아볼 수 있다. Jon

"if-then (기존 지식) plus then (새로운 결과)"로 수정된다. 이러한 방식으로 컴퓨터는 경험을 통해 "학습"한다. 처리가 완료되면, 각 데이터셋은 "라벨링된" 것으로 간주된다.

얼굴 인식과 같이 픽셀 조합을 평가하여 대량의 데이터로부터 결정을 내리기 위해서는, 수십만 개의 if-then 문장과 라벨링된 데이터에 해당하는 매우 복잡한 학습 프로그래밍이 필요하다. 이러한 문장을 생성하는 알고리즘들은 여러 층으로 배열되며, 한 층의 두 개 이상의 알고리즘(때로는 "노드"라고 함)이 상위 층의 노드(알고리즘)에 결과를 전달한다. 각 층이나 노드는 이전 층의 여러 결과를 새로운(하지만 관련된) 알고리즘으로 결합하여 복잡성의 층을 더한다. "딥"은 원래의 데이터 입력과 최종 출력 외에 하나 이상의 "은닉" 층을 가진 노드 네트워크를 지칭하는 기술 용어이다. 따라서 3개 이상의 층을 포함하는 시스템은 "딥러닝"으로 간주된다. 이로써 딥러닝은 기계학습의 하위 집합이 된다. 컴퓨팅 하드웨어가 발전하고 프로그래머들의 숙련도가 높아짐에 따라, 딥러닝은 기계학습 시스템에서 점점 더 큰 비중을 차지하고 있다.

여러 층과 노드를 가진 딥러닝 시스템은 신경망 또는 더 정확히는 "심층 인공 신경망", 때로는 "심층 강화 학습"이라고 부른다.[16] 이 용어 선택은 불행히도 인간 두뇌의 신경망을 연상시키는데, 실제로는 전기적 이진 계산이 아닌 생화학적 과정(의학의 신경학 분야에서 연구됨)을 통해 기능한다. 일반 대중에게 "신경망"이라는 용어의 사용은 딥러닝

---

Erickson, Hacking: The Art of Exploitation, 2nd ed. (San Francisco: No Starch Press, 2008), 7-10.

16 Skymind Inc., "Artificial Intelligence (AI) vs. Machine Learning vs. Deep Learning."

과 AI를 실제보다 더 인간적으로 보이게 만든다. 아마도 이것이 AI 기계를 더 위협적으로 느끼게 만드는 이유일 수 있다.

그러나 신경망의 노드 층 조합은 단순히 예측을 생성하고(예: 사진 인식에서 "이 이미지는 아마도 잎사귀일 것이다"), 예측을 현실과 비교하고("아니오, 실제로는 잎사귀가 아니라 나무입니다"), 오류의 정도를 설정하고("잎사귀는 개의 이미지보다는 나무와 더 관련이 있지만, 여러 잎이 달린 가지의 이미지보다는 덜 관련이 있습니다"), 제어 알고리즘을 수정하는("이것이 잎사귀나 여러 잎이 달린 가지를 나무와 구별하는 방법입니다") 더 광범위한 방법일 뿐이다. AI 시스템이 개인의 얼굴을 잘못 인식하거나 한 동물을 다른 동물로 혼동하는 미디어의 예는 해당 시스템이 더 구별되는 특징을 식별할 만큼 충분한 층을 가지고 있지 않다는 것을 나타낼 수 있다. 그러나 층이 많을수록 계산의 어려움이 커지고, 단일 계산이 잘못되면 오류의 가능성도 높아진다. 이는 흔히 "쓰레기를 넣으면 쓰레기가 나온다"(garbage in, garbage out)로 알려진 악명 높은 상황이다. 군사 무기 시스템에 AI를 적용할 때 — 이는 종종 매우 복잡한 상황을 다루게 된다 — 이러한 종류의 프로그래밍 오류는 심각한 결과를 초래할 수 있다. 예를 들어, 방어 시스템을 사용하는 측에 치명적일 수 있거나, 의도하지 않은 부수적 피해를 일으키거나, 심지어 아군에게 피해를 주는 오인 사격을 유발할 수 있다. 이는 단순히 체스나 바둑을 두는 시스템에서는 발생하지 않는 중대한 문제이다.

AI 과학자들 사이에서는 "지도 학습"과 비지도 딥러닝 중 어느 것이 정확한 AI 기계를 구축하는 데 더 효과적인지에 대한 논쟁이 이어지고 있다. 지도 학습에서는 인간 프로그래머나 데이터 과학자/엔지니어가 데이터 라벨링 과정에 더 깊이 관여한다. 이들은 단순히 기본 프로그램을 설계하고 초기 데이터를 제공하는 것을 넘어, 기계의 데이터 조립과 연관성을 평가하고 오류가 있을 경우 "수정"한다. 한 데이터 과학 컨설팅 회사의 설명에 따르면, "데이터 과학자들은 데이터를 탐색하고, 정제하며, 해당 데이터에 대해 정확한 예측을 할 수 있는 알고리즘을 테스트하고, 그 알고리즘이 잘 작동하도록 조정하는 사람들"이다.[17]

결국 이러한 수정 사항들이 축적되어 기계는 새로운 데이터 입력을 라벨링할 수 있는 견고한 프레임워크를 갖게 된다. 지도 학습은 또한 AI 기계를 알려진 답변이 있는 시뮬레이션에 투입하여 출력을 평가하는 과정을 포함할 수 있다. 반면 비지도 학습에서는 기계 스스로 시행착오를 통해 연관성을 찾아내고 자체적인 지침을 수립하도록 한다.

이 논쟁은 비용과 철학적 측면 모두와 관련이 있다. 분명히 지도 학습은 AI 기계가 자체적으로 시행착오 학습을 하고 나중에 인간이 최종 출력을 평가하는 것보다 훨씬 더 많은 비용(인간의 노동 집약도가 더 높기 때문에)이 든다.[18] 테슬라, 웨이모, 우버 등의 회사들이 완전 자율주행 자동차를 개발하기 위한 경쟁에서 비용은 중요한 요소이다. 이는 (잠재적) 이익에 직접적인 영향을 미치기 때문이다. 가장 저렴한 센서와 가장 적은 수의 인간 엔지니어를 활용하여 결과를 얻을 수 있는 회사가 더 나은 투자 대상으로 여겨진다.[19] 개발 비용 절감 추구와 균형을 이

---

17 Skymind Inc., "A Beginner's Guide to Automated Machine Learning & AI," A.I. Wiki, https://skymind.ai/wiki/automl-automated-machine-learning-ai.

18 스카이마인드(Skymind Inc.)는 자사의 홍보 자료에서 다음과 같이 비꼬는 듯한 어조로 말한다: "여러분이 듣고 싶어 하는 말을 잘 알고 있습니다. '당신도 회사에서 AI를 자동화할 수 있어요. 그러면 귀찮은 데이터 과학자들 걱정은 더 이상 하지 않아도 됩니다!' 하지만 현실은 그렇게 단순하지 않습니다."

19 완전 자율주행차가 결국 합법화된다 하더라도, 선두 기업들이 AI만으로 실제 장기적인 이익을 낼 수 있을지는 투자 측면에서 볼 때 도박에 가깝다. 이는 이들 기업이 이미 수십억 달러의

루는 것은 결과의 질이다. 예를 들어, 자전거 운전자를 치는 사고는 절대 있어서는 안 되는 일이다.[20] 아마도 학습이 더 많이 지도될수록 그러한 사고가 발생할 가능성이 줄어들 것이다.

동시에 비지도 학습의 한 측면은 일부 과학자들을 걱정시키고 다른 이들을 매료시킨다. 감독 없이는 AI 기계가 특정 문제를 어떻게 "사고하는지" 정확히 파악하기 어렵고, 따라서 기계의 의사 결정의 정확한 논리와 과정을 복제하기 어렵다. 실제 AI 프로세스는 여전히 미스터리로 남아 있어, 잠재적으로 (인간 기준으로) 비합리적인 결과를 낼 수 있다는 우려를 불러일으킨다. 이러한 AI의 불투명한 의사결정 과정은 "AI의 핵심에 있는 어두운 비밀"로 일컬어지며, 특히 비지도 학습 AI가 창작한 예술 작품을 통해 그 특성이 두드러지게 관찰되었다.[21] 그러나 일부 과학자들은 이러한 현상을 다른 관점에서 바라본다. 그들은 AI의 사고 방식이 인간의 것과 근본적으로 다를 수 있다는 점에 흥미를 느낀다. 이러한 차이가 오히려 인간이 미처 생각하지 못한 새로운 발견이나 혁신적인 해결책으로 이어질 수 있다고 보는 것이다. 이러한 AI의 독특한 '사고' 과정과 그 결과물에 대한 관심은 과학계를 넘어 예술 분야에까지 확장되고 있다.[22]

자본을 빌리고 소모했기 때문이다.

20 Matt Bevilacqua, "Uber Was Warned Before Self-Driving Car Crash that Killed Woman Walking Bicycle," Bicycling, December 18, 2018, https://www.bicycling.com/news/a25616551/uber-selfdriving-car-crash-cyclist/.

21 Will Knight, "The Dark Secret at the Heart of AI," MIT Technology Review 120, no. 3 (May–June 2017): 54–61, https://www.technologyreview.com/s/604087/the-dark-secret-at-the-heart-of-ai/.

22 Tim Schneider and Naomi Rea, "Has Artificial Intelligence Given Us the Next Great Art Movement? Experts Say Slow Down, the 'Field Is in its Infancy'," ArtNet News, September 15, 2018, https://news.artnet.com/art-world/ai-art-comes-to-market-is-it-worth-the-hype-1352011.

지도 학습 AI가 "진정한 AI"인지, 그리고 AI 기계가 "새로운 지식의 경로를 자유롭게 탐색해야 하는지"에 대한 철학적 질문이 제기된다. 일부 극단적인 견해로는 고급 (비지도 학습) AI가 "인간보다 세상을 더 잘 운영할 수 있다"고 주장하는 이들도 있다.[23]

철학적 논의를 제쳐두고, 딥러닝 ─ 특히 비지도 기계학습 ─ 을 무기 시스템에 적용하는 데 있어 추가적인 어려움이 있다. 모든 딥러닝 (그리고 모든 기계학습)은 초기 인식의 오류로부터 어느 정도 학습하는 데 의존하지만, 전투 상황에서는 단 한 번의 오류가 치명적일 수 있다. 예를 들어, 미국과 동맹국 해군 함정에서 사용되는 팔랑크스 근접방어무기체계(CIWS)는 "단순한" AI 시스템으로 볼 수 있다. 이 시스템은 인간의 개입 없이 들어오는 표적을 탐지, 식별, 추적하고 ─ 완전 자동 모드에서는 ─ 교전할 수 있다. CIWS를 자동화된 네트워크 시스템으로 개발한 것은 새로운 세대의 대함 미사일의 증가하는 속도와 다양한 비행 패턴에 대응하기 위함이다. 그러나 CIWS는 기계학습으로 설계되지 않았으며 학습 시스템으로 기능할 수 없다. 오류로부터의 학습은 (군함과 함께) 자체 파괴를 초래할 수 있기 때문이다. 이는 기계학습과 딥러닝을 AI에 적용하는 데에는 한계가 있음을 보여준다. 앞서 언급했듯이, 모든 기계학습은 AI이지만, 모든 AI가 딥러닝을 포함하는 것은 아니다.

빅데이터는 정보의 양과 데이터를 분석하는 노력이 매우 방대하여 기존의 컴퓨터 프로그래밍 방식으로는 불가능한, 더 발전된 자동화 프

---

**23** Dan Robitzski, "Advanced Artificial Intelligence Could Run the World Better than Humans Ever Could," Futurism, August 29, 2018, https://futurism.com/advanced-artificial-intelligence-betterhumans/.

로세스를 필요로 하기 때문에 인공지능(AI)과 밀접하게 연관된다. 가장 효과적으로 활용될 때, 빅데이터 분석은 "이전에는 할 수 없었던 많은 일을 가능하게 한다. 비즈니스 트렌드를 파악하고, 질병을 예방하며, 범죄를 퇴치하는 등의 작업이 가능해진다. 심지어 수치 분석가들은 일본 스모 경기의 승부 조작도 밝혀냈다."[24]

이러한 디지털 데이터의 대부분은 다른 목적으로 수행된 활동의 부산물로 수집되며, 특히 인터넷 광고 타기팅에 사용된다. '디지털 흔적' — 인터넷 사용자들이 남기는 클릭 기록에서 가치를 추출할 수 있는 데이터 — 은 인터넷 경제의 주요 요소가 되고 있다. 예를 들어, 구글의 검색 엔진은 검색 결과의 관련성을 결정하는 데 부분적으로 각 항목에 대한 클릭 수를 활용한다. 특정 검색어에 대해 8번째로 나오는 결과가 가장 많이 클릭된다면, 알고리즘은 그 결과를 더 상위에 배치한다.[25] 구글은 이러한 분석 데이터를 마케팅 회사나 제조업체에 판매하거나, 기업들이 웹에서 제품을 가장 효과적으로 판매할 수 있는 방법에 대한 평가와 전략 수립을 유료 서비스로 제공한다.

데이터를 수집하고 분석하는 방법을 평가하는 것은 데이터 과학자들의 전문 영역이다. 이코노미스트지(The Economist)가 지적한 바와 같이, "소프트웨어 프로그래머, 통계학자, 스토리텔러/예술가의 기술을 결합하여 데이터의 산더미 아래 숨겨진 가치 있는 정보를 추출하는 새로운 유형의 전문가, 즉 데이터 과학자가 등장했다."[26] 이러한 기술은 다양한 센서의 입력을 결합하여 표적 정보를 제공해야 하는 군사 정보

---

24 "Data, Data Everywhere," The Economist, February 27, 2010, https://www.economist.com/specialreport/2010/02/27/data-data-everywhere.
25 "Data, Data Everywhere."
26 "Data, Data Everywhere."

분석 분야에 직접적으로 적용할 수 있다. 예를 들어, 수중전이나 대잠수함전에서는 소나 신호를 해석하기 위해 수중 염도, 깊이, 해저 윤곽, 생물학적 요소 등 많은 환경 요인을 측정해야 한다. 해군 전문가들은 "데이터 과학자"라는 용어가 생기기 훨씬 전부터 이러한 요인들의 조합을 분석해 왔다. 무기 시스템은 오래전부터 정보를 고려하여 설계되어 왔다. 그러나 AI를 통해 이러한 데이터를 더 빠르고 정확하게 평가할 수 있으며, 공격 시 가장 큰 효과를 낼 수 있는 무기를 선택하는 데에도 활용할 수 있다.

요약하면, AI와 빅데이터의 관계는 도구와 그 활용의 관계라고 할 수 있다. 빅데이터 분석은 디지털로 기록된 방대한 양의 데이터에서 의미와 가치를 찾으려 한다. AI 처리는 이러한 데이터를 결합하고, 분류(라벨링)하고, 분석하는 방법이다. 빅데이터는 러시아 마트료시카 인형의 이미지와는 맞지 않는다. 오히려 빅데이터와 AI의 관계는 겹치는 원의 벤다이어그램으로 시각화할 수 있으며, 빅데이터 원의 많은 부분이 더 큰 AI 원과 겹친다. 모든 빅데이터 분석이 AI를 사용하는 것은 아니지만, 대부분이 그렇다. AI 영역의 일부는 빅데이터 분석에 사용되지만, 모든 AI가 빅데이터 입력에 의존한다고도 할 수 있다.

AI를 훈련시키려면 대량의 데이터가 필요하며, 이러한 양의 데이터가 없다면 AI를 개발할 이유가 없을 수도 있다. 이러한 사실을 인식하여 우리는 종종 이 책의 제목처럼 "빅데이터, AI, 그리고 기계학습"의 순서로 논의 중인 기술들을 제시한다.

## 단순 AI 대 협의 AI 대 일반(강) AI

AI에는 여러 형용사가 붙기도 하지만, 여기서는 다루지 않을 것이다. 이는 특정 컴퓨터 과학자들이 만든 AI 개발을 위한 특정 컴퓨터 과학적 접근법을 지칭하기 때문이다. 일부는 구체적이고 일부는 모호하며, 많은 용어들이 다른 용어에 통합되었다. 논의의 목적상, 우리는 AI를 복잡성이 증가하는 세 그룹으로 분류한다.

단순 AI는 자동화된 프로세스라고도 불린다.[27] 가장 광범위한 의미에서 단순 AI는 대부분의 인간보다 빠르게 아날로그 또는 디지털 기능을 통해 계산을 수행할 수 있는 기계를 말한다. 이런 관점에서 휴대용 계산기도 단순 AI로 볼 수 있다.[28] 그러나 대부분의 휴대용 계산기는 자체적으로 데이터를 얻을 수 있는 센서에 연결되어 있지 않다.

팔랑크스 근접방어무기체계(CIWS)는 완전 자동 모드에서 자체 데이터 수집을 기반으로 접근하는 표적에 대해 교전 여부를 결정하는 단순

---

27 AI 과학자들과 전문가들 사이에서는 어떤 자동화된 프로세스를 "AI"로 볼 수 있는지에 대한 지속적인 논쟁이 있다. 특히 "강한 AI"의 지지자들은 계산기와 같은 단순한 기계를 AI의 범주에 포함시키는 것을 반대한다. 그러나 AI 연구의 초기 정의에 따르면, 계산기도 AI로 간주될 수 있다. 비록 계산기가 입력을 전적으로 인간에 의존하더라도, 인간 두뇌의 특정 기능을 모방한다는 점에서 AI의 한 형태로 볼 수 있다는 것이다. 저자들은 이러한 '단순한 AI'에 대한 그들의 정의에 많은 사람들이 동의하지 않을 수 있다는 점을 인정한다. 더 나아가 일부는 이런 형태의 AI가 존재한다는 것 자체를 부정할 수도 있다고 본다.

28 1970년부터 1990년 사이에 출판된 AI 관련 문헌 연구들이 이러한 적용을 정당화한다. 예를 들어, Eve M. Phillips, If It Works, It's Not AI: A Commercial Look at Artificial Intelligence Startups, thesis, Massachusetts Institute of Technology, May 7, 1999, https://dspace.mit.edu/bitstream/handle/1721.1/80558/43557450-MIT.pdf?sequence=2. 이는 "AI 효과"라고 불리는 현상으로 설명되어 왔다. AI 효과란 과거에 인공지능을 가진 것으로 여겨졌던 기계들이 과학 기술의 발전에 따라 나중에는 단순한 자동화 프로세스로 재평가되는 현상을 말한다. 이와 관련하여 여러 사람들에게 귀속되는 재치 있는 표현이 있다: "AI는 아직 이루어지지 않은 모든 것이다." 이의 원출처는 Douglas Hofstadter, Godel, Escher, Bach: An Eternal Golden Braid (New York: Basic Books, 1979), 601.

AI 기계이다. 이런 의미에서 같은 데이터가 주어졌을 때 인간이 행동하는 것과 유사하게 작동한다. 수동 모드에서 CIWS는 시스템의 센서가 제공하는 데이터와 인간 운용자가 다른 출처에서 얻을 수 있는 추가 정보를 바탕으로 사격 트리거를 누르는 인간의 개입을 필요로 한다. 완전 자동(또는 자율) 모드로 설정하는 이유는 인간 운용자가 교전속도를 따라갈 수 없거나 인간 운용자가 없는 상황 때문이다. CIWS를 완전 자동 모드로 설정하는 위험은 레이더 센서에 감지되고 공격하도록 프로그래밍된 매개변수(접근 속도, 비행 프로필 및 기타 특성)에 맞는 원치 않는 표적, 예를 들어 아군 항공기를 공격할 수 있다는 점이다.

CIWS를 단순 AI로, 그리고 다른 시스템을 "협의 AI"로 구분하는 주요 차이점은 CIWS가 학습 시스템이 아니라는 점이다. CIWS는 표적이 무엇인지, 아닌지에 대한 지식 기반을 확장할 수 없으며, 인간에 의해 재프로그래밍될 때까지 변경할 수 없는 의사결정 규칙 세트를 따라야 한다. 따라서 적의 대함 순항 미사일과 동일한 비행 프로필을 가진 아군 항공기가 방어 함정에 접근하면, 이를 교전 대상으로 간주한다. CIWS 장치는 이러한 "오류"로부터 대함 미사일과 아군 항공기를 구별하는 법을 학습하지 않는다.

협의 AI는 현재 AI 시스템의 발전 단계를 나타낸다. "협의"란 AI 기계가 학습하고 자체 프로그래밍할 수 있지만, 오직 좁고 전문화된 범위의 활동만 수행할 수 있음을 의미한다. 이는 "모듈형 AI" 또는 "약 AI"라고도 불린다.[29] 체스나 바둑 마스터를 이기는 것은 좁은 범위의

---

29 The term "modular AI" in reference to narrow AI for military applications is used in Kareem Ayoub and Kenneth Payne, "Strategy in the Age of Artificial Intelligence," Journal of Strategic Studies 39, no. 5–6 (2016): 793–819, https://www.tandfonline.com/doi/full/10.1080/01402390.2015.1088838? src=recsys.

활동으로 간주된다. 기계학습을 포함하는 현재의 모든 AI 응용 프로그램은 여전히 협의 AI에 속한다. 여러 협의 응용 프로그램을 하나의 AI 기계에 결합할 수 있지만, 아직 단일 신경망에서는 불가능하다.

일반 AI 또는 일반 지능 AI − 강AI로도 알려진 − 는 인간의 인식을 모방하고 다중 작업이나 개념에 관한 결정을 내릴 수 있는 시스템을 특징으로 한다. AI 기계는 체스나 바둑에 국한되지 않고, 인간의 멀티태스킹과 유사하게 다양한 영역에서 결정을 내릴 수 있다. 그러나 이를 위해서는 시스템이 물리적으로 다양한 환경에 적응하고 이동할 수 있는 능력이 필요하다 − 따라서 일반/강AI와 자율성이 밀접하게 연관된다. 이러한 연관성은 영화 속 악당 "터미네이터"의 이미지를 떠올리게 한다. 터미네이터는 의사결정과 행동에서 인간과 유사해 보이지만, 어떤 대가를 치르더라도 특정 결과를 달성하도록 프로그래밍된 자율 시스템이다.

다행히도, 터미네이터와 같은 존재를 만들어내는 능력은 두 가지 이유로 아직 우리의 손이 닿지 않는 곳에 있다. 현재의 프로그래밍 기술로는 여러 영역에서 결정을 내릴 수 있을 만큼 충분히 깊은 층을 가진 시스템을 아직 개발하지 못했다(이는 수백만 줄의 코드를 필요로 할 것이다).

현재의 공학 기술로는 인간 신체의 모든 움직임을 모방하고 제어할 수 있는 장치를 만들 수 없다(일부는 모방할 수 있지만 모두 할 수는 없다. 인간의 움직임은 기계적이 아닌 생화학적으로 제어되기 때문이다). 터미네이터와 같은 휴머노이드를 언젠가 만들 수 있을까? 아마도 가능할 수 있지만, 이를 위해서는 AI 외에도 생화학 및 다른 분야에서 상당한 발전이 필요할 것이다.

이러한 발전은 주로 민간 부문에서 이익을 얻을 수 있을 때 자금을 지원받는다. 현재 협의 AI가 상업화된 작업을 충분히 수행하고 있는 상황에서 일반 AI를 만들 동기는 없다. 시리(Siri)나 알렉사(Alexa)와 같은 가상 개인 비서도 자연어 처리기(구어를 이해하고 대답하는)를 가지고 있어 인간과 비슷해 보일 수 있지만, 여전히 협의 AI에 해당한다. 이들은 인터넷에서 빠른 사실 검색을 수행하거나 전기/전자 기기를 켜고 끌 수 있지만, 여전히 기능에 한계가 있는 협의 AI이다.

군사 부문에서 오늘날의 자율성을 지닌 AI 주도 시스템들은 대부분 단순 AI이며, 협의 AI의 경계에 있을 뿐이다. 국가 안보 전문가들이 논의하는 제3차 상쇄전략 또는 군사 분야의 제3차 혁명(특히 제2장에서 다룬다)은 주로 군사 작전에서 협의 AI의 적용을 증가시키는 데 초점을 맞추고 있으며, 일반 AI를 추구하지는 않는다. 제3차 상쇄전략은 또한 미군이 군사적 활용을 위해 상업 분야의 AI 발전을 적극 활용해야 한다는 점을 인정하고 있다. 필요한 자원의 규모와 수익성이 기술 개발을 주도한다는 현실을 고려할 때, 군사 분야의 AI 활용은 민간 부문의 지속적인 AI 개발에 크게 의존할 수밖에 없다. 해군참모총장은 2018년 미 해군의 함대 발전 계획인 "해양 우세 유지를 위한 전략 구상 2.0"에서 이러한 현실을 명확히 인식하고 있음을 밝혔다.[30]

---

**30** Admiral John M. Richardson, USN, A Design for Maintaining Maritime Superiority, Version 2.0, December 2018, https://www.navy.mil/navydata/people/cno/ Richardson/Resource/Design_2.0.pdf.

## AI와 자율성

자율 시스템은 AI와 동의어가 아니다. 물리적 인간 개입 없이 작동할 수 있는 기계인 자율 시스템은 상대적으로 드물며, 더 중요한 것은 독립적인 결정을 내리는 것이 아니라 사전 프로그래밍된 작업을 수행하도록 설계되어 있다는 점이다. 자율 청소 기기는 벽이나 가구에 부딪히면 방향을 바꾸지만, 실제로 벽이나 가구를 인식하는 것은 아니다. 단순히 충돌 시(아이들, 개, 고양이 포함) 방향을 바꾸거나 다른 사전 프로그래밍된 경로로 전환하도록 프로그래밍되어 있을 뿐이다. 이러한 기능이 없다면, 수십 년 동안 존재해 온 바퀴나 트랙이 달린 기계식 배터리 작동 장난감과 다를 바 없다.

단순 AI — 정의된 대로 — 는 군사 시스템에 존재하며 수십 년 동안 존재해 왔다. 앞서 언급한 팔랑크스 근접방어무기체계(CIWS)는 그 한 형태일 뿐이다. 또 다른 예는 냉전 시대의 해군 계류 기뢰인 Mk 60 캡터(Captor) 기뢰이다. 해저에 계류된 캡터는 잠수함을 탐지할 수 있는 센서를 갖추고 있으며, 인간의 의사결정 없이 표적에 대해 어뢰를 발사할 수 있다. 설정된 매개변수를 사용하여 캡터는 다른 해저 기뢰와 마찬가지로 표적과 비표적을 구별할 수 있다. 여기서 인간의 의사결정은 단순히 기뢰를 어디에 배치할지 결정하는 것뿐이다. 따라서 팔랑크스와 캡터는 모두 (규정된 한계 내에서) 자율적인 단순 AI의 예이다.

캡터와 아프가니스탄이나 이라크의 급조 폭발물(IED) 간의 차이점은, 후자(지뢰)가 관찰자에 의해 전기적으로 또는 휴대전화를 통해 원격으로 제어되지 않는 한, 미국/동맹군 호송대, 인도주의적 비정부기구 차량, 또는 테러리스트가 탑승한 "테크니컬"(무장 개조 픽업트럭)을 구별할 수 없다는 것이다. 여기에는 자율적인 프로그래밍이 관여하지 않는다.

자율이라는 용어는 또한 무인플랫폼(UV)과 연관되어 있다. 그러나 지금까지 활용된 대부분의 군사용 무인플랫폼은 자율적이지 않았다. 오히려 두려움의 대상이었던 프레데터나 리퍼 무인 항공기와 마찬가지로, 이들은 군 인력(인간)에 의해 원격으로 제어되었으며, 협의 AI 처리 정보(그리고 많은 인간 처리 정보)의 제한적 지원을 받았다. 무인플랫폼이 주로 자율적으로 설계될 수 없다는 것이 아니라, 그러한 모드에서의 의사결정을 신뢰하는 데 상당한 주저함이 있다는 것이다.[31] 또한 협의 AI를 성공적으로 추가하는 것은 어렵고 비용이 많이 드는 공학적 과정이다.

자율성과 인공지능(AI)의 관계는 벤다이어그램으로 표현할 수 있다. 이 두 개념은 부분적으로 겹치지만, 이 교집합의 확장 정도는 AI의 미래 발전 속도와 제3차 상쇄전략이 실현되는지 여부에 따라 결정될 것이다.

## AI와 전쟁수행

제3차 상쇄전략에 대해서는 이후 장에서 상세히 다룰 것이다. 간단히 말해, 이는 강대국 간 경쟁이 심화되는 국제 질서 속에서 미국과 동맹국들이 군사적 경쟁국들을 앞서기 위해 AI를 비롯한 첨단 기술의 상업적 발전을 활용하려는 전략이다. "제3차"라는 표현은 미국이 과거

---

31  See discussion in Julia Macdonald and Jacquelyn Schneider, "Battlefield Responses to New Technologies: Views from the Ground on Unmanned Aircraft," Security Studies 28, no. 2 (June/July 2019), https://doi.org/10.1080/09636412.2019.1551565.

핵무기와 정밀유도무기 개발을 통해 군사적 우위를 확보했던 것에 비유한 것이다. 앞서 언급했듯이, AI와 자율 시스템의 활용 증대는 이 전략의 핵심 목표 중 하나이다.

현재까지 제3차 상쇄전략 관련 프로그램들은 주로 협의 AI에 집중하고 있다. 이는 윤리적, 실용적 이유로 미국의 국방 정책 결정자들과 일반 대중이 일반/강 AI 무기체계에 대해 우려를 표하기 때문이다. 자율적 협의 AI 무기체계 역시 민주주의 국가들에서는 여전히 논란의 대상이다. 이에 대해서는 후속 장에서 자세히 살펴볼 것이다. 반면, 권위주의 정부들은 이러한 제약에서 상대적으로 자유로울 수 있다. 특히 러시아는 이미 여러 종류의 완전 자율 지상 전투체계를 개발하고 배치한 것으로 평가된다.[32] 중국은 상업용 AI 개발에서 미국을 앞서고 있다는 보고가 있지만, 이것이 군사 프로그램에 미치는 영향은 아직 명확히 알려지지 않았다.[33]

32 Samuel Bendett, "Russian Ground Battlefield Robots: A Candid Evaluation and Ways Forward," Real Clear Defense, June 26, 2018, https://www.realcleardefense.com/articles/2018/06/26/russian_ground_battlefield_robots_a_candid_evaluation_113558.h Noel Sharkey, "Killer Robots from Russia Without Love," Forbes, November 28, 2018,https://www.forbes.com/sites/noelsharkey/2018/11/28/killer-robots-from-russia-withoutlove/#3640d4dbcf01; Samuel Bendett, "Autonomous Robotic System in the Russian Ground Forces," Mad Scientist Laboratory, February 11, 2019, https://madsciblog.tradoc.army.mil/120-autonomousrobotic-systems-in-the-russian-ground-forces/; David Axe, "This Video May Be the Future of Russia's Army: Armed Ground Robots," National Interest, March 18, 2019, https://nationalinterest.org/blog/buzz/video-might-be-future-russias-army-armed-ground-robots-48022. Having blocked efforts at international bans on such systems, Russian officials reportedly are suggesting such a possibility: Samuel Bendett, "Did Russia Just Concede a Need to Regulate Military AI?" Defense One, April 25, 2019, https://www.defenseone.com/ideas/2019/04/russian-military-finallycalling-ethics-artificial-intelligence/156553/?oref=defenseone_today_nl.
33 Amy Webb, "China Is Leading in Artificial Intelligence—and American Businesses

현재 상용 AI 기술이 군사적으로 활용될 수 있는 분야로는 영상정보 분석과 음성 번역 등이 있다. 이러한 작업들은 대규모 데이터셋에서 패턴을 인식해야 하므로 협의 AI에 적합하다. 우리의 한 저자는 이전 논문에서 "해군은 예측 가능하고 교란하기 어려운 규칙이나 패턴을 가진 작업에 AI 능력을 투자해야 함다. 반면, 규칙과 패턴이 예측 불가능하게 변하는 작업의 자동화는 피해야 한다"고 제안했다.[34] 이러한 예측 가능한 규칙과 패턴은 AI가 체스와 바둑 마스터를 이길 수 있게 하는 핵심 요소이다. 이 게임들은 복잡한 패턴을 다루지만, 그 기본 규칙은 경기 중에 변하지 않는다는 특징이 있다.

AI가 전장의 예측 불가능한 혼돈 상황에서 활용되거나 전쟁의 안개를 부분적으로 해소할 수 있을까? 많은 전문가들은 이것이 가능하다고 주장한다. 다만 그들은 "완벽한 AI"는 존재할 수 없다는 점을 인정하며, 대신 "유용한 AI"는 인간 지능보다 조금이라도 더 빠르고, 정확하며, 효율적으로 충분히 좋은 결과를 도출할 수 있다고 본다.[35] 물론 적의 대함 미사일 공격이 임박한 위급한 상황에서 AI 시스템에 의존해 최후 방어를 수행해야 한다면, "완벽한 AI"가 절실할 것이다. 이러한 상황은 제2장에서 강조되는 전투 상황에서의 인간-기계 협업을 위한 AI 활용 연구의 주요 동기 중 하나이다. 불완전한 AI는 인간의 의사결

Should Take Note," Inc., September 2018, https://www.inc.com/magazine/ 201809/amy-webb-china-artificialintelligence.html; Will Knight, "China May Overtake the U.S. with Best AI Research in Just Two Years," MIT Technology Review, March 13, 2019, https://www.technologyreview.com/s/613117/china may-overtake-the-us-with-the-best-ai-research-in-just-two-years/.

34 Connor S. McLemore and Hans Lauzen, "The Dawn of Artificial Intelligence in Naval Warfare," War on the Rocks, June 12, 2018, https://warontherocks.com/ 2018/06/the-dawn-of-artificial-intelligence-innaval-warfare/.

35 McLemore and Lauzen.

정을 보조할 수 있지만, "완벽한" AI에 전적으로 의존하여 결정을 내리는 것은 여전히 신뢰하기 어렵다.

정보분석의 패턴 인식, 무기 통제, 또는 인간－기계 협업 등 다양한 형태로 AI는 상업 분야와 마찬가지로 미래 군사 작전의 필수적인 부분이 될 것이다. 이 책의 주요 목적은 과장이나 불필요한 경계심 없이 AI를 해군 전투 작전에 어떻게 효과적으로 적용할 수 있는지를 객관적으로 검토하는 것이다.

## 저자들의 과제

각 장의 저자 또는 공동 저자들은 기밀이 해제된 정보 범위 내에서 AI의 적용과 그 영향을 특정 전투 임무, 기능, 또는 일련의 관련 기능에 대해 분석하는 임무를 맡는다. 이러한 과제는 자연스럽게 저자들의 일상적 업무와 관련된 프로그램, 프로젝트, 연구를 연상시킬 수 있지만, 그들은 프로그램보다는 임무나 기능에 초점을 맞추어 집필하도록 요청받았다.

각 저자는 해군 전투에 AI를 적용하는 것을 개발, 평가 또는 자문하는 데 적극적으로 참여하고 있기 때문에 선정되었다. 일부는 전방 전개된 전투 부대의 지휘통제를 담당하는 고위 관리나 지휘관이었다. 우리는 의도적으로 지휘관, 과학자, 엔지니어, 프로그램 관리자들을 국가 안보 분석가들과 팀을 이루게 하여, 개별 평가에도 폭넓은 배경 정보가 포함되도록 함으로써 비전문가도 접근할 수 있게 했다. 이는 기술적 세부 사항을 완전히 배제한다는 의미가 아니라, 오히려 기술적 세부 사항을 전투 작전과 전반적인 국방 계획의 맥락에 위치시키려고 노력했다.

각 장의 목표는 "AI가 특정 영역 − 예를 들어 정보, C4ISR(지휘, 통제, 통신, 컴퓨터, 정보, 감시, 정찰), 통합 화력, 전략 기획, 억제, 전력 발전, 작전적 의사결정 또는 기만 작전 − 에 어떻게 적용되거나, 지원하거나, 영향을 미칠 수 있는지(또는 이미 영향을 미쳤는지)"라는 질문에 답하는 것이다. 즉, 어떻게 작동할 수 있는가? 어떤 결과가 나올 것인가? 위험은 무엇인가?

이에 따른 세 가지 하위 질문은 다음과 같다. 첫째, AI 적용이 새로운 능력을 제공하는가, 기존 능력의 처리 속도를 높이는가, 아니면 단순히 인력을 대체하거나 비용을 절감하는가? 둘째, 특정 임무, 기능 또는 영역에 AI를 적용할 때 어떤 가정, 비용 및 위험이 수반되는가? 셋째, 이러한 비용과 위험이 가치가 있는가, 아니면 다른 방법이 원하는 결과를 달성하는 데 똑같이 효과적인가?

최근의 국방 워크숍에서는 전쟁에서의 의사결정에 대한 일부 입력이 − 현재 기술로는 − 적절하게 코딩하기에 너무 복잡하거나, 단순히 합리적 사고로 간주될 수 있는 논리적 패턴에 맞지 않는다고 지적했다. 각 장 저자들은 이러한 복잡한 주제들을 다루면서, AI의 군사적 적용에 대한 현실적인 평가와 함께 향후 발전 방향에 대한 통찰을 제공하고 있다.

## 책의 구조

많은 편집 서적들은 일반적인 주제와 관련된 하위 주제들을 단편적으로 다루는 경향이 있다. 우리는 이 책에 더 체계적인 접근을 시도했다. 이 책은 세 개의 연관된 부분으로 구성되어 있다. 서문과 서론에 이어, 첫 번째 일련의 장들은 해군 작전에 AI를 도입하는 목표에 초점을 맞추며, 광범위한 관점에서 시작하여 점차 구체적인 내용으로 발전한다. 독자들은 일부 장의 저자들 간에 의견 차이가 있음을 주목해야 한다. 이러한 차이점들은 각 장 내에서 언급되지만, 편집자들은 의도적으로 저자들 간의 합의를 도출하려 하지 않았다. 독자들이 해군 및 합동 전투에 대한 AI의 영향에 대해 자신만의 결론을 도출하기 위해서는 AI의 적용 가능성에 관한 다양한 관점과 논쟁을 충분히 인식하는 것이 중요하기 때문이다.

제1장은 일반 AI 또는 강 AI 개발을 위한 연구를 지원하는 컴퓨터 과학자들의 관점에서 AI와 기계학습의 이론 및 개념적 역사를 제공한다. 저자들은 기계학습 프로그램을 컴퓨팅 하드웨어의 발전으로 가능해진 응용 통계의 한 형태로 설명한다. 이는 빅데이터 상관관계 분석에 필요한 기술적 진보이지만, 그 자체로는 인공지능을 구성하지 않는다고 주장한다. 그들은 기계학습 프로그래밍의 결과를 형성하는 확률에 적용되는 많은 알고리즘들이 AI 연구가 시작되기 훨씬 전에 개발되었다고 설명한다.

제2장은 제3차 상쇄전략의 요소로서 AI와 관련 기술들을 잠재적 적대국들의 군사 기술 발전과 비교해서 분석한다. 저자는 국방부 부장관으로 재직 시 제3차 상쇄전략과 AI 기술의 군사적 적용이 가진 잠재력을 가장 강력히 옹호한 인물 중 하나이다.

제3장은 AI를 개발, 자금 지원, 구현하려는 해군본부(해군과 해병대)의 현재 입장을 반영한다. 이는 두 명의 현직 해군본부 관리들이 작성했으며, 그들의 개인적인 평가임을 명시하고 있다. 향후 공식 입장이

변경되더라도, 그 기본 전제의 많은 부분은 국가 안보에 관한 공개 토론의 일부로 남을 것이다.

제4장은 로봇공학, 자율무기체계, 그리고 AI 간의 관계를 심도 있게 분석한다. 이 세 분야의 상호작용은 군사적 AI 사용에 대한 비판자들 사이에서 많은 우려와 논란을 불러일으키는 주제이다. 이 장의 저자는 이전에 군사 AI, 특히 지상전에서의 AI 적용에 관한 자신의 연구를 발표한 바 있어, 이 복잡한 주제에 대해 전문적인 통찰을 제공할 것으로 기대된다.

제5장은 주요 전략적 경쟁국, 특히 중국과 러시아의 AI 군사 프로그램에 대한 최신 동향과 분석을 제공한다. 이 장은 국제 군사 AI 분야의 선도적 연구자들의 연구 결과를 바탕으로 AI 선진국들의 차별화된 전략과 접근 방식을 비교 분석한다.

제6장은 위기 상황과 전투 환경에서 현장 지휘관과 작전 요원들의 혁신적 사고와 상황 적응력을 향상시키기 위해 AI가 갖춰야 할 핵심 요구사항들을 분석한다. 이 장은 AI 논의에서 자주 간과되는 중요한 점을 강조한다. 즉, 군사 작전에서 AI의 효과적인 활용은 프로그래머나 코더보다는 실제 전장에서 AI 시스템을 운용하는 군 인력의 역량에 더 크게 좌우된다는 것이다.

제7장은 AI를 활용하여 임무형 지휘(Mission Command)를 지원하고 의사결정 속도를 향상시킬 수 있는 기회에 대해 논의한다. 여기서 임무형 지휘는 "임무형 명령에 기반한 분권화된 작전 수행"으로 정의된다.[36]

---

36 U.S. Joint Chiefs of Staff, DoD Dictionary of Military and Associated Terms, February 2019, 155, https://www.jcs.mil/Portals/36/Documents/Doctrine/pubs/dictionary.pdf.

책의 두 번째 섹션은 AI가 특정 해군 전투 기능과 "전장 영역"에 어떻게 적용되는지, 그리고 이것이 함대 구조와 인력 교육에 미칠 수 있는 영향을 분석한다. 전체적인 개요(제8장)를 시작으로 정보, 감시 및 정찰(제9장), 통신(제10장), 지휘통제(제11장) 그리고 통합 사격(제12장)을 포함한다. 제13장에서는 AI가 인력 관리 측면을 포함하여 미래 군사 및 해군 전력 구조에 미치는 영향과 그에 따른 요구사항을 종합적으로 분석한다.[37] 특히 이 장에서는 사이버 보안과 AI 분야에서 고도의 전문성을 갖춘 인재를 어떻게 효과적으로 모집하고, 더 나아가 이들을 군에 장기적으로 유지할 수 있는지에 대한 전략적 문제를 심도 있게 검토한다.[38] 제14장에서는 해군 교육, 특히 미 해군사관학교의 생도 교육 과정에서 AI가 어떤 역할을 하고 있으며, 어떤 요구사항이 있는지를 심도 있게 분석한다. 제15장은 작전 지휘관을 위한 간단한 의사결정 지원 도구 개발 시도를 사례 연구로 활용하여, 작전 요구사항을 충족시키는 데 있어 AI의 기회와 한계를 종합적으로 검토한다.

책의 마지막 섹션은 해군의 AI 도입과 관련된 정책 및 전략적 고려 사항들을 살펴보고, 이것이 현재와 미래의 국가 안보에 미치는 영향을 분석한다.

제16장은 현재의 "평화" 시기에도 지속되고 있는 전반적인 사이버 전장(cybered conflict) 맥락에서 AI의 활용과, AI 취약점을 만들어내는

---

**37** 통합적 접근방식에 대한 인식에도 불구하고, 개별 군 조직들은 전력 구조를 매우 다르게 인식하고 정의한다. 전통적으로 가장 주목할 만한 차이는 서로 다른 작전 환경으로 인해 생겨난 미 육군(U.S. Army)과 미 해군(U.S. Navy) 사이의 구분이다. 육군 지도부는 인력을 전력 구조를 구성하는 요소로 보는 경향이 있으며, 장비는 운영 비용으로 간주한다. 반면 해군 지도부는 함정, 잠수함, 항공기를 전력 구조로 보고, 인력을 운영 비용으로 간주한다.

**38** An impactful commentary that summarizes the current high-tech recruit/retain issue is Jacquelyn Schneider, "Blue Hair in the Gray Zone," War on the Rocks, January 10, 2018, https://warontherocks.com/2018/01/blue-hair-gray-zone/.

기만 작전의 가능성을 논의한다. 제17장은 AI 도입에 대한 조직적, 관료정치적 장애물을 검토하며, 동시에 윤리적 문제, 특히 자율 무기체계와 치명적 무력 사용에 관한 인간의 의사결정과 관련된 쟁점들을 다룬다. AI의 군사적 응용에 대한 윤리적 고려사항은 책 전반에 걸쳐 논의되므로, 별도의 AI 윤리 장을 두지 않았다. 이는 이 중요한 문제를 고립시키지 않고 주류화하기 위한 의도적인 선택이었다.[39]

제18장은 현재와 미래에 AI가 해군 전략과 전술에 미치는 영향을 분석한다. 제19장은 AI의 일반적 미래에 대한 과학적 전망을 제시한다. 마지막으로, 에필로그와 후기에서는 이러한 미래 전망이 해군에 갖는 의미와, 이 논의를 발전시키기 위해 필요한 연구에 대한 실무자들의 견해를 제공한다.

따라서 이 책은 AI의 정의, 기원, 요구사항, 목표로 시작하여, 구체적인 군사 적용 분야를 탐색하고, AI 도입에 따른 도전과제와 전략적 영향을 검토한 후, 최종적으로 해군력 증강을 위한 AI의 미래 가능성과 선택지를 제시한다. 이를 간략히 요약하면 '전망(AI의 잠재력과 전망)', '세부사항(구체적인 군사 적용 분야)', '문제점(도전과제와 전략적 고려사항)'으로 볼 수 있다.[40]

---

39 인공지능의 군사적 활용에 관한 기존 연구에서 AI의 윤리적 사용은 가장 활발히 논의되는 주제이며, 이에 대한 연구가 점차 증가하고 있는 것은 당연한 추세라고 할 수 있다. 이러한 논의의 일부는 "주변 지능 기술(ambient intelligence technologies)"이라는 개념 아래에서 다루어지고 있다. See, for example, Yvonne R. Masakowski, Jason S. Smythe, and Thomas E. Creely, "The Impact of Ambient Intelligence Technologies on Individuals, Society, and Warfare," Northern Plains Ethics Journal 4, no. 1 (Fall 2016): 1-11, http://northernplainsethicsjournal.com/wp-content/uploads/The-Impact-of-AmbientIntelligence-Technologies-on-Individuals.pdf (and responding essays in that issue).

40 A point forcefully made in George Galdorisi, "The Navy Needs AI, It's Just Not Certain Why," U.S. Naval Proceedings 145, no. 5 (May 2019): 28-32, https://www.usni.

## 개인의 노력, 당면 목표, 지속적인 과정

이 책은 주로 두 개의 미국 해군 조직, 즉 로드아일랜드주 뉴포트의 미 해군대학(NWC, U.S. Naval War College)과 캘리포니아주 샌디에고의 태평양 해군정보전센터(NIWC Pacific, Naval Information Warfare Center Pacific)의 구성원들 간 협력을 바탕으로 집필되었다. NWC 소속 저자들은 해군전투연구센터 산하 전략운영연구부의 미래전연구소와 사이버혁신정책센터에 소속되어 있다. 또한 저자진에는 펜타곤 소재 해군참모총장 평가국(OPNAV N81)과 그 예하 전역분석과, 메릴랜드주 아나폴리스의 미 해군사관학교, 하와이주 호놀룰루의 오션잇(Oceanit)사, 버지니아주 레스턴 본사의 레이도스(Leidos)사, 워싱턴 D.C.의 신미국안보센터(CNAS)와 전략예산평가센터(CSBA), 그리고 미 해군 예비역 장성들과 국방부 고위 관리들이 포함된다.

그러나 소속과 관계없이 모든 저자들은 전적으로 개인 자격으로, 자신의 관점에서 집필했다. 현재 미국 정부의 정책들이 논의되지만, 이 책은 미국 정부나 관련 부처, 기관 또는 조직의 공식 출판물이 아니다. 표준 면책 조항에 따르면 이 장들에 표현된 견해는 저자들의 것이며 반드시 해군, 국방부 또는 미국 정부의 공식 정책이나 입장을 반영하는 것은 아니다.

이 책의 직접적인 목표는 현대전, 특히 미국 해군력에 대한 인공지능과 관련 과학의 적용에 관한 가정, 가능성, 문제, 비용, 위험, 영향, 장애물, 대안 및 요구사항에 대한 이해를 증진시키는 것이다. 우리는 이러한 이해가 모든 국가안보 전문가들뿐만 아니라 우리가 봉사하고

org/magazines/proceedings/2019/may/navy-needs-ai-its-just-not-certain-why.

있고, 봉사해 왔으며, 앞으로도 봉사할 미국 시민들에게도 필요하다고 본다.

우리의 분석을 통해, AI의 적용 가능성에 대한 지속적인 국방부와 범국가적 논의에 기여하고자 한다. 이러한 관점에서 이 책은 AI의 군사적 적용에 관한 지속적인 연구, 분석, 토론, 합의 및 발전 과정의 시작점이 되고자 한다. 인공지능의 미래 방향을 설정하는 것은 궁극적으로 인간의 지적 능력과 판단에 달려 있다. 군사 영역에서 인공지능을 효과적으로 활용하기 위해서는, 작전 부대가 해군 함정의 승조원들과 해병대 전투원들을 실질적으로 지원할 수 있는 핵심적인 협의 AI 과제들을 명확히 식별하고 정의하는 것이 필수적이다.

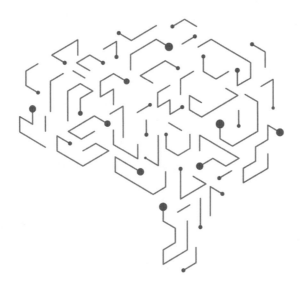

제1장

# 인공지능의 이론과
# 개념적 역사

# 제1장

# 인공지능의 이론과 개념적 역사

패트릭 K. 설리반(Patrick K. Sullivan), 오션잇(Oceanit)팀

인공지능(AI)과 기계학습(Machine Learning, ML) 분야는 지난 수십 년간 비약적인 발전을 이루어 현대 사회에 광범위하게 적용되고 있다. 두 용어가 종종 혼용되지만, AI는 "실험적 인식론"으로서 인간 지식의 이론을 컴퓨터 프로그램에 인코딩하여 "사고하는 기계"를 창조하는 과학이다.[1] 반면 기계학습은 훈련된 통계 모델을 활용하여 대규모 데이터의 상관관계를 파악하고 실용적 목적의 예측, 분류, 추정을 수행하는 기술이다. AI/기계학습 시스템은 무기체계 통제, 제조, 군수지원 체계와 같은 핵심 작전 용도에서부터 스냅챗 필터와 같은 오락적 용도에 이르기까지 다양한 분야에서 활용되고 있다.[2] 기계학습의 결과물에 '지능'이라는 속성을 부여하는 경향이 있어, AI와 기계학습이 마치 동일한 개념인 것처럼 취급되는 경우가 많다.[3] 그러나 이 두 분야는 본

---

[1] 인식론은 철학의 한 분야로, 지식의 이론을 탐구한다. 특히 정당화된 믿음이나 입증된 사실을 단순한 의견과 구별하는 것에 중점을 둔다.

[2] Snapchat filters allow users to put whimsical images and borders on digital photographs.

[3] 서론에서는 기계학습을 더 큰 AI 인형 안에 들어있는 마트료시카 인형에 비유하고 있지만, 우리는 이와는 다른 관점을 가지고 있다. "AI는 기계학습보다 더 넓은 범위를 포함하지만, 모든 기계

질적으로 상이하며, "어떻게 컴퓨터 시스템에 지능을 부여할 수 있는가?"라는 더 근본적인 질문에 대해 서로 다른 접근법을 취한다.

많은 기계학습 전문가들은 데이터로부터의 "학습"(실질적으로는 수학적 곡선 적합)을 통해 지능을 구현할 수 있다고 확신한다. 이들의 관점에서 핵심은 방대한 데이터와 고도의 연산 능력이다. 무한한 데이터와 초고속 연산 능력이 확보된다면 무한한 가능성을 위한 기계학습 훈련이 가능할 것이라고 본다.[4] 반면, 이른바 고전적 AI 진영에서는 인간이 제한된 데이터나 희소한 정보로부터 학습하고 일반적인 문제를 해결할 수 있는 "선천적 지식"을 보유하고 있어, 제로데이(즉, 전례 없는) 상황에서도 생존하고 번영하며 세계에 대한 새로운 해석과 이해를 창출한다고 주장한다.[5] 따라서 더욱 인간적인 인지 능력을 가능케 하는 지식으로 사전 프로그래밍되지 않는 한, 어떠한 AI 시스템도 진정한 의미의 지능을 갖출 수 없다고 본다.

이러한 견해 차이를 이해하기 위해서는 AI의 태동기로 거슬러 올라가야 한다. 현재의 논의를 형성하고 AI와 기계학습 분야를 탄생시킨 상충하는 철학적 관점들을 심도 있게 이해하고 평가할 필요가 있다.[6]

학습은 AI의 범주에 속한다"는 주장에 동의하지 않는다.
4 곡선 맞춤은 일련의 데이터 포인트에 가장 잘 맞는 곡선 또는 수학적 함수를 구성하는 것이다. 곡선 맞춤은 데이터에 정확히 맞추는 것을 목표로 하는 정확한 값 추정 방법을 활용할 수 있고, 또는 데이터에 대략적으로 맞는 "부드러운" 함수를 구성하는 데이터 평탄화 기법을 사용할 수 있다.
5 GOFAI(Good Old-Fashioned AI, 고전적 인공지능) 커뮤니티는 주로 AI 연구가 자율적으로 사고 방식을 결정하는 시스템보다는 "기호적"(인간이 읽을 수 있는) 논리 표현에 집중해야 한다고 주장하는 과학자들로 구성되어 있다. 반면, 비지도 학습을 통한 강한 AI 개발에 초점을 맞추는 많은 연구자들은 자율적 시스템 접근 방식을 선호한다. 기호적 AI는 AI 연구의 초기부터 1980년대 후반까지 지배적인 연구 패러다임으로 자리잡고 있었다.
6 AI 연구가 빛의 속도로 진행되고 있어, 최신 기술 동향에 대한 조사는 빠르게 시의성을 잃게 된다. 이로 인해 최신의 공개 접근 가능한 전자 출판물이 매우 중요한 가치를 지니게 되었다: https://arxiv.org/list/cs.AI/recent.한편, AI의 기초와 역사에 대한 종합적인 자료를 찾고

철학적 논의가 중요하지만, 20세기에 정립된 컴퓨팅 이론과 실제적 적용 없이는 어떠한 접근법도 구체화될 수 없었다. 그럼에도 불구하고 고대로 거슬러 올라가는 철학적 차이는 AI와 기계학습 분야의 본질적 차이를 명확히 보여준다.

## 철학: 경험주의 대 합리주의

우리의 이야기는 고대 그리스의 플라톤(Plato)과 그의 제자 아리스토텔레스(Aristotle)로부터 시작된다. 이들은 각각 이후의 모든 것에 핵심이 되는 합리주의와 경험주의 철학을 창시했다. 두 철학의 차이는 이탈리아의 르네상스 시기 화가 라파엘로(Raphael)의 유명한 프레스코화 '아테네 학당'에서 시각적으로 포착된다.[7] 플라톤과 아리스토텔레스가 중앙에 위치하며, 전자는 추상적인 것을 향해 위를 가리키고 후자는 구체적인 것을 향해 아래를 가리키는데, 이는 합리주의/경험주의의 구분을 상징하는 우화로 ― 이 구분은 AI와 기계학습의 차이를 정의하게 될 것이다.

경험주의 철학은 모든 지식이 경험에서 비롯된다는 교리를 주장한다. 경험주의는 13세기 토마스 아퀴나스(Thomas Aquinas)가 처음 언급하고 17세기 철학자 존 로크(John Locke)가 더욱 발전시킨 유명한 격언으로 가장 잘 요약된다. "지성에 있는 것 중 감각에 먼저 있지 않은 것

---

있다면, Keith Frankish and William M. Ramsey, The Cambridge Handbook of Artificial Intelligence (Cambridge: Cambridge University Press, 2014)가 적절하고 훌륭한 선택이 될 것이다.
7 1509년부터 1511년 사이에 그려진 '아테네 학당'은 바티칸 사도궁전의 방들을 장식하기 위한 의뢰의 일부였다.

은 없다."[8] 이는 지식이 외부 자극의 연관성 형성을 통해 점진적으로 획득되며, 따라서 지식의 구조는 "감각 데이터로 형성된 개념들을 다양한 관련 개념들과 연결하는 연결고리로 구성되며, 이는 본질적으로 '개념 공간' 내에서 특정 개념의 위치를 나타낸다. 이 위치는 해당 개념이 형태, 물질, 공간, 시간 측면에서 무엇과 가장 유사한지를 표현함으로써 결정된다."고 볼 수 있다.[9]

경험주의 철학은 시간이 지남에 따라 진화해왔다. 고전적 아리스토텔레스주의와 계몽주의 경험주의(17-18세기경)에서는 "세계가 특정한 방식으로 구조화되어 있고 인간의 마음이 이 구조를 인식할 수 있어, 개별에서 종으로, 종에서 속으로, 그리고 더 나아가 일반화로 올라가 개별의 지각으로부터 보편에 대한 지식을 얻을 수 있다고 주장했다..." 우리는 발달된 지식 상태에 도달할 수 있는 선천적 능력을 가지고 있어야 하지만, 이것들은 아리스토텔레스의 말을 빌리면 "결정된 형태로 선천적으로 주어지는 것도 아니고, 다른 지식 상태에서 발전되는 것도 아니며, 감각 지각으로부터 발전된다."[10] 이 논제는 역사상 여러 차례 등장했으며, B.F. 스키너(B. F. Skinner)의 20세기 행동주의 심리학과 21세기 기계학습의 지배적 이론들을 포함한다.[11]

---

8 Thomas Aquinas, Quaestiones disputatae de veritate, question 2, article 3, argument 19, http://www.corpusthomisticum.org/qdv02.html.

9 Douglas Hofstadter and Gary McGraw, "Letter Spirit: Esthetic Perception and Creative Play in the Rich Microcosm of the Alphabet," in Fluid Concepts and Creative Analogies: Computer Models of the Fundamental Mechanisms of Thought, ed. Douglas Hofstadter (New York: Basic Books, 1995), 436.

10 Noam Chomsky, Reflections on Language (New York: Pantheon Books, 1975), 5-6.

11 A collection tying behaviorism to computing is Longbing Cao and Philip Yu, eds., Behavior Computing: Modeling, Analysis, Mining, and Decision (New York: Springer, 2012).

사진 1-1. 아테네 학당(The School of Athens). 원본 프레스코화에서 플라톤과 아리스토텔레스는 각각 붉은색과 파란색 로브를 입고 있다. 그들의 철학적 차이는 오늘날 인공지능과 기계학습 사이의 차이를 뒷받침한다.
바티칸의 사도궁전(Apostolic Palace)에 위치. 사진은 패트릭 J. 베이엔스(Patrick J. Bayens)가 촬영. 허가를 받아 사용.

경험주의 지지자들의 신념은 다양하지만, 공통된 핵심 원칙은 지식이 경험들 사이의 연관성을 도출하는 것에서 비롯된다는 것이다. 따라서 이러한 연결을 만들 수 있는 능력을 가진 계산 시스템(예를 들어, 사람이나 인공물)은 필요한 연결을 만들기에 충분한 예시/경험/데이터를 제공받음으로써 지식을 얻을 수 있다.

경험주의자들과 달리, 합리주의자들은 지식에는 근본적으로 선천적인 요소가 있다고 주장한다. 이 선천적 요소에 대한 이론은 시간이 지남에 따라 변화해왔다. 플라톤(Plato)은 우리가 "형상들"(수학적 대상, 선, 미 등)에 대한 선천적 지식을 가지고 있다고 주장했다. 계몽주의 시대에 르네 데카르트(René Descartes)는 자아에 대한 지식이 선천적이라고 주장했고, G.W. 라이프니츠(G. W. Leibniz)는 수리 논리가 그렇다고 생각했다. 오늘날 노암 촘스키(Noam Chomsky)는 언어에 대한 지식이 유전적으로 부여된다는 합리주의 철학을 지지한다.

선천적 지식의 구체적인 형태에 대한 견해는 다양할 수 있지만, 합리주의 이론의 핵심은 우리의 경험이 이러한 선천적 요소들을 통해 해석되고, 구조화되며, 이해된다는 것이다. 현대적 용어로 표현하면, "경험으로부터 상징적 표현을 추출하고, 이를 상징적 기억 메커니즘을 통해 시간 속에서 유지하다가, 행동을 결정하는 계산에 필요한 시점에 활용하는 과정"이다.[12] 경험으로부터 정보를 추출하기 위해서는 선천적 모듈, 즉 특정 영역의 정보를 추출, 표현, 조작하는 데 특화된 계산 기계를 필요로 한다. 논리적으로 볼 때, 지식 획득은 오직 마음이 환경으로부터 받을 수 있는 가능한 메시지들의 표현과, 귀추적(귀납적이 아닌) 알고리즘을 유전적으로 갖추고 있을 때에만 가능하다. 귀납적 추론에서는 특정한 관찰로부터 일반적인 결론을 도출한다. 귀추적 추론에서는 불완전한 정보를 바탕으로 가장 그럴듯한 설명이나 예측을 제시한다. (연역적 추론에서는 일반적인 규칙으로부터 특정한 결론을 도출한다.)

따라서 합리주의는 "지식과 이해의 근원을 설명하는 책임을 세계의 구조로부터 인간 마음의 구조로 전환한다." 17세기 합리주의 철학자 랄프 커드워스(Ralph Cudworth)의 말을 빌리면, "우리가 이해할 수 있는 지식의 범위는 우리 마음속에 내재된 개념 구조에 의해 결정된다. 따라서 우리가 실제로 알게 되거나 믿게 되는 것은, 우리 마음속에 잠재해 있던 인지 체계의 특정 부분을 활성화시키는 구체적인 경험들에

---

12 C. R. Gallistel and A. P. King, Memory and the Computational Brain: Why Cognitive Science Will Transform Neuroscience (Oxford: Wiley-Blackwell, 2009), 197.

의해 좌우된다." 커드워스가 설명하듯이, "마음은 '선천적 인식 능력'을 가지고 있으며, 이는 감각적 자극에 의해 활성화될 때 우리의 지식을 구성하는 원칙과 개념을 제공한다."[13]

합리주의와 경험주의의 핵심적 차이점, 그리고 분열의 원인은 지식이 상당한 선천적 요소를 가지고 있는지의 여부이다. 이 논쟁은 수세기 동안 지속되었다. 경험주의자 로크(Locke)는 아퀴나스의 말을 인용하여 "지성에 있는 것 중 감각에 먼저 있지 않은 것은 없다"고 말하는데, 이에 대해 17세기 독일 수학자이자 합리주의자인 고트프리트 라이프니츠(Gottfried Leibniz)는 결정적으로 "지성 자체를 제외하고는"이라고 대답한다. 합리주의와 경험주의 사이의 갈등은 오늘날까지 지속된다. 철학의 차이를 방법론의 차이로 전환시키는 데에는 또 다른 발명품인 인공 컴퓨터가 필요할 것이다.

## AI의 매체: 컴퓨팅의 이론과 실제

AI와 기계학습의 가장 열렬한 지지자들도 거의 모든 것에 대해 의견이 일치하지 않는다. 그러나 두 그룹 모두 동일한 기본 계산 이론과 관련 하드웨어에 의존한다. 실제로 계산에 필요한 이론과 하드웨어가 도입된 후에야 두 분야 모두 실질적인 발전을 이룰 수 있었다.

컴퓨팅에서 가장 중요한 초기 질문 중 하나는 컴퓨터가 어떤 문제를 해결할 수 있고 어떤 문제를 해결할 수 없는지 결정하는 것이다. 저명한 독일 수학자 다비드 힐베르트(David Hilbert)는 1928년에 이 문제의 변형을 제시했다. 힐베르트의 "결정 문제"는 주어진 모든 논리적 표현

---

13 Noam Chomsky, Cartesian Linguistics (New York: Harper and Row, 1966).

의 유효성을 유한한 단계 내에서 결정할 수 있는 절차를 공식화하는 것이었다. 이 절차는 유한한 수의 공리와 이론들로 구성된 논리적 형식주의를 기반으로 한다. 이를 통해 형식 과학과 자연과학 체계 내에서 잠재적으로 무한한 수의 비임의적 정리와 데이터 집합을 계산하고 결정할 수 있게 된다. 결과적으로 이는 해당 정리와 데이터에 대한 설명을 가능하게 한다. 이러한 형식화는 "라이프니츠의 꿈"을 실현하는 데 한 걸음 더 가까워질 것이다.[14] 역사상 가장 위대한 수학자이자 철학자 중 한 명으로 꼽히는 라이프니츠는 "모든 지식의 각 측면을 표현할 수 있는 보편적인 인공 수학 언어를 만들어 이를 백과사전식으로 편찬하고, 이 언어로 표현된 명제들 간의 모든 논리적 상호 관계를 밝혀낼 수 있는 계산 규칙을 개발해서, 최종적으로 이러한 계산을 수행할 수 있는 기계를 만드는 것"을 꿈꾸었다.[15]

라이프니츠의 시대로부터 수세기가 지난 후, 다비드 힐베르트 (David Hilbert)는 수학자들에게 이 꿈을 현실로 만들어 달라고 제안했다. "이러한 논리적 형식주의가 일단 확립되면, 논리식을 체계적이고 계산적으로 처리할 수 있게 될 것이다."[16] 이는 모든 추론과 지식이 자동화되어 계산으로 환원될 수 있다는 의미다. 남은 과제는 계산 가능성의 직관적 개념을 수학적으로 형식화하는 것이다. 이 과제는 1936년 앨런 튜링(Alan Turing)에 의해 해결되었다. 튜링은 현재 사후 수십년이 지나 마침내 역사상 가장 위대한 지성 중 한 명으로 정당하게 인

---

14 Martin Davis, The Universal Computer: The Road from Leibniz to Turing (New York: A. K. Peters/CRC Press, 2011), 1-14.

15 Davis, 3.

16 D. Hilbert and W. Ackermann, Grundzugen der Theoretischen Logik [Principles of Theoretical Logic] (Berlin: Springer, 1928), translated and republished by the American Mathematical Society in 1999 as Principles of Mathematical Logic, 72.

정받고 있다.

1936년 튜링은 일반적인 결정 절차가 존재하지 않음을 증명함으로써 힐베르트의 프로그램을 종결시켰다. 그러나 이 과정에서 튜링은 계산 기계의 직관적 개념을 수학적으로 형식화하는 데 성공했다. "계산이란 무엇인가?"라는 기본적이면서도 심오한 질문에 대해, 튜링은 명확하고 우아한 해답을 제시했다. 계산은 본질적으로 컴퓨터 프로그램인 기계(현재 보편적 튜링 기계로 알려진)에 의해 수행되며, 이 기계는 의식적이고 체계적인 - 즉, 인공적인 - 설계의 산물이다. 튜링의 정리는 간단히 말해 "계산 가능하다는 것은 튜링 기계에 의해 계산 가능하다는 것"이다.

튜링 기계는 계산 가능한 함수들의 집합을 특징짓는 수학적 모델로, 직관적인 '효과적으로 계산 가능한 함수'의 개념을 형식화한 것이다.

튜링 기계는 수학적 대상이므로 시공간적 제약을 받지 않으며, 기능적으로 세 가지 핵심 요소인 1. 유한한 규칙 프로그램, 상태(내부 구성), 그리고 이산적 기호, 2. 무한한 입력/출력과 무한한 메모리 기능을 하는 셀로 나뉜 양방향 테이프, 3. 테이프 위를 '이동'하며 테이프의 기호를 해독, 인코딩, 조작하는 읽기/쓰기 헤드로 구성된 시스템으로 표현된다. 튜링 기계의 작동 과정은 수학적 증명 구성과 유사하다. 기계는 입력(공리와 유사)을 받아, 프로그래밍된 규칙에 따라 중간 결과(증명의 각 단계와 유사)를 생성하며, 최종적으로 출력(정리와 유사)을 만들어낸다. 이 간결하고 기본적인 계산 모델을 통해, 정리나 데이터 집합을 생성하고 설명할 수 있는 형식 시스템의 일반적 개념이 확립되었다.

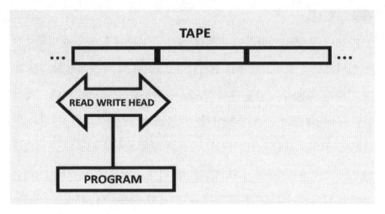

그림 1-1. 튜링 머신. 미리 정의된 규칙 테이블에 따라 테이프 위의 기호를 조작하는 추상적 기계를 정의하는 계산의 수학적 모델

폰 노이만 아키텍처는 수학, 물리학 및 모든 분야에서 뛰어난 천재인 존 폰 노이만(John von Neumann)의 이름을 따서 명명되었으며, 오늘날 우리에게 익숙한 컴퓨터 하드웨어 아키텍처의 기반이 되었다. 1945년에 발표된 "EDVAC(Electronic Discrete Variable Automatic Computer)에 대한 보고서 초안"은 컴퓨터 프로그램을 메모리에 저장하는 디지털 전자 컴퓨터의 설계를 설명했다. 컴퓨터, 차분 엔진 또는 기타 분석 기계들이 수세기 동안 어떤 형태로든 존재해 왔지만, 그것들은 특정 목적을 위해 제작된 기계였으며, 기계가 실행하는 프로그램을 변경하려면 종종 물리적으로 기계 자체를 변경해야 했다. 폰 노이만 아키텍처는 이러한 문제를 해결하고, AI, 기계학습 및 빅데이터의 저장과 사용을 가능하게 하는 보다 강력한 기계의 발전을 위한 토대를 마련했다.

## 철학에서 AI와 기계학습으로

철학과 계산 이론 및 역학의 결합은 AI와 기계학습 분야의 탄생으로 이어졌다. 구체적으로 아리스토텔레스의 경험주의는 기계학습 분야의 발전으로 이어졌고, 상징적 AI(그리고 나중에는 자신이 제시한 답변을 설명할 수 있는 AI를 의미하는 설명 가능한 AI)는 플라톤의 합리주의에서 탄생했다.

1950년 앨런 튜링(Alan Turing)은 "기계는 생각할 수 있는가?"라는 심오한 철학적 질문을 제기하여 현대 AI 연구에 영감을 주었다. 이는 현재 상징적 AI 또는 "고전적 AI"(GOFAI)로 다양하게 알려져 있다. 이의 시초는 1955년 "인공지능에 관한 여름 연구 프로젝트"(인공지능이라는 용어가 처음 사용된)에 대한 자금 지원 제안서였다. 이 제안서에는 "이 연구는 학습의 모든 측면 또는 지능의 다른 모든 특징이 원칙적으로 매우 정확하게 기술될 수 있어서 기계가 이를 시뮬레이션할 수 있다는 추측을 바탕으로 진행될 것이다. 기계가 언어를 사용하고, 추상화와 개념을 형성하며, 현재 인간에게 국한된 종류의 문제를 해결하고, 스스로를 개선하는 방법을 찾기 위한 시도가 이루어질 것이다."라고 명시되어 있다.

이 프로젝트는 약 20년 동안 추진된 연구 프로그램으로 발전하여 MIT, 스탠포드 등에 AI 연구소를 설립하는 "AI의 봄"을 맞이하게 되었다. 이 시기에는 몇 가지 주목할 만한 성과들이 있었는데, 예를 들어 앨런 뉴웰(Allen Newell)과 허버트 A. 사이먼(Herbert A. Simon)의 논리 이론가 및 일반 문제 해결사 프로그램, 존 매카시(John McCarthy)의 LISP 프로그래밍 언어, 마빈 민스키(Marvin Minsky)와 세이모어 페이

퍼트(Seymour Papert)의 "신경망" 기계학습의 근본적 한계에 대한 증명, 민스키의 상징적 정신 "프레임" 이론, 테리 위노그래드(Terry Winograd)의 SHRDLU 자연어 이해 시스템 등이 있다. 특히 중요한 성과 중 하나는 노암 촘스키(Noam Chomsky)의 자연어에 대한 형식 이론이었다. 이는 1950년대 "인지 혁명"을 주도한 핵심 이론으로, 인지 과학, 신경 과학, 언어학 등 새로운 분야의 발전에 크게 기여했다. 촘스키의 이론은 당시 인지 과학의 주류 패러다임이었던 행동주의를 대체하는 혁신적인 관점을 제시했다. 그러나 아이러니하게도, 행동주의적 접근은 최근 강화학습 기반 기계학습 분야에서 다시 주목받고 있다. 다만 이는 촘스키가 지적한 행동주의의 한계를 극복하지 못한 채 부활한 것으로 보인다.

촘스키의 행동주의 개념을 복잡한 인간과 비인간 동물 행동에 적용한 연구를 분석한 결과,

강화(행동주의의 핵심 측면; 파블로프의 개를 생각해 보라)의 개념이 가졌을지도 모르는 객관적 의미를 완전히 상실했음을 보여준다. [강화는] 명확한 내용이 없으며, 행동의 습득이나 유지와 관련된 감지 가능한 요인이나 그렇지 않은 요인에 대한 포괄적 용어로만 기능한다.… [수많은] 예시들을 살펴보면, "X는 Y(자극, 상태, 사건 등)에 의해 강화된다"라는 문구는 "X는 Y를 원한다", "X는 Y를 좋아한다", "X는 Y가 사실이기를 바란다" 등의 포괄적 용어로 사용되고 있다. 강화라는 용어를 사용하는 것은 설득력이 없으며, 이러한 의역이 희망, 선호 등에 대한 설명에 새로운 명확성이나 객관성을 도입한다는 생각은 심각한 착각이다. 유일한 효과는 의역되는 개념들 간의 중요한 차이를 모호하게 만드는 것이다. [이것은] 단지 과학을 흉내 내는 것에 불과하다.[17]

촘스키의 인간 정신이 수행해야 하는 계산에 대한 수학적 이론과 설명은 자연어가 인간 창의성의 가장 큰 증거이며, 계몽주의/낭만주의 철학자 빌헬름 폰 훔볼트(Wilhelm von Humboldt)의 표현을 빌리자면 "유한한 수단의 무한한 사용"의 예시임을 시사한다. 따라서 자연어의 이러한 창의적 속성을 모사할 수 있는 알고리즘을 개발하는 것이 AI 연구에서 오랫동안 핵심 과제 중 하나였던 것이다. 촘스키가 제안한 마음에 대한 합리주의 이론은 규칙과 구조를 강조하는 상징주의 인공지능(GOFAI)의 발전을 위한 이론적 토대를 제공했다.

## 마음의 이론 대 전문가 시스템

이제 우리는 인간과 유사한 AI를 만들기 위해 마음의 이론이 왜 필요한지 더 명확하게 이해할 수 있다. 컴퓨터 프로그램은 특정 표기법으로 작성된 이론이다. 따라서 AI 프로그램은 실제로 마음의 이론이라고 볼 수 있다. 그러므로 마음에 대한 잘못된 이론을 가지고 있다면(우리의 관점에서는 행동주의적 기계학습이 그러하듯이), 잘못된 프로그램을 만들게 된다. 올바른 이론, 즉 올바른 프로그램은 인지 혁명의 주역인 촘스키의 수학적 생물언어학에 기반해야 한다(이는 사실상 "제2의 인지 혁명"으로, 첫 번째는 계몽주의의 합리주의였다). 그러나 안타깝게도, 촘스키의 심오한 통찰은 여러 이유로 AI에 효과적으로 통합되지 못했다. 가장 결정적인 이유는 과학 전반에 걸친 점점 더 도구주의적인(즉, 공학적인) 철학의 확산이었다. 연구자들과 자금 제공자들은 설명과 이해보다

---

**17** Noam Chomsky, "Review of B. F. Skinner, Verbal Behavior," Language 35, no. 1 (January–March 1959): 38.

는 예측과 응용을 위한 과학 이론에 더 관심을 갖게 되었다(예: 물리학자들이 채택한 "입 다물고 계산하라"는 교리, 신경과학의 이미징 실험에서의 "신경 지도 작성" 등). 물론, 이는 또한 사용자들의 태도를 형성하고 궁극적으로는 국방부의 관점을 정의할 것이다.

따라서 촘스키의 이론이 독립적으로 계속 발전하는 동안, 다른 GOFAI 연구 프로그램의 성공은 제한적이었다. 인간 수준/인간 스타일의 AI를 만들려는 노력은 전문가 시스템의 설계로 축소되어 정체되었다. 이러한 시스템들은 오늘날의 기계학습 시스템들처럼 강력한 성능을 보이지만, 일반 지능이 가진 창의성과 유연성을 전혀 갖추지 못한 특정 영역에만 엄격하게 국한된 프로그램들이다. 다시 말해, 마음의 이론 없이는 일반적이거나 강한 AI를 달성할 수 없으며, 우리는 전문가 시스템의 좁은 AI에 머물게 된다.

GOFAI의 전형적인 검색 및 논리 기반 접근법을 통해, 전문가 시스템의 표준 아키텍처는 지식기반, 지식기반 검색 엔진, 그리고 논리적 추론 엔진으로 구성된다. 지식기반은 인간 프로그래머들이 해당 분야의 전문가 지식을 명시적 형태로 추출하여 구축한다(예: DENDRAL 시스템의 경우 유기 화학, MYCIN 시스템의 경우 의학적 진단).[18] 이 지식은 주로 'if-then'(만약 ~라면, 그렇다면 ~이다) 형식의 조건문으로 표현되어 명제적 형태로 인코딩된다(서론에서 설명한 바와 같이). 추론 엔진은 시스템이 지식기반의 명제를 바탕으로 연역적으로 "추론"할 수 있게 한다. 간단한 예로, 시스템은 "만약 x라면, y이다"와 "만약 y라면, z이다"라

---

18 DENDRAL 시스템은 1965년에 시작된 초기 전문가 시스템으로, 분광학적 데이터를 입력받아 화합물의 분자 구조를 추론한다. MYCIN 시스템은 1972년에 시작되어 환자의 증상을 바탕으로 혈액 감염을 식별한다.

는 전제로부터 "만약 x라면, z이다"라는 결론을 도출하는 고전적인 가설적 삼단논법을 수행한다. 더 정교한 시스템은 의사결정 트리나 조건부 분기를 통해 사용자에게 추가 정보를 요청하여 추론을 검증할 수 있다. "이 상황에서 x가 사실인가?"(예: "H2O의 분자량은 얼마인가?" 또는 "환자에게 열이 있는가?"). 답변이 긍정적이면 시스템은 z를 추론한다.

이러한 시스템은 광범위한 지식과 정교한 규칙을 갖추면 상당한 능력을 보여줄 수 있다. 예를 들어, 1984년에 인간의 "상식"을 복제하려는 시도로 시작된 CYC 전문가 시스템은 "조지가 마라톤을 완주했다"는 진술로부터 "조지가 젖었다"(또는 "아마도 젖었을 것이다")라고 추론한다. 이는 세심하게 편집된 상식적 지식의 지식기반을 검색하고 추론함으로써 이루어진다. 이 지식에는 마라톤 달리기가 높은 수준의 노력을 요구한다는 것, 인간은 높은 수준의 노력에서 땀을 흘린다(또는 아마도 땀을 흘릴 것이다)는 것, 그리고 무언가가 땀을 흘리면 젖는다는 것과 같은 방대한 정보가 포함된다. (CYC는 본질적으로 추론을 통해 추론한다.)

## 1990년대의 전문가 시스템, 체스, 그리고 대중의 관심

전문가 시스템 접근법의 정점은 1997년 세계 챔피언 개리 카스파로프(Garry Kasparov)를 꺾은 IBM의 체스 프로그램 딥 블루(Deep Blue)였다. "두뇌의 최후의 저항"이라고 언론에서 대대적으로 보도된 이 사건은 기계학습과 좁은 AI 분야의 과학적 진보를 일반 대중에게 알리는 계기가 되었다. 체스는 1950년대부터 AI 연구의 성배와 같은 존재였는데, 앨런 튜링(Alan Turing) 자신도 기계가 "생각할 수 있는지" 테스트할 수 있는 여러 영역 중 하나로 체스를 언급했다.

튜링에게 체스 프로그램은 자신이 체스를 둘 때의 "내성적 분석"을 바탕으로 한 것으로, 특정 전문성(예: 주어진 위치에서 백이 3수 만에 강제 체크메이트를 할 수 있는지 말하는 것)을 넘어 일반 지능(인간의 답변과 구분할 수 없는 수준으로 "어떤 질문에도 답할 수 있는 능력")에 도달할 잠재력을 가진 것이었다.

물론 튜링이 관찰했듯이, 프로그램은 단순히 "기계의 빠른 처리 속도로 인간이 같은 시간 내에 할 수 있는 것보다 훨씬 더 많은 경우의 수를 분석할 수 있기 때문에" 프로그래머를 이길 수 있을 것이다.[19] 그러나 튜링의 관점에서 이러한 인간의 사고와 양적, 질적으로 다른 무차별 대입식 기술은 과학적 관심사가 되지 않을 것이다. 튜링과 GOFAI에게 "생각하는 기계를 만들려는 시도는 우리 자신이 어떻게 생각하는지 알아내는 데 크게 도움이 될 것"이었다.

안타깝게도 딥 블루는 인간 스타일의 사고를 모방하도록 설계되지 않았다. 그것은 초인적인 하드웨어에서 실행되는 전문가 시스템이었다.

딥 블루(Deep Blue)는 한 수를 두기 위해 최대 300억 개의 위치를 탐색했으며, 일반적으로 14수 깊이까지 분석했다. 그 성공의 핵심은 충분히 중요한 강제/강요된 수순에 대해 깊이 제한을 넘어 특이 확장을 생성하는 능력이었다. 일부 경우에는 탐색 깊이가 40수[레벨]에 달했다. 평가 함수는 8,000개 이상의 특징을 가졌으며, 그 중 많은 부분이 매우 구체적인 말의 패턴을 설명했다. 약 4,000개 위치의 '오프닝 북'이 사용되었고, 70만 개의 그랜드마스터 게임 데이터베이스에서 합의된 추천 수를 추출할 수 있었다. 또

---

19 이 점에서 튜링의 견해는 서론에서 (좁은 의미의) AI를 속도와 메모리 용량 측면에서 정의한 설명과 일치한다.

한 5개의 말이 있는 모든 위치와 6개의 말이 있는 많은 위치를 포함하는 대규모 엔드게임 데이터베이스를 사용했다. 이 데이터베이스는 실질적인 탐색 깊이를 상당히 확장하는 효과가 있었다.[20]

이것을 체스 마스터 바비 피셔(Bobby Fischer)의 플레이 스타일과 대조해보자. 인간 지능의 모범인 13세의 피셔는 이른바 '세기의 게임'에서 성인 체스 마스터를 무차별적 탐색이 아닌, 튜링이 인간 인지의 다양한 스타일을 특징짓는 데 사용한 방법으로 물리쳤다. 그는 보드 위치를 상징적이고 추상적으로 해석하는 '요지화'(즉, 추상적 설명/해석) 능력을 사용하여 창의적으로 조합하고 이를 내적 언어로 표현하며 사고했다. 이러한 접급 방식은 무작위적인 시도가 아닌 체계적인 '시행착오 제거' 과정을 통해 비판적 검토를 거치며, 이 과정에서 오직 '가장 적합한' 추측(즉, 최선의 수)만이 살아남는다. 이러한 사고 방식은 모든 가능성을 무차별적으로 탐색하는 컴퓨터와 근본적으로 다르며, 다윈의 진화론과 유사한 '인식론적 진화' 과정을 보여준다.

딥 블루와 카스파로프의 대결이 대중의 관심을 끌고 언론의 과대 선전을 받았음에도 불구하고, 노암 촘스키(Noam Chomsky)는 이에 대해 날카로운 통찰을 제시했다. 그는 "컴퓨터가 체스에서 그랜드마스터를 이기는 것은 불도저가 역도 대회에서 우승하는 것만큼이나 흥미롭다"고 말했는데, 이는 매우 적절한 지적이었다. 실제로 "컴퓨터 체스의 놀라운 발전"과 다른 전문가 시스템 및 기계학습 프로그램들의 진보는 AI 자체의 발전보다는 하드웨어 기술의 진보에 더 많이 의존하고 있

---

**20** Stuart J. Russell and Peter Norvig, Artificial Intelligence: A Modern Approach, 2nd ed. (Upper Saddle River, NJ: Prentice-Hall, 2003), 181.

다. 튜링 시대 이후, CPU 속도와 메모리 용량의 급격한 증가로 인해 컴퓨터들은 점점 더 많은 가능한 수를 분석할 수 있게 되었다. 튜링은 체스 프로그래밍이 인간의 사고 방식을 이해하는 데 도움이 될 것이라고 기대했다. 그러나 딥 블루를 정점으로 한 일련의 프로젝트들, 그리고 그 이후에 이어진 연구들은 인간의 사고 과정에 대해 거의 또는 전혀 새로운 통찰을 제공하지 못한 것으로 보인다.[21]

따라서 전문가 시스템의 범위와 한계는 너무나 명확하다. 인간 마음 속의 지식과 규칙은 정교함과 미묘함에서 훨씬 더 뛰어나다.

윌리엄 왕자와 그의 아들 조지 왕자 중 누가 더 키가 큰지, 폴리에스터 셔츠로 샐러드를 만들 수 있는지, 당근에 핀을 꽂으면 당근과 핀 중 어느 쪽에 구멍이 생기는지와 같은 질문들은 언뜻 보기에 단순해 보일 수 있다. 하지만 이런 질문들은 텍스트 이해, 컴퓨터 비전, 계획 수립, 과학적 추론 등 다양한 지능적 작업에 필요한 실제 세계에 대한 폭넓은 지식과 복잡한 추론 능력을 잘 보여준다. 예를 들어, 6피트 키의 사람이 2피트 키의 사람을 팔에 안고 있는 것을 보고 그들이 아버지와 아들이라고 들었다면, 누가 누구인지 굳이 물어볼 필요가 없다. 저녁 식사용 샐러드를 만들어야 하는데 상추가 떨어졌다고 해서, 옷장에서 셔츠를 꺼내 잘라서 대신 사용하는 것을 고려하느라 시간을 낭비하지는 않을 것이다. "나는 당근에 핀을 꽂았다. 핀을 뽑았을 때, 그것에 구멍이 났다"라는 문장을 읽었을 때, '그것'이 핀을 지칭할 가능성을 고려할 필요가 없다... 자연어 처리, 컴퓨터 비전, 로봇 공학 등의 분야에서 인간 수준의 성능을 달성하려면 시간, 공간, 물리적 상호작용, 인간 관계 등

21 B. Jack Copeland, The Essential Turing (Oxford: Oxford University Press, 2004), quoted somewhat differently a Web site maintained by Copeland, http://www.alanturing.net/turing_archive/pages/Reference%20Articles/what_is_AI/What%20is%20AI12

에 대한 기본 상식이 필요하다. 분류학적 추론이나 시간적 추론과 같은 일부 형태의 상식적 추론은 잘 이해되고 있지만, 전반적인 발전 속도는 아직 더딘 편이다.[22]

이러한 더딘 발전 속도로 인해 "AI의 겨울"이라는 용어가 생겨났으며, 이 시기에 GOFAI는 지식 기반의 유연성과 확장성 부족으로 인해 한계에 부딪힌 것으로 여겨졌다. 상징적 AI는 오늘날의 기계학습 시스템처럼 특정 영역에서는 강력한 성능을 보이는 전문가 시스템으로 발전했지만, 역시 기계학습과 마찬가지로 인간 수준의 지능이 가진 특징적인 능력들을 완전히 모방하는 데까지는 이르지 못했다.

## 알고리즘과 신경망

일반 AI를 추구하는 과학자들에게 희망은 상투적 표현처럼 끊임없이 솟아나는데, 1980년대 연결주의 인공 신경망의 "등장"과 함께 AI 연구도 그러한 양상을 보였다. 이 신경망은 약간의 조정만으로 현재 우리가 경험하고 있는 AI의 봄(사실은 "기계학습의 봄"이라고 해야 한다. AI 라는 용어는 인간 스타일의 지능을 모방하는 시스템에 국한해서 사용해야 하기 때문이다)을 이끄는 알고리즘, 즉 심층 학습 신경망이 되었다.[23] 이 개선

22 Ernest Davis and Gary Marcus, "Commonsense Reasoning and Commonsense Knowledge in Artificial Intelligence," Communications of the ACM 58, no. 9 (August 2015): 92–93, https://doi.org/10.1145/2701413.

23 사실상 1980년대의 연결주의의 "등장"은 단순하고 조잡한 부활에 불과했다. 수십 년 동안 보편적으로 인정받지 못하고 알려지지 않았으며(그리고 오늘날에도 여전히 거의 인정받거나 알려지지 않고 있지만), 튜링(Turing)이 실제로 연결주의 네트워크의 깊은 한계를 충분히 이해하면서 우아하고 복잡한 연결주의 네트워크를 최초로 설계했다. 이러한 이해가 부족했기에, 1980년대 후반부터 2010년대 초반까지의 연결주의 연구는 비평가들의 반박을 물리치지 못

된 연결주의 네트워크는 본질적으로 표준 통계 분석과 동등하다. 심층학습은 빅데이터에 함수를 맞추고, 속성 샘플로부터 분포 함수를 계산한다. 이러한 시스템들은 일반적인 (인간) 지능의 모델이 아니며, 생물학적 신경망의 정확한 유사체도 아니다. 연결주의자들의 주장과는 달리, 인공 신경망의 "뉴런"과 "시냅스"는 생물학적 신경망의 뉴런과 축삭돌기/시냅스에 대한 단순한 은유에 불과하다. 생물학적 신경망은 양적, 질적으로 AI/기계학습보다 너무나 복잡하여 의미 있는 비교가 불가능할 정도이다.

심층학습 AI/기계학습 신경망은 일반적으로 픽셀, 단어 등의 샘플을 '표현'하는 입력 유닛 집합, 은닉 유닛(소위 노드 또는 뉴런)을 포함하는 다수의 은닉층(층의 수가 많을수록 네트워크가 더 깊어짐)과 상호 연결된 출력 유닛/노드 집합으로 구성된다.[24] 이러한 네트워크는 보통 대규모 데이터셋을 활용하여 학습을 진행한다. 예를 들어, 손글씨 숫자 이미지(입력)와 그에 해당하는 레이블(출력)을 사용하여 입력을 어떻게 분류해야 하는지 학습한다(예: 이 이미지는 2, 저 이미지는 3 등). 학습과정은 상당히 오래 걸릴 수 있으며, 역전파 알고리즘을 사용한다. 이 알고리즘은 경사 하강법을 통해 유닛 간 연결을 조정하여, 주어진 입력에 대해 해당하는 출력을 생성하도록 네트워크를 최적화한다.

이 기법은 광범위한 잠재적 신호들을 제한된 수의 범주로 매핑해야 하는 폐쇄형 분류 문제를 해결하는 데 있어 확실히 강력하다. 단, 충분한(대개 정제된) 데이터가 있고 테스트셋이 훈련셋과 매우 유사한 경우

하면서 스스로 침체기를 맞이했다.
24 기술적인 관점에서 볼 때, 표상의 개념은 순수하게 상징적인 것이다. 반면에 신경망은 명시적으로, 그리고 때로는 자랑스럽게 비상징적 시스템을 표방한다. (Gallistel and King 참조).

에 한한다. 그러나 궁극적으로 신경망의 기능은 단순히 입력과 출력 사이의 관계, 즉 매핑을 학습하는 것이다.

따라서 우리는 더글러스 호프스태터(Douglas Hofstadter)의 다음 견해에 동의한다.

여기서 "깊은"이라는 형용사의 [우리가 보기에 교묘한] 모호성이 악용되고 있다. 구글이 "심층학습"으로 강화된 "심층 신경망"을 가진 제품을 만드는 딥마인드(DeepMind)라는 회사를 인수했다는 소식을 들으면, "깊은"이라는 단어가 자연스럽게 "심오한", 그리고 이어서 "강력한", "통찰력 있는", "현명한"이라는 의미로 연상된다. 하지만 이 맥락에서 "깊은"의 실제 의미는 단순히 이러한 신경망이 2~3개 층만 가질 수 있는 기존의 네트워크보다 더 많은 층(예를 들어 12개)을 가지고 있다는 사실을 나타낼 뿐이다. 그렇다면 이러한 종류의 깊이가 해당 네트워크가 수행하는 작업이 반드시 심오하다는 것을 의미할까? 결코 그렇지 않다. 이는 단지 언어적 술수에 불과하다.[25]

## 경험주의 + 컴퓨팅 = 기계학습

경험주의 철학에 뿌리를 둔 대부분의 기계학습 시스템의 목표는 시스템에 제공된 데이터/예시/경험을 어떤 방식으로든 정렬하는 방법을 학습하는 것이다. 실제로는 시스템에 일반적인 모델을 제공하고 이러한 데이터를 사용하여 현재 상황에 적용되는 모델 매개변수를 결

---

25 Douglas Hofstadter, "The Shallowness of Google Translate," The Atlantic, January 30, 2018, https://www.theatlantic.com/technology/archive/2018/01/the-shallowness-of-google-translate/551570/.

정한다.

대부분의 기계학습 알고리즘이 응용 통계의 한 형태이기 때문에, 알고리즘 자체는 종종 디지털 컴퓨터의 존재보다 앞선다. 예를 들어, 가장 널리 사용되는 데이터 피팅 방법 중 하나인 최소 제곱법은 1805년 아드리앵마리 르장드르(Adrien-Marie Legendre)에 의해 제안되었지만 오늘날까지도 사용되고 있다. 가장 기본적인(그리고 가장 흔한) 비지도 학습 방법인 주성분 분석도 마찬가지로 그 기원을 1901년까지 거슬러 올라갈 수 있다. 다른 방법들은 시간이 지나면서 개발되었는데, 종종 이전 세대의 알고리즘에서 관찰된 한계를 수정하기 위해서였다. 예를 들어, 의사결정 트리의 일반화된 형태인 "분류 및 회귀 트리"라는 용어가 1984년에 처음 만들어졌다. 그러나 이러한 트리들은 종종 데이터 과적합(즉, 신호가 아닌 노이즈를 모델링하는) 문제가 있었다. 이 문제를 해결하기 위해 여러 개의 의사결정 트리를 결합한 새로운 알고리즘들이 나중에 개발되었는데, 1995년의 랜덤 포레스트 알고리즘과 1999년의 그래디언트 부스팅 트리가 여기에 포함된다. 이러한 패턴은 기계학습의 역사에서 자주 발견된다. 첫째, 유용한 문제 유형을 해결하는 새로운 유형의 알고리즘이 개발된다. 둘째, 실무자들이 새로운 접근 방식에 대한 경험을 쌓으면서 그 단점을 파악하게 되고, 이는 그 한계를 완화하기 위해 설계된 새로운 알고리즘 세트를 만들어낸다.

아이러니하게도, 현재 가장 유명한 기술인 딥러닝은 이러한 단순한 방법들보다 더 오래된 역사를 가지고 있다. 오늘날의 심층 신경망 이론과 알고리즘의 대부분은 1957년까지 그 뿌리를 추적할 수 있다. 당시 가장 단순한 네트워크 구조 중 하나인 퍼셉트론이 발명되었다. 신경망을 훈련시키는 데 사용되는 알고리즘들도 마찬가지로 오래되었는

데, (후에 역전파라고 불리게 될) 기술은 1970년대 핀란드의 컴퓨터 과학자 세포 린나인마(Seppo Linnainmaa)에 의해 개척되었다. 심지어 합성곱 신경망과 같은 더 정교한 기술의 전신도 1980년대에 개발된 "네오코그니트론(neocognitrons)"에서 그 기원을 찾을 수 있다.

그 시대의 하드웨어 제한으로 인해, 이러한 초기 네트워크 구조의 크기는 상대적으로 작았다. 그러나 시간이 지남에 따라 컴퓨팅 성능이 향상되면서 기계학습 연구자들은 더 큰 데이터(심지어 빅데이터)를 처리하고 더 정교한 모델을 구축할 수 있게 되었다. 이러한 변화는 개선된 알고리즘과 함께 기계학습 기술의 성능을 크게 향상시켰고, 다양한 작업에서 인간 수준의 성능을 달성하거나 심지어 초과할 수 있게 만들었다. 그러나 궁극적으로, 이러한 기계들이 "학습한다"고 말하는 것은 심각한 착각이다.

## 인공 일반 지능: 인지 과학과 안트로노에틱 AI

철학과 컴퓨팅의 결합은 서로 다르지만 유용한 두 가지 접근법을 만들어냈다. 그러나 현재 접근법들의 한계는 모두 특정 문제에 국한되어 있다는 점이다. 진정으로 지능적인 시스템은 단일 응용 분야에만 제한되어서는 안 된다. 인간의 모든 능력을 갖춘 인공 시스템인 인공 일반 지능 또는 강AI는 두 커뮤니티 모두가 활발히 연구하는 분야이다. 이 문제는 상징적 AI 연구자들에 의해 더 광범위하게 연구되고 있으며, 그들은 이 지점에서 기계학습의 경험주의적 접근법이 한계에 부딪히기 시작한다고 주장한다.

기계학습의 성공은 부인할 수 없지만, 비평가들은 이러한 시스템들이 결코 진정으로 지능적이지 않을 것이라고 주장한다. 그들은 이를 튜링이 구상했지만 구현하지 못한 강AI(상징적 AI, 고전적 AI, 일반 AI)와 대조해야 한다고 말한다. 강AI를 달성하기 위해서는 통사적 생성성, 의미적 유동성, 인과 모델의 생성으로 특징지어지는 인간 스타일의 인간 수준 능력을 갖춘 프로그램이 필요하다. 이는 주로 작업 특화적 성능 향상에 초점을 맞춘 기계학습 연구에서는 추구되지 않았으며, 기계학습은 약(좁은)AI의 한 형태로 볼 수 있다.

강AI — 우리가 안트로노에틱(즉, 인간 수준/인간 스타일) AI로 정의한 것 — 는 설명을 생성하고 비판적(논리적 및 실험적) 검증을 거친다. 이러한 설명은 통계적 상관관계가 아닌 구조적 인과 모델의 수학적 이론에 기반한다. 이 구분은 매우 중요하다. 이는 확률과 입증 정도의 구분을 수반한다. 이는 데이터를 수집하고 그로부터 가장 가능성 있는 예측 모델/이론을 "유도"하는 기계학습의 표준 방법론과는 다르며, 우리는 이것이 근본적으로 결함이 있다고 믿는다. 기계학습은 주로 반복적인 관찰과 시행착오를 통해 허용 가능한 수준의 답변을 찾아내는 데 집중한다. 영국의 과학 철학자 칼 포퍼(Karl Popper)는 다음과 같이 설명했다. "과학 이론은 단순히 관찰을 요약한 것이 아니라 하나의 발명품이었습니다. 이는 대담하게 제시된 추측으로, 관찰과 충돌할 경우 폐기되었습니다. 이때 관찰은 우연히 이루어진 것이 아니라, 대부분 이론을 시험하고 가능하다면 결정적인 반증을 얻으려는 명확한 의도를 가지고 수행되었습니다."[26]

다시 말해, "이는 시행착오의 이론이었습니다 — 추측과 반증의 이

---

26 Karl R. Popper, Conjectures and Refutations: The Growth of Scientific Knowledge (New York: Harper and Row, 1963), 46. Emphasis in original.

론이었죠. 이 이론은 우리가 세계를 해석하려는 시도가 데이터의 유사성이나 차이점을 관찰하는 것보다 논리적으로 선행한다는 것을 이해할 수 있게 해주었습니다." 통계 중심의 기계학습 연구자들과는 달리, 우리는 포퍼의 견해에 동의한다. "우리는 높은 입증도를 가진 이론을 추구하지만, 과학자로서 우리의 목표는 확률이 높은 이론이 아니라 설명력 있는 이론입니다. 즉, 강력하면서도 매우 가능성이 낮은 이론을 추구합니다." 이는 당연한 것으로 받아들여져야 한다. 포퍼는 계속해서 이렇게 말했다. "진술(또는 진술 집합)의 확률은 그 진술이 담고 있는 정보량이 적을수록 항상 더 높아집니다. 이는 진술의 내용이나 연역적 힘, 그리고 결과적으로 설명력과 반비례 관계에 있습니다. 따라서 모든 흥미롭고 강력한 진술은 낮은 확률을 가져야 합니다. 그 반대도 마찬가지입니다!"[27]

기계학습은 높은 확률의 식별을 목표로 하지만, 이는 제한된 설명을 대가로 한다. 따라서 안트로노에틱 AI의 접근 방식은 기계학습의 가정과는 다르다. 기계학습은 데이터로부터 높은 확률의 예측 이론이나 모델을 추론하고 이를 반복된 관찰로 검증하려는 (비합리적이고 불가능한) 작업을 가정한다. 반면, 안트로노에틱 AI는 보편 문법(일반 지능의 기초)을 유전적으로 부여받은 인간 마음과 유사하게, 추측을 생성할 수 있는 언어적 능력을 미리 프로그래밍 받을 것이다. 이후 이 추측들을 비판하고(가능하면 인간과 협력하여), 오류를 수정하며, 관찰을 통해 검증할 수 있다. 이 과정에서 데이터는 추측된 이론을 입증하거나 (가급적) 반증하는 증거로 활용된다. 칼 포퍼(Karl Popper)가 지적했듯이, "이론은 우리가 고안할 수 있는 가장 엄격한 검증을 통과해야만 받아들여진다.

---

27 Karl R. Popper. Emphasis in original.

그렇지 않으면 거부된다. 그러나 어떤 의미에서든 경험적 증거로부터 추론할 수 없다. [...] 오직 이론의 거짓만이 경험적 증거로부터 추론될 수 있으며, 이 추론은 순수하게 연역적이다."[28] 비판적 합리주의의 이러한 논리(즉, 인과적 설명을 추측하고 비판하는 것)가 현대 "AI"(즉, 기계학습) 연구에서 왜 그렇게 비정통적인가? 그 이유는 기계학습 연구자들이 두 가지 중요한 논쟁, 특히 계몽주의 시대의 합리주의 대 경험주의 논쟁과 현대 AI에서의 강AI(계산주의) 대 약AI(연결주의) 논쟁에서 AI의 역사적 맥락을 오해했기 때문이다.

## 라이프니츠에서 튜링 그리고 그 이후

수학자이자 컴퓨터 과학자인 마틴 데이비스(Martin Davis)는 AI의 역사를 "라이프니츠에서 튜링으로 가는 길"이라고 설명한다. 이 장에서 우리는 그 길이 플라톤과 아리스토텔레스에서 시작해 계몽주의 합리론자들(라이프니츠 포함)과 경험론자들을 거쳐 20세기의 촘스키 학파와 행동주의자들, 그리고 비상징적 또는 안트로노에틱 AI와 기계학습으로 이어지는 과정을 설명했다.

강AI의 목표는 인간의 능력을 가진 인공 시스템을 만드는 것이다. 그러나 이는 기계가 생각할 수 있는지, 그리고 그러한 시스템을 구축하는 데 성공했는지를 어떻게 알 수 있는지에 대한 질문을 제기한다. 문제는 강AI 시스템이 단순히 입력을 출력으로 매핑하는 것 이상이라는 점이다. 예를 들어, 우리가 프로그램의 허용 가능한 출력으로 암흑물질에 대한 여러 설명을 미리 정의했다고 가정해 보자. 프로그램이

---

**28** Karl R. Popper. Emphasis in original.

이러한 설명 중 하나를 출력한다고 해서 그 시스템이 새로운 사고를 할 수 있다는 것을 증명하지는 못한다. 왜냐하면 그 설명들은 이미 우리가 테스트를 위해 만들어 놓은 것이기 때문이다. 반면에 프로그램이 이러한 미리 정의된 설명들과는 다른 것을 생성한다면, 우리는 그 시스템의 능력을 의심하게 될 것이다. 이러한 딜레마를 해결하기 위해 튜링은 "맞다" 또는 "틀리다"의 이분법적 답변을 요구하는 테스트 대신 더 주관적인 테스트를 제안했다. 그의 제안은 심사위원들이 순수하게 텍스트 기반의 매체를 통해 프로그램과 상호작용할 때, 그것이 인간인지 기계인지 구별할 수 없어야 한다는 것이었다. 이는 오직 인지 능력만이 테스트 결과에 영향을 미치도록 하기 위함이었다. 그러나 이 튜링 테스트도 한계가 있었다. 이 테스트는 순수하게 행동적 반응에만 기반하기 때문에, 실제로 지능을 가졌는지에 대한 명확한 증거를 제시하지 못한다. 결국, 인간이든 AI든 지능은 단순히 외부로 드러나는 행동만으로는 완전히 정의될 수 없다.

지금까지 우리가 프로그래밍한 어떤 기능과도 달리, AI는 출력의 명세나 테스트로는 실현될 수 없다. 우리에게 필요한 것은 철학에서의 혁명적인 발견, 즉 인간의 뇌가 어떻게 지식을 생성하는지를 설명하는 새로운 인식론적 이론이 필요하다. 이 이론은 원칙적으로 어떤 알고리즘이 인간 수준의 지능적 기능을 가지고 있는지, 또는 그렇지 않은지를 정의할 수 있어야 한다. 그러나 이러한 이론은 현재 우리의 지식 수준을 크게 넘어서는 것이다.

우리가 인식론에 대해 알고 있는 바로는, 철학적 발견을 목표로 하지 않는 어떤 접근법도 결국 무의미할 것임을 시사한다. 인식론에 대한 우리의 지식은 주로 칼 포퍼(Karl Popper)의 저작에서 비롯되는데,

정통 전산 인지과학자들과 기계학습 연구자들은 이를 제대로 이해하지 못하고 있다(만약 그들이 이를 알고 있다면 말이다). 예를 들어, 기계학습 분야에서는 여전히 지식이 정당화된 참된 믿음으로 구성된다고 가정한다. 따라서 AI의 사고 과정에는 일부 이론을 참(또는 개연적)으로 정당화하고 다른 이론을 거짓(또는 비개연적)으로 거부하는 과정이 포함되어야 한다고 본다. 그러나 철학자, 과학자, 프로그래머로서 우리는 이러한 이론들이 어디에서 비롯되는지 알아야 한다. 널리 퍼진 오해 중 하나는 "미래가 과거를 닮을 것"이라고 가정함으로써, 소위 "귀납"이라는 과정을 통해 반복된 경험으로부터 이론을 "도출"할 수 있다는 것이다. 하지만 이는 불가능하다. 지식이 단순히 반복된 관찰을 일반화하여 나온다는 것은 사실이 아니다. 또한 "미래가 과거를 닮을 것"이라는 가정은, 우리가 어떤 현상에 대한 깊은 이해나 설명을 먼저 갖고 있지 않다면, 단순히 과거의 패턴이 미래에도 계속될 것이라고 예측할 수 없다.

기계학습의 통념은 귀납의 문제에 집중한다. 이는 "귀납이 논리적으로 불가능하고 타당하지 않음에도 불구하고, 어떻게 그리고 왜 정당화된 참된 믿음을 산출할 수 있는가?"라는 질문을 제기한다. 이러한 접근은 AI를 "귀납의 문제"로 규정하고, 동시에 사고를 미래의 감각 경험이 과거와 유사할 것이라고 예측하는 과정으로 정의하는 심각한 오류를 범하고 있다. 이는 마치 컴퓨터가 이미 수행하고 있는 패턴 예측과 유사해 보인다(물론 데이터의 원인에 대한 이론이 주어진 경우에 한해서). 실제로 사고 과정 중 예측은 극히 일부분에 불과하며, 그중에서도 감각 경험의 예측은 더욱 작은 부분을 차지한다. 우리는 세계에 대해 폭넓게 생각한다. 물리적 세계뿐만 아니라 옳고 그름, 아름다움과 추함,

거대함과 미세함, 인과관계, 허구, 두려움, 열망 등의 추상적 개념과
사고 자체에 대해서도 생각한다. 사실 지식은 추측된 설명들로 구성된
다 ― 이는 모든 세계에 실제로 존재하는 것(또는 존재해야 하거나 존재할
수 있는 것)에 대한 추측이다. 과학에서조차 이러한 추측들은 절대적인
기반이 없으며 정당화가 필요하지 않다. 왜냐하면 실제 지식은 진실과
오류를 모두 포함하기 때문이다. 사고는 부분적 데이터로부터 추측을
생성하거나 일반화하는 것이 아니라, 부분적으로 참인 추측을 비판하
고 수정하는 과정으로 구성된다.

강AI를 달성하지 못하게 하는 장벽은 여러 오해가 복합적으로 작용
하기 때문이다. (안트로노에틱) AI의 기능이 다른 프로그램과 근본적으로
다르다는 점을 이해하지 못하면 진정한 AI 개발은 불가능하다. 미리 정
해진 규칙 내에서만 작동하는 "사고" 프로그램을 만들려는 시도는 결국
지능의 핵심 요소인 창의적 설명 능력을 배제하는 결과를 낳게 된다.

창의성에 대한 알고리즘을 발견하는 것은 궁극적으로 그리 어렵지
않을 수 있다. 이는 안트로노에틱 창의성이 우리가 알고 있는 우주의
어떤 것과도 질적으로 다르며, 유인원에게는 없지만 인간에게는 있다
는 점을 고려할 때, 이를 가능케 하는 정보가 인간과 침팬지의 DNA 차
이 중 비교적 적은 부분에 인코딩되어 있을 것이기 때문이다. 비록 이
알고리즘은 아직 발견되지 않았지만, 일단 발견되면 이는 역사상 가장
혁신적인 아이디어가 될 것이다.[29]

---

29 물론, 이 책의 다른 장들의 많은 저자들은 아마도 이 마지막 주장에 동의하지 않을 것이며, 고
   인이 된 스티븐 호킹(Stephen Hawking), 빌 게이츠(Bill Gates), 일론 머스크(Elon Musk)
   를 비롯한 여러 사람들도 마찬가지일 것이다.

제2장

# 인공지능, 자율성 그리고
# 제3차 상쇄전략
## 급변하는 시대의 군사혁신 촉진

# 인공지능, 자율성 그리고 제3차 상쇄전략
## 급변하는 시대의 군사혁신 촉진

로버트 O. 워크(Robert O. Work)

2018년 국방전략서(National Defense Strategy)는 국방부(DoD)에 "대규모의 긴급한 변화"를 요구했다.[1] 이러한 긴급성의 배경에는 미국이 재부상하는 강대국들에게 군사기술적 우위를 상실할 수 있다는 위기의식이 고조되고 있었다. 전략서는 다음과 같이 명시했다. "우리는 구식 무기체계로 미래 전장에서 승리할 수 없다. 경쟁국과 적성국의 야망과 능력의 발전 속도에 대응하기 위해, 우리는 지속가능하고 예측가능한 국방예산을 통해 핵심 전력의 현대화에 투자해야 한다."[2] 이 전략서가 강조한 핵심 능력 중 하나가 첨단 자율무기체계였다. 구체적으로 전략서에서 "국방부는 군사적 우위를 확보하기 위해 자율성, 인공지능, 기계학습의 군사 분야 활용에 광범위하게 투자할 것"이라고 선언했다.[3] 이는 국방부의 이른바 제3차 상쇄전략(Third Offset Strategy)

---

[1] Secretary of Defense, "Summary of the 2018 National Defense Strategy of the United States of America," 2018, https://dod.defense.gov/Portals/1/Documents/pubs/2018-National-Defense-StrategySummary.pdf, 11.
[2] Secretary of Defense, "Summary," 6.

을 직접적으로 반영한 것이다. 이번 장에서는 제3차 상쇄전략이 등장하게 된 전략적 배경과 자율 시스템 및 인공지능을 중요하게 다르게 된 이유를 살펴보겠다.

## 국방혁신구상(Defense Innovation Initiative)

제3차 상쇄전략을 완전히 이해하기 위해서는 먼저 국방혁신구상 (DII)에 대해 살펴볼 필요가 있다. 냉전 종식 후 미국의 국방전략은 미국의 국익에 부합하는 방향으로 국제 환경을 조성하고, 대량살상무기의 확산을 방지하며, 지역 강대국들의 폭력과 침략 행위를 억제하고 대응하는 데 초점을 맞췄다. 2001년 9월 11일 이후에는 대테러리즘과 "무정부 지역"의 안정화가 추가되었다. 강대국 간 경쟁은 과거의 일로 여겨졌다.

그러나 2014년 초, 중국이 남중국해의 암초와 수중 지형을 매립하기 시작했고, 러시아는 크림반도를 불법적으로 병합하고 우크라이나 동부를 불안정하게 만들었다. 이는 자국의 "근접 국경"을 확보하려는 권위주의 강대국들의 전형적인 행태였다. 이러한 사건들은 강대국 간 경쟁이 다시 한 번 국방부가 고려하고 대처해야 할 사안이라는 명백한 증거가 되었다. 특히 이 새로운 경쟁에서는 냉전 종식 이후 합동군이 유지해 온 군사기술적 우위를 지키는 것이 중요한 과제였다.

이에 대응하여 2014년 11월 척 헤이글(Chuck Hagel) 국방장관은 강대국 경쟁의 귀환과 기술적 우위를 위한 새로운 경쟁에 대한 명시적 대응으로 국방혁신구상을 발표했다.[4] 국방혁신구상(DII)은 초기 구상

---

**3** Secretary of Defense, "Summary," 7.

단계에서 7개의 구체적인 전략적 추진 방향(Line of Efforts, LOEs)으로 구성되어 있었다.

1. 강대국과의 장기적 전략 경쟁을 위한 전략 개발

헤이글(Hagel) 국방장관은 국방혁신구상을 통해 냉전 이후의 국방전략과 단절하고, 중국 및 러시아와의 장기적 전략 경쟁에 초점을 맞춘 새로운 전략 패러다임을 수립하고자 했다. 국방부는 전략적 추진 방향(LOE) 1의 일환으로 두 강대국에 대한 맞춤형 경쟁 전략을 개발했으나, 이 노력이 오바마(Obama) 행정부 말기에 이루어져 즉각적인 전략적 영향력을 발휘하지 못했다. 결과적으로, 2018년 국가방위전략서(National Defense Strategy)가 이러한 전략적 구상의 최종 결과물로 평가될 수 있다.

2. 군사적 우위를 위한 새로운 작전개념과 조직 구조 개발

전략적 추진 방향(LOE) 2는 각 군에 근접 위협국과의 잠재적 군사 작전에 대비한 첨단기술 기반의 혁신적 작전개념을 연구, 개발, 구현하고 이에 따른 새로운 조직 구조를 수립할 것을 지시했다. 국방혁신구상(DII)은 작전개념이 새로운 무기체계, 교리, 전술, 기법, 절차, 조직 발전의 핵심 동인임을 인식했다. 다영역 작전(Multidomain operations), 분산 해양 작전(distributed maritime operations), 원정 전진기지 작전(expeditionary advanced base operations) 등은 모두 LOE 2에서 파생된 혁신적 작전개념이다. 국방부는 또한 인도-태평양사령부(INDOPACOM)가 수립한 성공적인 중국 전략 대응 계획을 모델로 삼아 러시아 전략 대응 계획을 수립했다.[5] 이러한 전략

---

4 Secretary of Defense Memorandum, "Subject: The Defense Innovation Initiative," November 15, 2014, https://archive.defense.gov/pubs/OSD013411-14.pdf. See also remarks of Secretary of Defense Chuck Hagel at Ronald Reagan Presidential Library, Simi Valley, CA, November 15, 2014, https://dod.defense.gov/News/Speeches/Speech-View/Article/606635/.

대응 계획들은 유럽사령부(EUCOM)와 인도－태평양사령부 사령관들에게 고위 국방부 지도부와 억제 및 전쟁 수행 전략, 새로운 작전개념, 요구되는 신규 작전 능력에 대해 논의하고 프로그램 선정에 영향을 미칠 수 있는 전략적 소통의 장을 제공했다.

3. 기술적 우위를 유지하고 확대하기 위한 경쟁 전략 개발

미군 합동전력은 제2차 세계대전 이후 지속적으로 군사기술적 우위를 추구해 왔으며, 냉전 종식 이후에는 이를 확고히 유지해왔다. 그러나 2014년, 2000년 이후 중국과 러시아의 기술 발전을 분석한 결과, 10년 이상 대테러 작전과 비정규전에 집중하는 동안 미국의 첨단 재래식 전력에서의 기술적 우위가 점진적으로 약화되고 있음이 확인되었다. 이에 대응하여, 전략적 추진 방향(LOE) 3은 이러한 추세를 역전시키고자 했다. 그 핵심 요소는 연구공학 담당 국방차관보가 주도하는 신규 장거리 연구개발계획 프로그램(LRRDPP, Long Range Research and Development Planning Program)이었는데, 이는 1970년대 초 유사한 명칭으로 시행된 프로그램을 모델로 삼아 구축되었다.[6] 당시의 연구개발계획 프로그램(LRRDPP)은 유럽 전구에서 미국의 재래식 전력 우위에 대한 소련의 도전에 대응하기 위해 시작되었다. 새로운 연구개발계획 프로그램(LRRDPP) 역시 현재의 전략적 경쟁 환경에서 미군의 기술적 우위를 회복하고 유지하는 것을 목표로 하고 있다.

---

5 러시아 전략 이니셔티브(Russia Strategic Initiative, RSI)의 연구 사례로 그레임 P. 허드 (Graeme P. Herd) 박사의 보고서를 들 수 있다. Graeme P. Hurd, "Executive Summary: Understanding Russian Strategic Behavior, Russia Strategic Initiative Workshop 3," George C. Marshall European Center for Security Studies, March 18-19, 2019, https://www.marshallcenter.org/mcpublicweb/mcdocs/perspectives_10_-_herd-_rsi_workshop_3_mar_2018.pdf.

6 Secretary of Defense Memorandum, "Subject: Long Range Research and Development Plan (LRRDP) Direction and Tasking," October 29, 2014, https://defenseinnovation marketplace.dtic.mil/wpcontent/uploads/2018/02/LRRDP_DirectionandTasking MemoClean.pdf.

## 4. 워게임과 실험 확대

국방혁신구상은 9/11 이후 국방부 전반에 걸쳐 약화된 워게임과 현장 실험의 중요성을 재인식했다. 국방혁신구상은 이러한 활동들이 신흥 군사 도전과제에 대한 기술적 해법과 새로운 작전개념을 도출하는 데 필수적이라고 판단했다.[7] 이에 따라 워게임 인센티브 기금(Wargaming Incentive Fund)이 설립되었다. 이 기금은 각 군의 자원을 보강하여 추가적인 워게임 프로젝트를 촉진하기 위한 것으로, 특히 주요 경쟁국들이 제기하는 작전적 도전과제에 초점을 맞추었다.[8] 후에 이 기금은 전투 인센티브 기금(Warfighting Incentive Fund)으로 확대되어, 새로운 작전개념을 시험하기 위한 실전 훈련 및 실험을 위한 군 자원을 보강하는 데 활용되었다.[9] 이러한 노력의 결과물은 비용분석 및 프로그램평가국(CAPE, Cost Analysis and Program Evaluation)의 워게임 저장소에 축적되었으며, 연례 국방 프로그램 검토 시 고위 국방부 지도부에 보고되었다.

## 5. 능력 정보 관리 개선

군사기술 경쟁 환경에서 신규 전력의 운용은 전략적 고려가 필요하다. 때로는 억제력 강화를 위해 의도적으로 공개하기도 하며, 또 다른 경우에는 억제 실패 시 전장 우위 확보를 위해 은닉하기도 한다. 이 전략적 추진 방향(LOE)은 새로운 전력이 개발되고 배치됨에 따라 그 공개 여부에 대해 국방

---

7 Cheryl Pellerin, "Work: Wargaming Critical in Dynamic Security Environment," U.S. Department of Defense News, December 11, 2015, https://dod.defense.gov/News/Article/Article/633892/workwargaming-critical-in-dynamic-security-environment/.

8 Garrett Heath, "Better Wargaming Is Helping the U.S. Military Navigate a Turbulent Era," Defense One, August 19, 2018, https://www.defenseone.com/ideas/2018/08/better-wargaming-helping-usmilitary-navigate-turbulent-era/150653/.

9 "Warfighting Lab Incentive Fund, Project Proposal Solicitation," Defense Innovation Marketplace, https://defenseinnovationmarketplace.dtic.mil/business-opportunities/warfighting-lab-incentive-fund/.

부 지휘부에 권고안을 제시하는 것을 목표로 한다.

### 6. 국방부와 정보기관 통합 개선

국방혁신구상의 성공을 위해서는 정보기관과의 긴밀한 협력이 필수적이라는 점이 즉각 인식되었다. 이에 따라 국방부 차관, 합동참모본부 부의장, 국가정보국 수석부국장이 공동의장을 맡는 첨단능력억제패널(ACDP, Advanced Capabilities and Deterrence Panel)이 설립되었다. 첨단능력억제패널은 국방혁신구상의 모든 전략적 추진 방향(LOE)과 관련 신규 전력 개발을 총괄 감독함으로써, 국방부와 정보기관 간의 유기적 협력체계를 구축하고 조정을 보장하는 역할을 수행했다.[10]

### 7. 관련 이해관계자 확대

이 전략적 추진 방향(LOE)은 국방혁신구상과 그 목표를 설명하기 위해 백악관, 의회, 방위산업체에 대한 전략적 소통에 중점을 두었다.[11] 이 전략적 추진 방향(LOE)의 핵심 산출물 중 하나는 순평가국(Office of Net Assessment)의 요청으로 랜드연구소(RAND Corporation)가 작성한 "전력 우위 브리핑(Overmatch Brief)"이었다. 이 기밀 브리핑은 대형 시각자료를 활용하여 중국과 러시아의 군사력 발전 현황을 분석하고, 중대한 군사적 충돌 발생 시 이들이 미군 합동전력에 어떤 위협과 도전을 제기할 수 있는지를 명확히 설명했다. 이 브리핑은 국가안전보장회의(NSC, National Security Council) 구성원들과 상·하원 군사위원회 위원들에게 제공되어 전략적 의사결정을 지원했다.

---

10 A brief, unclassified discussion of the ACDP is in "An Interview with Robert O. Work," Joint Force Quarterly 84 (1st Quarter 2017): 8.

11 One resulting example of the public outreach to industry is the Defense Innovation Marketplace program and Web site, https://defenseinnovationmarketplace.dtic.mil/innovation/dii/.

## 제3차 상쇄전략의 맥락

국방혁신구상의 핵심 요소로서, 제3차 상쇄전략은 전략적 추진 방향(LOE) 3의 일환으로 등장했다. 다시 말해, 이 용어는 원래 기술적 우위를 달성하고 유지하기 위한 경쟁 전략을 간단히 지칭하는 것이었다. 이는 전략적 추진 방향(LOE) 1과는 관련이 없었다. 이는 지속적인 혼란의 원인이 되었는데, 제임스 매티스(James Mattis) 당시 국방장관을 포함한 여러 논평가들이 지적했듯이 제3차 상쇄전략이 완전히 형성된 국방 전략이 아니었기 때문이다.[12] 게다가 돌이켜 보면, 이 용어는 전체 국방혁신구상을 지칭하는 약칭이 되기도 했다. 이 또한 불행한 일이었는데, 이 구상은 결코 기술만을 다루려는 의도가 아니었기 때문이다. 대신, 그 이름이 시사하듯 국방혁신구상은 거대한 지정학적, 기술적 변화의 시기에 군사혁신을 촉진하고자 했다. 2018년 국가방위전략서(National Defense Strategy)는 전략적 접근, 작전개념, 기술적 해결책에 있어 "대규모의 긴급한 변화"를 요구하면서, 국방혁신구상의 거의 모든 전략적 추진 방향(LOE)을 하나의 포괄적인 전략 문서로 통합함으로써 이전의 혼란을 줄이는 데 도움을 주었다.

"제3차 상쇄전략"이라는 용어는 냉전 시대 미국이 추구했던 두 번의 기술적 상쇄전략을 역사적으로 언급하고 이를 인정하는 것이었다. 1950년대에 미국은 바르샤바 조약기구(Warsaw Pact)의 명백한 재래식 전력의 수적 우위에 맞서 전장 핵무기로 무장한 더 작은 규모의 육군

---

12 Steve Blank, "The National Defense Strategy: A Compelling Call for Defense Innovation," War on the Rocks, February 12, 2018, https://warontherocks.com/2018/02/national-defense-strategy-compellingcall-defense-innovation/.

으로 대응했다. 그러나 1970년대 소련이 미국과 전략적 균형을 이루게 되면서, 바르샤바 조약기구의 침공을 저지하기 위해 유럽에 주둔한 미군이 전술핵무기를 사용하겠다는 위협의 신뢰성이 크게 떨어졌다. 결과적으로 미국은 바르샤바 조약기구의 수적 우위를 상쇄하기 위해 새로운 세대의 재래식 유도무기와 자탄, 그리고 이를 운용하는 작전 전투네트워크를 개발하고자 했다. 이러한 강력한 유도무기 전투네트워크는 전술핵무기와 동일한 전장 효과를 달성할 수 있었다. 따라서 이는 재래식 억제력을 강화하고 냉전을 미국과 북대서양조약기구(NATO) 동맹국들에게 유리한 조건으로 종식시키는 데 도움을 주었다.

소련 붕괴 이후, 러시아의 재부상과 중국의 부상이 있기 전까지, 미국의 정밀유도무기 전투네트워크 우위는 1991년 사막의 폭풍 작전에서 입증되었듯이 합동군에게 지역 강국들에 대한 압도적인 재래식 전력 우위를 제공했다.[13] 그러나 사막의 폭풍 작전 이후 25년 동안, 중국과 러시아는 정밀유도무기 전투네트워크 기술 분야에서 미국과의 격차를 꾸준히 좁혀왔다. 두 국가 모두 미 합동군과 동등한 수준으로 "원거리 정찰, 타격, 파괴" 능력을 갖추고자 했으며, 이를 위해 자체적인 전구급 전투네트워크를 개발 중이었다. 러시아는 이를 정찰−타격 복합체로, 중국은 작전체계로 칭한다.[14] 반면 미 합동군은 이들 체계의

---

13 "상쇄"의 이러한 정의에 부합하여, 제2차 상쇄전략의 핵심인 강력한 유도무기 전투네트워크의 등장은 걸프전(Operation Desert Storm) 당시 뚜렷하게 입증되었다. 이는 대량의 비유도 무기에 의존하는 군사력을 즉각적으로 구시대적인 것으로 만들었다. 냉전 종식 이후, 합동군은 이러한 기술적 우위를 지역 패권 국가들의 재래식 군대를 상대로 한 작전에서 압도적으로 활용했다.

14 "정찰−타격 복합체"라는 용어는 소련 시대 오가르코프 원수의 저술에서 그 기원을 찾을 수 있다. 이에 대한 자세한 내용은 다음 참조. Mary C. FitzGerald, Marshal Ogarkov on Modern War: 19771985, rev. ed. (Alexandria, VA: Center for Naval Analyses, November 1986), https://apps.dtic.mil/dtic/tr/fulltext/u2/a176138.pdf, 32–33.

목적을 강조하여 지칭하는 경향이 있다. 즉, 각 전구에 대한 미군의 접근을 저지하고, 진입 후에는 합동군의 작전상 행동의 자유를 제한하는 것이다. 이러한 맥락에서 합동군은 이들 체계를 반접근/지역거부(A2/AD) 네트워크로 통칭한다.

고(故) 앤드류 마셜(Andrew Marshall) 순평가국(Office of Net Assessment) 국장은 정밀유도무기 전투네트워크의 확산이 "성숙한 혁명적 체제"를 초래했다고 평가했을 것이다. 이 체제에서는 모든 주요 경쟁국들이 "현존 전쟁 수행 수단"에서 일정 수준의 동등성을 확보하고 있다.[15] 군사기술적 동등성은 미군이 30년 이상 직면하지 않았던 상황으로, 이는 우려스러운 결과를 동반한다. 제2차 상쇄전략에서의 동등성은 미국의 원정 군사력 투사 능력을 약화시키는데, 이는 전 세계 원거리 전구에 결정적 군사력을 투사하는 데 익숙한 글로벌 초강대국에게는 심각한 전략적 도전이다.

이러한 상황이 앞서 언급한 국방혁신구상을 촉발시켰다. 국방혁신구상은 기술적 "특효약"을 찾는 것이 아니라, 미군에게 정밀유도무기 전투네트워크 전쟁에서 우위를 제공할 새로운 기술 기반 작전개념과 조직 구조의 발전을 촉진하는 것을 목표로 했다.[16] 국방혁신구상의 일환인 제3차 상쇄전략은 이러한 새로운 작전개념으로 이어질 수 있는

이 용어는 여전히 사용되고 있다.

15 For a discussion on Marshall's thoughts and details on "maturing" capabilities of potential opponents, see Barry D. Watts, The Maturing Revolution in Military Affairs (Washington, DC: Center for Strategic and Budgetary Assessments, 2011), https://csbaonline.org/uploads/documents/2011.06.02-MaturingRevolution-In-Military-Affairs1.pdf.

16 그러나 제3차 상쇄전략은 제2차 상쇄전략과 마찬가지로 새로운 군사기술 혁명의 씨앗을 뿌릴 수 있다는 인식이 항상 존재했다. 여기서 말하는 군사기술 혁명이란 "기존의 전쟁 수행 방식을 구시대적이거나 부차적인 것으로 만드는 불연속적 변화의 시기"를 의미한다.

기술적 진보를 식별하고 발전시키기 위해 고안되었다.

이 전략의 당면 목표는 '출혈을 멈추는 것'이었다. 즉, 단기 및 중기적으로 정밀유도무기와 전투네트워크 성능을 급격히 향상시켜 미국의 군사·기술적 우위가 더 이상 침식되지 않도록 저지하는 것이었다.[17] 만약 이를 통해 더 장기간 동안 합동군에게 작전상의 우위를 제공하는 광범위한 군사·기술 혁명을 촉발할 수 있다면, 그것은 더욱 바람직한 결과일 것이다.

## 전투네트워크 성능 개선

명칭은 다르지만, 전투네트워크, 정찰-타격 복합체, 작전 체계는 모두 디지털 기반의 대규모 복합 체계로, 최소한 다음 네 가지의 상호 연결된 그리드를 공통적으로 가지고 있다.

- 다중영역 감시 그리드: 우주, 공중, 해상, 수중, 지상, 사이버 공간, 전자기 스펙트럼 등 모든 작전영역에서 전장을 심층적이고 지속적으로 감시하는 복합 센서 체계
- 지휘통제 그리드: 센서 그리드로부터 수집된 대량의 데이터와 정보를 분석하여 다영역 공통작전상황도(COP)를 생성하고, 작전 목표 달성을 위한 지휘관 의도와 행동방침을 수립하며, 최종 작전계획을 선정하고 연합군에 전파하는 C4I 체계
- 타격 그리드: C4I 그리드의 명령에 따라 유/무형 효과를 적용하는 정밀 타격 체계

---

**17** 국방 분석가 밥 마티네이지(Bob Martinage)는 이를 "[정밀무기] 혁명 내의 혁명을 촉발하려는 시도"라고 표현했다.

● 전투지속 그리드: 전투 중 네트워크 작전의 연속성을 유지하고 전투 손실이나 피해를 복구하는 군수지원 체계

중국은 유도무기 전투네트워크 전장에서의 승리 전략으로 '체계파괴전'을 채택하고, 이에 부합하는 제5의 그리드인 '정보 경합 그리드'를 추가했다. 중국의 전략적 사고는 적의 작전 체계를 가장 효과적으로 교란, 무력화 또는 파괴할 수 있는 측이 결정적인 정보 및 전투 우위를 확보하여 승리를 거의 확실하게 한다는 것이다. 이 정보 경합 그리드는 적의 작전 체계를 무력화하기 위해 대우주 작전, 사이버전, 전자전, 정보작전, 기만 작전 등 가용한 모든 대네트워크 역량을 총동원한다. 이는 전자기 스펙트럼 전 영역에 걸친 종합적인 정보우위 확보 전략으로 볼 수 있다.

제3차 상쇄전략은 전체적인 전투네트워크 성능을 획기적으로 향상시키기 위해, 우선 합동 전투네트워크 그리드의 각 구성요소 운용 개선에 초점을 맞췄다. 이에 따라 "이 목표를 달성하기 위한 최적의 기술적 접근법은 무엇인가?"라는 핵심 질문이 제기되었다.

2014년 국방과학위원회(Defense Science Board)의 하계 연구와 2014년 말부터 2015년 초에 걸쳐 수행된 장거리 연구개발계획 프로그램(LRRDPP)은 중요한 결론을 도출했다. 이 연구들은 모든 그리드와 작전 영역에 걸친 자율 시스템, 플랫폼, 작전의 고도화가 전투네트워크 성능과 전투 효과성에 있어 결정적인 변곡점을 제공할 것이라고 판단했다. 국방부가 이러한 변곡점에 도달하기 위해서는 인공지능(AI) 분야에서의 우위 확보가 가장 중요한 과제로 대두되었다. AI 기술의 급속한 발전이 더욱 고도화된 자율 시스템과 작전을 개발하고 활용하는 데

있어 가장 효과적인 수단이 될 것이라는 판단 때문이었다. 이러한 근본적인 전제가 제3차 상쇄전략의 핵심 기반이 되었다.[18]

## AI, 자율성, 그리고 제3차 상쇄전략

제3차 상쇄전략에서 정의한 자율성은 상위 지휘부의 목표를 달성하기 위해 독자적인 행동 방침을 개발하고 선택할 수 있는 능력을 의미한다. 이는 인간 운용자와 지능형 기계 시스템 모두에 적용된다. 중요한 점은 지능형 기계 시스템에 대한 권한 위임이 인간 지휘관이나 운용자가 지정한 특정 임무로 제한된다는 것이다. 예를 들어, 장시간의 전장 영상을 분석하여 중요 정보를 추출하거나, 지정된 적 전차 그룹 중 특정 표적을 선별하여 타격하는 등의 임무가 있다.

제3차 상쇄전략은 가까운 미래에 인간 감독 하의 특화된 임무 수행 시스템을 각 전투 네트워크 그리드에 통합함으로써 합동군의 군사－기술적 우위를 확장할 수 있다고 전망했다. 이 시스템들은 AI 기반 자율 기능이 향상되고 확장된 것이다. 이러한 특화된 자율 시스템들은 특정 문제나 영역에 대해 제한된 행동 방침과 결정을 수행할 것이다. 즉, 시스템은 정의된 문제와 지식 기반 내에서 작동하도록 프로그래밍되거나 훈련된다. 실제로 이러한 시스템은 "인간의 의사 결정을 대리하는 일정 수준의 자치권과 자기 주도적 행동 능력"을 갖게 될 것이다.[19]

---

18 이는 제2차 상쇄전략의 접근법과 매우 유사했다. 1970년대 초중반, 국방과학위원회(Defense Science Board)와 최초의 장거리 연구개발계획(LRRDPP)은 디지털 마이크로프로세서 개발을 활용하고 "오차가 거의 없는 재래식 무기"와 이를 운용할 전투네트워크를 추진하는 것의 작전상 이점을 강조했다.

이러한 인간 감독 하의 특화된 자율 시스템은 '정적 자율성'을 통해 구현될 수 있다. 이는 가상 환경에서 정보 지원, 작전계획 수립, 전문가 자문, 예측 정비 시스템 등의 형태로 나타날 수 있다. 제3차 상쇄전략은 이러한 모든 유형의 시스템이 인간의 의사결정 능력을 향상시키도록 설계될 것이라고 가정했기 때문에, 정적 자율성을 인간-기계 협업의 관점에서 접근했다.

또한, 이러한 시스템은 '동적 자율성'을 통해 구현될 수 있다. 이는 로봇 시스템과 자율 무인 플랫폼, 무기체계 등의 형태로 물리적 세계에 구현된다. 제3차 상쇄전략은 이러한 시스템들이 복잡한 전장 환경에서 인간과 긴밀히 협력할 것이라고 구상했기 때문에, 동적 자율성을 인간-기계 전투 협업의 관점에서 접근했다.

'인간-기계 협업'과 '인간-기계 전투 협력'이라는 용어는 신중히 채택되었다. 제3차 상쇄전략은 이러한 특화된 자율 시스템이 전장에서 인간의 능력을 향상시킬 것이라는 비전을 일관되게 유지했다. 동시에 이 전략은 일부 상황에서 이러한 시스템들이 독립적인 전장 임무를 수행할 수 있을 것으로 예측했다. 특히 단조롭거나 고위험 임무, 또는 오염 지역에서의 작전의 경우가 그러했다. 이러한 상황에서 제3차 상쇄전략은 주로 다수의 자율 시스템이 협력하는 '군집 전술'(Swarming Tactics) 형태의 기계-기계 전투 협력의 확대된 활용을 구상했다.

제3차 상쇄전략의 입안자들은 의도적으로 더 복잡한 임무를 수행할

---

**19** U.S. Assistant Secretary of Defense (Research and Engineering), "Autonomy Community of Interest (COI) Test and Evaluation, Verification, and Validation (TEVV) Working Group Technology Investment Strategy 2015-2018," June 12, 2015, https://defenseinnovationmarketplace.dtic.mil/wpcontent/uploads/2018/02/OSD_ATEVV_STRAT_DIST_A_SIGNED.pdf, 2.

수 있는 독립적인 범용 자율 시스템보다는 인간 감독 하의 특화된 자율 시스템을 강조했다. 범용 시스템은 인간의 지능과 추론을 더 정교하게 모방하는 AI를 필요로 할 것이다.[20] 지휘관의 의도와 임무(예: 마을 확보, 적대 세력 소탕)가 주어지면, 더 발전된 범용 또는 임무 특화 시스템은 추가적인 인간의 개입 없이 자체적으로 목표를 설정, 선택, 변경할 수 있는 자율성을 가질 것이다. 그러나 이러한 고도화된 AI가 더 독립적인 범용 시스템을 가능하게 하더라도, 그 실현까지는 상당한 시간, 아마도 수십 년이 걸릴 것이라는 것이 일반적인 견해였다. 반면에 인간 감독 하의 특화된 자율 시스템은 현재의 기술적 능력 범위 내에 있었고, 그 성능은 빠르게 향상되고 있었다.

더욱 중요한 점은, 서구 민주주의에서 훈련받은 미군 지휘관이나 어떤 지휘관도 기계에 더 일반적인 전투 임무를 부여하는 것을 상상하기 어렵다는 것이다. 국제인도법과 국방부의 전쟁법 매뉴얼에 따라 기계 자체가 아닌 지휘관이 기계의 행동에 대해 책임을 지게 될 것이기 때문이다.[21] 어떤 지휘관이 기계의 독립적 결정으로 인해 전범으로 지정될 위험을 감수하겠는가? 인간 운용자가 그들의 지휘와 감독 하에 운용되는 특화된 자율 시스템의 지원을 받아 임무를 수행하는 것이 훨씬 더 현실적인 시나리오였다.

---

20 이러한 시스템들은 초기에 "협의 AI(narrow AI)"와 "범용 AI(general AI)"로 지칭되었다. 그러나 국방부 내에서 이 용어들의 의미에 대한 의견 불일치와 "협의"와 "범용" AI의 차이를 설명하는 데 어려움이 있어, 인간 지휘관이나 운용자가 할당할 수 있는 협의적 임무와 범용적 임무에 초점을 맞추게 되었다.

21 Department of Defense, Office of General Counsel, Department of Defense Law of War Manual, June 2015, https://dod.defense.gov/Portals/1/Documents/law_war_manual15.pdf.

## 알고리즘 전쟁과 인간-기계 협력 전투네트워크

전장 네트워크 그리드의 전면적 디지털화와 광범위한 자율 시스템 (정적 및 동적) 도입은 새로운 형태의 인간-기계 협력과 인간-기계 및 기계-기계 전투 협업을 촉진할 것으로 예상된다. 이는 혁신적인 작전 개념과 조직 구조의 발전으로 이어질 수 있다. 제3차 상쇄전략 입안자 들은 이러한 발전이 "알고리즘 전쟁"이라는 새로운 형태의 전쟁 - 전 투네트워크 진화의 다음 단계 - 을 예고할 것으로 전망했다. 또한, 그 들은 알고리즘 전쟁의 "진화적" 출현이 합동군의 정밀유도무기 전투 네트워크를 어떤 적 네트워크보다 더 높은 작전 템포로 운용할 수 있 게 한다면, 이는 "혁명적인" 전장 결과를 초래할 수 있다고 판단했다.

작전 템포 향상은 인간 감독 하의 특화된 자율 시스템을 합동 다영 역 정밀유도무기 전투네트워크의 모든 네 가지 그리드에 전략적이고 광범위하게 통합함으로써 달성될 것이다.

예를 들어, 현장 프로그래밍 가능한 게이트 어레이와 온보드 기계학 습 능력을 갖춘 센서는 원시 데이터를 중앙 처리 센터로 전송하지 않 고도 자체적으로 표적을 식별할 수 있다. 기계학습 기반 분석 도구는 정보 분석관들이 대량의 이질적 데이터로 구성된 복잡한 다영역 시나 리오에서 패턴을 발견하는 데 기여할 수 있다. 의사결정 지원 시스템 은 지휘관의 검토와 고려를 위한 행동 방침 개발을 지원할 수 있다. 자 율 인지 사이버 및 전자전 도구는 전자기 스펙트럼 우위 확보에 도움 을 줄 수 있다. 네트워크 중심 자율 무기체계는 다른 무기나 유인 플랫 폼과 공격을 조율하거나, 후속 공격에 적 방어 정보를 제공하여 공격 계획(즉, 행동 방침)을 실시간으로 조정할 수 있다.

제3차 상쇄전략 지지자들은 모든 전투 네트워크 그리드에 특화된 AI 기반 자율 시스템을 적극 도입하면 새로운 형태의 인간 - 기계 협력 전투 네트워크가 출현할 것으로 예측했다. 이러한 새로운 네트워크는 알고리즘 전쟁의 실체적 구현으로, 다음과 같은 능력을 갖출 것으로 전망되었다.

- 대량의 이질적 데이터에 대한 신속한 상황 인식
- 작전 환경에 대한 신속한 이해
- 합동 다영역 작전 상황도의 신속한 개발 및 전군 공유
- 관련 행동 방침과 계획의 신속한 수립
- 지휘관 의도에 대한 신속하고 광범위한 이해와 인식
- 신속하고 적절한 의사결정, 유·무인 전력 및 인간 - 기계 전투팀으로의 즉각적 전파

이러한 시스템은 높은 작전 템포의 지속적 유지를 가능케 할 뿐만 아니라, 통신 제한 또는 간헐적 통신 상황에서도 합동군의 효과적인 작전 수행을 지원할 것이다. 특히 다영역 작전 중 복잡하고 정밀한 협조가 요구되는 작전 수행에 크게 기여할 것으로 예상되었다. 또한 아군 간 오인 교전과 민간인 피해를 줄이고, 비전투원과 민간 기반시설에 대한 부수적 피해를 최소화할 것으로 기대되었다.

주목할 점은, 제3차 상쇄전략 입안자들이 특화된 자율 시스템의 결정이 항상 완벽할 것이라고 가정하지 않았다는 것이다. 현재의 AI 기술 수준을 고려할 때, 이러한 시스템들도 인간과 마찬가지로 전장에서 오류를 범할 수 있음을 인식하고 있었다. 제3차 상쇄전략에서 정의한 기계 지능은 "인간만큼 빠르거나 더 빠르게 결정을 내릴 수 있는 기계

의 프로그래밍된 능력"이었다. 기계가 인간의 의사결정 수준 이상으로 신속하고 적절한 판단을 내릴 수 있다면, 기존 네트워크 대비 향상된 작전 템포와 전투 효과를 달성할 수 있을 것으로 전망되었다.

## 다음 상쇄전략: 로봇 전쟁

알고리즘 전쟁은 본질적으로 기존의 유도무기 전투네트워크를 "강화"할 수 있다. 이를 통해 더 높은 작전 템포를 달성하고 유지할 수 있으며, 네트워크와 통신이 중단된 상황에서도 효과적으로 작전을 수행할 수 있다. 특히 위험한 임무에는 인간 대신 기계를 투입함으로써 전력을 보존하고, 부수적 피해를 줄일 수 있다. 제3차 상쇄전략 개념에 따르면, 알고리즘 전쟁을 성공적으로 구현하고 관련 인간−기계 협력 전투네트워크를 실전에 배치하는 첫 번째 경쟁자가 주요 재래식 군사 대결에서 결정적 우위를 차지할 수 있다고 본다.

인공지능이 민군 겸용 기술이라는 점에서, 제3차 상쇄전략 혁신가들은 모든 경쟁국들이 알고리즘 전쟁과 인간−기계 협력 전투네트워크의 변형을 추구할 가능성이 높다는 것을 명확히 인식하고 있었다. 특히 이러한 기술의 예상 이점이 실전에서 입증된다면 그 가능성은 더욱 높아질 것이다. 중국 인민해방군의 경우, 인공지능을 미군의 작전 효과를 능가할 수 있는 수단으로 보고 있다.[22] 이러한 상황에서 미 합동군이 알고리즘 전쟁에서 "선도자(first mover)" 위치를 차지하더라도,

---

22 See, in particular, Elsa B. Kania, Battlefield Singularity: Artificial Intelligence, Military Revolution, and China's Future Military Power (Washington, DC: Center for a New American Security, November 2017), https://s3.amazonaws. com/files.cnas.org/documents/Battlefield-Singularity-November2017.pdf?mtime=20171129235805.

제1차 및 제2차 상쇄전략에서 누렸던 것과 같은 장기적인 경쟁 우위를 확보하기는 어려울 수 있다. 따라서 제3차 상쇄전략은 이전의 상쇄전략들보다 더욱 역동적인 시간적 특성을 가지고 있으며, 국방부는 지속적으로 "다음 상쇄전략"에 대해 고민하고 이를 적극적으로 추구해야한다. 이는 알고리즘 전쟁의 빠른 발전 속도와 그 영향력을 고려할 때 매우 중요한 전략적 접근이다.

지금까지 "다음 상쇄전략"에 대한 고민은 주로 기관 차원의 브레인스토밍과 특정 조직에 경쟁우위를 위한 새로운 방법과 수단을 추구할 시간대를 할당하는 수준에 머물렀다. 예를 들어, 전략능력실(SCO, Strategic Capabilities Office)은 첫 번째 미래 국방계획(FYDP, Future Years Defense Plan) 내에서 경쟁우위를 추구할 책임을 맡았으며, 이는 현재도 유지되고 있다. 이는 주로 해군의 SM-6 지대공 미사일을 대함 공격용으로 개조하는 등 기존 체계를 새로운 임무에 맞게 수정하는 형태로 진행되었다. 한편, 비용분석 및 프로그램평가국(CAPE, Cost Analysis and Program Evaluation)과 각 군의 신속능력실(RCO, Rapid Capability Office)은 두 번째와 세 번째 미래 국방계획(FYDP)에서 새로운 능력의 전력화를 가속화하는 데 집중했다. 국방고등연구계획국(DARPA, Defense Advanced Research Projects Agency)은 네 번째 미래 국방계획(FYDP) 이후의 완전히 새로운 능력 개발에 주력했다.

제3차 상쇄전략은 치열한 시간적 경쟁에서 우위를 유지하기 위해 지속적이고 의도적으로 고민할 책임을 확립함으로써 합동군이 군사기술적 우위를 형성하고, 유지하며, 나아가 확장하는 데 기여하고자 했다.

그러나 제3차 상쇄전략의 주요 초점은 인공지능과 관련 기술(특히 기계학습)의 연구개발(R&D)에 더 많은 예산을 투자하여 단기적으로 국방부의 노력을 가속화하는 것이었다. 단기 노력에는 프로젝트 메이븐(Project Maven)과 같은 다수의 인간 감독 하의 특정 임무 수행 체계 및 응용 프로그램의 시험, 시연, 배치가 포함되었다. 프로젝트 메이븐은 전체 동영상 피드를 분석하는 컴퓨터 비전 애플리케이션이다.[23] 이러한 노력들은 해군의 무인수상함 '씨 헌터(Sea Hunter)'와 같은 더 발전된 자율 체계에 대한 실험도 포함한다.[24] 또한 이들을 활용하고 운용하는 새로운 작전개념과 조직 구조의 개발도 포함한다. 알고리즘 전쟁에 대한 국방부 차원의 하향식 강조와 각 군의 상향식 워게임 및 실험이 결합되어 국방부 전체에 걸쳐 대규모 혁신으로 이어질 것으로 기대되었다.

알고리즘 전쟁과 그에 관련된 인간 – 기계 협력 전투네트워크는 시간이 지남에 따라 필연적으로 무인체계에 대한 의존도를 높일 것으로 예상되었다. 이는 다음 세 가지 이유에 기인한다.

첫째, 합동군은 점진적으로 인간 중심 전력의 비용 효율성을 상실하고 있다. 지원병제 군대의 인건비는 지속적으로 물가상승률을 상회하

23 For an official DoD media discussion on Project Maven, see Cheryl Pellerin, "Project Maven to Deploy Computer Algorithms to War Zone by Year's End," DoD News/Defense Media Activity, July 21, 2017, https://dod.defense.gov/News/Article/Article/1254719/project-maven-to-deploy-computer-algorithmsto-war-zone-by-years-end/.
24 Concise discussions of Sea Hunter include "Sea Hunter: Inside the U.S. Navy's Autonomous Submarine Tracking Vessel," Naval Technology, May 3, 2018, https://www.navaltechnology.com/features/sea-hunter-inside-us-navys-autonomous-submarine-tracking-vessel/; Megan Eckstein, "Sea Hunter Unmanned Ship Continues Autonomy Testing as NAVSEA Moves Forward with Draft RFP," USNI News, April 29, 2019, https://news.usni.org/2019/04/29/sea-hunter-unmanned-shipcontinues-autonomy-testing-as-navsea-moves-forward-with-draft-rfp.

여 증가하고 있으며, 이는 국방비 지출 중 가장 큰 비중을 차지하고 있다. 현재 현역 군인 1명당 평균 비용은 10만 달러를 크게 상회하며, 매년 계속 증가 추세에 있다. 둘째, 모든 강대국들이 유도무기 전투네트워크 전쟁에서 대략적인 균형을 이루게 됨에 따라, 미래 재래식 전투의 치명성은 현저히 증가할 것이다. 셋째, 인공지능과 자율제어 시스템의 발전으로 무인체계가 더욱 복잡하고 위험한 전장 임무를 수행할 수 있는 능력이 향상될 것이다. 이러한 요인들로 인해, 제3차 상쇄전략은 미래 전투작전이 점진적으로 인간－기계 및 기계－기계 전투팀에 더욱 의존하게 될 것으로 전망했다.

특정 시점에 이르면, 유인체계 및 전투팀 대비 인간－기계 및 기계－기계 체계와 전투팀의 비율이 지속적으로 증가하여 또 다른 변곡점에 도달할 것이며, 이는 "기존의 전쟁 수단"과는 상당히 다른 새로운 형태의 로봇 전쟁을 초래할 가능성이 높다. 실제로 로봇 전쟁은 새로운 군사기술 혁명을 촉발할 것으로 예상되었다. 이러한 전망이 현실화된다면, 미국은 이 새로운 군사 패러다임에서 "선도자" 위치를 확보하기 위해 노력해야 한다. 알고리즘 전쟁과 인간－기계 협력 전투네트워크를 추구하는 제3차 상쇄전략은 바로 그 방향으로 나아가는 첫 단계라고 할 수 있다.

## 제3차 상쇄전략: 어디로 가는가?

국가안보 전문가들은 "제3차 상쇄전략은 어떻게 되었는가?"라는 의문을 제기해왔다. 그 답변은 2018년 국방전략서에서 찾을 수 있는데 제3차 상쇄전략의 핵심 요소들이 명확히 반영되어 있다. 이 전략서에는 2014년 11월 당시 척 헤이글(Chuck Hagel) 국방장관이 발표한 국방혁신구상의 여러 노력 방향들도 포함되어 있다. 제3차 상쇄전략은 강대국 간 전략적 경쟁 상황에 대한 대응 방안, 합동군의 군사 기술적 우위 약화를 저지하고, 이를 지속적으로 유지하려는 의도, 그리고 인공지능 기술과 이를 기반으로 한 자율 시스템 및 작전개념의 잠재적 혁신적 영향력을 인식하고, 이를 적극적으로 추구하려는 결의 등 세 가지 측면에 초점을 맞추고 있으며, 2018년 국방전략서의 핵심 내용을 구성하고 있다.

일부 전문가들은 제3차 상쇄전략이 단순히 또 다른 기술적 특효약을 찾는 시도에 불과하다고 주장한다. 그러나 역사적 기록을 살펴보면 이 전략이 결코 기술 자체에 초점을 맞추지 않았음이 명확하다. 오히려 유도무기 전투네트워크 전쟁에서 대등한 수준에 도달한 강대국 경쟁자들에 대해 합동군에게 경쟁력 있는 군사적 우위를 제공할 수 있는 기술 기반의 작전개념과 조직 구조를 창출하고자 했다. 인공지능은 단순히 그 목표를 달성하기 위한 수단일 뿐이다.

더 날카로운 비판은 국방부가 AI 기반 자율 체계와 작전의 광범위한 도입이 강대국 경쟁자들에 대한 군사 기술적 우위를 확보하는 최선의 전략이라는 개념을 완전히 수용하지 않았을 가능성이 있다는 점이다. 국방부가 합동 AI 센터(Joint AI Center)를 설립했지만, 이 센터는 전체 국방부의 AI 노력을 지휘할 실질적 권한이 미미하다. 더욱이 AI와 AI 기반 응용 프로그램 발전에 할당된 연구개발(R&D) 자금은 국방부 전체 연구개발 예산의 극히 일부에 불과하다. 국방부의 연구개발 우선순위를 객관적으로 평가해보면, 국방부가 첨단 자율 체계보다 극초음속 무기와 극초음속 무기 방어를 합동군의 미래에 훨씬 더 중요하게 간주

하고 있다는 결론을 도출할 수 있을 것이다.[25]

제3차 상쇄전략에서 구상한 자율 시스템에 대한 하향식 추진이 완전히 실현되지는 않았지만, 각 군이 자율 프로그램과 다른 제3차 상쇄전략 우선순위들을 더욱 긴급하게 추진하고 있다는 명확한 증거들이 있다. 미 육군은 로봇 전투차량, 유·무인 겸용 보병전투차량, 네트워크 연결 전투용 안경(보병 및 전투차량 승무원용), 인공지능 및 가상현실 훈련 보조장비, 그리고 다양한 제3차 상쇄전략 호환 장비들을 개발 중이다. 미 해군은 무인잠수정, 무인수상정, 항공모함 항공전단용 무인 공중급유기, 그리고 다양한 네트워크 기반 자율무기 체계를 추진하고 있다.

공군은 협동 공격무기, 군집 기술, 신뢰성 있는 무인 윙맨, 그리고 무인항공기 계열을 개발 중이다.

해병대는 원정 전진기지 작전개념을 실현하기 위해 다양한 무인 체계와 자율무기에 의존하고 있다. 마찬가지로, 모든 군종은 예측 정비, 잠수함 추적, 훈련 프로그램 등 다양한 분야에서 기계학습 시스템을 적극적으로 탐구하고 있다. 제3차 상쇄전략의 상향식 혁신 접근법은 긍정적인 진전을 보이고 있는 것으로 평가된다.

그러나 인공지능이 민군 겸용 기술로서 모든 강대국이 쉽게 접근할 수 있다는 점을 재차 강조할 필요가 있다. 중국과 러시아 모두 AI 기반 전투 응용체계 배치 경쟁에서 뒤처지지 않기 위해 노력하고 있다(이 책의 제5장에서 잠재적 적국들의 노력 일부를 요약하고 있다).

---

25 Sydney J. Freedburg, "Hypersonics: Army Awards $699M to Build First Missiles for a Combat Unit," Breaking Defense, August 30, 2019, https://breakingdefense. com/2019/08/hypersonics-army-awards699m-to-build-first-missiles-for-a-combat-unit/.

제3차 상쇄전략은 이러한 경쟁 역학에 대응하기 위해 "다음 상쇄전략 이후"를 모색하는 연구개발(R&D) 프로그램을 통해 국방부를 시간적 경쟁 체제로 재편하고자 했다. 2018년 국방전략서는 이 접근법을 "전장 요구에 부합하는 속도로 성과를 제공하는 것"이라고 표현했다.[26]

첨단 자율 체계 경쟁에서 경쟁국들보다 지속적으로 더 우수한 성과를 창출하고, 혁신적인 기술을 더 빠르게 전력화할 수 있는 국가가 궁극적인 승자가 될 것이다.

전투 개시!

---

26 Secretary of Defense, "Summary," 10.

제3장

# 빅데이터, 인공지능, 기계학습에 대한 미 해군의 노력

# 빅데이터, 인공지능, 기계학습에 대한 미 해군의 노력

윌리엄 브레이(William Bray), 데일 L. 무어(Dale L. Moore)

미 해군(DoN, Department of the Navy)의 전략 지침과 예산 계획은 빅데이터, 인공지능(AI), 기계학습(ML)이 전투 수행에 미칠 혁신적 영향을 인식하고 있다. 이러한 신흥 기술들을 적절히 적용하면 연구, 개발, 획득, 운용, 지속성의 전 주기에 걸쳐 정보를 제공하여 글로벌 위협에 대응하는 데 도움이 되는 보다 경제적이고, 즉각 대응 가능하며, 비용 효율적인 능력을 제공할 것이다.

현재 미 해군은 경쟁 우위를 유지할 수 있는 빅데이터, AI, 기계학습 솔루션의 연구, 개발, 배치에 주력하고 있다. 이러한 기술들은 미 해군에 중요한 기회를 제공하지만, 동시에 해양 분쟁의 미래, 성공에 필요한 새로운 능력, 그리고 이러한 핵심 능력을 우세한 해군력을 보장하는 데 필요한 규모와 속도로 어떻게 개발, 배치, 지원할 것인지에 대한 중요한 질문들을 제기한다.

미 해군은 변동성이 크고 불확실하며, 복잡하고 모호한 글로벌 전략 환경에서 작전을 수행하며, 시간이 지남에 따라 더욱 높은 수준의 작전 민첩성이 요구될 것이다. 동시에 전 세계적으로 첨단 기술이 가속화된 속도로 개발, 보편화, 배치되면서 경쟁 우위를 유지하기 위해 신속한 기술 도입과 혁신이 필요하게 되었다. 결과적으로 세계는 훨씬 예측하기 어려워지고 예상치 못한 혼란과 전략적 기습에 더 취약해지고 있다. 현재와 미래에 미 해군은 국가 안보를 위해 어떤 잠재적 위기 상황에도 즉각 대응할 수 있도록 전진 배치되고, 분산되어 있으며, 상시 준비 태세를 유지해야 한다.

이러한 배경 하에 미 해군은 '해양 우세 유지를 위한 전략 구상 2.0' (Design for Maintaining Maritime Superiority, Version 2.0, 이하 '전략 구상 2.0')에서 새로운 현실에 대한 전략적 대응을 제시한다. 이 전략적 대응은 "새로운 현실에 신속히 적응하고 긴급하게 대응할 필요성", "해군의 AI/기계학습 알고리즘 배치 노력을 전투 효과성, 훈련 체계, 그리고 조직 의사결정을 가장 크게 향상시킬 수 있는 영역에 집중", 그리고 "경쟁국들보다 더 빠르게 학습하고 적응할 수 있는 능력"을 최종 목표로 설정한다.[1]

이러한 도전에 대응하기 위해, 데이터는 합리적인 의사결정과 전략 수립을 가능케 하는 실행 가능한 정보의 근간으로 인식되고 있다. 군사 및 민간 영역에서 디지털 전환, 센서 기술, 통신 네트워크의 확장은 새로운 상황 인식과 예측 능력을 제공하고 있다. 첨단 센서, AI 알고리즘, 클라우드 및 엣지 컴퓨팅, 통합 플랫폼과 같은 신기술들은 데이터의 수집, 처리, 저장, 분석 능력을 획기적으로 향상시켰다. '전략 구상

---

1 Admiral John M. Richardson, USN, A Design for Maintaining Maritime Superiority, Version 2.0, December 2018, https://www.navy.mil/navydata/people/cno/Richardson/Resource/Design_2.0.pdf.

2.0'은 "전투 수행 조직의 전비태세 확립을 위한 기반으로 데이터 중심 의사결정 체계 구축"을 최우선 과제로 제시하고 있다.

현대 조직들은 신기술, 혁신적 플랫폼, 새로운 비즈니스 모델의 등장으로 인한 경쟁 심화에 대응하기 위해 끊임없이 노력하고 있다. 데이터 과학과 분석 기술의 발전은 기존의 경쟁 우위를 유지하기 어렵게 만들면서, 조직의 운영 방식을 근본적으로 변화시키고 있다. 군 역시 이러한 민간 부문의 동향을 주시하며, 민간 및 군사용 센서 네트워크에서 수집되는 점차 광범위한 출처의 데이터를 활용해야 할 필요성이 증대되고 있다. 이러한 다양한 센서 체계는 실시간 상황인식(Situational Awareness)과 예측 분석 능력을 제공함으로써, 분산해양작전(Distributed Maritime Operations)을 지원하는 포괄적인 작전 아키텍처 구현에 핵심적인 역할을 할 잠재력을 가지고 있다.[2]

대규모 데이터셋의 가치를 최대한 활용하기 위해, 기계학습 기술이 다양한 특정 상황의 응용 분야에서 개발되고 적용되고 있다. 이러한 대규모 데이터셋은 학습 알고리즘이 심층 신경망을 훈련시키는 데 사용할 수 있도록 체계적으로 정리되고 구조화되어야 한다. 신경망은 의도된 용도에 필요한 수의 층에 걸쳐 분산된 노드로 구성된다. 완전히 훈련되고 적절한 가중치가 부여되면, 이 노드들은 특정 질의에 대한 응답을 제공하기 위한 추론에 사용되는 작업 메모리 역할을 한다. 추론 알고리즘은 환경이나 질의의 데이터를 해석하여 중요한 특징들을 훈련된 신경망의 작업 메모리에 저장된 정보와 연관시킨다.

이러한 능력은 복잡하고 상호의존적인 실제 현상을 더 정확하게 해

---

2 For a compilation of articles related to the distributed maritime operations concept, see USNI News, https://news.usni.org/tag/distributed-maritime-operations.

석할 수 있어, 기존의 사전 프로그래밍되거나 물리 법칙에 기반한 컴퓨터 기술보다 상당한 이점을 제공한다. 결과적으로, 추론 알고리즘은 인간의 인지 능력과 동등하거나 궁극적으로는 이를 능가하는 속도로 복잡한 패턴 인식을 수행할 수 있는 특정 상황에 최적화된 인공지능(AI) 수준을 제공한다.[3] 인공지능은 사회 전체를 변화시킬 혁신적 기술이지만, 가장 중요하게는 점점 더 복잡하고 동적이며 고도로 분산된 해양 작전을 지원하기 위해 인간의 상황 인식과 의사결정을 증강하고 강화함으로써 전쟁 수행 방식을 근본적으로 변화시킬 것이다.

차세대 기술들을 종합적으로 고려할 때, 데이터 분석과 기계학습을 기반으로 한 인공지능(AI) 능력의 실전 도입이 가장 중요하고, 광범위한 영향을 미칠 것으로 예상된다. AI는 전쟁 수행의 본질을 근본적으로 변화시킬 것이며, 전투 능력의 개발, 배치, 지원에 대한 우리의 접근 방식뿐만 아니라 전쟁의 작전, 전술, 템포를 고려하는 방식에 있어 중대한 패러다임 전환을 요구할 것이다. AI 기반 기술은 함대와 해병대의 작전 범위를 확장하고, 상황 인식 및 정보 분석의 속도를 높이며, 적의 공세를 억지하고 대응하는 데 필요한 가장 효과적인 전략과 의사결정의 폭을 넓힐 것이다.

---

**3** Resources for learning about inference algorithms include "Developing Inference Algorithms," Edward Library, http://edwardlib.org/api/inference-development, and "Probabilistic Graphical Models 2: Inference," Coursera (Stanford University), https://www.coursera.org/lecture/probabilistic-graphical-models-2-inference/inference-summary-4ntRs.

## AI 지원 의사결정

AI 기술이 지속적으로 발전하고 성숙해지며 다양한 응용 분야에 널리 확산됨에 따라, 전례 없는 수준의 시스템 민첩성이 요구될 것이다. 정보 기술이 "기계 속도"의 작전을 가능하게 함으로써 시스템 및 복합 체계 수준의 민첩성은 빠르게 필수 능력이 되고 있다. 여기서 기계 속도란 컴퓨터 기반의 탐지, 상황 파악, 정보 분석, 상황 대응, 의사결정과 함께 거의 실시간으로 통신이 이루어지는 것을 의미한다. 기계 속도로 작전한다는 것은 인간의 인지 능력을 넘어서는 처리 속도를 말하며, 이는 매우 복잡하고 동적인 데이터의 분석, 해석, 추론에 필수적인 것으로 여겨진다. AI 기반 기술을 활용함으로써, 전투원들은 더 나은 정보를 얻고 전투에서 승리하는 데 필요한 속도로 결정을 내릴 수 있게 될 것이다.

AI 기반 의사결정의 적용 범위를 확장하기 위해, 존 보이드(John Boyd)의 복잡적응계와 OODA(Observe, Orient, Decide, Act: 관찰, 상황판단, 결심, 행동) 루프 모델에 관한 연구가 유용한 참고자료가 될 수 있다. 보이드는 경쟁 우위를 확보하기 위해 활용할 수 있는 복잡성 과학 기반의 의사결정 및 계획 패러다임을 인식하고 개발하여 명확히 표현했다. 이러한 개념들은 빅데이터, 인공지능, 기계학습의 적용을 통해 더욱 발전될 수 있다. 보이드는 자신의 연구에서 복잡한 전장 환경에서 상황을 정확히 파악하기 위해 다양한 분석 도구를 활용할 필요성, 작전적 우위를 확보하기 위해 적군보다 신속하게 행동할 필요성, 그리고 적의 작전 계획과 전략을 무력화하는 데 필요한 속도로 전장의 양상과 환경을 변화시킬 필요성을 강조했다.

보이드의 OODA 루프 의사결정 프레임워크가 그림 3-1에 제시되어 있다. 이 OODA 루프는 빅데이터, 인공지능, 기계학습을 적용할 중요한 기회를 제공한다. 이는 지속적인 피드백 루프 프로세스로 환경을 관찰하여 중요 데이터를 수집 및 선별하고, 의사결정을 지원하기 위해 작전 환경의 상황을 판단하며, 최종적으로 행동으로 이어지는 과정을 포함한다. 빅데이터, 인공지능, 기계학습을 적용한 OODA 루프를 의사결정 프레임워크로 활용하면, 환경 관찰에 더 광범위하고 시의적절한 상황 분석 도구를 제공하고, 상황판단 단계에서 더 복잡한 패턴과 추세를 평가 및 해석할 수 있으며, 인간/기계 기반 의사결정 지원 또는 적절한 경우 자율적 의사결정을 위한 통계 기반 권장사항을 제공할 수 있다. 결심이 이루어지면 이를 실행하고 지속적으로 관찰하여 새로운 정보가 수집되고 평가됨에 따라 조정을 위한 피드백을 제공할 수 있다.[4]

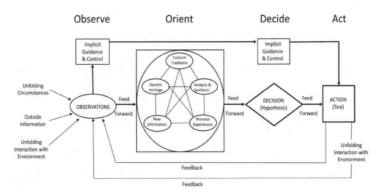

그림 3-1. 존 보이드(John Boyd)의 OODA 루프(OODA Loop)

4 Grant T. Hammond, The Mind of War: John Boyd and American Security (Washington, DC: Smithsonian Institution, 2001); Frans P. B. Osinga, Science, Strategy, and War (New York: Routledge, 2006).

미래 전장에서 데이터는 더 광범위하게 사용 가능해지고 놀라운 속도와 규모로 수집될 수 있어, 작전 영역과 경계를 넘어 더 총체적이고 전략적인 관점을 제공할 것이다. 데이터는 점점 더 복잡하고 동적으로 변화하여 실시간 분석과 시각화가 필요해질 것이며, 이를 통해 인간—기계 인터페이스에서 종합된 정보를 쉽게 해석할 수 있는 형태로 제공할 것이다. 궁극적으로 빅데이터 분석, 인공지능, 기계학습은 전쟁의 모든 수준과 영역에 걸쳐 의사결정에 영향을 미칠 수 있는, 전장 환경에 적합한 속도로 작전상의 마찰과 불확실성을 이해하고 대응할 수 있는 잠재력을 제공할 것이다.

## 글로벌 AI 경쟁력 평가

보스턴 지역에 본부를 둔 미래생명연구소(Future of Life Institute)는 26개국의 AI 전략과 6개의 국제 AI 전략이 이미 발표되었거나 발표 준비 중이라고 보고했다.[5] 이러한 전략들의 영향과 함의로는 적대국의 증가하는 안보 위협과 동맹국 및 파트너국과의 협력 기회 양면에서 우리의 국가안보에 중대한 영향을 미친다는 것이다. 조직들이 이러한 새롭고 혁신적인 능력을 개발, 배치, 확산시키는 속도가 궁극적으로 누가 주도국이 되고 누가 추종국이 될지를 결정짓는 근본적인 요소가 될 것이다.[6]

---

5 The Future of Life Institute states that its mission is: "To catalyze and support research and initiatives for safeguarding life and developing optimistic visions of the future, including positive ways for humanity to steer its own course considering new technologies and challenges," and it also functions as an advocacy group as well as a research institute; see https://futureoflife.org/team/.
6 Future of Life Institute, "National and International AI Strategies," https://future

2016년 국방과학위원회(Defense Science Board)의 자율성에 관한 하계 연구는 인공지능 발전에 힘입어 급속히 부상한 자율 능력에 대한 "경각심" 평가를 제공했다. 이 연구는 인공지능의 발전으로 촉진된 자율성이 가치 측면에서 "변곡점"에 도달했다고 결론지었다. 자율 능력은 점점 더 보편화되어 동맹국과 적대국 모두가 쉽게 획득할 수 있게 되었다. 따라서 이 연구는 국방부가 자율성 활용을 가속화하는 동시에 적대국의 자율 능력에 대응하기 위한 준비를 즉각 취해야 한다고 권고했다.[7]

이러한 행동 촉구에는 국방부의 자율 능력 도입 가속화, 자율성에 대한 작전 요구 강화, 그리고 국방부 임무에 활용 가능한 기술 범위 확대에 초점을 맞춘 포괄적인 권고사항이 포함되었다. 자율 능력의 도입을 가속화하기 위해 국방과학위원회는 공학 및 획득 과제, 신뢰성 구축 및 무결성 보장 관련 문제, 사이버 회복력, 시험평가, 그리고 교리 및 새로운 작전개념에 영향을 미치는 기술 도입 등을 다루는 광범위한 권고사항을 제시했다.

2017년 하버드 케네디 스쿨 벨퍼 과학국제문제연구소(Harvard Kennedy School Belfer Center for Science and International Affairs)는 미국 정보고등연구기획국(Intelligence Advanced Research Projects Activity)의 의뢰로 "인공지능과 국가안보"에 관한 연구를 수행했다. 이 연구는 AI에 대한 민간 부문의 투자가 미국 정부의 투자를 크게 초과하며, 이는 미국 국가안보에 중대한 함의를 지닌다고 강조했다. 보고서는 "AI의

oflife.org/national- international-ai-strategies/.

7 Department of Defense, Defense Science Board, Defense Science Board Summer Study on Autonomy, June 9, 2016, 96, https://www.hsdl.org/?view&did=794641.

미래 발전이 핵무기, 항공기, 컴퓨터, 생명공학과 대등한 수준의 변혁적 국가안보 기술이 될 잠재력이 있다"고 밝혔다.[8] 군사적 관점에서 AI는 새로운 능력을 발전시킬 뿐만 아니라, 이러한 능력을 더 광범위한 행위자들이 쉽게 이용할 수 있게 만들어 약소국과 테러리스트들에게 자율 시스템, 감시 활동, 사이버 등의 영역에서 훨씬 더 강력한 능력을 제공할 수 있다.[9]

2017년 7월 20일, 중국 정부는 2030년까지 AI 분야에서 세계 선두를 차지하기 위한 국가 AI 전략인 "차세대 인공지능 발전 계획(A Next Generation Artificial Intelligence Development Plan)"을 발표했다.[10] 이 포괄적인 국가 계획은 경제 및 군사 목적을 위한 광범위한 인공지능 능력을 개발하기 위한 중국의 상세한 접근 방식을 제시한다. 중국은 AI의 전략적 기회를 포착하여 경쟁 우위를 확보하고, 혁신 능력을 가속화하여 군사력과 경제적 영향력 측면에서 중국을 세계 최고 수준으로 끌어올리는 과학 기술 분야의 글로벌 강국이 되는 데 초점을 맞추고 있다. 이 계획은 2020년, 2025년, 2030년을 목표로 하는 야심찬 국가 목표를 수립하고, 차세대 AI 능력을 위한 광범위한 연구개발 프로그램을 포함하며, 모든 분야에서 혁신을 주도할 수 있는 인프라와 전문 인력 양성에 중점을 두고 있다.[11]

---

8  Greg Allen and Taniel Chan, Artificial Intelligence and National Security (Cambridge, MA: Harvard Kennedy School, Belfer Center for Science and International Studies Study, July 2017), 1, https://www.belfercenter.org/sites/default/files/files/publication/AI%20NatSec%20-%20final.pdf.

9  Allen and Chan, 13-15, 25.

10  A translation by Graham Webster et al. appears on the website China Copyright and Media, edited by Roger Creemers; https://chinacopyrightandmedia.wordpress.com/2017/07/20/a-next-generation-artificial-intelligence-development-plan/.

이러한 글로벌 동향에 대응하여, 2개월도 채 지나지 않아 블라디미르 푸틴(Vladimir Putin) 대통령은 러시아의 AI 기술 추구 의지를 공개적으로 선언하며 "이 분야의 선두주자가 세계를 지배할 것"이라고 강조했다.[12] 이후 러시아 국방부는 러시아 연방 교육과학부 및 러시아 과학아카데미와 협력하여 글로벌 AI 발전 현황을 평가하고 러시아의 전략적 투자와 계획을 수립하기 위한 회의를 개최했다. 그 결과, 국방부 관계자들은 민관 협력을 활용하고 핵심 연구개발 활동에 초점을 맞춘 10개 항목의 전략 계획을 발표했다. 2019년 1월 15일, 푸틴 대통령은 러시아 연방 정부와 관련 기관들에게 인공지능 개발을 위한 국가 전략 제안서를 수립하고 제출하도록 지시했다.[13]

2019년 1월, 당시 국가정보국장 대니얼 R. 코츠(Daniel R. Coats)는 이 첨예한 글로벌 경쟁 상황을 다음과 같이 명확히 설명했다. "인간의 인지 능력을 모방하는 인공지능(AI) 개발을 위한 글로벌 경쟁은 국가 안보에 영향을 미치는 고도로 특화된 AI 시스템의 개발을 가속화할 것으로 예상된다." 그는 또한 "AI 강화 시스템은 점점 더 높은 수준의 자

11 Gregory C. Allen, Understanding China's AI Strategy: Clues to Chinese Strategic Thinking on Artificial Intelligence and National Security (Washington, DC: Center for a New American Security, February 2019), https://s3.amazonaws.com/files.cnas.org/documents/CNAS-Understanding-Chinas-AI-Strategy-Gregory-C.-Allen-FINAL-2.15.19.pdf.

12 "'Whoever Leadsi in AI Will Rule the World': Putin to Russian Children on Knowledge Day," RT, September 1, 2017, https://www.rt.com/news/401731-ai-rule-world-putin/.

13 Samuel Bendett, "Here's How the Russian Military Is Organizing to Develop AI," Defense One, July 20, 2018, https://www.defenseone.com/ideas/2018/07/russian-militarys-ai-development-roadmap/149900/; Samuel Bendett, "Putin Orders Up a National AI Strategy," Defense One, January 31, 2019, https://www.defenseone.com/technology/2019/01/putin-orders-national-ai-strategy/154555/?oref=d-river.

율성과 의사결정 능력을 부여받게 될 것이며, 이는 세계에 경제, 군사, 윤리, 개인정보 보호 등 다양한 도전 과제를 제시할 것"이라고 설명했다. 더불어 "다수의 고급 AI 시스템 간 상호작용은 경제적 오판이나 전장에서의 전술적 기습을 증가시킬 수 있는 예측 불가능한 결과를 초래할 수 있다"고 덧붙였다. 이는 미국의 국가 안보에 대한 위협이 다차원적으로 확대되고 있는 상황에서 나온 중요한 발언이다.[14]

동시에 2019년 1월, 의회조사국(Congressional Research Service)의 "AI와 국가 안보" 보고서는 AI를 상업 투자자, 국방 전문가, 정책 입안자, 국제 경쟁자들의 주목을 받고 있는 급성장 기술 분야로 규정했다. 이 보고서는 중국이 2020년까지 210억 달러 이상의 핵심 AI 산업을 육성하고자 하며, 2030년까지 "전략적 주도권을 확고히 장악"하고 AI 투자에서 "세계 최고 수준"에 도달할 것이라고 분석했다. 보고서에 따르면 2016년 미국 기술 기업들은 약 200억~300억 달러를 AI에 투자했으며 2025년까지 1,260억 달러 규모로 성장할 것으로 전망한 반면, 국방부의 비기밀 AI 지출은 2017년 기준 8억 달러 이상일 것으로 추정했다.[15]

글로벌 AI 경쟁은 경제, 통신, 안보, 의료, 환경, 그리고 전반적인 연구 개발 분야에 광범위하고 중대한 영향을 미치고 있다. 세계지적재산기구(World Intellectual Property Organization)의 "2019년 기술 동향 보

---

14 U.S. Congress, Select Committee on Intelligence, "Annual Threat Assessment— Opening Statement by the Honorable Dan Coats, Director of National Intelligence," January 29, 2019, https://www.dni.gov/index.php/newsroom/congressional-testimonies/item/1949-dni-coats-opening-statement-on-the-2019-worldwide-threat-assessment-of-the-us-intelligence-community.
15 Congressional Research Service, Artificial Intelligence and National Security, R45178 (Washington, DC: Congressional Research Service, updated January 30, 2019), https://www.hsdl.org/?view&did=821457.

고서: AI"는 이러한 경쟁의 규모와 방향성을 다음과 같이 평가했다. "인공지능이 처음 등장한 1950년대 이후 혁신가와 연구자들은 약 34만 건의 AI 관련 발명에 대한 특허를 출원하고 160만 건 이상의 과학 논문을 발표했다. 특히 주목할 만한 점은 AI 관련 특허 출원의 급격한 증가세로 확인된 발명의 절반 이상이 2013년 이후에 공개되었다는 것이다."[16]

## 미국의 국가 인공지능 지침, 전략 및 계획

인공지능이 국가안보와 경제 경쟁력에 미칠 중대한 영향을 예상하여 국가과학기술위원회(National Science and Technology Council)는 2016년 10월 "국가 인공지능 연구개발 계획"을 발표했다. 이 계획은 AI 관련 과학기술적 요구사항을 식별하기 위한 고수준 프레임워크를 정의하고 7가지 전략을 제시했다.[17] 이 전략들은 인간－기계 협력, 윤리적 · 법적 · 사회적 영향, 안전 및 보안, 공공 데이터셋, 실험 및 평가 환경, 표준 및 성능 지표, 그리고 연구개발 인력의 요구사항에 대한 투자를 다루었다.

동시에 국가과학기술위원회는 "인공지능의 미래 준비" 보고서를 발간했다. 이 보고서는 기관 간 협력을 강화하고, 기술 및 정책에 대한

---

16 World Intellectual Property Organization, WIPO Technology Trends 2019: Artificial Intelligence, 2019, 13, https://www.wipo.int/edocs/pubdocs/en/wipo_pub_1055.pdf.
17 National Science and Technology Council, Networking and Information Technology Research and Development Subcommittee, The National Artificial Intelligence Research and Development Strategic Plan, October 2016, https://www.mtrd.gov/pubs/national_ai_rd_strategic_plan.pdf.

자문을 제공하며, 산업계·학계·연방정부 전반에 걸친 인공지능 기술 개발 현황을 점검하기 위한 목적으로 작성되었다. 이어 2016년 12월에는 대통령 집행실이 "인공지능, 자동화 및 경제" 보고서를 통해 AI 기반 자동화가 미국의 고용 시장과 경제에 미치는 영향을 심도 있게 분석하고 이에 대한 정책적 대응 방안을 제시했다.[18]

2017년 12월 발표된 국가안보전략서(National Security Strategy)는 연구, 기술, 발명, 혁신 분야에서의 리더십을 강조했다. 국가안보전략서는 미국의 경쟁우위 유지를 위해 경제 성장과 안보에 중요한 신흥 기술, 특히 데이터 과학, 첨단 컴퓨팅 기술, 인공지능 등을 우선시해야 한다고 명시했다. 또한 국가안보전략은 인공지능 분야의 급속한 발전을 언급하며, 경쟁국들이 개인 및 상업 정보를 AI와 기계학습 기반의 정보수집 및 데이터 분석 능력과 통합함에 따라 미국 국가안보에 대한 위험이 증가할 것이라고 경고했다.[19]

2019년 2월 11일 서명된 행정명령 13859는 미국의 인공지능 우위를 유지하기 위해 "미국 인공지능 이니셔티브"를 수립했다. 이 행정명령은 인공지능과 관련된 5가지 원칙을 기반으로 하며, 이는 혁신적 돌파구 창출, 적절한 기술 표준 개발 및 안전한 실험과 배치에 대한 장애요인 제거, 현재와 미래 세대의 인력 양성, 국민의 신뢰와 확신 구축, 그리고 미국의 AI 연구와 혁신을 지원하는 국제 환경 조성을 포함한다.[20]

18 National Science and Technology Council, Committee on Technology, Preparing for the Future of Artificia Intelligence, October 2016, https://obamawhitehouse. archives.gov/sites/default/files/whitehouse_files/microsites/ostp/NSTC/prepar.
19 The White House, National Security Strategy of the United States of America, December 2017, 12-13, https://www.whitehouse.gov/wp-content/uploads/ 2017/12/NSS-Final-12-18-2017-0905.pdf.

2019년 6월, 국가과학기술위원회는 "국가 인공지능 연구개발 전략 계획: 2019 업데이트"를 발표했다. 이 계획은 2016년에 제시한 8가지 전략의 중요성을 재확인하면서 연방정부와 학계, 산업계, 기타 비연방 주체, 그리고 국제 동맹국 간의 효과적인 전략적 파트너십의 중요성을 강조하고 기술적 돌파구를 창출하고 그러한 혁신을 신속하게 작전 능력으로 전환하는 것을 목표로 하는 9번째 전략을 추가했다.[21] 이 전략을 통해 인공지능 전반에 대한 연구개발 투자 포트폴리오와 경제 성장 촉진, 국가 안보 강화, 국민의 삶의 질 향상을 위한 통합된 접근이 가능한 구체적인 목표가 수립되었다.

## 국방부/해군 인공지능 전략

### 국가방위전략(National Defense Strategy)

2018년 1월 발표된 국가방위전략은 안보 환경이 "급속한 기술 발전과 전장 양상의 변화에 영향을 받고 있다"고 분석했다. 이 전략은 첨단 컴퓨팅, 빅데이터 분석, 인공지능, 자율 시스템, 로봇공학, 지향성 에너지 무기, 극초음속 무기, 생명공학 등을 주요 신흥 기술로 식별했다. 특히 인공지능을 "미래 전장에서의 승리를 보장할" 핵심 기술 중 하나로 강조했다. 미군은 이미 프로젝트 메이븐(Project Maven)이라는

---

20  Executive Office of the President, Executive Order 13859, "Maintaining American Leadership in Artificial Intelligence, February 11, 2019, https://www.federal register.gov/documents/2019/02/14/2019-02544/maintaining-american-leader ship-in-artificial-intelligence.

21  National Science and Technology Council, Select Committee on Artificial Intelligence, The National Artificial Intelligence Research and Development Strategic Plan: 20 19 Update, https://www.nitrd.gov/pubs/National-AI-RD-Strategy-2019.pdf.

첨단 전략 사업을 통해 AI 시스템을 전투 작전에 통합하고 있으며, 이 프로젝트는 AI 알고리즘을 활용하여 이라크와 시리아에서 수집된 정보자산을 분석하고 적 표적을 식별하는 데 사용되고 있다.[22]

### 국방부 인공지능 전략

국방부 인공지능 전략(2018)은 국방부가 국가 안보 보호에 필수적인 "이러한 변혁을 주도하는 데 필요한 긴급성, 규모 및 통합된 노력을 추진하는" 강력하고 기술적으로 진보된 능력을 위해 AI 도입을 가속화할 것을 강조한다. 이 전략의 중추적 역할을 담당하는 합동 AI 센터 (JAIC, Joint AI Center)는 AI의 잠재력을 탐구하고, 그 함의를 연구하며, 국방에 미치는 영향을 평가하는 과정을 시작하도록 임무를 부여받았다. 이러한 맥락에서 "AI는 통상적으로 인간의 지능을 요구하는 작업 – 예컨대 패턴 인식, 경험 기반 학습, 결론 도출, 예측 또는 행동 수행 – 을 디지털 방식으로 또는 자율 물리 시스템의 스마트 소프트웨어로서 수행하는 능력"을 지칭한다.[23] 이 전략은 다면적 접근법을 제시하며, 이는 핵심 임무 수행을 위한 AI 기반 능력 구현, 분산 개발과 실험을 가능케 하는 공통 기반을 통한 국방부 전반의 AI 영향력 확

22 Secretary of Defense, Summary of the 2018 National Defense Strategy of the United States of America, 2018, 3, https://dod.defense.gov/Portals/1/Documents/pubs/2018-National-Defense-Strategy-Summary.pdf. On Project Maven, see Cheryl Pellerin, "Project Maven to Deploy Computer Algorithms to War Zone by Year's End," DoD News/Defense Media Activity, July 21, 2017, https://dod.defense.gov/News/Article/Article/1254719/project-maven-to-deploy-computer-algorithms-to-war-zone-by-years-end/.
23 Department of Defense, Summary of the Department of Defense Artificial Intelligence Strategy: Artificial Intelligence," February 11, Harnessing AI to Advance Our Security 5, and Prosperity, https://media.defense.gov/2019/Feb/12/2002088963/-1/-1/1/SUMMARY-OF-DOD-AI-STRATEGY.PDF.

대, 선도적 AI 인력 양성, 상업, 학술, 국제 동맹국 및 파트너와의 협력, 그리고 군사 윤리와 AI 안전성 분야에서의 주도권 확보 등을 포함한다.

### 해군참모총장의 해양 우세 전략

2018년 12월, 해군참모총장(CNO, Chief of Naval Operations)은 "해양 우세 유지를 위한 전략 구상 2.0"을 발표했다. 이 문서는 미 해군의 전략적 우위에 대한 도전, 21세기 글로벌 해양 경쟁의 본질과 범위, 그리고 급격한 변화를 초래하는 기술 발전을 인정했다. 이러한 도전에 대응하기 위해 전략 구상은 해군이 더욱 기동성을 갖추고, 지속 가능한 방식으로 경쟁하며, 해양 분쟁의 고강도 영역을 통제할 수 있는 합동군의 일원으로서 전투를 수행할 수 있어야 한다고 요구한다. 이는 산업계, 학계, 연구 기관과의 전략적 파트너십을 통해 달성되어야 하며, 특히 분산해양작전(Distributed Maritime Operations)을 지원하기 위해 인공지능과 기계학습의 적용을 가속화하는 신속 추진 계획을 요구한다.[24]

## 인공지능 기술 리더십

### 국방고등연구계획국(DARPA) AI 기술 개발

1990년대부터 국방고등연구계획국(DARPA, Defense Advanced Research Projects Agency)은 대규모 데이터셋의 패턴 분석, 자연어 처리, 자율주행차 및 기타 응용 프로그램을 지원하는 기술 등에 인공지능과 기계학

[24] Richardson.

습 기술을 활용하기 시작했다. 당면한 과제는 새로운 상황에 적응할 수 있는 능력을 위해 필요한 방대한 양의 데이터와 결과를 설명할 수 있는 능력이었다. 이러한 문제를 해결하기 위해 DARPA는 "AI Next" 캠페인이라는 20억 달러 이상의 다년간 프로그램을 추진하여 AI가 인간과 협력하여 어려운 문제를 해결할 수 있도록 하고 있다.

DARPA의 광범위한 AI 투자는 미국의 전략적 우위를 유지하는 것을 목표로 한다. 이러한 투자는 AI를 혁신적 능력의 다음 단계로 발전시키는 데 필수적이며, 여기에는 상황 인식 및 협업 능력의 향상과 전자전 및 사이버전 응용 등 여러 중요한 국가 안보 영역에 초점을 맞추는 것이 포함된다. DARPA는 또한 설명 가능성에 중점을 둔 차세대 알고리즘과 기술을 개발하고 있다. 이를 통해 핵심 기술과 방법론이 성숙해지면 광범위한 중요 국가 안보 및 군사 작전 분야에서 AI 적용을 크게 확장할 수 있을 것으로 기대하고 있다. 보완적 투자로서 DARPA는 의미 있는 적용과 실전 배치를 위해 AI 연구, 개발 및 배치를 더욱 가속화하기 위한 인공지능 탐색 프로그램을 실행하고 있다.[25]

## 정보고등연구계획국(IARPA) AI 기술

정보고등연구계획국(IARPA, Intelligence Advanced Research Projects Activity)은 미국 국가정보국장실(ODNI, Office of the Director of National Intelligence) 산하 조직으로, 정보 커뮤니티(Intelligence Community)가 직면한 가장 어려운 도전 과제들을 해결하기 위해 고위험, 고수익 연구 및 기술 프로젝트에 중점을 둔다. IARPA는 다양한 연구에 자금을

---

25 Defense Advanced Research Projects Agency, "AI Next Campaign," undated web posting, https://www.darpa.mil/work-with-us/ai-next-campaign.

지원하고 공개 도전 과제를 수행하여 인공지능과 기계학습을 포함한 첨단 기술을 개발하고 활용한다.

AI/기계학습 분야의 최근 진행 중인 연구에는 인간의 인지 능력 강화 및 개발, 이상 징후 탐지 및 예측, 지정학적 사건 예측, 음성 및 문자 추출과 번역, 빅데이터 분석 및 데이터 융합 기술, 영상 스트림과 다중 분광 센싱을 통한 3D 렌더링, AI/기계학습 시스템의 보안 및 기만 방지 개선 등이 포함된다. IARPA는 AI/기계학습 훈련과 개선을 가속화하는 한편, 새로운 기술의 영향과 여러 분야에 걸친 출현을 이해하기 위한 여러 노력을 기울이고 있다.

AI/기계학습 기술은 복잡한 상황을 이해하고 행동 패턴, 생물학적 변화, 건설 현장의 물리적 변화, 그리고 주요 관심 표적의 이동을 포함한 행동 및 활동 패턴을 식별하는 데 적용되고 있다. IARPA는 또한 뇌의 독특한 패턴 인식 능력을 역설계하여 연산 능력을 향상시키는 데 초점을 맞추고 있다. 이를 통해 복잡하고 불확실한 작전 환경에서 지속적으로 수집되는 정보를 적응적으로 처리하여 사건, 활동, 움직임에 의미를 부여하고 이해할 수 있게 한다.[26]

## 해군 연구개발 프레임워크

2017년 7월 해군연구소(ONR, Office of Naval Research)는 미 해군과 해병대의 해양 패권 유지를 위해 기술적 우위 확보가 필수적이라는 인

---

26 Office of the Director of National Intelligence, "The AIM Initiative: A Strategy for Augmenting Intelligence Using Machines," January 16, 2019, https://www.dni.gov/index.php/newsroom/reports-publications/item/1940-the-aim-initiative-a-strategy-for-augmenting-intelligence-using-machines; IARPA, "Research Programs," web post, https://www.iarpa.gov/index.php/research-programs.

식 하에 "차세대 해군 및 해병대 가속화를 위한 프레임워크"를 발표했다.[27] 이 프레임워크는 빅데이터 분석, 인공지능, 기계학습의 부상하는 역량을 인정하고, 인공지능 기술과 기법을 해군 및 국가안보 문제에 적용하기 위해 인공지능, 인지과학, 자율화, 인간 중심 컴퓨팅 분야의 기초 및 응용 연구에 중점을 두고 있다. 연구, 이론, 응용 간의 연계와 적응형, 지능형, 상호작용형, 지각형 시스템을 포함한 인공지능 기법의 전체 스펙트럼을 활용하는 실증 프로젝트 수행에 기술적 중점을 두고 있다.

## 해군의 핵심 역량 강화를 위한 재정 투자

해군(DoN, Department of the Navy)의 2020 회계연도(FY, fiscal year) 예산안은 2,056억 달러로, 2019 회계연도 제정 예산 대비 95억 달러(4.6%) 증가했다. 이 증액 예산은 해군의 경쟁 우위를 회복하고 더 크고 강력한 전력을 갖추기 위한 것이다. 해군 2020 회계연도 예산은 장거리 극초음속 타격, 무인 항공기 및 함정, 함정 탑재 레이저, 신속 시제품 제작, 빅데이터 분석, 인공지능, 사이버 보안뿐만 아니라 다차원 분쟁 대응을 위한 지휘, 통제, 통신, 컴퓨터, 정보(C4I, command, control, communications, computers, and intelligence) 체계 개발에 중점을 둔다.

해군은 핵심 기술 성숙을 가속화하고 특히 빅데이터, 분석, 인공지능, 기계학습이 제공하는 역량을 강화하기 위해 무인 시스템에 대규

---

27 Office of Naval Research, "Naval Research and Development: A Framework for Accelerating to the Navy & Marine Corps After Next," 2017, https://www.onr.navy.mil/en/our-research/naval-research-framework.

모 투자를 하고 있다. 이러한 무인 시스템에는 무인 수상정/함(USV, Unmanned Surface Vehicle/Vvessel), 무인 잠수정(UUV, Unmanned Undersea Vehicle), 무인 항공 시스템, 무인 항공기가 포함된다. 개발 사항으로는 미래 수상 전투함 전략의 일환인 USV 부문 가속화, UUV, MQ−25 스팅레이(Stingray), 지속적인 해상 정보·감시·정찰(ISR, intelligence, surveillance, and reconnaissance)을 제공하는 MQ−4C 트라이톤(Triton), 그리고 장시간 정찰 임무를 위해 중고도에서 작전하도록 설계된 단발 터보프롭 엔진의 원격 조종 항공기인 MQ−9 등이 있다.[28]

## 우수한 AI 해양 역량 가속화

장기적 관점에서 해군 프로그램의 AI/기계학습 적용의 폭과 범위를 예측하기는 어렵다. 그러나 새로운 적용 분야의 광범위한 출현과 민간 및 군사 분야 개발 속도의 가속화를 고려할 때, 그 영향은 심오할 것으로 예상된다. AI/기계학습을 개발, 전개 및 활용하기 위한 새로운 아키텍처, 방법론, 기술, 도구 및 전략이 만들어짐에 따라 새롭고 불안정한 역량의 출현은 불가피하다. 클라우드 컴퓨팅, 전 세계적으로 널리 퍼진 사물인터넷 감지, 5G 및 궁극적으로 6G 무선 통신, 생성적 및 적대적 AI, 양자 기계학습과 같은 발전 기술 간의 시너지 효과는 민간 및 군사 영역 모두의 경계와 경쟁 구도를 근본적으로 변화시킬 것이다.[29]

28 Department of the Navy, "FY 2020 President's Budget"(submitted 2019), Navy Live, www.navylive.dodlive.mid/readiness/Budget.
29 A concise definition for "the Internet of Things" is "the interconnection via the Internet of computing devices embedded in everyday objects, enabling them to send and receive data."("사물 인터넷"이란 "일상적인 사물에 내장된 컴퓨터 장치를 인터넷으로 상호 연결하여 데이터를 주고받을 수 있도록 하는 것"을 말한다.)

오늘날 우리는 금융 부문이 기계 속도로 AI 알고리즘을 활용하여 막대한 자원 거래에서 우위를 점하는 것을 목격하고 있으며, 여기서 이익 실현이나 손실 흡수의 차이는 밀리초 단위로 결정된다. 우리는 민간 부문이 비용 절감과 효율성 제고, 규모에 맞는 작전 효과 향상을 위해 자율 시스템을 적극적으로 도입하고 있는 것을 보고 있다. 기술의 경계와 한계가 다음 단계로 확장되고 도입 장벽이 해소됨에 따라 AI/기계학습의 광범위한 적용이 예상된다.

우리는 인간에게 혼돈으로 보일 수 있는 상황을 이해하는 지능형 역량의 개발을 목격하고 있으며, 겉보기에 이질적이고 무관해 보이는 데이터에서 심층적이고 광범위한 패턴이 식별, 탐색 및 활용되고 있다. 사회의 거의 모든 것이 정량적 또는 정성적 형태로 디지털화됨에 따라 행동 분석 및 예측, 신규 및 부상 패턴 식별, 예측 능력은 점점 더 향상될 것이다. 모바일 및 클라우드 컴퓨팅의 결과로 이러한 역량의 상당 부분이 널리 사용 가능해지고, 사회에 이점과 위험이 공존하는 투명성의 시대를 열어줄 것이다.

해군에게 AI/기계학습의 발전 과정을 이해하고, 개발을 주도하며, 도입을 가속화하는 것은 필수 불가결하다. AI/기계학습은 연구개발 수행 방식, 시스템 및 통합 전투력 분석 · 시험 · 평가 방법, 제조 및 생산 조직 · 분배 · 관리 방식, 실시간 군수 지원 체계 관리, 체계 내 각 전력 자산의 기여 가치를 최적화하는 고도로 복잡하고 동기화된 함대 및 해병대 작전, 전방 배치 및 미국 본토 내 군수 · 전투 지속 지원 조율 등 전체 수명주기에 걸쳐 획기적인 영향을 미칠 것이다.

단기적으로 AI/기계학습 능력은 인간 통제 의사결정을 보장하는 강력한 인간−기계 상호 작용을 통해 구현되고 배치될 것이다. 시간이 지남에 따라 신뢰도가 높아지며 AI/기계학습 알고리즘이 설명 가능하고 예측 가능해짐에 따라 더 많은 자율 작전이 가능해질 것이다.

AI/기계학습은 결국 모든 작전 영역에서 널리 사용될 것이다. 궁극적으로 AI/기계학습 능력이 성숙하고 점점 더 강력하고 예측 가능해짐에 따라 도덕적, 법적, 윤리적 제약의 한계 내에서 자율 무기 체계에 권한을 부여하는 것 외에는 선택의 여지가 거의 없을 것이다. 시간이 지남에 따라 해양 작전은 AI/기계학습 능력과 이를 지원하는 방대한 데이터 저장소에 점점 더 의존하게 될 것이다. 우리는 이제 AI 체계가 적 AI 체계와 직접 경쟁하여 우위를 다투는 알고리즘 전쟁의 시대로 진입하고 있다. 다수의 무인 체계가 포함된 복합 영역 작전은 기계의 속도로 고도로 조정되고 최적화될 것이다. AI 체계는 복합 영역 일대일 교전에서 실시간으로 적 AI 체계를 압도하기 위해 지속적으로 새로운 전략과 전술을 탐색하고 가상으로 시험할 것이다.

## 속도와 규모에 부합하는 인공지능 역량 확보를 위한 노력

국방부(Department of Defense)와 해군(Department of the Navy)은 국가안보 요구사항과 동맹국 및 파트너에 대한 공약을 이행하는 데 있어 빅데이터 분석, 인공지능, 기계학습이 가져오는 중대한 패러다임 전환을 명확히 인식하고 있다. 현재 우리는 미래 전쟁의 본질을 근본적으로 변화시킬 대규모 변혁의 시작점에 서 있을 뿐이다. 단기적으로는 인간−기계 상호작용에서의 상호보완성을 활용하고 인간과 기계 각각의 장점을 극대화하여 시너지 효과를 창출하는 데 중점을 둘 것이다. 이러한 조건에서 정보가 집계되고, 종합되며, 의사결정을 위해 제시될 때 인간은 이 과정에 직접 개입하게 된다. 중기적으로 AI 기반 자율 시스템은 비살상 및 비핵심 작전 영역에서 인간의 개입과 상호작용 필요성을 줄여나갈 것이다. 이러한 시스템의 신뢰성, 신뢰도, 능력이 입증되고 전투 상황에서의 적합성과 경쟁력이 확인됨에 따라 자율 능력은 점진적으로 확대될 것이다. 장기적으로 AI 능력에 대한 이해가 깊어지고 예측 가능성과 성능이 향상됨에 따라 자율성 수준은 국방 정책과 적절한 교전규칙의 범위 내에서 증가할 것이다. 글로벌 경쟁국들이 AI 능력을 적극 활용함에 따라 해군은 시스템 및 체계 간 성능에 대한 신뢰를 유지하면서 동시에 작전 속도와 치명성 면에서 우위를 확보해야 할 것이다.

근본적으로 이는 존 보이드(John Boyd)의 선견지명 있는 연구의 기반이 된 복잡적응계 및 예측계의 특성들이다. 해군은 다양하고 복잡한 네트워크를 활용하여 데이터를 통합 및 분석함으로써 급변하는 불확실한 환경에서 적시에 작전적 통찰력과 예측을 제공하고, 이에 민첩하게 대응할 수 있는 우수한 전투 능력을 유지해야 한다. 빅데이터, 인공지능, 기계학습이 명확한 경쟁 우위를 제공할 수 있는 분야가 바로 이러한 중요한 전투 응용 영역이다. 이는 특히 전장의 불확실성 속에서 신속한 OODA 루프 의사결정이 요구되는 더욱 복잡하고 역동적인 임무 영역에서 더욱 그러하다.

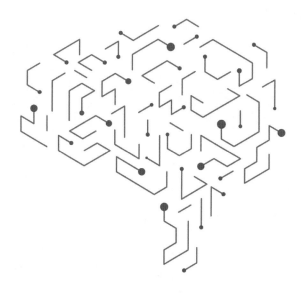

제4장

# 중대한 기로에 선 해군
## 해군의 불균형한 자율 시스템 도입

# 중대한 기로에 선 해군
## 해군의 불균형한 자율 시스템 도입

폴 샤레(Paul Scharre)

미 해군은 중대한 기로에 서 있다. 해전의 양상이 변화하고 있으며, 해군은 인공지능(AI), 로봇공학, 자율성을 수용하거나 경쟁국들에 뒤처질 위험을 감수해야 한다. 군사 로봇 혁명은 이제 3번째 10년을 맞이하고 있으며, 미국은 초기의 우위를 대부분 낭비했다. 2000년대 중반, 미 해군은 무인 시스템 분야의 선구자로서 X-47B 무인전투항공체계 실증기(UCAS-D, Unmanned Combat Air System Demonstrator)와 같은 혁신적인 실험 프로그램으로 장벽을 하나씩 깨뜨렸다. X-47B은 항공모함에 자율적으로 착륙하고 자율 공중급유를 시연한 최초의 무인항공기였다.[1] 해군의 UCAS-D는 고위협 환경에서 항모의 작전 반경을 확장하고 해군의 전략적 중요성을 강화할 수 있는 새로운 자율

---

[1] 인간이 탑승한 항공기에서 기본 기술이 시연된 적은 있지만 무인 항공기로는 X-47이 최초로 시연되었다. "X-47B UCAS Makes Aviation History…Again! Successfully Completes First Ever Autonomous Aerial Refueling Demonstration," Northrup Grumman corporate website, https://www.northropgrumman.com/Capabilities/X47BUCAS/Pages/default.aspx.

무인항공기 시대를 열 것으로 기대되었다. 그러나 그러한 시대는 실현되지 않았는데, 이는 불가능해서가 아니라 해군이 눈앞의 기회를 잡지 못했기 때문이다. 미래의 도전에 적응하기 위해서는 해군이 먼저 내부의 문화적 장애물을 극복해야 한다.

## 인공지능과 자율 시스템: 발전적 관계

데이터와 컴퓨팅 능력의 기하급수적 증가에 힘입어, 기계는 점점 더 지능적이고 자율적으로 운용될 수 있게 발전하고 있다. 원격 조종 무인기와 지상 로봇의 전술적 이점으로 시작된 군사 로봇 혁명은 이제 전 세계적인 AI 혁명으로 진화했다. 기계학습의 발전으로 AI 시스템은 5년 전에는 상상할 수 없었던 수준의 인식, 패턴 식별, 예측, 최적화 및 기타 작업을 수행할 수 있게 되었다.

전 세계 국가들은 더욱 고도화된 자율 로봇 시스템과 다양한 임무에 활용 가능한 지능형 기계를 구현하는 AI 혁명을 선점하기 위해 노력하고 있다. AI는 전기나 컴퓨터와 같은 범용 기반 기술로 광범위한 군사적 용도를 가지고 있다. 다른 장에서 논의된 바와 같이, 예측 정비를 위한 AI는 비용을 절감하고 전비태세를 개선할 수 있다. AI는 에너지 효율을 높이고, 작전 수행 과정을 최적화하며, 군수 지원을 개선하고, 데이터 분석과 의사결정 능력을 향상시킬 수 있다. 또한 AI는 지원 및 전투 기능에서 더욱 고성능의 무인 플랫폼을 가능하게 할 것이다. 중국과 같은 경쟁국들이 AI를 군사 분야에 적극 도입하고 있어, 해군도 이에 대응하기 위해 같은 노력을 기울여야 한다.[2] 그러나 지난 20년간

---

2 Elsa B. Kania, Battlefield Singularity: Artificial Intelligence, Military Revolution, and

로봇 시스템에 대한 해군의 경험은 미래 우위 확보를 위해 극복해야 할 여러 과제를 보여주고 있다.

다른 장의 세부적인 논의를 보완하기 위해, 이 장에서는 무인 체계의 도입에 초점을 맞출 것이다. 이는 이러한 체계들이 AI의 주요 "사용자"가 될 것이며, AI 기술 발전에 따라 그 능력과 유용성이 확장될 것이라는 전망에 기반한다. 일부 AI 개발자들은 인공지능이 자율성을 통해서만 진정한 잠재력을 발휘할 수 있다고 주장하기도 한다.[3]

## 자율성 도입의 불균형

해군 내에서 로봇공학과 자율 시스템의 도입은 불균형적으로 이루어졌으며, 잠수함, 수상함, 항공 부대 간에 주목할 만한 차이가 있다. 잠수함 부대는 지난 20년 동안 무인 잠수정(UUV, Uninhabited Undersea Vehicle)을 열정적으로 수용해 왔으며, 첫 번째 "UUV 마스터 플랜"은 2000년에 발표되었다.[4] (이후의 계획들은 결국 기밀로 분류되었다.[5])

China's Future Military Power (Washington, DC: Center for a New American Security, November 28, 2017), https://www.cnas.org/publications/reports/battlefield-singularity-artificial-intelligence-military-revolution-and-chinas-future-military-power.

3 한 평론가는 이러한 견해를 다음과 같이 표현한다: "의사 결정권이 없는 AI는 AI가 아니다." Torben Friehe, "How Much Autonomy Is Too Much Autonomy for AI?" TNW, November 18, 2017, https://thenextweb.com/contributors/2017/11/18/much-autonomy-much-ai/.

4 Barbara Fletcher, "UUV Master Plan: A Vision for Navy UUV Development," Space and Naval Warfare Systems Center D744, 2000, https://apps.dtic.mil/dtic/tr/fulltext/u2/a397124.pdf.

5 Mark Pomerleau, "DoD Plans to Invest $600M in Unmanned Underwater Vehicles," Defense Systems, February 2, 2016, https://defensesystems.com/articles/2016/02/04/dod-navy-uuv-investments.aspx.

예산 제한 기간 동안에도 해군은 UUV 개발을 지속했으며, 시간이 지남에 따라 크기가 증가하는 시험함을 제작했고, 현재 개발 중인 새로운 오르카(Orca) 초대형 무인 잠수정에 이르렀다. 해군의 현재 계획에는 2020 회계연도에 무인잠수정(UUV)을 위해 3억 5,900만 달러가 포함되어 있으며, 2019년부터 2024년 사이에 다양한 크기의 UUV 191대를 배치할 의도를 가지고 있다(소형 UUV에 더 많은 수량이 배정됨). 잠수함 부대는 또한 기뢰 제거, 정찰 및 기타 역할을 포함한 다양한 임무에서 UUV를 활용하는 새로운 작전개념을 꾸준히 혁신해 왔으며, 2017년에 해군은 최초의 전담 무인잠수정(UUV) 부대인 무인잠수정 1전대(Unmanned Undersea Vehicle Squadron One)를 창설했다.[6]

무인수상정(USV, Unmanned Surface Vehicle)의 도입은 상대적으로 느리게 진행되었는데, 이는 복잡한 해상 환경에서 안전한 자율 운용을 보장하기 위한 기술적 과제가 더 크기 때문이다. 국방고등연구계획국(DARPA)의 씨 헌터(Sea Hunter) 무인수상정 개발 성공은 USV 기술 발전의 획기적인 전환점이 되었으며, 향후 해군의 USV 투자 확대를 위한 기반을 마련했다.[7] DARPA의 대잠전 연속 추적 무인선박(ASW

---

6 Joseph Trevithick, "The U.S. Navy Has Created Its First Ever Underwater Drone Squadron," The Drive, September 28, 2017, https://www.thedrive.com/the-war-zone/14733/the-us-navy-has-created-its-first-ever-underwater-drone-squadron; U.S. Navy Submarine Force Pacific Command, website for Unmanned Undersea Vehicles Squadron ONE (UUVRON-1), https://wvww.csp.navy.mil/csds5/Detachments/Detachment-Unmanned-Undersea-Vehicles/.

7 씨 헌터(Sea Hunter)는 DARPA의 대잠수함전 연속 추적 무인정 프로그램(Anti-Submarine Warfare Continuous Trail Unmanned Vessel program)을 통해 레이도스가 개발했다. Alexander M. G. Walan "Anti-Submarine Warfare (ASW) Continuous Trail Unmanned Vessel (ACTUV) (Archived)," DARPA website, https://www.darpa.mil/program/anti-submarine-warfare-continuous-trail-unmanned-vessel. 씨 헌터는 이후 지속적인 테스트와 개발을 위해 해군에 인도되었다. "ACTUV 'Sea Hunter' Prototype Transitions to Office of Naval Research for Further Development," DARPA website, January

Continuous Trail Unmanned Vessel) 프로그램의 일환으로 개발된 132피트(약 40m) 길이의 삼동선 씨 헌터는 2019년 초 샌디에고에서 하와이까지 자율 항해에 성공했다. 이 과정에서 장비 점검을 위한 최소한의 승선을 제외하고는 전적으로 무인으로 운용되었다.[8] 2020 회계연도 예산안에서 해군은 USV 기술 활용을 위한 중요한 계획을 제시했다. 2020년부터 2024년까지 37억 달러를 투자하여 씨 헌터급 중형 무인수상정(MUSV, Medium USV)과 새로운 대형 무인수상정(LUSV, Large USV) 시험함 개발을 추진하고자 했다.[9] 해군은 2024년까지 10척의 LUSV 시험함 확보 계획을 밝혔으며, 이는 길이 200~300피트(약 61~91m), 배수량 약 2,000톤 규모의 무인함으로 구상되고 있다.

중형 무인수상정(MUSV)과 대형 무인수상정(LUSV) 모두 모듈식 설계로 임무에 따라 페이로드를 재구성할 수 있도록 개발될 예정이다. 그러나 MUSV는 우선적으로 정보·감시·정찰(ISR, Intelligence, Surveillance, and Reconnaissance) 및 전자전(electronic warfare) 임무를 수행하도록 설계될 것이다. 반면 LUSV는 기존 수상 전투함의 화력을 증강하기 위해 대함 및 대지 미사일로 무장될 예정이다.[10] LUSV의 도입으로 해군은 비용 효율적인 방식으로 '아스널 함(arsenal ship)' 개념을 실현할 수

30, 2018, https://www.darpa.mil/news-events/2018-01-30a.

8 "Sea Hunter Reaches New Autonomy Milestone," Naval News, February 4, 2019, https://www.navalnews.com/naval-news/2019/02/sea-hunter-usv-reaches-new-autonomy-milestone/.

9 Department of the Navy, "Highlights of the Department of the Navy FY2020 Budget," March 12, 2019, https://www.secnav.navy.mil/fmc/fmb/Documents/20pres/Highlights_book.pdf; Ronald O'Rourke, Nary Large Surface and Undersea Unmanned Vehicles: Background and Issues for Congress, R45757 (Washington, DC: Congressional Research Service, updated September 18, 2019), 8-10, https://fas.org/sgp/crs/weapons/R45757.pdf.

10 O'Rourke, 11-13.

있게 되었다. 이는 다량의 미사일을 탑재한 무인 플랫폼으로, 유인 함정과 무인 수상정의 최적 조합을 통해 355척 규모의 함대를 구축하는 데 핵심적인 역할을 할 것으로 기대된다.[11] USV 기술이 자율 항해 능력을 실증할 만큼 발전함에 따라, 해군의 수상함 분야는 이러한 혁신적 기술의 잠재력을 전면적으로 활용할 준비가 되어 있는 것으로 보인다. 이는 해군 전력 구조의 중대한 변화를 예고하고 있다.

초기의 기술적 성과에도 불구하고, 해군 항공전력은 무인항공기 운용에 있어 더 복합적인 성과를 보였다. 무인항공기는 정보·감시·정찰(ISR) 같은 지원 기능에는 운용되었지만, 기존의 유인 항공기와 경쟁할 수 있는 환경에서는 운용되지 않았다. 해군은 ISR을 위한 고고도 장기체공 무인항공기인 MQ-4C 트라이튼(MQ-4C Triton, RQ-4 글로벌호크의 해상 버전)에 대규모 투자를 진행했으며, 70대의 항공기를 구매하기 위해 프로그램 수명 기간 동안 170억 달러 이상을 투자할 예정이다.[12] 해군은 이미 트라이튼을 작전에 투입했으며, 2019년 6월에는 호르무즈해협 상공을 비행하던 중 이란의 지대공 미사일에 의해 격추되었다.[13] 해군이 P-8 포세이돈(P-8 Poseidon)과의 "유·무인 협업"을

11 Sydney J. Freedberg, "Robot Wolfpacks: The Faster, Cheaper 355-Ship Fleet," Breaking Defense, January 22, 2019, https://breakingdefense.com/2019/01/robot-wolfpacks-the-faster-cheaper-355-ship-fleet/.
12 U.S. Department of Defense, Selected Acquisition Report(SAR): MQ-4C Triton Unmanned Aircraft 2017, FY2019 President's Budget), December https://www.esd.whs.mil/Portals/54/Documents/FOID/Reading%20Room/Selected_Acquisition_Report F-1016_DOC_68_Navy_MQ-4C_Triton_SAR_Dec_2017.pdf; U.S. Department of Defense, Comprehensive Selected Acquisition Reports for the Annual 2018 Reporting Requirement as Updated by the President's Fiscal Year 2020 Budget, March 11, 2019, 4, 7-8, 10, 21, https://media.defense.gov/2019/Aug/01/2002165676/-1/-1/1/DEPARTMENT-OF-DEFENSE-System (as of SELECTED-ACQUISITION-REPORTS-(SARS)-DECEMBER-2018.PDF.
13 Phil Stewart, "U.S. Drone Shot Down by Iranian Missile in International Airspace:

통해 트라이톤을 해상 감시에 통합한 것은 한때 야심차게 추진했던 항공모함 기반 무인 전투기 계획을 철회한 것과 대조를 이룬다.[14]

2000년대 후반, 미 해군은 혁신적인 무인 항공 체계 도입을 통해 미래 전장에 대비하고 있었다. 2006년 4년 주기 국방검토(QDR, Quadrennial Defense Review)에서는 "공중급유 능력을 갖춘 장거리 항모 탑재형 무인항공기 개발"을 요구했다. 이는 전투 반경 확대, 탑재량 증가, 발사 옵션 다양화, 그리고 해군의 작전 지속성 향상을 목표로 했다. 이에 따라 해군 무인전투항공체계(N-UCAS, Navy Unmanned Combat Air System) 프로그램이 시작되었다. 이 프로그램의 핵심은 스텔스 성능과 장거리 작전 능력을 갖춘 무인 전투기를 개발하여 항모 전단이 경쟁적 환경에서도 전력 투사가 가능하도록 하는 것이었다.[15] 특히 무인 침투 정찰 및 타격 항공기는 단순한 성능 향상을 넘어 미래 고위협 환경에서 항공모함의 전략적 가치를 유지하는 데 필수적인 요소로 인식되었다.[16]

U.S. Source,"Reuters, June 20, 2019, https://www.reuters.com/article/us-mideast-iran-usa-shootdown/u-s-drone-shot-down-by-iranian-missile-in-international-airspace-u-s-source-idUSKCN1TL0IR.

14 Otto Kreisher,"Navy's Triton UAV Passes Full-Motion Video to P-8 During Flight Test,"USNI News, June 23, 2016, https://news.usni.org/2016/06/22/triton-uav-passes-full-motion-video-p-8-flight-test; Northrup Grumman,"MQ-4C Triton: Vigilance for a Changing World," https://www.northropgrumman.com/MediaResources/MediaKits/Avalon/Documents/Triton_Brochure.p

15 U.S. Department of Defense, Quadrennial Defense Review Report, February 6, 2006, https://archive.defense.gov/pubs/pdfs/QDR20060203.pdf, 46.

16 Bryan Clark et al., Regaining the High Ground at Sea: Transforming the U.S. Navy's Carrier Air Wing for Great Power Competition (Washington, DC: Center for Strategic and Budgetary Assessments, December 14, 2018), https://csbaonline.org/research/publications/regaining-the-high-ground-at-sea-transforming-the-u.s.-navys-carrier-air-wi; Jerry Hendrix, Retreat from Range: The Rise and Fall of Carrier Aviation (Washington, DC: Center for a New American Security, October 2015), https://www.cnas.org/publications/reports/retreat-from-range-the-rise-and-fall-of-carrier-aviation.

해군은 UCAS — D(Unmanned Combat Air System Demonstrator, 무인전투항공체계 실증기) 프로그램을 통해 기술 성숙도를 높였고, 2013년에는 항공모함에서의 자율 이착륙에 성공하는 등 주요 기술적 난관을 극복했다. 그러나 이러한 성과에도 불구하고, 2011년과 2012년의 요구사항 재검토 과정에서 N — UCAS의 원래 비전은 점차 변경되었다. 당초 계획했던 스텔스 침투 정찰 및 타격 항공기 개념은 비교적 안전한 공역에서 운용되는 ISR(Intelligence, Surveillance, and Reconnaissance, 정보·감시·정찰) 드론 수준으로 그 역할이 축소되었다.[17]

결과적으로 항모 탑재형 무인기 계획은 MQ — 25 스팅레이(MQ — 25 Stingray) 개발로 귀결되었다. 스팅레이의 주 임무는 기존 유인 항공기에 대한 공중급유이며, 부차적으로 ISR 임무를 수행한다. 해군은 2024년까지 스팅레이의 초기 작전 능력 확보를 목표로 하고 있으며, 향후 항모 탑재형 전투기 논의는 MQ — 25의 실전 운용 경험을 축적한 후로 미루어졌다.[18] 해군이 2020년대 후반에 경쟁적 환경에서 운용 가능한 스텔스 전투 드론 계획을 재개한다 하더라도, 이미 20년의 시간을 허비함으로써 해군 항공 전력 발전이 한 세대 뒤처지는 결과를 초래했다.

---

17 Jeremiah Gertler, History of the Navy UCLASS Program Requirements: In Brief (Washington, DC: Congressional Research Service, August 3, 2015), https:// fas.org/sgp/crs/weapons/R44131.pdf.
18 U.S. Department of the Navy, "Highlights of the Department of the Navy FY2020 Budget"; Sam LaGrone, "Navy Has No Plans to Develop Lethal Carrier UAV Before MQ-25 A Hits Flight Decks," USNI News, May 22, 2019, https://news.usni.org/ 2019/05/22/navy-has-no-plans-develop-lethal-carrier-uav-before-mq-25a- hits-flight-decks.

## 자율 플랫폼 도입의 장애 요인

해군의 각 분야에서 무인 및 로봇 시스템 도입 차이의 원인은 무엇일까? 적의 정밀 타격 체계로 인해 해군의 항공, 수상 및 수중 전력이 위협받는 상황에서, 로봇공학과 자율 시스템의 작전상 필요성은 모든 해양 영역에서 명백하다. 무인 체계는 해군에게 더 넓은 작전 반경과 지속성을 제공하여, 지휘관들의 상황 인식을 개선하고 일시적 표적에 대한 신속한 대응을 가능하게 한다. 그러나 잠수함과 수상함 전력이 기술 성숙에 따라 무인잠수정(UUV)과 무인수상정(USV)의 기회를 활용한 반면, 해군 항공 전력은 오히려 시간이 지남에 따라 목표를 하향 조정하는 반대 방향으로 움직였다.

해군이 현재 MQ−25를 항모 갑판 운용에 통합한 경험을 쌓은 후에야 무인 전투기를 고려하겠다는 입장은 5년 전보다 후퇴한 것이다. 해군은 이미 항모 갑판 운용에 사용되던 두 대의 X−47 시제기를 보유하고 있었고, 이를 통해 무인기의 항모 항공단 통합 방안을 더 잘 연구할 수 있었을 것이다. 그러나 해군은 UCAS−D(무인전투항공체계 실증기) 프로그램을 종료하고, 수천 시간의 비행 시간이 남아있음에도 불구하고 항공기를 퇴역시켰다.[19]

신규 프로그램은 종종 기존 우선순위와 예산 경쟁을 하지만, 예산 압박만으로는 해군 항공이 항모 기반 드론 프로그램을 의도적으로 축소한 결정을 충분히 설명할 수 없다. UUV, USV 또는 MQ−4C 트라

---

**19** Sam LaGrone, "NAVAIR: Aerial Refueling Will End X-47B Test Program, Salty Dogs Bound for Museums or Boneyard," USNI News, April 14, 2015, https://news.usni.org/2015/04/14/navair-aerial-refueling-will-end-x-47b-test-program-salty-dogs-bound-for-museums-or-boneyard.

이튼과 같은 다른 해군 로봇 프로그램들도 기존의 유인 플랫폼과 예산 경쟁을 한다. 해군은 무인 체계에 대한 지출을 줄이고 추가적인 유인 잠수함, 수상함 또는 해상 초계기를 구매할 수도 있었다. 그러나 모든 경우에 해군은 무인 체계가 기존의 유인 플랫폼을 보강하는 비용 효율적인 방법이라고 판단하여 이에 투자했다. 로봇 체계는 설계에 따라 여러 장점을 가질 수 있으며, 종종 유인 플랫폼보다 더 긴 체공 시간, 더 먼 작전 반경, 또는 더 낮은 운용 비용을 제공한다. 또한 인명 위험 없이 더 위험한 임무를 수행할 수 있다. "유·무인 복합 운용"에 로봇 체계를 도입하면 모든 군사 영역에서 전투 효과를 크게 향상시킬 수 있다.

스텔스 항공기도 예외가 아니며 공군은 전력 증강을 위해 스텔스 ISR(정보·감시·정찰) 드론에 투자했다. 항모 기반 스텔스 전투기에도 동일한 논리가 적용되며, 실제로 작전상의 필요성은 더욱 절실하다.

## 항공모함의 가치 저하

원거리에서 지속적으로 기동 표적을 추적할 수 있는 침투 능력을 갖춘 장거리 스텔스 드론이 없다면, 항공모함은 시간이 지날수록 그 유용성이 감소하는 "가치 하락 자산"이 될 것이다.[20] 현재 계획된 단거리 유인기인 F/A-18E/F와 F-35C는 공중급유를 받더라도 고위협 환경에서 전력 투사에 필요한 충분한 작전 반경을 확보하지 못했다.[21]

---

20 Andrew F. Krepinevich, "The Pentagon's Wasting Assets," Foreign Affairs 88, no. 4 (July/August 2009): 18-33, https://www.foreignaffairs.com/articles/united-states/2009-07-01/pentagons-wasting-assets.
21 Hendrix.

더 긴 작전 반경을 가진 무인기가 없다면, 중국과 같은 고도의 경쟁 국과의 분쟁 초기 단계에서 항공모함의 전략적 가치가 크게 감소할 것이다. 중국은 체계적으로 장거리 대함 탄도미사일과 항공기 발사 순항 미사일에 투자해 왔으며, 이로 인해 미국 항공모함은 현재 탑재 항공기의 유효 작전반경을 넘어선 더 먼 거리에서 운용해야 할 것이다.[22] 제로섬 예산 환경에서도, 해군이 130억 달러짜리 항공모함을 계속 건조하는 것보다 무인 전투기 개발을 위해 하나 이상의 항공모함 건조를 포기하는 것이 훨씬 더 합리적일 것이다. 그러나 항모 기반 항공기와 다른 로봇 프로그램 사이에는 중요한 차이점이 있으며, 이는 해군이 기회를 놓치고 오히려 능력이 떨어지는 항공기로 계획을 축소한 이유를 설명할 수 있다.

항모 갑판 공간은 제한적이기 때문에, 다른 영역보다 더 심각하게 전통적인 유인기와 무인기 사이에 직접적인 제로섬 상충관계가 존재한다. 해군은 각 항공전대에 추가로 탑재할 수 있는 항공기 수가 제한적이며(항공기의 "주기 크기"에 따라 대략 5-6대), 그 이상 추가하려면 기존 항공기를 제거해야 한다. 이는 공간 제약이 그리 심각하지 않은 지상 기반 항공기, 수중 또는 수상 함정의 경우와는 다르다. 조종사들은 여전히 무인 항모 기반 항공기를 지휘하겠지만, 항모 내 원격 조종석에서 이를 수행할 것이다. 결과적으로 "유·무인 복합 운용" 항공기 팀이 더 효과적인 항모 항공단을 구성하더라도, 이는 해군 조종사들의 군사 작전 수행 방식을 크게 변화시킬 것이다. '탑건'은 트레일러로 대

---

22 Kelley Sayler, Red Alert: The Growing Threat to U. S. Aircraft Carriers (Washington, DC: Center for a New American Security, February 2016), https://www.cnas.org/publications/reports/red-alert-the-growing-threat-to-u-s-aircraft-carriers.

체될 것이다. 이러한 변화의 문화적 영향은 쉽게 무시할 수 없으며, 실제로 공군에서도 볼 수 있듯이 드론 조종사들은 지난 20년간의 전쟁에서 전투기 조종사들보다 훨씬 더 높은 작전 가치를 지녔음에도 불구하고 이등 조종사 취급을 받고 있다.[23]

## 문화적 저항

군 조종사들이 자신들의 핵심 문화를 크게 위협하는 변화에 저항하는 것은 당연한 일이다. 역사적으로 이와 유사한 사례는 많이 있다.[24] 군 또는 병과의 핵심 정체성을 변화시키는 주요 기술적 전환 — 예를 들어 돛에서 증기 추진으로, 기마에서 기갑으로, 또는 항공기의 도입 — 은 종종 강한 저항에 부딪혔다. 일부 혁신은 단순히 군인들의 임무 수행 방식을 바꾸는 데 그치지 않고, 수병, 기병, 또는 조종사로서 그들이 가진 핵심적인 직업 정체성을 근본적으로 변화시킨다. 함정 갑판에서 임무를 수행하던 것이 기관실에서 엔진을 관리하는 것으로, 말을 타던 것을 전차 내부의 좁은 공간에서 작전을 수행하는 것으로, 전투기를 직접 조종하던 것이 지상의 원격 조종실에서 무인기를 운용

---

23 예를 들어 공군 드론 조종사는 현대 작전에서 더 핵심적인 역할을 수행함에도 불구하고 전투기 및 폭격기 조종사와 동일한 훈장을 받을 자격을 얻지 못했다. 또한 상위 계급으로 진급하는 비율도 동일하지 않았다. See Brian Everstine, "USAF to Give RPA Crews Prominent Awards," Air Force Magazine, September 24, 2018, http://www.airforcemag.com/Features/Pages/2018/September%202018/Prominent-Awards-Coming-Soon-for-RPA-Crews.aspx; John Vandiver, "Promotion Rates Improving for Air Force Drone Pilots, GAO Says," Stars and Stripes, February 8, 2019, https://www.stripes.com/news/promotion-rates-improving-for-air-force-drone-pilots-gao-says-1.567839.
24 Paul Scharre, "How to Lose the Robotics Revolution," War on the Rocks, June 29, 2014, https://warontherocks.com/2014/07/how-to-lose-the-robotics-revolution/.

하는 것으로 바뀌는 변화는 단순한 업무 내용의 변경이 아니다. 이는 군인들의 정체성 중심에 있는 직무의 근본적인 변화를 의미한다. 흥미로운 점은 이러한 정체성이 실제 직무가 사라진 후에도 오랫동안 유지된다는 것이다. 오늘날의 '함 승조원'들은 사실상 엔지니어들이며, 더 이상 돛대를 오르거나 밧줄을 다루지 않는다. 현대 육군의 '기병'들은 여전히 전통을 상징하는 스테트슨 모자와 박차를 의례적으로 착용하지만, 실제 말을 이용한 작전은 이미 여러 세대 전에 육군 기병 부대에서 사라졌다.

미군 내에서 정체성과 관련된 직무가 로봇 차량으로 대체되는 것에 대한 문화적 저항의 다른 사례들도 예상대로 존재한다. 육군 의무병과는 생명을 구할 수 있다 하더라도 로봇 차량을 사용한 부상자 후송을 강력히 반대해 왔다.[25] 반면 육군과 같은 전담 전투 의료후송 조직이 없는 해병대는 생명을 구할 수 있다면 기꺼이 로봇 차량을 사용해 부상자를 후송하겠다고 밝혔다. 육군과 해병대는 동일한 기술에 접근할 수 있고 같은 작전상의 필요성을 가지고 있다. 차이점은 육군에는 단순히 부상 병사 후송이라는 임무 수행뿐만 아니라, 의료진을 위험 지역에 투입하여 부상자를 후송하는 특정한 방식과 연관된 정체성을 가진 조직이 있다는 것이다. 교전 지역으로 의무헬기를 보내 부상 병사를 후송하는 것은 단순한 업무가 아니라 육군 의료후송 부대원들의 정체성과 정신의 핵심이다. 부상자 후송에 로봇을 사용하는 것은 임무 효과성을 향상시킬 수 있더라도 그들의 정체성을 위협하는 임무 수행

---

25 Paul Scharre, "Let Behind: Why It's Time to Draft Robots for CASEVAC," War on the Rocks, August 12, 2014, https://warontherocks.com/2014/08/left-behind-why -its-time-to-draft-robots-for-casevac/.

방식의 변화를 의미한다. 로봇 항공기에도 같은 논리가 적용된다. 더 넓은 작전 반경과 체공 시간을 제공함으로써 조종사의 임무 수행 능력을 향상시킬 수 있지만, 조종사의 임무 수행 방식을 근본적으로 변화시킨다. 드론 조종사도 조종사이지만, 유인기 조종사와는 다른 유형으로 인식되며, 적어도 현재 미군에서는 동등한 지위를 인정받지 못하고 있다. 이러한 갈등 구조는 유인 잠수함과 수상함을 대체하지 않고 보완하는 역할을 하는 무인잠수정(UUV)과 무인수상정(USV)에는 존재하지 않는다.

## AI와 군사 혁명

이러한 문화적 변화에 저항하는 사람들은 단순히 자기 이익을 위해서가 아니라, 기존 방식의 이점에 대한 진정한 애착 때문에 그렇게 한다. 심리학 연구에 따르면, 사람들은 자신의 정체성을 위협하는 새로운 정보를 거부하는 인지적 편향을 가지고 있다.[26] 이는 AI 혁명을 활용하는 데 있어 주요한 장애물이 된다. 로봇공학, 자율 시스템, 인공지능은 군사 작전의 모든 측면에서 가치가 있을 것이다. 실제로 무인 플랫폼의 수많은 이점은 더 지능적인 기계가 가져올 혜택의 일부에 불과하다.

시간이 지남에 따라 AI는 컴퓨터나 전기처럼 군사 작전에서 보편적으로 사용될 것이다. 일부 경우에 AI와 로봇공학은 군대가 동일한 임

---

26 Dan M. Kahan et al., Motivated Numeracy and Enlightened Self-Government, Yale Law School, Public Law Working Paper No.307, June 5, 2017, https://papers.ssrn.com/sol3/papers.cfm?abstract_id=2319992.

무를 더 효과적이거나 효율적으로 수행할 수 있게 할 것이다. 이는 오늘날 공중 ISR(정보·감시·정찰)에서 볼 수 있는데, 드론의 주요 이점은 더 긴 체공 시간으로 표적 지역에 대한 지속적인 감시가 가능하다는 것이다. 그러나 AI의 진정한 변혁적 잠재력은 다른 혁신적 기술과 마찬가지로 같은 일을 더 잘하는 것이 아니라 근본적으로 다르게 수행하는 데 있다. 더 긴 창은 군사적 이점이 있었지만, 화기로의 전환은 혁명적이었다.

군사 역사는 이러한 혁명들로 점철되어 있는데, 새로운 기술의 도입이 새로운 전투 방식을 가능하게 하여 전투 작전을 근본적으로 변화시킨다. 각각의 경우에 단순히 새로운 기술의 도입만으로 전쟁의 혁명이 일어나는 것이 아니라 기술과 새로운 교리, 조직, 전투 개념의 결합이 그러한 혁명을 일으킨다.

따라서 이러한 기회를 최대한 활용하기 위해서는 단순히 새로운 기술을 도입하는 것만으로는 불충분하다. 만약 새로운 기술이 무인 항공기를 사용하여 유인 전투기에 공중급유를 하는 것과 같이 기존의 전쟁 수행 방식을 개선하는 데 그친다면, 그 이점은 제한적일 것이다. MQ-25 스팅레이(Stingray) 항공기를 항모 항공전대에 추가하는 것은 항공전대의 전투력을 향상시키고, 기존 F/A-18E/F와 F-35C의 작전 반경을 어느 정도 확장할 것이다. 그러나 이러한 변화는 점진적인 수준에 그칠 것이며, 중국과 같은 고도의 경쟁국에 대항하여 항공전대가 필요로 하는 작전 범위와 지속성을 제공하기에는 충분하지 않을 것이다.

진정으로 변혁적인 전투 우위는 군대의 전투 수행 방식 자체를 변화시킬 때 얻을 수 있다. 그러나 이러한 변화가 군사 문화의 근간을 흔들 경우, 군 내부의 일부 요소들로부터 저항을 받을 수 있으며, 이는 해당

군의 전투 효과성을 저해할 수 있다. 역사적으로 전쟁의 혁명적 변화에 적응하지 못한 군대는 인명 손실, 전투 패배, 심지어 전쟁 패배라는 큰 대가를 치렀다.

## AI 혁명을 앞서가기

맥스 부트(Max Boot)는 그의 군사 혁명에 관한 포괄적인 역사서 '전쟁의 새로운 모습(War Made New)'에서 1588년 영국 해군이 스페인 무적함대를 격파한 유명한 사례를 소개한다. 양국 함대는 모두 당시 해전에 새롭게 도입된 함포를 탑재하고 있었지만, 영국은 함포의 효과를 극대화하기 위해 함선 설계, 조직, 전술을 전면 개편한 반면, 스페인 해군은 여전히 적선에 접근하여 승선 후 백병전을 벌이는 전통적 전술에 의존했다. 영국은 단순히 새로운 기술을 도입하는 데 그치지 않고 이를 활용해 전투 방식을 혁신하고 함대 전체를 함포 중심으로 재편성했다. 그 결과 영국 함대는 스페인보다 3분의 1 더 많은 화력을 보유했고, 전투에서 영국 포수들의 함포 운용 효율이 더 높았다. 이는 스페인 무적함대의 참패와 스페인 제국 쇠락의 시발점이 되었다.[27]

전쟁은 전투 효과성의 궁극적인 검증대이며, 미국이 AI 혁명의 잠재력을 활용하지 않더라도 다른 국가들은 반드시 그렇게 할 것이다. 이러한 추세를 이끄는 기반 기술은 이미 광범위하게 확산되어 있고, 세계화

---

27 Max Boot, War Made New: Weapons, Warriors, and the Making of the Modern World (New York: Gotham Books, 2006), 26-49. See also discussion in Sam J. Tangredi, Anti-Access Warfare: Countering A2/AD Strategies (Annapolis, MD: Naval Institute Press, 2013), 110-17, for a concise Magazine, September 24, discussion of the operational differences in the armada battles.

되어 있으며, 상용화되어 있어 제한하거나 통제하기 어렵다. 현재 90개 이상의 국가와 다수의 비국가 단체들이 무인항공기를 보유하고 있으며, 무인 지상 및 해상 플랫폼도 급속히 확산되고 있다. 해군은 선제적으로 레이저와 전자전 등 대드론 기술에 투자하고 있으며, 2019년 7월에는 전자전 기술을 이용해 이란 드론을 격추한 것으로 보고되었다.[28]

AI 혁명에서 우위를 점하기 위해 해군은 새로운 기술이 제공하는 기회를 적극 활용하고, 시제품을 개발하며, 혁신적인 전투 개념을 실험해야 한다. 가장 큰 이점은 기술이 군의 작전 수행 방식을 근본적으로 변화시키는 영역에서 나타날 것이다. 이러한 기회를 포착하기 위해서는 군 인력의 정체성에 대한 문화적 인식의 전환이 필요하며, 특정 임무 중심의 정체성에서 더 포괄적인 임무 중심의 정체성으로 이동해야 한다. 조종사의 임무는 단순히 항공기를 조종하는 것이 아니라 공중 영역에서 전력을 투사하는 것이어야 하며, 마찬가지로 함 승조원의 임무는 돛을 다루는 것이 아니라 함정을 효과적으로 운용하는 것이어야 한다.

AI 혁명의 초기 단계인 현재, 우리는 아직 군사적 우위를 위해 AI 기술을 활용하는 최적의 방법을 알지 못한다. AI를 가장 효과적으로 활용하는 방법을 발견하기 위해서는 시제품 개발, 실험, 워게임의 반복적인 과정이 필요할 것이다. 이러한 노력을 통해 미 해군은 과거의 영광만큼이나 지배적인 해양력의 미래를 확보할 수 있을 것이다. 그러나 이 모든 것의 전제 조건은 해군이 변화에 대해 개방적인 자세를 갖는 것이다.

---

28 Mosheh Gains, Courtney Kube, and Adam Edelman, "U.S. Marines Jam an Iranian Drone in Gulf, Destroying It," NBC News, July 19, 2019, https://www.nbcnews.com/politics/national-security/trump-says-u-s-navy-ship-shot-down-iranian-drone-n1031451.

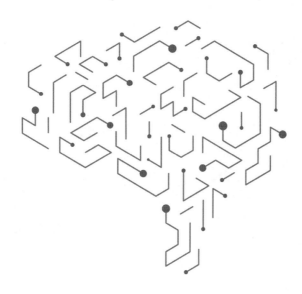

제5장
# 잠재적 군사 경쟁국들의
# AI 프로그램

## 가설 및 정책 제언

제 5 장

# 잠재적 군사 경쟁국들의 AI 프로그램
## 가설 및 정책 제언

샘 J. 탕그레디(Sam J. Tangredi)

인공지능은 러시아뿐 아니라 전 인류의 미래를 좌우할 것입니다. 이는 엄청난 기회를 제공하지만, 동시에 예측하기 어려운 위협도 수반합니다. 이 분야를 선도하는 국가가 결국 세계를 주도하게 될 것입니다.

> – 블라디미르 푸틴(러시아 대통령), 2017년 9월 1일[1]

인공지능 기술은 국가 기반 시설과 사회 안보 체계를 정확히 감지하고, 예측하며, 조기 경보할 수 있는 능력을 제공합니다. 이는 사회 안정을 효과적으로 유지하는 데 필수불가결한 요소입니다. 우리의 목표는 다중 요소, 다중 영역을 포괄하는 고효율의 군민 융합형 AI 체계를 구축하는 것입니다. 이를 위해 AI 기술의 군민 양용(兩用) 전환을 촉진하고, 지휘통제(C2), 군사 시뮬레이션, 국방 장비, 전투 지원 등의 분야에서 차세대 AI 기술을 강화할 것입니다. 또한, 국방 분야에서 개발된 AI 기술의 민간 부문 응용을 적극 추진하겠습니다.

> – 중화인민공화국 국무원의 차세대 인공지능 발전
> 계획 발표에 관한 통지, 2017년 7월 8일[2]

---

1 'Whoever Leads in AI Will Rule the World': Putin to Russian Children on Knowledge Day," RT, September 1, 2017, https://www.rt.com/news/401731-ai-rule-world-putin/.
2 People's Republic of China, "Notice of the State Council Issuing the Next Generation

서방에 대해 끊임없이 불만을 표출하는 러시아 대통령의 과장된 수사나, 중화인민공화국(PRC) 국무원의 신중하면서도 의미심장한 표현에서 볼 수 있듯이, 다른 '강대국들'이 AI의 발전을 경쟁적으로 군사 분야에 활용될 수 있는 기술로 보고 있다는 것은 분명하다.[3]

미국과 일부 동맹국의 시각에서 이 경쟁은 주로 군사적 측면이지만 전적으로 그렇지만은 않다. 상업적 측면에서는 국적에 관계없이 기술 기업들 간의 글로벌 시장 경쟁을 통해 AI 개발이 정부 개입 없이 지속될 것이며, 결과적으로 불균등하게나마 전 세계적으로 이익이 공유될 것이라고 가정한다.

군사적 측면에서는 하나 이상의 잠재적 적국이 AI 개발에서 우위를 점할 가능성에 대해 미국과 동맹국들이 우려하고 있다. 제3차 상쇄전략은 AI와 같은 첨단 기술에 대한 군사 경쟁에서 우위를 유지하기 위해 고안되었으나, 동시에 미국이 제2차 상쇄전략의 핵심이었던 정밀 타격 능력에서 가졌던 군사적 우위를 대체할 필요성에 의해 추진되었다. 이러한 목표는 제2장에서 명확히 드러나며, 러시아와 중국은 1980년대와 1990년대에 미국이 보유했던 첨단 군사 기술의 상당 부분을 따라잡은 것으로 평가된다.[4]

---

of Artificial Intelligence Development Plan, State Council Document [2017] No. 35," trans. by the Foundation for Law and International Affairs, https://flia.org/wp-content/uploads/2017/07/A-New-Generation-of-Artificial-Intelligence-Development-Plan-1.pdf.

3 중국 국무원은 적어도 원칙적으로 중국 공산당 중앙위원회(CCP, 중국 소식통은 영어 번역에서 "CPC"를 사용)의 지시를 받지 않는 결정을 하지 않는다는 점에 유의해야 한다. 이는 계획의 첫 번째 단락에 직접 명시되어 있다: "이 계획은 중국공산당 중앙위원회와 국무원의 요구 사항에 따라 제정되었다." 따라서 이 계획은 명목상 국가 기관에 의한 실행을 위한 당 계획이다.

4 Sources consulted include Rowan Allport, "Russian Conventional Weapons Are Deadlier Than Its Nukes," Foreign Policy, January 17, 2019, https://foreignpolicy.com/2019/01/17/russias-conventional-weapons-are-deadlier-than-its-nukes/;

강대국 간 경쟁의 역사를 살펴보면, AI 경쟁 — 혹은 보다 넓은 의미에서 첨단 군사기술 경쟁 — 이 필연적인 발전 양상임을 알 수 있다. 그러나 기술적 도약 자체보다 더 큰 우려는 미국의 군사적 경쟁국들, 특히 권위주의 체제를 가진 국가들이 군사 분야에 AI를 도입할 때 '인간 개입(human-in-the-loop)' 원칙을 준수하지 않을 가능성이다.[5] 이는 현재 러시아의 군사 AI 개발에서 실제로 나타나고 있다. 이러한 상황은 책의 서론에서 언급한 대로 결국 '터미네이터'와 같은 자율 무기체계가 등장할 것이라는 우려를 증폭시킨다.

Dave Johnson, Russia Conventional Precision Strike Capabilities, Regional Crises, and Nuclear Thresholds, Livermore Papers on Global Security No. 3, Lawrence Livermore National Laboratory Center for Global Security Research, February 2018, https://cgsr.llnl.gov/content/assets/docs/ Precision-Strike-Capabilities-report-v3-7.pdf; RAND Corporation, "An Interactive Look at the U.S.-China Military Score card," https://www.rand.org/paf/projects/us-china-scorecard.html; Office of the Director of National Intelligence, Global Intelligence Council, Global Trends: Paradox of Progress, January 31, 2017, https://www.dni.gov/index.php/global-trends-home; Office of the Secretary of Defense, "Annual Report to Congress: Military and Security Developments Involving the People's Republic of China 2019," May 2, 2019, https://media.defense.gov/2019/May/02/2002127082/-1/-1/1/2019_CHINA_MILITARY_POWER_REP Robert O. Work and Greg Grant, Beating the Americans at Their Own Game: An Offset Strategy with Chinese Characteristics (Washington, DC: Center for a New American Security, June 6, 2019), https://www.cnas. org/publications/reports/beating-the-americans-at-their-own-game; Liu Zhen, "China Takes Step Towards Precision Warheads for Unstoppable Nuclear Weapon, State Media Says, "South China Morning Post, September 29, 2018, https://www.scmp.com/news/china/military/article/2166298/china-takes-step-towards-precision-warheads-unstoppable-nuclear.
5 Noel Sharkey, "Killer Robots from Russia Without Love," Forbes, November 28, 2018, https://www.forbes. com/sites/noelsharkey/2018/11/28/killer-robots-from-russia-without-love/#3640d4dbcf01; Samuel Bendett, "Autonomous Robotic System in the Russian Ground Forces, "Mad Scientist Laboratory, February 11, 2019, https://madsciblog.tradoc.army.mil/120-autonomous-robotic-systems-in-the-russian-ground-forces/.

## 목적과 가설

이 장의 목적은 러시아어어나 중국어 원문 자료에 대한 독창적인 연구를 제시하는 것이 아니라, 서방에서 이미 발표된 연구를 검토하여 우리가 알고 있다고 생각하는 내용에 대한 새로운 이해를 제공하는 것이다. 러시아와 중국의 군사적 AI 응용에 대한 분석(개인적 견해와는 구별됨)은 아직 광범위하지 않지만, 그 수가 증가하고 있다.[6] 이 문헌을 조사하면서, 나는 러시아 프로그램에 대해서는 현재 해군분석센터(Center for Naval Analyses)의 샘 벤데트(Sam Bendett), 중국 프로그램에 대해서는 현재 하버드 대학에 있고 신미국안보센터(Center for a New American Security)의 객원 연구원인 엘사 카니아(Elsa Kania)가 가장 생산적이며 신뢰할 만한 분석가라고 판단했다. 이 장에서 그들의 연구를 광범위하게 활용했지만, 가설 형태로 표현된 나의 견해가 그들의 것과 일치하지 않을 수 있다. 러시아와 중국 자료를 조사하는 다른 연구자들의 수도 증가하고 있으며, 물론 이론적 관점이나 북대서양조약기구(NATO) 회원국의 관점에서 군사 AI에 대해 글을 쓰는 전문가들도 많다. 홍미

---

**6** 지금까지 잠재적 적대국의 AI 프로그램에 대해 가장 포괄적으로 연구한 기관은 미국 국방부/합참(J39)이다. AI, China, Russia, and the Global Order: Technological, Political, Global, and Creative Perspectives, ed. Nicholas D. Wright (Washington, DC: Department of Defense, December 2018), https://nsiteam.com/ social/wp-content/uploads/ 2018/12/AI-China-Russia-Global-WP_FINAL.pdf. 마이클 D. 호로위츠는 "Artificial Intelligence, International competition and the Balance of Power," Texas National Security Review, no. 3 (May 2018)에서 중국과 미국의 전략적 경쟁과 잠재적인 선점 이점에 상업용 AI를 적용하는 데 따르는 어려움을 설명한다. https://tnsr.org/2018/05/artificial-intelligence-international-competition-and-the- balance-of-power/. 보다 최근의 논의는 미국 국가안보위원회의 AI에 관한 보고서이다. "Interim Report," November 2019, https://www.epic.org/foia/epic-v-ai-commission/AI-Commission-Interim-Report-Nov-2019.pdf.

롭게도 러시아와 중국의 군사 AI에 대한 가장 간결하면서도 설득력 있
는 진술은 사라예보 기반의 프리랜서 작가인 아드리안 페코틱(Adrian
Pecotic)의 것이다.[7]

'발견'이나 '결론' 대신 '가설'이라는 용어를 사용하는 이유에 대해
간단히 설명하겠다. 이 장에서 제시된 가설들이 조사된 자료들의 일반
적인 합의와 일치하지만, 폐쇄적이거나 부분적으로 폐쇄된 사회의 작
전적 결정에 대해 확실성을 얻기는 어렵다. 그러기 위해서는 공개 출
처(비기밀 자료) 분석가가 접근할 수 없는 수준의 정보기관급 정보가 필
요하다. 따라서 연구 문헌과 나 자신의 분석에 기반한 평가를 확실성
을 암시하는 '발견'이나 '결론'이라는 용어 대신, 군사 AI에 대한 비기
밀 논의를 구조화하고 추가적인 기밀 분석의 조직을 돕는 데 사용될
수 있는 '가설'로 표현한다.

러시아, 중국, 미국이라는 세 주요 군사 강국 모두 빅데이터, 인공지
능(AI), 기계학습이 군사적 능력에 적용될 잠재력을 인식하고 있다. 그
러나 세 국가 모두 AI의 군사화를 위한 개발과 더 중요하게는 우선순
위가 매겨진 목표에 대해 서로 다른 접근 방식을 가지고 있다. 세 국가
의 즉각적인 목표는 AI 연구에 대한 정부의 관여, 개발에 감수할 위험,
AI 시스템에 부여할 자율성의 정도, 그리고 추구하는 즉각적인 응용
분야에서 차이가 있다. 이것이 첫 번째 가설이며, 현재 연구의 거의 합
의된 견해이다.

---

**7** Adrian Pecotic, "Whoever Predicts the Future Will Win the AI Arms Race," Foreign
Policy (web edition), March 5, 2019, https://foreignpolicy.com/2019/03/05/whoever-
predicts-the-future-correctly-will-win-the-ai -arms-race-russia-china-united-
states-artificial-intelligence-defense/.

## 군사 AI 개발을 위한 동기

가설 1. 세 군사 강국의 군사 AI 개발 목표는 각기 다르며, 각국은 군사 AI 도입에 있어 서로 다른 동기를 가지고 있다.

### 미국

미 국방부는 현재 상용 AI를 활용하여 반복적인 분석 작업을 수행하는 데 주력하고 있다. 대표적인 예로, 프로젝트 메이븐(Project Maven)이 있는데, 이는 무인항공기(UAV) 영상 자료에서 거의 실시간으로 이미지를 분류하고 대조하는 기능을 수행한다. 다른 응용 분야들은 주로 전술적 성격을 띠며, 다른 장에서 논의되듯이 개별 전투원의 정보 접근성을 보완하는 것을 목적으로 한다. 미국과 인권 및 민간인 피해 방지에 상당한 가치를 두는 다른 민주국가들의 주요 쟁점은 AI를 활용해 독립적인 결정을 내릴 수 있는 무기체계의 자율성에 대해 인간의 통제를 유지할 수 있는지 여부이다. 이는 '인간 개입(human-in-the-loop)' 논쟁으로 알려져 있다.[8] 국방부 관리들은 자율 또는 AI 기반 시스템의 치명적 무력 사용 결정에 있어 인간 개입(humans-in-the-loop)을 유지하겠다고 여러 차례 약속했다.[9] 이 주제는 제18

---

8 초기 논쟁을 잘 요약한 글은 조지 갈도리시(George Galdorisi)와 레이첼 볼너(Rachel Volner)의 논문이다. "Keeping Humans in the Loop," U.S. Naval Institute Proceedings 141, no. 2 (February 2015): 36-41, https://www.usni.org/magazines/proceedings/2015/february/keeping-humans-loop; George Galdorisi, "Designing Autonomous Systems for Warfighters," Small Wars Journal, August 2016, https://smallwarsjournal.com/index.php/jrnl/art/designing-autonomous-systems-for-warfighters-keeping-humans-in-the-loop.

9 Deputy Secretary of Defense Ashton Carter, memorandum, "Autonomy in Weapon Systems," November 21, 2012, updated May 8, 2017, http://www.defense.gov;

장에서 상세히 다뤄진다. (해양 감시나 해군 기뢰 탐지 시스템과 같은 많은 미국의 자율 군사 시스템들은 치명적 무력을 사용할 수 있는 능력을 갖추고 있지 않다.) 이러한 윤리적 고려사항으로 인해 AI 활용은 인간의 능력과 의사결정을 대체하기보다는 강화하는 방향으로 제한되는 경향이 있으며, 제17장에서 언급된 바와 같이 주로 전술적 수준에 집중되고 있다.

따라서 미국의 주요 목표는 '인간−기계 협업(human−machine teaming)'을 달성하는 것이다. 이는 주로 전술적 수준에서 이루어지지만, 지지자들의 계획에 따르면 전략적 수준으로 확장될 것으로 예상된다.

이 책의 다른 장들의 논의를 종합하면, 미국의 AI 군사 응용 목표는 다음과 같이 요약될 수 있다.

- 군사적 우위/압도적 우세(overmatch) 유지/증진
- 작전 및 전술 능력과 글로벌 군수 지원 체계 강화
- 인력 비용 절감
- 군사−상업 AI 시너지 창출 및 연구/기술 경제 활성화
- 군사 혁신 추구

## 중화인민공화국

중국공산당(Chinese Communist Party)의 통제 하에 있는 중국은 감시 또는 방첩 국가로 볼 수 있다. 국가 안보의 주요 임무는 엄격한 인구 감시를 통해 집권당의 통제를 유지하고, 다당제에 대한 국내 지지를 조

---

"Carter: Human Input Required for Autonomous Weapon Systems,"Inside the Pentagon, November 29, 2012, https://www.jstor.org/stable/insipent.28.48.02; "China's Competitive Strategy: An Interview with Bob Work,"Strategic Studies Quarterly 12, no. 1 (Spring 2019): 8-9, https://www.airuniversity.af.edu/Portals/10/SSQ/documents/Volume-13_Issue-1/Work.pdf.

장할 수 있는 외국의 영향력을 차단하는 것이다. 국가가 운영하는 약 1억 7천만 대의 감시 카메라(대략 10명당 1대)로 구성된 이 보안 체계는 상당히 강력하다.[10] 한 추정에 따르면 2020년까지 중국은 6억 2,600만 대의 국가 감시 카메라를 보유할 것이라고 한다.[11] 실제 카메라 수보다는 그것들의 설치와 사용 배경의 논리, 그리고 안면 인식 및 기타 AI 응용에 대한 잠재력이 더 중요하다. 서방 국가의 시민 자유주의자들이 가장 우려하는 감시 시스템의 통합과 고도화는 역설적으로 중국공산당에게 매력적인 기회로 여겨지고 있다. 특히 주목할 만한 점은 중국의 '민간' 부문에서 AI의 우선적 활용이 군사적 목적과 밀접하게 연계되어 있다는 여러 징후가 있다는 것이다. 이는 궁극적으로 군사 의사결정에 대한 중앙집권적이고 하향식 통제를 강화하려는 목적을 띠고 있다.

이러한 맥락에서 중국공산당의 최우선 과제는 AI를 활용하여 중간 계급의 작전적 의사결정 과정을 우회함으로써, 당 중앙군사위원회와 최고 군사 지휘관의 명령이 전술 수준에 직접 전달될 수 있는 능력을 확보하는 것으로 보인다. 구체적으로 중국공산당은 상위 지휘부가 전술 수준의 명령을 실시간으로 하달할 수 있도록 작전 및 전술급 정보와 상황 인식을 제공하는 기계 속도의 분석 및 의사결정 체계를 개발하고자 한다. 이 AI 시스템은 서방 군사 조직에서 통상 야전급 및 초급 장교, 그리고 고위 부사관이 수행하는 기능을 대체할 것으로 예상

---

10 Anna Mitchell and Larry Diamond, "China's Surveillance State Should Scare Everyone," The Atlantic, February 2, 2018, https://www.theatlantic.com/international/archive/2018/02/china-surveillance/552203/.

11 Frank Hersey, "China to Have 626 Surveillance Cameras Within 3 Years," Technode, November 22, 2017, https://technode.com/2017/11/22/china-to-have-626-million-surveillance-cameras-within-3-years/.

된다. 이러한 접근 방식은 풍자적으로 '특정 인물들만 개입(certain-men-in-the-loop)' 모델이라고 불릴 수 있다.

중국공산당에게 지휘 계층을 우회하기 위한 군사 AI 개발의 우선순위 설정은 매우 논리적이다. 마오쩌둥 주석의 유명한 말처럼 총구에서 정치권력을 얻은 당은 다른 생각을 가진 사람이 무력을 통제하는 것을 원치 않는다. 중국공산당 지도부의 군에 대한 심리적 통제 욕구는 정치장교와 정치위원 제도를 통해 명확히 드러나는데, 이들은 흔히 자신들이 '지원'하는 야전 지휘관보다 더 높은 계급을 가지고 있으며, 군 조직 전반에 광범위하게 배치되어 있다.[12] 이와 더불어 고위 군 간부에 대한 숙청이 일상적으로 이루어지고 있다는 점도 당의 군에 대한 통제력 유지 노력을 보여준다.

이러한 방식으로 AI는 군의 '충성도'를 보장할 수 있다. 중간 계층이 '불충'한 결정을 내리거나 고위 지도부가 선호하는 방향과 엄격히 일치하지 않는 행동을 지시할 기회가 거의 없기 때문이다.

또한, 이러한 AI 기반의 정보·감시·정찰(ISR) 및 지휘통제 체계는 많은 서방 분석가들이 지적한 중국 군대의 잠재적 문제 — 부담스러운 계층적 체계 하에서 훈련받은 중간 계급의 작전 주도성 부족 — 를 해결할 수 있다.[13]

---

12 정치위원의 연공서열에 관한 언급은 최근 인민해방군 관할 지역 및 서비스 사령관 명단을 검토한 결과를 바탕으로 한 것이다. 일반적으로 사령관과 정치위원은 함께 표기된다. 중국 인민해방군 정치장교 제도에 대한 간략한 개요는 케네스 앨런(Kenneth Allen), 브라이언 차오(Brian Chao), 라이언 킨셀라( Ryan Kinsella)를 참조. China's Military Political Commissar System in Comparative Perspective, China Brief 13, no. 5 (March 4, 2013), https://jamestown.org/program/chinas-military-political-commissar-system-in-comparative-perspective/.
13 최신 견해는 미중 경제안보검토위원회 패널 증언, 데니스 J. 블래스코(Dennis J. Blasko)의 "PLA Weaknesses and Xi's Concerns about PLA Capabilities,"을 참조. "Backlash

단서로 위의 주장은 확고한 결론이라기보다는 가설에 가깝다는 점을 인정해야 한다. 비밀해제 수준에서는 이것이 중국인민해방군(People's Liberation Army)의 군사 AI 개발 및 활용의 명확한 우선순위라는 것을 입증할 만한 충분한 증거가 없다. 그러나 이는 중국 내 AI의 소위 민간 부문 활용과 일치한다. 중국인민해방군이 궁극적으로 중국 사회에 대한 국내 통제에도 책임이 있다는 점을 고려하면(천안문 광장의 탱크는 경찰 소속이 아니었다), 민간과 군사 AI 우선순위가 일치하는 것은 논리적으로 이해할 수 있다. 이는 이 장의 서두에 인용된 중국 국무원이 명확히 제시한 목표이기도 하다.

중국인민해방군의 AI 활용을 촉진하는 다른 동기들은 중국공산당의 전반적인 전략적 목표와 일치한다. 국제 공역에서 미국의 합동 군사적 우위를 상쇄하고 중국인민해방군의 해외 전력 투사 능력을 강화하는 것, AI의 군민 융합 개발을 추진하고 잠재적으로 중국의 글로벌 무기 시장 점유율을 높이는 것, 단순한 주둔이나 인도주의적 지원을 넘어 실제 전투 수행이 가능한 글로벌 작전 능력의 신뢰성을 점진적으로 향상시키는 것이다.

이러한 맥락에서 중국의 종합적인 목표는 다음과 같이 요약될 수 있다.

- 전략적, 작전적 의사결정에 대한 하향식 통제 보장(중간 계층 지도부를 우회할 수 있음)
- 군 인력의 충성도 확보
- 국제 공역과 해외 전력 투사 분야에서 미국의 우위 상쇄
- 군민 융합 AI 개발 및 무기 수출 촉진

from Abroad: The Limits of Beijing's Power to Shape its External Environment," February 7, 2019, https://www.uscc.gov/sites/ default/files/Blasko_USCC%20 Testimony_FINAL.pdf.

- 신뢰할 수 있는 글로벌 작전 능력을 점진적으로 확대

## 러시아

러시아군은 현대화를 추진하고 있으며, 특히 전략 및 전술 핵무기와 함께 첨단 재래식 무기 체계에 중점을 두고 있다.[14] 그러나 여전히 구소련의 상대적 글로벌 군사력에 비하면 그 영향력이 크게 감소한 상태이다. 전반적인 군사력 증강의 주요 장애 요인은 소련 해체와 출산율 감소로 인한 징집 가능 인구의 감소이다.[15] 이러한 현실은 아래 표 5-1에서 확인할 수 있다.

표 5-1. 인구 비교 및 AI 영향(2017)

| Three AI Military Powers | People's Republic of China | United States | | Russia |
|---|---|---|---|---|
| | 1.386 billion | 327.4 million | | 144.5 million |
| Large U.S. Allies/ Partners | | North Atlantic Treaty Organization + Other European Union | 512.4 million | |
| | | Japan | 126.8 million | |
| | | South Korea | 51.47 million | |
| | | Australia | 25.3 million | |
| | | | | |
| Possible U.S. partner (situational)? | | India | 1.399 billion | |
| If one believes globalization will continue in the future, creating a truly flat world … who will be the AI leader? | | | | |

14 Amy F. Woolf, Russia's Nuclear Weapons: Doctrine, Forces, and Modernization, R45861 (Washington, DC: Congressional Research Service, August 5, 2019), 3-6, 33-34, https://fas.org/sgp/crs/nuke/R45861.pdf.
15 Matt Rosenberg, "Population Decline in Russia: Russia's Population Set to Decline from 143 Million Today to 111 Million in 2050," ThoughtCo, September 2, 2019, https://www.thoughtco.com/population-decline-in-russia-1435266.

서론과 다른 장에서 언급했듯이, 러시아 지도부는 특히 병력 격차가 중요한 영향을 미칠 수 있는 지상전에서 인간의 의사결정 개입(human-in-the-loop) 없이 자율무기체계를 구축하려는 의지를 보이고 있다.[16] 자율성은 "사고하는" 기계로 인간을 대체함으로써 이러한 격차를 해소할 수 있는 가능성을 제공하며, 제3차 상쇄전략에서와 같이 AI는 자율성을 가능케 하는 핵심 요소로 인식된다(앞서 인용한 푸틴의 발언 참조). 러시아가 글로벌 군사력을 유지하거나 최소한 시리아와 같은 제한된 해외 작전 수행 능력을 갖추고자 한다면, 인력을 AI 기반 자율 시스템으로 대체하는 것이 필수적이며 이러한 필요성은 러시아 군이 AI 기술을 도입하고 우선적으로 적용하는 주요 동기가 될 수 있다. 푸틴의 발언에 대한 추가적인 맥락을 제공하자면, AP통신은 다음과 같이 보도했다. "푸틴 대통령은 금요일 연설에서 미래 전쟁의 양상을 예측했습니다. 그는 '앞으로의 전쟁은 드론을 운용하는 국가들에 의해 수행될 것'이라고 말했습니다. 더 나아가 '한 측의 드론이 상대방의 드론에 의해 파괴되면, 항복 외에는 다른 선택의 여지가 없을 것'이라고 주장했습니다."[17] 이러한 발언은 자율무기에 대한 푸틴의 강력한 지지를 명확히 보여준다.

이는 러시아 지도부가 AI를 인간의 의사결정 지원 도구로 활용하는 것을 배제한다는 의미가 아니라, 단지 그것이 이차적인 우선순위가 될 것임을 시사한다. 중국과 마찬가지로 러시아의 다른 동기로는 국제 공

---

16 Frederick W. Kagan, "The U.S. Military's Manpower Crisis," Foreign Affairs 85, no. 4 (July-August 2006): 97-110.
17 "Putin: Leader in Artificial Intelligence Will Rule World," CNBC, September 4, 2017, https://www.cnbc. com/2017/09/04/putin-leader-in-artificial-intelligence-will-rule-world.html.

역에서 미국의 합동 군사적 우위를 상쇄하고, 러시아의 해외 전력 투사 능력을 강화하며, AI의 군민 이중용도 개발을 촉진하고, 잠재적으로 러시아의 글로벌 무기 시장 점유율을 확대하는 것이 포함된다. 또한 러시아는 핵전력의 억지 및 강제 효과를 글로벌 강대국 지위의 핵심 요소로 인식하고 있다. 따라서 전략적 능력을 강화할 수 있는 AI 응용 기술을 추구하는 것은 논리적인 수순이며, 이는 국제 군비통제 관련 전문가 집단에 중대한 우려 사항이 되고 있다.[18]

러시아의 군사 AI 도입을 위한 주요 목표는 다음과 같이 요약될 수 있다.

- 군 가용 인력의 상대적 열세를 상쇄하기 위해 자율 시스템으로 인력 수요 대체
- 국제 공역, 전력 투사, 그리고 동맹 네트워크에서 미국의 우위 상쇄
- 군민 융합 AI 개발과 무기 수출 촉진
- 재래식 및 핵 억지력 강화

## 권위주의 정부와 인공지능

가설 2. AI 개발 목표는 특정 군사 상황만큼이나 정부의 성격에 따라 결정된다.

이 가설은 많은 국방 분석가들에게 자명해 보일 수 있지만, 여전히

---

18 Matt Bartlett, "The AI Arms Race in 2019," Towards Data Science, January 28, 2019, https://towardsdatascience.com/the-ai-arms-race-in-2019-fdca07a086a7; Michael T. Klare, "AI Arms Race Gains Speed," Arms Control Today, March 2019, https://www.armscontrol.org/act/2019-03/news/ai-arms -race-gains-speed.

언급할 가치가 있다. 현대 국제관계학은 전통적으로 국내 정권의 성격보다는 국제 체제의 특성을 분석함으로써 전쟁 문제에 대한 '해결책'을 모색해 왔기 때문이다. 국제 체제는 무정부 상태(중앙 권위 부재)로 특징지어지며, 이로 인해 국가들은 안보와 주권 확보에 집중하고 타국의 잠재적 힘과 행동을 경계하게 된다.[19] 이러한 국제 체제 구조에 대한 학문적 편중은 일부 학자들 ― 그들의 연구가 국방 분석가들에게 영향을 미치는 ― 로 하여금 일부 정권은 국내외 활동에서 제약을 받는 반면, 다른 정권들은 그렇지 않다는 사실을 간과하게 만들었다. 모든 국가가 국제 체제에서 유사하게 행동한다고 가정하는 것은 각국의 본질적 특성을 무시하는 것으로, 도덕적 상대주의자에게는 만족스러울 수 있으나 완전히 비논리적이다.

또한 이는 인공지능의 특성, 특히 감시 활동을 중앙집중화하고 그 범위와 속도를 크게 향상시키는 능력이 권위주의 국가의 내부 통제를 강화하는 데 기여한다는 불편한 현실을 간과하고 있다. 이는 많은 AI 과학자들의 평화롭고 평등주의적인 비전에도 불구하고, 부인할 수 없는 사실이다. 군대를 사용하여 국민에 대한 국내 통제를 유지하는 국가들의 경우, 국내 활동과 국제 활동은 불가피하게 연결되어 있으며, 국제 문제에서의 무력 사용이 종종 국내 통제력 유지라는 목적에 의해 동기가 부여되기도 한다.[20]

예를 들어, 중국인민해방군이 정치적, 이념적 충성도만큼이나 군사

---

19 고전적인 설명은 Kenneth N. Waltz, Theory of International Politics (Reading, MA: Addison-Wesley, 1979).
20 다른 글에서 저자는 1982년 아르헨티나 정권이 영국령 포클랜드 제도(말비나스)를 침공한 유일한 이유가 아르헨티나 내 국내 통제권을 유지해야 할 필요성이었다고 주장한다. 이것은 최근의 한 가지 예일 뿐이다. Sam J. Tangredi, Anti-Access Warfare: Countering A2/AD Strategies (Annapolis, MD: Naval Institute Press, 2013), 149-50, 166-67 참조.

적 전문성을 강조하며 '전문화'되는 것처럼 보이지만, 엘사 카니아
(Elsa Kania)가 지적하듯이 "군대로서 독특한 상황에 직면해 있다." 즉,
"국가가 아닌 당을 수호하기로 맹세했기 때문에 중국공산당의 명령에
복종해야 하는 군대"라는 점이다.[21] 그러나 역사적 관점에서 볼 때 이
는 특별히 독특한 상황이 아니다. 만약 나치 정권, 스탈린 통치하의 소
련, 또는 마오 시대의 홍위병이 AI 능력을 보유했다면 어떤 일을 저질
렀을지 상상만 해도 소름이 끼친다.

물론, 오늘날 블라디미르 푸틴(Vladimir Putin)이나 시진핑(Xi Jinping)
을 요제프 스탈린(Joseph Stalin)이나 아돌프 히틀러(Adolf Hitler)와 동일
시하는 사람은 거의 없을 것이다. 그러한 전방위적인 권력 네트워크는
그들의 개인적 통제 범위를 넘어서는 것으로 보이며, 그들은 표적 생
물무기 공격이나 갑작스러운 부패 수사와 같은 더 교묘한 수단으로 적
들을 제거해야 한다.[22] 그러나 AI의 적용은 확실히 감시의 강도와 의
사결정 속도를 향상시킴으로써 그들 국가의 국내 권력과 개인적 권력
을 모두 증대시키는 것으로 보인다. 안면 인식 기술의 발전 상황을 고

---

21 Elsa Kania, "Artificial Intelligence in Future Chinese Command Decision Making,"
in AI, China, Russia, and the Global Order: Technological, Political, Global, and
Creative Perspectives, 146.
22 Karla Adams and William Booth, "Nerve Agent Poisoning: Theresa May Says Russian
Intelligence Officers Carried Out Attack on Ex-Spy in Salisbury," Washington Post,
September 5, 2018; Laura Smith-Spark and Milena Veselinovic, "Russians Charged
Over UK Novichok Nerve Agent Attack," CNN, September 5, 2018, https://www.
cnn.com/2018/09/05/uk/uk-russians-novichok-intl/index.html; Keegan Elmer,
"Man Behind China's New Aircraft Carrier Detained in Corruption Investigation,"
South China Morning Post, June 17, 2018, https://www.scmp.com/news/china/
policies-politics/article/2151173/man-behind-chinas -new-aircraft-carrier-
detained; David Axe, "The Case of the Chinese Aircraft Carrier Spy," Daily Beast,
February 18, 2019, https://www.thedailybeast.com/the-case-of-the-chinese-
aircraft-carrier-spy.

려할 때, AI가 중국의 위구르족이나 러시아의 반체제 인사들의 처지를 개선할 것 같지는 않다.[23]

권위주의 국가들이 국제 정치에서도 유사한 전술을 사용하는 것은 자연스러운 일이지만, 일반적으로 그들의 행동이 너무 노골적이지 않도록 더 큰 주의를 기울인다. 중국 소유의 인터넷 서비스 제공업체들이 전 세계 트래픽을 은밀히 중국을 통해 라우팅하고 있다는 충분한 증거가 있으며, 이는 정보 수집과 분석을 용이하게 하고, 궁극적으로 AI를 사용하여 관심 대상을 식별하게 된다.[24] 화웨이의 5G 네트워크의 국제적 확장은 이러한 능력을 증대시키며, 다시 한번 AI가 이 분석을 가능케 한다.[25] 이는 레닌주의 국가의 전형적인 행태라고 할 수 있다.

러시아 정부는 러시아 사회에 대해 중국만큼의 통제력을 갖고 있지 않으며, 형식적으로는 선거 제도를 유지하고 있다. 권력은 대통령직과 과거 '올리가르히(oligarchs, 소수의 재벌)'로 불렸던 이들, 현재는 대규모 국영 기업의 경영자들에게 집중되어 있다.[26] 러시아를 위대한(그리

---

**23** Paul Mozur, "One Month, 500,000 Face Scans: How China is Using A.I. to Target," New York Times, April 14, 2019, https://www.nytimes.com/2019/04/14/technology/china-surveillance-artificial-intelligence -racial-profiling.html.

**24** Chris C. Demchak and Yuval Shavitt, "China's Maxim—Leave No Access Point Unexploited: The Hidden Story of China's Telecom's BGP Hijacking," Military Cyber Affairs 3, no. 1 (Summer 2018), https://scholarcommons.usf.edu/cgi/viewcontent.cgi?article=1050&context=mca 참조.

**25** Eileen Yu, "Huawei Unleashes AI Chip, Touting More Compute Power Than Competitors," ZDNet, August 23, 2019, https://www.zdnet.com/article/huawei-unleashes-ai-chip-touting-more-compute-power-than-competitors/.

**26** 러시아와 우크라이나 과두 정치인의 권력에 대한 짧은 입문서는 조엘 사무엘스의 "What Is An Oligarch?" Defense On, November 16, https://www.defenseone.com/ideas/2019/11/what-oligarch/161353/?oref=d-river이다. 최근 한 컨퍼런스에서 샘 벤뎃(Sam Bendett)은 국가 자원에 대한 국가 통제가 회복되면서 대형 국영 기업의 관리자들이 사실상

고 두려운) 글로벌 강대국으로 재건하려는 명백한 목표는 국영 기업과 과거 올리가르히들에게도 푸틴만큼이나 이익이 된다.

반면, 자유 기업을 찬양하는 미국 정부는 시장 경제의 보이지 않는 손과 자유로운 연구 환경에서 활동하는 과학자, 엔지니어, 기업가들의 전통적 창의성에 의존해 이러한 경쟁을 헤쳐나가는 듯하다. 자유 무역이 특징인 국제 경제에서 세계화가 균등하게 진행된다면, 이는 승리의 공식이 될 수 있다. 그러나 권위주의 및 준권위주의 정부의 자유 무역 약속은 항상 불안정하다. 이는 진정으로 자유 무역 규칙을 준수하려는 국가들에게 불리하게 작용한다.

'자유 무역'이 미국 국내 경제에 부정적인 영향을 미쳤다는 대중의 인식은 도널드 트럼프 당선의 요인 중 하나로 지목된다. 지금까지 상업적 AI 개발의 글로벌 동향은 일반적으로 미국에 불리한 것으로 인식되지 않았다. 그러나 일부에서는 그렇다고 주장한다.

어떤 경우든 여러 지표와 논리적 분석은 AI 개발 목표가 AI '경쟁'에 참여하는 주요 강대국들의 서로 다른 특성에 따라 달라진다는 견해를 뒷받침한다. 이 분야에 대해서는 추가적인 정량적 연구가 필요하다.

## 상업적 개발과 군사 AI

가설 3. AI 군사 강국 세 나라는 각각 상업용 AI에 대해 서로 다른 수준의 통제력을 가지고 있다.

AI 응용 프로그램 개발은 분명 연구개발(R&D)에 막대한 자금이 필

---

과두 정치인이 되어 민간 기업 소유주들이 갖고 있던 푸틴에 대한 권력의 일부를 획득했다고 주장했다.

요한 분야이다. 투자자들은 R&D를 수행할 수 있는 고도로 전문화된, 희소하면서도 수요가 높은 인재들을 확보하기 위해 상당한 자본을 기꺼이 투자해야 한다. 자유 시장 경제, 특히 기업이 노동력보다는 주주의 부를 증대시키는 데 우선순위를 두어야 한다는 철학을 받아들인 경제 체제에서는 미래의 높은 수익 잠재력이 필수적이다.

중국과 같이 정부가 경제를 강력히 통제하는 국가에서는 R&D 방향에 대한 정부의 영향력이 더 큰 것이 분명하다. 이러한 체제에서 정부는 상업적 '승자와 패자'를 선택할 수 있는데, 이는 사실상 선택된 기업에 대한 간접적인 정부 보조금 역할을 한다. 따라서 중국 정부는 AI 기업들이 군민 양용(軍民兩用) 잠재력이 있는 응용 프로그램 개발에 R&D 노력을 집중하도록 유도하기 위해 추가적인 재정 지원을 할 필요가 없다.

반면, 미국 정부는 상업용 AI 기업들이 잠재적 군사 응용 프로그램을 연구하고 개발하도록 장려하기 위해 연구 계약 체결, 보조금 지급, 또는 개발 결과물 구매 약속 등의 방식으로 재정적 자원을 투입해야 한다.

러시아 정부는 천연자원 개발과 같은 전략적 산업 분야에서 국영 기업의 지배력을 재확립함으로써 중국과 유사하게 국가 통제력을 행사할 수 있는 수단을 일부 보유하고 있다. 그러나 상업 올리가르히와 국영기업 경영진이 정부 의사결정에 미치는 영향력으로 인해 정부는 주로 간접적으로만 '승자와 패자를 선택'할 수 있다. 따라서 러시아는 글로벌 비즈니스를 수행하는 자국 기업들의 AI 연구개발 방향에 대한 통제력이 더 제한적이어서, 재정 지원과 함께 압박을 가해야 하는 상황이다.

상업용 AI에 대한 통제 정도의 중요성은 이전에 언급된 사실, 즉 대부분의 AI 연구개발이 특히 미국에서 민간 기업들에 의해 주도되고 있다는 점과 밀접한 관련이 있다. 애슈턴 카터(Ashton Carter) 전 국방장관이 실리콘밸리 기업들을 대상으로 한 연설에서 지적했듯이, 국방부가 상용 AI를 군사 목적으로 활용하는 데 어려움을 겪을 수 있지만, AI 연구개발에 있어 민간 투자에 의존하고 있음을 인정했다.[27] 군사 AI가 민간 연구개발에 의존하고 있고 앞으로도 그럴 경우, 민간 연구개발을 군사 분야로 유도하는 것은 수익성이 낮을 수 있는 분야에 민간 기업들의 투자를 유도하는 것으로, 이는 주로 정부의 영향력과 인센티브 제공 능력에 달려 있다. AI 군사 강국 정부들이 각각 행사할 수 있는 영향력의 정도는 분명히 상당한 차이를 보인다.

통제 수준 외에도 세 인공지능 강국이 전반적인 상업용 AI 개발을 촉진하는 종합적인 동기 부여 요인에도 차이가 있어, 이는 네 번째 가설로 이어진다.

가설 4. 세 인공지능 강국은 각각 상업용 AI를 촉진하는 데 있어 서로 다른 동기를 가지고 있다.

통제 수준의 차이와 함께 세 인공지능 강국은 상업용 AI를 촉진하는 데 있어 다소 다른 동기를 가지고 있다. 이러한 동기는 정부의 성격과 관련이 있으며 두 번째 가설과 연결된다. 모든 국가는 경제적 이익에 의해 동기 부여되는데, 이는 AI가 국내 및 국제 시장에서 창출하는 이

---

27 John Markoff, "Pentagon Turns to Silicon Valley for Edge in Artificial Intelligence," New York Times, May 11, 2016, https://www.nytimes.com/2016/05/12/technology/artificial-intelligence-as-the-pentagons-latest-weapon.html.

익을 필요로 한다. 그러나 이러한 동기의 우선순위는 다르다. 개방 경제 체제의 국가들은 주로 상업적 이익을 우선시하는 반면, 폐쇄적이거나 부분적으로 개방된 경제 체제의 국가들에서는 정부가 AI 개발의 방향과 목적을 선택하는 데 있어 더 큰 유연성을 가진다.

### 중화인민공화국

기존 연구에 따르면 중국공산당이 중국의 상업용 AI 개발을 지원하는 주요 동기는 다음과 같다.

- 음성 및 안면 인식, 인터넷 사용 패턴 모니터링 등 겉으로는 상업적인 AI 기술을 통해 중국공산당의 인구 통제력을 강화하는 것
- 인터넷 기반 사회신용체계를 활용하여 전통적으로 규제가 미비했던 사회를 체계적으로 관리하는 것[28]
- 글로벌 AI 시장에 적극 참여하거나 주도권을 확보함으로써 국제적 영향력을 확대하는 것
- 상업용 AI 기술 발전을 군산복합체에 접목시키는 것
- 경제적 이익을 창출하는 것

### 러시아

러시아 정부의 상업용 AI 지원에 대한 우선순위는 다소 다른 양상을 보인다. 이익 창출은 단순한 경제적 이익을 넘어서 소프트웨어 및 컴

---

**28** Alexandra Ma, "China Has Started Ranking Citizens with a Creepy 'Social Credit' System—Here's What You Can Do Wrong, and the Embarrassing, Demeaning Ways They Can Punish You," Business Insider, October 29, 2018, https://www.businessinsider.com/china-social-credit-system-punishments-and-rewards - explained-2018-4.

퓨터 산업에 투자한 올리가르히들의 지지를 유지하는 수단으로도 작용한다.

주요 우선순위는 다음과 같다.

- 국민의 사회 활동, 특히 반체제 인사들과 비러시아계 소수민족의 활동에 대한 통제 강화
- 올리가르히와 국영기업 경영자들의 정치적 지지를 확보하기 위한 이익 창출
- 상업용 AI 개발 성과의 군산복합체 활용
- 전반적인 경제적 이익 추구
- 글로벌 AI 시장 참여 또는 주도를 통한 국제적 영향력 확대

### 미국

미국 정부의 상업용 AI 개발 지원 동기는 주로 전반적인 경제적 이익에 초점을 맞추고 있다. 그러나 다른 두 국가와 유사한 동기들도 일부 존재한다. 현재 상황을 종합적으로 고려한 우선순위는 다음과 같다.

- 전반적인 경제적 이익으로서의 이윤 창출
- 탈산업화 경제에서 첨단 기술 관련 일자리 창출 촉진
- 장기적으로 국방산업복합체에 기여할 수 있는 연구 및 과학 기술 발전 도모
- 글로벌 AI 시장 참여 또는 주도를 통한 국제적 영향력 확대
- 일부 선출직 공직자들의 경우, 기술 기업, 투자자, 월스트리트로부터의 정치 자금 유치

## 군사적 인공지능 활용의 우선순위 설정과 비교 우위

가설 5. 세 인공지능 강국은 각기 다른 군사적 인공지능 활용 분야에 우선순위를 부여할 것이다.

가설 5에서 제시된 우선순위 설정은 앞선 가설들의 논리적 귀결로 군사 지휘통제체계에 대한 정치적 영향력, 인구통계학적 차이, 그리고 세 인공지능 강국의 현재 전략적 군사 태세를 종합적으로 반영한 결과이다.

### 중화인민공화국

중국의 반접근/지역거부(A2/AD) 전략을 고려할 때, 남중국해 및 인근 해역에서의 잠재적 미국 개입에 대응하고 대만 관련 계획을 지원하기 위해, 중국의 군사적 인공지능 활용 분야 우선순위는 다음과 같이 요약될 수 있다.

- 작전적 수준에서의 인간 – 기계 협업 체계
- 군민 양용 정보 · 감시 · 정찰(ISR) 시스템
- 지역 통제를 위한 전장관리 체계
- 다영역 자율무기체계
- 미국의 모든 군사적 발전에 대한 대응 및 무력화 능력[29]

### 러시아

러시아의 우선순위 설정에는 군사력의 최종 결정자로서의 핵전력

---

[29] 중국의 반접근 전략에 대해서는 Tangredi, 161-82 참조.

중시, 인구 감소와 가용 병력 손실, 회색지대 작전 수행, 나토/미국에 대한 반접근/지역거부(A2/AD) 태세(공세적 작전 요소 포함), 그리고 다른 두 인공지능 강국에 비해 제한된 재정 자원 등 다섯 가지 전략적 요소를 반영하고 있다.

러시아 정부의 우선순위는 다음과 같이 요약될 수 있다.

- 자율무기체계, 특히 핵 및 재래식 미사일 체계
- 병력을 대체할 수 있는 자율 지상전투체계
- 지역 통제를 위한 전장관리체계[30]

### 미국

미국 국방부(Department of Defense)의 우선순위는 이 책의 여러 장에서 도출할 수 있으며, 특히 제2장과 제3장을 참조하여 최근 및 현재의 우선순위를 다음과 같이 요약할 수 있다.

- 군사 정보·감시·정찰(ISR) 체계
- 전술적 수준의 인간–기계 협업
- 인간 통제 하의 자율 체계
- (장기적으로) 작전적 수준의 인간–기계 협업
- 군수지원 및 체계 설계 최적화

세 인공지능 강국의 우선순위는 국제 정세와 특정 인공지능 활용 분야의 개발 및 완성 속도에 따라 얼마든지 변화할 수 있다.

---

30 러시아의 반접근 태세에 대해서는 Tangredi, 217-30 참조. 발행일 이후 러시아는 우크라이나와 시리아로 군대를 전진 배치했다.

앞서 제시된 다섯 가지 가설의 타당성을 인정하고, 세 인공지능 강국이 군사용 인공지능 활용 분야를 개발하고 전장에 배치하는 데 있어 상대적 우위를 대략적으로 평가해보면, 인공지능 "군비 경쟁"에서 궁극적인 주도국이 출현할 가능성이 예상된다. 이는 가장 논란의 여지가 있는 가설로 이어지며, 미국의 군사 전략가들에게 심각한 우려를 안겨주는 내용이다.

가설 6. 세계화된 환경에서 중국은 상업 및 군사 인공지능 개발의 궁극적인 선도국이 될 것이다.

미국의 4배에 달하는 인구와 그에 따른 내수 시장 규모 및 지적 자본, 경제에 대한 통제력과 산업 부문의 승자와 패자를 결정할 수 있는 능력, 그리고 국내 정치와 레닌주의 철학(중국공산당을 발전의 선봉대로 보는)에서의 일방적 강압성 등 이러한 요소들을 종합적으로 고려할 때, 완전히 세계화된 환경에서 중국은 인공지능 분야의 선도국으로 자연스럽게 부상할 것이다. 중국 소비자들 사이에 부의 분배가 더욱 균등해질수록 내수 시장의 규모는 확대될 것이다. 이는 상업용 인공지능 개발을 지속적으로 촉진하고, 성장 기회를 모색하는 서방 기술 기업들의 중국 시장 진출을 계속해서 유도할 것이다. 현재까지 중국의 상업용 인공지능 개발 지원이 중국공산당의 억압적 통제력을 불가피하게 강화한다는 우려에도 불구하고, 이로 인해 중국 시장에서 철수한 서방 기업들은 소수에 그쳤다.[31]

31 April Glaser, "How Apple and Amazon Are Aiding Chinese Censors," Slate, August 2, 2017, https://slate.com/technology/2017/08/apple-and-amazon-are-helping-china-censor-the-internet.html; April Glaser, "Is a Tech Company Ever Neutral?" Slate, October 11, 2019, https://slate.com/technology/2019/10/ apple-chinese

중국공산당의 경제 통제력은 서방 정부나 준권위주의 국가들이 따라가기 힘든 방식으로 자원을 재배치하여 인공지능 개발을 지원할 수 있게 한다. 중국의 상업 및 군사 인공지능 개발 간 원활한 협력 체계는 1960년대와 1970년대 미국 정부의 연구개발 투자가 상업 기술 기업들을 앞섰던 시기와 비견된다. 1980년대 이후 미국에서는 이러한 상황이 지속되지 않았다. 현재 미국에서는 상업 기술 기업들이 국방부(Pentagon)와 긴밀히 협력하도록 유도하는 것조차 어려움을 겪고 있다. 이는 자금 조달 문제와 더불어, 프로그래머/코더 인력 중 일부가 주장하는, '반체제 정서'라는 장애물 때문이다. 러시아는 상업-군사 인공지능 협력을 강제할 수 있는 더 큰 권한을 가질 수 있다. 그러나 상당한 소프트웨어 개발 기업들을 보유하고 있음에도 불구하고, 자국 인구의 10배에 달하는 중국의 인구와 경쟁하기는 어려운 실정이다.

많은 군사 전문가들은 중국과 러시아가 정밀 유도 무기 분야에서 미국의 기존 우위를 따라잡을 수 있는 능력을 입증했다고 평가한다. 실제로 제2장과 다른 장에서 언급했듯이, 이는 제3차 상쇄전략을 추구하게 된 근본적인 이유이다. 그러나 21세기의 특징인 기술의 급속한 확산을 고려하면, 어떠한 상쇄 효과도 일시적일 것으로 예상된다. 세계화를 지속적인 추세로 본다면, '선도국'(first movers)(인공지능의 경우 미국으로 간주됨)에서 '추격국'(close followers)으로의 지식 이전은 의도적이든, 부주의에 의한 것이든, 불법적이든 지속적으로 일어날 수밖에 없어 보인다.

지정학의 핵심 요소인 인구통계와 경제 성장을 고려할 때, 인공지능과 자율 시스템이 미국에게 미래의 군사적 우위를 보장하는 상쇄 효과

-government-microsoft-amazon-ice.html.

를 제공할 수 있다고 어떻게 가정할 수 있는가? 이는 지금까지 거의 제기되지 않았지만, 다른 모든 가설들과 마찬가지로 심도 있는 논의가 필요한 중요한 질문이다.

**표 5-2. 6가지 가설**

| |
| --- |
| 1. 세 군사 강국의 군사 AI 개발 목표는 각기 다르며, 각국은 군사 AI 도입에 있어 서로 다른 동기를 가지고 있다. |
| 2. AI 개발 목표는 특정 군사 상황만큼이나 정부의 성격에 따라 결정된다. |
| 3. AI 군사 강국 세 나라는 각각 상업용 AI에 대해 서로 다른 수준의 통제력을 가지고 있다. |
| 4. 세 인공지능 강국은 각각 상업용 AI를 촉진하는 데 있어 서로 다른 동기를 가지고 있다. |
| 5. 세 인공지능 강국은 각기 다른 군사적 인공지능 활용 분야에 우선순위를 부여할 것이다. |
| 6. 세계화된 환경에서 중국은 상업 및 군사 인공지능 개발의 궁극적인 선도국이 될 것이다. |

## 정책 제언

전략가에게는 단순히 가설을 제시하는 것만으로는 부족하다. 그러한 가설들은 구체적인 정책 제언으로 이어져야 한다. 본 분석을 통해 나는 미국의 군사 및 민간 인공지능 역량을 강화하고 중국의 인구통계학적 우위를 상쇄할 수 있는 다섯 가지 정책 제언을 제시하고자 한다.

첫째, 가장 명백한 것은 (1) 군사적 활용이 예상되는 실용적 인공지능 연구에 대한 정부 자금 지원을 확대하는 것이다. 이는 국방부 내 인공지능 관련 대다수의 기관과 위원회가 제시한 권고사항으로, 본 장에서 상세한 설명은 불필요하다.

그러나 주목해야 할 점은 이전에 확인된 모든 상쇄전략이 상업 기업의 자체 자금이 아닌 연방 정부가 자금을 지원한 연구개발의 결과였다는 것이다. 핵무기나 정밀 유도 무기에 대한 민간 시장은 존재하지 않았기 때문에 정부 자금 지원 외에는 개발 전망이 없었다. 인공지능은 상업적 활용이 가능하지만, 상업적 기술을 군사적 기능으로 전환하는데 따르는 난이도는 ─ 특히 제16장과 다른 장에서 확인된 바와 같이 ─ 상당히 높을 수 있다. 민간 부문의 첨단 인공지능 개발이 필연적으로 유용한 군사적 활용으로 이어질 것이라는 가정은 단순한 추측에 불과하며, 이는 아직 충분히 검증되지 않았다. 국가 안보 요구사항을 충족시키기 위해서는 민간 부문의 연구개발만으로는 충분하지 않으며, 오히려 실질적인 군사적 우위를 확보하기 위해서는 정부의 대규모 자금 지원 확대가 필수적이라는 가정이 더 적절할 것으로 보인다. 이것은 기존의 가정과는 반대되는 것이지만, 현재의 안보 환경에서 더 현실적이고 효과적일 수 있다.

상업용 및 군사용 인공지능 개발에 대한 통제 수준과 동기가 다르다는 점을 고려할 때, 미국은 (2) 동맹국, 파트너 국가 및 민주주의 국가들과 양 분야에서 개발 협력을 확대하는 것이 바람직하다. 상업적 협력은 자연스럽게 이루어질 가능성이 높은데, 이는 인공지능 개발에 참여하는 미국 기업들이 자유 시장 경제 국가들에서 시장 점유율을 확보하고 유지하기 위해 지속적으로 해외 자회사와 파트너를 모색할 것이기 때문이다. 미국 정부는 이러한 상업적 협력에 대해 수사적 지원을 제공할 수 있지만, 상업적 과정에 정부가 과도하게 개입하려는 시도는 오히려 역효과를 낼 수 있다. 상업적 협력은 이윤을 추구한다. 그러나 소수의 일자리를 유지하기 위한 목적 등으로 상업적 협력을 억제하려는 연방 정부의 노력은 세금 불이익이나 수익성을 저해하는 조치를 포함할 수 있어, 결과적으로 기업 활동을 위축시킬 가능성이 높다.

　반면, 군사용 인공지능 개발을 촉진하기 위한 미국 정부의 노력은 현재의 다국적 방위 획득 프로그램(예: F-35)과 유사하게 긍정적이고 상호 보완적인 효과를 가질 것으로 예상된다. 이는 비용 분담과 규모의 경제를 통해 참여국들의 획득 비용을 절감할 수 있게 한다. 북대서양조약기구(NATO)는 회원국들이 독자적으로 또는 협력하여 첨단 군사 기술을 개발할 수 있는 플랫폼을 제공하며, NATO 내에서의 협력이 군사용 인공지능 체계 개발을 가속화할 수 있다는 점은 매우 타당하다. 호주, 일본, 한국과의 기존 양자 방위협력 협정도 유사한 목적으로 활용될 수 있다.

　군사 인공지능 협력을 촉진하는 또 다른 체계로 파이브 아이즈(Five Eyes) 정보공유 동맹(호주, 캐나다, 뉴질랜드, 영국, 미국)을 고려할 수 있다. 이는 빅데이터 분석에서의 인공지능 활용이 정보 분석의 핵심 요소가 되었기 때문이다. 파이브 아이즈 동맹 내에서 인공지능 알고리즘의 공동 시험이 진행되고 있다는 보고가 있었다.[32]

　어떤 체계를 사용하든 미국이 최소한 긴밀한 동맹국들과 군사 인공지능 개발에 협력해야 한다는 것은 명백해 보인다. 이 협력 과정에서는 기밀 정보를 다루는 다른 국방 획득 프로그램과 동일한 수준의 보안 조치를 적용해야 한다. 이러한 국제 협력 방식은 군사 인공지능 개발에 있어 예외적인 접근이 아니라 일반적인 규범이 될 것으로 예상된다.

---

[32] Mehran Muslimi, "'Five Eyes' Tests AI in Battlefield Scenario," Medium, October 18, 2018, https://medium.com/predict/five-eyes-tests-ai-in-battlefield-scenario-52ba2016c45c.

더 논란의 여지가 있고 신중한 분석이 필요한 것은 미국이 인도와 협력할 가능성이다. 인도는 세계 제2의 인구 대국(13억 4천만 명)이며, 많은 이들이 당연하게 중국의 아시아 경쟁자로 보는 민주주의 국가이다. 인도는 또한 경제 내 첨단기술 부문을 발전시키고 있는데, 이는 주로 서방 기업들과의 협력(또는 자회사 형태)을 통해 이루어지고 있다. 만약 인도가 자국의 내수 시장을 겨냥하여 인공지능 산업을 발전시킨다면, 점진적인 경제 성장과 함께 상업적 인공지능 경쟁력을 갖출 수 있고, 나아가 군사 인공지능 기술을 자체적으로 개발하는 국가로 부상할 가능성이 있다.

세 인공지능 강국의 관계자들은 모두 군사 인공지능의 개발을 전략적 경쟁으로 인식한다. 따라서 군사 인공지능의 개발은 전략적 경쟁의 핵심 요소로, 기만, 첩보 활동, 대응책 개발과 같은 전술의 대상이 된다. 제16장에서 언급했듯이, 기만은 인공지능 관련 연구에서 거의 다루어지지 않은 주제이다. 기만은 단순한 전장 기술을 넘어선다. 모든 소프트웨어와 마찬가지로, 기만 전술은 인공지능 체계를 제어하는 알고리즘에 은밀히 내장될 수 있다. 특히 국방부가 숨겨진 의도를 가진 민간 프로그래머나 과학자들의 개발에 의존하고 있기 때문에 이러한 위험성이 더욱 증가한다. 경쟁국들은 잠재적 적대국의 인공지능 개발을 조작하려는 강한 동기를 가지고 있다.

한편, 스파이 활동은 인공지능 체계를 포함한 적국의 기술을 탈취하는 일상적인 수단으로 여전히 활용되고 있다. 중국은 이 분야에서 특히 뛰어난데, 이는 인공지능 연구개발에 종사하는 과학자들이 지식 공유에 전념하는 개방된 학술 공동체로 자신들을 인식해 왔고, 따라서 보안에 대한 인식이 상대적으로 부족했다는 사실에 기인한다. 그러나 이는 서구 기술 기업 내에서 수행되는 연구개발에는 반드시 적용되지 않는다. 지적 재산 침해가 경쟁사에게 우위를 제공하거나 최소한 시장 점유율에 대한 동등한 기회를 줌으로써 회사 수익을 감소시킬 수 있기 때문이다. 앞서 강조했듯이, 상업용 인공지능 개발은 전적으로 수익성에 관한 것이다.

이러한 현실을 감안할 때, (3) 미 국방부와 동맹국 군은 기만, 사이버 공격, 대응 조치가 불가피하게 발생할 수 있다는 전제 하에 인공지능 체계를 도입해야 한다. 이는 단순히 국방부 내부 보안 문제를 넘어서는 광범위한 과제다. 새로 도입되는 인공지능 체계는 그 신뢰성이 완전히 검증될 때까지 잠재적 위협으로 간주해야 하며, 검증 이후에도 지속적으로 전술적, 작전적 대응 방안에 대한 평가가 이루어져야 한다. 주요 고려사항으로는 다음과 같은 질문들이 있다. 해당 인공지능 체계가 기만이나 방해에 취약한 전자기 스펙트럼에 의존하는가? 인공지능 체계의 오작동이 정보분석, 정보·감시·정찰(ISR), 또는 작전적 의사결정 과정에 치명적인 혼란을 초래할 가능성은 없는가? 이러한 핵심 질문들은 전략가들과 의사결정자들이 반드시 고려해야 할 사항이지만, 지금까지 인공지능 관련 논의에서 충분히 다루어지지 않았다.

한편, 사회를 강력히 통제하는 정부들은 보안, 정보, 방첩 분야에서 상당한 우위를 점하고 있다. 반면, 개방 사회는 이러한 측면에서 상대적으로 취약한 입장에 놓여있다.

이러한 가능성을 고려할 때, (4) 미군과 동맹국들은 인공지능에 할당될 기능을 수행할 수 있는 '레거시 시스템'(legacy systems, 기존 체계)을 백업 또는 전시 예비전력으로 유지해야 한다. 이 주장은 인공지능 적용 범위를 넘어서며, 새로운 기술이 항상 이전보다 더 나은, 더 효율적이고 경제적인 결과를 제시하기 때문에 반복적으로 강조되어야 한다. 이러한 전망은 지지자들이 새로운 체계 개발이나 유지보수 비용 절감을 위해 기존 체계를 폐기해야 한다고 주장하기 시작할 때 위험한 유혹이 된다. 국방 문헌에서 자주 사용되는 '레거시 시스템'이라는 용어 자체가 구식과 무관함을 암시한다. 그러나 소모전에서는 − 체제를 근본적으로 변화시키는 전쟁(가장 위험한 안보 위협)이 필연적으로 그렇게 되는데 − 첨단 무기 체계의 재고가 소진되면 어떠한 무기 체계도 구식이 아니다(구식으로 여겨지지 않는다).

서방 기업들의 잠재적 군사 적대국 내 인공지능 개발 지원 문제는 시급히 해결해야 할 과제이다. 특히 (5) 미국 정부와 동맹국들은 중국과 협력하는 서방 인공지능 기업들이 결과적으로 감시 국가 체제 강화에 기여한다는 사실을 지속적으로 강조해야 한다. 이는 권위주의 정권(잠재적 군사 적대국)으로의 상용 인공지능 기술 이전을 규제하는 법안 마련의 토대가 될 수 있다. 그러나 이러한 규제의 실질적 이행은 상당한 난관에 부딪힐 것으로 예상된다. 월스트리트와 다수의 첨단 기술 기업들이 강하게 반발할 것인데, 이는 급격한 인구 증가를 보이는 중국이 서방 제품의 최대 잠재 시장으로 간주되기 때문이다. 경제적 상호의존이 필연적으로 권위주의 정권의 통제력을 약화시킬 것이라는 전제 하에, 중국(또는 러시아)과의 기술 교류나 현지 자회사 설립을 제한해서는 안 된다는 주장이 여전히 존재한다. 하지만 안타깝게도 이러한 주장을 뒷받침할 확실한 증거는 없다. 나치 독일의 사례를 볼 때, 그 결과는 오히려 정반대였음을 역사가 보여주고 있다.

이 문제를 해결하기 위해서는 미국과 다른 민주주의 국가들이 군사용 인공지능 활용에 관해 도덕적 우위를 유지해야 한다. 이를 위해 (6)

미국 정부는 인공지능 무기 군비통제 체제에 대해 적절한 외교적 지원을 제공해야 한다. 지금까지 '킬러 로봇 금지' 운동은 무인 인공지능 시스템과 '인간 개입(humans-in-the-loop)'을 유지하는 원격 조종 드론 및 기타 시스템을 혼동해왔다. 인간 개입은 미국 군사 인공지능 개발의 전제 조건이다. 미국 정부는 이 대화의 초점을, 잠재적 적국들이 개발 중인 완전 자율 AI 무기 시스템에 대한 논의로 방향을 재설정해야 한다. 이것이 군비통제 관련 국제 기구 및 전문가 집단의 가치 있는 목표가 될 것이다.

인공지능 군비통제가 효과적이고 공평하며 검증 가능한 체제를 만들어 무인, 완전 자율 무기를 통제할 수 있을까? 아마도 그렇지 않을 것이다. 그러나 미래의 군사 인공지능에 관한 국제적 논의를 법치주의와 개인의 안전을 보장하는 방향으로 이끌어가는 외교적 노력은 충분한 가치가 있다. 결국 푸틴은 이미 "러시아가 이 분야의 선두주자가 된다면, 오늘날 우리가 핵기술을 공유하는 것처럼 이 노하우를 전 세계와 공유할 것"이라고 말했다. 이는 러시아의 핵무기 프로그램을 고려할 때 의심할 여지없이 냉소적인 발언이다.[33] '터미네이터'와 같은 완전 자율 무기 시스템은 현재 기술적으로 실현 불가능하지만, 국제 사회가 이러한 기술의 개발을 포기하기로 합의하는 것이 바람직할 것이다. 다만, 이는 철저하고 완전한 검증 가능성을 전제로 해야 한다.

---

**33** James Vincent, "Putin Says the Nation that Leads in AI 'Will Be the Ruler of the World'," The Verge, September 4, 2017, https://www.theverge.com/2017/9/4/16251226/russia-ai-putin-rule-the-world.

표 5-3. 6가지 정책 제언

| |
|---|
| 1. 군사적 활용이 예상되는 실용적 인공지능 연구에 대한 정부 자금 지원을 확대한다. |
| 2. 동맹국, 파트너 국가 및 민주주의 국가들과 양 분야(상업용, 군사용)에서 개발 협력을 확대한다. |
| 3. 기만, 사이버 공격, 대응 조치가 불가피하게 발생할 수 있다는 전제 하에 인공지능 체계를 도입해야 한다. |
| 4. 인공지능에 할당될 기능을 수행할 수 있는 "레거시 시스템"(legacy systems, 기존 체계)을 백업 또는 전시 예비전력으로 유지해야 한다. |
| 5. 중국과 협력하는 서방 인공지능 기업들이 결과적으로 감시 국가 체제 강화에 기여한다는 사실을 지속적으로 강조해야 한다. |
| 6. 효과적이고 공평하며 검증 가능한 인공지능 무기 군비통제 체제에 대해 적절한 외교적 지원을 제공해야 한다. |

## 결론

필자가 언급한 세 인공지능 강국 모두 군사용 인공지능을 전략적 경쟁으로 인식하고 있다. 그러나 이 경쟁은 단순한 대등한 경주가 아니다. 각 경쟁국을 움직이는 동기가 서로 다르며, 군사용 인공지능을 도입하는 유인 또한 동일하지 않다. 더불어 민간 및 군사 부문의 인공지능 개발 통합 수준도 국가마다 상이하다.

기반 기술이 확산되는 모든 군비 경쟁과 마찬가지로 국가의 경제력이 중요한 요인이 된다. 중국 진나라와 일본 제국 시대에 유래한 '부국강병(富國強兵)' 사상이 이 상황에도 적용된다고 볼 수 있다.[34] 그러나 자원이 비슷한 수준이라면, 권위주의 국가들이 군비 경쟁에서 본질적인 우위를 점한다. 우선, 이들은 국방비 지출에 대한 국내 반대를 억압

---

[34] Richard J. Samuels, "Rich Nation, Strong Army": National Security and the Technological Transformation of Japan (Ithaca, NY: Cornell University Press, 1994), 34-38.

할 수 있다. 인공지능의 군사화에 반대하는 민간 기업 직원들(구글의 사례 참조)도 쉽게 제압할 수 있다. 권위주의 정권에게는 추가적인 동기도 있는데, 군사용 인공지능 응용 체계 개발이 내부 인구 통제에도 유용하게 활용될 가능성이 높기 때문이다. 조지 오웰의 『1984』는 오랫동안 인기 있는 책이었지만, 『2049』가 아마도 더 정확한 제목일 것이다.

중국의 인구가 점차 부유해지고 교육 수준이 향상됨에 따라, 중국은 잠재적 경쟁국들보다 최소 4배 이상의 인적 자원을 보유하게 되어 인공지능(및 모든 첨단 기술) 개발에서 본질적인 우위를 차지하고 있다. 서방의 일부에서는 이를 긍정적으로 평가하는데, 그들은 첨단 기술 제품에 대한 거대한 시장이 열릴 것으로 예상하며, 더불어 무역 증가가 정치적 수렴을 가져온다는 안일한 사고로 이를 정당화한다. 이러한 기대들은 과학적 근거가 없지만, 자기 합리화적 낙관론은 매력적으로 보일 수 있다.

그럼에도 불구하고, 미국이나 러시아는 종합적인 경쟁 전략을 수립하고 실행하기 위한 강력한 조치를 취하지 않는 한, 장기적으로 중국의 인공지능 개발을 따라잡거나 다른 군사적 발전을 상쇄하는 것이 불가능하다고 봐야 한다. 이 장에서 제시하는 여섯 가지 정책 제언은 미국과 동맹국들이 취해야 할 핵심 전략적 조치들의 윤곽을 그리고 있다.

서론과 다른 장에서 언급했듯이, 인공지능은 미래의 가장 혁신적인 기술 발전 중 하나가 될 수 있다. 그러나 인공지능은 현재의 국제 질서를 유지하거나 변혁하는 데 있어 민주주의 국가들 못지않게(아마도 그 이상으로) 권위주의 국가들에게도 이익이 될 수 있다는 점을 인식해야 한다.

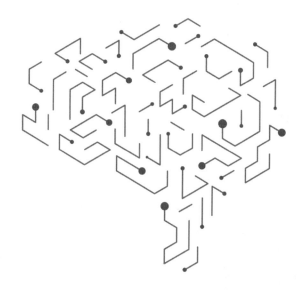

제6장
# 순찰 중 전장 혁신
## 전투원을 위한 인공지능 설계

제 6 장

# 순찰 중 전장 혁신
## 전투원을 위한 인공지능 설계

나나 콜라스(Nina Kollars)

더퍼(Duffer)는 외딴 마을 주민들의 생활 패턴을 기록하는 임무를 수행한 지 10일째다. 그녀와 팀을 지원하기 위해 더퍼는 인터넷에 연결된 태블릿 컴퓨터를 사용하고 있다. 몇 번의 클릭과 간단한 라벨링만으로 태블릿은 데이터 통합 드라이브로 정보를 전송한다. 그곳에서는 새로 설계된 학습 알고리즘이 더퍼의 이해 수준을 넘어서는 복잡한 작업을 수행하고 있다.

데이터 수집을 위해 더퍼의 팀은 넓게 펼쳐진 논과 연꽃밭을 지나 마을까지 차량으로 이동한다. 마을에 도착 후 차에서 내려 좁은 오솔길과 골목을 탐색하며 각 가정의 일상을 기록한다. 더퍼는 아침 순찰 중이다. 새로 발견한 오솔길 끝에 이르러 그녀는 낯선 인물을 목격한다 — 현지 농부가 아닌 도시 사람처럼 차려입은 젊은 여성이다. 더퍼는 이 상황을 의심스럽게 여기고 접근하기로 한다. 그녀는 본능적으로 태블릿과 바디캠을 작동시킨다. "자, 똑똑한 녀석아, 여기서 무슨 일이 벌어지고 있는 거지?" 그녀는 속으로 생각한다.

더퍼는 자신의 관찰 데이터가 자동으로 시스템에 입력되어 5인으로 구성된 팀원들의 데이터와 통합되는 것을 알고 있다. 이로 인해 마을의 생활 활동 데이터베이스가 지속적으로 확장되고 있다. 이와 함께 학습 소프트웨어는 마을의 생활 패턴에 대한 종합적인 개요를 생성하기 시작했다. 인공지능(AI) 소프트웨어 개발자들은 이 생활 패턴을 분석하여 마을의 안정성에 대한 보고서를 작성할 수 있다고 믿는다. 그러나 불행히도 최근 보고서에 따르면 지난 며칠 동안 마을의 안정성이 저하되고 있으며, 그 원인을 아무도 파악하지 못하고 있다. AI 소프트웨어는 몇 가지 가설을 제시하고 있지만… 더퍼 역시 자신만의 추측을 하고 있다.

## 전투원을 위한 AI의 가능성

AI는 양념처럼 뿌리기만 하면 모든 것이 좋아지는 그런 것이 아니다. 이러한 잠재적 기술 도입에 관한 대부분의 글들은 기술 자체를 설명하는 데 치중하고, 그 기술이 적용될 복잡하고 종종 암묵적인 환경에 대한 검토는 충분치 않다. 이는 무책임할 뿐만 아니라, 어떤 분야에서 어떻게 효과와 치명성을 높일 수 있는지에 대한 터무니없는 과대평가로 이어진다.

이 장의 목적은 전투를 위한 지능형 자동화 시스템의 비용과 이점을 분석하는 데 있어 세 가지 과제를 다루는 것이다. 첫째, 범위 측면에서 인공지능(AI)이 실제 작전 환경에서 개별 전투원들에게 미칠 수 있는 잠재적 영향을 검토하는 초기 시도를 한다. 둘째, 이러한 AI 시스템들이 전장에서의 혁신에 미치는 영향, 특히 실제 전투 상황에서 이전에 고려되지 않았던 새로운 해결책을 실험하고 개발하는 과정을 AI가 어떻게 촉진하거나 저해할 수 있는지를 분석한다. 마지막으로, 이 두 가지 과제를 가능한 한 구체적이고 간단한 언어로 설명하고자 한다.

왜 이것이 중요한가? 이 장에서 이 세 가지 과제를 다루는 이유는 — 이 책 전체의 취지에 맞춰 — '인공지능', '심층 신경망', '기계학습'과 같은 모호하고 과장된 용어를 넘어 구체적인 내용으로 나아가기 위해서다. 내 개인적인 견해로는, 미래 기술을 설명하는 언어가 너무 추상적이고 현실과 동떨어져 있어 의미 있게 이해하기 어렵다. 그리고 우리가 이를 제대로 이해하지 못한다면, 실제로 구현할 방법도 없을 것이다. 우리는 이러한 새로운 형태의 패턴 인식과 자동화가 가져올 '효과'의 실제 의미를 파악하기 위해 구체적인 상황에 적용해 보고 2차, 3차 파급 효과까지 고려해 봐야 한다. 따라서 이 장에서는 가능한 한 모호한 용어 사용을 피하고, '미래 전투'에 대해 실질적이고 의미 있는 접근을 시도하고자 한다.

새로운 시스템을 특정 군사 기능에 적용할지 구체적으로 검토할 때, 국방 혁신 전문가들이 '군수 지원을 위한 AI'를 구현해야 한다고 제안하는 것을 흔히 듣게 된다. 이는 그 자체로 다양한 의미를 내포할 수 있다 — 예를 들어 군수 공급망 자동화, 해상 및 육상을 통한 물자 수송을 위한 적응형 경로 선정 등이 될 수 있다. 이러한 전반적인 제안을 분석하기 위해, 나는 국내에 보유한 전략 자산의 종류와 그 위치를 실시간으로 추적하는 한 가지 잠재적 기능으로 논의를 한정하겠다. 이를 수행하는 한 가지 방법은 기존의 공급/자산 추적 시스템에 패턴 인식 소프트웨어를 도입하여, 계획 수립자들이 자산을 구매, 유지, 이동시키는 데 있어 이전에 고려하지 않았던 경로를 학습할 수 있게 하는 것이다.

처음에는 이 아이디어가 혁신적이고 비용 효율적으로 보인다. 하지만 실제 군사 환경에 적용해보면 상황이 달라진다. 이 시스템을 인공지능으로 '지능화'하려면, 기존의 추적 체계가 새로운 소프트웨어를 원활히 '통합'할 수 있도록 설계되어 있어야 한다는 전제가 필요하다. 그러나 현실은 다르다. 군수 지원을 위한 단일 통합 체계가 기존 전산 시스템에 존재할 가능성은 낮다. 대신, 우리가 마주할 가능성이 높은 것은 여러 개의 구식 시스템들이 반자동화된 상태로 얽혀 있는 복잡한 구조다. 이 시스템들은 실제 물리적 작업(직접 관측, 보고서 작성, 수동 재고 조사, 메모 작성, 수동 데이터 입력 등)을 통해 연결되어 있을 것이다.

더욱이 이러한 체계가 파편화되어 구축된 데에는 오래전부터 존재해온, 지금은 잊혀진 정치적 이유들이 있을 수 있다. 이는 주요 군 조직의 복잡한 사회적 측면을 모두 반영한 결과로, 국내 정치적 이해관계, 방위산업체의 독점적 요구사항, 각 군 간의 상호운용성 문제 등이 포함된다. 이러한 복잡한 상황에서 AI를 효과적으로 구현하려면 전체 체계를 완전히 재설계해야 할 것이다. 그러나 설령 이러한 재설계가 완료된다 하더라도, 새로운 AI 소프트웨어는 아마도 기술적으로는 매우 효율적이지만 정치적으로는 수용하기 어려운, 실질적으로 실행이 불가능한 해결책을 제시할 가능성이 높다.

이 예시에서 얻을 수 있는 핵심 교훈은 복잡한 조직에 새로운 소프트웨어나 자동화 기술을 도입할 때, 새 기술 자체보다 인간 조직의 환경을 더 깊이 고려해야 한다는 점이다. 인간의 사회적 환경을 고려하지 않은 채 해결책을 만드는 것은 상대적으로 쉽다. 진정한 도전은 인간의 현실에 맞춰 해결책을 구현하는 것이다. 여기에 혁신의 역설이 있다. 기술 도입 시 사회 조직의 반응이 기계나 아이디어 자체보다 실제 구현 과정에서 더 큰 영향을 미친다.

더퍼의 시나리오에서 논의된 사용자 시스템 예시들은 설명을 위한 것으로, 현재 실제로 존재하지 않을 수 있다. 그러나 이는 국방 기획자들이 구상하는 전술적 AI 능력의 유형을 잘 보여준다. 또한 이러한 예시들은 이라크와 아프가니스탄에서 수행된 현지 문화와 사회적 요인에 대한 전술 정보 분석과도 연관성이 있다.

## 전장 혁신 연구 및 문헌

AI 기술에 관한 대부분의 분석적 논의는 의사결정 자동화가 속도에 미치는 영향, 즉 '인간 개입(human-in-the-loop)', '인간 감독(human-on-the-loop)', '인간 배제(human-out-of-the-loop)' 논쟁에 집중되어 왔다.[1] 그러나 필자의 연구에 따르면, 미래 전투와 혁신에 있어서는 이러한 논쟁보다 지능형 체계의 사용자 중심 설계가 더 중요하다.[2] 즉, 인간이 의사결정 과정에 어느 정도 개입하는지 보다는,

---

[1] 이 논쟁의 핵심 요소는 Paul Scharrre의 Army of None: Autonomous Weapons and the Future of War (New York: W. W. Norton, 2018)에 소개되어 있다. Heather M. Roff와 David Danks, "'Trust but Verify': The Difficulty of Trusting Autonomous Weapons Systems," Journal of Military Ethics 17, no. 1 (2018): 2-20 또한 참고.

[2] 논문 연구와 전장에서의 빠른 적응에 대한 후속 연구에서 저자는 전투원들이 기계를 채택하거나 적응하는 데 영향을 미치는 기계에 대한 설계와 친숙도[familiarity]라는 핵심 문제에 직면했다. 이러한 현상은 신흥 기술에만 국한된 문제는 아니지만 군사 기술의 구현과 획득에 있어 잘 알려진 문제이다. Nina Kollars, By the Seat of Their Pants: Military Technological Adaptation in War (PhD dissertation, Ohio State University, 2012), http://rave.ohiolink.edu/etdc/view?acc_num=osu1341314153 및 Nina Kollars, "Organising Adaptation in War," Survival 57, no. 6 (2015): 111-26, https://doi.org/10.1080/00396338.2015.1116158 참조.

전투원들이 실제 전장에서 실험하고 문제를 해결할 수 있는 체계를 구축하는 것이 더 중요하다는 것이다. 이러한 사용자 중심의 요구를 충족시키는 것이 의사결정 과정의 속도 향상에 관한 추상적 논의보다 실제 전투 효과성 향상에 더 결정적인 영향을 미칠 것이다.

전쟁에서 혁신은 중요하다. 안보학 분야의 학자들은 오랫동안 군대의 변화 능력, 특히 전투력, 작전 효율성, 승리 가능성을 향상시키는 변화에 대해 연구해 왔다. 이러한 연구의 근간은 현대적 용어로 군사혁신(RMA, Revolution in Military Affairs)이라 불리는 개념에서 시작되었다.[3] 군사 혁신은 주로 새로운 개념과 기술을 통해 군대가 다른 군대, 특히 강대국의 군대에 대해 우위를 확보하는 과정을 설명하는 용어다. 이후 군사 혁신이라는 개념은 경영학에서 차용한 '혁신'이라는 더 광범위한 용어로 대체되었다. 이 변화는 단순한 전반적 개선을 넘어서, 군사 작전과 전략의 근본적 재편을 야기하는 게임 체인저 능력에 대한 추가적인 연구로 이어졌다. 군사 변혁 연구의 이 특정 분야는 일반적으로 '파괴' 또는 '파괴적 혁신'이라는 용어로 특징지어진다.[4]

이후 전장에서의 실전적 문제 해결에 관한 새로운 연구 흐름이 문헌에 등장하기 시작했다. 군사 혁신 연구에서 이른바 '상향식 접근'이라고 불리는 이 흐름은 모든 군사 기술 및 조직 변화가 고위 의사결정자들의 지시에 의해서만 이루어지는 것은 아니라고 주장한다. 오히려 혁

---

3 Colin S. Gray, Strategy for Chaos: Revolutions in Military Affairs and the Evidence of History (London: Frank Cass, 2002), Andrew F. Krepinevich, "Cavalry to Computer: The Pattern of Military Revolutions," National Interest no. 37 (Fall 1994): 30-42 참조.

4 Peter Dombrowski와 Eugene Gholz는 "Identifying Disruptive Innovation: Innovation Theory and the Defense Industry," Innovations: Technology, Governance, Globalization 4, no. 2 (Spring 2009): 101-17, https://www.mitpressjournals.org/doi/abs/10.1162/itgg.2009.4.2.101에서 문헌의 이러한 전환에 대한 날카로운 분석을 제공했다.

신적 해결책은 최전선의 전투원들과 직접적인 전투에 참여하지는 않지만 작전을 지원하는 경험 많은 실무자들로부터도 나올 수 있고, 실제로도 그렇다.[5] 이러한 문헌의 통찰은 본 장의 핵심 질문을 구성하는 기반이 되지만, 여기에 매사추세츠 공과대학교(MIT) 슬로안 경영대학원의 에릭 폰 히펠(Eric von Hippel) 교수가 제시한 사용자 혁신 이론이 추가적인 관점을 제공하며 이를 더욱 심화시킨다. 폰 히펠의 전문 분야는 사용자 중심의 문제 해결 현상이다. 일반적인 시장 모델에서는 기업이 소비자를 위해 제품을 생산하며, 이윤 창출을 위해 소비자가 구매할 만한 상품을 만들려는 동기가 있다. 그러나 생산자는 종종 실제 소비자가 누구인지, 또는 어떤 집단이 기존 시장 제품으로부터 소외되어 있는지 정확히 파악하지 못한다. 사용자 혁신 이론에 따르면, 시장이 효과적인 해결책을 제공하지 못할 때 소비자들은 스스로 해결책을 개발하고, 이를 공유하기 위한 커뮤니티를 형성한다.[6] 이러한 행동 양상은 역사적으로 전투원들의 문제 해결 노력과 매우 유사하며, 그 메커니즘은 자연스럽게 상향식 군사 혁신 이론과 일맥상통한다. 이러한 핵심 통찰은 존 린지(Jon Lindsay) 대령의 전술항공통제체계 '팔콘

5 Adam Grissom, "The Future of Military Innovation Studies," Journal of Strategic Studies 29, no. 5 (2006): 905–34, https://doi.org/10.1080/01402390600901067; Nina Kollars, "Military Innovation's Dialectic: Gun Trucks and Rapid Acquisition," Security Studies 23, no. 4 (2014): 787–813, https://www.tandfonline.com/doi/full/10.1080/09636412.2014.965000; Theo G. Farrell, "Back from the Brink: British Military Adaptation and the Struggle for Helmand, 2006–2011," in Military Adaptation in Afghanistan, ed. Theo Farrell, Frans Osinga, and James A. Russell (Stanford, CA: Stanford University Press, 2013), 108–35; James Russell, Innovation, Transformation, and War: Counterinsurgency Operations in Anbar and Ninewa Provinces, Iraq, 2005–2007 (Stanford, CA: Stanford University Press, 2010).
6 Eric von Hippel, "Democratizing Innovation: The Evolving Phenomenon of User Innovation," Journal für Betriebswirtschaft 55, no. 1 (2005): 63–78.

뷰(FalconView)' 연구와 필자가 수행한 베트남전 전장 혁신에 관한 연구에 구체적으로 반영되어 있다.[7]

군사 혁신에 관한 연구가 급증했음에도 불구하고, 정치학자들의 연구는 주로 조직의 의사결정 과정이나 혁신을 주도하는 지휘관의 전문성 역할에 초점을 맞추고 있다. 이러한 접근은 전장 환경에서 무기체계와 전투원 간의 복잡한 상호작용을 지나치게 단순화하여 바라보는 한계가 있다. 현재 군사 혁신에 관한 학술 연구 중에서 사용자 운용체계나 무기체계 설계가 전장에서의 혁신을 촉진하는 역할을 강조하는 연구는 거의 찾아보기 어렵다. 나는 전장 혁신과 관련하여 검증 가능한 가설을 도출할 수 있는 이론의 기초 요소들을 제시하고자 한다. 이론 구축의 출발점으로, 나는 전장에서 전투원 주도의 혁신을 촉진하거나 억제할 수 있는 세 가지 핵심 특성을 제안한다. 즉, 의사결정 과정의 투명성 또는 불투명성, 시스템이 단순히 해결책을 제안하는 수준인지 아니면 전투원의 판단을 무시하고 독자적으로 결정을 내리는지에 관한 것, 무기체계가 전투원의 능력을 보완하고 확장하는지 아니면 전투원의 역할을 완전히 대체하는지에 관한 것이다.

이러한 특성들은 군사 혁신에 관한 사회과학 연구에서는 새롭게 다뤄지는 주제이지만, 공학 설계 분야에서는 이미 일반적으로 고려되는 요소들이다. 특히 전투원이나 실무자의 행동 패턴을 고려하는 공학 설계 접근법은 이들이 새로운 무기체계와 상호작용하면서 보일 수 있는 창의적 대응 유형을 예측하는 데 핵심적인 역할을 한다.[8] 인간—기계

---

7 Jon R. Lindsay, "'War upon the Map': User Innovation in American Military Software," Technology and Culture 51, no. 3 (2010): 619–51; Nina Kollars, "War's Horizon: Soldier-Led Adaptation in Iraq and Vietnam," Journal of Strategic Studies 38, no. 4 (January 2015): 529–53.

상호작용에 관한 연구는 크게 두 가지 주요 분야로 나눌 수 있다. 하나는 기술의 사회적 구성(SCOT, Social Construction of Technology) 이론이고, 다른 하나는 군사 연구소에서 수행하는 실용적 공학 연구이다.

기술의 사회적 구성(SCOT) 연구는 과학기술학 분야에서 발전했다. 이는 인간의 사회적 상호작용 시스템 내에서 기술이 어떻게 구현되는지를 조사한다. SCOT 연구는 주로 정성적 방법을 사용하며, 기술이 왜, 어떻게 채택되고 시간에 따라 변화하는지를 설명하기 위해 관찰과 과정 추적에 의존한다.[9] 이 연구 분야에는 과학적 활동이 미사일 유도 시스템과 같은 혁신적 기술을 어떻게 만들어내는지에 대한 역사적 고찰[10]과 기존 행동 패턴을 고려하여 미래의 인간 – 기계 상호작용 이론을 개발하는 기술자들의 연구(예를 들어, 일상생활에 더 많은 로봇의 도입이 미치는 영향)를 포함한다.[11] 주목할 점은 SCOT 문헌이 우리의 기계적 미래의 결정 요인들을 더 면밀히 조사하려는 광범위한 방법론적 노력을 지닌 학제 간 연구 의제라는 것이다. 따라서 이는 자체적으로 확립된 비평 이론가들이 없는 것이 아니며, 그중에는 칼 마르크스(Karl Marx)도 포함되어 있다.[12]

---

8 Ben Shneiderman, "Creativity Support Tools: Accelerating Discovery and Innovation," Communications of the ACM 50, no. 12 (2007): 20-32.

9 Hans K. Klein과 Daniel Lee Kleinman, "The Social Construction of Technology: Structural Considerations," Science, Technology & Human Values 27, no. 1 (2002): 28-52; Trevor J. Pinch와 Wiebe E. Bijker, "The Social Construction of Facts and Artefacts: Or How the Sociology of Science and the Sociology of Technology Might Benefit Each Other," Social Studies of Science 14, no. 3 (1984): 399-441.

10 Donald A. MacKenzie, Inventing Accuracy: A Historical Sociology of Nuclear Missile Guidance (Cambridge, MA: MIT Press, 1993).

11 Andy Clark, "Natural-Born Cyborgs?" in Cognitive Technology: Instruments of Mind, proceedings of International Conference on Cognitive Technology, 2001, https://link.springer.com/chapter/10.1007/3-540-44617-6_2, 17-24.

공학 설계, 특히 사용자 행동에 영향을 미치는 측면은 인간이 기계와 상호작용하는 방식에 영향을 주는 요소로서 인체공학, 사용자 운용 체계, 고급 촉각 반응 등의 효과를 연구하는 응용 분야이다. 이 분야는 새로운 기계를 채택하는 인간 능력의 물리적 제약부터 인지적 제약에 이르기까지 매우 광범위한 요소들을 고려한다.[13] 우리의 목적에 있어 이 연구의 한계는 공학 설계 문헌이 기계의 전면적 수용이나 거부 조건에 초점을 맞추는 경향이 있다는 점이다. 예를 들어, 제프 딕(Jeff Dyck) 등의 연구에서는 게임 플레이어들이 화면을 통해 소프트웨어와 상호작용하는 방식의 조정을 '사용자 만족도' 측면에서 성공적인 것으로 간주한다.[14] 엔터테인먼트의 관점에서 만족도는 하나의 중요한 요소일 수 있다. 그러나 전쟁 기술에 있어서 만족도는 결과와 함께 고려해야 할 여러 요소 중 하나일 뿐이며, 우리의 경우에는 사용 과정에서 새로운 해결책이 창출되는지 여부도 포함되어야 한다.

이 장은 두 가지 학문적 접근을 결합하여 잘 설계된 스마트 기계와 전투원의 조합이 가진 창의적 문제 해결 능력을 탐구한다. 인간이 기계 사용에 미치는 영향을 연구하는 분야와 기계가 인간의 수용에 미치

---

12 Steven Vogel, "Marx and Alienation from Nature," Social Theory and Practice 14, no. 3 (1988): 367-87, 13. 컴퓨터와 관련해서는 Jenny Preece et al., Human-Computer Interaction (Boston: Addison-Wesley Longman, 1994)과 Jean-Michel Hoc, "From Human-Machine Interaction to Human-Machine Cooperation," Ergonomics 43, no. 7 (2000): 833-43 참고.

13 컴퓨터와 관련해서는 Jenny Preece et al., Human-Computer Interaction (Boston: Addison-Wesley Longman, 1994), and Jean-Michel Hoc, "From Human-Machine Interaction to Human-Machine Cooperation," Ergonomics 43, no. 7 (2000): 833-43 참조.

14 Jeff Dyck et al., "Learning from Games: HCI Design Innovations in Entertainment Software," in Proceedings of Graphics Interface 2003, https://graphicsinterface. org/wp-content/uploads/gi2003-28.pdf, 237-46.

는 영향을 연구하는 분야 중 하나만을 고수하는 대신, 두 분야 간의 상호작용을 인정하고 양쪽 문헌에서 공통적으로 나타나는 요소들이 잠재적으로 생산적일 수 있다고 제안한다. 이러한 접근 방식에서 저자의 관점은 기술 결정론에 빠지지 않으면서도 기계와의 관계에서 우리의 미래에 대해 무조건적인 낙관론을 표방하지 않는 이론가 랭던 위너(Langdon Winner)의 보다 통합적인 시각과 가장 밀접하게 일치한다.[15]

## AI와 전장 혁신: 설계를 통한 능력 강화 또는 제한

우리가 최첨단 컴퓨터 시스템과 정교한 작전 분석 능력을 보유하고 있음에도 불구하고, 전장의 불확실성과 예측 불가능한 상황들은 여전히 높은 수준의 적응력을 요구한다. 이는 특히 승리를 목표로 하는 군대에게 더욱 중요한 요소이다. 전쟁은 예측 불가능한 복잡한 활동이기 때문에 군대는 당면한 전장 환경에 맞춰 전술, 기법, 절차(TTP, Tactics, Techniques, and Procedures)를 조정할 수 있는 능력을 함양해야 한다.[16] 무인 자율 시스템을 포함한 신기술의 효과적인 운용은 전쟁의 불확실성과 전략, 작전, 전술 등 모든 전쟁 수준에서 발생할 수 있는 예상치 못한 상황을 고려해야 한다. AI가 전쟁 수행에 실질적인 영향을 미치려면, 전술 및 작전 수준에서 전투원들에게 '즉각적인' 대응 능력을 지원해야 한다.[17]

---

15 Langdon Winner, Autonomous Technology: Technics-out-of-Control as a Theme in Political Thought (Cambridge, MA: MIT Press, 1978).
16 물리적 전투공간[battlespace]에는 사람이 실제로 존재할 수도 있고 존재하지 않을 수도 있지만, 전 지구적 재앙이 일어나지 않는 한 전쟁 수행에는 직접, 원격으로 또는 가상으로 사람이 관여하게 된다는 점에 유의해한 한다.
17 이 책은 이러한 다른 수준에서 신흥 기술의 구현에 접근하는 훨씬 더 광범위한 분석을 제공하

군 지휘부가 전투원들에게 장비나 전술, 기법, 절차(TTP)의 현장 적용을 공식적으로 허가하든 그렇지 않든, 전투원들은 불가피하게 상황에 맞춰 운용할 것이다.[18] 이러한 현실은 전장에서의 혁신이 양날의 검이 될 수 있음을 시사한다. 한편으로, 전투원의 창의적 능력을 무시하면 첨단 무기체계가 비효율적으로 운용되거나 완전히 거부될 위험이 있다. 다른 한편으로, 전투원의 자율적 운용을 장려하는 개방형 설계를 채택하면 지휘부는 법규나 지휘관의 의도를 위반하거나 다른 전투원들에게 혼란을 야기하는 운용 방식이 자발적으로 생성될 위험이 있다.

이러한 전투원의 행동 특성을 고려할 때, 우리는 새로운 AI 능력을 어떻게 설계해야 할까? 전장에서 누구에게, 어떤 방식으로 기술적 조정 권한을 부여해야 할까? 나는 전장 혁신을 활성화하거나 제한하는 맥락에서 기계학습 알고리즘 설계에 관한 고려사항들의 초기 제안을 제시하고자 한다 — 물론 이는 완전하지 않을 수 있다. 구체적으로, 개별 전투원과 관련하여 다음 네 가지 설계 질문을 제안한다.

- AI 시스템의 의사결정 과정을 불투명하게 할 것인가, 아니면 투명하게 할 것인가?
- AI 시스템이 현장 운용자에게 제공하는 정보가 제안적 성격인가, 아니면 강제적 성격인가?
- AI 시스템이 새로운 전투 능력을 제공할 것인가, 아니면 단순히 기존 작전 수행 과정을 더 효율적(또는 비용 효과적)으로 만들 것인가?
- 이 기술이 전투원의 기능을 지원할 것인가, 확장할 것인가, 아니면 완

며, 이 모든 분석은 해결이 필요한 문제의 맥락에 따라 중요하다.
18 Kollars, "War's Horizon."

전히 다른 것으로 대체할 것인가?

이러한 초기 설계 질문들에 대한 답변은 다음과 같은 방식으로 전장 혁신에 영향을 미칠 것이다.

- 새로운 비결정 및 초결정 상황을 생성함으로써 지휘 결심 과정을 직접적으로 변화시킨다.
- 전투원 수준에서 창의적 입력을 활성화하거나 제한한다.
- 사후 검토(AAR, After Action Review)의 대상과 목적을 형성한다 — 누구를 위한 것이며 누가 접근 권한을 가질 것인지 결정한다.

요약하면, 스마트 소프트웨어와 기계학습 시스템이 상황 적응적 전장 혁신을 자동으로 증진시키거나 저해하는 것은 아니다. 이는 시스템의 실제 설계와 운용 환경에서 이루어지는 의도적인 선택에 달려 있을 것이다. 이러한 탐구를 위해 나는 일상적인 정찰 임무를 수행하는 가상의 순찰에 참여한 단일 전투원 더퍼(Duffer)의 사례로 돌아가 논의를 이어가겠다.


## 불투명, 투명, 제안적 또는 강제적? 지휘결심 과정의 재구성

현재 데이터 통합/분석 기술에 대한 근본적인 오해 중 하나는 전장에서의 시간 소모적이고 복잡한 인간의 의사결정 필요성이 제거될 것이라는 믿음이다. 이로 인해 전투원들이 모든 가능한 대안을 고려할 필요 없이(그리고 아마도 몇 가지 선택지를 놓치면서) 행동할 수 있다고 여긴다. 이런 상황이 발생할 수 있지만, 반드시 그래야 할 필요는 없다(또한 우리가 항상 그렇게 되기를 원하지 않을 수도 있다). 다시 말하지만, 이는 시스템 설계의 문제이다. 인공지능 학습 시스템은 그들의 권고나 행동을 이끄는 패턴과 상관관계를 드러내도록 설계될 수 있다 – 즉, 투명하거나 불투명하게 될 수 있다.[19] 또한 전투원의 입력을 요청하거나 그 입력을 완전히 무시하도록 설계될 수 있다 – 제안적이거나 강제적이 될 수 있다.

투명한 시스템은 어떻게 그리고 왜 특정 작전 경로나 행동 방침에 도달했는지 보여주도록 설계되었다. 이는 넷플릭스나 아마존 프라임에서 영화를 추천받는 것과 유사하다. 앱에 접속하면 당신이 전에 들어본 적 없는 제목들을 보여준다. 사용자가 왜 이 추천을 받는지 이해할 수 있도록(그리고 계정 보안 우려를 줄이기 위해), 시스템은 자체적으로 설명을 제공한다. "당신이 X와 Y를 시청하셨으므로, Z도 흥미롭게 보실 수 있습니다"와 같은 안내 메시지를 표시함으로써 추천 이유를 설명한다. 시스템은 그 추천의 논리와 의사결정 과정을 명확히 하려고 시도한다.

더 교묘한 방식으로 작동하는 것은 완전한 투명성이 아닌 넛지를 통해 작동하는 반투명 시스템일 것이다. 개인의 선호도를 학습한 시스템(예: 개인화된 아마존 페이지)의 경우, 알고리즘은 사용자가 의식적으로 쇼핑을 하려는 노력 없이도 구매에 영향을 미치려 할 수 있다(이는 소비

---

19 학습 능력이 있는 지능형 소프트웨어는 반드시 불가해하다는 것은 잘못된 생각이다. 기계가 무엇을 어떻게 학습하는지 이해하는 능력은 공학적 난제이지만, 이미 많은 연구 결과가 발표된 주제이다. 예시로는 Jianlong Zhou et al., "Transparent Machine Learning—Revealing Internal States of Machine Learning," in Proceedings of IUI2013 Workshop on Interactive Machine Learning, https://csjzhou.github.io/homepage/papers/iui 2013_transparent_ml_camera.pdf, 1-3; 및 Yash Goyal et al., "Towards Transparent AI Systems: Interpreting Visual Question Answering Models," unpublished paper, Cornell University, September 9, 2016, arXiv:1608.08974v2 참고.

기반 경제의 특징이다). 반면 불투명한 시스템에서는 학습 소프트웨어가 자신의 행동이나 제시하는 선택지에 대해 어떠한 설명도 제공하지 않는다.

더욱이, 넷플릭스 예시에서처럼 시스템은(투명성 여부와 관계없이) 사용자에게 선택권을 제공하거나 거부할 수 있다 - 즉, 행동 과정에 있어 제안적이거나 완전히 강제적일 수 있다. 이는 어떤 모습일까? 웨이즈(Waze)나 구글 맵스(Google Maps) 같은 현대적 내비게이션 시스템을 생각해보자. 여정의 중요 지점에서 앱은 교통 상황 변화로 인해 대체 경로를 선택할지 묻는다. 소프트웨어는 날씨, 도로 상태, 교통 상황에 대한 정보를 수집하고, 목적지까지의 최적 경로를 업데이트한다. 반대로 앱은 사용자에게 묻지 않고 자동으로 경로를 업데이트할 수 있으며, 이 경우 사용자는 경로 변경 이유를 알 수 없다 - 이는 항공사가 비행편을 취소하고 다른 티켓으로 재예약한 후 좌석이 확보되면 알려주는 것과 유사하다. 사용자는 이러한 선택에 이의를 제기할 수는 있지만, 그 과정을 자세히 알 수는 없다. 이런 맥락에서 학습 소프트웨어는 반드시(그리고 실용적으로 대부분의 경우에는 그래서는 안 되지만) 의사결정 과정에서 인간의 결정을 완전히 제거할 필요는 없지만, 그렇게 설계될 수는 있다. 이는 결국 통제의 문제이다.

## 시나리오로 돌아가기

더퍼는 바디캠을 활성화하고 젊은 여성과의 대화를 녹화하기 시작한다. 그녀는 시스템이 이미 여성의 이미지를 캡처하고 대화 내용의 일부를 나중의 분석을 위해 데이터베이스로 전송하고 있음을 알고 있다 — 누가 분석할지는 불분명하다. 아마도 중앙 AI가 지역 방언을 확인하고, 언급된 이름들을 포착하여 상호 참조하며, 인력에 대한 잠재적 위협을 평가하고 있을 것이다. 또는 단순히 그녀의 상관이 이 모든 정보의 의미를 추측하고 있을 수도 있다. 더퍼는 어깨를 으쓱하고, 메모장과 펜을 꺼내 '위스커스'(그녀가 AI 태블릿에 붙인 애칭이다... 어쩐지 이렇게 부르니 더 친근하게 느껴졌다)의 분석과는 별개로 자신의 생각을 적어 내려간다. 그녀는 사후 보고서(AAR, After Action Report)를 위해 자신의 관찰과 생각을 확실히 기록하고자 한다.

더퍼는 태블릿이 계속해서 귀에 진동 알림을 보내는 것에 약간 짜증이 난다. 그녀는 질문을 받는 것에 대해 눈에 띄게 긴장한 젊은 여성과의 대화에 집중하려 노력 중이다. 더퍼는 여성이 긴장한 이유가 자신의 권총 때문인지, 위스커스와 통신하는 헤드기어 때문인지, 아니면 사람들이 볼 수 있는 개방된 장소에서 대화하고 있기 때문인지 확실하지 않다. 더퍼는 진동 알림을 무음으로 전환한다 — 단순한 정보 알림일 뿐 긴급한 것은 아니다 — 그리고 대화를 계속한다. 때때로 더퍼는 여성의 답변을 정확히 이해했는지 불확실하지만, 이어폰의 실시간 번역 기능이 유용한 이중 확인 수단이 된다.

몇 분간의 대화 후, 그녀는 태블릿의 메시지를 확인한다. 안면 인식 스캔에서는 일치하는 결과가 나오지 않았지만, 여성의 이야기는 사실로 확인되었다. 마을에는 북쪽 도시에 사는 딸이 있는 노부부가 있다. 최근 포착된 부부의 대화에 따르면 그들은 딸이 대도시에서 며칠 동안 집에 온다는 것에 대해 들떠 있다. 젊은 여성은 임신 4개월이라고 하며, 모두가 환영 파티를 계획하고 있다.

더퍼는 미소 짓는다. 이는 좋은 징조다. AI가 아무리 방대한 데이터를 가지고 있다 해도, 그 노부부의 직감은 더욱 강력하다. 마을이 위험하다면 그들은 절대 딸이 돌아오도록 허락하지 않았을 것이다. 아마도 상황이 나아지고 있는 것 같다. 그러나 젊은 여성은 지나치게 마른 편이었고, 건강한 임신의 모습과는 거리가 있어 보였다 — 어쩌면 임신이 아닐 수도 있다. 이것이 단순히 슬픈 이야기일까, 아니면 잠재적 위협의 징후일까?

더퍼는 이런 의문들을 노트에 기록하고 순찰을 계속한다. 그때 태블릿이 제안을 한다. "더퍼, 지난 주 순찰 경로를 분석한 결과, 아직 데이터 수집이 이루어지지 않은 네 개의 잠재적 경로가 있습니다. 새로운 경로로 순찰하시겠습니까?"

그녀는 혼잣말로 중얼거린다. "그게 맞는 일이겠지." 하지만 더퍼는 전투식량 말고 다른 것이 먹고 싶다. 그녀가 좋아하는 생선과 해초 주먹밥을 만드는 현지 주먹밥 가게가 있다는 걸 알고 있다. 평소 경로로 가면 신선한 주먹밥을 먹을 수 있을 것이다.

더퍼는 약간의 죄책감과 함께 말한다. "고맙지만 사양할게, 위스커스. 경로 제안은 무시해. 주먹밥 가게를 지나는 평소 경로로 갈 거야."

태블릿이 응답한다. "더퍼, 주먹밥 가게와 교차하는 미탐색 경로가 있습니다. 그 경로로 가시겠습니까?"

"이 귀신 같은 점심 스파이!" 더퍼는 찡그린다. 위스커스가 마을 주민들뿐만 아니라 자신도 관찰하고 있다는 사실에 약간 소름이 돋는다. AI가 그녀를 따라다니며 그녀의 선호도를 학습하고 있는 것이다. 그래도 선택권이 전혀 없는 것보다는 낫다. 더퍼는 위스커스에 대해 좀 답답함을 느낀다. 이 관계는 대체로 일방적인 상호작용이다(좋은 고양이와의 관계처럼). 위스커스는 경로를 제안하고 원하는 정보에 대해 질문하지만, 결국 더퍼는 왜 위스커스가 불안정성이 증가하고 있다고 판단하는지 정확히 이해하지 못한다. 더퍼는 제안된 경로에 동의하고 계속 걸어가며, 위스커스의 좌우 회전 안내를 따르면서 계속해서 주변을 주시한다. 위스커스가 계속 일방적으로 정보만 제공하지 말고 그녀의 더 분석적인 질문에도 답해 줬으면 좋겠다고 생각한다.

## 시나리오의 함의

더퍼의 경로에서 지금까지, 시스템을 불투명하고 강제적으로 만들거나 투명하고 제안적으로 만들어야 할 상충되는(그리고 아마도 모순되는) 이유들이 존재한다. 이 중 어느 쪽을 선택하든 의사결정 과정이 변경된다. 실무자가 사용하는 학습 시스템을 불투명하고 강제적으로 만들면, 이전에 사용자가 내렸던 결정들이 시스템 내부로 이동한다. 전투원에게 요구되는 행동이 조정되면서, 시스템이 새로운 경로 선택에 대한 통제권을 갖게 되고, 이는 더퍼로 하여금 '시스템 외부의' 대안적 결정을 내리기 위해 주변 환경의 다른 측면들을 고려하도록 강제한다. 더퍼는 대안을 선택하기 위해 강제적 시스템을 '무시'해야 하며, 이로 인해 시스템의 가치 대부분을 잃을 수 있다.

반면, 시스템을 투명하고 제안적으로 만들면 새로운 결정들이 강화되거나 도입되어, 최선의 행동 방침에 대해 사용자에게 더 많은 주도권을 준다. 이는 또한 행동에 대한 더 많은 책임이 하위 레벨로 이동함을 의미한다. 더퍼는 맛있는 점심을 원하기 때문에 새로운 경로를 탐색하고 싶어 하지 않을 수 있다. 태블릿이 다시 한 번 제안을 하고, 더퍼는 책임감 있는 전투원으로서(모든 전투원이 그렇지는 않겠지만) 타협안을 받아들인다. 이렇게 함으로써, 그녀는 (이전에) 대안을 고려했을 때도 시스템의 가치를 잃지 않는다.

시스템의 자동 응답이 번역을 수행하고 바디캠과 음성 녹음을 하는 것이었음을 고려해보자. 이러한 결정들은 더퍼의 의견 없이 시스템에 미리 설계되어 있다. 또한 주목할 만한 점은 더퍼가 AI가 마을에 대한 데이터만 기록하는 것이 아니라 자신을 감시하고 있다고 느낀다는 것이다. 이는 그녀가 위스커스에 대해 어떻게 느끼는지에 영향을 미친다. 위스커스로부터의 지나친 지시와 과도한 감시는 더퍼가 의도적으로 '실수로' 태블릿을 떨어뜨려 파손시키고 혼자서 순찰을 수행하고 싶은 유혹을 느낄 수 있다. 그러나 현재의 시스템 설계는 이런 극단적인 상황을 방지하고 더퍼로 하여금 시스템과 자신의 판단 사이에서 적절한 균형을 찾도록 유도한다.

지금까지의 이야기에서 더퍼는 위스커스가 마을의 불안정성 증가에 대해 잘못 판단하고 있다는 직감을 가지고 있다. 그러나 더퍼는 위스커스가 불안정성 증가를 확신하게 만드는 상관관계 데이터에 접근할 수 없어 좌절감을 느낀다. 이 시스템은 그녀의 업무 수행을 더 철저히 하는 데 큰 도움이 되었지만, 더퍼가 위스커스의 마을 안정성 우려 요인을 직접 조사하거나 분석할 수 있도록 설계되지 않았다.

그러한 상관관계 정보가 존재하더라도, 그녀의 권한 수준에서는 접근이 불가능하다. 더퍼가 이 데이터에 접근할 수 있다면, 그녀는 위스커스가 발견한 상관관계가 실제로 인과관계인지 판단하는 데 가치 있는 통찰을 제공할 수 있을 것이다. 이러한 상황에서 더퍼는 자신이 작성한 일지가 기지로 돌아갔을 때 유용한 정보로 활용되기를 바란다. 최근 그녀는 위스커스의 학습 내용이 실제 상황과 다소 차이가 있을 수 있다는 확신을 갖게 되었다. 이에 대응하기 위해 그녀는 동료들에게 위스커스의 데이터를 보완할 수 있는 개인적인 관찰 기록을 작성해 줄 것을 요청했다.

위스커스의 설계는 부분적으로 투명하고, 부분적으로 불투명하다. 위스커스는 강제적이기보다는 제안적인 AI이지만, 더퍼의 참여 의지와 상관없이 데이터를 수집하는 기능을 하도록 명확히 설계되어 있다.

## 전투원 기능의 지원, 확장 또는 대체

설계 특성과는 별개로, 전장에서 발생할 수 있는 혁신의 유형은 학습 알고리즘이 실무자를 위해, 실무자와 함께, 또는 실무자의 전문 업무에 추가하여 어떤 역할을 하도록 설계되었는지에 따라 영향을 받을 것이다. 만약 시스템이 사용자로부터 이전에 실무자들이 수행했던 기본적이고 반복적인 작업을 덜어내도록 설계되었다면(즉, 이제는 시스템이 이러한 작업을 수행하고 있다면), 사용자는 자신의 역할에 대해 더 깊이 생각할 시간과 여유를 갖게 된다. 이 경우, 자동화 시스템이 실무자들이 기존에 수행하던 반복적이고 기계적인 데이터 처리 및 정보 작업을 대신 처리함으로써, 실무자들은 자신의 업무 분야에서 더 높은 수준의 숙련도와 전문성을 개발할 수 있는 기회를 얻게 된다.

이러한 상황에서, 전투원의 혁신은 기술 자체를 통해 직접 창출되기보다는, 업무 부담 경감으로 인해 전투원 개인의 창의성과 전문성에서 비롯될 것이다. 잠재적 혁신은 기계 – 인간 상호작용에서 직접 나오는 것이 아니라 그러한 상호작용으로 인해 발생할 것이다. 반면, 학습 알고리즘이 전투원을 지원하는 보조 도구로 설계된 경우, 학습 시스템과 전투원 간의 상호작용이 새로운 통찰력이나 작업 수행 방식을 만들어 낼 수 있다. (물론 이는 앞서 언급한 설계 요소들에 따라 달라질 것이다.)

마지막으로, 스마트 학습 시스템이 실무자를 완전히 대체하도록 설계된 경우 — 즉, 실무자의 역할을 단순히 버튼을 누르는 다리와 손가락으로 축소시키는 경우 — 전장에서의 혁신이 일어날 가능성이 가장 낮다. 이 경우, 도입되는 유일한 혁신은 전투원의 대체뿐이며, 이는 진정한 전장 혁신이라고 볼 수 없다. 임무 수행을 통한 실전 경험과 학습 기회는 인간을 시스템으로 대체함으로써 사라지게 된다. 다만, 실무자들이 창의적 문제 해결에 참여하기에는 너무 많은 스트레스를 받는 특정 극한 상황에서는 이러한 대체가 적절할 수 있다. 그러나 이는 전쟁 중의 효과적인 혁신이라고 볼 수 없다(전쟁 전이나 후와는 달리).

더 우려되는 점은 — 저자의 견해로는 — 대부분의 직무 분야에서 실무자의 역할을 완전한 자동화로 대체하는 것이 새로운 종류의 의존성을 만들어낸다는 것이다. 이는 새로운 기술을 통한 전장 혁신의 가능성을 제한할 뿐만 아니라, 군사 시스템 전반에 걸쳐 새로운 운용상의 취약점을 만들어낼 수 있다. 전투원의 전투임무 수행 기술이 대체 과정에서 퇴화할 수 있기 때문이다. 이러한 핵심 전투 기술의 퇴화는 심각한 위험을 초래할 수 있다. 특히 분쟁이 장기화되고 지원 여건이 악화될 때, 군대가 점진적으로 성능을 유지하며 대응할 수 있는 능력이 크게 저하될 수 있다. 이러한 맥락에서, 완전한 AI 대 AI 교전 — 이를 '로봇 대 로봇 전쟁'이라 칭하자 — 을 위해 군대를 설계하는 것은 전략적 오류라고 할 수 있다. 전투원들은 제한된 수의 기술만을 숙달할 수 있는데, 완전 자동화된 군대에서는 로봇 정비에 군의 모든 시간과 자원이 투입될 수 있다. 정비병이 전투 지원의 핵심 요소임은 분명하지만, 정비병만으로 구성된 군대는 실질적인 전투 부대가 아니다.

## 시나리오로 돌아가기

더퍼는 새로운 경로로 순찰을 마쳤지만 특별한 발견은 없었다. 그녀는 위스커스가 자동으로 데이터를 수집해주기 때문에, 나중에 할 일 − 가족에게 편지를 쓰거나 체육관에서 운동하는 것 − 을 생각할 여유가 생겨 다행이라고 느낀다. 그녀는 주의를 기울여야 한다는 것을 알지만, 위스커스가 대부분의 일을 처리하고 있고 그녀의 생각에는 별로 관심이 없어 보여서 AI 동료와의 관계를 더 발전시킬 필요성을 느끼지 못한다. 때로는 위스커스를 동네 개 중 한 마리에게 달아주고 싶은 충동이 든다. 요즘 그녀는 마을 주민들에게 그저 걸어다니는 한 쌍의 다리와 인간의 얼굴일 뿐이라는 느낌이 든다.

더퍼는 스윈튼(Swinton) 상병이 모퉁이를 돌아오는 모습을 발견한다. 스윈튼의 AI 동료는 상호작용이 가능한 실험적 모델이다. 스윈튼은 끊임없이 그녀의 AI 파트너 '미스터 에드'(Mr. Ed)에게 지형 패턴, 기상 변화, 인구 통계 동향, 그리고 마을의 특정 문화 규범에 대한 질문을 던진다. 스윈튼은 올해 농작물에 심각한 문제가 있다고 의심하지만, 마을 주민들이 너무 내성적이어서 팀과 식량 공급 문제에 대해 이야기하지 않는다고 설명한다. 위스커스는 미스터 에드처럼 데이터를 검색하고 재구성하는 기능이 없다. 더퍼는 스윈튼의 AI 동료가 약간 부럽다. 적어도 스윈튼은 미스터 에드와 함께 자신의 아이디어를 자유롭게 탐구할 수 있기 때문이다.

"스윈튼, 새로운 발견이라도 있나? 자네와 그 천재 AI가 우리를 계속 앞서가는 것 같군."

"네, 상사님. 에드와 제가 몇 가지 아이디어를 도출했습니다. 저는 매일 순찰 후 제 작전 일지를 스캔하고 있어요. 에드가 상사님의 일지도 분석할 수 있을지 문의하더군요. 사실, 저는 에드에게 이 지역의 불안정 요인에 대한 잠재적 설명을 찾아보라고 지시했습니다. 팀원들이 동의한다면, 에드가 모두의 일지를 스캔해서 어떤 패턴이 나타나는지 분석할 수 있을 것 같습니다."

"위스커스는 왜 그런 기능이 없지?" 더퍼는 스윈튼이 에드를 "그"라고 지칭하는 것을 주목한다. 위스커스는 성별이 없다. 이 AI 시스템들은 정말 이해하기 어렵다.

"죄송합니다. 위스커스는 구형 모델입니다. 확실히 더 안정적이지만, 에드는 오류가 많고 위스커스보다 더 많은 데이터가 필요합니다. 하지만 에드는 저와 협업하도록 설계되었어요. 저를 무시하거나 대체하는 게 아니라요. 너무 부러워하지 마세요. 둘 다 일종의 정보 수집 장치니까요. 지난주에 저는 에드의 보안 설정을 우회해서 SNS에 게시물을 올리려다 경고를 받았어요."

"스윈튼! 그만해!" 더퍼는 두 가지 이유로 화가 났다. 첫째, 이런 작전보안 위반에 대해 전혀 몰랐다는 점, 그녀가 보고받았어야 했다. 둘째, 스윈튼이 임무 수행 중 SNS를 사용한 것은 심각한 보안 위반이었다.

"죄송합니다, 상사님. 하지만 논에서 발견한 이상한 곤충을 제 네트워크에서 식별하고 싶었어요. 에드가 몇 가지 추측을 했지만, 명확한 이미지를 얻지 못했거든요. 이전에 이 지역에 파병된 경험이 있는 사람들 중 누군가가 본 적이 있는지 우리 커뮤니티의 집단 지성을 활용하고 싶었어요."

더퍼는 주의 깊게 들었다. 그리고 스윈튼에게 물었다. "이봐, 우리가 모두 일지에 기록하고 있는 환경 변화 중 이 AI 시스템들이 놓치고 있는 것들을 에드가 식별할 수 있을 것 같나?"

"그게 바로 계획입니다, 상사님."

"좋아. 하지만 더 중요한 건, 에드가 우리 이전 부대가 수집한 정보들도 분석할 수 있을까? 아니면 더 나아가, 이 작전 지역의 모든 부대원들이 매 정찰마다 일지를 작성하게 하고 에드가 더 큰 그림을 볼 수 있게 하는 거야. 그러면 에드가 시간이 지나면서 더 넓은 지역에 걸쳐 우리의 관찰과 분석으로부터 학습하게 되는 셈이지."

"즉, 에드가 우리만의 정찰팀 집단 정보망을 구축한다는 말씀이신가요? 상사님, 정말 혁신적인 아이디어입니다. 바로 착수하겠습니다. 그리고 그 사이에 상사님의 AI 시스템도 업그레이드해야겠어요."

## 결론

이 시나리오들은 실제 적용 상황에서 스마트 기계의 혁신 능력이 사용자, 환경, 그리고 시스템 자체의 설계에 따라 어떻게 변화할 수 있는지를 강조하고자 했다. 물론 미래 기술을 예측하는 데에는 한계가 있어 이 사례 연구에도 분석적 제한이 있다. 그러나 기계 설계에 관한 문헌의 통찰력을 바탕으로 볼 때, 전장 혁신과 관련해서는 분명히 더 나은 접근 방식과 그렇지 않은 방식이 존재한다. 미첼 레즈닉(Mitchel Resnick) 등이 창의성을 촉진하는 도구에 관한 연구에서 제안한 "낮은 진입장벽, 높은 천장, 넓은 벽"의 개념 — 즉, 초보자도 쉽게 접근할 수 있으면서 동시에 점진적으로 더 복잡한 문제 해결을 가능하게 하는 도구의 설계 – 은 사용자의 문제 해결 능력을 촉진하는 데 있어 핵심 요소가 되어야 한다.[20] 앞서 언급했듯이, 대부분 수동적이고 일방적인 불투명 시스템은 전투원을 현장의 분석적 사고자가 아닌 단순한 신체적 도구로 전락시킬 위험이 있어, 새로운 기술을 통한 잠재적 혁신을 억제할 수 있다.

엄밀히 말하면, 창의성을 발휘하기에 적절한 때와 그렇지 않은 때가 있다. 치명적인 위협이 거의 없는 비즈니스 환경과 달리, 군사 작전 환경에서는 창의적 사고 과정뿐만 아니라 임무 수행에 대한 위협이나 위험도 반드시 고려해야 한다. 우리의 사례에서 더퍼와 스윈튼 사이의 '혁신' 관련 대화가 공개된 장소에서 이루어져 작전 보안과 전투력 보호에 심각한 위험을 초래하고 있다. 이런 점에서, 이 시나리오는 더퍼와 스윈튼이 전술 데이터 시스템에 주의를 집중하느라 주변 경계를 소홀히 하는 동안 적군의 기습 공격에 취약해질 수 있는 현실적인 위험을 보여준다. 이는 독자가 창의적 문제 해결에 참여하기에 적절한 시기와 장소에 대해 진지하게 고려해야 할 점이다. 만약 이 상황 설정에 다른 작가가 있었다면, 스윈튼과 더퍼는 생명의 위협을 받았을 수도 있다.

그럼에도 불구하고, 스윈튼과 더퍼는 미스터 에드의 원래 용도를 넘어서는 새로운 적응적 사용법을 구상해냈다. 이는 미스터 에드의 능력에 대한 혁신이라 할 수 있다. 스마트 시스템의 신중한 설계와 상

20 Mitchel Resnick et al., "Design Principles for Tools to Support Creative Thinking," Carnegie Mellon Research Showcase @ CMU, October 30, 2005, http://www.iimagineservicedesign.com/wp-content/uploads/2015/08/Design-Principles-for-Tools-to-Support-Creative-Thinking.pdf, 2.

호작용 요소가 이러한 혁신을 가능하게 한다. 더퍼와 스윈튼이 제안한 혁신적 해결책 ─ 기계와 실무자들의 집단 지성을 활용하는 것 ─ 은 정보를 가장 효율적으로 수집하고 전달하는 방법에 대한 최신 네트워크 기반 협업 지식 시스템의 장점을 활용한다.[21] 흥미롭게도, 대부분의 관련 연구들은 집단 지성 현상이 실제로 군사 혁신의 반복적인 특징이라는 점을 간과하고 있다. 역사적으로 볼 때, 이러한 집단 지성은 전쟁 중 현장의 실무자들에 의해 자발적이고 반복적으로 개발되어 왔다. 예를 들어, 베트남전에서의 새로운 기술 개발 시도,[22] 제2차 세계대전 중 독일 상공을 비행하던 미 제8군 항공대 전투기 조종사들이 만든 정보 공유 잡지,[23] 또는 이라크전에서의 타이거 팀 창설[24] 등이 있다. 이러한 사례들은 실무자들이 상부의 지시 여부와 관계없이 자신들의 데이터와 경험을 공유하는 수평적 네트워크를 만들어 혁신을 추구하는 경향이 있음을 보여준다. 따라서 지도자들은 이러한 역사적 패턴을 인식하고, 이와 같은 자발적 혁신 행동을 예상하며, 나아가 이러한 집단 지성의 능력을 스마트 시스템 설계에 직접 반영하는 것이 바람직할 것이다.

21 Jan Marco Leimeister et al., "Leveraging Crowdsourcing: Activation-Supporting Components for IT-Based Ideas Competition," Journal of Management Information Systems 26, no. 1 (Summer 2009): 197-224, https://www.tandfonline.com/doi/abs/10.2753/MIS0742-1222260108.
22 J. E. Mortland, M. Cutler, and E. K. Kaprelian, U.S. Army Land Warfare Laboratory, vol. 1, Project Report, Appendix A, Documentation (Columbus, OH: Tactical Warf are Simulation and Technology Information Analysis Center, June 1974), https://apps.dtic.mil/dtic/tr/fulltext/u2/a002572.pdf.
23 Nina A. Kollars, Richard R. Muller, and Andrew Santora, "Learning to Fight and Fighting to Learn: Practitioners and the Role of Unit Publications in VIII Fighter Command 1943-1944," Journal of Strategic Studies 39, no. 7 (2016): 1044-67.
24 Daniel J. Darnell과 George J. Trautman III, "Shoulder to Shoulder: The Marine Corps and Air Force in Combat," Joint Force Quarterly 52 (1st Quarter 2009): 125-28.

마지막으로, 새로운 기술의 성공적인 구현을 위해서는 단순히 도입 자체만을 고려하는 것이 아니라, 사용자들의 잠재적 저항까지 예상하고 대비해야 한다. 이를 위해서는 실무자의 관점에서 새로운 기계가 언제, 어떻게 그들의 임무 수행을 더 복잡하게 만들 수 있는지를 면밀히 검토해야 한다. 사용자-기계 간의 상호작용 설계에 있어 적절한 균형을 찾는 것이 중요하다. 너무 많은 유연성은 실무자가 기계 조작에 과도하게 집중하여 주변 환경에 대한 주의력이 떨어질 수 있다. 반면, 너무 경직된 설계는 사용자들이 기술 자체를 거부하게 만들 수 있다. 더퍼와 스윈튼의 사례는 서로 다른 AI 설계에 대한 사용자의 불만족을 보여준다. 더퍼는 위스커스의 제한된 기능에 불만을 느끼며 더 많은 기능을 원하고 있다. 이러한 사용자 수준에서의 기술적 저항은 궁극적으로 새로운 기술의 도입과 그 이후의 혁신 과정에 중요한 영향을 미칠 수 있다.[25]

전반적으로 이 장은 스마트 시스템의 실제 활용에 대한 매우 제한적인 사례를 살펴보았다. 이 시나리오는 실무자 수준에서 기계의 혁명적 또는 진화적 가능성에 대해 일반화할 수 없다는 점을 독자들이 이해하도록 돕는 역할을 한다. 전장 혁신은 환경, 기계, 그리고 인간 사이의 상호작용에서 비롯된다. 요구사항 작성자와 획득 프로세스 담당자들이 진지하게 고민해야 할 질문은 미래 군대를 위해 어느 정도의 상호작용, 투명성, 대체, 또는 확장이 적절한가 하는 것이다. 이러한 질문들에 대한 답을 찾았을 때에야 비로소 우리는 스마트 기계의 잠재력

25 Sven Laumer와 Andreas Eckhardt, "Why Do People Reject Technologies: A Review of User Resistance Theories," in Information Systems Theory, vol. 1, ed. Yogesh K. Dwivedi, Michael R. Wade, and Scott L. Schneberger (New York: Springer, 2012), 63-86.

을 실현하기 시작하고, 그것들이 전장 적응성과 혁신에 미치는 영향을
이해할 수 있게 될 것이다.

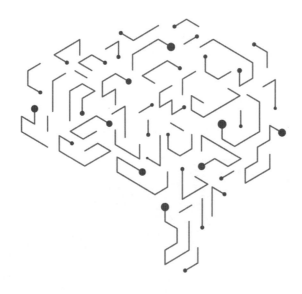

제7장
# 임무형 지휘와 의사결정 속도
## 빅데이터, 인공지능, 기계학습이
## 해군을 위해 해야 할 일

# 임무형 지휘와 의사결정 속도
## 빅데이터, 인공지능, 기계학습이 해군을 위해 해야 할 일

스콧 H. 스위프트(Scott H. Swift) 해군 제독(퇴역), 안토니오 P. 시오디아(Antonio P. Siordia)

AI는 인간을 대체하지 않을 것입니다. 오히려 우리를 더욱
강화시킬 것입니다.

– 레이 커즈와일(Ray Kurzweil)[1]

인공지능(AI)이 지휘통제(C2, Command and Control), 특히 우리가 임
무형 지휘라고 부르는 특정 형태의 지휘통제를 어떻게 향상시킬 수 있
는지 논의하기 전에, 이 세 가지 개념을 아우르는 기본적인 현실을 이
해하는 것이 중요하다(지휘와 통제는 하나의 약어로 사용되지만 실제로는 별
개의 개념이다).

레이 커즈와일의 진술을 고려해볼 때, 첫 번째 현실은 지휘통제를
개선하기 위한 프로세스 향상 도구를 추구하는 것이 새로운 개념이 아
니라는 점이다. 지휘관들과 그들이 지휘하는 부하들은 예로부터 전투
력을 지휘하고 통제하는 과정을 더 효과적이고 효율적으로 실행할 방

---

1 Futurist Ray Kurzweil made these remarks at a talk at the Council on Foreign Relations,
November 6, 2017.

법을 지속적으로 모색해 왔다. 이러한 노력은 주로 점진적으로 이루어졌으며, 특히 통찰력 있는 지휘관들이 긴박한 작전적 도전에 직면했을 때 주도해 왔다. 미래에 AI를 이러한 노력에 적용하는 것은, 대중적인 표현을 빌리자면 '뇌가 필요 없는 일'이다.

안타깝게도 현대 해군 작전의 극도로 복잡한 리더십, 관리, 예산, 전략 기획, 정치적 환경에 적용되는 두 번째 현실은 지휘통제 프로세스를 대폭 개선하려는 우리의 집단적 제도적 관심이 대개 문제가 발생했을 때 생긴다는 것이다. 지휘 실패가 발생할 때 초기 대응은 너무 자주 지휘관의 행동에만 초점을 맞추는 경향이 있다.

이러한 초기 대응은 중요하지만, 우리는 이것만으로는 지휘통제 실패의 본질을 파악하거나 실패한 지휘통제 체계를 철저히 검토하기에 부족하다고 본다. 실패가 발생했을 때, 체계 내의 여러 요소들 — 예를 들어 때로는 예측하기 어려운 날씨의 영향이나, 정보기관, 작전요원, 기획자들의 예상을 벗어난 적의 행동 같은 — 이 충분히 검토되지 않는 경향이 있다. 결과적으로 실패를 초래한 요인들의 실제 본질을 완전히 이해하지 못한 채 인적 실수만을 다루게 된다. 효율적으로 운영되는 조직에서는 지휘통제 시스템 전반에 대한 종합적인 검토가 이루어지고(또는 이루어져야 하며), 교훈을 수집하여 적용한다. 이상적으로는 이러한 교훈들이 시험되고, 비평을 받아 교리에도 반영되어야 하지만, 실제로는 드물게 이루어진다. 잠재적 결함이 있는 체계에 인공지능 도구를 적용할 때의 파급 효과는 AI 적용을 시도하기 전에 명확히 이해되어야 한다. 지휘통제는 단순한 기술 시스템의 집합체가 아니다. 과거의 인적 실패로부터 얻은 교훈을 반영하지 않은 지휘통제 체계에 AI를 추가하는 것은 단지 실패가 더 빨리 일어나도록 할 뿐이다. 지휘통제 체계 자체가 항상 핵심 요소로 남을 것이며, AI 그 자체가 아니다. 이것이 세 번째 현실이다.

## 효과적인 지휘통제(C2)의 역사적 특성

AI의 잠재력을 과대평가하는 기술 애호가들은 흔히 역사적 맥락을 간과하지만, 지휘통제에 AI를 효과적으로 적용하기 위해서는 과거 전투에서의 성공적인 지휘통제 사례를 면밀히 검토해야 한다. 더 오래된 역사적 사례들도 있지만, 넬슨 제독과 그의 기함장교들의 사례는 지휘통제에 대한 기본적인 이해를 위한 훌륭한 출발점이 된다.

넬슨 제독의 함대 지휘, 멘토링과 리더십, 그리고 전술 및 작전 수준에서의 신호체계의 특성과 이들이 전쟁의 두 수준에 미치는 영향에 대한 그의 통찰력을 다룬 권위 있는 문헌들이 다수 존재한다.[2] 특히 주목할 만한 점은 하급 지휘관에서 상급 지휘관으로 전달되는 상향식 보고가 전술적 성격을 띠지만, 신호체계로는 표현할 수 없는 정보와 지식에 기반하여 상급 지휘관이 인지하지 못하는 상황에서 발생하는 긍정적, 부정적 효과의 가능성이다. 이러한 상황에서 실제 전장 상황과 하달된 명령 사이의 괴리는 전투 후 검토 과정에서 흔히 '전장의 안개(fog of war)' 탓으로 간단히 치부된다.[3] 이러한 접근은 전장의 불확실

---

2 넬슨 제독에 관한 가장 우수한 책들 중 일부는 다음과 같다: Andrew Lambert, Nelson: Britannia's God of War (London: Faber and Faber, 2010); Roy Adkins, Nelson's Trafalgar: The Battle That Changed the World (New York: Penguin, 2006); John Sugden, Nelson: A Dream of Glory (New York: Holt and Co., 2004).

3 "전장의 안개(fog of war)" 개념은 저명한 프로이센 군사 전략가인 카를 폰 클라우제비츠(Carl von Clausewitz)가 그의 저서 『전쟁론(On War)』(1832)에서 처음 언급했지만, 정확한 용어로서의 가장 이른 사용은 1896년 영국 육군 공병대 소속의 론스데일 헤일(Lonsdale Hale) 대령이 올더샷 군사 협회(Aldershot Military Society)에서 발표한 "전쟁의 안개(The fog of

성을 관리할 수 없다는 것을 암묵적으로 인정하는 것으로, 결과적으로 더 깊이 있는 분석과 비평을 방해하는 요인이 된다.

그러나 지속적으로 성공을 거두는 지휘관들은 전장의 안개를 예상하며, 그것의 불가피성을 인정한다. 이러한 불확실성의 범위와 규모는 관리될 수 있을 뿐만 아니라 반드시 관리되어야 한다. 여기서 AI 기반 도구가 이러한 관리를 어떻게, 언제, 어디서 지원하는 것이 적절한지에 대한 의문이 제기된다.

불확실성의 범위와 규모는 명확한 전략 지침을 통해 관리되며, 현실적인 작전 목표를 설정하고, 예하 지휘관들에게 필요한 전술적 재량권과 포괄적인 지침을 제공함으로써 통제된다. 이를 통해 예하 지휘관들은 자신의 작전 환경에 대한 전술적 이해를 바탕으로 가용한 전술 자산을 적절히 운용할 수 있다. 이러한 모든 요소들은 상호 훈련과 상호작용을 통해 연마된 인간 지휘관의 고유한 자질로, 아무리 복잡한 알고리즘이라도 완전히 구현하기 어려운 것으로 보인다. AI가 의사결정 지원 도구로 기능하려면 전장의 안개에 대처할 수 있어야 한다. 현재로서는 AI가 대규모 데이터 없이는 모호성을 효과적으로 다룰 수 없다. AI는 또한 성공적인 전투의 핵심 요소를 보완해야 하는데, 이는 대규모 데이터가 없는 상황에서도 작전을 수행할 수 있도록 설계되어야 한다.

역사적으로 볼 때, 성공적인 전투의 핵심 요소는 다음과 같다.

- 국가 수준에서 수립되어 작전 지휘관에게 전달되는 명확한 전략 지침
- 작전 지휘관이 이 전략 지침을 바탕으로 명확한 작전 목표 수립

war)"라는 제목의 강연에서 찾을 수 있다.

- 합동 계획 수립 및 권한 위임을 통해 예하 지휘관들이 전략 지침을 지원하는 작전 목표 달성을 위해 필요한 전술 행동을 실행할 수 있도록 권한 부여

전투의 계획, 실행, 평가 단계에서 아이디어, 정보, 지식의 하향식 및 상향식 흐름이 모두 이루어져야 한다. 지휘통제는 이러한 핵심 요소들과 상하 정보 흐름을 전투 전과 전투 중에 관리하는 메커니즘이다. 이는 불완전한 정보와 보급품, 장비, 인력, 훈련, 전비태세 등의 작전 자원 부족으로 인해 전반적으로 제약을 받을 것이라고 예상해야 한다.

## 넬슨의 지휘통제 접근법

넬슨이 이러한 딜레마에 대해 적용한 세 가지 전투 원칙은 오늘날에도 여전히 유효하며, 특히 이 책의 주제와 밀접한 관련이 있다. 그는 전장의 안개가 전투 중 이 원칙들의 적용을 어렵게 할 것을 인식하고, 전투 준비 과정에서 이를 적용했다. 처음 두 원칙은 어느 시대의 전쟁에도 동일하게 적용되지만, 세 번째 원칙은 인공지능과 결합될 때 획기적인 변화를 가져올 수 있다. 첫 번째 원칙인 예하 지휘관들의 지식, 조언, 의견을 구하는 것은 자명하다. 두 번째 원칙은 말하는 것보다 듣는 데 더 많은 시간을 할애하며, 예하 부대에 대한 피드백이 상부에서 하달된 전략 지침, 이로부터 도출된 작전 목표, 그리고 예하 부대가 공유한 전술적 현실과 연계되도록 하는 것이다. 넬슨 제독의 피드백은 가능한 한 명확하고 모호하지 않으면서도 포괄적이었다. 그는 예하 지

휘관들의 전술적 통찰력을 흡수하는 적극적인 청취자였으며, 그가 받은 전략 지침을 지원하기 위해 어떤 작전적 결과를 추구하는지에 대해 명확한 작전 지침을 제공했다.

세 번째 원칙은 전투가 임박함에 따라 가능한 한 많은 예하 지휘관들과 집단적으로 대면 교류를 추구하는 것이다. 이는 참석자들이 들은 내용과 불참자들에게 전달된 내용을 예하 지휘관들이 잘못 해석하여 발생할 수 있는 의사소통의 왜곡을 방지하기 위함이다. 이 마지막 대면 교류에서 주목할 점은 넬슨이 주로 말하는 입장이었다는 것이다. 그는 질문을 유도하고 예하 지휘관들의 불확실성을 해소하여 그의 '지휘관 의도'가 구체적인 작전 내용뿐만 아니라 그 배경이 되는 전략적 맥락까지 가능한 한 명확히 이해되도록 했다. 이는 예하 지휘관들이 전장의 혼란과 불확실성(전장의 안개) 속에서도 넬슨의 작전 목표를 본질적으로 지원하는 전술적 결정을 내릴 수 있는 능력을 갖추도록 하는 데 중요했다. 넬슨과 그의 지휘관들 간의 이 마지막 대면 토론은 두 가지 핵심 측면에 초점을 맞추었다. 첫째, 지휘관들이 전투 중 특정 순간에 직면하는 전술적 현실에 기반하여 '무엇을' 해야 하고 '어떻게' 행동해야 하는지를 결정하는 그들의 임무였다. 둘째, 전투 종료 시 전략적으로 중요한 긍정적인 작전 성과를 달성해야 한다는 넬슨의 전체적인 임무를 항상 염두에 두는 것이었다.

이러한 요소들은 넬슨이 기류 신호 운용에 있어 전문성과 정확성을 강조한 것에서 잘 드러난다. 기류 신호의 적용은 항해 중이나 전투 중이나 동일하게 체계적이고 정확하게 이루어졌다. 기류 신호 체계가 항해 관리에 제공한 편의성은 실제 전투 상황에서 중요한 시간을 절약하고 통신 효율성을 극대화하기 위한 지속적인 훈련 기회로 활용되었다.

결과적으로 이는 전술적 교전이 기함의 시야 내외에서 펼쳐지는 것과 관계없이 부대가 넬슨의 지휘관 의도에 지속적으로 부합하도록 했다. 더 나아가 넬슨은 자신의 신호가 전술 지휘관들에게 도움이 되고 방해가 되지 않아 그의 작전 목표를 지원하는 전술적 행동을 저해하지 않도록 하고자 했다. 함포 발사로 인한 연기와 해상 전투의 유동적 특성, 특히 범선 시대에는 전투가 시간이 지남에 따라 분산되는 경향이 있었기 때문에, 넬슨의 기류 신호는 각 함선에 의해 정확히 중계되어야 했다. 이는 그의 신호가 원래의 의도대로 기함에서 가장 멀리 교전 중인 함선에까지 도달할 가능성을 최대화했다.

이는 트라팔가 해전 직전 넬슨이 함대에 보낸 마지막 신호의 중요성을 잘 보여준다. 역사가들은 전투의 여러 측면, 특히 교전 개시 방식에 대해 다양한 견해를 보이지만, 넬슨의 신호가 전투 당일 아침, 개전 수 시간 전에 그의 지휘관들과의 작전 회의를 통해 도출되었다는 점에는 대체로 동의한다. 이 대면 회의 후에도 넬슨은 자신의 지휘 의도를 예하 지휘관들에게 명확히 전달하기 위해 추가적인 메시지를 보내고자 했다. 그의 유명한 신호는 "영국은 모든 사람이 자신의 의무를 다할 것을 기대한다"였다. 이는 넬슨의 작전 의도가 국가의 전략적 목표와 일치함을 확인시켜 주는 것이었다.[4] 주목할 만한 점은, 그날 넬슨의 기함에서 발신한 유일한 전술 기류 신호가 '어떻게'(how) 행동할 것인가가 아닌 '무엇을'(what) 해야 하는지를 지시하는 것이었다는 점이다. 이 메시지는 "적과 근접 교전하라"(Engage the enemy more closely)였다. 이 전술 기류 신호는 적의 화력에 의해 파괴될 때까지 계속해서 게양되어 있었다.

4 Adkins, 92.

이 장의 핵심 주제와 더욱 밀접하게 관련이 있는 것은 새로운 AI 지원 도구들이 전장의 안개를 걷어내고 교전 중인 부대가 지휘관의 의도에 부합하도록 도울 것인지, 아니면 단순히 이정표와 전술적 보조 수단으로만 기능할 것인지에 대한 질문이다. 우리는 그 답이 이 두 가지의 조합이라고 믿는다. AI는 단순히 맹목적으로 의사결정을 대신하는 도구에 그쳐서는 안 되며, 항공기 조종사들이 사용하는 무릎판(kneeboard) 형태의 의사결정 보조 도구보다 훨씬 더 유용하고 고도화된 기능을 제공해야 한다.

## 신뢰는 지휘통제(C2)의 핵심

우리가 소개할 두 번째 사례는 미 해군의 역사에서 가져온 것으로, 체스터 W. 니미츠(Chester W. Nimitz) 제독과 관련이 있다. 그의 초상화는 그가 미 태평양함대사령관으로 재임 시 사용했던 책상 위에 걸려 있다. 이 초상화는 니미츠 제독이 지휘통제, 임무형 지휘, 지휘관 의도를 함대 지휘의 핵심 요소로 구현했음을 상기시키는 영감의 원천이 된다.

초상화 속 니미츠 뒤에는 고주파 무전기가 보인다. 그가 윌리엄 헐시(William Halsey) 제독이나 레이몬드 스프루언스(Raymond Spruance) 제독의 전투 계획 — 그가 이전에 브리핑을 받고 승인한 계획 — 을 실행하는 부대의 지휘통신망을 통해 전송되는 내용을 청취하며 주요 전투의 진행 상황을 파악했다는 일화가 전해진다. 우리는 그가 주요 전투 중에 이 고주파 무전기를 사용하여 직접 메시지를 전송했다는 어떠한 신뢰할 만한 역사적 증거나 기록도 찾지 못했다. 그의 지휘통제 이론 적용 방식에 비추어 볼 때, 우리는 그가 그렇게 하지 않았을 것이라고 추정한다.

작전 계획이 수립되고 지휘관 의도가 명확히 전파되면, 니미츠의 주요 임무는 완료된 것으로 볼 수 있다. 그러나 전투 중 모든 관련 통신을 실시간으로 수신하고 있는지 확인하는 것은 불가능했다. 전술 및 작전 수준의 모든 전장 상황에 대한 완전한 상황 인식 — 즉, 시·공간적으로 현장에 있어야만 얻을 수 있는 전장 환경에 대한 종합적 이해 — 없이는, 니미츠의 개입이 오히려 전투 수행을 방해할 수 있었다. 지휘관은 항상 의미 있는 지침을 제공하기 위해 필요한 전장 상황을 충분히 파악하고 있는지 신중히 고려해야 한다. 넬슨과 니미츠 모두 이러한 지휘 원칙을 깊이 이해하고 실천했다.

미 해군협회지(U.S. Naval Institute Proceedings)에 게재된 우리의 기사에서 동일한 무전기에 대해 다음과 같이 언급했다. "우리는 종종 니미츠가 레이몬드 스프루언스(Raymond Spruance)와 프랭크 잭 플레처(Frank Jack Fletcher) 소장들을 미드웨이 해전에 파견하면서 수적으로 우세한 일본 제국 함대를 상대로 '계산된 위험'을 감수하라고 지시한 것을 기억한다. 그러나 우리가 간과하는 점은 니미츠가 자신의 사령부에서 전투 상황을 청취했다는 사실이다. 때로는 전황이 불리해 보였음에도 불구하고, 그는 결코 그 고주파 무전기로 교전 중인 지휘관들에게 개입하지 않았다. 이는 모든 지휘관이 본받아야 할 신뢰와 자제력의 수준을 보여준다."[5]

여기서 핵심 단어는 신뢰이다. 콜린 파월(Colin Powell) 미 육군 퇴역

---

5 Admiral Scott Swift, "A Fleet Must Be Able to Fight," U.S. Naval Institute Proceedings 144, no. 5 (May 2018): 38-43.

장군의 한 연설 영상에서, 자신을 백악관 펠로우라고 소개한 사람이 "긍정적인 변화를 이끌어낼 수 있는 효과적인 리더십의 핵심 특성을 어떻게 정의하십니까?"라고 질문했다. 파월 장군은 즉각적으로 단 한 단어로 대답했다 – 신뢰.[6] 이 대답은 우리가 AI와 지휘통제(C2)의 연계를 어떻게 바라봐야 하는지에 대한 핵심을 제시한다. 우리는 AI를 하나의 도구로 인식해야 한다고 본다. 마치 넬슨의 기류 신호와 니미츠의 고주파 무전기가 도구였던 것처럼 말이다. 이러한 도구들은 전쟁의 과학(science of warfare)을 대표한다 – 지휘관들이 전쟁에서 성공하기 위해 반드시 숙달해야 할 중요한 요소이지만, 결정적인 요소는 아니다.

전쟁의 과학만큼 중요하지만 숙달하기가 훨씬 더 어려운 것은 전쟁술(art of warfare)이다. 이는 전장의 안개 속에서 어떻게 행동할 것인지, 정보가 불완전하고 혼란이 지배적이며 통신이 간헐적인 상황에서 어떻게 결단력 있게 지휘할 것인가에 대한 문제를 다룬다. 이러한 도전적인 상황에서의 의사결정은 지휘관의 직관에서 비롯된다. 임무형 지휘 철학에 기반한 전투 직관은 작전급 수준 이상에서 지휘관이 기대할 수 있는 가장 효과적인 통제 수단에 가깝다.

따라서 인공지능이 어떻게 전쟁의 과학과 전쟁술을 연결하는 데 도움을 줄 수 있는지가 AI가 함대에 어떻게 통합될 것인지를 이해하는 핵심이다. 이를 위해 AI의 개발과 배치에 있어 투명성을 확보하는 것이 중요하다. 컴퓨터 지원 의사결정을 신뢰하기 위해서는 AI 시스템이 어떻게 권고안에 도달했는지 이해해야 한다. 여기에는 다음과 같은 질

---

6 General Colin L. Powell, USA (Ret.), "The Essence of Leadership," YouTube, February 10, 2011, https://www.youtube.com/watch?v=ocSw1m30UBI.

문에 대한 최소한의 이해가 포함된다. 어떤 데이터셋이 사용되었는가? 편향된 부분이 있는가? 전술적 의사결정 시 인명 손실과 물자 손실을 어떻게 균형 있게 고려하는가?

현재 딥러닝과 빅데이터 알고리즘은 의사결정 과정을 설명하는 데 한계가 있다. 그러나 IBM의 연구진은 "앞으로 5년 내에 AI 시스템이 왜 그러한 권고를 하는지 더 잘 설명할 수 있는 단계에 도달할 것"으로 전망한다.[7] 이는 AI 도구에 대한 신뢰 구축이 지금부터 시작되어야 함을 의미한다. 이를 위해 지휘관들이 AI 기반 의사결정 지원 체계 개발에 직접 참여하여 기술적, 전술적 발전이 통합적으로 이루어지도록 해야 한다.

## 지휘통제의 원칙: 전술적, 작전적, 전략적 수준에서의 적용

이 책의 목적상, 다음은 지휘통제(C2)의 몇 가지 핵심 원칙들을 제한적으로 제시하며, 이는 본 논의와 특히 관련이 있다. 이 중 일부는 이미 앞서 언급되었다. 첫째, 전술, 작전, 전략적 수준에서 전투를 수행할 때 시간과 템포의 차이를 이해하는 것이 중요하다. 둘째, 정보 수집과 정보 관리의 중요성을 인식해야 한다.

여기서 시간은 두 가지 맥락에서 고려된다. 하나는 특정 시점이다. 위험과 기회가 발생했을 때, 상황이 악화되거나 기회가 소멸되기 전에 위험을 경감하거나 기회를 포착할 수 있는 능력이 있는가? 다른 하나

---

7 IBM 인간-에이전트 협력 연구 관리자 레이첼 벨라미(Rachel Bellamy)의 글에서 인용. "Building Trust in AI," IBM.com, https://www.ibm.com/watson/advantage-reports/future-of-artificial-intelligence/building-trust-in-ai.html.

는 시간을 자원으로 보는 관점이다. 즉, 소유하고, 통제하고, 투자할 수 있는 대상으로 보는 것이다. 내가 시간을 장악하고 있는가, 아니면 시간에 종속되어 있는가? 시간을 통제할 수 있는가, 아니면 통제 불가능한가? 군수 지원, 장비 정비, 작전 계획 수립, 부대 훈련 및 기타 활동에 투자할 여유 시간이 있는가?

전투의 템포는 전투가 수행되는 속도를 의미한다. 시간을 자원으로 보는 관점과 마찬가지로, 템포에 영향을 미치는 요소는 많다 - 적의 행동은 물론이고 아군의 군수지원, 기상, 통신, 피로도, 그리고 아군과 적군의 행동에 대한 지식 등이 있다. 일반적으로 하급 제대로 내려갈수록 전투의 템포는 더 높아진다. 이는 상급 제대의 작전이 덜 치열하다는 의미는 아니지만, 전투에서는 상급 제대에서 템포 관리가 훨씬 더 용이하다. 흥미로운 점은, 다음 요점으로 이어지는데, 전술 수준에서 과도한 정보로 인해 템포가 더욱 가속화된다는 것이다. 이때의 과제는 이 모든 정보를 어떻게 처리하고 이해할 것인가 하는 것이다. 이러한 도전에 대처하기 위해 전술 지휘관들은 알고 있는 정보를 바탕으로 더 빠르게 행동하는 선택을 하게 된다. 이를 작전적 수준과 대비해 보면, 작전 지휘관들은 상황에 대한 상세한 정보가 부족함에도 신속한 의사결정에 익숙해져 있어, 전술 지휘관이 보유한 현장의 직접적인 정보 없이도 '빠른' 결정을 내리게 된다.

이는 우리를 빅데이터 적용의 핵심 요소인 데이터 수집과 관리로 이끈다. 앞서 언급했듯이, 하급 제대에서의 데이터 수집은 큰 문제가 되지 않는다. 전술 제대에서는 시각, 청각, 그리고 기타 감각을 통해 얻은 정보를 바탕으로 전투를 수행하는 경향이 있다. 그 결과, 수신되는 데이터를 관리하는 것 자체가 도전 과제가 될 뿐만 아니라, 이러한 데이터 관리를 지시받으면 전투 수행에 상당한 주의 분산 요인이 된다. 반면, 상급 제대로 올라갈수록 데이터 수집이 더 큰 과제가 된다. 이 수준에서는 센서들이 부대에 유기적으로 통합되어 있지 않다. 대신 기계적, 전기적, 화학적 센서들이 사용된다. 이러한 센서들은 매우 효율적이어서 때로는 제공하는 데이터의 양이 압도적일 수 있다. 따라서 이 수준에서의 데이터 관리는 작전적 결정을 내리기 위해 상황을 이해하는 데 훨씬 더 중요한 요구사항이 된다.

마찬가지로, 데이터는 인간이 설계하여 수집하고 전달하기 때문에 인위적으로 차단되기 쉽다. 이는 오늘날 우리가 통신 거부 환경에서의 작전 수행 어려움을 마치 새로운 문제인 것처럼 자주 언급하는 것에서 알 수 있다. 실제로는 많은 면에서 우리가 '과거로의 회귀' 상황에 처해 있다. 우리는 최소한 지난 20년간 통신과 네트워크가 보편화된 환경에서 작전을 수행하며 통신 의존적인 지휘통제 구조로 전투해 왔기 때문에, 이전의 통신 거부 상황에서의 우위를 상실했다.

사실, 우리의 통신 관련 대부분의 문제는 자체 전자기 스펙트럼 관리 능력을 상실한 우리 스스로가 만든 것이다. 우리는 통신망 상의 무선통신 보안을 유지하는 기술을 잃었을 뿐만 아니라, 지휘통제 및 무기체계를 통신 가능하도록 설계했고(이는 나쁘지 않다), 그 과정에서 너무 자주 통신 의존적으로 만들었다(이는 좋지 않다). 전술, 작전, 전략적 수준의 통제 및 정보 흐름 네트워크의 이러한 의존성과 내재된 취약성은 우리 체계에서는 관리하고 방어해야 하며, 적의 체계에서는 이용하고 공격해야 한다는 점에서 명확히 이해되어야 한다.

네트워크 기반 무기체계에 대해 지휘관이 물어야 할 첫 번째 질문은 "네트워크가 다운되면 어떻게 되는가?"이며, 이어서 "내가 통제하는 중요 노드는 무엇인가? 내가 통제하지 않는 중요 노드는 무엇인가? 이들을 방어하기 위한 전략은 무엇인가? 이들이 우리 군에 거부되면 전투 수행 능력에 어떤 영향을 미치는가?"이다. 우리는 '통신 거부'가 '무기 사용 불가'로 이어지지 않도록 주의해야 한다. 또한 우리는 광범위하게 구축된 통신 시스템에 대한 과거의 실수를 반복하지 않도록 각별한 주의를 기울여야 한다 — 즉, AI 지원 체계가 AI 의존 체계가 되지 않도록 해야 한다. 그래야 인공지능 시스템이 적의 공격, 체계 손상, 또는 의도적 선택으로 신뢰할 수 없게 되더라도, 인간 운용자들이 여전히 상황을 통제할 수 있다.

## 정보의 성숙: 데이터에서 정보로, 정보에서 지식으로

정보활동은 팀 스포츠이다. 팀에는 많은 구성원이 있으며, 핵심 구성원은 당연히 정보 전문가들이지만 작전요원들도 포함된다. 후자는 명백한 구성원으로 여겨지지 않는다. 이는 "정보는 산물이다"라는 말에서 잘 드러나는데, 마치 정보가 작전요원들에게 제공되는 결과물인 것처럼 여겨진다. 자주 언급되는 예로, 미국에 대한 9/11 테러 공격이 정보 실패로 언급되는 것을 들 수 있다. 그러나 이는 정보 실패가 아니었다. 작전상의 실패였다. 정보는 존재했지만 정보기관에 의해 '블랙스완' 정보로 취급되었는데, 이는 작전 부대에서 신뢰성 있게 받아들여지지 않을 것이라는 인식 때문이었다. 이러한 인식은 정확했다.[8] 9/11 유형의 공격 가능성에 대한 평가는 브리핑을 받은 작전요원들에

---

[8] 9/11 테러 이전 수년간의 정보기관 활동에 대한 상세한 논의는 Gerald Posner, Why America Slept: The Failure to Prevent 9/11 (New York: Random House 2003) 참조.

의해 신뢰성 있게 받아들여지지 않았다.

정보와 작전 전문가들이 팀으로서 일상적으로 협력했다면, 이러한 위협 평가를 간과하기가 훨씬 더 어려웠을 것이다. 9/11 이후의 교훈을 돌아보면, 특수작전부대(Special Operations Forces) 조직을 제외하고는 통합된 팀워크 문화가 충분히 발전하지 못했음을 알 수 있다. 특수작전부대 조직에서는 구성원들이 단순히 함께 일하는 것을 넘어 생활을 공유하며, 상호 존중과 신뢰를 기반으로 한 진정한 팀 정신을 함양한다. 특수작전부대 조직 내에서는 작전과 정보 전문가 모두가 결정적인 순간에 효과적으로 대응하기 위해서는 포용적 접근이 필수적이라는 명확한 인식이 자리 잡고 있다. 이들이 유기적으로 협력하지 않을 경우, 관점이 일치하는 부분뿐만 아니라 더 중요하게는 불일치하는 부분에 대한 통합된 논의가 적시에 이루어지지 못하거나 아예 누락될 수 있다. 의견 불일치 지점은 실패의 위험과 성공의 기회가 공존하는 곳이다.

정보의 성숙 과정(데이터에서 정보로, 정보에서 지식으로)은 정보 조직과 작전 부대 구성원 모두가 이해해야 할 중요한 개념이다. 작전요원들은 종종 정보 산출물의 가치에 대해 불만을 표출한다. 우려되는 점은 이러한 불만이 정보 조직이나 작전 부대를 비난하는 것으로 전환될 때이다. 문제는 '그들'이 아니라 '우리'에게 있다. 우리가 정보를 생산하는 과정에서 함께 일하지 않을 때, 우리는 의미 있는 정보 생산을 방해하고 있는 것이다. 현재 프로세스의 결함은 인공지능(AI) 지원 도구를 활용한 작전과 활동을 수행하는 대부분의 인원이 거의 전적으로 정보 조직 출신이라는 점이다. 여기서 우리는 작전요원들을 이 과정의 초기 단계에 포함시켜 정보와 작전 조직을 융합할 기회를 놓치고 있다.

정보 산출물의 성숙은 단계적으로 이루어진다. 첫 번째 단계는 데이터 수집이다. 작전요원과 정보 조직 구성원들은 임무 수행 초기 단계에서 데이터를 수집하고, 이를 체계적인 분류 기준에 따라 신중하게 정리하고 분류하는 작업부터 시작한다. 경험이 쌓이면서 이러한 1단계 데이터 수집 및 분류 실무자들은 결국 정보 관리자로 전환된다. 데이터베이스 구축과 관리에 능숙해진 그들은 자신의 전문 지식과 기술을 활용하여 데이터베이스 내의 상관관계를 찾아 무엇이 일어났는지, 무엇이 일어나고 있는지, 그리고 정말 능숙하다면 왜 그것이 일어나고 있는지에 대한 맥락에서 정보를 도출한다.

안타깝게도 많은 경우 정보 성숙 과정이 이 단계에서 멈추고 만다. 대부분의 작전요원들에게 이 수준의 정보만으로도 그들의 임무 수행에 매우 중요하다고 여겨진다. 이는 대부분의 실제 작전이 전술적 수준에서 이루어지기 때문에 어느 정도 이해할 만하다. 그러나 정보 성숙 과정을 이 단계에서 중단하는 것은 작전적 또는 전략적 수준에서 볼 때 충분하지 않다.

문제의 핵심은 작전 및 전략적 수준의 지휘관들이 여전히 자신들의 전술적 경험에 기반하여 사고한다는 점에 있다. 이들은 종종 위기 관리자의 역할로 돌아가, 마치 전술적 위기 대응자들에게 물어보듯 다음과 같은 질문을 던진다. "무슨 일이 일어났는가? 현재 상황은 어떠한가? 누가 관련되어 있는가?" 이는 개인적으로나 조직적으로 진정으로 재능 있는 지식 개발자를 찾기 어려운 주요 원인이 되고 있다.

작전 및 전략적 수준에서 진정으로 유능한 지식 개발자는 드물다. 이 맥락에서 용어, 정의, 직책이 중요하다. 이들을 '정보 및 정보작전 국장'으로 칭하는 것은 명칭 체계와 직위 설명을 임무 용어와 효과적으로 연계하는 데 도움이 된다. 이들의 핵심 임무는 지휘관과 참모들에게 단순한 정보 제공을 넘어, 상황에 대한 심층적인 이해와 지식을 제공하는 것이다. 이는 오랜 기간 긴밀히 협력해온 숙련된 정보 및 작전 전문가들의 영역이다.

이러한 지식 산출물을 개발하는 데 필요한 기술은 단순히 '무엇이 일어났고, 무엇이 일어나고 있으며, 누가 관여하고 있는지'에 대한 이진법적, 과학 기반의 정보 전달을 넘어선다. 이는 앞으로 무엇이 일어날 것인지, 누가 그러한 행동을 취할 것인지, 어떻게 그것을 최선으로 억제할 수 있는지, 그리고 억제가 실패할 경우 그 행동을 어떻게 격퇴할 수 있는지와 같은 고차원적 분석과 예측을 포함한다.

이는 매우 복잡하고 도전적인 과업이다. 정보 개발 과정과 작전요원들의 위험 대응 전략에 대한 깊이 있는 이해가 필수적이다. 데이터 수집과 정보 관리가 주로 과학적 방법론에 기반을 둔 프로세스인 반면, 지식 개발은 하나의 예술이라고 볼 수 있다. 이는 단순히 이진법적 판단이나 흑백 논리, 옳고 그름의 구분을 넘어선다. 오히려 이는 주관적 영역으로, 확률론적 접근과 경험에 기반한 추론, 그리고 심층적인 상황 분석을 요구한다. 이러한 고도의 지식 개발 능력은 미드웨이 해전에서 발휘된 전략적 직관력과 유사하다. 당시 미군 지휘관은 담수 부족 메시지를 전송하도록 지시함으로써, 태평양에서의 일본 제국 해군의 다음 주요 목표를 확인하는 데 성공했다.[9]

인공지능을 지휘통제에 적용하는 것을 고려할 때, 과학과 예술의

---

9 미드웨이 전투에 대한 상세한 논의, 특히 담수 응축기 고장에 관한 거짓 비암호화 메시지와 관련된 통신정보 성공에 대해서는 Craig Symonds, The Battle of Midway (New York: Oxford University Press, 2011) 참조.

중요성 및 그 차이점을 강조하는 것이 핵심이다. 앞서 언급했듯이, 전쟁의 과학은 단순한 이진법적 판단에 국한되지 않는다. 이는 전술 작전요원들이 주어진 시간과 상황에서 최적의 행동 방침을 수립하는 데 필요한 정보를 획득하는 과정이다. 전쟁의 예술은 이러한 과학적 기반 위에 성립하지만, 단순히 답을 찾는 것을 넘어서 더 중요한 것은 문제를 정확히 인식하고 구조화함으로써 올바른 질문을 도출하는 능력이다.

작전 계획 수립 및 실행 과정의 초기 단계에서, 문제를 명확히 정의할 만큼의 충분한 정보가 확보되기 전에, 작전 및 전략적 지휘관들은 참모진과 예하 지휘관들의 질의에 대해 다음과 같은 방식으로 대응할 수 있어야 한다. "현재로서는 확실치 않다.", "귀하의 견해는 어떠한가?", "과거에 유사한 상황을 경험한 적이 있는가?", "현재 우리가 확보한 정보는 무엇인가?",

"아직 파악하지 못한 정보는 무엇인가?", "우리가 가진 정보는 얼마나 경과되었는가?", "해당 정보의 출처는 무엇인가?", "이 정보의 유효 기간은 얼마나 되는가?" 그리고 가장 중요하게, "계획 수립 시 정보 격차를 메우기 위해 우리가 설정한 가정들은 실제 지식과 통찰력에 기반한 것인가, 아니면 단순히 편의성을 위해 설정된 것인가?"

## 앞으로의 방향

인공지능을 지휘통제에 어떻게 적용할지에 대한 결론을 내리기에는 아직 이르다. 우리는 그렇게 할 만큼의 깊이 있는 지식이 부족하다. 인공지능을 지휘통제에 적용하는 방법을 탐구하면서, 우리는 이 과정을 학습 과정으로 특징지어야 한다. 우리는 많은 데이터와 정보를 가지고 있지만, 무엇을 어떻게 적용해야 할지에 대한 지식은 매우 부족하다. 이것이 이 책의 핵심 가치이다.

빅데이터, 인공지능, 기계학습을 함대에 통합하는 과정은 해군 항공의 발전 과정을 모델로 삼아야 한다. 엄선된 장교들과 민간 기술 전문가들이 새로운 기술의 발전을 면밀히 관찰해야 하고, 공학적 진보에 따라 제한된 역할부터 점진적으로 이러한 기술들을 통합해 나가야 한다. 함대 제한목표실험을 통해 기존 시스템과 AI 지원 시스템을 비교평가하는 정기적인 시연이 이루어져야 한다. 전략과 전술에 대한 상호보완적 접근과 첨단 기술의 엄밀한 적용을 동시에 고려할 수 있도록 해군대학과 해군대학원에서 워게임을 실시해야 한다. 강습단(Strike group) 훈련에서는 가능한 한 빨리 기계학습과 빅데이터 기반 의사결정 지원 도구를 도입해야 한다. 이는 정비와 군수 분야에서 시작하여 점차 정보 분야 등 보다 전술적인 영역으로 확대되어야 한다.

여기서 논의되는 도구들의 소프트웨어 중심적 특성을 고려할 때, 이들은 기존의 해군 시스템보다 더 유연하게 변경, 적용, 개선이 가능하다. 따라서 숙련된 개발자들을 작전 부대와 긴밀히 연계하는 것이 이러한 시스템 개발의 핵심 원칙이 되어야 한다. 이는 평시에도 중요하지만, 전시에는 더욱 그러하다. 이러한 접근법에는 반복적인 개발 주기, 기술적·전술적 개발의 통합, 초기 단계부터의 함대/사용자 참여와 피드백, 운용자들이 실제 유용성에 따라 도구를 직접 조정할 수 있는 능력과 같은 요소들을 포함한다. 우리는 신속한 실험을 허용하고, 그 과정에서 발생할 수 있는 위험을 감수할 준비가 되어 있어야 한다.

우리는 인공지능을 지휘통제에 적용하는 것에 대한 심도 있고 지속적인 논의의 토대를 마련했다. 우리의 목표는 인공지능을 지휘통제 옵션, 절차, 프로세스에 통합하는 최적의 방법을 모색하는 과정에서 신중하고 체계적인 접근을 보장하는 것이었다. 이를 위해 우리는 다음과 같은 주요 시사점들에 대한 전략적 배경과 작전적 고려사항을 제시하고자 했다.

- 전장의 안개를 극복하는 것의 중요성과 어려움, 그리고 부적절한 실패 검토 과정이 중요한 교훈을 가릴 수 있다는 논의에서, 우리는 "우리가 해결하려는 문제를 얼마나 정확히 이해하고 있는가?"라는 질문을 스스로에게 던져야 한다. AI를 지휘통제에 적용하는 과정에서, 우리는 관련성 있고 의미 있는 해결책을 적용하기 전에 해결하고자 하는 문제를 완전히 이해해야 한다는 점을 항상 명심해야 한다.
- AI는 넬슨 제독의 원칙을 강화해야 하며 결코 약화시켜서는 안 된다. "부하의 지식, 조언, 의견을 구하라", "말하는 것보다 듣는 데 더 많은 시간을 투자하라", "직접 대면하며 소통하라".
- AI는 현대전 환경에서 지휘통제 신호의 정확성과 동기화를 향상시켜야 하며, 이를 저해하거나 악화시켜서는 안 된다.
- AI는 목적 달성을 위한 수단으로 간주되어야 하며, 그 자체가 목적이 되어서는 안 된다.
- AI는 지휘관이 시간을 "특정 시점"과 "자원" 모두의 관점에서 더 효과적으로 관리할 수 있게 해야 한다. 전투의 템포 관리에도 동일하게 적용되어야 한다.
- 통신 거부 상황이 무기체계 무력화로 이어질 경우, 즉 첨단 무기체계가 전자전이 치열한 환경에서 전자기 기반 표적 기능을 완전히 발휘할 수 없는 상황일 때, 지휘관이 직면하게 될 취약성에 대한 논의가 필요하다. AI를 지휘통제 지원 도구로 활용할 때, 이것이 오히려 지휘관의 능

력을 제한하는 요소가 되지 않도록 어떻게 보장할 수 있는가?

- AI의 즉각적인 초점은 정보의 성숙 영역에 맞춰져야 한다. AI는 데이터 관리 프로세스의 가속화, 데이터 특성화의 정확성 향상, 데이터 관리의 범위와 규모 확장, 문제 정의에 핵심적인 관련 데이터에 대한 신속한 접근 지원과 같은 측면에서 큰 잠재력을 가지고 있다. 이러한 AI의 능력은 데이터를 정보로 변환하는 과정의 정확성을 크게 향상시키고, 결과적으로 예측 분석의 신뢰성과 타당성이 증가하게 될 것이다. 이는 향후 상황 전개 예측, 책임 소재 파악, 사건의 인과관계 등 핵심 요소들에 대한 분석을 가능하게 한다.

- AI는 지휘관의 직관을 강화해야 하며, 대체해서는 안 된다. 지휘관의 직관이 본질적으로 주관적이라는 점을 기억하는 것이 중요하다.

우리는 AI의 직관적 능력이 명확히 입증되기 전까지 이를 가정하지 않도록 주의해야 한다. AI가 알고리즘을 신속하게 적용하는 능력을 직관으로 오해하면 지휘관의 지휘통제 능력을 위험에 빠뜨릴 수 있다. 다양한 입력에 대한 반복적 결과를 바탕으로 연역적 추론을 하는 것은 여전히 과학 기반의 능력과 절차이다. 이는 지휘관의 의도 형태로 표현되는 지휘관 직관의 예술성을 대체할 수 없다. 현 시점에서 AI는 지휘관의 의사결정 과정을 대체하는 것이 아니라 보조하는 도구로 기능해야 한다. 이를 위해 AI 산출물과 운용 방식은 현행 참모 과정 내에 통합되어, 지휘관이 선택할 행동 방안을 직접 제시하기보다는 정보를 제공하는 역할에 국한되어야 한다.

AI를 지휘통제에 적용함에 있어 "천천히 가는 것이 결국 빠르다"는 점을 명심해야 한다. AI의 지휘통제 적용 접근법은 적극적이되 신중하고 측정 가능해야 하며, 모델링, 실험, 훈련, 워게임을 통해 얻은 정보를 바탕으로 해야 한다. 이 모든 과정은 철저한 비평, 분석, 평가를 통해 연계되어야 한다. 이는 시간과 인내심 있는 연구를 필요로 한다. 따라서 이 접근법은 우리가 해결하고자 하는 문제에 대한 신중한 고려를 꾸준히, 측정 가능한 방식으로 적극 추구하는 것으로 볼 수 있다. 진행 상황은 모델링, 실험, 훈련, 워게임에서 도출된 사전 정의 및 임시 성과 지표로 측정하고, 이를 철저한 비평과 평가를 통해 종합해야 한다.

마지막으로, AI는 모든 지휘통제 체계와 운용 방식의 가장 중요한 요소인 신뢰를 강화해야 하며, 결코 이를 약화시켜서는 안 된다. 아무리 뛰어난 AI 기반 의사결정 도구를 만들더라도 사용자들이 이를 신뢰하지 않는다면, 그것은 단지 군의 의사결정 과정을 혼란스럽게 만들고 재정 및 지적 자원을 낭비하는 결과만 초래할 것이다.

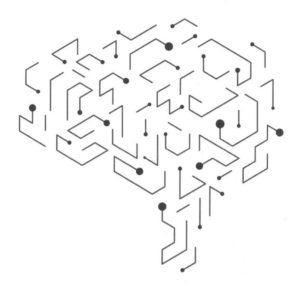

제8장
# 해군 인공지능의 실제 적용
## 해군 전투에서의 인공지능 개요

# 해군 인공지능의 실제 적용
## 해군 전투에서의 인공지능 개요

코너 S. 맥레모어(Connor S. Mclemore), 찰스 R. 클라크(Charles R. Clark)

> 미래의 전쟁은 전장이나 해상에서 벌어지지 않을 것이다.
> 그것은 우주에서, 혹은 아주 높은 산 정상에서 벌어질 것이다.
> 어느 경우든, 실제 전투의 대부분은 작은 로봇들에 의해 수행
> 될 것이다.
> 그리고 여러분이 오늘 앞으로 나아갈 때, 항상 기억하라. 여
> 러분의 임무는 분명하다. 그 로봇들을 만들고 유지하는 것이다.
> — 심슨 가족(The Simpsons)[1]

해군의 인공지능(AI) 체계는 병력 관리, 교육, 훈련, 장비운용, 그리고 작전수행 방식을 혁신적으로 변화시킬 것이다. 인간의 인지 능력이 일부 해군 임무의 속도와 복잡성에 제한을 두는 반면, AI는 이제 인간의 한계에 구애받지 않고 전투 임무를 포함한 다양한 과업을 수행할 수 있다. AI는 많은 경우 인간보다 더 신속하고, 효과적이며, 비용 효

---

[1] "The Secret War of Lisa Simpson," The Simpsons, 20th Century Fox Television and Gracie Films, May 18, 1997.

율적으로 이러한 임무를 수행할 수 있다.

심슨 가족의 확신과는 달리 미래 전쟁의 주요 전장이 해상, 우주, 또는 고지대가 될지는 불분명하다. 그러나 어떤 형태의 전투든 AI가 개입할 것은 분명하다. 모든 해군 인력은 정도의 차이는 있겠지만 AI 체계와 상호작용하게 될 것이다. 일부는 이를 정비할 책임이 있고, 다른 이들은 이를 훈련시키고 그 작전 결과에 대해 책임을 져야 할 것이다.

AI가 임무를 수행할 때, 그 행동과 의사결정 과정은 인간이 즉각적으로 이해하기 어려울 수 있다. 그러나 AI를 인간이 이해할 수 있도록 속도를 늦추거나 단순화하면 작전 효과도 저하될 수 있다. 우리가 앞으로 '제한된 AI'라고 지칭할 이러한 저속화되거나 단순화된 AI로 전투하는 해군 전력은 전술적 열세에 놓일 수 있다. 특히 제한되지 않은 AI를 운용하는 적과 교전할 때 그러하다. 미래의 다영역 해군 작전에서 승리에 필요한 적절한 군사적 효과를 신속하게 창출하기 위해 제한되지 않은 AI를 가장 효과적으로 활용할 수 있는 교전 당사자, 즉 효과적인 선제공격 능력을 갖춘 측은 인간의 실시간 통제 범위를 넘어서는 신속한 행동을 AI가 수행하도록 허용해야 할 것이다.[2]

AI 체계 자체는 무기가 아니다. 마이클 호로위츠(Michael Horowitz)에 따르면, AI는 "무기체계라기보다는 전기나 내연기관과 같은" 기반 기술이다.[3] AI는 이미 무인 항해가 가능한 로봇 함정, 항공기, 잠수함

2 Captain Wayne P. Hughes Jr., USN (Ret.), and Rear Adm. Robert P. Girrier, USN (Ret.), Fleet Tactics and Naval Operations, 3rd ed. (Annapolis, MD: Naval Institute Press, 2018), 29-34.
3 Michael C. Horowitz, "Artificial Intelligence, International Competition, and the Balance of Power," Texas National Security Review 1, no. 3 (May 2018): 39, https://tnsr.org/2018/05/artificial-intelligence-international-competition-and-the-balance-of-power/.

시제품을 구현했다. 이러한 시제품이 인간의 감독 없이 자율적으로 교전할 수 있게 하는 데에도 큰 기술적 제약은 없다.[4] 그러나 이러한 체계가 항상 의도한 대로 작동할 것이라고 신뢰하기까지는 상당한 기술적 난관이 남아있다. 따라서 불완전한 AI는 운용자와 적에게 모두 지속적인 위험 요소로 남아있다.

완전히 신뢰할 수 있는 자율 전투체계는 존재하지 않으며, 실현 불가능할 수도 있다. '완벽한 AI'를 추구하는 것이 '충분히 좋은 AI'의 발전을 저해하는 시점은 언제인가? 자동차 업계도 완전히 신뢰할 수 있는 완전 자율주행차를 개발하는 과정에서 유사한 질문에 직면해 있다. 2019년 기준으로 기존 체계의 문제는 지속되었고, 불완전한 '자율' 차량을 제어할 준비가 되지 않은 운전자들의 사고 사례도 여전히 발생하고 있다.

군 전투체계에서 도덕적 주체에 의한 통제가 책임성 확보에 필수적이지만, 인간의 인지 속도를 넘어서는 불완전하고 불투명한 자동화 체계를 인간이 어떻게 통제할 것인지는 불분명하다. 이러한 자동화는 자동화를 더 인간적으로 만드는 대신 인간을 더 기계화할 수 있다. 인간이 일관되게 기계보다 열등한 판단을 내리는 경우, 왜 여전히 인간에

---

4 "Sea Hunter: Inside the U.S. Navy's Autonomous Submarine Tracking Vessel," Naval Technology, May 3, 2018, https://www.naval-technology.com/features/sea-hunter-inside-us-navys-autonomous-submarine-tracking-vessel/; Joseph Trevithick, "Navy's Sea Hunter Drone Ship Has Sailed Autonomously to Hawaii and Back Amid Talk of New Roles," The Drive, February 4, 2019, https://www.thedrive.com/the-war-zone/26319/usns-sea-hunter-drone-ship-has-sailed-autonomously-to-hawaii-and-back-amid-talk-of-new-roles; Kris Osborn, "New Navy Ocean Attack Ian—Combined Air, Surface, and Undersea Drones," Defense Maven, June 5, 2019, https://defensemaven.io/warriormaven/sea/new-navy-ocean-attack-plan-combined-air-surface-undersea-drones-6pcbbomEnkGCZ-ITsnoyaA/.

게 그러한 의사결정 권한을 부여하는가? 미래에는 의사결정자들이 인명 피해를 초래할 수 있는 중요한 군사적 결정을 포함하여, 제한 없는 AI에게 결정권을 이양하도록 강요받거나 오히려 선호할 수도 있다. 해군 지휘부는 이러한 문제에 주목하고, AI 기반 해군에서 인간과 기계가 수행할 역할, 그리고 모든 당사자가 AI를 책임감 있게 운용하도록 보장하는 방안에 대해 고민해야 한다.

## 자동화이지, 사고가 아니다

'인공지능'이라는 용어는 오해의 소지가 있다. AI에서 '지능'이란 단어는 기계가 지능적일 수 있다는 의미가 아니라 알고리즘이 인간의 지능을 모방하는 능력을 의미한다. AI라는 용어는 새로운 자동화에 대한 인간의 감정적 반응을 설명하는 것이지, 그 자동화가 어떻게 작동하는지를 설명하는 것이 아니라고 볼 수 있다. 가장 어려운 과제를 다루는 가장 인상적인 AI는 알고리즘 기술로 쉽게 분류할 수 없다. 이는 일반적으로 여러 기술의 조합을 포함하기 때문이다. 무엇이 AI로 간주되고 그렇지 않은지는 계속 진화하고 있으며, 주로 기계가 최근까지 인간의 지능으로만 할 수 있었거나 전혀 할 수 없었던 일을 하고 있는지에 따라 판단해야 한다. 오래전에 기계가 처음 수행한 작업(예: 자동 전화 교환기)은 항상 단순한 자동화로 간주되는 반면, 새로운 마법 같은 기술을 수행하는 기계는 AI이자 자동화로 여겨진다. 오늘날 AI라고 불리는 자동화 — 예를 들어, 자율주행 차량, 컴퓨터 비전, 자연어 처리 — 는 언젠가는 평범한 것으로 여겨져 더 이상 AI로 생각되지 않을 것이다.[5]

5 서론에서는 AI 기술의 발전 과정을 설명하면서 이전의 AI/자동화 시스템을 "단순 AI"로 표현하

이러한 현상의 예로 IBM의 딥 블루(Deep Blue) 체스 컴퓨터 시스템을 들 수 있다. 딥 블루는 정규 시간 제한 하에서 인간 체스 세계 챔피언을 이긴 최초의 자동화된 컴퓨터 시스템이었다. 1997년 딥 블루는 체스 마스터 게리 카스파로프(Garry Kasparov)를 이겼다. 체스에는 AI로 다루기에 '이상적인' 몇 가지 특징이 있다. 상태 공간이 크지만 유한하고, 게임은 완전 정보를 가지며, 규칙이 고정되어 있고, 목표가 하나뿐이다. 당시 IBM은 AI 분야에서의 리더십을 과시하기 위해 이 업적을 대대적으로 홍보했다.[6] 그러나 오늘날 딥 블루가 같은 성과를 달성한다 하더라도, 체스 마스터와 다른 복잡한 게임의 최고 수준 플레이어들을 이길 수 있는 기계가 이제는 흔해졌기 때문에 더 이상 AI로 간주되지 않을 것이다.[7]

해군 AI 체계의 잠재력을 최대한 활용하기 위해서는 AI의 능력과 한계를 정확히 이해해야 한다. AI의 가장 큰 한계점은 아마도 진정한 의미의 '사고 능력'이 부재하다는 것이다. 일부 AI 시스템이 사고하는 것처럼 보일 수 있지만, 이는 실제 사고와는 다르다. 인간은 평생에 걸쳐 다양하고 유연한 사고 모델을 개발하고, 이를 지속적으로 갱신하며, 서로 연결하는 과정을 통해 사고하는 능력을 발전시킨다. 더불어,

고 있다. 그러나 우리는 이 장에서 해당 용어를 사용하지 않는다. 많은 전문가들은 앞서 설명한 이유로 "단순 AI"라는 개념 자체가 실제 AI가 아니라고 주장할 것이다.

6 AI에 대한 과장된 기대와 두려움을 동시에 포착한 뛰어난 현대적 분석 글 참조. Charles Kraut hammer, "Be Afraid," The Weekly Standard, May 26, 1997, https://www.weekly standard.com/charles-krauthammer/be-afraid-9802 참고.

7 2016년, 카스파로프는 다음과 같이 회고했다. "나는 IBM에 러브레터를 쓰고 있는 것은 아니지만, 딥 블루(Deep Blue) 팀에 대한 나의 존경심은 높아졌고, 내 자신의 플레이와 딥 블루의 플레이에 대한 평가는 낮아졌다. 오늘날에는 노트북용 체스 엔진을 구입하면 딥 블루를 쉽게 이길 수 있다." Frederic Friedel, "Kasparov on the Future of Artificial Intelligence," Chess News, December 29, 2016, https://en.chessbase.com/post/kasparov-on-the-future-of-artificial-intelligence.

인간은 일반적으로 특정 상황에 직면했을 때 어떤 사고 모델을 적용하는 것이 적절한지 판단할 수 있는 능력을 갖추고 있다.

인간 지능과 달리, 모든 AI 시스템은 설계된 목적 이외의 작업을 수행할 때 제한적이라는 점에서 '협소'하다. 예를 들어, 포커에서 이기도록 개발된 AI 프로그램은 테슬라 자동차를 운전하는 데 전혀 유용하지 않다. AI는 인간의 도움 없이는 새로운 경험, 지식, 기술을 맥락에 맞게 활용할 수 없다.[8] 서론과 제1장에서 언급했듯이, 사고하는 AI 또는 인공 일반 지능은 존재하지 않는다. 핵분열에서 냉핵융합으로 가는 길과 마찬가지로, 협소한 AI에서 인공 일반 지능으로 가는 길은 바로 코앞에 있을 수도 있고 아예 존재하지 않을 수도 있다(우리는 제1장의 저자들만큼 그것의 최종적인 개발에 대해 낙관적이지 않다). 일부는 사고하는 AI의 부재가 제한점이 아니라 오히려 유익한 특징이라고 생각한다. 빌 게이츠(Bill Gates), 스티븐 호킹(Stephen Hawking), 일론 머스크(Elon Musk)와 같은 저명한 사상가들과 '매트릭스(The Matrix)', '2001: 스페이스 오디세이(2001: A Space Odyssey)', '배틀스타 갤럭티카(Battlestar Galactica)', '엑스 마키나(Ex Machina)', '워게임즈(WarGames)', 그리고 '터미네이터(The Terminator)'와 같은 상당수의 공상과학 작품에서 묘사된 바와 같이, 인공 일반 지능은 매우 위험할 수 있다.[9]

---

**8** Connor S. McLemore and Hans Lauzen, "The Dawn of Artificial Intelligence in Naval Warfare," War on the Rocks, June 12, 2018, https://warontherocks.com/2018/06/the-dawn-of-artificial-intelligence-in-naval-warfare/.

**9** 일론 머스크와 스티븐 호킹의 견해에 대해 다음 참조. Robert McMillan, "AI Has Arrived, and that Really Worries the World's Brightest Minds," Wired, January 16, 2015, https://www.wired.com/2015/01/ai-arrived-really-worries-worlds-brightest-minds/ 참조. 빌 게이츠의 견해에 대해서는 Kevin Rawlinson, "Microsoft's Bill Gates Insists AI Is a Threat," BBC News, January 29, 2015, https://www.bbc.com/news/31047780 참조.

AI가 유용성을 갖추기 위해 반드시 사고 능력을 갖출 필요는 없다. 대부분의 군사 임무에서 AI에게 요구되는 것은 훈련과 학습 능력이며, 이는 AI가 이미 탁월하게 수행하고 있는 영역이다.

해군 임무의 자동화가 진전됨에 따라, AI는 전장의 판도를 바꿀 것이다. AI는 인간의 강점을 증폭시키고 약점을 보완함으로써, 기존에 평균 이상 또는 이하의 성과를 보이던 해군 병사들의 수행 능력을 평균화할 것이다.[10] 예를 들어, 잠수함 추적 임무는 긴 집중력을 가진 인원을 필요로 한다. 집중력이 짧은 해군 병사들은 일반적으로 이 임무를 제대로 수행하지 못한다. 이는 소나 청취나 잠망경 탐지를 위해 광활한 해역을 시각적으로 탐색하는 동안 수 시간 동안 지속적인 경계 태세를 유지해야 하기 때문이다. 반면, AI는 인간과 달리 집중력 저하 문제를 겪지 않으며 시각 및 청각 패턴 인식에 특히 뛰어난 효율성을 보여주고 있다. 따라서 AI로 강화된 잠수함 추적 시스템은 긴 집중력을 가진 인원의 이점이나 짧은 집중력을 가진 인원의 단점이 더 이상 중요한 요소가 되지 않을 것이다.

AI가 쉽게 대체할 수 없는 인간의 특성 중 하나는 비판적 사고 능력이다. 자동화 기술이 인간의 다른 능력들을 추월함에 따라, 해군 장병들 간의 개인적 차이가 줄어들 것이다. 이는 경쟁력 있는 조직에서는 비판적 사고 능력을 갖춘 인력을 선호하는 경향으로, 반면 경쟁력이 떨어지는 조직에서는 잠재된 반지성주의 경향이 가속화될 가능성이 높다. 비판적 사고가 필요하지 않은 많은 임무들은 AI의 지원을 받게

---

10 AI 활용이 평균 이상의 성과를 내는 인재들의 발전을 "저해"하고 뛰어난 전략가들의 통찰력을 "단순화"할 수 있다는 가능성은 AI에 관한 공개 문헌에서 거의 다루어지지 않았다(혹은 전혀 논의되지 않았다). 이 주제는 심도 있는 연구가 필요한 분야이다. 제15장에서는 이를 잠재적 문제로 제시하고 있다.

될 것이다. 이는 과거에 고도로 훈련된 전문가를 필요로 했던 복잡한 임무도 포함한다. 예를 들어, 미 해군의 무인항공기(UAV)는 이제 항공모함에 자동 착함할 수 있는 수준에 이르렀다.[11] 그러나 많은 반복적인 임무들은 여전히 어느 정도의 인간의 개입을 필요로 할 것이다. 비판적 사고가 요구되지 않는 직책의 해군 장병들은 앞으로 AI 시스템의 지시에 따라 다양한 새로운 임무를 수행하는 멀티태스킹 능력이 필요할 것으로 예상된다. 이러한 변화에 대응하여 해군은 전문화된 반복 기술보다는 비판적 사고 능력의 식별과 개발에 우선순위를 두어야 하며, 이에 맞춰 조직 구조를 재편해야 한다. 미 해군 내에서 높은 수준의 비판적 사고를 요구하는 직책들은 계속해서 중요성을 유지하고, 그렇지 않은 직책들은 점차 자동화 시스템으로 대체될 가능성이 높다.

AI는 사고 능력이 없기 때문에 일반적으로 규칙이 변화하는 환경에서는 성능이 떨어지지만, 고정된 규칙 하에서는 뛰어난 성과를 보인다. AI는 규칙과 패턴의 작은 변화에도 잘 대처하지 못할 가능성이 있다. 예를 들어, 우버(Uber)는 맑은 날씨에서 수집된 데이터로 훈련된 자율주행 자동차가 우천 시에는 운행할 수 없다는 사실을 발견했다.[12] 이러한 문제를 해결하기 위해 우버는 실제 도로 테스트와 인간 운전자로부터 데이터를 수집하고, 이 새로운 데이터를 기존의 훈련 세트에 추가하는 과정을 통해 자율주행차가 기존의 '지식'과 직접적으로 연관

---

11 Hope Hodge Seck, "The Navy Is Getting a Pinpoint Landing System for F-35s on All Its Aircraft Carriers," Business Insider, June 24, 2019, https://www.businessinsider.com/navy-getting-jpals-pinpoint-landing-system-f35s-on-carriers-amphibs-2019-6.
12 Tom Krisher, "5 Reasons Self-Driving Cars May Be Many Years Away," Chicago Tribune, April 23, 2019, https://www.chicagotribune.com/business/ct-biz-tesla-self-driving-challenges-20190423-story.html.

되지 않은 새로운 상황에 대응하는 방법을 학습할 수 있도록 했다.

AI의 유연성 부족은 군 의사결정자들의 주요 고려사항이 되어야 한다. 이는 많은 군사 상황에서 적이 기존의 규칙과 패턴을 교란시킬 동기와 기회를 가지고 있기 때문이다. 따라서 군 지휘관들은 규칙과 패턴이 고정되어 있거나 예측 가능하며, 적이 이를 방해할 수 없는 상황에서만 AI 적용을 고려해야 한다. 예를 들어, 군사 조직은 자체 작전 패턴과 위장 전술의 변화만을 통제할 수 있을 뿐, 적의 예측 불가능한 변화는 통제할 수 없다. 이로 인해 규칙과 패턴만을 근거로 적의 체계나 행동을 자동으로 특성화할 수 있는 신뢰성 있는 AI를 개발하는 것은 현실적으로 불가능하다. 그러나 아군의 패턴이 알려져 있고 중립 세력의 패턴이 예측 가능하다면, AI를 활용하여 아군과 중립 세력을 자동으로 식별할 수 있고, 이를 통해 간접적으로 적을 식별하는 데 AI를 활용할 수 있다.

## 데이터를 우선적으로 고려하라

자동화된 패턴 인식은 AI의 빠르게 성장하는 분야 중 하나이다. 기계학습과 심층학습 기술을 통해 데이터의 패턴을 기반으로 예측을 자동화할 수 있어, 컴퓨터 비전과 자연어 처리가 가능해졌다. 패턴 인식 알고리즘은 대규모 데이터셋에서 포괄적인 패턴 검색을 신속하게 수행하는 데 유용하며, 주로 예측 정확도로 평가되지만, 처리 속도와 배치 용이성(신속한 구현 능력) 등도 중요한 평가 기준이 될 수 있다.[13] 기

---

13 예측력에 대한 비즈니스의 관심사에 대한 짧고 간결한 논의는 Shaily Kumar, "The Differences Between Machine Learning and Predictive Analysis," D!gitalist Magazine, March

본적인 해군 임무를 구성하는 패턴의 복잡성은 한때 인간의 인지적 해독 능력을 초과하지 않을 정도로 단순해야 했다. 자동화된 패턴 인식은 이러한 상황을 두 가지 측면에서 근본적으로 변화시켰다. 첫째, 패턴 해독에 더 이상 인간이 필요하지 않게 되었고, 둘째, 복잡한 패턴을 이해하는 데 있어 인간의 인지 능력이 더 이상 제한 요소가 되지 않는다.

자동화된 패턴 인식은 정확하고 정제된 적절한 유형의 데이터, 즉 '연료'의 안정적인 공급에 의존한다. 부정확하거나 오염된 데이터를 패턴 인식 알고리즘에 입력하는 것은 항공기에 불량 연료를 주입하는 것과 같다 — 둘 다 적절한 성능을 기대할 수 없다. 따라서 AI, 특히 패턴 인식 AI의 잠재적 구현에 대한 모든 논의는 가용 데이터 소스에 대한 검토로 시작해야 한다. 데이터 출처에 대한 질문에는 누가 데이터를 소유하는지, 데이터가 적절한 유형과 품질인지, 충분한 데이터가 존재하는지, 데이터 비용이 얼마인지, 데이터가 정제되어 있거나 정제될 수 있는지, 데이터베이스가 어디에 있는지, 그리고 데이터셋에 어떻게 접근할 것인지가 포함되어야 한다.[14] 이러한 질문들에 대한 만족스러운 답변이 없다면, AI 체계 구축은 가치가 없을 수 있다.

해군 고위 지휘부는 양질의 데이터에 대한 접근성 개선이 시급함을 인식하고 있다. 해군참모차장 빌 모란(Bill Moran) 제독은 이에 대해 다음과 같이 언급했다. "우리는 신속하게 의도적이고 신뢰할 수 있는 고

15, 2018, https://www.digitalistmag.com/digital-economy/2018/03/15/differences-between-machine-learning-predictive-analytics-05977121. 참조.
패턴 분석, 예측 분석 및 규범 분석에 대한 비즈니스 관심사에 대한 상세한 개요는 James J. Cochran, ed., INFORMS Analytics Body of Knowledge (Hoboken, NJ: John Wiley and Sons, 2019) 참조. INFORMS는 작전 연구 및 분석 전문가들의 국제 협회이다.
14 McLemore and Lauzen.

품질 데이터를 확보해야 합니다. 이 데이터는 안전하게 수집, 저장, 공유되어야 하며 해군 전체에 걸쳐 통합되어야 합니다. 또한 수많은 분산된 데이터베이스와 구식 기술을 정리하고 최적화해야 합니다. 현재 이러한 문제로 인해 우리는 기본적인 정보조차 제대로 파악하거나 활용하지 못하는 상황에 처해 있습니다."[15] 해군이 정제된 데이터를 효과적으로 수집, 저장, 공유 및 통합하려면 데이터베이스에 대한 안정적이고 보안이 강화된 접근 권한을 확보하고, 데이터 활용 능력(데이터 리터러시)을 갖춘 인력을 더 많이 양성해야 한다. 데이터베이스 기술 개선은 상당한 시간과 자원이 소요된다. 그러나 데이터 관리 및 분석 능력은 현재 대부분의 병과에서 부사관급 인력이 갖춰야 할 기본 기술로 자리잡을 수 있다. 이를 위해 해군은 교육훈련 과정을 개선해야 한다. 일반적으로 AI 도입 과정에서 데이터 수집, 정제, 훈련 데이터 준비에 가장 많은 시간이 걸리는 만큼, 체계적이고 투명한 데이터 관리 계획을 바탕으로 데이터 활용 능력을 갖춘 인력을 확보하면 시간과 비용을 크게 절감할 수 있다.

해군은 미래 데이터베이스 운용을 위한 새로운 업무 규칙 개발에 주력해야 한다. 이를 위해 다음과 같은 네 가지 핵심 원칙을 제시할 수 있다. 첫째, 독점 소프트웨어에 의존하는 시스템에서 벗어나, 개방형 표준을 따르는 다중 플랫폼 호환 데이터베이스로 모든 데이터를 이전해야 한다. 둘째, 모든 데이터는 공통 데이터 구조에 저장되어야 하며, 각 데이터의 신뢰성을 명확히 판단할 수 있도록 감사 추적 기능과 출

---

[15] Admiral Bill Moran, USN, "It's Time to Make Data Strategic for Our Navy," Defense One, April 2, 2019, https://www.defenseone.com/ideas/2019/04/its-time-make-data-strategic-our-navy/156020/.

처 정보가 내장되어야 한다. 셋째, 데이터셋 내부 및 데이터셋 간의 상호 의존성을 효과적으로 파악할 수 있도록 데이터를 구조화해야 한다. 넷째, 해군은 자체 데이터와 이로부터 생성된 모든 분석 결과에 대한 소유권을 항상 유지해야 한다.[16] 그렇게 하지 않을 경우, 공급업체 변경 시 중요한 데이터 손실 위험에 노출될 수 있다.

해군 환경에서 AI 활용의 가장 큰 제약 요인은 해상에서 '인터넷과 유사한' 연결성, 개방형 표준, 보안성, 그리고 장거리 데이터 통신 경로의 부재이다. 충분한 양의 적절하고 정제된 AI 연료(데이터)를 접근 가능한 데이터베이스에서 확보할 수 있다면, 해군의 다음 과제는 이 데이터에 접근하기 위한 통신 경로를 식별하고, AI가 생성한 지시와 권장 사항을 인간과 기계 운용자에게 신속하게 전달할 수 있는 인터페이스를 설계하는 것이다. 현재 대부분의 미 해군 통신체계와 데이터링크는 각각 고유한 데이터 형식과 응용 프로그램을 가진 별개의 '폐쇄된 생태계'와 같다. 이들은 인간 중개자 없이는 서로 직접 통신할 수 없으며, 데이터는 여전히 대부분 채팅이나 음성과 같은 연결되지 않은 저대역폭 수단을 통해 수동으로 전달된다.

해상에서 신뢰할 수 있는 인터넷과 같은 통신체계의 부재는 가까운 미래에 해군 AI의 신속한 도입에 가장 큰 제약 요인으로 남을 것이다. 그러나 해군 체계가 연결되고 개방형 비독점 프로토콜을 구축할 수 있다면, AI는 해군이 극도로 낮은 대역폭 통신을 가능하게 하는 데 사용될 수 있다. AI 기반 센서 체계는 대부분 불필요한 테라바이트(1조 바이트) 규모의 해군 데이터를 가치 있는 킬로바이트(1천 바이트) 규모의 정보로 정제할 수 있다. 이렇게 압축된 정보는 연결된 저대역폭 통신 체

16 McLemore and Lauzen.

계를 통해 효율적으로 전송될 수 있다. 예를 들어, 정찰기의 실시간 영상 스트리밍은 정보 분석 부서로 테라바이트 규모의 데이터를 전송하기 위해 고대역폭 통신체계를 필요로 한다. 이코노미스트지에 따르면, 현재 운용 중인 각 글로벌 호크(Global Hawk) 드론은 초당 500메가비트 이상의 위성 대역폭을 사용한다.[17] 반면, 정찰기에 탑재된 AI 소프트웨어는 중요 정보만을 추출하여 저대역폭 수단을 통해 관련 당사자들에게 직접 전송할 수 있다. 따라서 해군은 연결되지 않은 독점 통신체계를 포기하고, 대역폭을 다소 희생하더라도 연결된 개방형 프로토콜 통신체계 획득에 집중해야 한다.

미 국방부는 이미 자체 데이터를 활용하여 AI를 훈련시켜 자동화된 패턴 인식을 수행하고 있으며, 이는 막대한 군사적 잠재력을 보여주고 있다. 이전 장에서 논의된 구글과 국방부의 협력 프로젝트인 메이븐(Project Maven)은 인간의 능력을 뛰어넘는 속도로 전체 동영상의 이미지를 분류하고 범주화하는 자동화된 패턴 인식 알고리즘을 개발했다. 이 기술로 인해 분산된 센서에서 정보 분석팀으로 스트리밍 비디오를 전송하여 인간이 분석할 필요 없이, 메이븐이 인간의 개입 없이 즉시 스트리밍 비디오의 데이터를 실시간으로 분석하고 구조화할 수 있게 되었다.

그러나 메이븐의 데이터가 표적 체계에 직접 입력되는 것을 방지할 수 있는 안전장치가 없다는 사실이 알려지면서 논란이 시작되었다. 4천 명의 구글 직원이 메이븐에 반대하는 청원서에 서명한 후, 구글은 2018년 메이븐 계약을 갱신하지 않겠다고 발표했다.[18] 군사 표적 선정

---

17 "Using the Force," The Economist, July 18, 2019, https://www.economist.com/briefing/2019/07/18/attacking-satellites-is-increasingly-attractive-and-dangerous.

과정에서 인간을 완전히 배제하는 아이디어에 대해 많은 사람들이 우려하는 근본적인 이유는 무엇인가?

## AI 책임성을 통한 신뢰 구축

AI는 도덕적 결정에 직면했을 때 자신의 행동에 대해 책임을 질 수 없으므로 도덕적 주체가 될 수 없다. AI에 윤리를 프로그래밍할 수는 있지만, AI는 죄를 짓거나, 옳고 그름을 판단하거나, 도덕적 상처를 경험하거나, 고통을 겪을 수 없다.[19] 인간의 감독 범위를 벗어나 시공간적으로 멀리 작동할 수 있는 AI 기반 전투체계는 논란의 여지가 있다. 이러한 시스템은 무책임하게 사용될 경우 인간을 책임으로부터 면제시킬 수 있기 때문이다.

인간의 통제를 벗어난 무기체계는 새로운 문제가 아니다. 해군 기뢰와 지뢰는 추적이 불가능하도록 설계될 수 있다는 점에서 AI와 유사하다. 지뢰가 무책임하게 사용될 경우, 책임 소재를 밝히기 어려운 경우가 많다. 캄보디아, 앙골라, 아프가니스탄과 같은 국가에 산재해 있는 지뢰에 대해 책임이 있는 사람들은 그 무기들이 계속해서 야기하는 고통에 대해 아마도 결코 책임을 지지 않을 것이며, 이는 대중의 공포와 분노, 그리고 전 세계적인 금지 요구를 불러일으킨다.[20] 군사

---

**18** Cal Jeffrey, "Founder of Project Maven 'Alarmed' at Google's Decision to Walk A way," Techspot, June 26, 2018, https://www.techspot.com/community/topics/founder-of-project-maven-alarmed-at-googles-decision-to-walk-away.247466/.

**19** Bill R. Edmonds, "After Moral Injury: Backing in a Side Door into Consciousness," War on the Rocks, May 27, 2019, https://warontherocks.com/2019/05/after-moral-injury-backing-through-a-side-door-into-consciousness/.

**20** 그 결과로 1997년 유엔 지뢰 금지 조약이 체결되었다. 대중의 분노와 기타 지뢰 관련 문제에

AI가 무책임하게 사용될 경우에도 비슷한 이유로 대중의 반발을 예상해야 한다.

이러한 대중의 반발은 군사 AI 사용에 대한 심각한 제한으로 이어질 수 있다. 해군은 특히 인명 피해나 기반 시설 손상을 초래할 수 있는 모든 시스템에 대해 루프 상/내의 인간을 통해 자동화 시스템에 대한 명확한 인간의 책임을 보장하는 강력한 조치를 시행해야 한다. 이러한 조치는 이미 미국의 지뢰에 대해 시행되고 있다. 예를 들어, 남북한 사이의 38선 근처 비무장지대에 있는 명확하게 표시되고 엄격하게 감시되는 지뢰밭의 지뢰는 무차별적인 사망을 초래할 가능성이 낮다. 그러나 만약 그 지뢰들이 의도치 않은 사람들을 살해한다면, 그 지뢰밭을 담당하는 인원들을 쉽게 식별하고 책임을 물을 수 있다.

자동화 시스템의 루프에 사람을 배치하는 또 다른 이유는 AI 시스템의 성능을 향상시키기 위해서다. 그러나 단순히 루프 상/내에 인간을 지정하는 것만으로는 성능 향상이나 책임성을 보장할 수 없다. AI가 지속적으로 발전함에 따라 인간-기계 팀에서 인간은 AI 사용에 대한 명확한 책임 유지, AI에 대한 운용 범위와 한계 설정, 그리고 중요한 판단이 필요한 결정에 대해 신속히 대응 가능한 태세를 유지하는 데 집중해야 한다.

루프 상/내에 사람을 적절히 배치하면 AI 시스템의 효과와 효율성을 높일 수 있다. 반면 잘못된 방식으로 배치하면 시스템의 성능에 부정적인 영향을 미치고 효율성을 떨어뜨릴 수 있다. 앞서 논의한 바와 같이, 인간과 기계는 각자 다른 영역에서 강점을 가진다. 통제와 책임

대한 최고의 정보 출처는 국제 지뢰 금지 운동(International Campaign to Ban Landmines, ICBL)이다. 웹사이트(http://www.icbl.org/en-gb/home.aspx)에서 확인할 수 있다.

을 확보하기 위해 속도와 정확성을 일부 희생해야 할 수도 있지만, 인간이 수행해야 할 업무를 기계에 맡기거나, 반대로 기계가 처리해야 할 작업을 인간에게 할당하면, 아무리 잘 설계된 AI 시스템이라도 그 효과를 제대로 발휘하지 못할 수 있다. 일반적으로 인간은 유연한 사고가 필요한 작업에 적합하며, 기계는 예측 가능하고 반복적이며 구조화된 복잡성을 포함하는 작업에 적합하다. 인간과 기계의 협력은 주로 이 두 가지 능력이 모두 요구되는 작업에서 가장 효과적이다.

미 해군은 전통적으로 중요한 책임을 맡기기 전에 해당 시스템을 이해하는 데 필요한 훈련과 지식을 습득할 기회를 제공해 왔다. AI 기반 시스템을 운용할 해군 인력 역시 이러한 원칙에서 예외가 되어서는 안 된다. 충분한 훈련을 받지 않은 해군 요원을 자동화된 전투 시스템의 의사결정 과정에 참여시키고 그 결과에 대해 책임을 지도록 하는 것은 비합리적이다. AI 기반 전투 시스템에 대한 인간의 책임 체계는 다른 복잡하고 위험한 시스템과 마찬가지로 구축되어야 한다. 이를 위해 시스템의 안전하고 책임감 있는 운용에 필요한 전문성 확보를 위한 엄격한 훈련 프로그램을 실시하고 명확한 권한과 책임을 규정하는 정책을 수립해야 한다. 또한 군사 AI 시스템에 문제가 발생했을 때를 대비해 실패 원인을 정확히 파악하고, 신속한 시정 조치를 취하며, 적절한 책임자에게 책임을 물을 수 있는 투명하고 철저한 책임 규명 체계가 마련되어야 한다. 이를 통해 군사 AI 시스템에 대한 대중의 신뢰를 유지할 수 있을 것이다.

복잡하고 고도로 자동화된 시스템에 대해 적절히 훈련받지 못한 인간 운용자들의 오인 사격으로 인한 인명 살상을 방지하지 못한 군사적 사례가 2003년 이라크 전쟁 초기에 발생했다. 미 육군은 패트리어트

(Patriot) 방공 포대를 완전 자동 모드로 운용하여 인간의 개입 없이 미사일이 발사되도록 했다. 당시 이라크 공군이 작전을 수행하지 않았음에도 불구하고, 일주일 반 동안 두 곳의 패트리어트 포대에서 불충분하게 훈련되고 지휘된 미 육군 요원들이 영국 공군 토네이도 GR4 (Tornado GR4)와 미 해군 F/A-18C 호넷(F/A-18C Hornet)을 격추하도록 시스템을 방치하여 영국군 조종사 2명과 미군 조종사 1명이 전사했다.[21] 첫 번째 격추 사건 다음 날, 미 공군 F-16 팔콘(F-16 Falcon)이 패트리어트 시스템에 의해 표적으로 지정되었으나, 패트리어트의 레이더를 대레이더 미사일로 무력화함으로써 겨우 피격을 면했다.[22] 두 번째 아군 오인 사격 사건 이후, 지휘부는 패트리어트 포대의 교전 모드를 수동으로 전환하도록 지시했다. 시스템은 여전히 고도로 자동화되어 있었지만, 미사일 발사 전에 인간 운용자의 발사 명령이 필요하게 되었다. 이러한 조치 이후 패트리어트 포대에 의한 아군 오인 사격 사건은 더 이상 발생하지 않았다.[23] 그러나 만약 이라크 공군의 위협이 심각했다면 이러한 정책 변경이 가능했을지는 불분명하다.

---

21 두 사건에 대해서는 Charles Piller, "Vaunted Patriot Missile Has a 'Friendly Fire' Failing," Los Angeles Times, April 21, 2003, https://www.latimes.com/archives/la-xpm -2003-apr-21-war-patriot21-story.html. 참조. F/A-18 격추 사건에 대한 자세한 논의는 Dario Leone, "Blue-on-Blue! The Story of the U.S. Navy F/A-18 that Was Shot Down by a U.S. Army PAC-3 Patriot Missile Battery During OIF," The Aviation Geek Club, March 8, 2018, https://theaviationgeekclub.com/blue-blue-story- u-s-navy-f-18-shot-u-s-army-pac-3-patriot-missile-battery-oif/ 참조.
22 David Axe, "That Time an Air Force F-16 and an Army Missile Battery Fought Each Other," War Is Boring, June 5, 2014, https://medium.com/war-is-boring/that- time-an-air-force-f-16-and-an-army-missile-battery-fought-each-other-bb 89d7d03b7d.
23 서론에서 언급한 바와 같이, 이는 미국 해군 교리가 근접방어무기체계를 수동/반자동 모드로 유지하는 주요 이유이다.

## 해군의 AI 도입: 현실과 과제

해군은 AI를 효과적으로 구현함으로써 다양한 실질적 이점을 얻을 수 있다. 그러나 AI의 일반적인 능력과 한계, 그리고 AI 기반 해군 전투체계의 책임 소재 확립 외에도 추가적인 고려 사항이 존재한다. 이러한 고려 사항에는 AI 시스템의 기만에 대한 취약성, 윤리적 판단 능력, 그리고 전장 환경의 불확실성 속에서 데이터의 가치 변화 등이 포함된다.

### AI의 기만 취약성

제12장에서 상세히 논의된 바와 같이, 패턴 인식 AI를 훈련시키는 데 사용된 데이터의 패턴과 일치하지 않는 변형은 해당 AI를 오인식하게 할 수 있다. 예를 들어, 정지 표지판에 노란 스티커를 부착하는 것만으로도 표지판의 패턴을 충분히 교란시켜 자율주행 차량의 AI가 정지 표지판을 인식하지 못하도록 기만할 수 있다.[24] 해군은 적의 AI를 기만하기 위해 예측 불가능한 방식으로 패턴을 변경하는 전략을 수립해야 한다. 만약 적군이 AI 기반 센서 시스템을 이용해 시각적으로 함정을 식별하고 있다면, 특이한 구조 변경이나 독특한 위장 도색을 한 함정들이 그러한 시스템을 무력화할 수 있을 것이다.

자동화된 패턴 인식에 의존하는 적을 기만하는 또 다른 방법은 시간이 지남에 따라 그들의 패턴 인식 시스템을 잘못 학습시키는 것이다.

---

24 Kevin McCaney, "How a Trojan Can Turn AI into a Manchurian Candidate," Government CIO Media & Research, December 31, 2018, https://www.governmentciomedia.com/how-trojan-can-turn-ai-manchurian-candidate.

AI 시스템이 학습하는 동안 모든 정지 표지판에 노란 스티커를 부착했다가 동시에 모두 제거한다면, AI 기반 차량들은 정지 표지판을 인식하지 못할 수 있다. 이는 냉전 시대 소련군의 전자전 예비 모드를 활용한 신호 기만 전술과 유사하다.[25] 유사한 전술 대형, 통신, 전자기 방출 패턴으로 일관되게 해군 작전을 수행함으로써 적의 패턴 인식 AI를 오인식하게 만들 수 있다. 이후 이러한 패턴을 변경하면 적의 AI가 이전에 학습한 정보를 활용하는 능력을 저하시킬 수 있다. 이러한 기만 작전의 핵심은 신뢰할 수 있고 지속적인 기만 전술을 제공하는 것이다. 만약 기만 전술이 신빙성이 없다면, 인간이 적절히 감독하는 AI 시스템은 수정되거나 기만을 간파하도록 조정될 수 있다.

미 해군이 적의 AI를 기만하기 위한 전략을 개발하는 것과 마찬가지로, 적국들도 유사한 계획을 수립할 것이다. 해군 시스템과 프로세스에 AI가 통합됨에 따라, 개발자와 운용자 모두 이 사실을 항상 염두에 두어야 한다. 의사결정권자들은 도입하는 AI 기반 체계의 잠재적 취약점과 한계를 명확히 인식해야 한다. 예를 들어, 최고 수준의 상용 이메일 시스템조차도 스팸 필터에 오탐지(false positive)와 미탐지(false negative)가 발생한다는 것은 잘 알려진 사실이다. 따라서 적의 평시 작전 패턴을 바탕으로 전시에 오판을 내리지 않도록 안전장치를 마련하는 것이 중요하다. 이러한 안전장치는 인간의 분석을 위한 단순한 경고 보고서부터, 시뮬레이션된 잠재적 변수에 대해 학습하기 위한 모의 AI 실험과 같은 고급 기술에 이르기까지 다양한 형태를 취할 수 있다.

---

25 전쟁 예비 모드(war reserve modes)에 대한 가장 간단한 설명은 William Bryant, "Cyber space Resiliency: Springing Back with the Bamboo," in Evolution of Cyber Technologies and Operations to 2035, ed. Misty Blowers (New York: Springer, 2015), 14 참조.

적이 의도적으로 AI를 기만하려 하지 않더라도 모든 AI는 본질적으로 불완전하기 때문에, AI를 절대적 진실의 원천으로 간주해서는 안 된다. 군 운용자들은 이러한 이유로 자신들이 사용하는 AI의 한계를 명확히 인식해야 한다. 이러한 한계에도 불구하고 많은 AI 기반 체계들은 여전히 유용하게 활용될 수 있다. AI 기술의 상당 부분은 통계적 프로세스와 제한된 데이터셋에 기반하고 있으며, 따라서 정확성에 대한 고유한 불확실성을 가지고 있다. 예를 들어, 위성 영상에서 적의 구축함을 식별하는 AI는 대부분의 경우 정확한 결과를 제공할 수 있다. 그러나 AI가 오류를 범할 가능성은 항상 존재한다. 이는 패턴 인식 알고리즘이 학습 데이터에 포함되지 않은 새로운 변형이나 예외적인 상황을 마주칠 때 정확한 판단을 내리기 어렵기 때문이다.

## 해군 AI의 윤리적 한계: 옳고 그름의 구별 문제

아이가 옳고 그름을 이해하는 데 얼마나 오래 걸리는가? 간단한 개념(예: 다른 아이를 때리는 것이 잘못되었다는 것)을 배운 후에도, 그러한 교훈을 내면화하고 새로운 경험에 적용하거나 확장하는 데는 시간과 경험이 필요하다. 아이와 달리, 협의 인공지능(Narrow AI)은 학습한 교훈을 새로운 경험에 적용할 만큼 유연하지 않다. 그러나 사전 대응적 규칙을 AI에 프로그래밍함으로써 설계된 운용 환경 내에서 잘못된 것으로 간주되는 행동을 할 확률을 최소화할 수 있다.

AI가 옳고 그름을 구별하지 못하더라도, 포괄적으로 설계되고 잘 훈련되며 철저히 시험된 AI 기반 무기체계는 특정 작업을 신뢰성 있게 수행할 수 있어야 한다. AI 시스템의 시험된 성능 수준과 인증된 임무 수행 능력에 대한 책임은 AI 기반 시스템을 개발하는 공급업체가 아닌, 전문적으로 훈련된 해군 운용자에게 있어야 한다. 중요한 책임을 맡은 운용자들은 AI의 적용 범위를 적절히 설정하고, 예상치 못한 상황에서 AI가 바람직하지 않은 행동을 하는 것을 방지하기 위한 안전장치를 마련할 의무가 있다. 해군은 AI의 개발과 배치가 정책과 기대에 부합하면서 신중하게 계획되고, 명확하게 정의되며, 유연하고 적절하게 운용되는 것을 보장하기 위해 AI의 기본 원리에 대해 훈련된 전문 운용자를 확보해야 할 것이다.

훈련되지 않고 시험되지 않은 AI 기반 시스템을 실제 상황에 투입하면, 이는 설계자와 운용자가 사전에 설정한 결정에만 의존하여 작동하게 되며, 잠재적으로 재앙적인 결과를 초래할 수 있다. AI 기반 시스템 운용자들이 자신들의 시스템이 훈련받지 않았거나 시험되지 않은 상황에 직면했을 때, 이를 즉시 인식할 수 있도록 충분히 훈련하는 것이 필수적이다. 예를 들어, 광활한 대양에서는 자율 모드로 안정적인 항해가 가능하도록 잘 훈련된 무인수상정이라도 좁은 해협에 진입하게 되면 자신과 다른 선박들을 위험에 빠뜨릴 수 있다.

협의 인공지능(Narrow AI)은 설계자와 훈련자가 제공한 제한된 규칙 세트에 기반해서만 행동할 수 있다. 따라서 해군이 AI 관련 사고를 조사할 때, 규정과 그것이 나타내는 옳고 그름의 개념보다는 실제로 무엇이 잘못되었는지 파악하는 것이 더 중요할 수 있다. AI가 관련된 사고에서 답해야 할 주요 질문들은 다음과 같다. "적절한 AI가 사용되었는가?", "AI가 적절한 상황에서 올바르게 운용되었는가?", "AI가 주어진 상황에서 예상치 못한 행동을 취했는가?"

이러한 질문들은 책임을 회피하기 위한 것이 아니라, 적절한 수준에서 올바른 주체에게 책임을 물을 수 있도록 고려되어야 한다. 운용자가 검증된 전술, 전기, 절차(TTP, Tactics, Techniques, and Procedures) 범위를 벗어나 AI 기능을 사용했을 수도 있으며, 지휘관이 오해로 인해 부적절한 AI 체계를 운용했을 수도 있으며, 시험평가 과정에서 AI 체계의 설계 결함이 발견되지 않았을 수도 있다. 어떤 경우든, 사고를 일으킨 요인을 정확히 파악하고 적절한 인적 책임을 확립함으로써 AI 체계에 대한 대중의 신뢰를 강화할 수 있을 것이다.

### 불확실성에 기반한 해군 데이터의 가치

데이터의 양이 많다고 해서 항상 더 나은 결과를 보장하지는 않는다. 오히려 적은 양이라도 올바른 유형의 데이터가 방대한 양의 부적절한 데이터보다 더 가치 있을 수 있다. 특히 불확실성이 높은 문제에 직면했을 때, 소량의 적절한 데이터만으로도 해결책을 찾을 수 있다. 이는 그 데이터를 획득하기 어려운 상황에서도 마찬가지이다. 해군의 의사결정권자들은 종종 고도의 불확실성이 존재하는 상황을 다루게 되는데, 이런 경우 그들이 처음에 생각했던 것보다 적은 양의 데이터만으로도 충분할 수 있다. 그럼에도 불구하고, 일부 해군은 대부분 가치가 낮은 테라바이트 규모의 데이터를 수집하는 데 막대한 노력을 기울이고 있다. 이러한 데이터는 실질적으로 가치 있는 정보를 포함하고 있어서가 아니라, 단순히 측정과 축적이 용이하다는 이유로 수집되는 경우가 많다.

일부 문제에 대해서는 효율적인 데이터베이스를 통해 대규모 데이터셋을 쉽게 획득하고 유지할 수 있다면, 이는 매우 유용할 수 있다. 예를 들어, 해군 항공 분야에서 헬리콥터 부대는 통합 기계 진단 건강 및 사용 관리 시스템(IMDHUMS, Integrated Mechanical Diagnostics Health and Usage Management System)을 활용하고 있다.[26] 이 시스템은 가속도계에서 수집한 데이터를 이용하여 항공기와 그 내부 시스템의 다양한 성능 지표를 측정한다. IMDHUMS를 통해 항공기 상태 분석과 잠재적인 부품 고장을 예측할 수 있다. 이러한 시스템들은 AI 기술을 적용하여 저비용으로 예상치 못한 예측 정보를 얻을 수 있는 대표적인 사례이다.

일부 문제의 경우, 적절한 데이터를 저렴하고 쉽게 얻는 것이 불가능할 수 있다. 예를 들어, 미사일 성능 데이터를 얻기 위해서는 대량의 저비용 데이터로 소량의 고비용 실사격 데이터를 대체하기 어렵다. 데이터 획득 비용이 높을 때는 추가 데이터로 인한 불확실성 감소와 데이터 비용 사이의 균형점을 찾아야 한다. 특히 신규 복합무기체계의 시험평가 초기 단계에서는 데이터 비용과 불확실성 수준이 모두 높을 수 있다. 체계 성능에 대한 불확실성을 크게 줄일 수 있는, 잘 설계된 소수의 시험에서 얻은 제한된 데이터가 그렇지 못한 대용량 데이터보다 훨씬 더 가치 있을 수 있다.

해군이 의도한 데이터를 수집하고 있는지, 그것이 실제 필요한 것인지, 다른 데이터를 수집해야 하는지 판단하기 위해서는 철저하게 검증된 데이터 수집 체계가 필요하다. 불확실성 해소 가치 대비 데이터 획득 비용에 대한 신중한 고려 없이는 데이터의 유용성이 떨어질 수 있다. AI 체계를 효과적으로 구현하기 위해 해군은 추가 데이터 수집 및 평가 자원을 포함하고, 데이터 요구사항 변화에 따라 진화할 수 있는

26 Lee Willard and Greg Klesch, Using Integrated Mechanical Diagnostics Health and Usage Management System (IMD-HUMS) Data to Predict UH-60L Electrical Generator Condition, master's thesis, Naval Postgraduate School, March 2006, https://apps.dtic.mil/dtic/tr/fulltext/u2/a445430.pdf.

데이터 수집 계획을 수립해야 한다.

## 향후 자동화가 필요한 해군 과업

앞서 논의된 AI의 특성과 한계를 고려할 때, 미 해군이 AI를 활용하여 자동화에 집중해야 할 과업 유형에는 계획 및 일정 수립 절차, 이미지, 음향, 전자 신호에서의 관심 패턴 탐지, 전술 및 작전 수준의 지휘통제 의사결정 체계, 자율 운용 플랫폼 및 무기 등이 포함된다.

미 해군의 많은 일상적이고 반복적인 계획 및 일정 수립 업무들이 여전히 수동으로 수행되고 있지만, 이는 자동화를 통해 더 효율적이고 신속하게 처리될 수 있다. 자동화를 통해 개선될 수 있는 해군의 계획 및 일정 수립 업무의 예시로는 항공작전, 사격훈련장, 교육훈련 체계의 일정 관리, 항공기 및 함정의 예방정비 계획, 전술통신 및 전자전 운용 계획, 병력 및 군수물자 수송 계획 등이 있다.[27]

이미지, 음향, 전자 신호에서 관심 패턴을 더 효과적으로 탐지하는 능력은 미 해군에 큰 이점을 제공할 수 있다. 이를 통해 개선될 수 있는

---

**27** 이러한 업무의 자동화 전망과 바법에 대한 논의는 해군대학원의 다음 석사학위 논문들을 참조할 것. Roger S. Jacobs, Optimization of Daily Flight Training Schedules, March 2014, https://calhoun.nps.edu/handle/10945/41396; Robert J. Slye, Optimizing Training Event Schedules at Naval Air Station Fallon, March 2018, https://calhoun.nps.edu/handle/10945/58370; Paul J. Detar, Scheduling Marine Corps Entry-Level MOS Schools, September 2004, https://calhoun.nps.edu/handle/10945/1444; Amber G. Coleman, A Predictive Analysis of the Department of Defense Distribution System Using Random Forests, June 2016, https://calhoun.nps.edu/handle/10945/49436; Steven J. Fischbach, Linear Optimization of Frequency Spectrum Assignments Across Systems, March 2016, https://calhoun.nps.edu/handle/10945/48520; Travis A. Hartman, Rapid Airlift Planning for Amphibious-Ready Groups, September 2015, https://calhoun.nps.edu/handle/10945/47272.

임무에는 공중 조기경보, 표적식별, 대잠수함전, 전자공격, 기만작전, 충돌회피, 전투피해평가 등이 포함된다.

전술 및 작전 수준의 지휘통제 의사결정 지연은 해군 전력의 효과적인 공격 및 방어 기회를 상실하게 할 수 있다. 자동화를 통해 개선될 수 있는 지휘통제 의사결정 과정에는 통합 전투체계 기반 실시간 대응 교전 통제, 정밀 유도무기−표적 할당, 이동 표적을 효율적으로 식별하기 위한 군집 무인체계 운용 등이 포함된다.

자율 함정, 항공기, 잠수함 개발은 미 해군에게 획기적인 능력을 제공하는 동시에 중대한 공학적 도전 과제를 제시할 것이다. 무인 전투체계는 다수의 작전 임무를 인간보다 더 효과적으로 수행할 잠재력을 가지고 있다. 그러나 정부는 유인 플랫폼 손실과 무인 플랫폼 손실에 대해 상이한 대응을 보일 가능성이 있다. 군은 인명 피해 위험이 없기 때문에, 고가의 무인체계라 할지라도 유인체계에 비해 적의 무인체계를 더 적극적으로 타격할 수 있을 것이다.[28] 위협 구역 인근에서 운용되는 무인체계는 소모성(적에 의한 파괴가 심각한 결과를 초래하지 않는) 또는 고도의 방어 능력을 갖추어야 한다. 비소모성 자율 플랫폼을 선택적으로 유인화하는 전략은 인간 탑승 여부에 대한 불확실성을 조성하여 정치적 억지력을 제공하고, 효과적인 방어 수단이 될 수 있다. 그러나 비소모성 자율체계를 위한 스텔스 기능이나 반잠수 능력과 같은 고도의 방어 체계는 비용 효율성 측면에서 문제가 될 수 있다.

28 Lily Hay Newman, "The Drone Iran Shot Down Was a $220M Surveillance Monster," Wired, June 20, 2019, https://www.wired.com/story/iran-global-hawk-drone-surveillance/.

## 결론

AI라는 용어는 새로운 자동화에 대한 인간의 감정적 반응을 나타내는 것이며, 실제 자동화의 작동 방식을 설명하는 것은 아니다. 모든 AI는 자동화의 일종이지만, 모든 자동화가 AI인 것은 아니다. AI는 사고능력이 없지만, 유용성을 위해 반드시 사고능력이 필요한 것은 아니다. 적절히 구현된 제한 없는 해군 AI 체계는 지휘통제, 통신, 의사결정 절차를 더욱 빠르게 만들면서 동시에 적의 작전 수행을 방해하고 기만할 것이다.

그러나 해군의 AI 구현 노력은 여러 요인에 의해 제한될 것이다. 이는 신뢰성 있는 정제된 데이터베이스의 부족, 해상에서의 안정적이고 보안이 확보된 광대역 통신 체계의 부재를 포함한다. 해군 지휘부는 AI가 적의 기만작전에 취약하고, 윤리적 판단 능력이 없으며, 유동적이거나 예측 불가능한 전장 환경에 적용될 때 성능이 저하될 수 있다는 점을 항상 인식해야 한다. AI가 무분별하게 운용될 경우, 대중의 신뢰를 상실할 수 있으며, 그로 인한 반발은 군사 AI 체계에 대한 심각한 제한으로 이어질 수 있다.

해군 운용요원들은 인간의 인지 능력을 초월하는 속도로 작동하는 불완전하고 불투명한 AI 기반 체계를 통제하기 위해 고도의 전문화된 훈련이 필요할 것이다. 해군은 각 자동화 시스템에 대한 명확한 인간의 책임과 통제권을 보장하기 위한 강력한 운용 지침과 절차를 수립해야 한다. AI의 한계를 극복하는 것은 해군에게 결코 쉬운 과제가 아닐 것이다. 이를 성공적으로 달성하기 위해서는 인프라 투자, 적절한 정책 수립, 그리고 AI 체계의 강점과 약점에 대한 깊은 이해가 필요할 것이다.

AI의 데이터 의존성은 AI 체계를 구현하는 데 중요한 요인이 될 것이다. 해군은 고비용이거나 수집이 어려운 데이터셋을 효율적으로 확보, 저장, 관리할 수 있는 체계를 개발해야 한다. 또한 해상에 배치된 시스템의 경우, 육상의 인터넷과 유사한 수준의 신뢰성 있고 안전한 통신체계의 부족이 해군 AI 도입의 가장 큰 제약 요인으로 작용하고 있다.

AI의 한계에도 불구하고, 이는 해군 전투에서 획기적인 이점을 제공할 것이다. 예를 들어, 제한 없는 AI는 인간의 인지 능력을 초월하는 속도로 복잡한 군사작전 효과의 조합을 생성할 수 있으며, 센서 플랫폼에서 직접 대규모 데이터셋을 분석하여 중요 정보를 추출함으로써 해상에서의 대역폭 요구사항을 크게 감소시켜 통신 효율을 향상시킬 수 있다.

자동화된 전투체계의 의사결정 과정에 배치된 훈련된 해군 요원들은 AI의 행동에 대해 책임을 질 수 있지만, 이것이 반드시 시스템 성능 향상으로 이어지지 않을 수 있다. 의사결정자들은 인명 피해 가능성이 있는 결정을 포함하여 일부 중요한 군사적 판단을 제한 없는 AI에 위임할 의향이 있을 수 있다. 그러나 AI가 가까운 미래에 인간의 비판적 사고 능력을 완전히 대체하지는 못할 것이다. 해군은 인간과 인공지능의 강점을 적절히 활용하고 각각의 약점을 상호 보완함으로써, 해상, 우주 또는 고지대 등 다양한 환경에서 AI 기반 전투의 미래에 효과적으로 대비할 수 있을 것이다.

제9장
# AI가 변화시키는 해군
# 정보 · 감시 · 정찰(ISR)

# 제 9 장
# AI가 변화시키는 해군 정보·감시·정찰(ISR)

마크 오웬(Mark Owen), 케이티 레이니(Katie Rainey), 레이첼 볼너(Rachel Volner)

> 디지털 시대는 우리의 작전 환경을 근본적으로 변화시켰다. 대용량 데이터와 현대적 분석 기법의 결합으로 현대 세계는 투명해졌다.
> — 영국 비밀정보부(MI6) 국장 알렉스 영거(Alex Younger) 경[1]

카를 폰 클라우제비츠(Carl von Clausewitz)의 주장에 따르면, 전쟁의 본질은 변하지 않지만 전쟁의 양상은 환경에 따라 끊임없이 변화한다.[2] 최근 두 가지 주요 추세 — 강대국 간 경쟁의 재부상과 급속한 기술 발전 — 로 인해 전략적 환경이 크게 변화했고, 이에 따라 전쟁의 양상도 변화하고 있다. 특히 미래의 전쟁은 현재의 군사 작전을 훨씬

---

1 Sir Alex Younger, "Fourth Generation Espionage—Fusing Traditional Skills with Innovation," remarks at St. Andrews University, December 3, 2018, https://www.sis.gov.uk/media/1186/st-andrews-university-speech-dec-2018.docx.
2 Carl von Clausewitz, On War, ed. and trans. Michael Howard and Peter Paret (Princeton, NJ: Princeton University Press, 1984). See also Rob Taber, "Character vs. Nature of Warfare: What We Can Learn (Again) from Clausewitz," U.S. Army TRADOC Mad Scientist Laboratory blog, August 27, 2018, https://madsciblog.tradoc.army.mil/79-character-vs-nature-of-warfare-what-we-can-learn-again-from-clausewitz/.

뛰어넘는 속도와 복잡성을 가질 것으로 예상된다. 이러한 도전에 대응하기 위해 해군의 정보 · 감시 · 정찰(ISR, Intelligence, Surveillance, and Reconnaissance) 체계가 현대화되고 있으며, 인공지능이 이러한 변혁의 핵심 요소가 될 것이다.

전쟁 속도의 증가는 부분적으로 정보전의 출현에 기인한다. 정보전의 핵심 요소인 사이버전, 전자전, 우주전은 모두 빛의 속도로 작동한다. 더불어 물리적 전투의 속도 또한 증가하고 있는데, 이는 고도화된 정밀 유도무기, 극초음속 비행체, 스크램제트 엔진의 개발로 입증된다. 이러한 전장 환경에서 전술적 기회의 창은 더욱 좁아질 것이며, 해군의 ISR 체계는 신속한 의사결정과 상황 분석을 지원해야 한다. 이는 인간 운용자가 단독으로 수행하는 OODA(Observe, Orient, Decide, Act: 관찰, 상황판단, 결심, 행동) 루프의 능력을 넘어서는 요구사항이다. 그러나 인공지능(AI)은 ISR 데이터를 신속하게 융합하고 처리할 수 있는 능력을 제공하므로 정보 분석관들은 적시에 결론을 도출하고, 시스템과 협력하여 최적의 방책(COA, Courses of Actions)을 권고할 수 있게 될 것이다.

동시에 전쟁의 복잡성도 증가하고 있다. 당시 합참의장이었던 조셉 던포드(Joseph Dunford) 장군의 말을 빌리면, "미래의 어떤 분쟁이든 초지역적, 다영역, 다기능적일 가능성이 높다. 이는 내 관점에서 볼 때 과거의 분쟁과는 뚜렷이 구별되는 변화다."[3] 해군은 이러한 새로운 시대의 도전에 대응하기 위해 전략을 전환하고 있으며, 특히 새로운 해

---

3 General Joseph Dunford Jr., Remarks and Q&A at the Center for Strategic and International Studies, March 29, 2016, https://www.jcs.mil/Media/Speeches/Article/707418/gen-dunfords-remarks-and-qa-at-the-center-for-strategic-and-international-studi/.

군 작전개념 개발에 주력하고 있다. 함대 설계 구상과 그 하위 개념인 분산 해양 작전(Distributed Maritime Operations) 개념은 현재 해군 전투 교리의 핵심을 이루고 있다. 이 개념은 "통합, 분산, 기동을 통해 강화된 함대 중심의 전투력이 다영역에 걸쳐 동기화된 유·무형 작전을 동시에 수행할 수 있게 하는" 작전 체계를 제시한다.[4] 이러한 고도의 협조체계는 '모든 센서, 모든 슈터'(Any Sensor, Any Shooter) 구조를 기반으로 하며, 플랫폼 간 표적급 데이터를 신속하고 원활하게 공유하는 능력을 요구한다. 이러한 복잡한 과제는 인간 운용자만으로는 해결하기 어려우며, 정보·감시·정찰(ISR) 기능에 인공지능(AI)을 통합함으로써 필요한 발전을 이룰 수 있을 것이다.

현재, 미 해군의 ISR 체계는 ISR 데이터를 신속히 처리하여 유의미한 정보를 도출하는 능력, 처리된 데이터를 다중 출처, 영역, 지역에 걸쳐 융합, 통합, 배포하는 능력, 작전 템포에 부합하는 시간 내에 최적의 대응방안을 생성하는 능력을 향상시키는 데 중점을 두고 변혁을 추진하고 있다.

그러나 이러한 비전과 현 운용 실태 간의 격차는 상당히 크다. 미 해군의 임무부여, 수집, 처리, 활용, 전파(TCPED: Tasking, Collection, Processing, Exploitation, and Dissemination) 체계는 여전히 대부분 수동으로 운용되고 있다. 더욱이 빅데이터의 출현으로 이전에는 상상할 수 없었던 규모의 데이터가 네트워크, 데이터베이스, 정보분석관들의 처

---

4 Lyla Englehorn, CRUSER: Distributed Maritime Operations (DMO) Warfare Innovation Continuum (WIC) Workshop After Action Report (Monterey, CA: Naval Postgraduate School, December 2017), https://nps.edu/documents/105302057/109378023/SEP2017+WIC+Workshop+DMO+Final+Report/9c71305a-b467-4b70-9ac5-438fc6dd4a93.

리 능력을 압도하고 있다. 이코노미스트지의 최근 보도에 따르면, "가용한 최신 데이터인 2011년 한 해 동안 미국의 11,000여 대의 UAV가 327,000시간(37년) 이상의 영상정보를 전송했다."[5] 현재 해군 정보분석 조직에서는 수집된 데이터 중 극소수만이 정보분석관들에 의해 수동으로 평가되어 실제 정보로 활용되고 있는 실정이다. 다행히도 이러한 빅데이터 과제는 그 자체로 해결책의 단초를 제공한다. 빅데이터가 인공지능 발전의 '연료' 역할을 할 수 있기 때문이다.

## ISR 기능 및 TCPED 프로세스

AI가 ISR 기능을 어떻게 향상시킬 수 있는지 설명하기에 앞서, 먼저 ISR 기능 자체가 무엇을 포함하는지 논의할 필요가 있다. 간단히 말해, ISR은 군이 적대 세력을 탐지, 식별, 추적, 표적화, 교전 및 평가하는 지속적이고 고도의 작전 템포를 가진 순환 과정이다. 이를 통해 분쟁 전, 중, 후에 모든 위협이 고려되고 계획될 수 있도록 한다. ISR은 정보 요원이 지휘관의 정보 요구사항을 충족시키는 데 필요한 관련 정보를 추출하는 주요 수단이다.

더 자세히 살펴보면, 정보(Intelligence)는 전투 지휘관에게 적의 의도를 파악할 수 있는 수단을 제공한다. 이 정보를 바탕으로 전투 지휘관은 함정이나 다른 부대에 대한 잠재적 위협을 무력화하고 제거하기 위한 대응방안을 수립하고 실행할 수 있다. 감시(Surveillance)는 표적

---

5 "Artificial Intelligence Is Changing Every Aspect of War," The Economist, September 7, 2019, https://www.economist.com/science-and-technology/2019/09/07/artificial-intelligence-is-changing-every-aspect-of-war.

또는 관심영역의 활동을 지속적으로 관찰하고, 작전에 영향을 미칠 수 있는 중대한 변화가 발생했는지 판단하는 과정이다. 예를 들어, 모든 적 해군의 정비 함정이 모기지를 이탈했다는 감시 결과는 지휘관에게 적 함대가 해상에서 긴급 수리 중일 가능성을 시사하는 중요한 정보가 된다. 마지막으로, 정찰(Reconnaissance)은 해군 전력이 하드(Hard) 및 소프트(Soft) 데이터를 획득하는 수단이다. 하드 데이터는 전자정보를 통해 수신된 레이더 신호나 전자광학 센서로 촬영한 이미지와 같은 센서 데이터를 말한다. 소프트 데이터는 서면 보고서나 지휘관에게 새로운 우선순위를 전달하는 해군 전문과 같은 텍스트 데이터를 의미한다. 정찰 시스템과 프로세스를 통해 하드 및 소프트 데이터를 모두 수집함으로써 지휘관은 상황에 적합한 작전 수행이 가능하다. 예를 들어, 다가오는 태풍으로 인해 해상 상태 악화가 예측되면, 함정은 대체 해역으로 기동하여 안전을 확보한 후 차후에 임무를 재개할 수 있다. ISR 기능은 그림 9-1에 나타난 TCPED 프로세스를 기반으로 운용된다.

**그림 9-1. AI가 확장된 TCPED 프로세스**

ISR 체계의 TCPED 프로세스는 전투원에게 데이터 산출물과 정보를 제공하기 위해 함께 사용되는 일련의 연계된 행동들이다. 프로세스의 임무부여(Tasking) 단계에서는 플랫폼, 센서, 인력 또는 기타 자산에 특정 시간에 정보를 수집할 준비를 하도록 지시한다. 예를 들어,

UAV에 특정 위치 상공에서 20분간 정지비행하며 비디오 카메라로 해당 지역을 감시한 후 대기열의 다음 임무로 이동하도록 지시할 수 있다. 수집(Collection) 단계에서는 임무부여 시 선택된 모든 방식으로 감지 활동을 수행한다. 예를 들어, 사진 촬영, 적외선 이미지 생성, 공기 샘플의 화학 감지, 또는 전자감시 측정체계를 통한 무선주파수 정보 수집 등 해저에서 우주에 이르는 다양한 영역에서 정보를 수집한다. 처리(Processing) 단계에서는 신호처리, 데이터 융합 또는 기타 분석을 수행하여 정보 산출물을 생성한다. 이 정보 산출물은 전자전 스펙트럼에서 탐지된 신호, 지리공간 정보, 해양의 음향정보, 또는 디지털 무선주파수 메모리 기록 등이 될 수 있다. 이렇게 생성된 산출물은 활용 처리 기능으로 전송된다. 활용(Exploitation) 단계에서는 수집 및 처리된 데이터로부터 정찰 및 감시 기능을 통해 정보를 도출한다. 따라서 활용은 분류된 정보로부터 '실행 가능한' 지식을 정보 '산출물' 형태로 생성하려는 시도이다. 정보 산출물이 가용해지면, 전파(Dissemination) 프로세스를 통해 네트워크와 위성통신망을 통해 전투원들에게 배포된다. 이는 주석이 달린 이미지나 비디오, 지구상에 지리적으로 위치한 신호, 또는 고래 종류를 분류하는 수중 신호 등 전투원들이 임무 수행에 필요로 하는 다양한 정보 산출물이 포함될 수 있다.

ISR은 센서(소프트 및 하드), 인력, 플랫폼, 네트워크, 무기체계를 포함하며 모든 영역(수중, 지상, 공중, 우주, 사이버 공간)을 통합하는 복잡한 빅데이터 프로세스이다. 이러한 각각의 복잡한 빅데이터 환경은 방대한 처리 과정과 컴퓨팅 파워를 필요로 하며, 동시에 각 ISR 정보를 평가하고 전반적인 대응방안을 결정하기 위한, 인간의 고도 추론 능력을 요구한다.

## ISR 기능 향상을 위한 AI 기술의 잠재력

앞서 논의한 바와 같이, ISR 기능에 내재된 빅데이터는 도전과 동시에 잠재적 해결책을 제시한다. 빅데이터의 방대한 양은 해군 정보분석관들의 처리 능력을 압도하는 도전 과제다. 그러나 수십 년간의 플랫폼, 센서, 컴퓨터 기술 발전으로 인해 발생한 이 빅데이터 문제는 역설적으로 해군에게 수동 분석 자동화를 위한 AI 도구를 재검토하고 재평가할 기회를 제공했다.

AI와 기계학습 기술은 과거 컴퓨팅 및 처리 능력의 한계로 실현 불가능했던 빅데이터 문제에 대한 혁신적 해결책을 제시하고 있다. 이미 산업계, 학계, 정부 부문에서 상당한 진전이 이루어졌다. 예를 들어, 구글은 빅데이터의 태깅과 라벨링이 합성곱 신경망과 같은 대규모 기계학습 기술을 위한 풍부한 훈련 및 평가 데이터셋을 제공할 수 있음을 입증했다.[6] 2012년 빅데이터에 관한 논문에서 구글은 '블라인드 박스'(Blind Box) 시스템이 수천 개의 템플릿을 사용하여 인터넷상의 모든 고양이 이미지를 극히 높은 정확도로 식별하는 방법을 학습할 수 있음을 보여주었다. 여기서 '블라인드 박스'라는 용어는 '라벨이 없는' 이미지나 정보를 활용하는 장치를 의미한다. 이는 마치 장난감 피규어 시리즈(예: 해리포터 캐릭터, 마블 슈퍼히어로, 레고 미니피규어)에서 구매 전까지 상자 안의 정확한 캐릭터를 알 수 없는 것과 유사하다. 이 시스템은 데이터 큐레이션 없이도 자가학습이 가능한 것이 특징이다.

---

6 Quoc V. Le et al., "Building High-Level Features Using Large Scale Unsuper vised Learning," Proceedings of the 29th International Conference on Machine Learning, 2012, https://arxiv.org/pdf/1112.6209.pdf.

산업계에서 이루어진 대규모 빅데이터셋에 대한 이러한 개념 증명은 AI 연구 분야에 새로운 활력을 불어넣었다. 이를 통해 AI는 그 짧은 역사 속에서 세 번째로 중요한 전환점을 맞이하게 되었으며, 핵심적인 전투 요구사항을 해결할 수 있는 잠재적 해결책으로 다시 한 번 주목받게 되었다.

그 이후 AI 기술의 발전은 계속해서 고무적이었다. 스탠포드 대학교 (Stanford University)의 연간 AI 발전 동향 보고서에 따르면, 2015년까지 알고리즘은 실험실 기반 테스트에서 이미지 분류 성능에서 인간을 능가했다.[7] 더욱이 2015년에서 2018년 사이에 알고리즘은 단일 이미지에서 여러 객체를 식별해내는 더 어려운 작업인 객체 분할 성능을 거의 두 배로 향상시켰다.

현재 전 세계의 산업계, 학계, 정부 연구자들은 수학적으로 모델링하거나 각 모델을 도출하기 어려운 대규모 비선형성을 포함한 문제들을 해결하기 위해 AI를 활용하는 연구를 진행하고 있다. 이는 실제 물리적 환경의 선형화 기법으로 인해 수학을 크게 또는 과도하게 단순화하지 않고는 어려운 작업이다. 또한 연구자들은 자기회귀 이동평균 기법이나 다른 종류의 선형 비용 최소화 또는 최대화 프로세스와 같은 표준 시스템 식별 기법으로는 다루기 어려운 대규모 데이터셋에 AI (즉, 신경망[8])를 적용하고 있다. 함수 근사기로 사용되는 진화 연산과 칼만 필터 신경망은 데이터가 적절히 전처리되고, 모델링할 데이터에

7 Yoav Shoham et al., The AI Index 2018 Annual Report, AI Index Steering Committee, Human-Centered AI Initiative, Stanford University, December 2018, http://cdn.aiindex.org/2018/AI%20Index%202018%20Annual%20Report.pdf.
8 Robert Hecht-Nielsen, Neurocomputing (Englewood Cliffs, NJ: Prentice Hall, 1990).

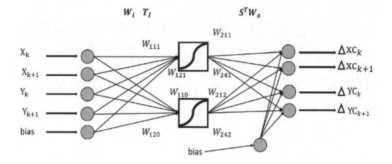

**그림 9-2. 3층 신경망 구조**

효과적인 학습이 이루어질 때 탁월한 성능을 발휘한다.[9]

이전 장에서 설명한 신경망은 시스템 모델링과 프로세스 근사화에 활용될 때, 인간 뇌 기능의 모델링을 달성하고자 한다. 그림 9-2는 AI 시스템에 의해 계산될 수 있는 TCPED 프로세스의 단계를 수행하도록 설계된 3층 구조의 신경망을 보여준다. 다시 말해, 그림 9-2는 AI 시스템이 그림 9-1에 도식화된 기능들을 어떻게 수행할 것인지를 보여준다(전파 기능은 제외). 이는 센서 입력에서부터 예측된 대응방안의 차이를 식별하는 과정(활용)까지를 모델링한다. 대규모 병렬 처리 엔진은 현재의 상황에 따라 수행해야 할 기능이나 프로세스를 결정하기 위해 과거의 경험과 정보를 효율적으로 저장하고 활용할 수 있다.

적절한 맥락에서 활용될 때, AI는 인간 전투원보다 훨씬 빠른 속도로 작동하여 원하는 결과를 신속하게 달성할 수 있다. AI를 통해 플랫

9 D. B. Fogel, Evolutionary Computation Toward a New Philosophy of Machine Intelligence (Los Alamitos, CA: IEEE Press, 1995); Simon O. Haykin, Neural Networks and Kalman Filtering (Hoboken, NJ: Wiley and Sons, 2001); Allen R. Stubberud and H. Wabgaonkar, "Approximation and Estimation Techniques for Neural Networks," Proceedings of the 28th Conference on ecision and Control, December 1990, Honolulu, 2736-40.

폼, 센서, 시스템, 목표 달성, 통신 및 전쟁의 다양한 측면들을 통합적으로 제어함으로써, 기존의 방식으로는 불가능했던 수준의 전쟁 수행 능력을 확보할 수 있다. 이러한 잠재력을 인식한 해군 연구개발(R&D) 기관은 ISR 시스템 체계를 포함한 다양한 시스템들의 성능 향상을 위해 AI 기술을 적극적으로 활용하는 방향으로 노력하고 있다.

## ISR 기능에 적용된 AI

모든 작전 영역에서 무인기를 포함한 센서의 급증으로 수집 및 처리되는 데이터의 양은 방대하다. 클라우드 컴퓨팅과 수직 및 수평 확장을 통한 병렬 처리는 데이터 처리와 결과를 위협 및 비위협 범주로 분류하는 데 기여한다. 그러나 군사 정보 분야에서는 인간의 지적 능력을 알고리즘과 프로세스에 통합하는 것이 필수적이다. 이는 경험적 방법이나 수학적 경계와 제약을 적용하는 방식으로 이루어진다. 이렇게 통합된 인간의 지식 영역은 알고리즘과 분석 도구가 위협을 식별하거나 경로 계획을 위한 최적화 문제의 해결책을 도출하는 데 핵심적인 역할을 한다. 예를 들어, 작전 수행 중 함정의 최적 항로와 속도를 시간에 따라 결정하는 데 활용될 수 있다.

전형적인 해군 작전이 수행될 때 이는 여러 세부 임무의 실행을 포함하며, 각 임무는 작전의 복잡성을 가중시킨다. 예를 들어, 해군 작전은 전투기 출격, 헬기 작전, 해병대의 상륙을 위한 공기부양상륙정(LCAC, Landing Craft Air Cushion) 탑승 등 계획 단계에 있거나 실행 중인 다수의 기타 세부 임무들을 포함할 수 있다. 각 세부 임무가 수행됨에 따라 전장 상황 인식(Situational Awareness)은 더욱 복잡해진다. 전투원들은 그 순간 주변 작전 환경에서 정확히 무슨 일이 일어나고 있는지 파악하기 어려울 수 있다. 지휘관에게 필요한 전반적인 실시간 전장 상황 인식을 어떻게 제공할 수 있을까? 현재와 미래의 ISR 체계가 제공하는 방대한 정보로 인해, 지휘관에게 종합적인 상황 인식을 제공하고 실시간 대응방안을 제시하여 지휘관이 신속하게 의사결정을 내리고 적대적 환경에서도 높은 수준의 작전 수행을 지속할 수 있도록 하는 새로운 능력과 도구가 필요하다.

해군 연구개발(R&D) 기관은 AI를 활용하여 지휘관에게 중단 없는 실시간 상황 인식 능력을 제공하는 기술을 개발하고 있다. 이 AI 기반 시스템은 인간의 피로, 실수, 또는 네트워크 단절과 같은 요인에 영향을 받지 않고 지속적으로 작동할 수 있다. AI는 지도 학습 또는 비지도 학습을 통해 주어진 환경을 모델링하고, 데이터 입력과 출력 사이의 관계를 함수로 근사화하는 능력을 갖추고 있다. 이러한 함수 근사 능력을 바탕으로, AI는 인간 두뇌의 구조를 모방하여 극도로 빠른 속도와 높은 정확도로 정보를 병렬 처리할 수 있다. AI의 이러한 인간 두뇌 모방 수학적 프로세스는 매우 빠른 속도로 병렬 실행되어, 컴퓨터가 인간의 사고 과정을 모방하면서도 훨씬 더 신속한 반응과 의사결정을 할 수 있게 한다. 이 컴퓨팅 프로세스는 전장의 모든 요소(함정, 항공기, 무인기, 인원 등)에 대한 위협을 평가하고, 현재와 미래의 대응 방안을 신속하게 도출할 수 있다. 이는 인간이 ISR 프로세스에서 제공된 정보를 분석, 평가하고 결정을 내리는 데 필요한 시간의 극히 일부만으로 수행 가능하다.

## 단기 발전 전망

AI 기술이 현재의 발전 궤도를 따라 계속 진보한다고 가정할 때, 가까운 미래에 해군은 AI를 활용하여 원시 이미지 데이터를 처리해 관심 대상을 식별하고, 또한 방대한 양의 수집 및 저장된 데이터를 실시간보다 빠른 속도로 분석할 수 있을 것이다. 예를 들어, 해적 위협의 징후를 찾는 분석관들은 더 이상 해적선의 특징과 일치하는 선박을 찾기 위해 광활한 해양 표면을 샅샅이 뒤질 필요가 없을 것이다. 대신 AI 기술에 의해 탐지, 식별 및 추적된 중요한 대상이 포함된 관심 영역만을 제공받게 될 것이다.

또 다른 예로는 모든 영역의 무인 플랫폼에 AI 기반 온보드 처리 시스템을 탑재하여 데이터 처리량 요구사항과 하드웨어 비용을 줄이고, 데이터 처리 및 활용에 필요한 인력을 감축할 수 있다. AI가 주도하는 온보드 처리 시스템을 갖추면 수동 개입 없이 중요 데이터를 처리하고 활용하기 위한 분석을 조율할 수 있다. 이러한 처리 능력은 ISR 프로세스의 TCPED 주기를 대폭 단축하고 인력 및 시스템 비용을 절감할 뿐만 아니라, 위협 행위를 억제하고 억제에 실패할 경우 신속하게 위협을 완화할 수 있다.


## 중기 발전 전망

중기적 관점에서 볼 때, AI는 해군이 현재 활용하지 않는 기존 데이터 소스(예: 버려지는 위성 이미지)를 활용할 수 있게 할 것으로 전망된다. 여기에는 행동 패턴 정보를 제공할 수 있는 과거 데이터도 포함될 수 있다. 정부, 산업계, 학계는 모두 무선주파수, 적외선, 음향, 진동, 영상 등 다양한 현상을 감지하고 탐지하는 하드웨어를 구축하는 데 매우 뛰어나다. 그러나 이러한 하드웨어 센서의 개발로 수집되고 저장되는 빅데이터의 양은 천문학적이다. 이러한 방대한 데이터를 단순히 분류하는 것조차 현실적으로 불가능할 뿐만 아니라, 긴박한 상황에서 지휘관이 중요한 결정을 내리는 데 필요한 수준으로 이를 처리하고 활용하기 위한 충분한 인력을 확보하는 것은 더욱 어렵다.

해군 R&D 기관의 향후 방향성 중 하나는 현재와 미래의 시스템에 AI를 적용하여, 현재 인력, 프로세스, 정책의 한계로 활용하지 못하는 빅데이터를 효과적으로 사용하는 것이다. AI는 제6장에서 설명한 시나리오처럼, 현재의 표준 기술로는 구현이 불가능한 행동 패턴 모델을 개발할 수 있게 할 것이다. AI가 기존의 고정된 처리 절차에서 벗어나 다양한 변형과 접근 방식을 적용할 수 있게 되면, 현재의 방법으로는 감지하기 어려운 복잡한 행동 패턴을 식별할 수 있고, 기존 시스템으로는 놓칠 수 있는 잠재적 위험을 발견할 수 있다. 또한, 지금까지 미래 활용을 위해 저장만 해두었던 대량의 빅데이터를 효과적으로 처리할 수 있게 될 것이다. 더 나아가 AI는 과거 데이터를 지속적으로 분석하여 적의 행동에서 미세한 변화와 주요 변화, 그리고 기타 중요한 변화를 감지하여 적에 대응하기 위한 중요한 정보 자산이 될 것이다.

## 장기 발전 전망

장기적 관점에서, AI는 군사 작전 전반에 걸쳐 혁신적인 능력을 제공할 것으로 전망된다. 특히, AI가 현재 충분히 활용되지 않는 새로운 데이터 소스(예: 합성개구레이더[SAR] 이미지, 음향 녹음, 비디오 녹화, 소나 및 레이더 데이터)를 분석하도록 개발된다면, AI 기술의 발전은 해군에게 실시간으로 처리 및 분석된 정보를 전 세계 전투원들에게 신속하게 전파할 수 있는 중요한 능력을 제공할 것이다. 결과적으로, 정보 분석관들은 다양한 출처의 정보를 빠르게 통합하고 해석하여, 전투 상황에 필요한 맥락을 효과적으로 구성할 수 있게 될 것이다.

또한, 현재 처리하는 데 시간이 많이 소요되는 대량의 빅데이터를 초고속으로 분석할 수 있게 될 것이다. 이를 통해 지휘관들은 현재로서는 불가능한 수준의 위협 탐지, 사건 인식, 그리고 대응방안 수립 능력을 갖추게 될 것이다. 더 장기적인 관점에서, AI는 금융 정보, 뉴스 기사, 사이버 활동 데이터, 소셜 미디어 콘텐츠 및 기타 공개 정보와 같은 소프트 센서 데이터를 처리 과정에 통합할 수 있을 것으로 예상된다. 이러한 금융 데이터와 기타 소프트 센서 데이터를 활용함으로써 AI는 적의 이념에 대한 통찰력을 제공하고 그들의 강점, 약점 및 잠재적 취약점을 알려줄 것이다.

ISR의 또 다른 영역은 데이터 융합 능력을 활용하여 이질적인 소프트 데이터와 하드 데이터 소스를 통합하는 것이다.[10] 이 과정에서 AI는 인간이 발견하기 어려운 데이터 간의 연관성을 찾아낸다. 이를 통해 미래의 "모든 센서, 모든 슈터"(any sensor, any shooter) 개념을 구현할 수 있으며, 모든 군종과 연합국, 동맹국의 다양한 플랫폼에서 수집된 ISR 데이터를 통합할 수 있게 될 것이다. 또한 각기 다른 기능을 가진 다수의 ISR 센서 네트워크를 활용하여 전장 전반에 걸쳐 분산된

10 E'loi Bosse', Jean Roy, and Steve Wark, Concepts, Models, and Tools for Information Fusion (Boston: ARTECH House, 2007).

TCPED를 수행할 수 있게 할 것이다.

이러한 융합 능력을 바탕으로 AI 시스템은 분석관들이 TCPED 처리 과정의 실시간 요구사항을 충족하면서 최적의 방책을 선택할 수 있도록 가치 있는 예측과 평가를 제공할 수 있다. 이러한 자동화 및 기계학습 발전은 분석관들이 자신의 강점에 집중할 수 있게 한다. 즉, 그들의 지식과 경험을 적용하여 ISR 데이터에 의미를 부여하고, 그 중요성과 영향을 판단하며, 작전 수행 시 최상의 효과를 낼 수 있는 방책을 선택하는 데 주력할 수 있게 된다. 요약하면, 이러한 중·장기적 기술 도약은 분석관들이 더 복잡하고 의미 있는 분석을 수행할 수 있게 할 것이다.

이 비전의 성공을 위한 핵심 요소 중 하나는 AI가 분석관들과 효과적으로 협력하여 해군 전투원에게 정보 우위와 의사결정 우위의 균형을 제공하는 능력이다. 이 기술은 TCPED 주기에 완전히 통합되어야 하며, 이를 위한 새로운 프로세스가 구축되어야 한다. 또한 새로운 데이터 소스를 처리하기 위해 AI를 맞춤화할 때, 해군은 상업 분야의 기술 발전만을 활용하는 것으로는 충분하지 않다는 점을 인식해야 한다. 산업계가 이미지 인식 분야에서 상당한 진전을 이루었지만, 음향, 비디오 또는 기타 비이미지 센서와 관련된 상업적 활용 사례는 상대적으로 제한적이며, 해군이 미래에 직면할 고유한 과제들과 밀접하게 연관되어 있지 않다. 따라서 이러한 능력은 해군 연구소에서 정부 비용으로 자체 개발해야 할 가능성이 높다. 그럼에도 불구하고, 우리는 이 투자 비용이 전투력 향상과 인력 절감으로 상쇄될 것으로 예상한다. 가장 중요한 것은 전시 상황에서 지속적인 고강도 작전 템포를 유지하며 신속하고 효과적인 대응 능력을 통해 승리할 수 있다는 점이다.

## 적응형 폐루프 제어

위에서 논의된 단기, 중기 및 장기적 발전은 각각 TCPED 프로세스의 일부를 자동화하거나 현재 활용되지 않은 새로운 데이터 소스를 추가하여 확장한다. 그러나 적응형 폐루프 제어(ACLC, Adaptive Closed-Loop Control) 처리 환경의 구축은 TCPED 프로세스를 완전히 변화시킬 것이다. 표 9-1에 나타난 고수준 TCPED 프로세스는 해군 R&D 기관이 해결해야 할 현재, 중기 및 장기 AI 프로세스에 대한 설명을 포함한다. 우리가 추구하는 변화는 수동 또는 반자동 TCPED 방식에 대한 단독 의존에서 벗어나 신경망 모델과 유사한 자동화된 방식을 개발하는 것이다. 표 9-1은 현재 상황과 우리가 궁극적으로 달성할 수 있다고 예상하는 바를 요약하여 보여준다.

TCPED 프로세스의 각 단계는 매우 시간 소모적일 수 있으며 처리 과정에서 여러 사람의 의사결정이 필요하다. 연구개발 노력을 통해 AI 기술을 적용함으로써, 해군 R&D 기관은 미래에 모든 작전 영역과 가용한 모든 플랫폼(미래의 군집 드론 포함)에 걸쳐 작동하는 ACLC 처리 환경을 달성할 수 있을 것이라고 믿는다.[11] 실시간 정보를 제공하는 지능형 제어는 미래 분쟁에서 승리하는 데 핵심 요소이다.[12] 미래 전쟁에서 가장 중요하고 영향력 있는 초기 단계는 정보를 중심으로 전개될 것이기 때문이다. 해군이 ACLC 체계를 신속하게 구현할 수 있

---

11 Arthur Gelb, ed., Applied Optimal Estimation (Boston: MIT Press, 1974); R. N. Lobbia, S. C. Stubberud, and M. W. Owen, "Adaptive Extended Kalman Filter Using Artificial Neural Networks,"International Journal of Smart Engineering System Design 1 (1998): 207-21.

12 D. White and Donald Sofge, eds., Handbook of Intelligent Control Neural, Fuzzy, and Adaptive Approaches (New York: Van Nostrand Reinhold, 1992).

는 정도에 따라, AI를 모든 체계에 통합함으로써 적보다 앞서는 OODA 루프 모델을 달성할 수 있는 새로운 형태의 AI 전쟁을 활용할 수 있을 것이다.

표 9-1. AI가 확장된 TCPED 프로세스

| 구분 | 현 재 | 중기 계획 | 장기 계획 |
|---|---|---|---|
| 임무 부여 | 업무 수행을 위한 자산의 수동 할당 | 플랫폼에 대한 반자동화된 임무 할당 | 모든 플랫폼과 모든 영역에 걸쳐 작동하는 완벽한 적응형 폐루프 제어 처리를 통한 수동 또는 반자동 프로세스 없이 준실시간으로 TCPED 수행 |
| 수집 | 데이터를 수집할 자산의 수동 또는 반자동 할당 | 요구사항을 충족하기 위한 데이터 수집을 위한 반자동 또는 자동 할당 | |
| 처리 | 데이터를 처리할 자산의 수동 또는 반자동 할당 | 요구사항을 충족하기 위한 데이터 처리를 위한 반자동 또는 자동 할당 | |
| 활용 | 데이터를 활용할 자산의 수동 또는 반자동 할당 | 요구사항을 충족하기 위한 데이터 활용을 위한 반자동 또는 자동 할당 | |
| 전파 | 데이터를 전파할 자산의 수동 또는 반자동 할당 | 준실시간으로 데이터를 전파하기 위한 반자동 또는 자동 할당 | |

그림 9-2는 복합 체계 환경에서 ACLC 시스템의 여러 처리 단계를 보여준다. ACLC 처리는 인공지능을 활용한 ISR의 미래에 핵심적인 역할을 한다. 그림의 주요 요소는 다음과 같다.

- 목표 상태: AI 기술은 자체적으로 결정하거나 전투원의 명령에 따라 시스템 또는 복합 체계를 원하는 상태로 유도한다.

- 오류 수정: AI의 목표는 시스템 오류를 최소화하여 표적 상태와 전반적인 정보에 대한 최적의 추정을 가능하게 하는 것이다.
- 제어 대상 시스템: AI는 인간 전투원보다 빠른 속도로 전시 환경에 적응하기 위해 준실시간으로 경로 계획을 수행한다.
- 센서: AI의 센서 제어는 준실시간으로 센서를 조정할 수 있게 한다. AI는 비디오를 촬영하고, 미약한 레이더 신호를 감지하기 위해 센서 감도를 조절하며, 다수의 플랫폼과 센서 간 협력을 통해 통합된 정보 산출물을 생성한다.[13]

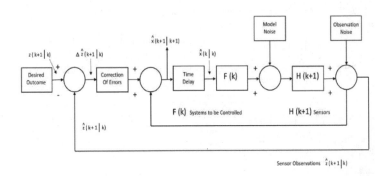

그림 9-2. 적응형 폐루프 제어(ACLC) 프로세스

AI를 적응형 폐루프 제어 프로세스에 적용함으로써, 전투원은 해저에서 우주에 이르는 전 영역에 걸친 통합된 전장 TCPED 프로세스를 확보하게 된다. 이를 통해 미래의 어떤 위협이나 적대세력도 압도할 수 있게 될 것이다. 클라우제비츠(Clausewitz)가 언급했듯이, 이러한 변

13 Richard G. Wiley, ELINT: The Interception and Analysis of Radar Signals (Boston: ARTECH House, 2006).

화가 전쟁의 본질을 바꾸지는 않을 것이다. 그러나 프로세스의 (기계에 의한) 속도 증가로 인해, AI 시스템이 다른 방법들(그리고 잠재적으로 적의 AI 시스템들)과 경쟁하면서 전쟁의 양상을 변화시킬 수 있다. 그럼에도 불구하고, 클라우제비츠가 강조한 전쟁의 본질적 요소인 '탐지와 기만의 대립'은 현대 전쟁에서도 여전히 중요한 역할을 한다.

## ISR 기능에 AI를 적용하는 데 따른 도전과 비용

컴퓨터 비전 분야에서 최근 주목받는 학계와 상업적 AI 발전은 이미지와 유사한 데이터 유형을 활용하는 ISR 응용 프로그램에 자연스럽게 적용된다. 그러나 신중하게 선별된 표준 성능 평가 데이터셋에서 보고된 높은 정확도가 반드시 실제 운용 환경에서 요구되는 안정성으로 이어지지는 않는다. 학습된 이미지 분류기가 노이즈와 기타 이미지 변환에 대해 안정성을 갖도록 하려면 신중한 구현이 필요하다. 분류기를 속여 잘못된 답을 내도록 하는 입력을 구성할 수 있는 '적대적' 사례가 헤드라인을 장식했다.[14] 그러나 더 흔한 문제는 입력이 학습 분포를 벗어나거나 우리가 이해할 수 없는 다른 이유로 분류기가 오류를 범하는 경우이다.

연구자들은 이러한 현상을 연구하고 그 원인, 예방 방법, 그리고 시스템 성능 검증 방법을 설명하려고 노력하고 있다. 이러한 연구는 안전이 중요한 응용 프로그램에 배치되기 전에 시스템을 적절히 테스트

---

14 예시로는 Ian J. Goodfellow, Jonathon Shlens, and Christian Szegedy, "Explaining and Harnessing Adversarial Examples," Cornell University web archive, March 20, 2015, https://arxiv.org/abs/1412.6572 참조.

하고 검증하는 데 매우 중요하다.

안정성 문제는 ISR 시스템에서 특별히 중요한 신뢰 문제를 제기하는데, 이는 상업용 시스템에서는 흔히 간과될 수 있는 부분이다. AI의 많은 잠재적 ISR 활용 사례는 정보 분석관의 보조 도구로 사용된다. 정보 분석관은 알고리즘이 단순한 사례를 잘못 처리할 때 시스템에 대한 신뢰를 잃을 수 있다. 반면, 알고리즘이 효과적으로 작동하는 것을 보면 과도한 신뢰를 갖게 될 수 있다. 이러한 양극단의 반응으로 인해 분석관은 시스템 사용을 아예 중단하거나, 반대로 시스템의 출력 결과에 지나치게 의존하는 상황이 발생할 수 있다. 따라서 기계학습 알고리즘의 성능 한계를 정의하고 그 능력과 한계를 명확히 설명하는 추가 연구가 필요하다.

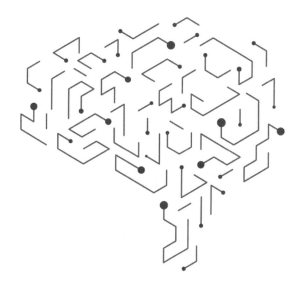

제10장
# 전쟁의 속도로 소통하기
## 해군 통신의 미래와 인공지능의 부상

# 전쟁의 속도로 소통하기
## 해군 통신의 미래와 인공지능의 부상

알버트 K. 레가스피(Albert K. Legaspi), 제프 마(Jeff Mah), 스테파니 시에(Stephanie Hszieh)

미 해군의 전략 문서 '해양 우세 유지를 위한 전략 구상 2.0'(A Design for Maintaining Maritime Superiority, Version 2.0, Design 2.0)은 해군이 다양한 영역에서, 그리고 경쟁에서 분쟁에 이르는 전 범위에 걸쳐 경쟁력을 갖추어야 한다고 강조한다. 즉, 해군은 민첩성을 갖추어야 한다. 민첩성 — 신속하게 대응하고 적응하는 능력[1] — 은 삼동선과 돛을 사용하던 초기 시대부터 해군 작전의 핵심 요소였다. 웰링턴 공작(Duke of Wellington)은 다음과 같이 말했다. "전쟁에서뿐만 아니라 인생의 모든 면에서, 우리가 아는 것을 통해 모르는 것을 추론하려 노력하는 것이 핵심이다. 이것이 바로 '수평선 너머의 상황을 예측하는 것'이다."[2]

---

1 "Agile," New Oxford American Dictionary and Thesaurus, 2nd ed. (New York: Oxford University Press, 2005).
2 Duke of Wellington, cited in Louis J. Jennings, ed., The Correspondence and Diaries of the Late Right Honourable John Wilson Croker, Secretary to the Admiralty from 1809 to 1830 (London: John Murray, 1885), 276.

전쟁의 역사 초기부터 지휘관들은 '수평선 너머의 상황'을 예측하려 노력해 왔으며, 이를 위해 전장의 공통된 전술 상황도를 구축할 수 있는 통신 수단을 개발해 왔다. 이러한 노력은 통신 기술의 발전과 무기 및 함정의 진화에 크게 영향을 받아왔다. 현대의 복잡한 국가 안보 환경에서, 현재와 미래의 전장은 더욱 다차원적이며, 사이버 공간이 제5의 전장 영역으로 인식되면서 가상 세계로까지 확장되었다.

현재와 미래의 해군이 수평선 너머의 상황을 파악하기 위해서는 임무 수행을 위한 전 영역 통신 능력을 구축하고 유지해야 한다. '전 영역 통신'이란 해저에서 우주에 이르는 모든 영역을 아우르는 통신 범위를 의미한다. 미 해군에 배치된 C4ISR(Command, Control, Communications, Computers, Intelligence, Surveillance, and Reconnaissance: 지휘, 통제, 통신, 컴퓨터, 정보, 감시 및 정찰) 체계는 다양한 임무를 동시에 지원하고 있어, 여러 애플리케이션과 서비스의 성능 보장 요구를 충족시키기 위한 최적의 네트워크 및 통신 구성을 제공하기 어려운 경우가 많다. 해저에서 우주에 이르는 다양한 작전 환경에서 수집된 환경 조건에 대한 센서 데이터는 작전을 최적으로 지원하는 적응형 시스템 설계에 활용될 수 있다. 이러한 방대한 데이터는 인공지능 기술을 통해 효과적으로 분석 및 활용될 수 있다.

수평선 너머의 상황을 파악하고 작전을 효과적으로 조율하기 위한 해상 통신은 수천 년 동안 해군의 핵심 과제였다. 전장 상황 인식을 향상시키기 위해 해군은 최신 정보통신 기술을 작전에 통합하는 데 선도적인 역할을 해왔다. 이러한 통신 기술은 전쟁의 역사와 함께 진화해 왔으며, 초기의 신호기부터 전파의 활용, 그리고 현대 디지털 시대의 네트워크 중심 통신에 이르기까지 다양한 형태로 발전해 왔다.

## 민첩성과 해양 통제

해양 영역은 인류 역사의 대부분 동안 경제적, 사회적, 정치적 힘의 중요한 원천이었다. 오래된 문명사회부터 현대의 국가들까지 귀중한 자원을 확보하고 교통 및 통신 수단으로 활용하기 위해 해양에 의존해 왔다.[3] 오늘날 전 세계를 연결하는 해상 교통로는 세계 경제를 움직이는 다양한 제품, 원자재, 상업 활동의 핵심 통로 역할을 한다. 전 세계 무역의 90%가 해양을 통해 이루어지고 있어, 유엔(United Nations)이 보고한 2017년 글로벌 해상 무역의 4% 성장(5년 만에 최고 성장률)과 107억 톤의 상품 선적량은 놀라운 일이 아니다.[4] 미국의 경우 2017년 수출입의 90%가 해상을 통해 이루어졌으며, 해양 관련 활동은 4.6조 달러의 경제 효과와 약 2,300만 개의 일자리를 창출했다.[5]

이러한 해상 교통로와 글로벌 해상 무역의 중요성으로 인해 세계의 해양은 강대국 경쟁 시대에 분쟁 지역으로 변모하고 있다. 부상하는 지역 강대국들은 자국의 경제적, 정치적, 군사적 영향력을 유지하기 위해 해양 접근권을 두고 경쟁한다. 국제 무대에서 미국의 지배력에 대한 대항 세력으로 행동하겠다는 의도를 공개적으로 표명한 중국과

---

3 Geoffrey Till, Seapower: A Guide for the Twenty-First Centry, 3rd ed. (New York: Routledge, 2013) 참조. 틸은 바다가 지닌 네 가지 특성이 이를 효과적으로 활용한 문명과 국가들에게 이점을 제공했다고 설명한다. 그 특성은 다음과 같다. 자원으로서의 역할, 운송 수단으로서의 기능, 정보 전달의 매개체로서의 역할, 그리고 지배력 행사의 수단으로서의 기능이다.

4 United Nations Conference on Trade and Development, Review of Maritime Transport 2018 (New York: United Nations, 2018), https://unctad.org/en/pages/PublicationWebflyer.aspx?publicationid=2245.

5 U.S. Coast Guard, Maritime Commerce Strategic Outlook (Washington, DC: U.S. Coast Guard, 2018), https://media.defense.gov/2018/Oct/05/2002049100/-1/-1/1/USCG%20MARITIME%20COMMERCE%20STRATEGIC%20OUTLOOK-RELEASABLE.PDF.

러시아의 부상에 대한 우려 또한 커지고 있다.[6] 중국의 경우, 남중국해에서의 활동과 군사 현대화 노력이 정교한 반접근/지역 거부(A2/AD, Anti-Access/Area Denial) 능력 개발의 일환이라는 점에서 더욱 심각한 우려를 낳고 있다.

미 해군의 '전략 구상 2.0'(Design 2.0)은 지역 강대국들이 자국의 영향권 내 해상교통로 통제 능력을 주장하려는 상황에서, 해양 통제권 경쟁을 위해 '경쟁 공간을 확장'할 필요성을 강조한다. 미 해군은 불확실성이 증가하고 동등한 해군력을 가진 인접 강대국들과의 경쟁이 심화되는 환경에 대비하고 있다. 이러한 경쟁 환경에서 성공하기 위한 해군 능력 구축의 핵심은 민첩성이다. 이는 전 범위의 분쟁 상황에서 해군력을 효과적으로 운용할 수 있는 능력을 의미한다. 전략 구상 2.0은 "민첩성 회복이란 분쟁 양상의 전 범위에서 작전이 비선형적이고 동시다발적일 수 있음을 인식하는 것"이라고 설명한다.[7]

진화하는 분산작전(Distributed Operations)의 개념은 미래 해군력 운용에 민첩성을 통합한다. 완전히 구현된 분산작전은 "전략적 범위, 다중 영역, 다양한 플랫폼에 걸쳐 분산된 전투력을 활용하여 해양 통제권을 획득하고 유지하는 데 필요한 함대 중심의 전투 능력"을 의미한다.[8] 연관 개념인 분산 치명성(Distributed Lethality)은 자체 공격 및 방

---

6 U.S. Department of Defense, "Summary of the 2018 National Defense Strategy" (Washington, DC: Department of Defense, 2018), https://dod.defense.gov/Portals/1/Documents/pubs/2018-National-Defense-Strategy-Summary.pdf.

7 Admiral John M. Richardson, USN, A Design for Maintaining Maritime Superiority, Version 2.0, December 2018, https://www.navy.mil/navydata/people/cno/Richardson/Resource/Design_2.0.pdf, 5.

8 U.S. Navy Warfare Development Command, "CNO Visits Navy Warfare Development Command," April 13, 2017, https://www.navy.mil/submit/display.asp?story_id=99893#:~:text=NWDC%20does%20this%20in%20a,integrated%2C%20all%2

어 능력을 갖춘 네트워크화된 분산 수상전투단(Surface Action Group)을 요구한다.[9] 이러한 전투단은 독립적으로 운용될 수 있어 급변하는 전장 환경에 대한 해군력의 적응 능력을 향상시킨다. 미 해군에 따르면, "분산 치명성은 해상에서 수상전력의 작전 영역을 확장하고, 더 복잡한 표적 문제를 제시하며, 필요한 곳에 전력을 투사하기 위한 유리한 조건을 조성한다."[10] 해군력의 분산 운용 접근법의 핵심에는 통신 네트워크가 있다. 이는 전 세계에 배치되어 다중 영역에서 운용되는 모든 해군 플랫폼과 시스템을 연결하는 전자적 연결고리 역할을 한다.

## 전쟁의 속도로 소통하기

해양 분야에서 '통신'이라는 용어는 두 가지 의미를 갖는다. 첫째, 세계의 해상 교통로를 통한 상업 물자와 서비스, 그리고 군사 물자와 병력의 이동 수단을 뜻한다.[11] 둘째, 웹스터 사전의 정의처럼 "공통된 상징, 기호 또는 행동 체계를 통해 개인 간에 정보를 교환하는 과정"을 의미한다.[12] 이 장에서는 후자의 의미, 즉 해양 전력이 해상에서 정보를 교환하는 방식의 지속적인 발전에 대해 다룬다.

Ddomain%20solutions.

9 Vice Admiral Thomas Rowden, Rear Admiral Peter Gumataotao, and Rear Admiral Peter Fanta, "Distributed Lethality," U.S. Naval Institute Proceedings 141 (January 2015).

10 U.S. Navy, Surface Force Strategy: Return to Sea Control (Washington, DC: U.S. Navy, 2017), https://www.public.navy.mil/surfor/Documents/Surface_Forces_Strategy.pdf.

11 Sam J. Tangredi, Anti-Access Warfare: Countering A2/AD Strategies (Annapolis, MD: Naval Institute Press), 11-12.

12 "Communication," Webster's Ninth New Collegiate Dictionary, 9th ed. (New York: Merriam-Webster, 1983).

여기서 통신의 핵심은 '정보 교환'이다. 이는 한 국가의 해군 전력 내부 또는 해양 연합군 간에 정보를 주고받는 능력을 의미한다.[13] 해전에서 통신은 우세한 전장 인식을 유지하는 데 필수적이다. 즉, 적의 위치와 아군의 배치 상황을 정확히 파악하는 것이다. 이러한 정보를 바탕으로 적을 격퇴할 전략을 수립할 수 있다. 웨인 P. 휴즈(Wayne P. Hughes)와 로버트 P. 지리어(Robert P. Girrier)가 지적하듯이, "현대 해전은 빠르고, 파괴적이며, 결정적일 것이다. 대부분의 경우 첫 발이 발사되기 전에 승패가 갈릴 것"이다. 이는 무기체계(특히 미사일 기술)와 정찰 능력의 발전으로 많은 해군 전력의 타격 범위와 치명성이 크게 증가했기 때문이다.[14] 미 해군이 이러한 복잡하고 불확실한 전장에서 효과적으로 작전할 수 있는 능력은 상황을 정확히 평가하고 적절히 대응하기 위한 정보력의 효과적인 활용에 점점 더 의존하고 있다.

현대 전장의 속도와 치명성으로 인해 지휘관들은 컴퓨터 시대의 기술을 도입하여 상황 인식의 범위를 확장해야 할 필요성이 대두되었다. 미사일과 장거리 핵무기 시대는 무기와 화력, 그리고 정찰 또는 탐지 능력의 속도 향상에 주목하게 했다.[15] 유도 미사일과 항공기로 인한 전장의 템포 증가는 해군이 중요한 정보를 수집하고 전장 상황을 평가하는 방식을 재고하도록 만들었다.[16] 2018년 당시 해군참모총장이었던 존 리처드슨(John Richardson) 제독은 네트워크화된 함대가 적보다

---

13 여기서 해군 전력(Naval force)은 단일 국가의 해군 내 통신을 의미하며, 해양 연합(maritime coalition)은 여러 국가의 함정들이 협력하여 작전할 때의 국가 간 통신을 가리킨다.

14 Wayne P. Hughes Jr. and Robert P. Girrier, Fleet Tactics and Naval Operations, 3rd ed. (Annapolis, MD: Naval Institute Press, 2018), 293.

15 Hughes and Girrier, 150.

16 Norman Friedman, Network-Centric Warfare (Annapolis, MD: Naval Institute Press, 2009), 65.

빠르게 정보를 처리하는 능력의 중요성에 대해 다음과 같이 언급했다.

우리가 고려하는 해군력의 세 번째 차원은 고유한 능력을 가진 플랫폼들을 네트워크로 연결하는 것이다. 이 세 번째 구성요소가 바로 네트워크화된 함대이다. 즉, 우리는 더 큰 함대, 더 유능한 함대, 그리고 이제 네트워크화된 함대를 보유하게 된 것이다. 역사적으로 단순히 창의적이고 적응력 있게 전력 요소들을 네트워크로 연결하는 것만으로도 실제로 더 큰 전투력을 발휘한 사례가 많다. 우리는 이러한 역사적 사례들을 논의할 수 있다. 하지만 이는 직관적으로도 이해가 된다. 만약 전력 전반에 걸쳐 더 많은 데이터를 공유할 수 있고, 그러한 상황 인식을 바탕으로 더 민첩하게 대응할 수 있다면, 더 강력한 함대가 될 수 있다는 것은 논리적으로 타당하다.[17]

미 해군은 네트워크 기술 도입의 선구자로, 군 중에서 가장 긴 역사를 자랑한다. 1950년대 미 해군 함대 훈련에서 수동 및 아날로그 기술 기반의 전투정보센터(CIC, Combat Information Center)가 '적' 항공기 탐지에 한계를 보였다. 적아 식별 및 분류 속도가 느리고 공중조기경보기와의 통신이 원활하지 않아 함대 CIC는 빠르게 과부하 상태에 빠졌다. 1950년대 제6함대 훈련 중 "과도한 업무량과 느린 통신으로 인해, 모든 적기의 절반이 탐지 후 전투공중초계(CAP, Combat Air Patrol) 할당까지 17마일 이상 접근했다. CAP 도착 지연으로 방어 효과가 더욱 저하되어, 결국 전체 공습의 4분의 3이 전투기의 저지 없이 함대에 도달했다."[18]

미 해군과 영국, 캐나다 등 서방 해군들은 제트기 시대의 위협에 대

---

17 Admiral John Richardson, "The Navy the Nation Needs," speech at the Heritage Foundation, February 1, 2018, https://www.navy.mil/navydata/people/cno/Richardson/Speech/180201_CNORichardson_Heritage_Speech.pdf
18 Friedman, 66.

한 함대 대응 시간 개선을 위해 전투체계 자동화에 착수했다. 캐나다 해군의 제임스 벨리어(James Belyea) 중위는 초기에 디지털 컴퓨터가 전투체계 개선의 핵심이 될 수 있다고 제안했다. 벨리어 중위와 캐나다 엔지니어 스탠리 F. 나이츠(Stanley F. Knights)는 "협동 작전 중인 함정들의 시스템을 연결하는" 디지털 링크를 제안했다.[19] 이는 베트남 전쟁 시대에 등장한 전술데이터링크(TDL, Tactical Data Link)와 디지털 지휘통제(C2, Command and Control) 기술 발전의 토대가 되었다.

전술데이터링크의 개발로 함정과 항공기 간 센서 데이터를 거의 실시간으로 공유할 수 있게 되었고, 지휘관들에게 전력 센서의 통합된 상황도를 제공하여 신속한 작전 조율이 가능해졌다. 전술데이터링크와 전산화는 북베트남 해역과 영공에서 작전 중인 미 해군에게 매우 귀중한 자산임이 입증되었다. 해군 전술데이터체계와 초고주파(UHF, Ultra-High Frequency) 무선 시스템을 통해 미 해군은 함정과 항공기를 서로 연결하고 미 공군과도 네트워크를 구성할 수 있었다. 이러한 초기 자산의 '네트워킹'을 통해 미 함대는 북베트남 내륙 깊숙이 작전 상황을 파악할 수 있었고, 이를 바탕으로 북베트남의 MiG 전투기 위협에 효과적으로 대응할 수 있었다.[20]

ARPANET(Advanced Research Projects Agency Network)의 개발과 1970년대의 성장은 정보화 시대의 시작을 알렸으며, 빠르게 발전하는 컴퓨터들이 연결되어 초기 인터넷을 성장시키고 오늘날의 월드 와이드 웹으로 확장되었다.[21] 인터넷이 민간 부문에서 정보통신 혁명을 촉

---

19 Friedman, 70.
20 Friedman, 124.
21 Max Boot, War Made New: Technology, Warfare, and the Course of History (New York: Gotham Books, 2006), 311.

발한 반면, 군사 혁신(RMA, Revolution in Military Affairs)이라는 또 다른 혁명이 미 군사전략가들의 용어로 등장했다. RMA는 1940년대 소련에서 처음 제기되었으며, "핵무기, 제트 항공기, 미사일의 결합이 전쟁의 양상을 극적으로 변화시켰고... [그들이 사이버네틱스라고 부른] 컴퓨터도 유사한 영향을 미칠 것"이라고 주장했다.[22]

소련 붕괴 이후와 국방 예산이 축소되는 시기에 어떻게 군사력을 계획할 것인가가 미국의 주요 관심사였다. 군과 민간 국방전략가들은 미국의 글로벌 리더십을 유지하면서도 축소된 병력과 함정으로 효과적인 군사력을 구축하기 위한 최적의 전력구조 설계에 주력했다. 예를 들어, 미 해군은 냉전 절정기에 590척 이상의 전투함을 보유했다. 소련의 붕괴와 냉전 종식으로 미 해군의 전력이 대폭 감축되어, 함정 수가 1995년 392척으로 급감했으며, 현재는 약 280척 수준의 전투함을 운용하고 있다.[23] 전쟁 이외의 작전에 대한 미군의 개입 증가와 군사력 구조 축소의 균형을 맞추는 이러한 환경에서 군 지도자들과 전략가들은 정보통신 기술과 네트워킹을 통해 더 적은 자원으로 더 많은 것을 할 수 있는 가능성을 검토했다.

군사 혁신 이론가들이 주장한 정보화 시대의 기술을 활용하여 미국의 전쟁 수행 방식을 혁신하자는 아이디어는 1997년 4년 주기 국방검토보고서(QDR, Quadrennial Defense Review)에 공식적으로 문서화되었다. QDR은 의회가 요구한 미군 검토로, 민간 지도부와 미국 국민에게

---

22 Norman Friedman, Terrorism, Afghanistan, and America's New Way of War (Annapolis, MD: Naval Institute Press, 2003), 110.
23 미국 해군 역사센터 웹사이트(http://www.history.navy.mil/branches/org9-4.htm)에서 1917년부터 현재까지의 미국 해군 규모에 대한 역사적 개요를 확인할 수 있다. 또한 가장 최신의 함대 규모 정보는 NAVSEA의 해군 함정 등록부(http://www.nvr.navy.mil/nvrships/FLEET.HTM)에서 확인할 수 있다.

국방부의 전략과 우선순위에 대한 평가를 제공하기 위한 것이다. 첫 QDR은 1997년에 발간되었으며, 미군이 '정보 우위'를 달성하기 위한 변혁의 방향을 제시했다.

우리 군사력의 지속적인 변혁 – 이른바 군사 혁신(RMA, Revolution in Military Affairs) – 은 합동작전을 크게 향상시키는 데 필요한 고도화된 정보 및 지휘통제 능력 개발에 중점을 둔다. 첨단 지휘, 통제, 통신, 컴퓨터, 정보, 감시 및 정찰(C4ISR) 통합 체계의 지원으로, 미국은 어떤 분쟁에도 신속히 대응할 수 있게 되고, 전투원들은 어떤 상황도 주도할 수 있으며, 일상적인 작전은 정밀하고 실시간으로 보안이 유지된 정보를 바탕으로 최적화될 것이다. 민간 부문의 많은 영역이 인터넷 통신의 발전을 통해 점점 더 긴밀히 연결되어온 것처럼, 국방부는 이에 상응하는 안전하고 개방된 C4ISR 네트워크 아키텍처를 구축하기 위해 노력하고 있다.[24]

미 해군은 코페르니쿠스(Copernicus) 정보기술 아키텍처를 도입하면서 새롭게 등장한 정보통신 기술을 선제적으로 활용했다. 이 아키텍처의 네 가지 목표는 "해군 전력의 모든 구성원에게 통합된 전술 상황도를 제공하고, 시간 음성 및 데이터 링크 네트워크로 전력을 포괄적으로 연결하며, 센서에서 사격 체계로의 정보 전달 과정을 간소화하고, 적의 전투 능력을 약화시키는 정보작전을 수행하는 것"이었다.[25]
코페르니쿠스 아키텍처는 네트워크 중심전(Network Centric Warfare)

24 U.S. Department of Defense, Report of the Quadrennial Defense Review 1997 (Washington, DC: Department of Defense, 1997), http://www.dod.gov/pubs/qdr/sec7.html.
25 Loren Thompson, Networking the Navy: A Model for Modern Warfare (Arlington, VA: Lexington Institute, 2003).

개념을 발전시키기 위한 최초의 시도였다. 1998년 아서 세브로우스키(Arthur Cebrowski) 해군 중장과 존 가르스카(John Garstka)가 국방 커뮤니티에 소개한 네트워크 중심전은 기업 운영 방식을 혁신하고 있던 정보통신 기술과 비즈니스 프로세스를 군사 영역에 적용하기 위해 개발되었다.[26] 저자들은 월마트와 같은 기업들이 정보통신 기술을 활용하여 재고 현황에 대한 상세한 정보를 공급업체와 실시간으로 공유함으로써 각 매장의 물품 수요를 정확히 예측할 수 있게 된 사례를 제시했다.[27] 세브로우스키와 가르스카는 미 해군협회지(U.S. Naval Institute Proceedings) 논문에서 성공적인 기업들이 "높은 수준의 상황 파악 능력을 생성하고 유지하여 이를 경쟁 우위로 전환하는 네트워크 중심 운영 아키텍처"를 사용한다고 주장했다.[28]

'네트워크 중심전'이라는 용어의 사용은 감소했지만, 네트워크화된 전력의 효과에 대한 신념은 여전히 강하다. 미래 해군 작전개념은 지휘관들이 적보다 신속한 의사결정을 할 수 있도록 함대를 "안전하고 신뢰성 있는 방식으로" 네트워크화하는 것을 목표로 한다.[29] 현재와 미래의 네트워크화된 해군은 점점 더 치열해지는 경쟁적 작전 환경에서 고도의 기동성과 분산된 전력을 효과적으로 운용하기 위해 신뢰할 수 있는 글로벌 통신 네트워크를 필요로 할 것이다.

---

26 Vice Admiral Arthur K. Cebrowski, USN, and John H. Garstka, "Network-Centric Warfare: Its Origin and Future," U.S. Naval Institute Proceedings 124 (1998). Article taken from the U.S. Naval Institute's online archives at www.usn-i.org/magazines/proceedings/archive.
27 Cebrowski and Garstka.
28 Cebrowski and Garstka.
29 U.S. Navy, The Future Navy, May 17, 2017, https://www.navy.mil/navydata/people/cno/Richardson/Resource/TheFutureNavy.pdf.

## 인공지능의 잠재력

약 30년 전 노벨 경제학상 수상자 허버트 사이먼(Herbert Simon)은 한 강연에서 인공지능을 "인간의 지능을 요구하는 지능적 작업을 컴퓨터가 수행하는 것에 대한 연구"라고 정의했다.[30] 1980년대 후반, 미 해군은 인공지능의 활용과 적용을 탐구하고 있었다. 사이먼은 이 강연에서 지능형 시스템이 대량의 경험적 데이터를 분석할 수 있는 능력을 바탕으로, AI의 미래와 컴퓨터가 새로운 과학 법칙을 발견할 가능성에 대해 전망했다. 이와 관련하여 사이먼은 인간의 이해력과 능력 증진을 위한 AI의 역할에 대해 다음과 같이 언급했다. "AI를 통해 인간 지능을 향상시키는 데는 두 가지 상호보완적인 방법이 있다. 하나는 인간 지능을 증강할 수 있는 지능형 기계를 개발하는 것이고, 다른 하나는 학습, 사고, 문제 해결, 의사결정을 위해 우리 자신의 인지 능력을 사용하는 기술을 향상시키는 것이다. 후자인 인간 역량의 강화가 사실상 더 중요할 수 있다."[31]

사이먼이 30년 전에 관찰한 내용은 인간의 지능과 능력을 향상시키는 인공지능의 급속히 확대되는 잠재력에 대한 오늘날의 많은 평가를 함축하고 있다. 미 국방부의 AI 정의 또한 이 기술이 군사 작전과 부서 운영을 지원하는 중요성을 유사하게 평가하며, '전투 인력과 지원 인력' 모두의 업무에 영향을 미친다고 설명한다. "AI는 패턴 인식, 경험을 통한 학습, 결론 도출, 예측 또는 행동 수행 등 일반적으로 인간의

---

30 National Research Council, Artificial Intelligence: Current Status and Future Potential (Washington, DC: The National Academies Press, 1985), https://doi.org/10.17226/18501.

31 National Research Council, 21.

지능을 필요로 하는 작업을 수행하는 기계의 능력을 말하며, 이는 디지털 방식으로 또는 자율 물리 시스템을 위한 스마트 소프트웨어로 구현된다."[32]

미 국방부의 AI 활용 접근법은 2018년 인공지능 전략 요약서에 제시되어 있으며, AI가 국방부 임무를 지원할 네 가지 주요 영역을 다음과 같이 명시하고 있다.

- "의사결정과 작전을 통해 현장 병력의 위험을 감소시키고 군사적 우위를 확보"함으로써 군 인력과 민간인을 지원 및 보호한다.
- 물리적 세계와 사이버 공간에서의 위협을 예측하고 대응하는 능력을 강화한다.
- AI를 활용하여 일상적이고 반복적인 업무를 처리하고, 인간이 더 복잡한 과제에 집중할 수 있도록 하여 업무 프로세스를 최적화하고 간소화한다.
- "범정부적, 동맹국, 연합국 파트너들과 상호운용 가능한 방식으로 우리의 글로벌 국방 체계 전반에 걸쳐 AI 기술을 선도"하기 위해 전 세계적 수준의 새로운 역량을 개발한다.[33]

미 해군은 함대와 개별 전투원의 전장 상황 인식 능력을 향상시키고, OODA 루프를 적보다 신속하게 완료하기 위해 인공지능 기술을 적극 활용하고 있다.[34] 해군 전략 분석가 노먼 프리드먼(Norman

---

**32** U.S. Department of Defense, Summary of the 2018 Department of Defense Artificial Intelligence Strategy: Harnessing AI to Advance our Security and Prosperity, 2019, https://media.defense.gov/2019/Feb/12/2002088963/-1/-1/1/SUMMARY-OF-DOD-AI-STRATEGY.PDF.

**33** DoD, Artificial Intelligence Strategy, 5.

**34** OODA 루프(OODA Loop, 관찰-상황판단-결심-행동 순환)는 공군 대위 존 보이드(John

Friedman)은 정보화 시대 전쟁에서 OODA 루프의 중요성을 다음과 같이 설명했다.

현대 전투 이론에 따르면, 적이 연속적인 타격에 신속히 대응하지 못할 경우 적의 전투 의지를 와해시킬 수 있다. OODA 루프 이론에서 전투는 관찰, 상황판단, 결심, 행동의 순환 과정으로 이루어진다. 한 전투원의 OODA 루프 속도가 현저히 느리면, 그 전투원은 전장 상황 인식 능력을 상실하게 된다. 결국 전투원은 전투 스트레스로 인한 심리적 붕괴를 겪게 된다. OODA 루프의 우위는 아군의 작전 템포를 가속화하는 동시에 적의 작전 템포를 지연시키는 복합적 접근을 통해 달성할 수 있다.[35]

인공지능은 해군과 타군이 수평선 너머의 상황을 신속히 파악하고 적보다 빠르게 대응하기 위해 주목하는 기술이다. 미사일 시대와 다가오는 극초음속 무기 시대는 전장 공간의 범위를 확장시켰다. 여기서 전장 공간이란 전투단이 유기적 센서와 전자 센서로 관측 가능한 해양 및 우주 영역을 의미한다.[36] 1994년 해군연구위원회(Naval Studies Board)가 당시 신흥 해군 통신 네트워크 구조에 대해 수행한 연구에 따르면, 효과적인 전장 공간은 "표적 탐지 및 식별, 무기 발사, 피해 평가가 가능한" 곳이다. 그러나 "기동부대나 경고 시간이 짧은 위기 상황과 같이 전장 공간이 역동적일 때는 현장 부대와의 통신에 부담이 가중된

<hr>

Boyd)가 전술의 성공적 실행에 필요한 의사결정 과정을 설명하기 위해 만든 용어이다. Richardson, "Navy the Nation Needs."

35 Norman Friedman, "Netting and Navies, Achieving a Balance," in Sea Power: Challenges Old and New, ed. Andrew Forbes (Sydney: Halstead Press, 2007), 185–86.

36 National Research Council, Naval Communications Architecture (Washington, DC: The National Academies Press, 1994), https://doi.org/10.1s7226/18600.

다."[37] 20여 년이 지난 현재도 기동성과 분산성이 높아진 군의 역동적 작전을 지원할 수 있는 통신 네트워크와 시스템이 여전히 필요하다. 다만 이제는 소프트웨어 중심 시스템과 인공지능, 기계학습 같은 첨단 기술의 발전으로 이러한 기술 실현이 더 가까워졌다.

신뢰성 높은 통신 네트워크는 미 해군과 타군이 구축할 인공지능 생태계의 근간이 될 것이다. AI의 핵심은 데이터이기 때문이다. 군사 작전에서의 인공지능 활용 논의는 주로 정보·감시·정찰(ISR), 군수, 정보작전, 지휘통제, 자율 시스템, 치명적 자율 무인 시스템 등에 대한 적용에 집중되는 경향이 있다. AI의 이러한 현재와 미래 활용 분야는 해저에서 우주에 이르는 모든 영역에서 대량의 데이터를 전송, 수신, 라우팅할 수 있고, 전 세계에 분산된 해군이 직면할 수 있는 모든 환경 조건에서 작동하는 강력한 통신 네트워크를 필요로 할 것이다.

모바일 애드혹 네트워크(MANET, Mobile Ad Hoc Network)는 AI 기술의 통합으로 동적인 환경에서 이동 플랫폼 간 유연한 통신을 가능하게 할 것이다. 군사 작전에서 핵심 응용 프로그램과 서비스의 네트워크 의존도가 증가함에 따라, 네트워크가 작전 수행의 모든 측면에 결정적인 영향을 미친다는 인식이 확산되고 있다.[38] 이에 따라 탄력적인 네트워크 개발의 중요성이 더욱 부각되고 있다. MANET은 통신 환경이 급변하는 상황(예: 자유 공간 광학, 무선 주파수[RF], 수중 음향 링크)에서도 노드들이 자유롭게 네트워크에 참여하고 이탈할 수 있는 자체 형성, 자체 구성, 자체 복구 기능을 제공하는 네트워크 구조로, 이러한 동적

---

**37** National Research Council, Naval Communications Architecture.

**38** Business Roundtable, Growing Business Dependence on the Internet (Washington, DC: Business Roundtable, 2007), https://s3.amazonaws.com/brt.org/archive/200709_Growing_Business_Dependence_on_the_Internet.pdf

환경에서 안정적인 통신을 보장하기 위해 필수적이다.[39]

　다양한 요소들이 무작위로 연결된 이 복잡한 시스템은 AI가 해결할 수 있는 여러 과제를 제시한다. 주요 과제로는 네트워크 환경 예측, 끊임없이 변화하는 작전 환경에 대한 적응, 사용자 서비스 요구사항 및 관리 체계에 대한 인식 등이 있다. 인공지능 기술은 실시간, 상황 인식 적응성을 제공하여 일반 네트워크와 특히 MANET의 요구를 충족시킬 잠재력을 가지고 있다. MANET에 AI를 적용하면 다양한 작전 환경에서 훨씬 더 효과적으로 작동하는 고도의 적응형 네트워크를 구축할 수 있다.

　AI가 미래 해군 작전을 지원할 수 있는 한 분야는 소프트웨어 기반 인지 통신 시스템의 개발이다. 소프트웨어 정의 무전기는 이미 오래전부터 사용되어 왔으며, 신형 및 구형 무전기가 다중 통신 주파수(고주파, 초고주파, 극초단파)를 다루고 MANET에서 작동할 수 있게 했다. AI가 소프트웨어 기반이므로, 다음 단계로 이러한 무전기에 AI 코드를 통합하는 것이 자연스러운 진전이었다. 인지 무전기는 소프트웨어 정의 무전기의 미래 발전형으로, 데이터를 처리하여 주파수 스펙트럼과 전자기 환경의 모니터링을 자동화할 수 있다.[40]

　국방고등연구계획국(DARPA, Defense Advanced Research Projects Agency)은 "다양한 환경과 작전 상황에서 모든 주파수 대역과 변조 방식, 그리고 다중 접속 규격에 맞춰 스스로 재구성할 수 있는" 차세대 인지 무전

---

**39** Karen Zita Haigh, "AI Technologies for Tactical Edge Networks," paper presented at the ACM SIGMOBILE MobiHoc 2011, Paris, May 2011, https://www.cs.cmu.edu/~khaigh/papers/Haigh-MobiHoc2011.pdf.

**40** IHS Jane's, "Executive Overview: Command and Control," C4ISR & Mission Systems: Land, August 7, 2019.

기를 개발하기 위한 적응형 무선 주파수 기술을 연구하고 있다.[41] AI/기계학습 능력을 활용한 또 다른 DARPA 프로젝트는 전장의 무선통신 위협이라는 통신 문제를 다룬다. 적응형 전자전을 위한 행동 학습(Behavioral Learning for Adaptive Electronic Warfare) 프로그램은 현재의 실험실 기반 평가 및 대응책 개발 방식 대신, 현장에서 직접 무선통신 위협을 탐지하고 무력화할 수 있는 기계학습 알고리즘 개발을 목표로 한다.[42]

해군 연구개발 실험실 커뮤니티에서는 함대가 전 세계 어디서나 어떤 조건에서도 운용될 수 있도록 통신 경로를 최적화하는 AI/기계학습 능력 활용 연구가 진행 중이다.

## 범용 통신

미 해군은 임무 수행을 위해 해저부터 우주까지 아우르는 범용 통신을 구축하고 유지해야 한다. '범용 통신'이란 해저에서 우주에 이르는 모든 영역을 포괄하는 통신 체계를 의미한다. 기본적인 통신 유지는 특히 북극과 같이 통신 및 네트워킹 인프라가 부족한 지역에서 작전할 때 더 큰 도전과제가 된다. 심지어 중위도 지역에서의 평시 작전도 제한된 대역폭과 위성통신 및 가시선 링크의 불안정성으로 인해 항상 어려움을 겪어왔다. 이러한 도전과제에도 불구하고, 미 해군은 동적인

---

41 Tom Rondeau, "Adaptive RF Technology (ART)," Defense Advanced Research Projects Agency, https://www.darpa.mil/program/adaptive-rf-technologies.
42 Paul Tilghman, "Behavioral Learning for Adaptive Electronic Warfare (BLADE)," Defense Advanced Research Projects Agency, https://www.darpa.mil/program/behavioral-learning-for-adaptive-electronic-warfare.

작전 환경에 신속히 적응할 수 있는 함대의 핵심 네트워킹/통신 인프라를 구축해야 한다. 이를 통해 필요한 애플리케이션과 서비스를 제공하며, 다양한 임무를 동시에 수행할 수 있어야 한다. 그러나 해상과 같은 단일 작전 영역 내에서조차 네트워크의 이질성, 급변하는 환경, 그리고 복잡한 작전 조건으로 인해 이러한 적응형 네트워크 구성을 실현하는 것은 여전히 큰 도전과제로 남아있다.

각 군사 플랫폼은 다수의 격리된 보안 네트워크(비밀 엔클레이브)를 보유하고 있으며, 각 네트워크는 기존 구형 체계(레거시 시스템)와 IP 기반 현대 체계가 혼재되어 있다. 이러한 복잡한 구조로 인해 해저에서 우주에 이르는 전 영역에 걸친 통합적 네트워크 변경은 실현 불가능해 보일 수 있다. 이러한 도전과제를 해결하기 위해, 네트워크의 핵심 노드에 기계학습 알고리즘을 배치하여 현장에서 실시간 학습 및 최적화를 수행하는 방안을 고려할 수 있다. 이 알고리즘들은 현장에서 수집된 데이터를 분석하여 해당 지역 네트워크 트래픽의 성능 향상을 위한 구성 변경을 자동으로 제안할 것이다. 그러나 더 큰 과제는 제한된 대역폭 환경에서 지리적으로 분산된 모든 알고리즘을 적시에 훈련시켜 전체 네트워크의 성능을 종합적으로 개선하는 것이다. 본 섹션에서는 전술 네트워크와 관련된 이러한 도전과제들을 상세히 논의하고, 분산 기계학습 아키텍처를 지원할 수 있는 유망한 기술들을 소개할 것이다.

### 데이터

전술 무선 환경에서 광역 네트워크와 모바일 기기는 응용 계층부터 물리 계층까지 모든 수준에서 방대한 양의 데이터를 생성할 수 있다.[43]

43 이 계층들은 국제표준화기구(ISO, International Standards Organization)가 개발한 개방

페이딩으로 인한 패킷 손실이나 노드의 접속점 변경과 같은 전파 특성의 변화는 이러한 환경의 복잡성을 더욱 증가시킨다. 광역 및 근거리 통신망의 라우터와 스위치는 라우팅 및 스위칭 구성을 요약한 로그와 테이블을 유지하며, 무전기, 모뎀, 제어기는 특정 설정 정보와 함께 성능 데이터를 제공한다. 네트워크 관리 시스템은 각 네트워크 장치에 대해 정의된 메트릭을 기반으로 이들을 모니터링하고 조정한다. 네트워크 데이터는 개방형 시스템 상호 연결(OSI, Open Systems Interconnection) 모델의 7개 계층 전체에서 수집될 수 있어, 결과적으로 대량의 비정형 및 다양한 데이터가 생성된다.

## 기계학습 알고리즘

아서 L. 사무엘(Arthur L. Samuel)은 1959년 IBM에서 수행한 연구를 바탕으로 기계학습 개념을 최초로 제시한 선구자 중 한 명이다. 그는 기계학습을 "명시적인 프로그래밍 없이도 컴퓨터에 학습 능력을 부여하는 연구 분야"로 정의했다. 이 정의에 따르면, 컴퓨터는 디지털 활동이나 통합 센서를 통해 수집된 데이터를 사용하여 훈련되며, 이를 통

형 시스템 상호 연결(OSI, Open Systems Interconnect) 모델의 일부로, 다양한 네트워크 표준을 관리하기 위한 프레임워크로 사용된다. OSI는 7개 계층으로 구성된다: 물리(physical), 데이터 링크(data link), 네트워크(network), 전송(transport), 세션(session), 표현(presentation), 응용(application). 각 계층은 네트워크에 대한 프로토콜/명세를 제공한다. 예를 들어, 물리 계층은 케이블과 라우터의 사양과 같은 네트워크 하드웨어에 대한 프로토콜을 설정한다. 세 번째 계층인 네트워크 계층은 정보가 네트워크 상에서 어떻게 라우팅될지를 설명한다. OSI 모델에 대한 추가 정보는 마이크로소프트 하드웨어 개발 센터(Microsoft Hardware Dev Center) 웹사이트(https://docs.microsoft.com/en-us/windows-hardware/drivers/network/windows-network-architecture-and-the-osi-model)와 "네트워크 기초: OSI 참조 모델의 7계층" (https://www.dummies.com/programming/networking/network-basics-the-seven-layers-of-the-osi-reference-model/)에서 확인할 수 있다.

해 기계학습 알고리즘이 조정되어 예측 능력이 향상된다.

다양한 유형의 기계학습 알고리즘이 공개 시장을 통해 제공되고 있다. 적합한 알고리즘 유형의 선택은 이들의 학습 방법론에 따른 분류에 기반하며, 이는 사용자가 수집된 데이터 특성에 맞는 알고리즘을 결정하는 데 도움을 준다. 학습 방법론 외에도, 알고리즘 유형을 구분하는 또 다른 방법은 작동 메커니즘에 따라 그룹화하는 것이다. 회귀, 의사결정 트리, 클러스터링 등 다양한 메커니즘이 존재한다. 대부분의 알고리즘은 훈련 데이터 설정을 위해 주제 전문가와 데이터 과학자의 협력을 필요로 한다. 예를 들어, 지도 학습에서는 수집된 각 데이터 포인트에 사전에 레이블이 지정되어야 한다. 그러나 대량의 이질적 데이터가 존재하는 상황에서는 이러한 접근 방식이 현실적으로 불가능할 수 있다. 딥러닝(Deep learning)은 다층 비선형 처리 방식을 통해 대량의 비정형 데이터를 처리하는 특수한 알고리즘 분류이다.[44] 신경망은 딥러닝에서 널리 사용되는 방법으로, 입력 데이터가 네트워크를 통과할 때 각 층의 조정 가능한 매개변수(예: 가중치 및 확률)가 조정된다. 시간이 지남에 따라 신경망의 출력 정확도가 향상된다. 빅데이터 처리에 있어 신경망의 효과성을 입증하기 위한 다양한 평가가 수행되었다.[45]

---

44 다양한 딥러닝 알고리즘에 대한 상세한 설명은 다음을 참조. Giuseppe Bonaccorso, Mastering Machine Learning Algorithms (Birmingham, UK: Packt Publishing Ltd., 2018); Andriy Burkov, The Hundred-Page Machine Learning Book (self-published, 2019); and Mariette Awad and Rahul Khanna, Efficient Learning Machines, Theories, Concept and Applications for Engineers and System Designers (New York: Apress Media, 2015), https://link.springer.com/content/pdf/bfm%3A978-1-4302-5990-9%2F1.pdf.

45 평가에 대한 자세한 내용은 다음을 참조. N. F. Hordri et al., "A Systematic Literature Review on Features of Deep Learning in Big Data Analytics," International

## 동기화

전술 환경에서는 종단 간 트래픽 흐름의 적절한 조정을 위해 딥러닝 알고리즘의 훈련과 동기화가 필요하다. 그러나 전파 지연, 채널 페이딩으로 인한 데이터 손실, 제한적이고 불안정한 대역폭 등의 고유한 문제로 인해 노드 간 매개변수 동기화가 복잡해질 수 있다. 더욱이 기동성을 고려할 때 배치된 알고리즘은 빈번한 동기화가 요구될 수 있으므로, 알고리즘 구현이 작전 성능에 부정적 영향을 미치지 않도록 신중을 기해야 한다. 모바일 환경에서 우수한 성능을 보이는 다양한 분산 딥러닝 시스템 연구가 존재한다.[46] 각 솔루션의 평가는 네트워크 엔지니어와 기계학습 전문가의 협력을 통해 이루어져야 할 것이다.

## 컴퓨팅과 아키텍처

분산 기계학습 아키텍처에서 컴퓨팅 능력은 광역 네트워크의 모든 노드에 있어 핵심 요소가 될 것이다. 스마트폰과 같은 모바일 엣지 디바이스는 충분한 연산 능력과 전력 자원을 갖추어야 한다. 또한, 모바

Journal of Advances in Soft Computing and Applications 9, no. 1 (March 2017): 32-49; B. M. Wilamowski et al., "Big Data and Deep Learning,"paper presented at the 2016 IEEE 20th Jubilee International Conference on Intelligent Engineering Systems, June 30-July 2, 2016; M. Mohammadi et al., "Deep Learning for IoT Big Data and Streaming Analytics: A Survey," IEEE Communications Surveys & Tutorials 20, no. 4 (2018): 2923-60.

46 연구에 대한 자세한 내용은 다음을 참조. C. Wang et al., "Deep Learning-Based Intelligent Dual Connectivity for Mobility Management in Dense Network," paper presented at the 2018 IEEE 88th Vehicular Technology Conference, August 27-30, 2018; J. Wen et al., "Rebalancing Shared Mobility-on-Demand Systems: A Deep Reinforcement Learning Approach," paper presented at the 2017 IEEE 20th International Conference on Intelligent Transport Systems, October 16-19, 2017.

일 및 고정 플랫폼 간의 훈련 동기화를 위해서는 네트워크 전반에 걸친 대량 데이터 공유의 필요성을 줄이는 컴퓨팅 아키텍처가 요구된다. 특히 미 해군의 모바일 광역 네트워크에서는 대역폭이 제한적이어서, 이로 인한 지연 시간이 원거리 플랫폼의 훈련 장치 효율성에 영향을 미칠 것이다. 다행히도 이러한 과제들은 포그 컴퓨팅을 위해 개발된 아키텍처에서 해결되고 있다. 포그 컴퓨팅은 엣지 디바이스에 저장 및 컴퓨팅 기능을 배치하고, 데이터 센터와의 연결을 통해 필수적인 데이터 전송을 가능하게 한다. 포그 컴퓨팅 엣지 디바이스는 엣지에서 요구되는 컴퓨팅 작업을 처리하기 위해 전력 효율적이고 병렬 처리가 가능한 칩을 탑재하고 있다. 5G 기술의 도입은 병렬 컴퓨팅을 통해 훨씬 더 강력한 연산 능력을 제공하는 그래픽 처리 장치(GPU) 기술을 포함할 것이다.[47] 구글(Google)의 엣지 텐서 처리 장치는 엣지에서의 기계 학습 능력 제공을 위해 설계되었으며, 동일한 수의 프로세서를 가진 전통적인 장치보다 적은 전력을 소비한다.

### 보안

분산 기계학습 아키텍처는 응용 계층부터 무선 매체에 이르기까지 모든 계층에서 다양한 취약점을 가지고 있다. 적들이 지속적으로 새로운 공격 방법을 개발함에 따라 네트워크 취약점 보호는 항상 과제로 남아있다. 네트워크와 통신 장치를 위한 보안 메커니즘 외에도, 인증되고 검증된 훈련 데이터 확보를 위해 센서와 데이터 수집 노드의 보

---

[47] FCC Technological Advisory Council, 5G IoT Working Group, 5G Edge Computing Whitepaper (Washington, DC: Federal Communications Commission, 2018); and J. Wen et al.

안 또한 강화되어야 한다. 훈련 데이터는 조작될 수 있어 기계학습 알고리즘의 성능에 영향을 미칠 수 있다. 알고리즘을 손상시키기 위해 데이터를 추가하거나 수정할 수 있으며, 이로 인해 오염된 알고리즘은 정확도가 떨어져 적의 추가 침투를 용이하게 한다. 예를 들어, 불량 데이터로 인해 스팸 탐지 알고리즘의 성능이 저하되어 원치 않는 트래픽이 네트워크에 유입되었다.[48] 또한, 이미지 데이터가 수정되어 분류 알고리즘이 오인식하도록 만들어졌다. 네트워크 보안과 마찬가지로, 분산 기계학습 아키텍처 역시 알고리즘에 대한 공격 영향을 방지하거나 줄이기 위해 강화되어야 한다.

오늘날 모바일 전술 노드의 이질성 — 네트워크 요소의 수, 애플리케이션의 다양성, 엣지 장치 유형, 인터페이스 특성, 모바일 네트워크 구성 등 — 으로 인해 사용자는 심각한 성능 저하를 경험할 수 있다. 적대적 행위나 전파 손실과 같은 외부 환경 요인으로 인해 네트워크 서비스 접근이 불가능해지고 작전에 영향을 미칠 수 있다. 다행히도, 기계학습 알고리즘을 선택적으로 적용하여 정보 교환을 위한 민첩하고 탄력적이며 효과적인 시스템을 개발할 수 있다. 분산 기계학습 능력은 특히 해저에서 우주에 이르는 다중 영역으로 구성된 대규모 네트워크의 성능을 크게 향상시킬 수 있다. 우리는 분산 기계학습 아키텍

---

**48** 이러한 문제들에 대한 자세한 내용은 다음을 참조. A. S. Chivukula and W. Liu, "Adversarial Deep Learning Models with Multiple Adversaries," IEEE Transactions on Knowledge and Data Engineering 31, no. 6 (June 2019); Sai Manoj P.D. et al., "Efficient Utilization of Adversarial Training toward Robust Machine Learners and Its Analysis," paper presented at the 2018 IEEE/ACM International Conference on Computer-Aided Design, November 5-8, 2018; B. D. Rouhani et al., "Assured Deep Learning: Practical Defense Against Adversarial Attacks," paper presented at the 2018 IEEE/ACM International Conference on Computer-Aided Design, November 5-8, 2018.

처의 잠재적 문제점들과 하드웨어 또는 소프트웨어 솔루션에 대한 높은 수준의 논의, 그리고 인공신경망을 정교한 AI 공격으로부터 보호해야 할 필요성에 대해 다루었다.

## 결론

2019년 말, 마이클 길데이(Michael Gilday) 제독이 제32대 해군참모총장으로 취임했다. 길데이 제독은 인준 청문회에서 다음과 같이 언급했다.

[미국은] 급속한 기술 발전에 적응하고 우리의 군사적 우위가 더 이상 약화되지 않도록 해야 하는 시급한 과제에 직면해 있습니다. 알고리즘과 기계학습은 이제 우리의 적들도 쉽게 접근할 수 있는 기술이 되었으며, 이는 우리 시스템이 대응하도록 설계된 수준을 넘어 군사 작전의 속도를 가속화할 잠재력을 지니고 있습니다. 우리는 해군 전체의 대응 속도를 높여야 합니다. 이를 통해 경쟁자들의 의사결정 과정에 불확실성을 주입하고, 경쟁의 모든 영역에서 우위를 확보해야 합니다. 이 중대한 과제에 대응하는 데 있어 우리 군인과 민간인 모두의 적응력과 민첩성이 핵심입니다.[49]

해군의 통신 시스템과 네트워크 또한 적들이 유사한 수준의 인공지능(AI)과 기계학습 시스템을 보유하게 된 환경에서 민첩하고 신속해야 한다. 이는 OODA 루프에서 항상 우위를 점하기 위함이다. 미국과 미

---

49 Senate Armed Services Committee, "Advance Policy Questions for VADM Michael M. Gilday, USN Nominee for Appointment to be Chief of Naval Operations Duties and Responsibilities," 116th Cong., 1st sess., 2019, July 31, 2019, https://www.armed-services.senate.gov/imo/media/doc/Gilday_APQss_07-31-19.pdf.

해군은 새로운 미래 전장에서 함대가 효과적으로 작전할 수 있도록, 인공지능의 잠재력을 활용하기 위해 산업계와 학계의 파트너들, 그리고 정부 내 과학자와 엔지니어들의 전문성을 필요로 할 것이다.

제11장
# AI가 해군 지휘통제를
# 변화시키는 양상

## 제 11 장

# AI가 해군 지휘통제를 변화시키는 양상

더그 랭(Doug Lange), 호세 카레뇨(José Carreño)

> 궁극적으로 지휘통제는 지휘관이 전투에서 승리하는 데 필
> 수적인 요소다. 언젠가 미군은 다차원적 능력을 갖추고, 우수한
> 장비를 보유하며, 잘 훈련되고, 강한 전투 의지와 승리 욕구를
> 지닌 적과 맞닥뜨리게 될 것이다. 그날이 왔을 때, 자신의 부대
> 에 대해 정확한 통제력을 행사하며 계획을 끊임없이 추진할 수
> 있도록 가장 잘 훈련된 지휘관들이 매번 승리를 거둘 것이다.
>
> – 로버트 F. 윌라드(Robert F. Willard) 해군중장[1]

트라팔가 해전, 미드웨이 해전, 레이테만 해전과 같은 역사적 해전
에서 효과적인 지휘통제(C2, Command and Control)는 결정적인 역할을
했음이 입증되었다. 전쟁의 역사만큼 오래된 지휘통제는 본질적으로
인간의 영역이며, 따라서 인류 고유의 불완전성과 변화에 취약하다.[2]

---

1 Vice Adm. Robert Willard, "Rediscover the Art of Command and Control," U.S.
  Naval Institute Proceedings 128, no. 10 (October 2002): 52-54.
2 "지휘통제(command and control)"라는 용어는 "수천 년 동안 단순히 '지휘'로 불렸던 개념
  의 비교적 최근의 표현"이다. David S. Alberts and Richard E. Hayes, Power to the
  Edge: Command and Control in the Information Age (Washington, DC: CCRP,
  2005) 참조. 로스 피고(Ross Pigeau)와 캐롤 맥캔(Carol McCann)은 "지휘통제"라는 용어

범선 시대의 기류신호부터 현대의 전투정보센터(CIC)에 이르기까지, 지휘관 보좌 기술의 발전은 적 상황 파악, 자군 부대 운용, 적에 대한 대응 능력을 크게 향상시켰다. 동시에, 초음속의 초수평선 미사일과 같은 현대식 화력의 사거리와 정확도 증가로 지휘관의 결심 시간이 분 단위 또는 초 단위로 단축되었다.

현대 고강도 전장에서 생존하고 승리하기 위해, 폭증하는 데이터를 신속히 처리하여 의사결정을 내리는 것은 인지적 과부하라는 도전 과제를 제시한다. 트라팔가 해전에서 넬슨 제독이 적과 조우하기 전 수 시간의 여유가 있었던 것과 달리, 현재와 미래의 해군 지휘관들은 그러한 시간적 여유를 갖지 못할 것이다. 그들은 예하 부대에 지시를 전달하는 동시에 ISR(정보, 감시, 정찰) 자산으로부터 유입되는 방대한 데이터와 정보를 신속히 분석해야 한다. 따라서 현대 해군 전력의 지휘통제 과제는 지휘관들이 적보다 신속하고 정확한 결정을 내릴 수 있는 능력을 제공하는 것이다. 인공지능(AI)은 데이터 과부하 문제를 해결하고, 인지적 부담을 경감하며, 지휘관의 방책 수립, 평가, 결정 과정을 가속화하는 의사결정 지원체계를 제공할 수 있는 수단이 될 것이다.

수많은 관찰자들과 국방 및 해군의 공식 지침 문서들이 지적했듯이, 미국은 현재 인공지능 분야에서 경쟁 중이다. 특히 국가방위전략(National Defense Strategy)은 "경쟁우위를 확보"하고 "미래의 전쟁에서 승리할 수 있도록" 인공지능과 같은 신기술에 대한 투자를 우선순위로

가 "1960년대 정보기술(IT)의 부상과 함께 등장했다"고 지적한다. Ross Pigeau and Carol McCann, "Re-conceptualizing Command and Control," Canadian Military Journal (Spring 2002), http://cradpdf.drdc-rddc.gc.ca/PDFS/unc17/p519041.pdf 참조.

두고 있다.[3] 국가방위전략에서는 이러한 기술 경쟁에서 승리하는 국가들이 미래의 해군 지휘관들에게 적군보다 더 우수하고 신속한 의사결정을 가능하게 하는 도구를 제공하게 될 것이라고 명확히 밝히고 있다. 미국은 자국의 위치를 당연시해서는 안 된다. 이러한 경쟁의 결과는 아직 알 수 없으며, "미군이라고 해서 전장에서의 승리가 필연적으로 보장되어 있는 것은 아니다."[4]

미래의 넬슨, 버크, 핼시와 같은 제독들은 최고의 인공지능으로 강화된 지휘통제(C2) 능력에 의존하여 승리할 것이다. 이것이 과장이라고 생각하는 사람이 있다면, 전 미 태평양함대사령관 스콧 스위프트(Scott Swift) 제독의 말을 주목해야 한다. "이는 공상과학이 아니다. 가까운 미래에 우리는 분명 인간 대 인간 지시에서 인간 — 기계 및 기계 — 기계 상호작용으로, 그리고 결국 (많은 이들에게 우려스럽겠지만) 기계 — 인간 체계로 전환할 것이다."[5] AI 기반 지휘통제 체계 도입이 지연될 경우, 미래의 해군과 해병대는 작전 수행에서 심각한 열세에 놓일 수 있다.

## 지휘통제의 정의

지휘통제에 대해서는 역사적 연구부터 이론적 개념 모델에 이르기까지 풍부한 연구와 문헌이 존재하며, 다양한 정의를 제시한다.[6] 일반

---

3 Department of Defense, Summary of the 2018 National Defense Strategy (Washington, DC:Department of Defense, 2018), 3, 7.
4 DoD, Summary of the 2018 National Defense Strategy, 1.
5 Adm. Scott Swift, "Master the Art of Command and Control," U.S. Naval Institute Proceedings 144, no. 2 (February 2018): 28-33.
6 예를 들어, 지휘통제 연구 프로그램(CCRP, Command and Control Research Program)

적으로 지휘통제는 목표 설정, 목표 달성을 위한 방안 평가, 행동 지시, 진행 상황 감시에 관한 것이다. 미 국방부는 지휘통제를 "임무 수행을 위해 지휘관이 배속 및 배속된 부대에 대해 권한과 지시를 행사하는 것"으로 정의하며, "지휘통제 기능"을 포함하는 12가지 임무를 나열한다. 이 문서는 "지휘"와 "통제" 사이의 중요한 차이를 언급한다. "지휘는 할당된 임무를 수행하기 위해 자원을 사용할 권한과 책임을 모두 포함한다. 통제는 지휘에 내재되어 있다. 통제는 지휘관의 지휘 권한에 부합하는 방식으로 부대와 기능을 관리하고 지시하는 것이다. 통제는 지휘관이 행동의 자유를 유지하고, 권한을 위임하며, 어느 위치에서든 작전을 지휘하고, 작전지역(OA, Operational Area) 전체에 걸쳐 행동을 통합하고 동기화할 수 있는 수단을 제공한다."[7]

특히 국방부는 해양 영역에서의 지휘통제의 독특한 특성을 강조하는데, 이는 예하 지휘관들이 '지휘관의 의도'를 이해하고 독립적으로 작전을 수행하는 해군 부대의 '전통과 독립적 문화'에 깊이 뿌리박혀 있다.[8] 따라서 분권화는 합동 해양 작전의 특징이며, 모든 계층의 예하

과 국제 지휘통제 연구소(International Command and Control Institute)에서 수행한 방대한 연구를 참조하라. 이 장에서는 이 연구의 가장 두드러지고 중요한 발견 중 일부를 다루지만, 이 연구 성과에 대한 철저한 검토는 이 장의 범위를 벗어난다.

7 Joint Publication 3-0, Joint Operations (Washington, DC: Department of Defense, October 22, 2018), https://www.jcs.mil/Portals/36/Documents/Doctrine/pubs/jp3_0ch1.pdf?ver=2018-11-27-160457-910.
   12가지 임무는 다음과 같다. 1.합동군 사령부(HQ) 설립, 조직 및 운영 2. 예하부대 지휘 3. 계획, 명령 및 지침의 준비, 수정 및 발행 4. 예하 지휘관들 간의 지휘 권한 설정 5.과업 할당, 과업 수행 기준 규정 및 작전 지역 지정 6. 자원의 우선순위 설정 및 할당 7. 위험 관리 8. 참모진과 합동군 전반에 걸친 정보 소통 및 흐름 보장 9. 과업 완수, 조건 조성 및 목표 달성을 향한 진전 평가 10. 치명적 및 비치명적 효과 창출을 위한 합동 능력 운용의 조정 및 통제 11. 타 참여자들의 작전 및 활동과의 합동 작전 조정, 동기화 및 적절한 경우 통합 12. 상급 기관과의 정보 및 보고 흐름 보장.
8 Joint Publication (JP) 3-32, Joint Maritime Operations (Washington, DC: Depart

지휘관들은 그들 지휘관의 의도를 이해하고 "규율 있는 주도성을 발휘하며 임무 수행을 위해 적극적이고 독립적으로 행동해야 한다."[9]

국방부가 지상과 공중 영역에 대해서도 지휘통제의 정의를 제시한다는 사실은 지휘통제에 대한 단일한 '만능'방식이 존재하지 않음을 보여준다. 이 점은 아무리 강조해도 지나치지 않다. 지휘통제 방식은 고도로 중앙집권화된 모델부터 고도로 분권화된 모델까지 광범위한 스펙트럼을 포괄하며, '적절한' 방식의 선택은 다양한 요인에 따라 달라진다.[10] 지휘통제 분야의 오랜 연구자인 데이비드 앨버츠(David Alberts)와 리처드 헤이즈(Richard Hayes)는 이러한 요인들 중 다음을 제시한다.

- 전장 환경 − 정적인 참호전부터 기동성이 높은 기동전까지
- 지휘체계 간 통신의 연속성
- 지휘체계와 부대 간 이동하는 정보의 양과 질
- 의사결정자(각 지휘 단계의 고위 장교)와 그들이 지휘하는 부대의 전문성
- 부대 내 의사결정자, 특히 예하 지휘관들이 발휘할 것으로 기대되는 창

---

ment of Defense, June 8, 2018), https://www.jcs.mil/Portals/36/Documents/Doctrine/pubs/jp3_32.pdf?ver=2019-03-14-144800-240. 이 교범은 지휘통제 기능이 "임무 수행을 위해 지휘관이 부대와 작전을 계획, 지시, 조정 및 통제하기 위해 공중 작전을 위한 지휘통제(C2) 교리를 제공하는데, 구체적으로 JP 3-31, 합동 육상 작전(Joint Land Operations)과 JP 3-30, 공중작전의 지휘 및 통제(Command and Control of Air Operations)에서 다룬다. JP 3-32는 명시적으로 "거부되거나 제한된 환경에서" 지휘통제의 성공적인 실행을 요구한다.

9 JP 3-32 문서에서 분권화된 지휘통제의 중요성은 "거부되거나 제한된 환경에서" 성공적인 임무 수행을 명시적으로 요구함으로써 더욱 두드러진다. 역사적으로 해군 전력은 육상 전력에 비해 더 높은 수준의 분권화된 운용을 해왔다.

10 이러한 접근법들에 대한 상세한 설명은 David S. Alberts and Richard E. Hayes, Power to the Edge: Command and Control in the Information Age (Washington, DC: CCRP, 2005) 참조.

의성과 주도성의 정도[11]

예를 들어, 앨버츠와 헤이즈는 소련이 제2차 세계대전 동안 고도로 중앙집권화된 지휘통제 체계를 채택한 이유를 다음과 같이 설명한다. "더 풍부한 정보 교환에 필요한 통신 체계가 부족했고, 스탈린이 모든 중요한 결정을 직접 내리고자 했으며, 제한된 자원을 중앙에서 최적으로 할당해야 한다고 판단했고, 지휘관들과 부대원들이 창의성을 발휘할 만한 전문적 기술이 부족했기 때문이다."[12]

이와 대조적으로, 분권화된 '통제 최소화' 지휘통제(C2) 철학은 상급자들이 신뢰하는 예하 지휘관들에게 '실질적인 자율권'을 부여한다. 예를 들어, 더글라스 맥아더(Douglas MacArthur) 장군은 극동 육군항공대 사령관을 불러 "일본 공군이 내 작전을 방해하지 않도록 하라"고 지시했다. 이것이 유일한 명령이었고, 예하 지휘관은 임무 수행 방법을 자유롭게 결정할 수 있었다.[13]

주목할 점은 분권화된 접근 방식이 "역사적으로 비교적 드물었고, 전신과 무선 통신이 고위 지휘관들의 소통을 가능하게 한 이후로는 더욱 회소해졌다"는 것이다.[14] 해군 역사학자 마이클 팔머(Michael Palmer)는 그의 저서 『해상 지휘(Command at Sea)』에서 범선 시대 이후 "대부분 지휘관들의 본능적 경향은 통제하고 중앙집권화하는 것이었고 앞으로도 그럴 것"이라고 강조했으며, 이러한 성향은 "고위 지휘관들의 소통을 용이하게 하는" 기술이 확산됨에 따라 더욱 강화되었다.[15]

11 Alberts and Hayes, 19.
12 Alberts and Hayes, 21.
13 Alberts and Hayes, 26.
14 Alberts and Hayes.
15 Michael Palmer, Command at Sea (Cambridge, MA: Harvard University Press 2007).

지휘통제에 대한 기술 적용, 특히 인공지능 적용에 관한 모든 논의는 두 가지 핵심 사항을 고려해야 한다. 첫째, 최신 기술 발전을 지휘통제의 모든 문제를 해결할 만병통치약으로 보는 유혹을 경계해야 한다.[16] 둘째, 인간 요소의 중요성을 항상 인식해야 한다. 결국 "오직 인간만이 지휘한다."[17] 인간의 본질을 고려할 때, 지휘통제의 실행은 과학적, 분석적, 예술적 특성을 모두 지닌다.

## 지휘통제의 기술

로버트 윌라드(Robert Willard) 해군중장은 "지휘통제의 기술을 재발견하라"는 그의 논문에서 지휘통제를 특정 기술이 아닌 "부대를 효과적으로 통제하기 위한 작전적 기술과 방법"으로 이해해야 한다고 주장했다.[18] 그는 지휘통제가 "급격한 기술 발전으로 인해 사이버 공간에 국한된 개념으로 잘못 인식되고 있고, 부실한 교리와 잘못 이해된 용어들로 인해 그 중요성이 제대로 평가받지 못하고 있으며, 모든 전투원이 필요한 정보를 즉시 얻을 수 있을 것이라는 미래 비전으로 인해

---

16 Palmer, 320. 팔머(Palmer)는 16세기 이후의 지휘통제에 대한 연구에서 다음과 같은 결론을 도출한다. 지휘의 난제를 해결할 것으로 기대되었던 기술이 오히려 지휘관이 직면한 상황을 더욱 복잡하게 만들었다. 범선 시대에는 적 함대가 발견되어도 전투 준비에 수 시간이 소요될 수 있었기에, 트라팔가 해전에서처럼 적을 발견하고도 승조원들에게 식사 시간을 알리는 것이 일반적이었다. 넬슨(Nelson) 제독의 통신 수단은 원시적이었지만, 그가 겪은 의사결정의 압박은 상대적으로 경미했다. 반면, 1943년 3월 남서태평양 쿨라만(Kula Gulf) 해전에서 미 해군 구축함을 지휘하던 알레이 버크(Arleigh Burke) 준장은 단 90초의 망설임으로 인해 함선을 거의 잃을 뻔했다. 버크 준장이 사용할 수 있었던 통신 체계가 범선 시대보다 훨씬 발전했음에도 불구하고, 무선 통신의 도입으로 해전의 작전 템포가 급격히 변화하여 버크 준장은 넬슨 제독과 마찬가지로 어려운 상황에 처했다.
17 피고(Pigeau)와 맥캔(McCann)이 주장하듯이, "오직 인간만이 복잡하고 예상치 못한 문제를 해결하는 데 필요한 혁신적이고 유연한 사고의 범위를 보여준다."
18 Willard.

중요성이 간과되고 있다"고 개탄했다. 그는 또한 "우리가 지휘통제의 전체를 숙달하고 지휘관의 결정과 전투 통제 책임에 있어 이러한 도구들이 정확히 어디서 어떻게 작용하는지 이해하기 전까지는 이 모든 도구의 막대한 힘이 무용지물이 될 것"이라고 경고했다.[19]

16년 후, 스콧 스위프트(Scott Swift) 제독은 이러한 견해에 공감하며 "우리는 최신 첨단 무기에 대한 열망과 그것을 운용하는 복잡한 컴퓨터 시스템에 과도하게 의존하는 경향을 경계해야 한다"고 강조했다. 그는 "전쟁의 예술적 측면보다는 과학적 측면에 너무 많은 시간, 관심, 자원이 투입되고 있다"고 지적하며, 이는 '중대한 실수'라고 주장했다.[20] 그 이유는 "전투원이 숙달해야 할 가장 중요한 기술은 지휘통제의 예술"이기 때문이다. 스위프트 제독은 인공지능과 해군의 지휘통제 발전에 관한 모든 논의가 '예술을 위한 과학'이라는 관점에서 이루어져야 한다고 강조했다. 즉, 기술은 지휘통제의 예술을 지원하는 요소로 이해되어야 한다는 것이다. 이러한 고위 해군 장교들의 견해는 과학자와 엔지니어들이 실제 작전 환경에 부합하는 기술을 개발할 때 반드시 고려해야 할 중요한 지침이다.

인공지능(AI)은 동급 및 준동급 적과의 잠재적 분쟁에서 가속화된 작전 속도에 직면할 가능성이 높은 미래 지휘관들의 성공에 핵심적인 요소다. 스위프트 제독이 언급한 '증강된' 지휘통제(C2)는 AI가 미래 지휘관들에게 제공할 수 있는 잠재력을 포함한다.[21] 이는 긴장되고 압

---

19 Willard, 54. 윌라드(Willard)는 지휘통제(command and control)는 "예하 지휘관들이 아직 인지하지 못한 정보와 통찰력을 제공함으로써 전투 승리에 기여하는 지휘관의 고유한 역할"이라고 정의했다.
20 Swift, 30.
21 Swift, 33.

박감 높은 스트레스 상황에서 복잡성을 잠재적 적보다 더 빠르게 평가하고, 행동하고, 대응할 수 있는 능력이다. 이는 일부 전문가들이 "적의 OODA(관찰, 상황판단, 결심, 행동) 루프 안으로 들어가기"라고 표현하는 것으로, 스위프트 제독이 언급한 대로 인공지능이 "더 효과적인 지휘통제를 지원하고, 강화하고, 촉진하는데 기여할 수 있는" 중요한 방법을 이해하는 데 도움이 된다.

## OODA 루프 중 상황판단-결심 단계에 AI 적용하기

이전 장에서 논의한 바와 같이, 존 보이드(John Boyd) 대령의 OODA 루프는 지휘통제(C2)에 대한 AI 적용을 평가하는 데 유용한 틀을 제공한다. 보이드 대령은 한국전 상공에서 미 전투기 조종사들이 적기를 상대로 거둔 성공을 설명하기 위해 이 개념을 개발했다. 간단히 말해, 조종사는 적 MiG기를 관찰(즉, 탐지)하고, 유리한 위치로 기체를 이동시키기 위해 상황을 판단한 후, 행동 방침을 결심하고 실행에 옮긴다.

효과적인 행동 방침을 결심하기 위해 조종사는 교전 과정에서 적의 반응을 예측할 수 있을 만큼 적과 그들의 교리에 대한 충분한 지식이 필요하다. 보이드가 별도의 '예측' 단계를 포함시키지 않고 이를 실행 단계에 포함시킨 것은 전투기 교전의 빠른 속도 때문일 가능성이 높다. 조종사는 적에 대한 지식과 전투 상황을 바탕으로 본능적으로 행동한다. 여기서 우리는 기계 속도로 작동하는 AI가 적의 반응을 예측하는 데 도움을 줄 수 있는지 질문해볼 수 있다.

지휘통제가 주로 '상황판단 — 결심' 영역에 속한다는 점을 고려하면, AI가 이러한 측면과 지휘통제 과제에 제공할 수 있는 능력을 구체화할 수 있다. 이 장에서는 상황판단-결심 영역을 확장하여 상황판단, 신속한 의사결정(특히 예측 개념 포함), 분석 및 계획, 그리고 결심사항 전파와 지속적인 상황 재평가에 대해 논의할 것이다. 두 번째와 세 번째 요소를 통해 의사결정에서 신속한 접근법과 신중한 접근법의 적용에 대해 논의할 것이며, 이는 서로 다른 AI 기술의 활용으로 이어질 수 있다. 또한 미래 작전 환경에서 두 가지 접근법을 모두 활용하기 위해 문제를 어떻게 분해할 수 있는지에 대해서도 살펴볼 것이다.

## 인공지능(AI)이 지휘통제(C2) 임무에 미치는 영향

계획 주기가 존재하는 이유 중 하나는 다양한 정보를 종합하고, 참여자들 간의 상호작용을 분석하며, 계획 과정에 관여하는 인원들이 계획을 이해하도록 하기 위해서다. 흔히 계획 자체는 쓸모없지만 계획을 수립하는 과정은 매우 가치 있다고 한다. AI 시스템이 계획 과정에 통합됨에 따라 주기의 필요성과 가치, 그리고 과정의 여러 측면이 변화할 것이다. 일부의 경우, AI는 정보를 수집하여 인간 의사결정자에게 제시함으로써 업무를 가속화하고 더 빠른 주기를 가능하게 할 것이다. 또 다른 경우, AI 시스템이 직접 팀에게 계획의 일부를 제시하여, 인간이 과정의 일부에 참여하지 않게 될 수도 있다. 나아가 AI 시스템이 전장의 특정 영역을 모니터링하고 결정을 내리는 임무를 맡게 될 수도 있다. 이 경우 현재의 계획 주기와 그 기간은 큰 의미를 잃게 될 것이다. 결과적으로 의사결정은 주기가 아닌 상황 변화에 기반해야 하며, AI는 이러한 변화를 촉진하고 또한 필요로 할 것이다.

## 상황판단 임무

앞서 언급한 대로, 의사결정의 대표적 모델 중 하나는 OODA 루프
이다. 상황판단은 정보·감시·정찰(ISR, Intelligence, Surveillance, and
Reconnaissance)과 지휘통제(C2) 사이의 모호한 경계에 위치한다. 상황
판단은 입수된 정보를 이해하고 자신의 전장 인식을 갱신하는 과정이
다. 이 과정은 인간과 인공지능 체계 모두에서 발생한다. 센서 데이터
해석에 분류 알고리즘을 사용하는 것이 이 과정을 지원한다. 분류 알
고리즘은 특정 가설을 제시하는 패턴의 존재를 식별한다. 예를 들어,
특정 시간에 특정 해역에 특정 유형의 함정이 있었다는 식이다.

ISR 체계는 계획, 활동 및 의도 인식(PAIR, Plan, Activity, and Intent
Recognition) 기술을 활용하여 더 발전된 기능을 제공할 수 있다. 향후
에는 부대 집단과 군집에 대해 작동하는 PAIR 능력을 갖추게 될 것
이다. 관심 지역 전체에 걸쳐 종합하면, ISR 체계는 지휘부가 적과 중
립 세력의 활동을 이해하는 데 필요한 전장 상황의 일부를 제공할 수
있다.

아군 전력의 배치에 대한 상황판단 역시 중요하다. 우리 군의 보고
와 추적 대부분은 AI 범주에 속하지 않지만, AI가 관여할 영역이 있다.
첫째, PAIR는 적과 중립 세력의 행동을 해석하는 데만 사용되지 않는
다. 우리 부대도 통신이 간헐적이거나 충분한 대역폭을 확보할 수 없
는 상황에 처할 수 있다. 해군 전력은 환경과 적의 통신 방해 작전에 영
향을 받는다. 부대는 또한 자신의 기동과 행동을 은폐하기 위해 전자
기 방사 통제(EMCON, Emission Control) 전략을 사용할 수 있다. 이러한
이유로, 적에 대한 PAIR에 사용되는 동일한 AI 기술이 상급 지휘부와
의 통신이 단절된 상황에서 우리 군의 활동을 예측하는 데 유용하다.

다만 우리는 이러한 활동에 대한 추정을 개선하는 데 도움이 되는 교리 정보와 이전 작전계획도 활용해야 한다.

마찬가지로, 우리는 현재 위치뿐만 아니라 미래에 예상되는 행동을 바탕으로 우리 군의 전투력 상태를 예측하고자 한다. AI를 통해 최근 작전과 예상되는 군수 지원을 기반으로 장비 상태를 예측할 수 있다. 이는 가장 먼저 실현 가능한 능력 중 하나다. 기계학습으로 도출된 모델을 사용하면, 현재 성능뿐만 아니라 진동, 온도, 최근 정비 이후 경과 시간 등 장비의 미래 성능을 예측할 수 있는 다른 요소에 대한 충분한 계측 데이터가 있을 경우 장비 상태를 예측할 수 있다.[22]

### 분석 및 계획

계획 수립은 수십 년 동안 인공지능(AI) 분야에서 연구되어 왔다. AI에서 계획 수립은 본질적으로 탐색 과정으로 귀결된다. 행동을 선행조건과 후속조건으로 정의할 수 있다면, 현 상황에서 목표를 달성하는 일련의 행동을 찾아내는 것이 핵심이다. 각 행동에 비용이나 보상을 할당함으로써, 예상 비용이나 보상에 따른 행동 순서를 평가하고 최적의 방책을 선택할 수 있다. 부분 관측 가능한 은닉 마르코프 모델(POHMM, Partially Observable Hidden Markov Model)과 그 변형을 사용하여 불확실성과 비결정성을 고려할 수 있다.[23]

---

22 군수 계획 모델과의 상호작용을 통해 향후 정비 기회를 예측할 수 있다. 반대 방향의 상호작용은 부대 상태 예측과 해당 부대 운용에 대한 예상 소요를 바탕으로 군수 계획을 갱신할 수 있게 한다.

23 탐색 기반 해결책의 문제점은 실제 상황을 정확히 반영하는 복잡한 행동 모델을 개발할 경우, 고려해야 할 가능한 상태의 수가 우주의 입자 수보다 더 많아질 수 있다. 의사결정 과정에서 불필요한 선택지를 신속하게 제거하는 휴리스틱 기법들이 사용된다. 문제에 대한 제약 조건이 많을수록, 그리고 사용되는 휴리스틱의 성능이 좋을수록, 인공지능 계획 시스템은 더 빠르게 최적의 해결책을 찾을 수 있다.

마르코프 의사결정 과정(MDP, Markov Decision Process) 모델은 강화학습(RL, Reinforcement Learning)이라는 기계학습 기법을 통해 기계가 학습할 수 있으며, 의사결정 AI 분야에서 가장 중요한 연구의 일부가 이 영역에서 진행되고 있다. 체스, 바둑, 아타리 스타일 게임, 심지어 지휘통제를 모사한 실시간 전략 게임(예: 스타크래프트 II)에서의 전략들이 점점 더 강화학습만으로 또는 탐색과 결합하여 해결되고 있다. 따라서 충분히 정교한 해군 전투 시뮬레이션과 거의 무한한 훈련 시간이 주어진다면, 이러한 방법으로 해군 전투 문제를 해결할 수 있을 것이다.

그러나 현실적으로 우리에게는 이러한 조건이 갖춰져 있지 않다. 우리가 가진 것은 실제 세계를 불가피하게 단순화한 시뮬레이션과 제한된 컴퓨터 훈련 시간뿐이다. 하지만 우리에게는 인공 에이전트와 협력할 수 있는 인간 지능이 있다. 인간은 탐색 범위를 축소하고, 문제를 제한하며, 가장 효과적인 탐색 방향에 대한 지침을 제공할 수 있다. 이론적으로, 기동타격단 사령관의 참모들은 AI가 인간 분석관보다 훨씬 빠른 속도와 정확도로 데이터, 패턴, 과거 행동을 심층 분석하여 신속하게 방책을 수립함으로써 큰 이점을 얻을 수 있을 것이다.

분석과 계획 수립에 있어서, 인간 – 기계 팀이 이러한 문제들을 해결하는 가장 효과적인 수단이 될 것으로 보인다. 따라서 인간을 포함한 계획 수립 과정은 여전히 유용하며, 인간이 팀의 온전한 일원으로서 필요한 기여를 하려면 이 과정에서 전장 상황 인식을 획득해야 한다. 그러므로 신속한 의사결정은 인간이나 AI가 수행할 수 있지만, 정밀한 계획 수립은 단순한 이분법적 해결책이 아닌 중요도와 긴급성에 기반한 스펙트럼 상에서 인간 – 기계 팀이 수행할 가능성이 높다. 가용 시간이 인간의 주의력에 비해 감소함에 따라, 의사결정은 더욱 신속한 의사결정 모델로 이동할 것이다. 시간이 허용되면, 더 많은 요소를 검토하고 더 광범위한 상황 인식을 개발할 수 있는 의사결정 접근법이 사용될 것이다. 우리가 더 이상 보지 못할 것은 교리화된 계획 수립 주기다. 한 전문가는 다음과 같이 제안한다. "해군은 예측 가능하고 적의 방해에 강한 규칙이나 패턴을 가진 임무에 대해 AI 기술 투자에 집중해야 하며, 상황에 따라 급변하는 규칙과 패턴을 가진 임무의 자동화는 피해야 한다. 해군은 효율적인 데이터 수집체계 구축, 특히 해상에서 인터넷 접속이 제한된 상황에서도 작동하는 견고한 통신체계 개발, 그리고 기존 AI 알고리즘을 해군 특수 환경과 임무에 맞게 최적화하는 데 주력해야 한다."[24] 역사적 사례들을 통해 알 수 있듯이, 새로운 기술의 도입은 지휘통제(C2, Command and Control) 분야에서 신속한 의사결정이 요구되는 상황을 가속화시키고 있으며, 이러한 도전 과제는 미래 지휘관들에게 더욱 중요한 문제가 되고 있다.

### 신속 의사결정

의사결정 접근법을 구분하는 한 가지 방법은 속도에 따른 것이다. 다니엘 카네만(Daniel Kahneman)의 '시스템 1과 2' 이론은 자극이나 상황에 대한 자동적이고 빠른 반응으로 이루어지는 결정과, 통제된 노력이 필요한, 그리고 신중한 과정을 통해 이루어지는 결정을 구분한다.[25] 전술적 상황에서는 신속한 의사결정의 필요성이 명확하다. 접근

---

24 Connor S. McLemore and Hans Lauzen, "The Dawn of Artificial Intelligence in Naval Warfare," War on the Rocks, June 12, 2018, https://warontherocks.com/2018/06/the-dawn-of-artificial-intelligence-in-naval-warfare/.
25 Daniel Kahneman, Thinking, Fast and Slow (New York: Farrar, Straus and Giroux,

하는 항공기나 미사일에 대해서는 즉각적인 결정이 요구된다. 전장에서 멀리 떨어진 상황에서도 즉각적인 결정이 필요할 수 있지만, 이는 대규모 부대 이동에 필요한 시간과 거리를 고려할 때 오히려 계획의 견고성이 부족하다는 신호일 수 있다.

그러나 여기서는 전술, 작전, 전략적 지휘 수준의 개념 차이가 크게 중요하지 않다. 핵심은 정보 패턴을 기반으로 즉각적인 결정을 내리는 것이다. 시각, 전자, 음향, 또는 디지털 사이버 단서, 혹은 이들의 조합을 활용하여 상황 판단 후 갱신된 전장 인식에 따라 즉각적인 결정을 내려야 한다. 장기적 목표는 이러한 결정에 미미한 영향만을 미칠 수 있는데, 특정 선택을 선호하게 만들 수는 있지만, 이는 단지 즉각적인 상황 정보를 반영한 결과일 뿐이다. 인간이나 기계에 의한 정밀한 계획 수립 과정은 이러한 상황에서 너무 오랜 시간이 걸릴 수 있다.

이 분야에서는 기계학습으로 개발된 모델들이 유력한 대안이 된다. 로봇은 일련의 자극(예: 센서 데이터)에 반응하여 무인 차량, 함정 또는 항공기의 충돌을 회피하도록 훈련될 수 있다. 유사하게, 로봇은 사전 정보 없는 건물 내에서도 다른 건물 통과 훈련 경험을 바탕으로 기동할 수 있다. 장기적으로 최적화된 계획은 수립되지 않지만, 로봇은 인지된 일반적인 방향으로 진행하면서 건물 내 이동 방법을 이해한다.

여기서 중요한 것은 학습 시간과 실행 시간 사이의 균형이다. 모델 개발에는 대량의 데이터를 처리하는 데 수개월이 소요될 수 있지만, 일단 구축되면 이를 활용한 반응 시간은 매우 빠를 수 있다. 단순한 경험적 규칙을 알고 있다면 더 빠르게 작동할 수 있지만, 충분한 세부사항과 견고성을 프로그래밍할 수 없는 경우, 학습된 모델(프로그래밍된

2011).

모델과 결합 가능)이 풍부한 의사결정을 제공할 수 있으며 전투 플랫폼뿐만 아니라 지휘 참모진에게도 유용할 것이다.

로봇은 특정 목표를 향해 작동하는 복합 체계(SoS, System-of-Systems)를 대표한다. 어떤 지휘 계층에서 통제하는 다양한 전투력도 목표를 향해 작동하는 복합 체계와 유사하다. 차이점은 상위 수준에서의 목표가 정량화하기 더 어려워지고 진척도를 측정하기가 더 복잡해진다는 것이다. 건물 내에서 이동하는 로봇은 목표까지의 거리를 미터 단위로 측정할 수 있다. 로봇이 마주할 수 있는 문제점은 충돌, 전력 손실, 또는 기동 불능이나 방향 상실이다. 반면 항모강습단은 더 복잡한 임무 목표와 다양한 위협에 직면한다. 정밀한 작전계획 수립이 여전히 매우 어려운 이유다. 그러나 주요 목표와 위협에 대한 즉각적인 대응은 로봇 항법 문제와 매우 유사한 양상을 보인다.

### 결정사항 전파와 지속적 재평가

고정 주기를 제거함으로써 습관이 아닌 상황에 기반한 분산형 의사결정이 가능해진다. 초기 계획은 수립될 수 있으나 실행 과정에서 거의 유지되지 않는다. 결정사항은 필요성과 가능성에 따라 수시로 전파된다. 해군 작전의 핵심 특성인 간헐적 통신 환경에서의 작전 수행 필요성은 지속되며 더욱 강화될 것이다. 인공지능(AI) 기반 지휘통제(C2) 체계는 작전과 통신을 지속적으로 모니터링하여 각 부대의 메시지 송수신 시기를 예측한다. 의사결정 시 통신 기회를 고려해야 한다.

계획 모니터링은 AI가 지휘관에게 중요한 지원을 제공하는 분야가 될 것이다. 지능형 에이전트는 모든 작전의 전 측면에 대한 진행 상황을 모니터링하고 성공 가능성을 지속적으로 평가한다. 이미 계획 모니터 소프트웨어를 통해 계획 성공 여부 예측뿐만 아니라 일부의 경우 계획을 수정하고 의사결정자에게 수정 사항을 통보할 수 있음이 실증되었다.

그러나 계획과 마찬가지로 평가와 수정에도 여러 수준이 존재한다. 가장 기본적인 수준은 문제를 식별하는 개별 또는 소규모 집계 센서 데이터와 문제 해결을 위한 신속한 규칙 기반 또는 학습된 의사결정이다. 이는 앞서 언급한 충돌 회피와 연관된다. 다른 예로, 부대가 일정에 뒤처진 상황에서 단순히 속도 증가 명령으로 문제를 해결하려 할수 있다. 그러나 이러한 단순 해결책은 전체 작전 계획의 다른 측면에 미치는 영향을 고려하지 않는다는 문제가 있다. 예를 들어, 속도를 높이기 위해 추가 연료를 사용하면 전체 작전 계획이 실패할 수 있다. 반면, 후속 작전 단계의 시간 제약을 조정하고 이를 모든 참가 부대에 전파하는 것이 더 효과적인 전략일 수 있다. 이 방법은 전체 작전의 성공 가능성을 높이면서도 현재의 지연 문제를 해결할 수 있다.

다양한 특성을 고려하는 중앙집중식 문제 해결 접근법에 기반한 전략들에 대해 효용성 계산을 수행할 수 있다. 이 접근법은 카네기 멜론 대학교(Carnegie Mellon University)의 레인보우(Rainbow)와 같은 자율 프레임워크에서 활용되었으며, 컴퓨터 네트워크 방어부터 자율 차량 팀의 지휘통제(C2)에 이르는 다양한 분야에서 실험되었다.[26] 이 방식은 전략의 가치에 대한 가정을 전제로 하지만, 이러한 가정이 지나치게 단순화되어 실제 상황에 적합하지 않을 수 있다는 점을 간과한다. 학습된 전략과 전략 선택 방법은 효용성 계산의 한계를 보완할 수 있

26 David Garlan et al., "Rainbow: Architecture-Based Self-Adaptation with Reusable Infrastructure,"Computer 37, no. 10 (October 2004): 46-54.

으며, 앞서 논의된 신중한 의사결정을 위한 계획 접근법과 유사한 방식으로 문제에 대해 더 유연한 대응을 가능케 한다.

어떤 접근법을 채택하든, 이 기능의 핵심은 인공지능(AI)의 자기 설명 능력에 있을 것이다. 이는 특히 인간 – 기계 협업 시나리오에서 운용자와 AI 시스템 간의 신뢰 문제와 직결된다. "이러한 인간 – 기계 협업 접근법의 강점은 인간이 AI에게 목적, 목표, 그리고 기계의 추론에 필요한 맥락을 제공할 수 있다는 점이다. 그러나 협업의 성공을 위해서는 신뢰가 필수적이다. 자동화 시스템에 대한 신뢰의 중요한 요소 중 하나는 신뢰할 수 있는 명확한 성능 범위이다. 사용자는 자신의 시스템이 설계된 조건을 이해하고, 시스템이 성능 범위 내에서 어떤 상태인지, 그리고 언제 이 범위를 벗어나려 하는지 판단할 수 있는 충분한 피드백 메커니즘을 갖추어야 한다."[27]

지휘통제(C2) 시스템에서는 의사결정의 출처를 추적하는 것이 매우 중요할 것이다. 이렇게 생성된 출처 그래프를 통해 자연어 설명을 만들어낼 수 있다는 점은 인간 의사결정자가 시스템의 동작을 정확히 파악할 수 있도록 보장할 것이다.

### 과업 관리

오랫동안 인공지능(AI) 연구자들은, 컴퓨터 기반 지원 시스템이 수세기 동안 인간 참모들이 해온 것처럼 의사결정자의 업무를 관리하는 데 도움을 줄 것이라고 예상해 왔다. 2003년에 시작된 국방고등연구

---

27 Stoney Trent and Scott Lathrop, "A Primer on Artificial Intelligence for Military Leaders," Small Wars Journal, https://smallwarsjournal.com/jrnl/art/primer-artificial-intelligence-military-leaders.

계획국(DARPA, Defense Advanced Research Projects Agency)의 개인학습 보조(PAL, Personalized Assistant that Learns) 프로그램은 이러한 분야의 최초 시도는 아니었지만, 상업적 기술이전으로 이어진 최초의 대규모 프로젝트였다고 볼 수 있다.[28] 시리(Siri)는 사용자에게 일정 수준의 지원을 제공하는 널리 알려진 AI 기반 소프트웨어이다. 초기 연구는 음성 인식이나 표준 메뉴 기반 시스템에 대한 작업 기반 사용자 환경 제공에 중점을 두었다. PAL에서는 지원 시스템이 인간 의사결정자와 수행해야 할 작업에 대해 학습한다는 개념이 음성 인식이나 공학적 과업 모델보다 더 중요해졌다. 그 이후 미 해군의 연구는 이러한 학습을 더욱 발전시키기 시작했다.

과업 관리는 AI를 활용할 뿐만 아니라 AI 도구의 사용을 가능하게 하는 지휘통제(C2) 능력의 중요한 측면이 될 것이다. 미국 및 기타 국가의 현재 개발 중인 시스템은 인간 의사결정자의 선호도, 능력 및 현재 주의력을 모델링하는 설계를 활용한다. 이를 통해 시스템은 인간이

---

28 국방고등연구계획국(DARPA)의 개인 학습 보조(PAL) 프로그램에서 파생된 기술 발전은 군사 및 비군사 사용자 모두에게 적용되어, 2007년 시리 주식회사(Siri Inc.) 설립으로 이어졌다. 이후 애플(Apple Inc.)이 이를 인수하여 "시리/PAL 기술을 더욱 발전시키고 애플 모바일 운영 체제에 통합했다." DARPA는 여러 기관과 협력하여 "PAL 프로토타입을 운용에 적합하도록 개선하고, 국방 획득 커뮤니티와 협력하여 PAL 기술을 군사 시스템으로 전환했다." https://www.darpa.mil/about-us/timeline/personalized-assistant-that-learns 참조.
해군정보전센터(NIWC, Naval Information Warfare Center) 태평양(당시 우주해군전투체계센터 샌디에고로 알려짐)은 PAL 프로그램의 주요 군사 기여자 중 하나였다. NIWC 태평양의 기여 중에는 해군대학원과 협력하여 "군사 시뮬레이션 훈련을 개발한 것이 있다. 이는 데이터 수집을 지원하기 위한 것으로, 초기에는 PAL 소프트웨어 없이, 그 후 점진적으로 기능이 향상된 PAL 소프트웨어 버전을 사용하여 PAL 기술의 군사 환경으로의 전환을 지원했다... 각 훈련은 개선된 PAL 기능을 시험하고 평가했다." Leah Wong et al., "Command World," Proceedings of the 2006 Command and Control Research and Technology Symposium, http://dodccrp.org/events/2006_CCRTS/html/papers/142.pdf 참조.

과업을 수행해야 할 시기 또는 기계가 가장 효과적으로 지원할 수 있는 시기를 제안할 수 있다. 스마트 크루즈 컨트롤과 유사하게, 인간의 반응 시간이 부족할 때 시스템이 자동으로 과업을 수행할 수 있는 권한을 부여할 수 있다. 심리학자들은 인간의 노력을 과도하게 부담시키는 것만큼 과소 부담시키는 것에 대해서도 경고한다. 사람들은 상황 인식을 유지하고 효율적이고 효과적으로 정보에 기반한 결정을 내리기 위해 과업에 참여해야 한다. 과업 관리자는 지휘관과 참모들이 전술 상황에 대한 인식을 유지하기에 충분히 참여할 수 있게 하는 동시에 인간의 주의가 불가능할 때 과업이 지체되지 않도록 보장할 것이다.

과업 관리자 개발에 있어 해결해야 할 중요한 문제 중 하나는 과업 공간의 세분화이다. 지휘통제(C2)가 오직 인간 지능에 의해서만 수행될 때, 과업 자체는 추상적인 상태로 남아 단순히 인간에게 암묵적으로 이해된 채로 있을 수 있다. 군사 교리는 지휘통제의 일부 과업을 정의하지만, 자동화에 필요한 수준의 세부사항까지는 다루지 않는다. 개인 학습 보조(PAL) 프로그램은 모든 과업이 사전에 정의될 필요가 없음을 입증했다. AI 에이전트가 과업을 학습할 수 있으며, 이러한 과업에 관한 컴퓨터와 인간 간의 상호작용은 음성 기반 및 화면 기반 인터페이스와 연계될 수 있다.

과업이 정의되거나 학습됨에 따라 그 실행에 관한 모델이 지속적으로 유지되어야 한다. 이러한 모델 중 하나는 과업을 대체 방법과 하위 과업으로 분해할 수 있게 한다. 과업 완수에 여러 방법을 사용할 수 있으므로, 인간 지능에만 의존하는 방법, 컴퓨터 기반 지능에만 의존하는 방법, 그리고 두 가지를 혼합한 방법 등 다양한 옵션을 선택할 수 있다. 인간이 궁극적인 통제권을 유지하도록 하기 위해, '작업 협약'이라는 기능을 사용하여 과업 관리자에게 과업에 대해 부여된 권한과 책임을 명시한다. 이를 통해 인간 수행 모델을 학습된 과업과 결합하여 특정 시점에 주어진 과업을 인간이 수행해야 하는지, AI가 수행해야 하는지 결정할 수 있다.

지능형 과업 관리자는 지휘통제 환경이 더욱 복잡해지고 시간이 중요해짐에 따라 지휘관과 참모진의 성과를 향상시킬 것이다. 이들은 의사결정, 결심사항 하달, 임무 진행상황 감시 능력의 필수적인 부분이 될 것이다. 인간 수행 모델과 과업 실행 지식을 통합함으로써, 참모진은 사실상 무한한 수의 인공 참모를 활용할 수 있게 되어 가장 복잡한 작전도 세심하게 실행 및 감시할 수 있으며, 동시에 인간 의사결정자가 작전에 대한 최종 통제권을 유지하면서 지속적으로 상황을 파악할 수 있도록 보장할 것이다.

## 앞으로의 방향

AI에 대한 논의와 수요가 발전하고 증가하는 가운데, 해군과 해병대는 지휘통제 분야를 포함하여 인공지능(AI)의 구체적인 역할을 명확히 정의해야 한다. 해군 작전 구조에 AI를 도입하는 것의 과제와 필요성은 이미 잘 인식되고 있다. 해군의 워게임과 시뮬레이션 훈련에서는 AI가 지휘통제(C2) 체계에 미치는 영향과 의미를 분석하여 실제 작전에 적용할 수 있는 시사점을 도출해야 한다. 이는 단기 및 장기 AI 기술 모두에 대해 고려되어야 하는데, 전자는 새로운 기술 도입에 따른 '실전 경험'을 축적하기 위함이며, 후자는 가능성의 영역을 탐구하기 위함이다. 예를 들어, AI를 활용한 소규모 부대가 더 큰 규모의 적군과 대등하거나 그 이상의 전투력을 발휘할 수 있을까? 이러한 가능성을 탐구하면 미래의 작전개념뿐만 아니라 함정 건조, 훈련, 교육, 연구 개발에 대한 투자 결정에 도움이 되는 결과를 얻을 수 있다.

해군의 '해양 우세 유지를 위한 전략 구상 버전 2.0'은 4성 함대사령관들에게 "AI/기계학습이 해결해야 할 5가지 우선순위 전투 문제를 식별하라"고 지시하며 이러한 요구를 더욱 구체화한다.[29] AI 기술은 사령관들이 적보다 더 나은, 더 빠른 지휘통제 결심을 내릴 수 있는 능력을 제공할 것으로 기대된다. 그러나 이러한 노력은 저절로 결실을 맺지 않을 것이다. 해군이 잠재적 적들을 앞서나가기 위해서는 작전적 과제에 대한 투자를 우선시하는 집중된 관심과 명확한 지침이 필요하다. 이는 산업계의 투자를 유도하고 해군의 연구개발 및 획득 커뮤니티의 방향을 제시할 것이다. 일부 전문가들이 지적했듯이, "AI 기술의 발전은 군대에 AI 능력을 효과적으로 도입하는 과정의 일부에 불과하다. 현재 미국과 해외 군대가 직면한 진정한 과제는 AI에 대한 과장된 기대를 넘어, 실제 운용 가능한 체계를 구축하는 것이다. 이는 적절한 인력 양성, 조직 구조 개편, 운용 프로세스 확립, 그리고 안전장치 마련을 포함한다."[30]

---

29 Admiral John M. Richardson, USN, A Design for Maintaining Maritime Superiority, Version 2.0, December 2018, https://www.navy.mil/navydata/people/cno/Richardson/Resource/Design_2.0.pdf.

30 Michael Horowitz and Casey Mahoney, "Artificial Intelligence and the Military: Technology is Only Half the Battle," War on the Rocks, December 25, 2018, 참조. https://warontherocks.com/2018/12/artificial-intelligence-and-the-military-technology-is-only-half-the-battle/. George Galdorisi, "The Navy Needs AI: It's Just Not Certain Why," U.S. Naval Institute Proceedings 145, no. 5 (May 2019): 28-32.
https://www.usni.org/magazines/proceedings/2019/may/navy-needs-ai-its-just-not-certain-why.

19세기와 20세기의 증기 및 무선 기술 발전이 의사결정 시간을 단축시켰듯이, 인공지능(AI) 역시 결심 속도를 더욱 가속화할 것이다. 미래의 지휘관들은 적보다 더 빠르게 부대를 지휘통제해야 하며, 이는 인간이 독자적으로 결심을 내릴 수 있는 능력을 넘어설 수도 있다. AI를 사용하지 않거나 적보다 열등한 AI를 가진 전투원들은 미래 전장에서 심각한 열세에 처하게 될 것이다. 오늘날의 집중적인 투자와 적극적인 조치는 미 해군이 전 세계 공유 영역에서 지속적인 우위를 확보할 수 있도록 보장할 것이다.

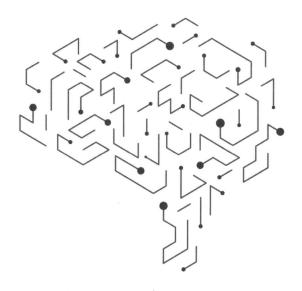

제12장
# AI와 통합화력

제 12 장

# AI와 통합화력

마이클 오가라(Michael O'Gara)

이것이 합리적으로 이해된 집중이다 — 양떼처럼 한데 모여
있는 것이 아니라, 공통의 목적을 위해 분산되어 있으면서도 단
일한 의지의 효과적인 에너지로 연결되어 있는 것이다.

– 알프레드 테이어 마한(Alfred Thayer Mahan)[1]

이런 의미에서 집중의 장점은, 우리가 필요한 시점에 가장 많
은 수의 다양한 지점들 중 하나에 우리의 주력을 형성할 수 있게
해주는 능력에 있다.

– 줄리안 S. 코벳(Julian S. Corbett)[2]

수세기에 걸친 해군 전투는 지휘관들과 알프레드 테이어 마한, 줄리
안 S. 코벳과 같은 전략가들에게 광대한 해양 영역을 커버하는 것과 결
정적인 행동을 위해 군사력을 집중시키는 것 사이의 적절한 균형을 찾
는 과제를 안겨주었다. 수세기 동안, 지휘관들은 전장에서 조율된 효

---

1 Alfred Thayer Mahan, Sea Power in its Relations to the War of 1812 (Boston:
Little, Brown, and Company, 1905), 316.
2 Julian S. Corbett, Some Principles of Maritime Strategy (London: Longmans,
Green, and Company, 1911), 116.

과를 만들어내는 능력이 승리하는 군대의 핵심 특성임을 인식해 왔다. 고대 전투에서의 승리는 종종 보병, 궁수, 기병을 동기화된 방식으로 운용할 수 있는 훨씬 작은 규모의 군대에게 돌아갔는데, 알렉산더 대왕(Alexander the Great)과 한니발(Hannibal)이 그 예이다. 더 최근의 역사에서는, 나폴레옹 보나파르트(Napoleon Bonaparte)와 로버트 E. 리(Robert E. Lee)와 같은 지휘관들이 자신의 군대를 분산시키고 복잡한 움직임을 조율하여 적군의 균형을 무너뜨린 후, 최대의 물리적, 심리적 피해를 주기 위한 집중 공격을 가할 수 있었다.

무기, 센서, 통신 기술의 발전으로 지휘관의 군대 조율 능력과 넓은 지역에 걸친 효과 전달 능력이 향상되었지만, 이러한 기술의 도입으로 군대 규모는 줄어들고 단위 비용은 증가했다. 결과적으로 모든 해군 플랫폼이 고가치 유닛이 되었고, 이는 지휘관이 최적의 병력 배치와 기동 계획을 결정하는 데 큰 도움이 되지 않았다. 물리적 실체가 줄어든 것 외에도, 오늘날의 지휘관들은 과거 동료들보다 더 많은 차원에서의 작전을 고려해야 한다. 그들은 전통적인 해상, 공중, 육상 차원뿐만 아니라 우주, 사이버, 전자기 스펙트럼에서의 기동과 효과도 고려해야 한다. 작전 영역의 증가와 다양한 교전 규칙은 이미 복잡한 통합 효과 생산을 위한 군대 조율의 계산을 더욱 복잡하게 만들었다. 이 모든 영역에 걸친 행동을 지휘하는 기술은 통합화력, 분산 해양 작전, 다영역 전투와 같은 개념으로 아직 발전 중이다. 다행히도 인공지능(AI)과 같은 첨단 기술 발전이 이토록 증가하는 복잡성을 관리할 수 있는 수단을 제공할 수 있을 것이다. 이 장에서는 이러한 통합화력 개념을 지원하는 데 있어 AI가 원하는 효과를 생성하는 데 도움을 줄 수 있는 함의를 탐구할 것이다.

인공지능과 기계학습의 출현은 이렇게 확장된 전장에서 해상 지휘관들이 행동을 조율하는 데 필요한 기회를 제공한다. 논의할 여러 영역이 있으며, 그중 많은 부분이 이 책의 이전 장들에서 이미 다루어졌다. 통합화력과 관련하여 잠재적 위협을 찾아내고, 식별하고, 평가하고, 공유하는 데 도움을 주는 AI의 역할은 전투 속도에 맞춰 기동하고 교전하는 지휘관의 결정을 지원한다. 통합화력 자체는 적에게 효과를 가하는 데 초점을 맞추고 있다. 이러한 효과의 구현을 조율하는 데 AI를 사용하는 것을 논의하기 전에, 우리는 먼저 해양 효과를 전달하기 위한 의사결정 공간과 실행 과정의 일부를 강조해야 한다.

## 해전의 측면

매우 광범위한 관점에서, 해전의 사고 과정은 지상전의 사고 과정과 다르다. 한 가지 차이점은 해군 지휘관들이 대략 대대에 해당하는 구축함, 잠수함, 호위함과 같은 기본 구성요소로 작전을 수행한다는 것이다. 또한 전투 서열에는 중대급(무인 시스템)과 여러 여단급(항공모함, 상륙함) 대표 플랫폼의 수가 증가하고 있다. 그러나 실제 중대, 대대, 여단과 달리 해군 플랫폼의 전투력은 일반적으로 전투 중에 서서히 저하되지 않는다. 함선과 대함 무기의 특성상, 해군 플랫폼은 일반적으로 손상을 입지 않거나, 전투에서 퇴각할 정도로 손상을 입거나, 침몰한다. 일부 플랫폼이 성능이 저하된 상태에서 계속 교전하는 것이 가능하지만, 지휘관은 일반적으로 그들의 부대가 생존하거나 교전을 통해 추가 행동을 할 수 없게 될 것이라고 고려해야 한다. 이러한 현실로 인해, 해전은 적의 함수에 대해 자신의 측면을 기동시켜 동원할 수 있는 함포의 수를 최대화하는 'T자 횡단' 개념 이후로 적어도 첫 번째 일제 사격 목표에 중점을 두어왔다. 오늘날 이 목표는 장거리 무기, 수동 감지 시스템, 그리고 적의 탐지 노력을 좌절시키는 기술을 적용함으로써 추구된다.

현대 해군은 정교한 방어 시스템을 배치하여 첫 번째 일제 사격의 치명성을 무력화하려 한다. 이로 인해 지휘관들은 적의 방어를 압도하고 자신들의 일제 사격의 효과성을 보장하기 위해 시간과 공간상으로 동기화된 여러 플랫폼에서 다양한 무기 유형을 사용하려 한다. 이러한 공격을 위해 군대를 기동시킬 때, 지휘관은 또한 사격을 가함으로써 사격 부대가 적에 의해 탐지되고 반격을 받을 가능성이 높아진다는 것을 예상해야 한다. 이러한 요소들을 종합해 볼 때, 해상 전투에서 AI의 활용이 지상 전투에서보다 다소 더 효과적일 수 있다. 그 이유는 특정 위협에 대한 함선의 생존 확률을 예측하는 것이 전투 중 소모되고 있는 보병 부대의 전투력을 예측하는 것보다 단순한 계산이기 때문이다. 또한, 해상의 타격—은신 전술(maritime hit−and−hide tactics)의 특성상 AI가 고려해야 할 최적화 문제가 장기간의 지상 교전보다 일반적으로 더 작고 관리하기 쉬운 일련의 문제들로 이어져야 한다. 이는 해상 전투의 계산이 쉽다는 것이 아니라, AI의 적용이 이러한 해상 고려사항들 내에서 다소 쉽게 조율될 수 있다는 것이다.

해상 전투에 특유한 또 다른 고려사항은 군대가 연안을 벗어나면 기동 부대와 보급기지 사이의 광대한 거리가 복잡한 군수 문제를 야기한다는 것이다. 탄약, 연료, 또는 식량이 부족한 부대는 제한된 보급선을 잃을 위험을 줄이기 위해 전투에서 충분히 멀리 퇴각해야 한다. 이상적인 상황에서는 이 과정이 몇 시간 안에 완료될 수 있지만, 최악의 경우 해당 부대가 며칠 동안 전투 임무에서 배제될 수 있다. 따라서 탄약 사용에 관한 결정은 목표의 우선순위, 성공 확률, 탄약고 수준, 연료 상태, 그리고 다른 잠재적 사격 부대와 전체 군대의 준비 태세에 대한 보급 자산의 가용성을 고려해야 한다. 이러한 요소들은 모두 지휘관의 효과 전달 결정 과정에 영향을 미치며, 부대가 교전 중에도 재보급할 수 있는 지상 전투에 비해 AI에게 다소 어려운 문제를 제시할 수 있다. 이러한 문제 소지의 많은 부분은 인간의 계획적인 준비를 통해 해결될 수 있지만, 여전히 작전이 진행됨에 따라 기동, 교전, 재보급 계획의 처리를 지원하는 AI를 통해 군대의 효율성과 치명성을 향상시킬 기회가 있다.

## 해군 화력 절차

해상 지휘관들이 사용하는 다양한 과정이 임무, 군 구조, 시간 범위에 따라 존재하지만, 우리는 함대 해양작전센터(MOC, Maritime Operations Center)에서 화력 통합에 중점을 둔 두 가지 절차에 집중할 것이다.[3] 매우 일반적인 관점에서, MOC는 공세적 효과를 위해 합동 표적처리 사이클을 활용하고, 방어를 위해 복합전지휘관(CWC, Composite Warfare Commander) 프로세스를 사용한다. 합동 표적처리 사이클은 6단계의 반복적 과정으로, 지휘관의 목표 달성에 기여할 효과를 만들기 위해 표적에 대한 자산을 체계적으로 분석 및 우선순위화하고 할당한다. 이

---

3 MOC의 개념과 개발에 대한 논의는 William Lawler and Jonathan Will, "Moving Forward: Evolution of the Maritime Operations Center," CIMSEC, October 19, 2016, http://cimsec.org/moving-forward-evolution-maritime-operations-center/28849. 참조.

과정은 작전 우선순위를 고려하여 가용 합동전력을 활용함으로써, 표적에 대한 특정 살상 또는 비살상 효과를 달성하기 위해 화력을 작전에 통합하고 동기화한다.[4] 이는 신중하고 다소 시간이 소요되는 과정이다. 그러나 해양 표적화와 관련된 성격과 시간 프레임은 일반적으로 더 즉각적인 대응을 요구한다. 이 경우, 지휘관은 합동 표적처리 사이클 내에 확립된 동적 표적화 과정을 활용할 것이다. 해양 표적을 추적하는 데 사용되는 동적 표적화 절차는 종종 '탐색, 수정, 추적, 표적화, 교전, 평가'로 구분된다.[5] 이 절차는 목표 달성을 위한 기준을 충족하지만 현재 합동 표적처리 사이클에서 이전에 행동을 위해 위치가 파악되지 않은 기회 표적을 다룬다. 표적을 신속하게 교전해야 할 필요성 때문에, 해양 타격 패키지의 많은 요소들이 가용성을 보장하기 위해 사전에 준비되어야 한다. 이는 특히 합동 또는 사이버 효과가 필요한 경우 더욱 그러하다. 그림 12-1은 합동 표적처리 사이클의 단계를 보여준다.

　합동 군사 작전 참고 가이드에 따르면, 해군의 CWC(복합전지휘관) 개념은 더 전술적인 초점을 가지고 있긴 하지만 합동군 지휘통제 구조와 유사성을 공유한다. CWC 구조에서, 전술지휘관(OTC, Officer in Tactical Command)은 자신의 조직 내 하급 지휘관들에게 전술적 전투 영역에서의 지휘 권한을 위임한다. 하급 지휘관들은 그 후 OTC의 지침에 기반하여 할당된 자산으로 해당 전투 영역 내에서 할당된 임무를 수행한다. CWC 개념은 전술적 실행을 위한 해군의 지휘통제 구조이

4 Joint Publication (JP) 3-09, Joint Fire Support (Washington, DC: Department of Defense, 2019), https://www.jcs.mil/Portals/36/Documents/Doctrine/pubs/jp3_09.pdf.
5 JP 3-09, IV13-IV14.

다. 이 구조는 전술적 수준의 해상 작전을 위해 설계되었지만, 분권화된 실행과 부정에 의한 지휘 형태를 사용하여 하급 구성요소 지휘관들의 작전 실행을 지휘하는 합동군 사령관(JFC, Joint Force Commanders)들이 활용하는 구조와 크게 다르지 않다.[6]

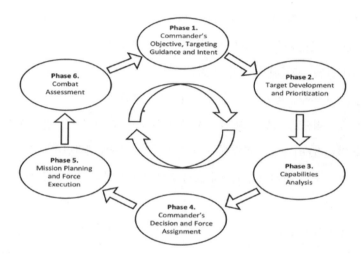

그림 12-1. 합동 표적처리 사이클. Joint Publication 3-09, IV4.

따라서 CWC 구조 내에서는 자산이 배치되어 있고 효과는 하급 지휘관들에 의해 또는 하급 지휘관들 사이에서 조율된다. 이는 더 방어적인 행동으로 이어지는 경향이 있는데, 이는 부대 방호를 위한 교전규칙이 일반적으로 더 명확하여 하급 지휘관의 재량권에 위임하기가더 쉽기 때문이다.

---

[6] U.S. Naval War College, Joint Military Operations Reference Guide, NWC 3153L (Newport, RI: Department of the Navy, July 2011), C1.

## 화력 과정에서의 AI 잠재적 사용

통합화력 운용을 위해 해상 지휘관이 활용하는 고려사항과 과정들을 일부 확인했으니, 이제 AI의 사용을 통해 어떻게 더 많은 능력을 제공할 수 있는지 탐구할 수 있다. 우리는 그림 12-1에 묘사된 합동 표적처리 사이클의 단계들을 탐구하면서 시작할 것이다. 초기 단계는 지휘관의 목표, 지침, 의도를 설정한다. 이 과정에서 지휘관은 원하는 효과와 함께 시간 제약, 부수적 효과 제한, 그리고 군대에 대한 허용 가능한 위험 수준을 명확히 할 것이다. AI는 다양한 타격 패키지가 표적에 성공적으로 영향을 미칠 확률을 계산하는 데 지휘관을 쉽게 도울 수 있으며, 이는 소프트킬이나 하드킬 목적 모두에 해당한다. AI는 또한 특정 표적 타격의 2차, 3차 효과를 추정하는 데 지휘관을 잠재적으로 지원할 수 있다. 예를 들어, AI는 특정 표적의 하드킬에 비해 소프트킬이 적대 행위의 확대로 이어질 가능성이 얼마나 낮은지에 대한 추정치를 제시할 수 있다. 우리는 AI를 활용하여 실시간으로 환경 데이터와 작전 상황에 접근하여 보다 신뢰할 수 있는 전술 상황(TACSIT, Tactical Situation)을 계산하고 제시함으로써 아군 부대에 대한 반격의 위험을 결정하는 데 지휘관을 보좌할 수 있다.

AI의 발전으로 지휘관은 부대 AI에 대한 필터 역할을 하는 모델을 구축하여 최신 지침, 교전 규칙, 의도를 반영할 수 있는 능력을 갖게 될 것이다. 그러면 AI는 분산된 군대 전체에 지휘관의 의도를 전파하고 연락이 두절된 부대를 고려하는 데 도움을 줄 수 있다. 이는 AI를 학습시키고 지휘관의 태도, 의사결정 과정, 우선순위에 맞춘 모델을 구축함으로써 달성될 것이다. 이러한 방식으로, 독립 부대는 지휘관의 최신 목표와 계산에 맞춰진 알고리즘을 기반으로 한 행동 방침 추천을 받게 될 것이다. 이는 해양작전센터(MOC)와 간헐적인 통신만 가능한 분산된 부대를 가진 하급 지휘관들을 지원하고 정렬시킨다. 예를 들어, 이러한 모델은 부대가 임박한 공격에 직면했을 때(TACSIT 1) 적극적인 물리적 행동을 선호하고, 탐지되지 않은 것으로 보이는 부대(TACSIT 3)에 대해서는 MOC에서 공격 무기 해제 권한을 유지할 수 있다. 더 미묘하게는, AI가 훈련이나 워게임을 통해 지휘관의 경향을 학습하고 그 지식을 적용하여 연락이 두절되었을 때 하급 지휘관들에게 조언할 수 있다.

합동 표적처리 사이클의 2단계와 3단계는 표적 개발, 우선순위 지정, 그리고 능력 분석에 중점을 둔다. 이는 더 신중한 계획 수립에서는 인간에 의해 잘 수행되지만, 시간 제약으로 인해 동적 표적화에서는 지휘관을 압도할 가능성이 있다. AI는 많은 변수를 평가하고 가능한 행동 방침을 제시할 수 있는 속도 때문에 동적 능력 분석에서 매우 유용할 수 있다. 올바르게 설계된다면, AI는 정확히 어떤 자산이 통신 중인지, 그들의 현재 공격 능력, 임무 우선순위, 연료 상태, 반격에 대한 상대적 취약성을 인식해야 한다. 추가로, AI는 합동 참여자들 간에 사용 가능한 사전 승인된 사이버 패키지에 대해서도 알고 있어야 한다.

이 모든 정보에 접근함으로써, AI는 합동 표적처리 사이클의 4단계에서 지휘관의 결정과 부대 할당을 포괄적으로 지원할 수 있다. AI는 어떤 화력 조합이 가능한지를 신속하게 분석할 수 있는 잠재력을 가지고 있으며, 이는 조율된 발사를 위한 관련 시간 및 위치 요구사항과 연계되어 있다. 동시에 진행 중인 임무에 대한 영향, 지휘관 의도에 대한 준수, 2차 및 3차 효과의 가능성, 반격에 대한 취약성, 그리고 지휘관이 원하는 결과를 달성할 확률을 평가할 수 있다. 이 정보는 현재 가장 능숙한 참모진에 의해 달성되는 것보다 훨씬 더 빠르고 철저하게, 신뢰도 수준과 실행 일정이 할당된 행동 방침으로 지휘관에게 제시될 수 있다. 유사한 계산을 활용하여, AI는 사거리, 통신 두절, 탄약 부족 또는 기타 제한 사항으로 인해 부대가 통합 효과작전에 참여할 수 없을 때 지휘관에게 실시간으로 경보를 제공할 수 있다. 이는 임무 전반에 걸쳐 상호 지원 태세를 유지하는 동시에 합동 표적처리 사이클의 5단계인 임무 실행에 계획을 제공할 때 지휘관을 크게 도울 것이다.

합동 표적처리 사이클의 전투평가 단계는 해상 교전에서 확인이 어려울 수 있으며, 특히 원거리에서 실행되거나 비물리적 방법을 사용하여 수행되는 경우에 그렇다. 전자광학 센서가 제공하는 것과 같은, 더 신뢰할 수 있는 정보가 표적 근처에서 사용 불가능하거나 소프트킬 효과를 판단하는 데 도움이 되는 이미지를 제공하지 못할 수 있다. AI는 두 가지 방식으로 도움을 줄 수 있다. 첫째, 타격 계획 중 지휘관을 위해 평가 자산을 위치시키는 데 도움을 줄 수 있다. 둘째, AI는 전투 피해 평가를 제공하기 위해 다중 센서 입력을 분석하는 데 도움을 줄 수 있다. 더 구체적으로, AI는 음향, 전자기, 사이버, 시각 센서 전반의 변화를 적의 통신 및 기동 계획의 패턴 분석과 결합하여 빠르게 식별함으로써 표적 재공격 필요성을 고려하기 위해 달성된 효과의 확률을 제공할 수 있다. 이 전체 과정에서 인공지능(AI)은 다양한 표적 유형에 대한 화력 효과와 그 조합들의 성공 사례를 체계적으로 분류하고 학습하여, 이를 향후 통합화력 계획 수립에 활용할 수 있다.

## 교전 속도에서 AI의 잠재적 사용

위에서 논의된 합동 표적처리 사이클 전반에 걸친 AI의 사용은 인간 개입(human-in-the-loop) 접근법을 채택하고 있으며, 이는 제안된 행동이 제시되지만 인간 의사결정자가 그 행동을 개시해야 한다. 복합 전지휘관(CWC) 프로세스 내에서는 특정 활동에 대해 인간 감독(human-on-the-loop) 접근법의 사용을 고려할 필요가 있다. 어떤 의미에서 이는 하급 지휘관이 행동할 권한을 부여하면서 상급 지휘관이 그들의 재량으로 그 행동을 무효화할 수 있는 권한을 유지하는 CWC 개념과 잘 부합한다. CWC 프로세스가 주로 부대 방어를 위해 정렬되어 있기 때문에, 그것들은 본질적으로 신중하다기보다는 더 반응적이다. 기계는 반응적 대응에 잘 맞으며, 정의된 매개변수에 대한 자동 응답을 허용하는 방어 전투 시스템이 수십 년 동안 배치되어 왔다(책의 서론에서 논의된 근접방어무기체계와 같음).

신중한 사격 주기와 마찬가지로, AI 사용을 위한 시스템을 올바르게 설계하면 통합 방어 화력에 대한 향상된 능력을 제공할 수 있다. 능동 미사일 탐색기가 주파수를 변경하는 속도, 사이버 침입이 확산되는 속도, 또는 극초음속 무기가 교전 영역을 통과하는 속도를 고려해 보라. 인간의 추론과 상호작용 속도에 의존할 때 대응 기회가 완전히 사라질 수 있다. 여러 부대가 서로 지원하고 공격이 여러 영역에 걸쳐 수행될 때 복잡성은 엄청나게 증가한다. 이러한 공격에 대한 방어는 임무 우선순위에 따라 전투 지휘관들 사이의 지원 및 피지원 역할이 빠르게 자주 바뀌는 것을 요구할 수 있다. 동적인 다영역 위협 속에서 인간의 협상에 의존할 때 이렇게 변화하는 우선순위를 관리하는 것은 빠르게 실패 지점에 도달할 수 있다. AI는 더 정확하고 시기적절한 위협 평가를 바탕으로 대응을 할 수 있는 능력을 가지면서 영역 전반에 걸쳐 자원 우선순위를 더 원활하게 처리할 수 있는 가능성을 가지고 있다.

방어적 태세에서는 적대적 의도가 더 쉽게 명백해지므로, 지휘관들은 AI가 하드킬 및 소프트킬 교전을 개시하도록 허용하는 데 대해 더 적은 제약을 가져야 한다. 이러한 태세에서는 가장 유리한, 아마도 유일한 교전 기회가 기계의 속도로 전개될 수 있다. 지휘관들은 자신의 부대를 방어하기 위해 가능한 모든 조치를 취해야 하므로, AI는 지휘관에 의해 모니터링되지만 직접 지시받지 않으면서 방어 행동을 개시할 수 있는 능력을 가져야 한다.

## AI와 지휘관의 직관

위에서 논의된 현재 프로세스에 대한 AI의 보다 직접적인 적용 외에도, AI를 활용하여 지휘관의 직관을 향상시킬 수 있는 기회가 있을 수 있다. 성공적인 지휘관들은 상대방의 다음 움직임을 감지하고 모멘텀의 변화를 빠르게 인식하는 능력을 가지고 있었다. 말콤 글래드웰(Malcolm Gladwell)의 책 『블링크(Blink)』는 이러한 직관이 무의식적 사고 과정의 패턴 인식에서 어떻게 발생하는지 설명한다.[7] 의식적인 인간의 처리는 초당 수십 비트 정도로 이루어진다. 반면, 글래드웰이 설명한 무의식적 인간 처리는 초당 수백 기가비트 이상으로 작동할 수 있다. 연구자들은 뇌가 패턴을 인식하고 사람이 패턴을 인식했다고 말

---

[7] Malcom Gladwell, Blink (New York: Little, Brown and Company, 2005).

하기 훨씬 전에 행동을 수정하기 시작할 수 있다는 것을 보여주는 여러 실험을 수행했다. 무의식과 의식적 사고 사이의 이 지연이 개인 직관의 기반이 된다.

종종 전투에서 승리는 자신의 직관을 더 잘 신뢰하고 행동으로 옮길 수 있는 지휘관에게 돌아간다. 기계학습은 패턴 인식에 매우 뛰어나며, 지휘관이 전투에 대한 직관적 감각을 더 빠르게 이해하고 신뢰하거나 무시할 수 있도록 도와준다. 패턴을 인식하고 다양한 데이터셋에서 정보와 권장 사항을 생성하는 능력은 지휘관에게 더 큰 통찰력을 제공하여 선택한 행동에 대한 더 높은 확신을 준다. 본질적으로 AI는 지휘관에게 더 강력하고, 신뢰할 수 있으며, 반복 가능한 직관을 제공할 수 있다.

이러한 능력은 단순히 적의 행동을 예측하는 데에만 국한되지 않고, 지휘관이 부하들에 대해 가진 인상을 강화하거나 재형성하는 데에도 활용할 수 있다. 다소 논란의 여지가 있긴 하지만, 이는 특정 임무에 가장 적합한 지휘관, 부대, 또는 참모를 선발할 때 개인적 편견을 극복할 수 있는 가능성을 제시한다. AI는 훈련, 워게임, 또는 이전 작전에서의 역사적 성과를 바탕으로 개인과 부대의 예상 성과를 평가하여, 지휘관이 임무 수행에 적합한 인원을 선발하는 데 도움을 줄 수 있다. 윌리엄 홀시(William Halsey) 제독이 주노호 사건과 관련하여 길버트 후버(Gilbert Hoover) 대위를 해임했던 결정에 이러한 도구가 사용되었다고 가정해 보자.[8] AI였다면 아마도 후버의 지휘 하에 헬레나호가 두 차례의 야간 해상전에서 보여준 뛰어난 성과를 근거로 그의 유임을 제안

---

8 James D. Hornfischer, Neptune's Inferno: The U.S. Navy at Guadalcanal (New York: Random House, 2011), 379–82.

했을 수도 있다.[9] 지휘관의 경험이 향후 해상전에 어떤 영향을 미쳤을지 정확히 추정하기는 어렵지만, 우리는 홀시 제독이 가장 성공적인 순양함 함장을 해임한 결정을 후에 후회하게 된다는 사실을 알고 있다. AI는 예하 전투 지휘관의 책임 할당이나 효과적인 임무 수행을 위한 작전요소 구성을 정량화하는 데 도움을 줌으로써, 지휘관이 후회할 만한 결정을 피하도록 지원할 수 있을 것이다.

## AI와 지휘관의 성향

AI가 각 지휘관의 개인적 특성과 성향을 분석하여 이에 맞는 행동 방침을 도출할 수 있도록 맞춤화하는 응용 프로그램의 필요성을 검토해야 한다. 초기 사용 사례로는 AI가 지휘관에게 비교적 예측 가능한 반복 패턴을 경고하여 적이 더 쉽게 예측하고 대응할 수 있는 행동 방침을 피하도록 설계될 수 있다. 이러한 방식으로 화력 통합에 적용되는 AI는 자산의 배치를 무작위화하거나, 방출 순서 또는 보급 패턴을 다양화하여 블루 포스(아군)의 위험을 최소화하면서 지속적인 효과를 제공하는 데 도움을 줄 수 있다.

더 어려운 단계는 지휘관의 성격 유형을 고려하여 그 개인적 특성을 맞춘 권장사항을 계산하는 AI를 개발하는 것이다. 이를 위해 우리는 모든 지휘관으로부터 워게임에서 표준화된 결과를 얻는 것의 바람직함과 성격 유형의 차이로 인한 잠재적 결과 편차를 대조하여 고려해야 한다. 여기서의 위험은 홀시 제독이 코브라 태풍을 통과해 제3함대를 진격시키는 것을 만류할 수 있는 동일한 AI가 두리틀 공습을 취소하도

9 Hornfischer, 313-16.

록 그를 설득할 수도 있다는 점이다.[10]

가능한 타협안 중 하나는 개인이 군에 입대할 때 개인 AI를 할당하여 경력 전반에 걸쳐 함께 동행하고 성장하도록 하는 것이다. 이 개인 AI는 표준 응용 프로그램 인터페이스를 통해 플랫폼 AI와 상호 작용하도록 설계될 수 있으며, 개인의 복무 기간 전체에 걸쳐 일관된 인간-기계 인터페이스를 제공할 수 있다. 이러한 배치는 지휘관의 선호도, 접근 방식, 결과 간의 개인차를 허용하면서 인간-기계 팀의 경험, 신뢰, 자신감을 구축할 수 있다. 이러한 차이를 인식함으로써, AI는 이론적으로 임무 계획, 해상 전투단 구성, 또는 접근로 방어를 위한 최적의 참모 성격 조합에 대해 지휘관에게 조언할 수 있다. 정보에 기반한 인원 배치는 전역 전반에 걸친 효과의 조정을 최적화하는 데 도움이 될 수 있다.

## 직접적인 업무 부담 경감

지휘관과 참모의 무의식적 사고 과정을 지원하기 위해, AI를 활용하여 일부 활동을 이와 유사한 프로세스로 전환할 수 있다. 지휘관이 의식적으로 부대를 지휘하는 동안, AI는 자동화된 시스템이 적절한 범위에서 작동하고, 변화하는 작전 속도에 맞춰 연료 공급, 무장, 유지보수가 이루어지도록 보장할 수 있다. 이상적으로, 이는 마치 사람이 위험에 직면했을 때 아드레날린 분비가 증가하고, 심박수가 올라가며, 시력이 향상되는 것과 유사한 방식으로 작동한다. 예를 들어, 지휘관의

---

10 E. B. Potter, Bull Halsey (Annapolis, MD: Naval Institute Press, 1985), 55-62, 321-24.

의도와 평가된 위험을 바탕으로 자율 플랫폼과 센서의 위치를 자동으로 조정할 수 있다. 이러한 과정은 배경에서 지속적으로 실행되다가, 자원 부족이나 계획된 작전에 영향을 미칠 때만 지휘관의 주의를 요구하게 된다. 또한, 이러한 '무의식적' 프로세스에는 전술 상황의 변화에 대한 경고와 함께, 사전 설정된 지침에 따라 무기 태세와 물자 상태를 자동으로 변경하는 기능도 포함될 수 있다. 이러한 시스템을 구현하는 것은 쉽지 않을 수 있지만, 해군 참모진이 이러한 일상적인 결정에서 벗어나게 되면 전체 작전 수행에 더 많은 시간과 노력을 들일 수 있게 된다.

## 교전 계산법의 변화

AI를 통합화력 시스템에 도입하면 우리의 군사적 선택지를 넓힐 수 있다. 서구 민주주의 국가인 미국은 인명을 매우 중시하지만, 이는 인명 손실에 덜 민감한 적들과 싸울 때 제약이 될 수 있다. 자율 시스템의 등장으로 지휘관들은 인간 병력으로는 불가능했던 작전을 수행할 수 있게 된다. 미드웨이 해전에서 일본 어뢰 비행대 8호대의 전멸은 조율되지 않은 행동의 결과였다. 그러나 이로 인해 일본 전투기들을 저고도로 유인하는 효과가 있었고, 그 결과 미국의 급강하 폭격 비행대가 저항 없이 공격할 수 있어 결정적인 승리를 거두었다.[11] 하지만 오늘날 어떤 지휘관도 국가적 위기 상황이 아니라면 한 비행대 전체를 희생시키는 결정을 내리지 않을 것이다. 자율 시스템은 이러한 상황을

---

11 Jonathan Parshall and Anthony Tully, Shattered Sword: The Untold Story of the Battle of Midway (Dulles, VA : Potomac Books, 2005), 206-11.

변화시킬 수 있다. 지휘관들은 더 큰 위험을 감수할 수 있게 되어, 새로운 전술적 선택지를 갖게 된다. 예를 들어 공격 작전 시 주로 무인 시스템이 위험을 감수하도록 계획을 세울 수 있다. 무인 시스템을 희생하여 유인 전투기가 공격을 피하거나 더 효과적인 공격을 할 시간을 벌 수 있다. 이는 모든 해상 유닛을 중요 자산으로 여기던 기존의 사고방식을 바꿀 수 있다. 또한, 적이 무인 시스템을 공격 대상으로 삼게 되면 전쟁 확대의 위험도 줄어들 수 있다. 이로 인해 AI는 상황에 따라 적절한 공격 목표를 더 자유롭게 선택할 수 있게 된다.

## 혁명적인 절차적·조직적·문화적 영향

지금까지 우리는 현재의 조직 구조 내에서 AI를 활용해 기존 프로세스의 성능을 개선할 수 있는 기회를 살펴봤다. 하지만 AI의 확산으로 나타날 수 있는 새로운 조직 및 프로세스 구조를 예측하는 것은 더 어렵다. 이를 이해하기 위해 전쟁 역사를 통해 지휘통제 시스템이 어떻게 발전해 왔는지 살펴볼 필요가 있다. 오랜 세월 동안 군대의 지휘는 지도자 개인의 성격에 크게 의존했다. 지도자들은 전략부터 전술까지 모든 결정을 직접 내렸고, 그들의 참모진은 주로 전쟁의 모든 측면에 대해 조언할 수 있는 경험 많은 부대장들로 구성됐다. 그러나 군대의 규모가 커지고, 무기의 종류가 다양해지며, 지휘가 복잡해짐에 따라 참모진도 점차 전문화됐다. 나폴레옹 시대에 도입된 혁신적인 조직 구조는 지휘관들이 중요한 문제에 집중할 수 있게 했다. 필요할 때 특정 분야의 전문 지식을 가진 참모들의 조언을 받을 수 있게 된 것이다. 이는 마치 지휘관이 참모진을 인간 데이터베이스처럼 활용한 것과 같다.

특정 전투 분야의 지식에 쉽게 접근하고 철저히 분석할 수 있도록 분류한 것이다. 이러한 방식으로 나폴레옹식 조직은 지휘관들에게 필요할 때마다 전문가의 정보를 제공함으로써, 지도자 개인의 능력 차이를 줄이는 데 도움을 줬다.

AI의 적용은 인간 참모 장교들보다 더 철저하게 데이터를 저장하고 신속하게 접근하며, 패턴을 분석하고, 이상을 감지하며, 서로 다른 영역의 우선순위 간 관계를 이해할 수 있는 능력이 있기 때문에, 우리는 기존의 전문화된 참모 체계에서 벗어나 새로운 형태의 참모 조직을 만들 수 있는 기회를 갖게 될 수 있다. 아마도 AI가 전문가 수준의 분석을 제공함으로써, 지휘관들은 참모진의 규모를 줄이고 다양한 분야에 대한 폭넓은 지식을 가진 다재다능한 장교들로 돌아갈 수 있다. 이들은 군대를 더 종합적으로 관리하는 데 도움을 줄 수 있다. 다양한 분야의 업무를 수행할 수 있는 능력을 갖춘 이러한 다재다능한 참모진이 도입되면, 참모들의 주요 역할이 변화할 수 있다. 기존에는 지휘관에게 필요한 정보를 수집하고 분석하는 데 중점을 두었다면, 앞으로는 작전의 실제 수행 과정을 감독하고 관리하는 데 더 집중할 수 있게 될 것이다. 이러한 변화의 가장 큰 영향은 아마도 복합전투지휘관(CWC) 개념에 미칠 것이다. 복잡한 화력 통합에서 전문화된 부지휘관들 사이의 지원 및 피지원 역할을 바꾸는 대신, 지휘관들은 모든 영역에 걸쳐 효과를 관리하기 위해 그들의 부하 지휘관들에게 구역 또는 지역 책임을 할당할 수 있다고 생각할 수 있다.

AI 기술이 계속 발전하면 현재의 특정 분야별 인력 구분이 없어질 수 있다고 예상할 수 있다. 미래에는 AI의 지원을 받는 다재다능한 장교가 자신의 복무 동안 잠수함, 수상함, 항공기 또는 포병, 보병, 수송 부대 등 다양한 분야를 오가며 근무할 수 있을 것이다. 모든 군사 영역의 플랫폼을 이해하는 자원 관리 장교들이 생긴다면 군수 조달 조직이 어떻게 변할지 상상해보라. 심지어 AI는 장교와 사병 선발 과정의 경계를 흐리거나 없앨 수도 있다. 이 경우 지휘 능력을 평가할 때 학력보다는 워게임과 시뮬레이션에서의 성과가 더 중요해질 수 있다. 이런 문화적 변화를 가능케 하는 AI의 실전 배치는 아직 먼 미래의 일일 수 있다. 그러나 해군은 이러한 잠재적 변화에 대해 자세히 분석하고, 새로운 기술 도입과 함께 조직과 업무 프로세스 개선을 진행해야 한다.

## 현실적 고려사항

지금까지 우리는 통합화력 개념을 지원하는 AI의 여러 가지 잠재적 용도를 살펴보았다. 이제 이러한 응용 프로그램 개발의 실현 가능성과 실용성을 검토해야 할 시점이다. 현재 함대의 통합화력 체계는 꾸준히 개선되고 있다. 수십 년 동안 사용된 경직된 킬체인과 분절된 획득 프로그램들이 점차 더 유연하고 치명적인 능력으로 대체되고 있다. 해군 통합화력 통제－대공(NIFC, Naval Integrated Fire Control－Counter Air) 체계는 다양한 체계 사령부들과 현행 프로그램들을 하나로 통합하는 복합체계(System－of－Systems) 방식을 최초로 도입했고, 이를 통해 화력 운용의 협조성과 타격 효과를 크게 향상시켰다. 획득 조직은 임무 수행능력 요구사항에 기반하여 다양한 프로그램에 적용되는 요구사항 문서의 역할을 하는 해군 통합능력 개념(NICC, Naval Integrated Capability Concepts)을 개발하는 이니셔티브를 추진해왔다. NICC는 임무 수행능력에 대한 요구사항을 기반으로 다양한 프로그램들의 요구사항을 종합적으로 정리한 문서이다. NIFC 개정 III NICC의 개발은 함대 플랫폼 전반에 걸쳐 유연하고 탄력적이며 치명적인 능력을 더욱 강화하는 것을 목표로 한다. 사용자 중심 설계 인터페이스 개선과 함께 이러한 노력에 대한 투자는 해상 지휘관들에게 훨씬 더 강력한 능력을 제공할 것이다. AI는 NIFC 설계 계획에 통합될 수 있지만, 이를 위해서는 몇 가지 중요한 요소들을 고려해야 한다.

이전 장에서 언급했듯이, 인공지능을 성공적으로 구현하는 핵심은 해당 응용 프로그램에 적합한 데이터를 세심하게 수집하고, 정제하며, 관리하는 것이다. 이러한 노력은 일반적으로 업계 선도 기업들의 인공지능 프로젝트 개발 자원 중 80%를 차지한다.[12] 이는 해군에게 두 가지 주요 과제를 제시한다. 어떤 데이터가 필요한지 파악하는 것과 그 데이터를 필요로 하는 응용 프로그램이 접근할 수 있게 만드는 것이다. 이러한 작업의 어려움은 두 가지 일화를 통해 더욱 잘 이해될 수 있다. 첫 번째는 베스트바이(Best Buy) 직원인 조디 톰슨(Jody Thompson)과 칼리 레슬러(Cali Ressler)가 만든 '결과 중심 근무환경'(ROWE, Results Only Work Environment)에 관한 것이다. 결과 중심 근무환경은 여러 조직에 도입되었으며, 직원들의 근무 시간이나 장소를 모니터링하지 않고 오직 결과에 대해서만 책임을 지도록 하는 시스템이다.

AI 구현의 가장 큰 어려움 중 하나는 관리자들이 각 직원에게 정확히 어떤 결과를 원하는지 파악하지 못하는 것이다.[13] 이를 설명하기

---

12 Armand Ruiz, "The 80/20 Data Science Dilemma," InfoWorld, September 26, 2017, https://www.infoworld.com/article/3228245/the-80-20-data-science-dilemma.htm.
13 Cali Ressler와 Jody Thompson, Why Work Sucks and How to Fix It (New York: Penguin Books Ltd. 2008).

위해 두 가지 일화를 소개한다. 첫 번째 일화는 앞서 언급한 '결과 중심 근무환경'(ROWE)과 관련이 있다. 두 번째 일화는 개인적인 경험에 관한 것으로, 오키나와에 있는 제9해병연대에 연락장교로 배치되었을 때의 일이다. 당시 연대장이었던 앤서니 지니(Anthony Zinni) 대령은 자신의 지휘 철학에 대해 동기 부여 연설을 했다. 그는 베트남에서 복무를 마치고 오키나와에서 귀국 비행기를 기다리던 한 하사관에 대한 이야기를 들려주었다. 그 하사관은 식당 텐트에 여러 개의 파리 끈끈이 트랩이 걸려 있는 것을 보고, 심심해서 텐트의 지도를 그리고 각 트랩의 위치와 붙잡힌 파리의 수를 표시했다. 그는 며칠 동안 이 작업을 계속하며 그린 지도를 식당 감독관의 수신함에 넣어두었다. 다음 주, 보급 장교가 식당 텐트에 들어와 며칠째 '파리 보고서'를 받지 못했다며 화를 냈다. 이 일화는 다소 우스꽝스러운 사건으로 시작되었으나, 파리 보고서를 통해 실제 측정 가능한 데이터를 얻을 수 있었고 인간의 본질적인 특성 일부를 발견할 수 있었다는 점에서 의미가 있다.

결과 중심 근무환경(ROWE) 관리자들과 마찬가지로, 군대 내에서 어떤 지표가 정말 필요한지 식별하는 것은 어려울 수 있다. 우리는 정보가 언제 필요하게 될지 예측할 수 없기 때문에, 가능한 한 많은 정보를 확보하려는 경향이 있다. 특히, 특정 정보를 정기적으로 보고해온 조직에 새로 들어온 경우, 우리가 아직 인식하지 못한 목적이 있을 것이라고 가정하기 때문에 이러한 경향이 더욱 강하다. 해군 전체의 조직과 지휘관 성향의 다양성을 고려할 때, 필수 정보, 제한적으로 유용한 정보, 불필요한 정보를 구분하는 작업은 어려울 것이다. 해군의 경우, 현재 사용 중인 다양한 데이터 형식과 단절되고 간헐적이며 제한된 대역폭 환경의 운영 제한으로 인해 이러한 어려움이 더욱 증폭된다.

현재의 데이터 처리 문제를 고려할 때, 통합화력을 위한 광범위한 AI 적용은 단기적으로는 불가능할 수 있다. 해군은 AI 시스템을 본격적으로 도입하기 위한 대규모 투자에 앞서, 효과적인 데이터 관리 전략을 수립하고 이를 신속하게 구현하는 데 우선적으로 투자하는 것을 고려해야 한다. 그렇지 않을 경우, 서로 연계되지 않은 개별 AI 애플리케이션들이 상호 협력 없이 각각 다른 추천사항을 제시하여 지휘관의 의사결정에 혼란을 초래하는 분절된 시스템으로 회귀할 위험이 있다. 이는 해군이 단기적인 AI 적용에 대한 투자를 완전히 피해야 한다는 의미는 아니다. 기존 시스템 내에서 통합화력 수행을 지원하기 위해 AI를 활용할 기회가 있다. 좁은 범위의 AI 애플리케이션은 참모들이 지휘관을 위해 정보를 수집, 분석하고 선택지를 제시하는 데 사용하는 현재 시스템을 향상시킬 수 있다. 그러나 이러한 시스템 구현은 전체 해군 체계의 미래 발전 방향성과 일치하도록 표준화되고 체계적으로 계획되어야 한다. 즉, 개별 시스템의 개선이 전체 해군 시스템의 통합적 발전에 기여할 수 있도록 해야 한다.

## 가능한 한계

우리는 복잡한 통합화력 전투환경에서 전장 정보를 수집하는 데 AI를 광범위하게 활용할 수 있는 다양한 방안들을 검토했다. 하지만 이러한 AI 활용 방안들이 실제 전장에서 실현 가능한지에 대해서도 신중히 검토해야 한다. 인간의 뇌는 초당 1,000페타플롭스($10^{18}$번의 계산)를 처리하면서도 희미한 전구만큼의 에너지만 사용한다고 한다.[14] 반

---

14 John Staughton, "The Human Brain vs. Supercomputers... Which One Wins?"

면 아이비엠(IBM) 서밋(Summit) 슈퍼컴퓨터는 200 페타플롭스의 성능을 내지만, 제작 비용이 2억 달러에 달하고, 두 개의 농구 코트만한 공간을 차지한다. 또한 작동에 15메가와트의 전력이 필요하고, 냉각을 위해 매분 4,000갤런의 물을 사용한다.[15] 이는 7,000가구에 전기를 공급하고, 400가구에 물을 공급할 수 있는 양이다. 해군 함정이나 육상 기지에서는 이런 요구 사항을 충족할 수 있겠지만, 다른 대부분의 군사 플랫폼에서는 어려울 것이다.

또한, 인간의 일부 사고 과정은 AI로 복제할 수 없을 수도 있다. 볼프강 스미스(Wolfgang Smith)는 그의 책 『물리학과 수직적 인과관계』에서 이런 질문을 던졌다. "특정 시점에 생명체의 형태를 완벽히 안다면, 그 행동을 정확히 예측할 수 있을까? 또는 양자 효과를 고려하면, 생명체의 행동이 물리 법칙을 벗어날 수 있을까? 결국 우리가 묻는 것은 생명체가 단순한 물리적 시스템 이상인가 하는 것이다."[16] 스미스 박사의 추측이 맞다면, 인간 사고의 일부는 계산으로 복제하거나 예측할 수 없을 것이다. 그러나 해군의 통합화력 시스템에 현재의 AI 기술을 활용하기 위해 AI의 모든 한계를 알 필요는 없다.

한편, AI 시스템에 대한 기만이나 적대적 침투 가능성도 항상 존재한다. 이에 대해서는 다음 장에서 논의할 것이다.

Science ABC, 2015, https://www.scienceabc.com/humans/the-human-brain-vs-supercomputers-which-one-wins.html.

15 Stephen Shankland, "IBM's World-Class Summit Supercomputer Gooses Speed with AI Abilities," CNET News, CBS Interactive Inc., June 8, 2018, https://www.cnet.com/news/ibms-world-class-summit-super-computer-gooses-speed-with-ai-abilities/.

16 Wolfgang Smith, Physics & Vertical Causation (Brooklyn, NY: Angelico Press, 2019).

## 앞으로 나아가기

통합화력 시스템에서 인간이 잘 수행할 수 있는 기능과 기계가 잘 수행할 수 있는 기능이 있다. 모든 임무 영역에서 인간 전투원은 적절한 의사결정을 위해 대부분의 정보 융합 기능을 담당해 왔다. 자동화 시스템, 향상된 사용자 인터페이스, 그리고 AI 기술은 인간 운용자가 수행해야 하는 정보의 회상, 조합, 분석 작업의 부담을 경감시키는 데 활용될 수 있다. 이를 통해 운용자는 현재 인프라로 지원되지 않거나 현재 AI의 성능과 비용 고려사항을 넘어서는 더 높은 수준의 의사결정에 집중할 수 있게 될 것이다. AI는 더 높은 수준의 위험을 감수할 수 있다는 장점을 활용하여, 기계 속도에 맞춘 인간 감독형 운용이 요구되는 방어용 통합화력 체계의 문제 해결을 지원할 수 있다. 또한, 단기간 내에 자율주행 차량에 AI를 적용함으로써 전투력과 화력 운용의 선택지를 획기적으로 확장할 수 있다.

다영역 화력지원의 복잡한 운용을 관리하고 핵심 참모진과 부관의 역할을 수행할 수 있는 범용 인공지능(General AI)의 실전 도입은 아직 수년 후의 과제로 남아있다. 그래핀 회로 기관과 양자 컴퓨팅 기술의 발전이 이러한 능력을 가속화하고 향상시킬 수 있지만, 핵심은 여전히 접근 가능한 데이터의 적절한 기반을 구축하는 것이다. 이러한 기반이 갖춰지면, 가까운 미래에 "그리들리, 준비되면 발포하십시오."[17]라고 조언할 수 있는 AI 참모를 상상하는 것은 어렵지 않다. 하지만 "어뢰는 무시하라! 타종 4회! 드레이튼 함장, 전진하라! 주엣, 전속력으

17 E. B. Potter, Sea Power: A Naval History, 2nd ed. (Annapolis, MD: Naval Institute Press, 1981), 170.

로!"[18]와 같은 조언을 생성할 AI를 배치하기까지는 아직 준비해야 할 것이 많을 것이다.

18 Loyall Farragut, The Life of David Glasgow Farragut, First Admiral of the United States Navy: Embodying His Journal and Letters (New York: D. Appleton and Company, 1879).

제13장
# 인공지능과 미래 전력 구조

# 인공지능과 미래 전력 구조

해리슨 슈람(Harrison Schramm), 브라이언 클라크(Bryan Clark)

군사 작전에서의 인공지능(AI) 논의는 주로 AI가 기존 시스템과 작전개념을 어떻게 개선할 수 있는지에 집중되어 있다. 이는 자본 집약적인 군대가 새로운 기술을 활용하기 위해 장비를 신속히 교체하고 인력을 재교육하기 어렵다는 점에서 합리적인 접근 방식이다. 그러나 이러한 접근법은 AI가 제공할 수 있는 잠재적 이점을 제한하고, 군사력이 장기적인 우위를 확보하는 데 방해가 될 수 있다. 대신 군대는 AI의 가장 유망한 군사 적용 분야인 지휘통제에서 AI가 가능케 하는 민첩성과 복잡성을 최대한 활용하기 위해 전력 구조와 의사결정 과정을 발전시켜야 한다.

이 장은 두 부분으로 구성된다. 첫 번째 부분은 미래 AI 발전의 이점을 최적화하기 위한 작전부대 재편성의 특정 방법에 초점을 맞춘다. 두 번째 부분은 미군 부대에 AI 응용 프로그램을 통합하는 과정에 대한 우리의 관찰과 제언을 다룬다.

## 결정의 혁명

국력이 대등한 국가 수준의 적대국에 대한 군사적 우위는 기껏해야 일시적일 뿐이다. 이는 최근 미국 국방 지도부가 냉전 이후 "단극체제의 시대"(unipolar moment) 동안 미군이 누렸던 우월한 지위를 상실하고 있다고 주장한 것에서 잘 드러난다.[1] 이러한 추세를 역전시키기 위해 미군은 강대국 경쟁자인 중국과 러시아에 대해 지속적인 우위를 확보할 수 있는 새로운 작전 방식을 추구해 왔다 — 제2장에서 논의된 제3차 상쇄전략(Third Offset Strategy)이 그 예이다. 20세기 동안 핵무기나 스텔스 기술과 같은 혁신적 기술들이 주요 작전 변화를 촉발하고 미군의 우위를 가져왔다.[2] 인공지능(AI)은 21세기에 이와 유사한 판도를 바꾸는 기술(game changer)이 될 수 있다. 이 장에서는 AI가 전쟁 수행에 어떻게 가장 효과적으로 적용될 수 있는지 설명하고, 이러한 접근법을 실현하는 데 필요한 주요 조치들을 제시하며, 그 실행에 있어

1 "단극체제의 시대"를 만들어낸 요인에 대한 상세한 분석은 Hal Brands, Making the Unipolar Moment: U.S. Foreign Policy and the Rise of the Post-Cold War Order (Ithaca, NY: Cornell University Press, 2016) 참조. 미군이 우위를 잃어가고 있다는 논평으로는 다음과 같은 것들이 있다. Gautam Adhikari, "American Power: The End of the Unipolar Myth," New York Times, September 27, 2004, https://www.nytimes.com/2004/09/27/opinion/american-power-the-end-of-the-unipolar-myth.html; Andrew A. Michta, "Time to Push Back Against the Revisionists," American Interest, December 13, 2018, https://www.the-american-interest.com/2018/12/13/time-to-push-back-against-the-revisionists/; Ali Wyne, "Can America Remain Number One?" National Interest, February 18, 2019, https://nationalinterest.org/feature/can-america-remain-number-one-44627?page=0%2C2.
2 Robert Martinage, Toward a New Offset Strategy: Exploiting U.S. Long-Term Advantages to Restore U.S. Global Power Projection Capability (Washington, DC: Center for Strategic and Budgetary Assessments [CSBA], 2014), https://csbaonline.org/research/publications/toward-a-new-offset-strategy-exploiting-u-s-long-term-advantages-to-restore.

잠재적 장애요인들을 강조할 것이다.

본 논의를 위해, 우리는 이 책의 다른 부분과 일관되게 AI를 다음과 같이 정의한다. AI는 인간 두뇌의 기능을 모방하고, 이전에는 오직 인간만이 수행할 수 있었던 작업을 수행하는, 컴퓨터 하드웨어 상에서 실행되는 프로그래밍, 알고리즘, 데이터의 조합이다. 이러한 정의는 본질적으로 유동적이다. 제8장에서 논의되었듯이, 10년 전 AI로 간주되었던 것과 오늘날 AI로 여겨지는 것은 다르다. 우리가 고려하는 AI 유형의 핵심 특성은 "자체 프로그래밍" 능력이다 ─ 즉, 시스템이 새로운 정보에 노출될 때 스스로 진화한다는 것이다. AI는 실제 인간이 의사 결정 시 사용하는 과정을 설명하는 용어인 자연 지능과는 구별된다.[3]

인공지능(AI)은 새로운 군사혁신(RMA, Revolution in Military Affairs)을 촉진할 수 있는 핵심 요소로 주목받고 있다. RMA는 긴급한 군사적 과제 해결을 위해 혁신적인 전쟁 수행 방식과 첨단 기술을 융합하는 것을 의미한다. 점진적 군사 발전과는 달리, RMA는 전쟁의 본질을 근본적으로 변화시키는 새로운 전쟁 수행 패러다임을 확립한다.[4] 가장 최근의 RMA 사례로는 제2차 세계대전 말 핵무기의 등장과 냉전 후기

---

3 자연지능(natural intelligence)이라는 용어는 주로 인간 지능의 생물학적 특성을 인공지능(AI)과 대조할 때 사용된다. 바스 대학교(University of Bath)의 조안나 J. 브라이슨(Joanna J. Bryson) 박사는 자연지능에 관한 주요 논문들을 나열한 웹사이트를 http://www.cs.bath.ac.uk/~jjb/web/uni.html에서 운영하고 있다.

4 James R. FitzSimonds and Jan M. van Tol, "Revolutions in Military Affairs," Joint Force Quarterly 4 (Spring 1994), https://apps.dtic.mil/dtic/tr/fulltext/u2/a360252.pdf. "전쟁의 성격"(character of war)이라는 용어는 일반적으로 전쟁이 수행되는 현재의 방법, 주로 작전과 전술을 의미한다. 이는 종종 전쟁 그 자체의 정의, 즉 조직적인 방식으로 목적을 위해 폭력을 사용하는 것을 의미하는 "전쟁의 본질"(nature of war)이라는 용어와 대비된다. 이러한 구분은 카를 폰 클라우제비츠(Carl von Clausewitz)의 저작에서 유래한 것으로 여겨진다. 어떤 경우든, 많은 국방 관련 논의에서 이 두 용어를 혼동하거나 서로 바꿔 사용한다.

정밀타격 및 스텔스 기술의 도입을 들 수 있다. 미군은 1950년대에 바르샤바 조약기구의 병력 우위에 대응하고, 1980년대에는 소련과의 핵 균형을 타파하기 위해 이러한 혁신을 추구했다. 두 경우 모두 혁신적인 작전개념과 첨단 기술의 결합으로 소련군이 따라잡기까지 미군은 10년 이상 군사적 우위를 유지할 수 있었다.

오늘날 미군이 직면한 가장 시급한 작전적 과제 중 하나는 적보다 더 신속하고 효과적인 의사결정을 수행하는 것이다. 향상된 의사결정 능력은 군집 자율 시스템, 사이버 및 전자전, 극초음속 무기와 같은 새로운 역량을 활용하는 데 중요할 뿐만 아니라, 미국의 강대국 경쟁자들이 달성할 수 있는 국지적인 수적 우위를 상쇄하는 방안이 될 수 있다.

냉전 시대의 바르샤바 조약기구와 달리, 중국과 러시아는 개별적으로 미국보다 큰 군대를 보유하고 있지 않다. 그러나 그들은 전 세계에 배치된 미군보다 자국 주변 지역에 더 많은 병력을 집중시킬 수 있다. 또한 그들은 소련의 국제질서의 일부 재편 의도를 공유하지만, 중국과 러시아의 군사 작전은 미국과의 실존적 경쟁에서 승리하기보다는 자국 주변에서 영향력과 영토를 확보하는 데 초점을 맞추고 있다.[5] 결과적으로, 소련군에게 지속 불가능한 소모전을 겪을 것이라고 확신시키던 과거와 달리, 오늘날 미국 국방부의 과제는 강대국 적대세력들에게 국지적 침략 행위가 성공할 가능성이 낮다고 확신시키는 것이다. 이를

---

5 U.S. Department of Defense, Annual Report to Congress: Military and Security developments Involving the People's Republic of China 2019 (Washington, DC: U.S. DoD, 2019), 15, https://media.defense.gov/2019/May/02/2002127082/-1/-1/1/2019_CHINA_MILITARY_POWER_REPORT.pdf Defense Intelligence Agency, Russia Military Power: Building a Military to Support Great Power Aspirations (Washington, DC: Defense Intelligence Agency, 2017), 23, https://www.dia.mil/Portals/27/Documents/News/Military%20Power%20Publications/Russia%20Military%20Power%20Report%202017.pdf?ver=2017-06-28-144235-937.

위해서는 미국의 능력, 태세, 의도에 대해 침략자에게 불확실성을 조성할 수 있는 능력이 필요하다. 중국과 러시아의 회색지대 작전에서 볼 수 있듯이, 분쟁이 발생할 경우 미군의 성공 전략은 과거의 적군 소모 전략과는 달리, 적이 감내할 수 있는 시간적 제약과 국제적 신뢰도 손상의 한계 내에서 적의 전략적 목표 달성 경로를 효과적으로 차단하는 것이 미군 작전의 핵심이 될 것이다.[6]

템포, 기동성, 분산의 통합적 운용을 통해 적에게 다수의 해결 불가능한 딜레마를 강요하여 적의 목표 달성을 저지하는 것이 기동전의 목표다.[7] 기동전은 오래된 전쟁 수행 개념이지만, AI와 자율 시스템의 출현으로 이 접근법이 획기적으로 개선된 버전이 등장할 수 있다. AI 기반 의사결정지원체계(DSS, Decision Support System)는 적이 평가하기 어려운 복잡한 상황을 조성하는 잠재적 행동방침(COA, Course of Action)을 개발하고, 다중 딜레마를 부과하기 위해 부대를 기동시키며 화력을 운용하고, 작전 수행을 위한 통신 및 군수 계획을 수립할 수 있다. 더욱이 AI 기반 통제 시스템은 인간 계획 참모진이 고려하지 않을 행동방침을 신속히 개발하고 제안함으로써 더 높은 적응성과 예측 불가능성을 제공할 수 있다. 이러한 지휘통제(C2, Command and Control)에 대한 AI의 적용을 '인간 지휘, 기계 통제'로 특징지을 수 있다.

AI 기반 전쟁에 대한 연구와 워게임은 부대 구조와 지휘통제 프로세

---

6 Hal Brands, "Paradoxes of the Gray Zone," Foreign Policy Research Institute E-Notes, February 5, 2016, http://www.fpri.org/article/2016/02/paradoxes-gray-zone/.
7 전통적인 기동전(maneuver warfare)은 수세기 동안 실행되어 왔지만, 미 해병대(U.S. Marine Corps)가 이 개념의 현대적 버전을 최초로 채택했다. 이는 처음에 함대해병대 교범을 통해 공표되었다. Fleet Marine Force Manual 1, Warfighting (Washington, DC: Headquarters Marine Corps, 1989, revised 1997), https://www.marines.mil/Portals/1/Publications/MCDP%201%20Warfighting.pdf.

스가 AI 기반 시스템의 잠재력을 완전히 활용하는 데 핵심요소임을 시사한다.[8] 이 장의 나머지 부분에서는 전력 구조와 지휘통제 프로세스가 어떻게 변화해야 하는지, 그리고 이러한 변화를 오늘날의 미군에서 어떻게 구현할 수 있는지 설명할 것이다.

## 모자이크전(Mosaic Warfare)을 위한 새로운 전력 구조

AI 기반 기계 통제의 잠재력을 완전히 실현하기 위해서는 전력 구조의 변화가 필요하다. AI 기반 통제 체계가 현재의 다목적 함정, 부대 편성, 항공기를 사용하여 행동방침(COA, Course of Action)을 개발할 수 있지만, 이로 인한 부가가치는 제한적일 것이다. 현재의 전력 자산은 AI 기반 통제 체계가 개발할 수 있는 다양한 조합으로 활용하기에는 너무 고가이며 수량이 부족하다. 또한 현재의 다목적 전투 요소와 부대는 센서-지휘통제-효과 연결고리에서 여러 기능을 수행해야 하고 자체 방호가 필요하기 때문에, AI 기반 통제 체계가 활용할 수 있는 전력 구성 방안의 다양성이 제한될 수밖에 없다.

더 분산되고 재구성 가능한 전력 구조는 잠재적인 전력 운용의 다양성을 크게 확대할 수 있다. AI 기반 통제 체계는 이러한 분산된 전력의 유연한 조합을 활용하여 미군의 적응성을 높이고, 동시에 적에게 다중 딜레마와 복잡성을 부과함으로써 적의 불확실성을 증가시킬 수 있다. 국방고등연구계획국(DARPA, Defense Advanced Research Projects Agency)

---

8 이는 국방분석센터(CSBA, Center for Strategic and Budgetary Assessments)가 주도한 "Mosaic Warfare Concept Development and Assessment"의 주제였으며, 저자들뿐만 아니라 카일 리비(Kyle Libby), 루카스 아우텐리드(Lukas Autenried), 팀 월튼(Tim Walton), 그리고 댄 패트(Dan Patt)가 기여했다.

은 이와 같이 분산되고 재조합 가능한 전력을 활용하는 작전개념을 "모자이크전(Mosaic Warfare)"이라고 명명했다.[9]

모자이크 전력 구상에서는 기존의 다기능 항공기나 함정 일부가 특화된 기능을 수행하는 무인 플랫폼이나 소형 유인 플랫폼으로 대체된다. 대규모 부대는 기동성과 유연성이 높은 소규모 단위로 재편되며, 이들은 감시, 방어, 통신, 군수 지원을 위한 무인 체계의 지원을 받는다. 예를 들어, 3대로 구성된 F－35A 라이트닝 II 전투기 편대는 지휘통제 역할을 하는 1대의 F－35A와 센서, 전자전, 타격, 공중급유 등 다양한 임무를 수행할 수 있는 4대의 무인기로 대체될 수 있다. 유사하게 2척의 구축함과 1척의 호위함으로 이루어진 수상전투단은 1척의 호위함과 센서 또는 무장을 탑재한 3척의 무인수상함으로 재구성될 수 있다.

미 해군은 무인공중급유기, 무인수상함, 무인잠수정 개발을 통해 이러한 전력 구조 특성을 향한 첫걸음을 내딛고 있다.[10] 미 육군과 해병대는 화물 운반, 원격 감지, 통신 중계 기능을 수행하는 무인 지상차량을 배치하고 있으며, 더 작고 분산된 지상부대 실험을 진행 중이다.[11]

9 U.S. Defense Advanced Research Projects Agency (DARPA), "DARPA Tiles Toget her a Vision of Mosaic Warfare," DARPA website, https://www.darpa.mil/work-with-us/darpa-tiles-together-a-vision-of-mosiac-warfare; Tim Gray-son, "Mosaic Warfare," Power Point presentation, https://www.dari Domain Ops, But Faster," Breaking Defense, September 10, 2019, https://breakingdefense.com/2019/09/darpas-mosaic-warfare-multi-domain-ops-but-faster/.

10 해군의 수중 및 자율 시스템 발전에 대한 요약은 Bradley Martin et al., Advancing Autonomous Systems, R2751 (Santa Monica, CA: RAND Corporation, 2019), https://www.rand.org/pubs/research_reports/RR2751.html 참조.

11 예를 들어, U.S. Army, U.S. Army Robotic and Autonomous Systems (Ft. Eustis, VA: U.S. Army Training and Doctrine Command, 2019), https://www.tradoc.army.mil/Portals/14/Documents/RAS_Strategy.pdf.

마찬가지로 미 공군은 유인 전투기와 협력하여 고위험 작전을 수행하거나 추가 센서 또는 무장 능력을 제공할 수 있는 "협동 무인전투기"를 개발하고 있다.[12] 우리는 이러한 노력들이 가속화되어야 하며, 기존의 대규모 통합전력을 이를 위한 재원 마련의 교환 대상으로 삼아야 한다고 주장한다.[13]

자율 체계는 모자이크전과 같은 개념을 구현하는 전력의 핵심 요소가 될 것이다. 일체형 다목적 플랫폼과 부대 편성의 능력 및 기능을 다수의 저비용 단위로 분산시키는 것은 운용 인력을 줄이거나 완전 무인화를 가능케 하는 자율 제어 기술에 달려 있다. 이러한 자율 제어는 AI 기반일 수 있지만, 반드시 그럴 필요는 없다.

미군의 전력 구조 혁신을 가로막는 가장 큰 장애물은 현행 법규와 제도적 제약, 그리고 인력 운용, 부대 훈련, 장비 획득 등의 실질적인 운영 요건이다. 이러한 요소들이 국방부의 모자이크 전력 구상을 위한 근본적 접근을 어렵게 만든다. 분산형 고도 자율 군사 체계와 운용 개념을 위한 기술은 이미 존재하지만, 미군은 평시 억제력 유지와 작전 지속성 확보를 위해 기존의 대형 다목적 플랫폼과 부대 구조를 여전히 필요로 한다. 게다가 모자이크 전력의 개발 및 배치 예산은 기존 군사력 유지와 증가하는 인건비, 장비 유지보수 비용으로 인해 제한될 수밖에 없다.

모자이크 전력 구조는 단계적으로 구현될 수 있다. 최근 실시한 워

---

12 Gareth Jennings, "Air Force Unveils Loyal Wingman Concept," Jane's Defence Weekly, March 27, 2019, https://www.janes.com/article/87512/usaf-re-veals-sky borg-loyal-wingman-concept.

13 Mark Gunzinger et al., An Air Force for an Era of Great Power Competition (Washington, DC: CSBA, 2019), https://csbaonline.org/research/publications/an-air-force-for-an-era-of-great-power-competition.

게임 결과, 국방부 조달 예산의 단 10%만을 분산형 능력 개발에 투자하더라도 높은 유연성을 지닌 전력을 구성할 수 있음이 확인되었다. 이러한 전력은 기존 전력 대비 훨씬 더 복잡하고 다양한 작전 수행이 가능한 것으로 나타났다. 이러한 적정 규모의 전력 구조 변화로 최대 효과를 얻기 위해서는 두 가지 접근이 필요하다. 첫째, 국방부는 분산된 전력을 효과적으로 운용할 수 있는 지휘통제 체계를 공동으로 개발해야 한다. 둘째, 현 전력의 능력 격차 해소보다는 새로운 능력을 통한 미래 전력의 성능 향상과 이를 통한 혁신적 작전개념 창출에 중점을 둔 혁신 전략을 추구해야 한다. 이러한 변화에 대해서는 후속 논의에서 더 자세히 다룰 것이다.

## 인간 지휘와 기계 통제

분산 및 분배 개념은 이미 분산해양작전(distributed maritime operations)과 다영역작전(multidomain operations) 등 미 국방부의 여러 새로운 작전개념에 적용되고 있다. 그러나 이러한 개념들의 효과는 현재의 인간 중심 지휘통제(C2) 프로세스로 인해 제한될 수밖에 없다. 지휘관과 계획 참모진은 시간적 제약과 충분하지 않은 모델링 및 시뮬레이션 능력으로 인해, 비전통적인 전력 구성이나 혁신적인 전술 및 작전적 접근법을 심도 있게 검토하고 평가하는 데 어려움을 겪는다. 이로 인해 고도로 분산된 전력이 가진 잠재력, 특히 적에게 복잡성과 불확실성을 야기할 수 있는 능력을 최대한 활용하지 못하게 된다. 그러나 인간의 지휘와 AI 기반 기계 통제를 결합함으로써, 소수의 인원으로도 대규모의 유연한 복합 전력을 효과적으로 운용하여 기동전의 잠재력을 극대화할 수 있다.

AI가 지휘통제를 지원하는 방법 중 하나로, 승차 공유 앱의 경매 및 입찰 시스템을 군사 작전에 응용하는 접근법이 있다.[14] 이 방식에서 지휘관은 수행해야 할 과업과 함께 제약 조건, 우선순위, 평가 기준, 목표 등을 명시하여 전파한다. 지휘관 예하의 각 전력은 자신의 능력에 따라 과업의 전체 또는 일부에 대해 수행 가능성을 제안(입찰)한다. 분산된 AI 기반 통제 시스템은 과업을 수행할 수 있는 최적의 전력 조합을 선정(낙찰)하고, 해당 전력에 작전 개시를 지시한다. 작전 중 각 전력은 통신이 가능할 때 결과를 보고하며, 예상과 다른 적의 동향 등 특이사항도 보고한다. 지휘관은 이러한 상황 변화에 대응하여 AI 시스템이 새로운 작전 방안(경매)을 실행할지 여부를 실시간으로 결정하거나 사전에 대응 지침을 설정할 수 있다.

기계 통제 사용의 주요 이점은 국방부가 "획일적인" 지휘통제 체계를 위해 고비용의 통신 인프라에 투자하는 대신, 지휘통제 구조가 가용 통신 상황에 유연하게 적용할 수 있다는 점이다. 제7장에서 논의된 임무형 지휘(mission command) 개념에 따르면, 상급 지휘관과 예하 부대 간 통신이 두절될 경우, 예하 부대는 자체적으로 부대를 지휘하고 상급 지휘관의 의도에 부합하는 목표 달성을 위해 주도적으로 행동해야 한다. 그러나 임무형 지휘의 성과는 계획 참모진이 없을 수 있는 초

---

14 복잡한 경매가 어떻게 의사결정을 안내하는 데 사용될 수 있는지에 대한 예시로, 연방통신위원회(FCC, Federal Communications Commission)가 주파수를 재할당하기 위해 경매 과정을 사용한 인용된 연구를 참조하라. 근본적으로, 이 접근법은 우리의 모자이크 제어기와 많은 공통점을 가진다. Jean L. Kiddoo et al., "Operations Research Enables Auction to Repurpose Television Spectrum for Next-Generation Wireless Technologies," INFORMS Journal on Applied Analytics 49, no. 1 (January/February 2019): 7-22, https://doi.org/10.1287/inte.2018.0972.

급 지휘관의 작전 기획 및 실행 능력에 크게 좌우될 수 있다. 이는 성공을 위해 신속성과 고도의 복잡한 의사결정 능력(및 경험)이 요구되는 상황에서 더욱 문제가 된다. 반면, 인간의 지휘와 기계의 통제를 결합함으로써, 초급 지휘관들은 최소한의 지원만으로도 효과적으로 부대를 관리하고 기동전을 수행할 수 있다. 더욱이 AI 기반 통제 시스템은 이전 작전의 교훈을 적용할 수 있게 하여, 초급 지휘관들이 차기 작전 준비 시 일부 행정적 부담에서 해방될 수 있게 한다.

## AI 수용

현재 국방부와 정부의 계획 및 의사결정 체계로도 AI 기반 지휘통제와 의사결정 중심의 새로운 전쟁 수행 개념을 제한적으로나마 도입할 수 있을 것이다. 그러나 국방부는 의사결정 우위에 기반한 새로운 군사 혁신을 가속화하기 위해, 새로운 능력 개발, 인력 충원 및 훈련, 프로그램 평가 및 예산 배정 방식을 개혁해야 한다. 이 모든 요소가 미래 전력 설계의 핵심 구성 요소이다. 이러한 변화는 현재 진행 중인 의사결정 중심의 군사 혁신(RMA, Revolution in Military Affairs)과 과거 두 차례의 군사 혁신(핵무기 도입과 정밀 유도무기 및 스텔스 기술의 발전) 간의 중요한 차이를 해결해야 할 것이다. 현재 민간 산업 기반은 정부 주도 사업과 대등하거나 일부 분야에서는 앞서 나가고 있다. 따라서 정부는 민간의 전문성과 기술을 정부 프로그램에 효과적으로 통합하는 능력을 향상시켜야 한다.

미군의 지휘통제 체계에 AI를 통합하는 것은 가장 도전적인 과제가 될 것이다. AI 기반 시스템에 대한 필요한 수준의 신뢰와 운용 능력을 확보하기 위해, 국방부는 운용상 위험은 낮지만 AI 적용에 적합한 문제들을 선별해야 한다. 이는 비교적 명확히 정의된 주제와 풍부한 데이터를 통해 통찰력을 얻을 수 있는 분야들을 포함한다. 각 군이 AI에 대한 조직적, 개인적 지식을 축적하기 위해 고려해야 할 시범 프로젝트 분야는 다음과 같다.

- 안전 데이터: 각 군은 AI, 기계학습, 고급 분석 기술을 활용하여 현재 안전 분석을 위해 수집 중인 데이터의 함의와 미세한 징후들을 파악할 수 있다. 각 군은 전반적으로 수년간의 방대한 데이터를 축적해왔으며, 특히 항공 분야에서 두드러진다. 또한 AI 기반 분석을 통해 수상함의 운용 관행과 안전성을 개선할 수 있는 잠재력도 존재한다.[15]
- 영구 근무지 이동(PCS, Permanent Change-of-Station): 국방부는 현재 거의 모든 군 장병의 삶과 가족에 영향을 미치는 영구 근무지 이동에 매년 수십억 달러를 지출하고 있다. 현재의 승차 공유나 음식 배달 앱과 유사한 AI 기반 관리 시스템을 도입하면 이사 계획 수립과 실행을 개선할 수 있다. 또한 기계학습을 통해 과거 또는 예정된 이사 데이터를 분석하여 장병들의 가재도구 운송 효율성을 높일 수 있다. 이는 얼핏 전력 구조와 무관해 보일 수 있으나, 첨단 기술 인력의 모집과 유지에 큰 영향을 미친다. 군 장병들의 일상에 영향을 주는 반복적이고 일상적인 업무에 AI를 활용하는 것은 AI 성숙도의 시금석이 될 수 있다. AI에 급여나 이사를 맡길 수 없다면, 통합 방공 미사일 방어에 AI를 신뢰하기는 아직 이른 것일 수 있다.

---

**15** Sharif Calfee and Harrison Schramm, "Better Data Can Improve Safety at Sea," U.S. Naval Institute Proceedings 144, no. 7 (July 2018), https://www.usn-i.org/magazines/proceedings/2018/july/better-data-can-improve-safety-sea.

위의 두 예시는 AI를 막연히 전능하거나 위협적인 존재로 여기는 관념에서 벗어나, 각 군이 실제 업무에 적용할 수 있는 '실용적인 도구'로 인식하게 될 것이다. 이것이 바로 AI의 올바른 위치이다 – AI 그 자체가 목적이 아니라, 군대가 직면한 특정 문제들을 효과적으로 해결하기 위한 실질적인 수단이 되어야 한다는 것이다.

## 역량 요구사항에서 기회로의 전환

현재 국방부의 프로그램 개발은 정교한 복합시스템을 활용하는 소모전에 적합한 능력(격차) 기반 소요 체계를 따른다. 이 체계는 계획된 복합시스템의 현재 또는 예상 운용 방식을 가상 시나리오에서 잠재적 적에 대해 적용했을 때 발견되는 취약점들을 바탕으로 한다. 능력 기반 소요는 많은 가정을 포함하며, 특정 해결책으로 능력 개발을 유도한다. 그 결과, 소요 체계는 종종 도입 시점에 이미 구식이 될 수 있는 해결책을 제시하게 된다.

반면, 인공지능(AI) 기반 통제 체계 하에서 운용되는 전력은 지휘관의 지시에 따라 임무 수행을 위해 자체적으로 구성을 최적화하므로 전통적인 의미의 능력 격차가 존재하지 않을 것이다. 능력 부족은 전력 조합이 임무를 완수하지 못하는 것이 아니라, 지휘관의 의도와 다른 방식으로 임무를 완수하는 형태로 나타날 것이다. 따라서 의사결정 중심 전투 접근법에서의 새로운 능력 개발 과정은 단순히 현재 또는 계획된 체계와 전술의 부족한 점을 보완하는 것이 아니라, 유용한 창의적 대응을 통해 잠재적 전력 조합의 성능을 향상시킬 기회를 모색해야 한다. 여기서 유용한 창의적 대응이란 전력 조합의 초기 설계에 포함되지 않은 방식으로 위협이나 도전에 자율적 또는 반자율적으로 대처하는 체계를 의미한다.

기존의 부족한 점을 해결하지 않고 새로운 능력을 개발하려면 국방부 연구개발을 위한 새로운 방식이 필요하다. 이러한 접근법 중 하나가 기회 기반 혁신이다. 이 연구개발 과정에서는 광범위한 공고와 유사한 개방형 제안요청을 통해 새로운 능력과 개념에 대한 필요성이 제시될 것이다. 그러나 오늘날의 광범위한 공고처럼 이미 정의된 부족한 점이나 프로그램 요구를 목표로 하는 대신, 미래의 제안요청은 포괄적인 임무나 개념을 지원하기 위한 것이 될 것이다.[16]

이 모델에서는 혁신가들이 지속적으로 새로운 기회와 아이디어를 제안할 것이다. 그러나 프로그램 관리자들은 특정 기회를 즉시 시연이나 결과물로 발전시키기보다는, 도전과제를 통해 새로운 기회를 평가하는 데 집중할 것이다. 이를 통해 비생산적인 기회는 신속히 폐기하고 유망한 기회는 계속 추진할 수 있다. 상당한 개발 작업이 시작되기 전에, 도전과제 프로세스를 통해 실험이나 시뮬레이션을 실시하여 새로운 기회가 실제 작전에서 유용한 혁신적 능력을 창출할 수 있는지 결정할 수 있다. 전반적으로 이 접근법은 기회의 유용성이 입증된 후에 더 많은 기술 개발 비용을 투자하도록 할 것이다. 현재의 모델에서는 능력이 격차를 메우기 위해 설계되고 개발된 후에야 운용자와 시험평가자들이 그 유용성을 평가한다.

기회 기반 연구개발(R&D) 접근법은 전통적인 소요 중심 연구개발보

---

16 이 접근법에 대한 더 자세한 설명은 John D. Evans와 Ray O. Johnson의 "Tools for Managing Early-Stage Business Model Innovation," Research-Technology Management, September-October 2013, 52 참조.

다 강대국 경쟁에서 국방부의 역량을 향상시킬 수 있다. 강대국 경쟁자들은 이미 미군의 능력과 연구 우선순위를 분석하고 잠재적 결과를 예측했을 가능성이 높다. 현재 또는 계획된 통합 체계와 전술에서 출발하지 않음으로써, 기회 기반 혁신은 자연스럽게 새롭고 잠재적으로 파괴적인 기술과 혁신적 운용 개념이 미군의 작전 방식을 어떻게 변화시킬 수 있는지 식별할 것이다. 이는 다른 강대국들이 미군의 미래 전력 구조를 예측하기 어렵게 만들어 미군에게 상대적 이점을 제공할 수 있다.

모든 개발자가 활용할 수 있는 개방형 표준이나 인프라는 기회 기반 혁신을 가능하게 하는 데 중요할 것이다. 소프트웨어 개발은 점점 더 많은 군사 체계의 핵심이 되고 있어 특히 중요한 예시이다. 현재 국방부는 소스 코드나 데이터 권한을 보유하지 않은 많은 컴퓨팅 시스템을 사용하고 있다. 이는 R과 파이썬(Python) 같은 상용 분야의 오픈 소스 컴퓨팅 아키텍처와는 대조적이다. 혁신을 촉진하고 공급업체의 독점 소프트웨어 의존도를 줄이기 위해, 국방부는 다양한 형태의 정부 관리 개방형 표준을 채택하고 있으며 일부 경우에는 공개 개방형 표준을 사용하고 있다.

정부는 새로운 군사 시스템을 위한 소프트웨어 개발 방식을 변경할 수 있다. 소스 코드에 대한 권한을 구매하거나 개방형 표준을 통해 소프트웨어를 개발하고 지불하는 새로운 접근법이 가능해질 것이다. 상용 소프트웨어 산업은 이미 소프트웨어를 제품이 아닌 서비스로 구매하는 개발운영(DevOps, Developmental Operations) 모델로 전환하고 있다. 개발운영 모델에서는 여러 분야의 전문가로 구성된 팀이 엔지니어들과 협력하여 사용자의 요구를 충족시키는 소프트웨어를 개발하고,

테스트하며, 운영한다. 이 과정에서 지속적인 피드백을 통해 소프트웨어를 개선한다. 개발운영 모델을 활용하면 AI 알고리즘과 모델은 "완성"되는 것이 아니라 계속 발전하게 된다.

개발운영 모델과 개방형 표준의 가장 중요한 장점은 미래 기술과의 호환성이다. 이는 아직 개발되지 않았거나 심지어 구상조차 되지 않은 요소들을 통합할 수 있는 능력을 의미한다. 이러한 미래 호환성은 현재 사용되지 않지만 향후 변화에 대한 대비를 포함하기 때문에, 기존의 시스템 개발 방식보다 초기 비용이 더 들 수 있다. 미래 호환성은 본질적으로 향후 작전 능력에 대한 투자이며, 당장의 이익을 제공하지는 않는다. 예산이 제한된 상황에서 이러한 투자는 더 많은 군사 장비의 구매를 포기할 수 있는 불필요한 지출로 오해받을 수 있다.

## AI 사용자와 소비자의 역량 강화

국방부와 사회는 AI 시스템 구현에 있어 중요한 선택에 직면해 있다. AI의 주인을 양성할 것인가, 아니면 단순히 하인을 훈련시킬 것인가? 역설적이게도 더 나은 사고를 하는 기계를 배치하고 운용하는 데 가장 중요한 것은 더 나은 사고를 하는 인간을 육성하는 것이다. 현재 국방부는 위험한 실험을 하고 있을 수 있다. AI 투자를 늘리면서도, AI를 깊이 이해하고 필요 시 현장에서 알고리즘을 진단하고 재훈련할 수 있는 인재의 수와 질은 줄이고 있기 때문이다. 미 해군사관학교의 AI 교육에 대해 논의하겠지만, 국방부가 '코딩 가능한' 병력 양성에 충분히 전념하고 있다고 확신하기 어렵다.

앞으로는 코드를 신속하고 효과적으로 작성·수정하는 능력이 소총 사용이나 항공기 조종만큼 중요한 '전투 기술'이 될 수 있다. 이러한 인재를 확보하기 위해 군은 기술 대기업들과의 경쟁 방안을 모색해야 한다. 게다가 신체적, 심리적 적성과 배경을 갖춘 미국 청년 인구가 감소하고 있어 AI 시스템을 관리할 군 인력 모집이 더욱 어려워지고 있다.[17]

미군은 새로운 기술 역량을 갖춘 인력을 모집하는 것 외에도, 유능한 초급 간부들을 발굴하고 인센티브를 제공하여 AI를 포함한 첨단 기술 역량을 도입할 수 있는 환경을 조성해야 한다. 당장 실행 가능한 조치로는 과도하게 제한적인 IT 정책을 완화하는 것이다. 국방부 직원 대부분은 마이크로소프트 오피스 제품군에만 접근할 수 있다. 마이크로소프트는 분석을 위한 스위스 아미 나이프와 같은 다재다능하고 사용하기 쉬운 애플리케이션을 훌륭히 개발했지만, 레더맨 멀티툴로 집을 짓고 싶어 하는 사람은 없을 것이다. 각 군은 기술에 정통한 선도적 구성원들이 R과 파이썬(Python) 같은 오픈소스 컴퓨팅 환경을 활용할 수 있도록 해야 한다. 이러한 컴퓨팅 언어와 라이브러리의 발전 속도는 현재 국방부의 정보기술 체계를 크게 앞서고 있으며, 평시에 이러한 시스템을 익히고 경험을 쌓는 것이 성공의 전제 조건이다.

국방부는 또한 수요 예측, 정비, 표적 인식, 훈련, 방책 수립 등 일상 업무에 활용할 수 있는 AI 유사 프로그램을 더 많은 장병에게 제공해야 한다. 이는 초기에는 전투 효과에 직접적 영향을 미치지 않을 수 있지만, 장병들이 AI 시스템의 작동 원리를 이해하는 데 도움이 될 것

---

17 Meghann Myers, "Top Recruiter: Just 136,000 out of 33 Million Young Americans Would Join the Army," Army Times, October 12, 2017, https://www.armytimes.com/news/your-army/2017/10/12/top-recruiter-just-136000-out-of-33-million-young-americans-would-join-the-army/.

이다.

AI 기반 군사 혁신(RMA)의 주요 특징 중 하나는 이전의 혁명들과 달리 혁신이 연구개발 및 조달 부서뿐만 아니라 현장 부대에서도 주도될 것이라는 점이다. 이는 AI 기반 혁명의 가장 독특한 측면일 것이며, 제6장에서 설명하듯이 군 전반의 혁신은 상향식으로 이루어질 것이다. 다가오는 AI 혁명에서 대규모 기술 도입이 고위 간부에 의해 하향식으로 추진되는 동시에 혁신이 하급 부대에서 상향식으로 발전됨에 따라, 인력의 핵심은 중령급 장교가 될 것이다. AI 혁명이 절정에 이를 때 복무하게 될 중령급 장교들은 현재 복무 중인 소위와 중위급 장교들이다.

## AI 실패를 피하는 방법

지휘통제가 군사 작전에서 AI의 가장 유망한 적용 분야로 보이지만, 그 잠재력을 완전히 실현하려면 수십 년이 걸릴 것이며 구현 경로가 완전히 명확하지 않다. AI의 다른 많은 적용 분야도 유망하며 인간의 지휘와 기계의 통제를 달성하기 위한 유용한 징검다리가 될 수 있다.

어느 방향으로 가야 할지 확실하지 않을 때는 가고 싶지 않은 방향을 파악하고 그 반대로 가는 것이 유용할 수 있다. 이러한 기법을 염두에 두고 국방부는 다음과 같은 접근 방식을 추구해야 한다.

- AI 기반 해결책을 요청하기 전에 먼저 어떤 결정에 영향을 미칠 것인지, 그 결정의 "범위와 제약"이 무엇인지 파악해야 한다. 엔지니어들은 일반적으로 문제에 대한 세련된 해결책에 관심이 있다. 그러나 AI를 적

용할 때 세련됨이 반드시 올바른 기준은 아니다. AI의 가치는 여러 목표를 동시에 다루는 해결책을 제안하는 데 있기 때문이다. 결과적인 해결책이 가장 단순해 보이지 않을 수 있지만, AI 기반 체계가 추구하도록 요구받은 기준에 따라 최선의 해결책일 수 있다. 다른 문제들은 AI 기반 접근법을 필요로 하지 않을 수 있으므로, 문제 해결을 위해 다른 분석 기법과 방법도 고려해야 한다.[18]

- 인공지능(AI) 체계가 처음부터 완벽하게 작동할 것이라고 가정하지 말아야 한다. 성공에 이르는 과정에서 많은 실패가 있을 것이다. 대략 15 퍼센트의 AI 프로젝트만이 초기에 설정한 목표를 달성한다는 점에서 성공적이라고 볼 수 있다.[19] 이를 위해 기술적 위험과 관리적 위험을 명확히 구분할 필요가 있다. 관리적 위험은 비용 초과나 일정 지연과 같은 프로세스 문제로 인해 프로젝트가 실패할 가능성을 말한다. 기술적 위험은 초기에 과학적 기반이 존재하지 않으며, 노력 과정에서 발견될 것이라는 보장이 없는 프로젝트를 나타낸다. 본 저서에서 논의하는 노력들은 최첨단이며 높은 기술적 위험을 수반한다. 기술적 위험은 새로운 기회의 유용성과 타당성에 도전하는 시뮬레이션 연구와 실험을 통해 해결할 수 있다. 관리적 위험은 먼저 기술적 위험의 수준을 이해한 다음 조직이 의도한 결과를 도출할 수 있는 능력을 평가함으로써 관리해야 한다. 기술적 위험이 관리적 위험과 명확히 분리되지 않으면, 연구원들이 관리적 위험을 효과적으로 관리하지 못해 혁신적인 AI 연구를 추구하는 것을 주저할 수 있다.

---

18 구체적으로, 인공지능(AI)에 적합하다고 여겨지는 많은 문제들은 일반화 가법 모델 (generalized additive models), 재귀 분할(recursive partitioning), k-평균 군집화 (k-means clustering)와 같은 더 고전적인 방법으로도 해결할 수 있다. 모든 복잡한 문제가 반드시 AI를 필요로 하는 것은 아니다.
19 Kartik Hosanagar와 Apoorv Saxena, "The First Wave of Corporate AI Is Doomed to Fail," Harvard Business Review, April 18, 2017, https://hbr.org/2017/04/the-first-wave-of-corporate-ai-is-doomed-to-fail.

- 모든 전술 및 작전 문제가 인공지능(AI)으로 해결될 수 있다고 생각해서는 안 된다. 실제로 그렇지 않다. 아마존과 같은 대규모 데이터 중심의 웹 판매업체들은 특정 시점에 고객들이 구매할 가능성이 높은 상품을 매우 정확하게 추론할 수 있다. 이는 모델 구축을 위한 사실상 무한한 과거 행동 데이터를 보유하고 있기 때문이다. 반면, 군사 문제는 이와 근본적으로 다르다. 과거 상호작용에 대한 데이터가 극히 제한적이며, 적이 이전에 관찰되지 않은 전술과 체계를 사용할 수 있기 때문이다. 데이터가 거의 없거나 전무한 상황에서의 추론은 인간 지능의 영역이다.
- 군을 AI 기반과 비AI 기반으로 나누어, AI 기반 체계를 개발하고 운용하는 군 장병을 비AI 체계 관련 장병과 별도로 분류해서는 안 된다. 이는 항공기를 조종하고 각종 장치를 조작하는 조종사와 전장에서 직접 무기를 사용하는 보병을 구분하는 것과 유사하다. 이는 실질적인 차이가 없는 구분이다. 조종사가 조작하는 '장치'들은 항공기의 무기체계와 직접 연결되어 있어 보병의 무기와 동일한 효과를 낼 수 있기 때문이다.

## 결론

군사작전에서 인공지능의 잠재력을 활용하기 위해서는 단순히 모든 군사 체계에 AI를 통합하려는 시도 이상의 노력이 필요하다. 전력 구조의 점진적 변화와 결합된 AI 기반 지휘통제는 새로운 군사 혁신을 가능하게 하여 이를 먼저 도입한 국가에게 상당하고 지속적인 우위를 제공할 수 있다. 이러한 우위를 실현하기 위해서는 국방부가 군사 능력을 개발하고, 인력을 모집 및 훈련하며, 배치된 전력을 유지하는 방식의 변화가 필요하다. 그러나 이러한 개혁 없이는 미군이 강대국 경쟁자들에 의해 '추월'당할 수 있다.

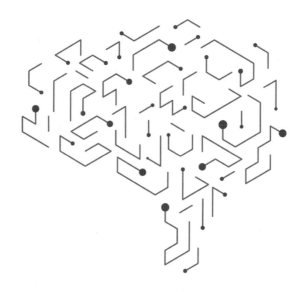

제14장

# 미래 전쟁으로의 입장권

## 미 해군사관학교의 AI 교육

## 제 14 장

# 미래 전쟁으로의 입장권
### 미 해군사관학교의 AI 교육

나타나엘 챔버스(Nathanael Chambers), 프레더릭 L. 크래브(Frederick L. Crabbe),

개빈 테일러(Gavin Taylor)

4월의 어느 날 아침, 한 사관후보생이 교수에게 연락해 사관후보생 숙소인 뱅크로프트홀에서 그녀가 설치한 복도 모니터링 장치가 직원에 의해 압수당했다고 알렸다. 이 장치는 손바닥만한 크기의 작은 컴퓨터로 골프공 크기의 모션 센서가 달려 있었다. 그녀는 컴퓨터 과학 졸업 프로젝트 팀과 함께 1년 동안 이 맞춤형 장치를 개발해왔다. 팀은 자비로 작은 컴퓨터(라즈베리 파이)를 구매하여, 뱅크로프트홀의 이발소 밖 복도에 있는 의자 아래에 센서를 설치했고, 졸업 프로젝트에 대한 설명도 함께 붙여 놓았다. 천장에는 생도들이 이발을 위해 얼마나 기다려야 하는지 볼 수 있도록 실시간 웹캠이 설치되어 있었다.

이 팀은 웹캠 영상을 사용할 수 있는 허가를 받았고, 영상에서 사람 수를 세는 신경망을 프로그래밍했다. 조명이 좋지 않을 경우, 모션 센서가 더 정확한 통계를 제공할 수 있었다. 목표는 이 통계를 사용하여 생도들의 이발소 이용 패턴을 분석하고, 가장 적절한 방문 시간을 예측하는 AI 시스템을 구축하는 것이었다.

하지만 안타깝게도, AI에 필요한 센서들에 대해 불편함을 느낀 보안 직원들이 개입했다. 익숙하지 않은 '개방된 회로'를 가진 장치들은 검증이 필요하다는 이유였다.

뱅크로프트홀 직원들은 단지 자신들의 임무를 수행하고 있었고, 생도들은 더 많은 허가를 요청했어야 했다. 그러나 이 압수 사건으로 인해 발생한 일은 미 해군사관학교(USNA)에서 AI 교육의 필요성과 도전을 더 넓게 보여준다. 뱅크로프트홀의 여러 장교들과 수석 하사관들은 이 프로젝트를 이해하지 못했고 학생들에게 짜증을 냈다. 그들 중 한 명은 학생들이 장치를 돌려받으러 왔을 때 사무실에서 쫓아냈다. 결국 누군가가 이 장치가 위험하다고 생각했고(사실이 아님), 감전될 수 있다고 생각했으며(불가능함), 학생들이 개인적으로 그의 허가를 받지 않았다는 것(사실임)이 밝혀졌다.[1] 우리의 미래 장교들이 이런 기술에 접근하고 이해하기 위해 어떤 배경지식이 필요할까? 센서는 AI 기술의 기본 구성 요소임에도 불구하고, 설명 메모가 붙어 있는 이 작은 센서가 소동을 일으켰다. 해군사관학교가 과학, 기술, 공학, 수학(STEM, Science, Technology, Engineering, Mathematics) 능력으로 잘 알려져 있지만, AI 자체는 빠르게 진보하고 있어 기술과 기법에 대한 익숙하지 않음이 강력한 기술과 그것을 효과적으로 사용해야 하는 불신하는 공동체 사이의 불행한 단절을 초래할 수 있다.

해군사관학교는 인공지능 교육과 관련하여 무엇을 하고 있는가?

---

1 감전사에 대한 우려를 불식시키기 위해 미 해군은 함정과 해안기지에서 매우 엄격한 전기 안전 프로그램을 유지하며, 모든 전기 및 전자 장치는 사용하기 전에 전기 안전 담당자가 검사하고 태그를 부착해야 한다. 주기적인 순찰 동안 발견된 태그 미부착 장비는 점검받기 전까지 압수된다.

STEM 과정의 어떤 측면이 관련이 있는가? 전공 선택과 관계없이 평균적인 생도들은 무엇을 배우는가? 생도들이 AI에 더 깊이 관여하고 싶다면, 어떤 교육과정과 연구 기회가 그들에게 제공되는가? 이 장은 이러한 질문들에 답하고, 학교가 더 깊고 넓은 AI 교육을 위해 어떻게 선도하고 있는지에 대한 예시를 포함하고자 한다. 본질적으로, 이는 해군의 전반적인 AI 교육 및 훈련 노력의 한 측면에 대한 사례 연구이다. 이 장은 AI와 관련된 핵심 요구사항에 대한 조사로 시작하여, 다른 전공들이 AI를 어떻게 도입하고 있는지 논의하고, 특히 컴퓨터 과학과와 새로운 AI 및 데이터 과학 트랙에 초점을 맞춘다.

## 해군사관학교의 핵심 STEM 요구사항

해군사관학교에 입학하는 모든 학생들은 리더십, 윤리, 항해 등의 주제를 포함하는 일련의 핵심 과정을 이수해야 하며, 이 중 일부는 대부분의 일반 교양 대학에서는 제공하지 않는다.[2] 이 핵심 과정 중 가장 큰 부분을 차지하는 것은 일반적으로 STEM 과정이라고 불리는 것들이며, 이는 해군사관학교가 STEM 중심 대학으로 알려지게 된 주요 이유이다. 고등학생 지원자들은 종종 이 STEM 강조를 매력적인 특징으로 언급한다. 그러나 이 과정들은 무엇이며, 생도들이 AI와 관련된 일을 할 수 있도록 준비시키는가?

---

2 일화로, 다른 전국적으로 유명한 대학의 한 교수는 해군사관학교가 미국에서 가장 '자유로운' 교육을 제공한다고 말한 적이 있는데, 그 이유는 해군사관학교에선 사관생도들에게 전공과 관계없이 민간대학에서는 결코 (스스로 선택해) 공부하지 않았을 과목들을 강제로 수강하게 하여 다양한 주제, 방법, 사고방식에 대해 마음을 열게 만들기 때문이라고 언급했다.

표 14-1. 과정 요구사항

| 화학 | 2학기 |
|------|-------|
| 사이버 연구 | 컴퓨터 보안 2학기 |
| 전기공학 | 전기공학 입문 1학기 |
| 시스템 제어 | 무기체계 및 제어공학 1과목 및 실험 |
| 수학 | 미적분학 3학기 및 전공별 추가 심화과정 1학기 |
| 물리학 | 2학기 |

## 물리 과학

각 생도를 위한 핵심 교육과정은 매우 광범위하다. 우리의 미래 장교들에게 필요한 물리 과학 측면은 물리학, 화학, 전기공학, 시스템 과목들로 잘 다뤄지고 있다. 이 과목들은 해군 교육에 중요하지만, AI와는 특별히 관련이 없다. AI의 핵심은 로봇공학과 같은 분야에서도 지능과 소프트웨어이며, 이는 위 과정들에 포함될 수 있다. 이 핵심 과정에서 제공하는 교육으로는 소프트웨어와 컴퓨터에서 지능적 의사결정이 어떻게 이루어지는지 이해하기 쉽지 않다.

## 전기공학

전기공학(EE)은 종종 컴퓨터 공학(CE)과 함께 분류되며, 이는 다시 컴퓨터 과학(CS)과 연결된다. 이들은 전기에서 컴퓨팅 칩, 소프트웨어로 이어지는 스펙트럼 상에 있다. 전기공학(EE)을 배우면 컴퓨터가 어떻게 작동하는지 기본적인 이해에 도움이 될 수 있다. 하지만 소프트웨어와 인공지능(AI)이 어떻게 지능적으로 행동하는지 이해하는 것은 이와는 매우 다른 차원의 문제이다. 전기의 흐름을 아는 것과 컴퓨터가 '생각'하는 방식을 이해하는 것 사이에는 여러 단계의 개념적 간극이 있다. 즉, 전기공학을 안다고 해서 AI의 작동 원리를 직접적으로 이해할 수 있는 것은 아니다.

### 수학

미적분학이 핵심 교육과정의 대부분을 차지한다. 미적분학 과정은 생도들이 수학적으로 사고할 수 있는 탄탄한 기초를 제공하지만, 대부분의 과정 주제들은 AI와 직접적인 관련이 없다. 이에 대한 두 가지 예외는 미분과 벡터 연산이다. 독자들은 자신의 교육에서 미분이 함수의 기울기(변화율)를 측정하는 방법임을 기억할 것이다. 이는 변화하는 환경을 자동으로 분석하는 많은 기계학습(ML) 응용 프로그램에 근본적인 것으로 밝혀졌다. 그러나 미분조차도 AI 알고리즘의 능력에 대한 통찰력을 제공하지는 않는다. 이는 AI에 깊이 빠질 학생들에게는 선수 과목이지만, 미분을 할 줄 안다고 해서 그 자체로 학생들에게 지능적인 AI 시스템의 능력에 대한 통찰력을 재공해 주지는 않는다. 아마도 미분과는 대조적으로, AI를 이해하는 데 더 중요한 주제 중 하나는 확률과 이산 구조(집합, 그래프, 논리)일 것이다. 그러나 사관학교에서 요구되는 4개의 수학 과정에도 불구하고, 대부분의 학생들은 이러한 주제를 접하지 않는다. 일부 전공에서는 이 순서의 네 번째 과정에 확률을 대체하지만, 이는 소수이며 일반적인 생도 교육의 일부가 아니다.

### 사이버 과정

마지막으로, 두 과목으로 구성된 사이버 연구 과정을 살펴본다. '사이버'라는 용어 주변에는 기술과 컴퓨터와 관련된 모든 것을 다룰 것이라는 신비로운 인식이 형성되어 있다. 실제로는 두 학기의 내용이 있으며, 이는 시스템 보안에 관한 특정 주제에 초점을 맞춘다. 인공지능을 이해하는 데 가장 중요한 컴퓨터 프로그래밍은 이 교육과정에서 대부분 빠져 있다.[3] 두 과목은 정책, 네트워크, 인증, 기본 하드웨어, 신호, 암호화, 그리고 이들을 공격과 방어에 활용하는 다양한 방법을 소개한다. 또한 이 과정은 다학제적이어서 국제 관계와 정책에 몇 주를 할애한다. 보안 침해 사례, 보안 정책, 그리고 공격 동기에 대한 논의도 있다. 이는 중요한 주제들이지만 AI와 데이터 과학과는 직접적인 관련이 없다.

두 사이버 과정은 고수준 응용과 저수준 전자 신호 이해 사이에 분할되어 있지만, 중복되는 부분도 존재한다. 첫 번째 과정은 웹, 네트워크, 암호화, 그리고 이와 관련된 공격 벡터에 더 많은 시간을 할애한다. 두 번째 과정은 전자 신호, 데이터 전송, 안테나 이론, 주파수 호핑과 같은 주제로 더 공학에 초점을 맞춘다. 이 과정을 성공적으로 마친 학생들은 사이버 전장에 대한 폭넓은 시각, 사용 가능한 도구, 활동 주체, 그리고 시스템의 취약점에 대한 이해를 갖게 된다. 이 과정들이 다양한 보안 주제를 간략히 다룬다는 점을 주목하는 것이 중요하다. 해군사관학교는 우리의 컴퓨터 시스템을 둘러싼 많은 위협에 대해 폭넓은 시각을 가진 생도들을 배출한다. 그러나 이러한 위협들은 AI를 이해하는 것과는 별개의 문제이다.

---

3 인터넷이 상용화되기 전인 수십 년 전만 하더라도, 모든 사관생도는 두 학기 동안 컴퓨터 프로그래밍을 수강해야 했다.

## 인공지능 맛보기

인공지능(AI, Artificial Intelligence)과 데이터 과학은 현재 과학, 기술, 공학, 수학(STEM, Science, Technology, Engineering, and Mathematics) 핵심 과정에서 다루는 것과는 다른 도구들이 필요하다. 심지어 두 개의 사이버 과정도 필요한 것과는 상당히 다르며, AI 시스템이 할 수 있는 것(그리고 더 중요하게는, 할 수 없는 것)을 이해하려면 다른 배경 지식이 필요하다. 우리의 판단으로는, 현재의 핵심 교육과정이 비록 AI와 직접적인 관련은 없지만, 모든 양질의 교육에서 필수적으로 갖춰야 할 중요한 능력들을 생도들에게 제공한다. 이러한 능력들에는 비판적 사고력, 수학적 추론 능력, 그리고 일반적인 컴퓨터 기술에 대한 기초적 이해가 포함된다. 이러한 기본적인 능력들은 AI를 포함한 다양한 분야에서 응용될 수 있는 중요한 기초를 형성한다.

이제 미 해군사관학교(USNA, United States Naval Academy)가 AI를 이해하고 더 깊이 살펴보고 싶어하는 생도들을 위해 무엇을 하고 있는지 알아본다. 미래의 AI 전사들에게는 어떤 기회가 있을까?

AI의 영향력과 중요성이 커짐에 따라, 비전문가들도 사용할 수 있는 도구들이 더 쉬워진다. 이제 우리는 해군사관학교의 다양한 학과와 연구 분야에서 AI 도구들이 폭넓게 활용되고 있는 것을 볼 수 있다. 이는 AI 기술이 더 이상 컴퓨터 과학이나 특정 전문 분야에 국한되지 않고, 학교 전반에 걸쳐 다양한 학문과 실용적인 응용 분야에서 사용되고 있음을 의미한다. 이러한 현상은 AI 기술의 보편화와 그 중요성의 증가를 반영한다. 예를 들어, 저고도에서 레이저 빔의 전파를 모델링하기 위해 기계학습(ML, Machine Learning)을 사용하거나, 다성분 보스-아인슈타인 응축물의 기저 상태를 찾기 위해 신경망을 사용하는 것 등이다.[4] 이러한 응용의 대부분은 학생들에게 맛보기 수준을 제공한다. 그들은 공학이나 과학 문제를 해결하기 위한 도구로 AI와 기계학습을 사용하도록 배운다. 이러한 도구들은 AI 시스템의 성숙도를 보여주지만, 때로는 이들을 지능적으로 응용하기 위해 그 기저의 메커니즘에 대한 더 깊은 이해가 필요하다. 이를 해결하기 위해 여러 학과에서 AI와 기계학습의 특정 요소에 대한 정식 교육을 시작했다. 또한 컴퓨터 과학과와 협력 관계를 맺고 있다. 나중에 설명하겠지만, AI 숙달을 위한 가장 깊이 있는 교육은 주로 컴퓨터 과학과에서 이루어진다.

AI 관련 과정을 제공하는 주요 두 학과는 수학과와 무기, 로봇, 제어공학(WRCE, Weapons, Robotics, and Control Engineering) 학과이다.

### 수학

수학과는 2018년부터 기계학습의 데이터 과학 요소를 강조하는 두 개의 과목을 제공하기 시작했다. 첫 번째 과목인 '데이터 과학 입문'은 학부 중간 과정 학생들을 대상으로 한다. 이 과목은 캘리포니아 대학교 버클리에서 개발한 'Data 8' 과정을 기반으로 하며, 무료 온라인 교과서 '계산 및 추론적 사고: 데이터 과학의 기초'를 사용한다.[5] 이 과목은 컴퓨터 프로그래밍 선수 과목이 없고 파이썬의 인기 있는 라이브러리를 사용하기 때문에, 파이썬 프로그래밍과 이 라이브러리 사용법에

---

4 보스-아인슈타인 응축물은 절대 영도에 가까운 온도로 냉각된, 보손이라고 부르는 저밀도의 묽은 기체 상태의 물질이다. 이러한 온도에서 원자는 거의 움직이지 않고, 자유 에너지 또한 거의 없다. 보손은 초유동성 및 초전도 연구에 유용하다.
5 Ani Adhikari와 John DeNero, Computational and Inferential Thinking: The Foundations of Data Science, www.data8.org/fa15/text/index.html.

대한 속성 과정으로 시작한다.[6] 과목의 나머지 부분은 베이즈 정리와 같은 통계 개념을 학습하고 강화하기 위해 모델을 구축하고 데이터를 샘플링하는 것을 다룬다.[7] 현재 더 수학적으로 엄밀한 새로운 교과서를 사용하는 후속 과정이 설계 중이다.

다른 새로운 강좌는 '기계학습과 인공지능'으로 Coursera에서 제공하는 기계학습 강좌의 내용을 참고하여 개발되었으나, 해군사관학교의 특성에 맞게 일부 수정 및 보완되었다.[8] 이 강좌에서는 매트랩 (MATLAB, Matrix Laboratory)을 사용하여 프로그래밍을 하면서 회귀분석, 경사 하강법, 신경망(NN, Neural Networks), 커널 접근법뿐만 아니라 기계학습의 윤리적 함의도 다룬다.[9]

### 무기, 로봇 및 제어 공학

무기, 로봇 및 제어 공학(WRCE, Weapons, Robotics, and Control Engineering) 학과는 현재 '딥러닝: 과대 광고 너머의 진실'이라는 1학점 과목을 제공하고 있다. 이 과목은 딥러닝의 신비를 벗기고 현 시대에 딥러닝에 대한 관심이 폭발적으로 증가한 요인들을 설명하는 데 초점을 맞추고 있다. 이 과목은 인공지능(AI)의 부흥과 쇠퇴 주기의 역

---

6 파이썬은 구이도 반 로섬(Guido van Rossum)이 만든 고수준 범용 프로그래밍 언어로, 1991년에 처음 출시되었다. python.org 웹사이트에서 유지 관리하며 프로그래밍 경험이 없는 초보자를 위한 훌륭한 가이드를 제공하고 있다.
7 베이즈 정리는 사건과 관련이 있거나, 관련이 있을 수도 있는 요인이나, 조건에 대한 이전 지식을 바탕으로 사건 발생 확률을 설명한다. 요인은 보통 발생률의 백분율로 표시되며 일반적으로 측정에 의해 결정된다.
8 코세라(Coursera) 강좌는 스탠포드 대학교의 교수진이 개발했으며 유료 또는 구독 방식으로 일반인에게 제공된다.
9 MATLAB는 수학 배열과 행렬을 쉽게 표시할 수 있도록 설계된 MathWorks에서 개발 및 판매하는 독점 프로그래밍 언어이다.

사, 방대한 데이터셋의 가용성이 기계학습(ML)과 신경망(NN, Neural Networks)에 미치는 영향, 그리고 그래픽 처리 장치(GPU, Graphics Processing Units)와 같은 하드웨어 개발의 최근 동향을 다룬다. 과목 개발자들은 이를 3학점 버전으로 확대하기 위해 노력 중이다. 학과의 다른 과목에서도 기계학습이 응용 문제 해결 도구로 사용되고 있는데, 예를 들어 기계 시각 과목에서 딥 신경망을 사용하는 것이 그 예이다.

마지막으로, WRCE 학과의 여러 교수들이 공학과 인공지능을 결합한 두 개의 후원 경연대회에서 컴퓨터 과학과 동료들과 협력하고 있다. 첫 번째는 2017년 봄에 열린 서비스 아카데미 스웜 챌린지(SASC, Service Academy Swarm Challenge)로, 미 국방고등연구계획국(DARPA, Defense Advanced Research Projects Agency)이 후원한 프로젝트였다. 이대회에서는 해군사관학교, 공군사관학교, 육군사관학교가 드론 군집을 활용한 가상 공중전 시뮬레이션을 통해 서로의 실력을 겨루었다. DARPA는 각 사관학교에 고정익과 멀티로터 플랫폼이 혼합된 함대를 제공하여 혁신적인 공격 및 방어 전술을 개발하도록 했다. 미 해군사관학교팀은 WRCE와 컴퓨터 과학과의 교수와 학생들로 구성되었다. 컴퓨터 과학(CS, Computer Science) 학생들은 전술을 위한 인공지능 행동 개발과 평가에 집중했다. 각 전술은 지상 통제에 의해 언제든지 일부 또는 모든 드론에 적용될 수 있었다. 해군이 이 대회에서 우승했다.

현재 해군연구소(ONR, Office of Naval Research)는 해군과 육군 간의 자율 팀원과의 분대 경연대회(SWAT-C, Squad with Autonomous Teammates Competition)를 진행하고 있다. 이 대회의 목적은 자율 시스템을 분대 팀에 통합하는 것이다. SASC와 마찬가지로 이 대회도 WRCE와 컴퓨터 과학과의 협력으로 진행되며, 컴퓨터 과학팀이 시각 및 추적 시스템, 검색 알고리즘 개발, 그리고 다양한 인공지능 구성요소의 통합을 담당하고 있다.

## 인공지능에 대한 심층 탐구

컴퓨터 과학과에서 인공지능 분야에 대한 가장 심도 있는 교육을 제공하고 있다. 최근의 혁신과 새로운 과목 개설로 인해, 우리는 이 학과가 어떻게 미래의 장교들을 AI 시대에 대비시키고 있는지에 초점을 맞추고자 한다. 최근 학과에서는 이러한 새로운 요구에 부응하기 위해 전체 AI 커리큘럼을 개편했다.

이 교육의 목표는 AI 도구를 효과적으로 활용하고 기반 기술을 이해할 수 있는 학생들을 양성하는 것뿐만 아니라, 새로운 문제에 대한 AI 해결책을 창출할 수 있는 능력을 기르는 것이다. 다시 말해, 특정 작전 과제에 맞는 AI 응용 프로그램을 설계할 수 있는 장교를 양성하는 것이 목표이다. 이러한 목표 달성을 위해 기본 컴퓨터 과학 커리큘럼 외에 필수 과정과 선택 과정을 포함한 네 가지 추가 교육 과정을 도입했다.

첫 번째 과정은 AI와 데이터 과학에 대한 새로운 선택 트랙으로, 학생들이 AI에 대한 깊은 이해를 얻을 수 있는 일련의 과목에 주력할 수 있다. 두 번째는 졸업 프로젝트 프로그램으로, 컴퓨터 과학 전공 학생들이 팀을 이루어 학부 교육 과정의 마지막 단계에서 자신들의 종합적인 능력을 보여주는 대규모 프로젝트를 수행한다. 이 프로젝트는 학생들이 그동안 배운 지식과 기술을 총체적으로 적용하는 기회를 제공하며, AI에 관심 있는 학생들은 종종 이 프로젝트를 AI 중심으로 진행한다. 세 번째는 다수의 여름 인턴십 기회로, 참여하는 생도들에게 AI와 데이터 과학이 필요한 실제 문제들을 다룰 수 있는 기회를 제공한다. 마지막으로, AI 전문가인 교수진들이 특별히 유능하고 관심 있는 학생들에게 연구 경험을 제공한다.

우리는 이러한 각 구성 요소를 더 자세히 설명함으로써, AI 교육에 대한 우리의 효과적인 접근 방식을 소개하고자 한다. 이 방식은 논리적이고 체계적인 사고를 가진 학생들에게 AI를 가르치는 데 특히 효과적이라고 믿는다.

## 컴퓨터 과학의 핵심 교육과정

컴퓨터 과학 전공의 필수 과목들은 실용적인 컴퓨터 활용 능력과 함께 컴퓨터 관련 문제에 대한 해결책을 개발하고 평가하는 데 필요한 분석 능력을 가르치는 것을 목표로 한다. 이러한 능력들은 졸업생들이 향후 경력에서 AI 솔루션을 만들고 배포하는 데 필수적인 기초가 된다. 먼저 일반적인 컴퓨터 과학 전공 과정에 대해 설명한다.

컴퓨터 과학 전공은 12개의 필수 과목과 3개의 선택 과목으로 구성된다. 이는 대부분의 주요 대학에서 볼 수 있는 구성과 크게 다르지 않지만, AI에 대해 깊이 있게 집중할 수 있다는 추가적인 이점이 있다. 전공 과정의 첫 해에는 보통 4개의 수업이 있으며, 학생들은 $C^{++}$, C, 자바(Java), 파이썬(Python), MIPS 등 다양한 컴퓨터 언어를 배우게 된다. 이 과정에서 점차 난이도가 높아지는 프로그래밍 프로젝트를 수행하며, 여러 가지 프로그래밍 방식(패러다임)을 직접 경험하게 된다. 이를 통해 학생들은 실제 프로그래밍 환경에서 필요한 실용적인 기술과 경험을 쌓는다. 학생들은 복잡한 문제를 더 간단한 문제로 분해하고 컴퓨터가 원하는 계산을 수행하도록 만드는 능력을 갖추게 된다. 전공 과정 첫 해가 끝나면 학생들은 컴퓨터를 어떻게 작동시킬지가 아니라 컴퓨터가 유용하게 쓰이기 위해 무엇을 해야 하는지에 집중할 수 있게 된다.

2학년과 3학년은 학생들이 작동하는 컴퓨터 시스템을 구축하거나 분석적 능력과 문제 해결 능력을 확장하여 어려운 컴퓨팅 문제에 대한 해결책을 개발할 수 있도록 하는 과목들의 조합이 된다. 이러한 실용 적인 과목들은 컴퓨터 네트워크의 작동 원리, 컴파일러의 작동 원리, 다양한 프로그래밍 언어에서 사용 가능한 광범위한 기능들, 그리고 운 영체제가 전체 컴퓨터의 작업 부하를 관리하는 데 사용하는 기술들을 다룬다.

분석적인 과목들은 학생들이 해결책을 만들고 이를 정량적이고 체 계적인 방식으로 분석하는 능력을 개발한다. 이들은 빠르고 효율적으 로 작업을 수행하는 알고리즘을 만들고 분석하는 두 개의 연속된 과목 을 포함하며, 컴퓨터 동작에 대한 다양한 관점을 검토하고, 이러한 틀 을 통해 자신만의 해결책을 개발한다. 이 연속 과정은 학생들이 향후 AI 알고리즘의 잠재력과 더 중요하게는 그 한계를 이해하는 데 매우 중요하다.

이러한 수업들을 통해 학생들은 컴퓨터와의 상호작용 능력을 키우 고, 오류 없이 작업을 수행하는 프로그램을 작성하는 기술을 습득한 다. 또한 복잡한 문제를 해결하고 자신들이 제시한 해결책의 효과성과 적절성을 평가하는 능력도 함께 기른다. 이처럼 실용적인 기술과 논리 적 사고력을 동시에 갖추게 됨으로써, 학생들은 향후 인공지능 분야를 더욱 심도 있게 학습할 수 있는 탄탄한 기반을 마련하게 된다.

## 인공지능 심화 교육: 특화 선택 과정

컴퓨터 과학 전공은 학생들이 핵심 교육과정에서 습득한 기술을 확장하기 위해 3개의 선택 과목을 이수하도록 요구한다. 이의 일환으로, 학과는 인공지능(AI)에 관심 있는 학생들이 이 분야를 심도 있게 학습할 수 있도록 새로운 '인공지능과 데이터 과학' 선택 과정을 개설했다. 이 특화 과정을 이수하기 위해 학생들은 인공지능 기초 과목을 필수로 수강해야 하며, 이어서 자연어 처리, 지능형 로봇공학, 고성능 컴퓨팅, 기계학습과 데이터 과학 중 두 과목을 선택해야 한다. 이 과정은 많은 학생들의 관심을 끌고 있으며, 우리는 높은 참여율을 기대하고 있다.

이 교육과정의 핵심은 인공지능 기초 과목이다. 인공지능에 관심 있는 모든 학생들이 이 공통 과목을 통해 기초 지식을 쌓도록 함으로써, 다른 심화 과목들에서는 기본 개념부터 다시 가르칠 필요가 없게 된다. 각 과목에 대한 간략한 설명을 통해 이 교육과정의 목표를 더 잘 이해할 수 있을 것이다.

인공지능 기초는 이 교육과정의 핵심 과목으로, 수강을 위해서는 데이터 구조 과목을 먼저 이수해야 한다(보통 전공 3학기 정도 수준). 이 과목은 오랫동안 운영되어 왔지만, 최근 다른 관련 과목들에 필요한 기초 지식을 제공하도록 내용이 개편되었다.

다루는 주제는 다양하며 그래프 탐색을 통한 추론, 게임 이론, 강화학습, 베이지안 추론과 네트워크, 퍼셉트론, 자연어 처리 등을 포함한다. 많은 주제들이 개론 수준에서 다뤄지지만, 이를 통해 인공지능 분야와 기술 전반에 대한 이해를 제공한다. 또한 선형대수와 베이지안 확률 같은 기본적인 수학 개념도 다시 소개한다. 이러한 개념들은 교육과정의 다른 과목들에서 자주 활용된다.

자연어 처리는 컴퓨터가 인간의 언어(예: 영어, 중국어 등)를 이해하고 생성하는 방법을 연구하는 분야이다. 언어는 인간의 본질을 정의하는 데 근본적인 요소이며, 이 과목은 기계가 인간 수준의 지능을 갖추는 과정에서 인공지능 퍼즐의 중요한 조각이 된다. 이 과목은 대량의 텍스트에서 학습하고 인간과 기계 간의 의사소통을 용이하게 하는 알고리즘을 다루는 심도 있는 기계학습 과정이다. 수업에서 다루는 일부 주제로는 저자 식별, 소셜 미디어에서의 정보 검색, 이메일 필터링, 감정 분석 등이 포함된다. 이 과정은 운동학을 시작으로 하여 인식과 감지(컴퓨터 비전 포함), 위치 파악과 지도 작성, 경로 계획, 행동 결정, 그리고 최종적으로 학습 단계로 발전한다. 학생들은 전체 과정에 걸쳐 로봇 프로그래밍을 통해 이러한 각 단계의 기능을 구현하며, 궁극적으로 로봇이 자율적이고 지능적으로 작업을 수행할 수 있도록 한다.

지능형 로봇공학은 학생들이 인공지능 기술을 활용하여 실제 로봇의 지능적 의사결정과 행동을 구현하는 실습 중심의 수업이다. 이 과정은 구체적인 기계 작동 원리에서 시작하여 점차 추상적인 개념으로 나아가는 구조로 진행된다.

고성능 컴퓨팅 과목은 학생들에게 매우 빠른 병렬 컴퓨터를 사용하여 대규모 계산이나 데이터 처리를 수행하는 방법을 가르친다. 이는 현대 AI 시스템 훈련에 있어 핵심적이지만 종종 간과되는 요소이다. 이 과목은 슈퍼컴퓨터 구조에 대한 이해로 시작하여 다양한 아키텍처에 적합한 여러 병렬 프로그래밍 패러다임으로 나아간다. 여기에는 메시지 전달 인터페이스(MPI), OpenMP, CUDA 등이 포함된다.[10] 이 과목의 목표는 학생들이 다른 수업에서 습득한 AI 기술을 발전시켜, 더 큰 규모와 높은 계산 복잡도를 가진 문제들을 해결할 수 있는 능력을 기르는 것이다. 학생들은 해군사관학교가 보유한 Cray 슈퍼컴퓨터를 활용하여 실제 프로젝트를 수행하게 된다.

마지막으로, 기계학습 및 데이터 과학 과목은 대규모 데이터를 분석하고 이를 토대로 예측 모델을 구축하는 방법을 다룬다. 이 과목에서는 클러스터링, 차원 축소, 추천 시스템, 회귀 분석, 분류 등 다양한 주제를 학습한다. 이 과목의 특징은 최신 기계학습 트렌드를 맹목적으로 따르기보다는, 과적합 방지나 특성 선택과 같은 핵심 개념에 중점을 두어 수학적 관점에서 기계학습을 깊이 있게 이해하도록 하는 것이다. 학생들은 실습 프로젝트를 통해 이론을 적용해보는데, 이때 해군사관학교가 보유한 고성능 컴퓨팅 시스템(Cray 슈퍼컴퓨터와 GPU 기반 컴퓨터 포함)을 활용하여 실제 대규모 데이터를 다루는 경험을 쌓는다.

이러한 과목들은 전체적으로 기술적 역량이 뛰어난 학생들에게 체계적이고 심도 있는 교육을 제공한다. 이를 통해 학생들은 졸업 후 다양한 분야와 환경에서 인공지능을 깊이 이해하고, 효과적으로 활용하며, 나아가 새로운 AI 기술을 개발할 수 있는 능력을 갖추게 된다.


## AI의 창의적 응용: 종합 프로젝트

미 해군사관학교는 모든 졸업생에게 전공 지식을 활용한 대규모 종합 프로젝트를 수행하도록 요구한다. 컴퓨터 과학과에서는 이를 1년

10 전부 병렬 컴퓨팅의 특정 애플리케이션에 사용되는 플랫폼이다.

동안 진행되는 그룹 프로젝트로 진행하며, 학생들이 주제를 선택하고 교수진의 승인과 지도를 받는다. 최근 AI에 대한 학생들의 관심이 높아지면서 종합 프로젝트에 AI를 접목하는 사례가 증가하고 있다. 학과에서는 AI 선택 과정을 수강한 학생들이 AI 관련 종합 프로젝트를 제안하도록 적극 장려하고 있다. 실제로 최근 졸업생들의 프로젝트 중 절반 가까이(13개 중 6개)가 AI를 포함하고 있었다.

AI를 활용한 프로젝트의 주제는 매우 다양하며, 다음과 같은 흥미로운 사례들이 있다.

- 생도 자동 점호를 위한 얼굴 인식 시스템
- 공간 사용 패턴 분석을 통한 이상 행동 감지 시스템
- 폭발물의 안전한 처리를 위한 최적 조건을 학습하는 IoT 기반 시스템
- 소셜 미디어 상의 적대적 광고 캠페인(예: 외국의 선거 개입) 탐지 시스템
- 암 환자의 의료 데이터 기반 기대 수명 예측기
- 지상군 지원용 자율 정찰 드론

이러한 종합 프로젝트를 통해 생도들은 AI 기술을 해군과 해병대의 실제 문제에 직접 적용해볼 수 있다. 이는 생도들이 미래 군 경력에서 자신의 AI 지식과 기술을 효과적으로 활용할 수 있는 능력을 기르는 데 큰 도움이 된다.

## AI 심화 교육: 인턴십과 연구 프로그램

미 해군사관학교 컴퓨터 과학과는 AI 분야에 전문성을 가진 다수의 교수진을 보유하고 있다. 이들의 연구 영역은 지능형 로봇공학, 자율

제어, 자연어 처리, 소셜 네트워크 분석, 신경망 등 다양한 분야를 아우른다. 이 교수진들은 각 분야의 선두주자로서 AI 연구의 가장 생산적이고 권위 있는 커뮤니티에 참여하고 있으며, 이를 통해 우수한 학생들에게 학기 중과 여름 동안 연구에 참여할 기회를 제공한다.

학기 중 연구 과목은 3학점 선택 과목으로 인정되며, 학생들은 종종 정규 과목 외에 추가로 이를 수강한다. 최근 AI 관련 프로젝트에는 '무인기 군집 운용 및 대군집 전술 최적화 알고리즘 개발', '자율 수중 기뢰 탐지 시스템 구축', '인신매매 방지를 위한 딥러닝 기반 은닉 연락처 식별 기술 개발' 등 3개의 프로젝트가 있었고 4명의 생도가 참여했다. 이러한 연구 과정을 통해 생도들은 자주 학술적 가치를 인정받는 연구 결과를 도출하며, 이는 권위 있는 학술지에 게재되는 동료 심사 논문으로 발표된다.[11]

생도들은 또한 여름 기간의 일부를 활용하여 교수진 및 외부 기관과 연구를 수행할 수 있다. 이러한 인턴십 중 다수는 국방부 고성능 컴퓨팅 현대화 프로그램(DoD HPCMP, Department of Defense High Performance Computing Modernization Program)의 지원을 받는다.[12] 최근에는 학생들이 국가해양대기청(NOAA, National Oceanic and Atmospheric

---

11 Nathanael Chambers et al., "Using Social Media Text to Detect Denial-of-Service Attacks: Applying NLP to Network Security," Proceedings of the Conference on Empirical Methods in NLP, 2018; David Liedtka and Luke McDowell, "Fully Heterogeneous Collective Regression," 2018 IEEE 5th International Conference on Data Science and Advanced Analytics, 2018, https://ieeexplore.ieee.org/document/8631408; Gavin Taylor et al., "Training Neural Nets without Gradients: A Scalable ADMM Approach," Proceedings of the International Conference on Machine Learning, 2016.
12 국방부 고성능 컴퓨팅 현대화 프로그램은 자체 공개 웹사이트를 운영한다. 프로그램에 대한 간략한 설명은 https://www.hpc.mil/2013-08-29-16-01-36/about 에서 확인할 수 있다.

Administration), 국가안보국(NSA, National Security Agency), 국방부 고성
능 컴퓨팅 현대화 프로그램 산하 컴퓨팅 센터에서 AI 응용에 대해 학
습하는 기회를 가졌다.

이러한 프로그램들의 주요 목적은 일반 수업에서는 충분한 도전을
받지 못할 수 있는 우수 학생들에게 특별한 기회를 제공하는 것이다.
우리는 이를 통해 학생들이 자신의 잠재력을 최대한 발휘할 수 있도록
돕고자 한다. 더 나아가, 이 경험이 학생들의 개인적인 경력 발전뿐만
아니라 해군과 해병대의 미래 발전에도 긍정적인 영향을 미칠 수 있는
실질적인 능력을 키워주는 것을 목표로 한다.

## 해군사관학교의 AI 교육 발전방향

해군사관학교와 같은 기관에서 교육의 우선순위를 정하는 것은 어
려운 일이다. 생도의 발전에 중요한 교육 분야가 많지만, 수업 시간은
제한적이다. 사회에서 인공지능의 중요성이 점점 커지고 있는 만큼,
이 분야의 추가 교육은 해군사관학교에서 이미 제공하고 있는 다른 중
요한 과목들과의 균형을 고려해야 한다.

모든 생도를 위한 광범위한 인공지능 교육이 핵심 과정의 일부가 되
기는 어려울 수 있지만, 인공지능 교육을 활성화하기 위한 가장 중요
한 단계는 심도 있는 프로그램을 구축하여 전문가가 되고자 하는 생도
들에게 기회를 제공하는 것이다. 이러한 목표를 염두에 두고 컴퓨터
과학과에서는 5개의 다양한 인공지능 수업으로 구성된 선택 과정을
개설하였다.

현재 우리는 새로운 세대의 생도들이 입학하는 모습을 보고 있으며,

미래의 장교들이 함대에서 의사결정을 주도할 때 인공지능에 능숙해지기를 기대하고 있다.

제15장
# 마한을 상자에 넣는 방법
## 의사결정 지원 시스템 개발 과정에서 얻은 통찰

## 제 15 장

# 마한을 상자에 넣는 방법
## 의사결정 지원 시스템 개발 과정에서 얻은 통찰

아담 M. 에이콕(Adam M. Aycock), 윌리엄 G. 글레니(William G. Glenney IV)

인공지능(AI) 적용과 관련된 현재의 국방부(DoD, Department of Defense) 계획들은 작전적 수준의 전쟁 영역을 담당하는 지휘관이나 참모를 아직 효과적으로 지원하지 못하고 있다. 작전적 전쟁 수준은 "전구(Theater) 및 기타 작전지역 내에서 전략목표 달성을 위한 전역(Campaign)과 주요 작전을 계획, 수행, 유지하는 전쟁 단계"로 공식적으로 정의된다.[1] 미 해군의 경우, 작전적 수준의 전쟁은 함대사령관의 책임 영역이다.

한편, 현재와 미래 전장에서의 복잡성, 범위, 경쟁 영역의 수가 지속적으로 확대되고 있다. 이러한 상황은 전술적 수준에서 전투원과 부대가 처리해야 할 정보량과 인지적 부담이 그들의 능력을 초과하는 전투 환경을 만들어내고 있다.[2] 이에 따라 자연스럽게 미래 전쟁의 증가하

---

[1] 합동참모본부 의장(Chairman of the Joint Chiefs of Staff, CJCS), 국방부 군사 및 관련 용어 사전 (Washington DC: Joint Staff, July 2019), 163, https://www.jcs.mil/Portals/36/Documents/Doctrine/pubs/dictionary.pdf.

[2] CJCS, 212. 전쟁의 전술적 수준은 '전술 부대[tactical unit] 또는 기동부대[task force]에게

는 복잡성이 상위 작전적 수준에서 체계적으로 정리되고, 분석되며, 해결될 수 있을 것이라는 기대를 갖게 된다. 그러나 전술적 수준의 복잡성을 단순히 합산하는 것만으로는 작전적 수준의 전쟁에서 직면하는 더 큰 복잡성을 해결할 수 없다 - 작전적 수준의 복잡성은 그 자체로 끊임없이 확장되는 특성을 가지기 때문이다.

지금까지 국방부의 개발 중점은 제6장에서 제시된 시나리오와 같은 전술적 결심지원체계(Tactical Decision Aids)에 맞춰져 있다. 현재 개발 중인 결심지원체계는 지휘관과 참모들에게도 실질적인 도움이 될 수 있다(그들 역시 과다한 전술적 정보의 유입에 직면해 있으므로). 그러나 이러한 지원체계는 전술적 수준의 문제만을 다루고 있으며, 현재와 계획된 결심지원체계는 작전적·전략적 수준에서 고려해야 할 전쟁 원칙(Principles of War)들을 효과적으로 통합하지 못하고 있다.

본질적으로, 사진 인식과 같은 AI 기반의 현재 결심지원체계는 개별 전투(Battle)에서의 승리에는 기여할 수 있으나, 작전사령관이 전역(Campaign)이나 전쟁(War)에서 승리하는 데 필요한 지원은 제공하지 못하고 있다. 이러한 지원체계는 전쟁과 분쟁의 특성이 아닌 본질(Nature, not Character)에 대한 우리의 근본적 이해를 형성한 고전 군사이론가들의 저술에서 제시된 계획수립 및 의사결정의 수준까지 발전하지 못했다. 쉽게 말해서, 아직 누구도 알프레드 세이어 마한(Alfred Thayer Mahan)의 해양전략사상을 AI 시스템에 구현하는 데 성공하지 못한 것이다.

---

부여된 군사적 목표를 달성하기 위해 전투와 교전을 계획하고 실행하는 전쟁 수준'으로 정의된다. 작전 범위의 확대에 따른 전쟁 수준은 전술적, 작전적, 전략적 전쟁 수준이다.

## 문제 검토

현재 개발 중이거나 계획된 대부분의 AI 의사결정 지원 도구들은 물리학, 수학, 통계학을 직접적으로 적용하는 데 그친다. "자연어 처리"를 사용한다는 도구들조차 실제로는 단어, 구문, 문장을 숫자로 바꾼 뒤 고성능 컴퓨터로 복잡한 수학 문제를 푸는 것에 불과하다. 사실상 많은 "AI 응용 프로그램"은 단순히 무어의 법칙(Moore's Law)을 이용해 프로세스를 자동화한 것으로 봐야 한다.[3]

이 장의 저자들은 해군이나 국방부가 지원하는 AI 프로젝트 중에서 함대사령관이나 합동군사령관이 직면하는 고차원적인 작전 및 전략적 문제를 해결하려는 시도를 찾아볼 수 없었다. 하지만 우리는 AI가 전쟁에서 승리를 가져다줄 이점이 바로 이런 작전 및 전략적 수준에서 나타날 것이라고 믿는다. 이는 현재 군사 분야의 AI 의사결정 지원 도구들이 주로 전술적 수준에만 집중되어 있으며, 더 높은 차원의 작전 및 전략적 의사결정을 지원하는 AI 개발이 부족함을 지적한다. 저자들은 AI가 전쟁에서 승리를 가져다줄 진정한 이점이 바로 이러한 작전 및 전략적 수준에서 나타날 것이라고 확신한다.

미 해군대학(NWC, U.S. Naval War College)의 미래전연구소(IFWS, Institute for Future Warfare Studies)는 AI 계획의 이러한 부족함을 인식한다. 이에 따라 여러 산업 파트너들과 협력하여 작전적 수준의 해양 작전을 위한 소규모, 특화된 AI 영역 개발을 탐구하기로 한다. 이는 완

---

[3] 간결하고 단순하게 설명하기 위해 이 장에서는 'AI에 기여하는 모든 수학적 및 컴퓨터 처리 기술, 방법, 알고리즘'을 '수학'이라는 용어로 대체했다. 불쾌감을 줄 의도는 전혀 없으며 해당 분야의 전문가들이 이에 불쾌감을 느끼지 않기를 바란다.

전히 새로운 해군 AI 애플리케이션을 개발하려는 것이 아니라, 작전적 수준의 AI 요구사항을 파악하기 위한 실험이다.

프로그램 측면에서 볼 때 우리 실험의 결과는 미미해 보일 수 있다. 하지만 산업 파트너들과의 협력을 통해 중요한 통찰을 얻는다. 즉, 기존의 상용 AI 애플리케이션 중 작전적 수준에서 실제로 유용한 것이 거의 없다는 점이다. 이는 상용 AI의 발전이 자연스럽게 군사 AI 애플리케이션의 발전으로 이어질 것이며, 이러한 애플리케이션이 작전 및 전략적 수준에서 효과적으로 기능할 것이라는 고위 관리들의 일반적인 가정과 크게 대비된다.

이 장에서는 미래전연구소(IFWS)의 노력과 그로부터 얻은 교훈을 전반적으로 설명한다. 이를 통해 얻은 통찰을 제시하고, 전쟁에서의 AI 활용에 대한 해군(DoN, Department of the Navy)과 국방부(DoD, Department of Defense)의 사고에 도움을 주고자 한다. 우리는 해군과 국방부의 사고가 상용 AI의 잠재력에 대한 검증되지 않은 가정에 지나치게 영향을 받고 있다고 본다.

## 현재 상용 AI의 성공 사례에서 나타나는 주요 동향

2017년 10월, 인공지능, 빅데이터, 그리고 기계학습 분야에서 주목할 만한 소식이 전해진다. 과학 저널 '네이처'는 구글의 자회사인 딥마인드가 알파고의 새 버전인 '알파고 제로'를 개발했다고 보도한다.[4]

---

4 Elizabeth Gibney, "Self-Taught AI Is Best Yet at Strategy Game Go," Nature, October 18, 2017, https://www.nature.com/news/self-taught-ai-is-best-yet-at-strategy-game-go-1.22858.

기존의 알파고가 인간 선수들의 대국을 분석하여 바둑을 학습한 반면, 알파고 제로는 오직 게임의 규칙만을 바탕으로 스스로 대국을 벌이며 바둑을 익힌다. 알파고가 세계 최고의 인간 바둑 선수를 4대 1로 이기는 데 수개월과 3천만 번의 학습 게임이 필요했던 것에 비해, 알파고 제로는 단 3일 동안 490만 번의 학습 게임만으로 비슷한 수준에 도달한다. 더욱이 원래의 알파고 알고리즘과의 대국에서 거의 69퍼센트의 승률을 기록하는 놀라운 성과를 보인다.

이후 금융 시장, 예측 유지보수, 이미지 처리, 의학, 자율주행차 등 다양한 분야에서 AI의 성공 사례가 잇따라 발표된다. 이러한 뉴스를 액면 그대로 받아들인다면, AI가 곧 모든 과제를 해결하고 가장 어렵고 복잡한 문제들도 풀어낼 수 있을 것이라고 생각할 수 있다. 하지만 이런 뉴스는 소프트웨어 판매에는 도움이 될 수 있어도, 실제 현실은 그 복잡한 문제들 자체보다도 더 복잡하다는 점을 간과해서는 안 된다.[5]

'마한을 상자에 넣으려는' 우리의 시도와 AI의 응용, 보고서, 성공사례, 그리고 주장들을 연관 지어 보면, AI 프로그래밍이 인간의 의사결정을 뛰어넘은 것으로 여겨지는 경쟁적 활동들의 특성에 관해 13가지 관찰 결과를 도출할 수 있다. 이러한 경쟁적 활동들은 흔히 군사 전략 수립이나 전시 의사결정을 위한 사고 모델로 간주된다. 하지만 체스, 장기, 체커, 바둑, 포커 등의 게임에서 AI가 성공을 거두었다고 해

---

[5] 흥미롭게도 2019년 8월에 딥마인드가 지속적인 기업 적자로 인해 모회사인 알파벳사에 10억 4천만 파운드의 빚을 졌다는 보도가 나왔다. 또한, 구글의 모기업이기도 한 알파벳사가 딥마인드의 유일한 고객이었다는 보도도 있었다. AI는 분명히, 수익성을 전혀 보장하지 않는다. Brandy Betz, "AI Unit Owes Alphabet Over 1B [pounds sterling]," Seeking Alpha, August 7, 2019, https://seekingalpha.com/news/3488507-ai-unit-owes-alphabet-1b?dr=1#email_link.

도, 이들은 공통된 요인을 공유할 뿐 실제 전쟁과는 거리가 멀다.

우리는 이 13가지 관찰을 통해 AI가 경쟁에서 성공하기 위해 필요한 특성들과 작전사령관들이 직면하는 현실 상황을 대조해 본다. 그 주요 요인들은 다음과 같다.

1. AI가 성공한 분야에서는 규칙이 명확하게 정의되어 있고, 안정적이며, 시간이 지나도 변하지 않고, 모든 참가자에게 알려져 있다. 그러나 이러한 조건은 전쟁의 어떤 수준에서도 찾아보기 힘들다.

2. AI는 방대한 양의 정제된 데이터(빅데이터)를 활용할 수 있으며, 이 데이터의 유효성이나 의미에 대한 불확실성이 거의 없다. 게임은 반복 실행이 가능해 AI 시스템이 추가 데이터를 계속 수집할 수 있다. 반면 전장의 안개 속에서는 이런 조건이 성립하지 않으며, 단순히 데이터 수집을 위해 같은 전투를 반복할 수도 없다. 또한 실제 군대와 달리, AI 시스템은 학습 과정에서 초기 실패에 따른 실질적인 손실이 없다.[6]

3. AI가 다루는 환경은 맥락이 명확하고 잘 정의되어 있으며, 불확실성이 거의 없다. 모든 참가자가 이 맥락을 완전히 이해하고 있으며, 유일한 불확실성은 상대방의 다음 행동뿐이다. 그마저도 알려진 규칙 내에서 제한된다. 이런 환경에 최적화된 AI는 다른 불확실한 상황, 예를 들어 알파고에게 포커를 두게 하면, AI는 빠르고 크게 실패할 것이다. 반면 군사 작전은 서로 다른 특성과 '규칙'을 가진 전 영역(all domain)에서 동시에 이루어져야 한다.[7] 따라서 작전적 수준의 의사결정은 한 영

6 의사결정권자가 실제로 AI의 도움을 받기 전까지는, 이것이 AI 시스템의 장점이라고 주장할 수도 있겠다.
7 '전 영역'이라는 용어는 미 육군의 '다영역 전쟁(multi-domain warfare)'이라는 용어를 대체하기 시작했다. Jim Garamone, "U.S. Military Must Develop All-Domain Defenses, Mattis, Dunford Say," U.S. Department of Defense, April 13, 2018, https://www.defense.gov/Newsroom/News/Article/Article/1493209/us-military-must-develop-all-

역에만 국한될 수 없다.

4. 해당 활동과 환경에 관한 데이터와 정보는 모든 참가자에게 공개되어 있다. 물론 AI 시스템과 게임을 하는 인간은 490만 번의 학습 게임을 수행할 수 있는 시스템만큼 많은 정보를 기억할 수는 없다. 그러나 이론상으로는 인간도 모든 가능한 움직임이라는 '데이터'에 접근할 수 있다. 효율적인 군사 조직에서는 실제 훈련과 시뮬레이션을 통해 전술 전투 부대에게 그들의 능력 범위 내에서 가능한 모든 움직임을 '학습' 시키고자 한다. 하지만 '게임'이 작전 또는 전략적 수준으로 올라가면 복잡성이 크게 증가하여 모든 가능한 움직임을 완전히 파악하기 어렵다. 환경을 완벽히 이해하는 경우도 드물며, 적군은 종종 데이터를 숨기거나 왜곡하려 시도한다.

5. 이러한 활동은 거의 무한한 반복을 허용하여 참가자들이 제한된 환경을 철저히 탐색할 수 있게 한다. AI 경쟁은 명확하게 정의된 규칙 하에서 가장 성공적이다. 반면 전쟁은 특유의 성질이나 특성을 가지며, 대부분의 규칙은 전쟁이 진행되기 전까지는 존재하지 않거나 모호하다. 국제 전쟁법과 핵 억지력을 통해 정의된 몇 가지 '규칙'은 있지만, 이마저도 전투 중에 종종 왜곡되거나 무시된다. 인간 의사결정자들은 AI가 '규칙' 위반 여부나 승리를 위한 극단적 행동을 결정하도록 허용하는 것에 불편함을 느낄 것이다. 작전사령관의 역할은 무엇을 해야 하는지와 하지 말아야 하는지를 결정하는 것이며, 이를 위해 무한한 반복을 할 여유는 없다. 또한, 엄격한 규칙 하에서 AI 시스템의 무한한 반복 능력이 단순히 규칙 자체의 특성에 의해 결정된 동일한 답변을 반복 생성하는 것은 아닌지 의문을 제기할 수 있다. 예를 들어, 크리켓에 최적화된 AI는 야구와의 유사성에도 불구하고 야구 전술을 적용하지 않을 것이다. 반대로, AI가 엄격한 규칙에 얽매이지 않는다면 어떨

domain-defenses-mattis-dunford-say/.

까? 예를 들어, 스포츠 게임을 위해 설계된 AI가 갑자기 무술을 사용하기 시작한다면 어떨까? 이는 AI가 예상치 못한 방식으로 행동할 수 있음을 보여준다. 하지만 이런 가능성에도 불구하고, 핵심은 다음과 같다. AI가 정해진 규칙 내에서 아무리 많은 시도를 반복하더라도, 그것이 반드시 군사 작전을 계획하는 참모들에게 더 다양하고 유용한 선택지를 제공하지 않을 수 있다는 것이다. 즉, AI의 능력이 향상된다고 해서 반드시 군사 작전의 질이 향상되는 것은 아니라는 점을 인식해야 한다.

6. AI 시스템이 수행하는 활동에는 여러 단계의 피드백 과정이 포함되어 있다. 이러한 피드백 과정은 전체 활동 진행 속도와 비슷한 속도로 이루어진다. 즉, 한 행동에 대한 피드백이 다음 행동을 결정하기 전에 수신된다. 이러한 긴밀한 연계는 AI 시스템의 신속한 훈련과 진화를 가능케 한다. 그러나 이는 후속 작전 수행 전 피드백(전투 피해 평가나 적군의 행동)을 받지 못할 수 있는 군사 작전과는 차이가 있다. 존 보이드의 OODA(관찰, 상황판단, 결심, 실행) 루프는 전술 AI의 기능에 적용 가능한 것으로 여러 장에서 논의되었다. 이 개념은 원래 전투 조종사가 관찰 위치에서 자신의 행동에 대해 거의 즉각적인 피드백을 얻는 공중전에서 착안되었다. OODA 모델이 인간의 의사결정을 잘 표현하는 것은 분명하지만, 작전 지휘관은 최첨단 센서 체계를 갖추고 있더라도 즉각적인 피드백을 받기 어렵다. 작전 지휘관은 피드백을 전혀 받지 못하거나, 행동의 효과가 여러 후속 조치 이후에야 파악될 수 있다. 더욱이 유능한 적군은 이러한 피드백을 은폐하거나 조작하려 할 것이다. 이러한 상황에서는 경쟁적 게임의 AI와 달리, 첫 번째 행동으로부터 "학습"하여 두 번째 행동을 구상하기가 매우 어렵다.

7. 경쟁적 게임이나 기타 AI 활동에서는 행동과 결과를 연결하는 명확하고 직접적인 "인과관계"가 존재한다. 만약 AI를 전쟁의 작전적 수준의

문제에 적용할 수 있다면, 알고리즘 시스템이 가능한 원인과 결과의 범위를 탐색할 수 있을 것이다. 그러나 이는 인과관계가 명확하고, 모든 실행 가능한 대응을 분석하기 전에 가능한 원인과 결과를 분석하는 데 많은 컴퓨팅 능력을 소모할 필요가 없는 경쟁적 게임보다 훨씬 복잡하다. 특정 인과관계를 정확히 파악할 수 없다면, 정확한 행동 권고도 어려워진다. 대신 작전 지휘관에게 가능한 행동 범위를 제시할 것이며, 이는 AI를 유용하게 만들지만 현재 가능한 수준에서 크게 벗어나지 않을 수 있다.

8. 이러한 활동의 특성상 관련된 행동의 수준이 제한적이다. 군사 작전에서는 전술, 작전, 전략 수준에서 다양한 행동과 대응이 동시에 일어나지만, AI 게임 시스템은 필연적으로 전술 수준에만 집중한다. 전체 게임 계획을 '전략' 수준으로 간주하더라도(우리는 그렇게 보지 않지만), 계획 조정은 오직 전술적 결과에 의해서만 이루어진다. 반면 실제 군사 작전에서는 상황이 다르다. 작전 지휘관이 계획을 수행하는 동안에도 더 높은 차원의 전략적 변화가 발생할 수 있다. 이로 인해 상급 사령부가 작전 목표를 갑자기 변경할 수 있다. 예를 들어, 독립적으로 작전 중인 동맹군의 후퇴나 다른 전장의 자원 요구 등이다. 즉, 전쟁에서는 서로 다른 규칙을 가진 여러 '게임'이 다양한 수준에서 동시에 진행된다.

작전 지휘관은 각기 다른 '규칙'을 가진 여러 '게임'(영역)에서, 전술적 행동이 동시에 발생하는 환경에서 광범위한 결정을 내려야 한다. 예를 들어, 잠수함전과 지상전의 전술은 크게 다르지만, 두 영역의 결과는 작전 수준에서 종합되고 조정되어야 한다. 현재까지 이러한 복잡성을 다룰 수 있는 AI 시스템은 없다. 물론 수많은 알고리즘과 코드로 이러한 능력에 근접할 수 있겠지만, 그 개발에는 막대한 비용과 노력이 필요할 것이다. 상업 기업들은 수요 부족으로 이런 시스템을 투기적으로 개발하지 않을 것이다. 구글의 딥마인드처럼 적자를 감수하며 개발할 수 있는 경우는 드물다. 국방부가 이러한 의사결정 보조 도구에 거액을 투자하는 것이 현명한지는 별도의 논의가 필요하다.

9. 현재의 AI 경쟁 환경에서는 AI 시스템이 가진 편향된 가치나 성향이 알려져 있고, 이를 해당 활동의 일부로 받아들인다. 예를 들어, 특정 AI가 어떤 전략을 선호하는지 참가자들이 알고 있는 상태에서 경쟁이 이루어진다. 반면, 실제 군사 작전에서는 작전 지휘관이 적군 지휘관들의 편견이나 성향을 확실히 알기 어렵다. 적군 지휘관이 어떤 상황에서 어떤 결정을 내릴지, 어떤 전략을 선호하는지 정확히 파악하기 힘들다는 것이다. 이는 AI 경쟁 환경과 실제 전장 상황의 중요한 차이점 중 하나이다. 러시아와 같은 권위주의 국가에서는 특히 그렇다. 하지만 정보 활동을 통해 적군 지휘관들의 행동 패턴이나 발언을 '방첩' 차원에서 파악할 수 있다. 인공지능 기술을 활용하여 다양한 센서와 정보원의 데이터를 종합 분석할 수 있지만, 적의 AI 시스템도 기만을 위해 설계될 가능성이 높다는 점을 고려해야 한다. 이는 손자가 언급하기 훨씬 전부터 전쟁의 본질적인 측면이었다.

10. AI가 참여하는 게임이나 경쟁에서 발생할 수 있는 위험은 잘 알려져 있고, 그 영향력이 제한적이며, 실제 세계에 미치는 중요성이 낮다고 여겨진다. 이는 실제 전쟁과 AI가 플레이하는 체스, 바둑 등의 게임 사이의 가장 큰 차이점이다. 이런 AI 대결에는 실제 사상자가 없고, 패배로 인한 실질적인 처벌도 없다. 즉, AI는 낮은 위험 환경에서 경쟁한다. 그렇다면 높은 위험 상황에서도 AI 시스템을 신뢰할 수 있을까? 이와 관련해 흥미로운 실험을 생각해볼 수 있다. AI가 패배할 때마다 시스템을 '초기화'하여 모든 데이터를 다시 학습하게 하는 것이다. 이 경우 AI는 이전과 같은 방식으로 데이터를 학습할까? 또한, 패배 후 백지 상태에서 다시 시작하면 AI 시스템의 성능이 어떻게 변할

까? 이런 질문들은 AI의 신뢰성과 적응성을 평가하는 데 중요한 통찰을 제공할 수 있다.

11. AI가 참여하는 경쟁 환경에서는 성공의 정의가 명확하고, 모든 참가자가 이에 동의한다. 반면, 현대 전쟁에서 '승리'의 정의는 여전히 논쟁 중이다.[8]

12. AI가 참여하는 구조화된 경쟁 환경에서는 최적화를 위한 명확하고 제한된 선택만 존재할 뿐, 복잡한 경쟁 목표가 없다. 예를 들어, 체스나 바둑과 같은 AI 대결에서는 실제 군사 작전에서 고려해야 할 '작전 목표 달성'과 '인명 손실 최소화' 사이의 균형과 같은 복잡한 의사결정 과정이 존재하지 않는다. 따라서 이에 따른 도덕적 고려사항도 필요 없다. 또한, 이러한 AI 경쟁 환경에서는 자원이 대체로 고정되어 있어 변화하는 상황에 따라 자원을 재분배할 필요가 없다. 이는 실제 군사 작전과는 매우 다른 특성이다.

13. 현재까지 테스트된 게임에서 AI 알고리즘은 전략적 또는 작전적 수준의 결정을 내리지 않는다. AI는 단지 인간의 능력을 뛰어넘는 속도와 규모로 전술을 실행할 뿐이다. 상황 판단, 타이밍, AI 시스템 활용 방법 등은 여전히 인간이 결정한다. 예를 들어, 바둑이나 포커를 할지 결정하는 것은 인간이며, AI는 그 결정에 따른 전술만 수행한다.

요약하면, 지금까지 AI 시스템이 경쟁적 게임에서 거둔 성공은 주로

---

8 이 논쟁의 출처는 다음과 같다. Colin S. Gray, Defining and Achieving Decisive Victory (Carlisle, PA: U.S. Army War College Strategic Studies Institute, April 1, 2002), https://ssi.armywarcollege.edu/pubs/display.cfm?pubID=272; William C. Martel, Victory in War: Foundations of Modern Military Policy (Cambridge: Cambridge University Press, 2007); B. A.
Friedman, On Tactics: A Theory of Victory in Battle (Annapolis, MD: Naval Institute Press, 2017); 및 Richard M. Milburn, "Reclaiming Clausewitz's Theory of Victory," Parameters 48, no. 3 (Autumn 2018): 55-63.

세 가지 요인에 기인한다. 더 빠른 컴퓨터 처리 속도, 데이터와 정보에 대한 향상된 수학적 계산 능력, 그리고 이 둘의 조합이다. 하지만 활동의 맥락, 활동 자체, 또는 활동 환경이 앞서 언급한 13가지 요소에서 벗어나면 AI의 성능은 크게 저하되거나 실패한다. 앞서 논의했듯이, 전쟁은 이 13가지 요소와 정반대의 특성을 지닌다. 전쟁 상황에서는 시의적절한 대규모 데이터 확보가 매우 어렵고, 적의 방해로 인해 데이터가 왜곡되기도 한다. 규칙은 불명확하며 분쟁 당사자들에 의해 수시로 변경될 수 있다. 모든 측면에서 불확실성이 크고, 피드백 루프는 드물고 느리다. 명확한 인과관계를 찾기 어려우며, 예측하기 힘든 행동이 자주 발생한다. 서로 상충되고 조율이 불가능한 다양한 목표가 존재하며, 위험 수준도 매우 높다. 게다가 성공의 정의조차 모호한 경우가 많다. 이러한 대비는 AI가 구조화된 게임 환경에서 성공할 수 있었던 요인들이 실제 전쟁 상황에서는 거의 존재하지 않음을 명확히 보여준다. 결국, 이는 현재의 AI 기술이 전쟁의 복잡성과 불확실성을 완전히 다루기에는 아직 한계가 있다는 점을 시사한다.

알파고가 여러 게임을 플레이할 수 있다는 보고가 있지만,[9] 실제로는 기존 학습 소프트웨어에 새로운 게임 규칙을 추가한 모듈을 더한 것에 불과하다. 알파고가 스스로 어떤 게임을 할지 결정하거나 게임 시작 전에 이를 준비할 수 있다는 증거는 없다. 알파고는 게임에 참여한 후 몇 수 안에 어떤 게임인지 파악할 수 있지만, 게임 선택이나 승리라는 전략적 목표 설정은 여전히 인간의 영역이다. 다만, 이러한 전략

---

9 "DeepMind's Go Playing Software Can Now Beat You at Two More Games," New Scientist, December 6, 2018, https://www.newscientist.com/article/2187599-deepminds-go-playing-software-can-now-beat-you-at-two-more-games/.

적 결정이 내려진 후의 전술적 실행은 알파고가 뛰어나게 수행할 수 있다.

텍사스 홀덤 포커, 아타리의 몬테주마의 복수, 스타크래프트 II 등 경쟁적 게임에서 AI가 거둔 성공으로 인해, 많은 이들(국방 자원 결정권자 포함)은 AI가 적절한 노력과 자원을 투입하면 군사적 기술 과제나 전술적 수준의 특수 능력에 활용될 수 있다고 생각한다.[10] 이러한 성공 사례가 해군에 개념적으로 유용할 수 있지만, 현존하는 AI 시스템이나 가까운 미래의 AI가 함대사령관이나 지역 전투사령관을 위한 작전 또는 전략적 수준의 전쟁에서 승리할 수 있는 능력을 제공할 것이라는 보장은 없다. 쉽게 말해, 알파고는 전쟁도 아니고, 전략도 아니다. 알파고의 성공이 곧바로 군사 전략이나 전쟁 수행 능력으로 이어지지는 않는다는 것이다.

### Mahan-in-a-Box: 소개

일반적인 조사에서 얻은 발견사항을 바탕으로, "Mahan−in−a−Box"(MIAB)라고 부르는 프로젝트에 대해 구체적으로 설명하고자 한다. MIAB는 좁은 범위의 AI와 자연어 처리 기술을 전쟁의 작전적 수준에 적용할 수 있는지 탐구하기 위한 소규모 프로토타입 개발 시도이다.[11]

---

10 The AlphaStar Team, "AlphaStar: Mastering the Real-Time Strategy Game StarCraft II," blog, January 24, 2019, https://deepmind.com/blog/article/alphastar-mastering-real-time-strategy-game-starcraft-ii.

11 MIAB 프로젝트는 미 해군사관학교 미래전쟁연구소 소속 아담 아이콕 대령, 배리 차우 소령(당시 해군사관학교의 그래블리 그룹 선택 연구 프로그램[Gravely Group elective research program] 학생이었음)과 미래전쟁연구소의 윌리엄 글레니 교수로 구성된 연구 팀

우리의 비전은 두 가지로 나뉘며, 최종 방향은 초기 결과를 토대로 결정되었다. 첫째, AI가 태평양 함대사령관이 전쟁 준비 과정에서 제기할 수 있는 질문들에 답변할 수 있는지 검토하는 것이다. 둘째, 미 해군대학 도서관과 기록보관소의 방대한 자료를 활용하여 해군대학 학생들의 교육을 개선할 수 있는 방안을 모색하는 것이다.

이 두 목표를 연결하는 논리는 해군대학에서 가르치는 지식이 궁극적으로 미래의 작전급 지휘관을 양성하기 위한 것이며, 이 지식이 작전급 지휘관이 작전 문제를 분석하고 해결하는 방법을 개발하는 데 유용할 것이라는 점이다.

실질적으로 MIAB는 수치 데이터가 부족하고, 불확실성이 높으며, 데이터셋의 수가 제한된 상황에서 비정형 데이터와 질문을 다루는 극단적인 경우를 탐구하는 것이다. 이는 전쟁의 작전적 수준에서 지휘관이 직면하는 현실적인 상황을 반영하며, 이론적으로는 전쟁대학 학생들이 학습 과정에서 마주하게 될 환경과도 유사하다.

## Mahan-in-a-Box: 세 가지 온톨로지

목표를 염두에 두고, 우리는 작전 지휘관을 위한 도구로서 'Mahan-in-a-Box'의 개념적 모델을 설계했다. 이 모델은 세 가지 AI 도메인으로 구성된다(그림 15-1).

1. Mahan-in-a-Box 온톨로지 (왼쪽)
2. 합동 군사작전 온톨로지 (오른쪽 아래)
3. Mahan-in-a-Box 역사적 데이터 (오른쪽 위)

에 의해 수행되었다.

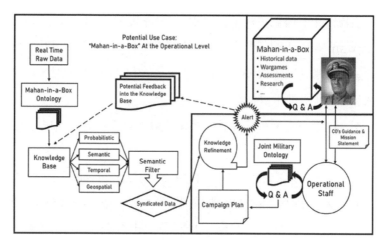

그림 15-1. 전쟁의 작전적 수준에서 개념화된 Mahan-in-a-Box

온톨로지는 관련 정보와 용어를 연결하고 구분하는 방법으로, 분류법과 유사하다. 이전에는 이를 "라벨링"이라고 불렀다. 현대 컴퓨터 과학에서 온톨로지는 프로그래밍 기호를 범주화하는 것을 의미한다.[12]

AI에서 온톨로지는 정보 시스템의 기호 의미를 명세화한 것이다. 이는 존재하는 개체와 관계, 그리고 그들을 위해 사용되는 용어에 대한 개념화이며, 해당 어휘의 사용을 제한하는 일부 공리를 제공한다.[13]

---

12 '온톨로지'는 원래 플라톤, 아리스토텔레스, 파르메니데스, 아비세나와 같은 대철학자들이 논의한 '존재'의 본질에 대한 철학적, 형이상학적 연구에 사용된 용어이다(제1장에서 부분적으로 논의한 바 있다). 이후 스웨덴의 동물학자이자 식물학자인 칼 린네(1707~1778)가 개발한 이항 명명법 체계와 같이 생물 분류와 연관되어 오늘날 분류학이라는 이름으로 여전히 사용되고 있다. 린네의 분류 체계에서 동식물은 첫 번째 이름으로 유사성이 있는 동식물을 그룹화한 다음 두 번째 이름으로 구분하거나 구별한다. 예를 들어, '호모 사피엔스(인간)'는 '호모 네안데르탈렌시스'와 유사하며 둘 다 인간종이라는 점에서 같은 그룹에 속하지만 인간의 다른 갈래로 구분되거나 분리된다.

13 Extract from "Ontologies and Knowledge Sharing," in David Poole and Alan Mack

온톨로지의 예로, "콘도", "플랫", "아파트 단지"와 같은 용어를 "ApartmentBuilding"이라는 기호와 연관 짓는 것이 있다. 이러한 기호는 보통 특정 애플리케이션과 독립적으로 작성되며, 그 의미에 대해 커뮤니티의 합의가 필요한 경우가 많다.[14]

이 예시는 온톨로지의 개념과 사용에 대해 다음과 같이 설명한다.

지도에 표시될 수 있는 개체들의 온톨로지는 "ApartmentBuilding"이라는 기호가 아파트 건물을 나타낸다고 명시할 수 있다. 온톨로지는 아파트 건물을 정의하지는 않지만, 다른 사람들이 그 정의를 이해할 수 있을 만큼 충분히 설명한다. 이는 다른 기호를 사용하려는 사람들도 온톨로지를 통해 적절한 기호를 찾아 사용할 수 있게 하기 위함이다. 온톨로지는 기호 사용을 제한하는 공리를 제공할 수 있다. 예를 들어,

아파트 건물은 건물이며, 건물은 인간이 만든 인공물이라고 명시할 수 있다.

건물의 크기에 대한 제한을 둘 수 있다. 예를 들어, 신발 상자는 건물이 될 수 없고, 도시는 건물이 될 수 없다. 건물은 동시에 지리적으로 떨어진 두 위치에 있을 수 없다고 명시할 수 있다. 즉, 건물의 일부를 떼어내 다른 위치로 옮기면 더 이상 하나의 건물이 아니다. 아파트 건물은 건물의 일종이므로, 건물에 적용되는 이러한 제한사항들이 아파트 건물에도 동일하게 적용된다.[15] 이러한 설명은 온톨로지가 개념을 구조화하고, 기호의 의미를 명확히 하며, 그 사용에 대한 규칙을 설정하는 방식을 보여준다. 이를 통해 정보 시스템에서 일관성 있고 명확한 의미 전달이 가능해진다.

worth, Artificial Intelligence: Foundations of Computational Agents, 2nd ed. (Cambridge: Cambridge University Press, 2017), https://artint.info/html/ArtInt_316.html.

14 "Ontologies and Knowledge Sharing."
15 "Ontologies and Knowledge Sharing."

"콘도", "플랫", "아파트 단지" 등의 모든 용어가 "ApartmentBuilding"
이라는 기호로 매핑되어 온톨로지의 일부가 된다. "ApartmentBuilding"
기호는 "ResidentialBuilding"이 상위 개념인 더 포괄적인 온톨로지와
연결될 수 있다.

AI 시스템은 수천 개의 수학적 알고리즘을 사용하여 하나 이상의 온
톨로지에서 분리된 데이터를 다른 온톨로지와 연관시킬 수 있을 때
"지식을 생성"한다. 이는 작전 지휘관에게 추천을 제공하거나 전쟁대
학 학생에게 정보를 제공하는 등 우리가 원하는 결과를 낳는다. 알고
리즘은 단순히 숫자를 사용하여 기호를 표현하는 수학적 절차이다. 이
론적이고 단순화된 예로, "간단한" 경쟁 게임에서 AI 시스템은 "이동
온톨로지"의 이동을 "결과 온톨로지"의 결과와 연관시켜 새로운 더 큰
온톨로지를 만든다. AI가 인간보다 유리한 점은 이러한 연관을 더 빠
르게 만들고, 더 큰 데이터셋을 처리하며, 더 많은 가능한 결과를 정렬
할 수 있다는 것이다. 이는 Project Maven에서 AI가 무인항공기의 방
대한 영상을 처리하여 잠재적 표적을 찾는 방식과 유사하다.[16]

그러나 특정 온톨로지를 채택하는 데에는 잠재적인 단점이 있다. 특
정 온톨로지에 전념하면 AI 시스템이 데이터 연관을 만드는 데 사용할
수 있는 용어의 범위가 불가피하게 제한된다. 인간은 온톨로지 간 전
환이 상대적으로 쉽지만, AI 시스템에게는 이것이 결코 쉽지 않을 수
있다.

MIAB 프로젝트를 통해 우리는 현재의 AI 기술이 목표로 한 세 가지
AI 도메인 중 두 가지를 효과적으로 지원할 수 있음을 확인했다. 이는

---

16 Congressional Research Service Report, "Artificial Intelligence and National
Security," https://fas.org/sgp/crs/natsec/R45178.pdf.

Mahan−in−a−Box 온톨로지와 합동 군사작전 온톨로지이다.[17] Mahan−in−a−Box 온톨로지는 실시간 입력을 작전 계획의 특정 행동과 연결하는 것을 목표로 한다. 이는 Project Maven과 유사한 접근 방식으로, 입력이 계획 시나리오에 부합하면 작전 지휘관에게 즉각적인 행동이 필요하다는 신호를 보낸다. 한편, 합동 군사작전 온톨로지는 특정 상황에서 취해야 할 행동에 대한 정보를 제공하는 지식 기반 시스템이다.[18]

그러나 우리는 단순히 상황을 파악하고 행동 옵션을 제시하는 것만으로는 진정한 '지능'이라고 볼 수 없으며, 기존의 비AI 데이터베이스보다 큰 이점이 없다고 판단했다. 따라서 우리는 역사적 사례에서 얻은 지혜를 작전 지휘관의 의사결정에 활용하고자 했다.

이러한 '인공지능' 시스템은 실시간 데이터, 가능한 행동 옵션, 그리고 과거 유사 상황의 결과를 종합적으로 분석한다. 이를 통해 작전 지휘관이나 전쟁대학 학생들은 세 가지 핵심 도구를 갖게 된다. 행동 필요성에 대한 경고, 다양한 행동 옵션, 그리고 유사한 과거 상황의 결과에 대한 학술적 지식이다. 이는 결국 과거의 지혜를 현재의 의사결정에 적용하는 것이다.

미래 함대사령관을 위한 혁신적인 의사결정 지원 시스템을 상상해

---

**17** MIAB 온톨로지의 개념은 2017년 잭 크롤리, 제니퍼 럼, 짐 크롤리가 설립한 보스턴 지역 기반의 머신러닝 회사 Forge.AI 대표들과의 유익한 논의를 통해 도출되었다.

**18** 이는 현재 사용되고 있는 '변호사 없는 로펌'(Law Firm Without Lawyers)이라는 AI 시스템과 유사한데, 챗봇이 기본적인 법률 지원 서비스를 제공하고 인간 변호사는 보다 추상적인 법률 사건에 집중하는 형태이다. Emma Ryan, "Law Firm without Lawyers Opens Doors," Lawyers Weekly, November 15, 2017, https://www.lawyersweekly.com.au/sme-law/22256-law-firm-without-lawyers-opens-its-doors; Cartland Law, "The First Law Firm without Lawyers Opened in Coolalinga," https://www.cartlandlaw.com/law-firm-without-lawyers/.

보자. 이 시스템은 체스터 니미츠(Chester Nimitz) 제독의 문제 해결 방법론을 그의 기록된 자료에서 추출하여 구축된 것이다.[19] 예를 들어, 좁은 해협에서 해군 전력을 최적으로 배치하는 것과 같은 현재의 작전 문제에 대해, 이 시스템은 니미츠의 방법론과 논리를 적용할 수 있다. 이는 유사한 상황을 경험하지 못한 현대의 해군 지휘부와 참모진에게 귀중한 조언자 역할을 할 수 있다. 이러한 역사적 방법론에 대한 지식은 Mahan-in-a-Box 프로젝트의 역사적 데이터 온톨로지에 포함되어 있으며, 이는 그림 15-1의 오른쪽 상단에 표시되어 있다. 이 온톨로지는 다른 관련 데이터도 함께 통합하고 있다.

그러나 우리의 연구 결과, Mahan-in-a-Box 프로젝트에서 역사적 데이터를 분석하고 적용하는 AI 시스템의 개발은 현재의 기술 수준으로는 불가능하며, 가까운 미래에도 실현하기 어려울 것으로 밝혀졌다. MIAB 프로젝트를 위해 자문을 구한 어떤 상업 기업도 세 가지 서로 다른 온톨로지의 입력을 효과적으로 연관시킬 수 있는 AI 시스템 솔루션을 제시하지 못했다. 이는 마치 알파고가 서로 다른 세 가지 게임을 동시에 플레이하여 하나의 결과를 도출해내야 하는 것과 같은 수준의 복잡성을 지니고 있다. 이러한 설명은 역사적 지식을 현대의 군사 작전에 적용하려는 야심찬 시도와 그 과정에서 직면한 기술적 한계를 잘 보여주고 있다. 이는 AI 기술의 현재 한계와 미래 발전 방향에 대한 중요한 통찰을 제공한다.

---

19 인류 역사상 가장 거대한 함대를 이끌고 광활한 해상 작전 영역에서 전략 및 작전 수준에서 전쟁을 수행한 현대의 사령관으로 남아있는 체스터 니미츠 제독의 사례를 사용하는 것이 적절할 것으로 판단했다. 니미츠 제독의 생각과 행동에 대한 자세한 내용은 니미츠 제독의 '회색서적'(Gray Book)을 참조.

## Mahan-in-a-Box: 실행 과정의 문제점들

현재의 자연어 처리 방법은 단어, 구문, 문장 요소에 수치값을 할당하고 수학적 방법으로 이 값들을 처리하는 다양한 방식을 사용한다. 그러나 이는 기계가 진정으로 "이해"하는 것은 아니다. Mahan-in-a-Box 역사 데이터의 경우, "이해"란 데이터 레이크라고 불리는 대량의 분류된 데이터에 접근할 수 있는 능력을 의미한다. 실행에 있어 핵심 문제는 단순히 계산 구조를 만들거나 알고리즘을 작성하는 것이 아니다. 우리가 사용하고자 하는 빅데이터가 현재 또는 계획된 AI에게는 너무 복잡하다는 점도 문제이다. 니미츠 제독의 메모나 알프레드 테이어 마한의 방대한 저술에서 지혜를 추출하는 것은 아마존 고객이 웹사이트를 검색할 때 클릭 수를 세는 것보다 훨씬 어렵다.

데이터를 활용하기 전에 "정제"하고 적절히 구조화하는 데 상당한 자원이 필요하다. 그러나 '해양력이 역사에 미치는 영향'을 어떻게 "정제"하고 분류하여 고대 중국 전략가 손자의 저술과 연관시킬 수 있을까? 이를 위해서는 예를 들어 데이터 과학자들이 마한이 이해한 "전쟁"과 손자가 이해한 "전쟁" 사이의 의미 차이를 알아야 한다. 이는 오늘날에도 미 해군대학 교수들이 토론하는 주제이다. 이 접근 방식은 역사적 군사 전략 텍스트를 AI 시스템이 처리할 수 있는 형태로 변환하는 데 있어 직면하는 복잡성과 도전 과제를 강조한다. 단순한 데이터 처리를 넘어 역사적, 문화적, 전략적 맥락을 이해하고 해석하는 능력이 필요하며, 이는 현재 AI 기술의 한계를 넘어서는 과제임을 시사한다.

앞서 언급한 우리의 두 번째 목표와 관련하여, MIAB 프로젝트의 핵심 가정은 해군대학(NWC)의 합동 전문 군사 교육 과정이 작전적 수준의 전쟁 전략가를 양성한다는 것이다. 이에 따라 프로젝트는 NWC의 교육 내용을 AI 학습의 기반으로 삼는다. 구체적으로는 교과 과정의 교재, 수업 중 질의응답, 강연 내용, 시험 문제와 답안, 그리고 세미나 토론 등이 AI의 '학습 자료'가 된다. 프로젝트팀은 NWC 졸업생들이 공인된 작전적 수준의 전략가로 인정받는다는 사실에 주목했다. 이를 바탕으로 NWC의 교육 과정 전체를 AI 훈련을 위한 포괄적인 '데이터 레이크'로 활용하고자 한다. 이를 통해 AI가 NWC의 시험을 통과할 수 있을지, 즉 인간 전략가와 동등한 수준의 능력을 갖출 수 있을지를 검증하고자 한다.

NWC 교과과정의 "전략과 전쟁" 부분에서 칼 폰 클라우제비츠, 손자, 마한이 중요한 역할을 한다는 점을 고려하여 이 세 저자의 주요 저작들을 MIAB 훈련 데이터로 선택한다. 이 결정은 시간, 자금, 그리고 처리할 수 있는 "데이터"(즉, 클라우제비츠, 손자, 마한의 저작에서 나온 단어의 양)의 양에 대한 제한에도 영향을 받는다.[20] 연구팀은 클라우제비츠, 손자, 마한의 저작에서 선별된 발췌문을 추출하여 전쟁의 작전 수준에서 유용한 기본 온톨로지, 기본 어휘, 관계 집합을 수립한다. 팀은 또한 컴퓨터가 비구조화된 자연어 데이터, 기계학습, 분류를 어떻게 처리하는지에 대한 실제 세부 사항을 검토하고, 상업용 AI 기업들과 실현 가능성에 대해 수많은 논의를 시작한다.

연구팀은 IBM Watson Services, Amazon Web Services, Forge.

---

[20] 또한, 팀은 베리 차우 소령의 학업 요건을 충족하기 위해 2019년 5월 30일 수료 일자 전까지 작업을 마쳐야 했다.

AI와 함께 2018년 조지아 공대 AI 심포지엄 및 2018년 10월 해군연구소의 응용 인공지능 정상회의에 참석한 상업 기업들과 광범위한 논의를 진행했다. 이는 MIAB 프로토타입의 데이터 처리에 대한 다양한 AI 접근 방식을 탐구하기 위함이다. 이 모든 논의는 개별적으로 진행되며 비공식적으로 이루어졌다.[21] 주요 기여자 중 한 곳은 인터넷 마케팅 분야의 잘 정의된 온톨로지에 대해서만 알고리즘을 개발할 수 있어 결국 프로젝트를 중단한다. 이는 마한의 불명확한 세계에 대해서는 적용할 수 없기 때문이다. 다른 기업은 데이터 간의 특정 관계를 미리 정해진 방식으로 프로그램에 직접 입력하는 방법을 제안한다. 이는 시스템이 스스로 새로운 패턴을 발견하고 학습하는 능력이 없다는 것을 의미한다. 연구팀은 이러한 접근 방식이 인공지능의 핵심인 자율 학습 능력을 갖추지 못했기 때문에 진정한 AI 솔루션이라고 볼 수 없다고 판단한다. 따라서 연구팀은 두 개의 주요 AI 서비스 제공업체와 동시에 협력하되, 각각 독립적인 방식으로 프로젝트를 진행한다. 이러한 접근 방식을 통해 각 AI 시스템의 구체적인 성능과 한계를 파악하고, AI 기술이 앞으로 어떤 방향으로 발전해 나갈지에 대한 통찰을 얻는다.

## Mahan-in-a-Box: 연구 결과

MIAB 연구 결과는 AI 전문가들에게는 평범해 보일 수 있지만, 전쟁의 작전 단계에서 국방 및 해군의 의사 결정에 AI를 적용하는 것의 어려움을 잘 보여준다. 이는 비전문가인 고위 지도자들이 작전이나 전략적 문제에 AI를 무분별하게 적용하기 전에 고려해야 할 중요한 사항들

---

21 계약이나 보상금은 없었으며 기술 지식, 모범 사례, 전문적 판단만을 공유했다.

이다. 우리의 주요 연구 결과는 다음과 같다.

- 현재 시중에 나와 있는 AI 시스템으로는 충분하지 않다.
- 단순히 알고리즘을 개선하는 것만으로는 문제를 해결할 수 없다.
- 처리 속도를 높이는 것만으로도 문제를 해결할 수 없다.
- 자연어 처리 기술은 광범위한 개념을 이해하거나 큰 아이디어를 종합하는 데 한계가 있으며, 모호하거나 불확실한 상황에서 제대로 작동하지 않는다.
- 정확한 단어 선택, 용어 정의, 개념 설명이 매우 중요하다.
- AI가 처리할 수 있도록 텍스트를 정제하고 준비하는 데 많은 인력과 시간이 필요하다. 이 과정은 종종 시스템 설계나 알고리즘 작성보다 더 많은 노력이 들지만, 대개 간과되곤 한다.
- 문서의 서론, 서문, 후기 등은 AI의 판단에 편향을 줄 수 있다.
- AI와 효과적으로 상호작용하는 것은 새로운 기술이다. AI에 어떻게 질문하고 지시를 내릴지 아는 것이 좋은 결과를 얻는 데 매우 중요하다.
- 현재 국방부 내에서 전쟁의 작전 수준에서 AI 의사결정 도구를 개발하려는 시도를 하는 곳은 우리 팀이 유일하다.

현재 시중에 나와 있는 AI 시스템들은 함대사령관에게 필요한 능력을 갖추지 못했다. 이는 공개 시장에서 그런 수준의 AI를 요구하지 않기 때문이다. 상용 시스템들은 주로 깔끔한 데이터나 명확한 과제를 다루는 데 최적화되어 있다. 따라서 전쟁에서 마주치는 복잡하고 모호한 상황을 처리하기 어렵다.

단순히 수학을 개선하거나 처리 속도를 높이는 것만으로는 이 문제를 해결할 수 없다. 최근 AI의 발전은 대부분 이 두 가지 요소에 기인한다. 많은 AI 과제들이 고급 수학을 바탕으로 하며, 대개 풍부한 데이터를 활용한다. 데이터가 부족하면 더 모으거나 처리 방식을 조정할 수 있다. 그러나 전쟁의 작전 단계에서는 사용할 만한 데이터가 거의 없다.

현재의 수학적 도구로는 전쟁과 관련된 모호한 개념들을 다루기 힘들다. 현재와 가까운 미래의 자연어 처리 기술로는 광범위한 개념을 이해하거나 큰 아이디어를 종합하기 어렵다. 텍스트 분석이나 감정 파악에 쓰이는 기술을 전쟁의 원칙 같은 넓은 개념에 적용하기는 어려워 보인다. 'Mahan-in-a-Box'라는 AI에 "전쟁이란 무엇인가?"라고 물었을 때, 클라우제비츠나 손자의 말을 인용할 수는 있었지만 그것들을 하나의 일관된 답변으로 만들지는 못했다. "전쟁이 아닌 것은 무엇인가?"라고 물었을 때는 AI뿐만 아니라 프로젝트 참여자들도 대답하지 못했다. 데이터베이스에 이 질문에 관련된 정보가 없었기 때문이다.

AI가 텍스트를 처리할 수 있게 준비하려면 많은 인력이 필요하다. '전쟁 철학자'로 불리는 클라우제비츠, 손자, 마한의 책들은 오랫동안 학생들에 의해 연구되었지만, 'Mahan-in-a-Box' AI에 입력하기 위해서는 많은 수정 작업이 필요했다. 페이지 번호, 장 제목, 각주 등 핵심 내용과 관련 없는 요소들을 제거해야 했기 때문이다.

서문이나 후기가 독자에게는 도움이 되지만, AI에게는 오히려 편향된 정보를 줄 수 있다. 예를 들어, 클라우제비츠의 '전쟁론'을 처리했을 때 AI는 주요 주제 중 하나로 '클라우제비츠'를 꼽았다. 하지만 실제로 클라우제비츠가 자신을 3인칭으로 언급하지 않았다는 점을 고려하면, 이는 책의 앞뒤 내용이 AI의 판단에 영향을 준 것이다. 이런 문제는 데이터와 처리 과정을 처음부터 끝까지 세심하게 관리해야 한다는 점을 보여준다.

전쟁에 대해 깊이 있게 생각하려면 여러 문서의 단어와 아이디어를 종합하는 능력이 중요하다. 클라우제비츠, 손자, 마한의 책들은 각기 다른 시대와 맥락에서 쓰였기 때문에 '전쟁'이라는 단어의 의미도 책마다 다르다. 또한 한 책에서 중요하게 다룬 용어가 다른 책에는 없는 경우도 있다.

AI와 효과적으로 소통하는 것은 새로운 기술이다. AI에 어떻게 질문하느냐에 따라 결과가 크게 달라진다. 사용자가 원하는 결과를 얻으려면 AI와 '대화'하는 능력이 필요하다.

놀랍게도 국방부에서는 아직 이런 시도를 하는 곳이 없다.[22] 여러 AI 관련 회의와 기관들을 조사한 결과, 전쟁의 전략적 수준에 AI를 적용하는 연구는 찾아볼 수 없었다. 현재 진행 중인 프로젝트들은 대부분 좁은 범위의 기술적 문제나 전술적 문제에 집중되어 있다. 한 전문

---

22 2000년대 후반에 시작된 '지휘관이 멀티모달 스케치 및 음성 인식 기술을 통해 행동 방침(선택지)을 신속하게 생성하는 데 도움이 되는 도구로 구성된 딥 그린(Deep Green)'이라는 제목의 DARPA 프로그램에 관해 설명하는 기밀 해제된 자료가 여럿 있다. DARPA는 '딥 그린'이라는 전투 지휘 기술 프로그램에 대한 광범위한 모집 공고를 2008~2009년에 발표했다. IBM의 체스용 슈퍼컴퓨터 '딥 블루'보다 더 발전된 딥 그린은 지휘관을 대체하는 기술을 구축하는 것이 아닌, 지휘관이 주도하는 기술을 목표로 한다. 딥 그린 프로그램은 전술 지휘관에게 아군, 적군 및 기타 행동 방침의 조합으로 인해 발생할 수 있는 여러 가지 가능한 결과를 생성하는 등 옵션을 신속히 생성 및 분석하고 현재 작전에서 얻은 정보를 사용하여 어떤 결과가 가장 발생할 가능성이 높은지 평가하여 더 많은 가지와 후속 작전을 집중 개발하며, 이러한 결정의 2차 및 3차 효과를 고려한 의사결정을 내리는 기술을 제공하는 것을 목표로 한다. 인공지능이라는 용어는 이러한 프로젝트에서 아직 부각되지 않았기에 언급되지 않았다. 해당 시도의 결과는 아직 기밀문서로 남아있다. Col. John R. Surdu, USA 및 Kevin Kittka, "Deep Green: Commander's Tool for COA's Concept,"참조. 2008 전후에 올라온 http://www.bucksurdu.com/Professional/Documents/11260-CCCT-08-Deep Green.pdf에서 인용. 이 문서는 더 이상 온라인에서 찾을 수 없음.

가는 MIAB 프로젝트가 현재 상용 AI 기술의 한계를 넘어서고 있다고
평가했다. 심지어 전직 DARPA 관리자는 이 프로젝트가 너무 어렵고
불명확해서 자금 지원을 하지 않을 것이라고 말했다.

## 결론 및 제안

현재 전쟁의 작전적 수준에서 의사 결정을 도울 수 있는 상용 AI나
국방부 프로젝트는 없다. 가까운 미래에 이런 도구가 개발될 것 같지
도 않다. 여러 전술 작전에 AI를 사용한다고 해서 그것이 작전적 수준
에서 효과적으로 사용될 수 있다는 뜻은 아니다.

물론 AI의 전술적 활용 가능성은 있다. 예를 들어, 프로젝트 메이븐
에서 AI가 사진 인식 등 정보 분석에 도움이 되었다고 한다. 하지만 우
리의 경험과 AI 업체들과의 대화를 통해 알게 된 바로는, 특히 여러 영
역에서 동시에 벌어지는 전쟁 상황에서 함대나 합동군사령관의 의사
결정을 도울 수 있는 기성 AI 솔루션은 없다. 게다가 국방부가 직접 나
서지 않으면 이런 특수한 AI 알고리즘을 개발할 상업적 이유도 없어
보인다.

그렇다고 작전적 수준의 AI 의사결정 도구를 만들 수 없다는 뜻은
아니다. 가능할 수도 있다. 다만 모든 정황상 국방부가 직접 오랜 시간
동안 꾸준히 노력해야 할 것으로 보인다. 구글 내부의 논란에서 볼 수
있듯이, 이는 많은 국방부 지도자들이 생각했던 것보다 훨씬 어려운
일이 될 것이다.

우리는 해군과 국방부가 지금부터 작전 및 전략적 수준의 의사결정
을 도와줄 AI 개발을 시작할 것을 제안한다. 민간 기업의 AI 기술이 군

사 작전의 문제를 해결해 줄 것이라 기대하지 말아야 한다. 작전 AI는 군대와 해군이 직접 만들어야 하며, 이를 위해서는 많은 인력과 시간, 돈이 필요할 것이다. 안타깝게도 현재 해군이나 국방부에서 작전적 수준의 AI 프로그램을 개발하고 있다는 소식은 들리지 않는다. 물론 예상치 못한 기술 혁신이 민간에서 일어날 수도 있지만, 국방부가 이에 기대를 걸어서는 안 된다.

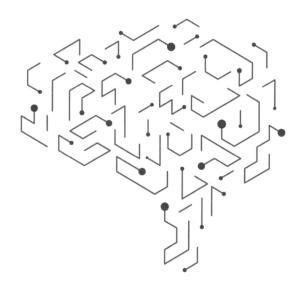

제16장

# 손자병법 "해상 해킹"

## AI와 사이버 전쟁 시대의 해군과
## 손자식 기만 전술

제 16 장

# 손자병법 "해상 해킹"
## AI와 사이버 전쟁 시대의 해군과 손자식 기만 전술

크리스 C. 뎀책(Chris C. Demchak), 샘 J. 탕그레디(Sam J. Tangredi)

우리는 지금 몇 가지 중요한 질문에 직면해 있다. 컴퓨터 시스템이 자체 생성한 결과와 내부 프로세스를 어떻게 의심하도록 프로그래밍할 수 있을까? 기계학습 과정에서 입력되는 정보의 신뢰성을 어떻게 검증하도록 AI를 훈련시킬 수 있을까? 알고리즘 기반 시스템이 오염되거나 조작된 센서로부터 입력을 받고 있음을 어떻게 인지하도록 할 수 있을까? 적대적 위협으로부터 보호하기 위해 취약한 글로벌 사이버 공간에서 분리해야 할 경우, 우리 사회는 어떻게 복잡한 디지털 장비들의 유용성을 유지할 수 있을까?

현재로서는 이러한 질문들에 대해 명확한 해답이 없는 상황이다. 그러나 AI 기술이 모든 네트워크 영역으로 확산될 것이라는 점은 자명하다. 이 과정에서 AI는 현 사이버 공간의 취약점을 불가피하게 계승하게 될 것이며, 이는 21세기 강대국 간 경쟁의 핵심 요소로 부상할 전망이다. 이러한 경쟁 구도는 미국 및 민주주의 동맹국들과 중국 주도의 권위주의 국가 블록 사이에서 형성될 것으로 예측된다.

현재 중국은 'AI의 4대 요소' 중 규모, 전략적 일관성, 사전 정보력 측면[1]에서 우위를 확보하고 있다. 반면 민주주의 진영은 기술 발전을 위한 지식 공유와 신기술 도입 속도에서만 강점을 보유하고 있다.[2] 이러한 추세가 지속된다면, 중국은 전략적 우위를 바탕으로 일관된 행동을 취할 수 있을 것이다. 그들은 글로벌 네트워크를 통해 수집한 방대한 정보를 AI에 접목시켜 전례 없는 수준의 사전 정보력을 구축할 것으로 전망된다.

이러한 상황에서 타국이 국가적 차원의 조치를 취하려 할 때마다, 중국이 이미 해당 정보를 선점하고 AI를 통해 자국의 이익에 부합하는 대응 전략을 수립해 놓은 상황을 회피하기란 극히 어려울 것이다. 이는 향후 국제 안보 환경에서 중국의 전략적 우위가 더욱 공고해질 수 있음을 시사하며, 이에 대한 대응 전략 수립이 시급한 과제로 대두되고 있다.

## AI의 기만 전술

중국 시진핑 주석은 손자의 전략을 평시부터 전시까지 사이버 공간에서의 대응 지침으로 삼고 있다. 중국은 AI의 세 가지 우위 요소(규모, 전략적 일관성, 정보 우위)를 기만 전술에 적극 활용할 것으로 예상된다.

---

[1] 정보의 핵심은 양질의 데이터 양이다. 컨설팅 회사 Recorded Future의 AI 기반 분석 비주얼라이제이션 "White Paper: The Security Intelligence Graph," 2019, 참조. https://go.recordedfuture.com/security-intelligence-graph.

[2] Chris C. Demchak, "Four Horsemen of AI Conflict: Scale, Speed, Foreknowledge, and Strategic Coherence," in AI, China, Russia, and the Global Order, ed. Nicholas D. Wright (Maxwell AFB, AL: Air University Press, 2019), 106-14.

이는 글로벌 세력 경쟁에서 중요한 승수 효과를 발휘할 것이다. 반면 민주주의 국가들은 투명성을 핵심 가치로 여긴다. 이들의 군 문화는 기만을 불명예스럽게 여기며, 시민들은 타인에 대한 신뢰를 중시한다. 이로 인해 민주주의 국가들은 기만 작전, 특히 은밀 작전에 취약하다. 현 세계 정세는 민주주의 국가들에 불리하게 전개되고 있다.

미국과 민주주의 동맹국들이 AI 분야의 마지막 우위 요소인 '기술 도입 및 혁신 속도'를 최대한 활용하기 위해서는 추가적인 과제를 극복해야 한다. 이는 모든 AI 응용 프로그램에서 기만을 인식, 방어, 활용하는 능력을 개발하면서 동시에 AI/사이버 시대에 신속히 적응하는 것을 포함한다. 이는 결코 쉬운 과제가 아니다.

최근 국방고등연구계획국(DARPA)이 시작한 '기만에 대한 AI 견고성 보장' 프로그램에서 지적했듯이, AI의 핵심 과정인 기계학습의 취약점은 아직 충분히 연구되지 않았다.[3] 여기에 기만에 대비한 AI 설계(방어 또는 공격 목적의 수동적/능동적 기만)까지 고려해야 하는 상황은 강대국 경쟁에서 민주주의 국가들에게 큰 부담이 된다.

그럼에도 불구하고, AI/사이버 기만은 평시와 전시를 막론하고 모든 민주주의 국가의 전사들이 숙달해야 할 핵심 역량이다. 특히 다음 네 가지 조건에서 그 중요성이 더욱 부각된다.


1. 적성국 대비 경제력 및 인구 측면에서의 상대적 열세


**3** Hava Siegelmann, "Guaranteeing AI Robustness against Deception (GARD)," Power Point brief, February 6, 2019, https://www.darpa.mil/attachments/GARD_ProposersDay.pdf; DARPA Public Affairs, "Guaranteeing AI Robustness against Deception (GARD)," February 6, 2019, https://www.darpa.mil/news-events/2019-02-06.

2. 적의 첨단 정보력 및 강압적 수단에 대한 파악 및 대응능력 부족

3. 핵심 방어 체계의 대체 불가능성 및 취약성

4. 국가 생존을 위한 장기적, 전사회적 차원의 승리 필요성

이러한 조건들은 역사적으로 군사적 기만을 핵심 전략으로 발전시켜온 치명적 비대칭 요소들이다. 미국 독립전쟁의 비정규군, 나폴레옹의 해군, 마오쩌둥의 대장정, 1990년대 NATO군에 맞선 세르비아의 기갑 전술 등이 대표적 사례다. 대규모 비대칭 상황에서의 단기 또는 장기 생존 전략으로 기만은 필수적이었다. 유능하고 경제적으로 강력한 국가들은 비용 절감과 효율적인 목표 달성을 위해 기만을 활용한다. 반면 약소국들에게 기만은 생존을 위한 필수 전략이다.

향후 민주주의 국가들은 전 세계에서 소수 집단이 될 것이며, 대다수의 권위주의 국가들과는 상이한 가치관을 지니게 될 것이다. 이러한 환경에서 방어를 위해 기만이 필수적이며, AI가 핵심 역할을 할 것이다. 현재의 과도하게 낙관적인 AI 전망은 경계해야 하며, AI 및 사이버 체계는 신중하게 설계되고 운용되어야 한다. 모든 체계 기획 시 기만을 최우선으로 고려해야 한다.

이러한 미래 전장 환경에서 해군의 과제는 매우 도전적이다. 미 해군은 이미 사이버 보안의 취약성을 인정한 바 있으며, 한 고위 관계자는 조직의 사이버 보안 수준이 "심각한 수준으로 뒤쳐져 있다"고 지적했다.[4] 신규 AI 체계는 현재 취약한 사이버 기반 위에 구축되어야 하는 상황이다. 또한 주요 작전 및 체계에 AI를 도입하려는 강한 의지는 기

---

4 Mark Pomerleau, "The Navy's Plan to Stop Being 'Woefully Behind' in Cyber," The Fifth Domain, October 24, 2019, https://www.fifthdomain.com/dod/navy/2019/10/24/the-navys-plan-to-stop-being-woefully-behind-in-cyber/.

만에 대한 대비 및 조직 개편으로 뒷받침되어야 한다.

결론적으로, 기만은 모든 미래 작전의 필수 요소가 될 것이며, 새로운 AI 및 사이버 체계 개발 시 초기 단계부터 고려되어야 한다. 미 해군은 집중된 전력 구조에 대한 선호를 탈피하고 AI 현대화와 함께 기만 전술을 수용해야 생존 및 승리가 가능할 것이다. "해상 해킹"에 효과적으로 대응하지 못한다면, 적성국이 해군의 AI 체계를 악용할 위험이 있다. 과장된 전망과는 달리, 현재의 전략 환경은 해군에 불리하게 조성되어 있다.

## 기만, 사이버, 그리고 AI

AI는 이미 전면적으로 진행 중인 글로벌 시스템 간 사이버 충돌 주기를 가속화할 것이다. 주요 적성국들은 이미 평시에도 경제적, 군사적, 정치적 이점을 위해 광범위한 디지털 기만 작전을 수행하고 있다. 도구의 기만성과 공격 원점의 불투명성은 현 사이버 공간 기반의 취약성이 제공하는 5대 공격 이점 중 두 가지다(나머지는 규모, 근접성, 정밀성이다).[5] AI의 광범위한 도입은 현재의 사이버 작전을 가속화하고, 더 넓게 분산시키며, 정확도를 향상시킬 것이다. 이는 허위 정보 유포, 사회공학적 방법을 통한 네트워크 침투(즉, 사람들을 속여 악성코드를 다운로드하게 하는 것), 그리고 추후 허위 해석을 유도하거나 행동의 출처를 은폐하기 위한 공급망 내 백도어 설치 등의 영역에서 두드러질 것이다.

---

5 5가지 주요 공격 이점에 대해서는 Chris C. Demchak의 "Three Futures for a Post-Western Cybered World," Military Cyber Affairs 3, no. 1 (Summer 2018): 2, http://scholarcommons.usf.edu/mca/vol3/iss1/6 참조.

기만은 기만자가 상대방의 의사결정 과정에 접근하여 입력을 조작하는 것에 크게 의존한다. 일반적으로 기만은 허위 정보를 제시하는 것과 표적이 그 허위 정보를 인지하고 수용하도록 유도[6]하는 두 가지 방식이 있다.[7] 첫 번째 방식은 단순한 위장일 수 있고, 두 번째 방식은 위험을 알리지 않으면서 주의를 끌기 위해 위장된 산림 지역의 나뭇잎, 동물 발자국, 심지어 소리까지 변경하는 것처럼 정교할 수 있다.

예를 들어, 1990년대 코소보 작전에서 세르비아군은 위성 정찰을 기만하기 위해 가짜 전차와 천막을 설치하여 연합군이 무가치한 표적에 자원을 낭비하도록 유도했다.[8] 연합군은 모든 지역을 확인할 만한 충분한 지상군을 보유하지 못했다. 컴퓨터 시스템 기만의 관점에서 보면, 연합군은 적절한 규모, 방식, 센서의 분산을 갖추지 못했다. 결과적으로 연합군 시스템은 잘못된 데이터를 처리하고 이에 기반하여 행동함으로써 적에게 이익을 주었다.[9]

그러나 이는 단일 데이터 스트림(위성 영상)이 오염된 사례에 불과하다. 미래의 의사결정은 다양한 출처의 여러 데이터 스트림을 소프트웨어에 내장된 다수의 통계 처리 과정에 입력하여 작전 상황이나 의사결정 옵션을 도출하는, 즉 AI에 의존하게 될 것이다. 사회 전반에 걸쳐 조직의 AI/사이버 의사결정 입력에 기만이 적용될 수 있는 미래에는, 방어적으로 그리고 동등한 수준으로 대응할 수 없는 측에 매우 도전적

---

6 '낚았다'(Phool)는 해커 커뮤니티에서 속은 사람을 가리키는 용어이다. '낚시'(Fishing) 대신 '피싱'(Phishing)을 사용하는 것처럼 해당 커뮤니티에서 자신들의 쾌활함을 표현하기 위해 사용되는 용어이다. George A. Akerlof와 Robert J. Shiller의 Phishing for Phools: The Economics of Manipulation and Deception (Princeton, NJ: Princeton University Press, 2015) 참조.

7 Akerlof와 Shiller.

8 Jon Latimer, Deception in War (London: Thistle Publishing, 2016), 292-93.

9 Ibid.

인 상황이 될 것이다.

제14장의 공동 저자이자 미 해군사관학교 컴퓨터 과학 교수인 개빈 테일러의 연구는 "데이터 중독"이라 불리는 이러한 기만을 식별했다. 테일러와 그의 공동 연구자들은 상용 AI에 사용되는 많은 훈련 데이터가 불안정하고 취약한(우리가 말하는) 사이버 인터넷에서 수집된다는 사실을 지적한다.[10] "심층 신경망은 훈련과 초매개변수 조정을 위해 대규모 데이터셋이 필요하다. 결과적으로 많은 실무자들이 웹을 데이터 소스로 활용하며, 여기서는 인간의 감독이 거의 없이 대규모 데이터셋을 자동으로 추출할 수 있다." 그들의 결론은 전략적 관점에서 볼 때 절제된 표현이지만, "불행히도 최근 연구 결과는 이러한 데이터 획득 과정이 보안 취약점으로 이어질 수 있음을 보여주었다"는 것이다.

데이터 중독은 인터넷 상의 이미지 내에 교란을 삽입하거나 이미지 주변에 시각적으로 감지하기 어려운 허위 프레임을 구축함으로써 가능하다. 이는 기계학습에 사용되는 훈련 데이터셋의 일부로 받아들여질 수 있다. 중국과 같이 군사 시스템의 공개 이미지를 통제하는 국가에서는, 이러한 이미지 내에 AI 시스템이 이를 인식하지 못하거나 위협적이지 않게 간주하도록 훈련시킬 수 있는 허위 데이터를 제공하는 것이 가능할 것이다.

이러한 미래에 대처하는 것은 서구의 정치, 군사, 경제 지도자들에게 더욱 어려운 과제가 될 것이다.[11] 대부분의 민주주의 국가에서 기

---

10 Chen Zhu et al., "Transferable Clean-Label Poisoning Attacks on Deep Neural Nets," Proceedings of the 36th International Conference on Machine Learning (Long Beach, CA: PMLR 97, 2019), https://www.usna.edu/Users/cs/taylor/pubs/icml19.pdf.
11 미국 편집자들이 엮은 군사적 기만에 대한 매우 유용한 개론서는 다음과 같이 시작한다. "문명 사회에서 사람들 간의 기만은 인간 본성의 일부인 것처럼 보이지만 혐오스러운 것이다." Hy

만은 미덕으로 여겨지지 않으며 명예롭지 않은 것으로 간주되기 때문에, 이들 국가의 IT 커뮤니티에서 초기 사이버 공간 개발 시 프로그래밍의 보안 필요성을 간과했다. 1990년대와 2000년대에 개발자들은 후에 인터넷에서 발생할 범죄와 기만을 심각한 위협으로 인식하지 않았다. 그들은 안전장치를 구축하기 위한 추가적인 노력의 필요성을 느끼지 못했다. 실제로, 현재 AI를 사용하는 주요 애플리케이션인 페이스북은 "정보는 자유로워야 한다"는 최고경영자의 신조에 따라 탄생한 것으로 유명하다. 하지만 지금은 기만행위에 능숙한 공격자들에게 노골적으로 속아 넘어간 대가를 치르고 있다.[12]

이러한 국가들이 개발한 AI 시스템에 대한 과대 선전은 이미 기술의 효율성을 최우선으로 하고, 보안을 필요로 하지만 부차적인 — 심지어는 생산 후의 — 문제로 취급하는 경향을 보이고 있다. 초기 사이버 공간 개발 시기의 실패가 다시 되풀이되고 있듯이, 현재의 무분별한 AI 시스템 개발은 설계 단계와 프로그래밍 과정에서부터 전략적 기만에 매우 취약한 시스템을 만들어낼 가능성이 크다.[13]

AI/사이버 시스템은 디지털화되었지만 그것을 둘러싼 사회나 개발

Rothstein and Barton Whaley, eds., The Art and Science of Military Deception (Boston: ARTECH House, 2013), xix.

12 Cory Doctorow, "Saying Information Wants to Be Free Does More Harm than Good," The Guardian, March 18, 2010, https://www.theguardian.com/technology/2010/may/18/information-wants-to-be-free; Issie Lapowsky, "How Russian Facebook Ads Divided and Targeted U.S. Voters Before the 2016 Election," Wired, April 16, 2018, https://www.wired.com/story/russian-facebook-ads-targeted-us-voters-before-2016-election/.

13 냉전 시기에는 문화가 전략에 미치는 영향과 그 영향이 오인이나 기만으로 이어질 수 있는지에 대한 논쟁이 주기적으로 있었다. 예시로 Ken Booth의 Strategy and Ethnocentrism (London: Croom, Helm, 1979) 및 Colin Gray의 Nuclear Strategy and National Style (Lanham, MD: Hamilton Books/ABT Press, 1986) 참조. 냉전 이후 논쟁의 강도는 크게 감소했다.

커뮤니티의 편견으로부터 자유롭지 않다. 연구에 따르면 훈련 데이터 소스의 선택이 사회의 맹점을 반영하는 편향된 결과를 낳을 수 있다는 것이 이미 밝혀졌다. 최근 연구는 미국 국내 뉴스, 잡지 및 기타 데이터로 학습한 고급 AI 시스템이 과학, 기술, 공학, 수학 분야에서 남성이 여성보다 우수하다는 결론을 내렸음을 보여주었다. 이러한 가정을 포함한 자료의 양이 10년 이상의 과학적 연구에서 나온 소량의 자료 (남녀 간 수학 능력에 유의미한 차이가 없음을 보여주는)를 크게 압도했다.[14] 더욱이, 프로그래머와 컴퓨터 과학자들 자신, 그리고 수집할 데이터를 지정하는 사용자들도 주변의 전략적 문화에 영향을 받으며, 따라서 AI 시스템이 학습하는 내용에 영향을 미친다. 만약 주변 커뮤니티가 기만을 불명예스러운 것으로 간주하거나 이를 찾지 않는다면, 그들의 AI 주도 결정은 AI가 학습하는 데이터의 편향성에 의해 강화된 근본적인 취약점을 대부분 간과하는 전략적 문화를 반영할 수 있다.

모든 의사결정 단계에서 문제가 무엇인지 파악하는 것과 최악의 결과를 피하기 위해 신속하게 대응하는 것은 서로 다르지만 연관된 대규모 시스템의 두 가지 과제이다. 시스템이 매우 복잡할 경우, 상황 파악과 대응 모두 쉽지 않고, 비용이 많이 들며, 필요한 만큼 신속하지 못할 수 있다. 복잡한 시스템의 규모가 커질수록 '정상사고(normal accidents)'의 가능성이 높아진다. 여기서 정상사고란 과정상의 여러 지점에서 인간의 상황 파악이나 대응 능력이 저하되어 주로 발생하는 사고

**14** Cade Metz, "We Teach A.I. Systems Everything, Including Our Biases," New York Times, November 11, 2019, https://www.nytimes.com/2019/11/11/technology/artificial-intelligence-bias.html; Craig S. Smith, "Dealing with Biases in Artificial Intelligence," New York Times, November 19, 2019, https://www.nytimes.com/2019/11/19/technology/artificial-intelligence-bias.html.

를 의미한다. 복잡한 시스템의 정상사고는 시스템 침투를 위해 혼란이나 교란의 순간을 노리는 적대세력에게 더 많은 기회를 제공하고 그영향력을 증폭시킨다. 또한, 정상사고가 예상되는 상황에서는 외부의간섭이 위장될 수 있다. 한 사이버 만화에서 이를 다음과 같이 표현했다. "그게 사이버 공격이었어? 윈도우 업데이트인 줄 알았는데."

적대적 상황에서 시스템의 복잡성이 증가하면[15] – 노드의 수, 노드간 차별화, 상호의존성 증가 – 성공적인 침투 가능성이 높아지고 적들은 자신의 작전이나 도구를 복잡한 시스템 내에서 은폐할 수 있다. 주요 노드가 불투명한 사이버 연결성으로 깊이 내장된 경우(예: 심층 기계학습), 시스템 방어자들이 적절한 위치에 충분한 센서를 준비하고 데이터를 신속히 획득, 평가, 활용할 수 있지 않는 한 정확한 상황 파악이 어려워진다.

이러한 센서들도 AI/사이버 시스템의 일부가 되어 신속한 대응을 가능케 한다. 다수의 센서 사용은 대규모 엔지니어링 시스템의 다중 오류에 대한 일반적인 해결책이지만, 사이버/AI 기반 센서는 방어자를 오도할 수 있는 원격 또는 내장된 기회(공급망을 통해)를 제공한다. 적들은 자신들의 작전에 적합한 시점에 센서를 "깜박이게" 만들고자 한다. 이러한 상황에서 AI가 현재 학습 중인 센서를 언제 불신해야 할지 어떻게 가르칠 수 있을까?

더욱이, 기만 대상이 될 것으로 예상되는 AI 시스템은 학습 및 확인

---

15 이는 복잡성(Complexity)에 대한 기본적이고 일반화된 정의다. Todd R. La Porte, Organized Social Complexity: Challenge to Politics and Policy (Princeton, NJ: Princeton University Press, 1975) 참조. 복잡한 시스템에서 기습의 경험적 과제를 이해하기 위해 대규모 사회기술 시스템에 대한 40여 년의 연구가 진행되었다. 예시로 M. Mitchell Waldrop, Complexity: The Emerging Science at the Edge of Order and Chaos (New York: Simon and Schuster, 1992) 참조.

을 위해 다수의 센서를 통해 전 세계적 규모로 다양한 출처에서 데이터를 수집하도록 설계될 가능성이 높다. 이에 따라 문제는 적대세력이 목표 AI에 일관된 왜곡 데이터를 주입하기 위해 어느 정도의 시간적, 공간적 범위에서 준비할 수 있는가로 귀결된다. 예를 들어, 화웨이와 차이나 모바일과 같이 여러 국가의 국가 통신 시스템 구축, 운영, 유지 보수 및 업데이트에 핵심적 위치를 확보한 국가 주도 기업을 보유한 적대세력은 전략적 일관성과 포괄적 규모를 갖춘 기만 작전을 성공적으로 수행할 가능성이 높다. 이들은 다수의 정보원을 거의 동시에, 그리고 지속적으로 오염시켜 방어자들에게 왜곡된 상황 인식을 제공할 수 있다. 왜곡된 정보가 점진적으로 실제 상황을 대체함에 따라, 방어자들의 내부 분석 능력은 새로운 정상으로 인식되는 상황에 대해 의문을 제기하는 데 어려움을 겪게 된다. 따라서, 전 세계적 규모로 데이터 수집 및 조작 능력을 보유한 것은 특히 허위 정보 생성에 유리하며, 대규모 공격자에게 이점을 제공한다.

기만은 단순히 데이터 스트림의 다양성만으로는 탐지나 무력화가 불가능하다. 모든 데이터 스트림이 효율성과 비용 절감을 위해 표준화된 설계의 중앙집중식 대규모 AI 시스템으로 집중되어 중요 작전의 유일한 의사결정 보조 수단으로 활용된다면, 복잡성에 따른 일반적인 불확실성 외에도 기만의 가능성이 증가한다. 다중 AI 시스템 간 상호 검증과 같은 중복성을 통해 방어체계를 구축할 수 있다는 주장이 있을 수 있다. 그러나 다수의 AI 시스템이 효율성과 비용 절감을 위해 표준화된 설계를 채택한다면, 이들 모두가 동일한 결함과 취약점을 공유할 가능성이 높아지며, 궁극적으로 편향성이나 해석의 조작에 취약해질 수 있다.[16] 요컨대, 해결 방안으로서의 다양성과 다중성은 다른 국가의 네트워크 전반에 걸친 글로벌 기술 기반 네트워크 장악과 같은 적대세력의 이점을 고려하여 세밀한 구현이 요구된다.

사이버 공간은 등장 이후 매년 예상치 못한 문제들을 야기해왔으며, AI의 향후 발전 역시 순탄치 않을 것으로 예상된다. 최근에야 인식된 바와 같이, 잠재적 위험은 기술 사용 이전부터 시작된다. 이는 2차 및 3차 설계자, 소프트웨어 기업, 하드웨어 제조업체 등 기술의 원천에서 비롯되며, 컴퓨터 지원 설계의 해킹, 지적 자본의 일상적 도난, 물류 및 공급망의 잠재적 교란을 통한 시스템 획득 과정에서도 발생한다. 현재 선진 민주국가들은 사이버 불안정으로 인해 연간 국내총생산 (GDP)의 1~2%에 해당하는 손실을 입고 있다.[17] 대규모의 장기적이고 치명적인 기만 작전의 가능성에 대한 고려 없이 AI를 도입할 경우 이러한 손실은 크게 증가할 것이며, 이러한 경제적 손실의 규모는 이미 장기적으로 감당할 수 없는 수준에 도달했다.

그럼에도 불구하고 이러한 도전은 반드시 극복되어야 한다. 적대세력이 보유한 인공지능은 현대 국가 간 분쟁에서 기만을 더욱 중요한 요소로 만든다. 현재의 사이버 공간 구조는 사전 지식과 자원의 시간적 근접성을 높이고, 완충 역할을 하는 물리적 거리의 중요성을 감소시키며, 더 정확한 데이터를 더 큰 규모로 쉽고 빠르게 획득할 수 있게 한다. 사이버의 하위 집합으로서 성숙한 AI 시스템은 분석을 더 빠르

---

**16** 복잡한 적응 시스템이 불가피한 운영상의 돌발 상황에 대한 반응을 정확하게 측정하려면 지식 소스의 다양성 혹은 다중화가 중요하다. John H. Miller와 Scott E. Page의 Complex Adaptive Systems (Princeton, NJ: Princeton University Press, 2007) 참조.

**17** Price Waterhouse Cooper, "Global State of Information Security® Survey 2015," in Annual State of Information Security Survey, https://www.pwc.com/gx/en/consulting-services/information-security-survey/assets/the-global-state-of-information-security-survey-2015.pdf; Melissa Hathaway, Cyber Readiness Index 1.0 (Great Falls, VA: Hathaway Global Strategies LLC, 2013).

게, 사전 지식을 더 정확하게, 그리고 행동을 더 효과적으로 만든다. 그러나 사이버 공간의 하위 집합으로서 AI는 성공적인 기만의 가치를 대폭 증대시킨다. AI 시스템의 속도로 운용되는 시스템이 기만되거나, 잘못된 정보를 받거나, 방향을 잘못 잡거나, 손상될 경우, 적대세력이나 방어 주체는 복잡하고 급변하는 체계적 경쟁 환경에서 결정적 우위를 확보하게 된다. 국가 차원의 전략적 정보 또는 작전 수준의 사전 정보 부재(우발적 사고, 직접적 공격, 또는 기만 작전으로 인한)는 미래 전장에서 치명적 약점으로 작용할 수 있다. 이러한 미래 전쟁은 고도로 디지털화되며, 다차원적 기만 전술이 만연할 것으로 예상된다. 공격 주체와 방어 주체 모두 상대방 시스템의 사전 정보 획득 능력과 작전 수행 능력을 자국에 유리하게 조작하고자 치열한 정보전을 전개할 것이다.

현대 전장 환경에서 기만은 단순한 기습 이상의 전략적 의미를 지닌다. 기습과학의 창시자 존 L. 캐스티(John L. Casti)는 기습을 "예상과 현실의 불일치"로 정의하며,[18] 카를 폰 클라우제비츠(Carl von Clausewitz)는 그의 군사 이론에서 "기습은 모든 군사 행동의 근간이며, 단지 작전의 성격과 상황에 따라 그 정도만 상이하다"고 말한다.[19] 디지털화된 전장의 복잡성은 자국의 작전 능력, 회복탄력성의 수준과 원천, 그리고 전략적 의도를 은폐하면서도 동시에 정보 우위와 전력 투사 능력을 극대화할 수 있는 국가에게 결정적 이점을 제공한다. 이는 적의 유리한 전술적 위치 선점을 기다리는 것이 아니라, 적으로 하여금 특정 선택이 자신에게 유리하다고 오판하도록 유도하는 고도의 전략이다.

---

18 John L. Casti, Complexification: Explaining a Paradoxical World Through the Science of Surprise (New York: HarperCollins, 1994).
19 Carl von Clausewitz, On War, trans. James John Graham, ed. with introduction by Anatol Rapoport (Baltimore, MD: Penguin Books, 1968), 269-70.

오늘날 주요 경쟁국들은 이러한 전략적 현실을 인지하고 있으며, 국가 주도 기업과 사회공학적 캠페인을 통해 전 세계 주요 정보원에 대한 통제력을 확대하고 있다. 앞서 언급했듯이 시진핑 주석은 손자병법을 매우 중시한다. 손자는 기만뿐만 아니라 신속성, 병력 집중, 그리고 과도한 손실 없이 승리하는 전략으로도 유명하다. 특히 시진핑 주석이 손자의 가르침을 선호하는 이유는 "유혈 충돌 없이 적의 약점을 이용하여 전략적 목표를 달성하라"는 원칙 때문이다. 기만 작전의 최종 단계에서 기습이 동반될 수 있지만, 마이클 하워드(Michael Howard)가 지적했듯이 기만의 본질은 "적의 인식에 오류를 심어 그들의 행동을 조종하는 것"이며, 이는 실제 기습 이전에 이루어져야 한다.

미국과 동맹국들은 AI/사이버 영역에서의 경쟁력 확보를 위해 신속한 대응이 요구된다. 신흥 기술의 우위 확보가 향후 모든 전략적 경쟁에서 승리의 관건이 될 것이다. 특히 개별 국가의 역량이 주요 경쟁국에 미치지 못하는 상황에서, AI/사이버 기만 능력의 숙달은 방어와 공세 양 측면에서 더욱 중요성을 갖는다. 이러한 기만의 위협에 대응하며 국가 안보를 수호하고 번영을 추구하는 것이 필수적이며, 이를 위해서는 군사 조직, 기술 체계, 그리고 전략적 사고의 근본적 변혁이 수반되어야 할 것이다.

## 해군, 기만, 그리고 AI/사이버 전장을 위한 구조 재편

서구 군사 문화에서 기만은 영웅적이거나 고귀한 것으로 여겨지지 않았지만, 향후 전장 환경에서는 체계적 분쟁의 핵심 요소가 될 것이다. 미 해군과 동맹국 군은 이러한 현실에 신속하고 정확하게 대응하기 위해, 디지털화된 세계에서 민주주의 국가 공동체의 핵심 방어자로서의 역할을 공식적으로 인정해야 한다. 이는 기습 공격 전후와 도중에 발생할 수 있는 허위 정보에 대비하는 것을 포함한다. 해군은 1945년 이후 누려온 규모, 전략적 우위, 정보 우세 등을 당연시하지 않고, 과거 분쟁의 교훈을 새로운 환경에 맞게 적용해야 한다.

미군은 강력하고 전투 경험이 풍부한 조직이다. 1991년 이후 발생한 여러 분쟁에서 미 합동군은 첨단 센서와 정보 시스템을 통해 얻은 방대하고 정확한 정보를 활용할 수 있었다. 이러한 네트워크 시스템은 대체로 기만 공격에 강한 저항력을 보였는데, 이는 주로 미국과 동맹국들이 기술적으로 열세인 적이나 핵심 네트워크를 공격할 만한 규모를 갖추지 못한 소규모 집단과 대치했기 때문이다.

그러나 기술적으로 발전된 권위주의 강대국과의 충돌 시에는 이러한 우위를 기대하기 어렵다. 현재 민주주의 사이버 공간의 안보를 위한 체제 간 경쟁에서도 이는 마찬가지다. 사이버 공간의 상업적 발전이 보안보다는 기능과 이익을 우선시했기 때문에, 기반 구조의 취약점으로 인해 충분한 자원을 가진 적대 정부는 가장 강력한 암호 체계로 보호된 시스템조차 해킹할 수 있는 상황이다.

### 작전 수행 시 해군의 전통적 기만 전술

아이러니하게도 기만은 해양 작전의 본질적 요소이며, 특히 사이버 기술이 발달하고 적대적이며 서구 중심이 아닌 현대 전장 환경에서 방어적 해양 전력에게 더욱 중요성을 갖는다.

군사 작전에서 위장, 양동 작전, 기만 장치, 허위 신호, 전자전 예비 모드 등을 통한 기만은 해전과 현대 사이버 전장을 포함한 모든 형태의 전쟁에서 핵심적 역할을 해왔다.[20] 그러나 현대 서구식 지상군은 기만보다는 압도적인 전투 플랫폼과 병력의 수적 우위를 선호한다. 공군의 경우, 적 방공망 무력화 후 대량 폭격에 중점을 둔다. 육군은 적을 수적으로 압도하는 전략을, 공군은 적보다 빠른 속도로 작전을 수행하는 데 초점을 맞춘다. 이들 군의 지휘관들은 주로 전력이 열세일 때 기만을 보조적 작전으로 활용한다. 대규모 지상군과 공군 부대에서 기만은 예외적 상황이나 전력 비율, 시기 등 특정 조건에 따라 사용되는 부차적 수단에 불과하다. 이러한 배경으로 인해 육군과 공군의 전문가들과 퇴역 군인들은 기만에 대해 비교적 쉽게, 때로는 피상적으로 논의하는 경향이 있다.

주목할 만한 점은 서구권 해군 전략가들과 예비역 저자들이 기만 전술에 대해 심도 있는 논의를 하지 않는다는 것이다.[21] 이는 해군이 기만과 더 밀접한 관계를 가지고 있음에도 불구하고 그렇다. 해군은 수세기 동안 적의 정보 우위와 그에 따른 작전 수행 능력 사이의 간극을 확대하기 위해 포괄적인 기만 전략을 구사해 왔다. 위장 국적기 사용에서부터 어선으로 위장한 미사일 탑재 함정이나 정보수집 플랫폼에

---

20 군사적 기만 사례에 대한 탁월한 연구는 Barton Whaley의 Stratagem: Deception and Surprise in War (Norwood, MA: Artech House, 2007)에 남아있다.

21 현재 해군 기만술을 주제로 한 책은 2차 세계대전 당시 함선의 대즐 위장 전략[Dazzle paint scheme]을 담은 미술 서적 (James Taylor, Disguise and Disruption in War and Art [Annapolis, MD: Naval Institute Press, 2016]) 외에는 출판된 책이 없다. (기밀해제된) 기사 또한 매우 적은 수만이 존재한다. 가장 최근의 것 중 하나는 Jonathan F. Solomon의 "Maritime Deception and Concealment: Concepts for Defeating Wide-Area Oceanic Surveillance-Reconnaissance-Strike Networks," Naval War College Review 66, no. 4 (Autumn 2013): 87-120, https://digital-commons.usnwc.edu/nwc-review/vol66/iss4/7 가 있다. 기만책이 해전에서 어차피 필수적인 존재이기 때문에 독립적인 주제로 탐구되지 않는 것일 수도 있으나, 해전의 기만술을 소재로한 소설은 다수 있다.

이르기까지, 해군은 은폐와 시의적절하고 신빙성 있는 기만 정보를 통해 전력 집중, 전력 열세, 심지어 불리한 기상 조건에서의 취약점을 극복하거나 적의 약점을 전술적으로 활용해 왔다.

이러한 기만의 활용은 전략적 선호가 아닌 작전상의 필요성에 기인한다. 해군 전력은 함정에 집중되어 있어, 지상군처럼 분산 배치되거나 공군처럼 전 방위로 개별 기동할 수 없다. 따라서 기습 공격이나 중대한 전술적 실패 시 대응 옵션이 제한적이다. 해군에서 단일 전투 플랫폼의 손실은 육군이나 상당 규모의 공군에 비해 전체 전투력에 미치는 영향이 훨씬 크다.

역사적으로 해군 지휘관들은 최적의 기상 조건을 활용하거나 항구, 하천, 해상에서 경계가 소홀한 적을 기습하기 위해 함선을 은밀히 대기시키거나 전술적 배회를 지시해 왔다. 따라서 해군은 서구권 전투교리에서 기만이 경시되더라도, 기만의 내재적 적용을 자연스럽게 촉진하는 독특한 전술적 역량을 발전시켜 왔다.

현대 원해 투사 능력을 갖춘 대양 해군은 기만 작전 수행 능력 측면에서 지상군이나 공군과 비교하여 본질적으로 더 높은 작전 자립성을 보유하고 있다. 해군 전력은 광역 해양 작전 영역에서 분산 기동하며 장기간 은밀한 대기 작전을 수행할 수 있다. 또한 기상 조건을 전술적 우위 요소로 활용하여 적의 공중 및 우주 기반 ISR(정보·감시·정찰) 플랫폼으로부터 전자기 스텔스 능력을 발휘할 수 있다. 전술 수준에서 기만 기동의 적용은 더욱 현저하다. 범선 해전 시대에는 교전 개시 전 위장 국기 게양이 합법적 전쟁 계략으로 인정되었다. 물론 노련한 함장들은 이를 예상하고 추가적인 전술 정보 수집을 통해 상황 인식을 제고하며 전술적 접근을 수행했다. 이러한 맥락에서, 현대 대규모 해군 전력이 AI/사이버 복합 전장 환경에 적용하기 위해 과거의 기만 전술을 재해석하고 발전시키는 것은 공군이나 지상군에 비해 상대적으로 용이할 것으로 분석된다. 해군은 역사적으로 기만 전술을 교리화하여 활용해 왔으며, 이러한 전통과 축적된 작전 경험을 기반으로 새로운 전장 환경에서 더 효과적인 전투력 발휘가 가능할 것으로 전망된다.

## 해군 문화는 전통적으로 함장의 독립적인 작전 수행을 허용

현대 해군 전력은 완전한 사이버화, 광범위한 분산 배치, 그리고 AI 대응 능력을 갖추고 있다. 이러한 환경에서 장기 작전 수행 능력은 사이버전 승리를 위한 핵심 요소 중 하나이다. 다른 중요한 요소로는 통신이 단절된 상황에서도 독립적으로 작전을 수행하면서 전체 전략적 임무를 수행할 수 있는 능력이다. 이를 위해 해군의 주요 전투요원인 함장은 정확한 정보를 바탕으로 성공적이고 자주적인 의사결정을 할 수 있는 자신감, 훈련, 그리고 문화적 소양이 필요하다. 해군만이 이렇게 소수의 핵심 전투요원에게 큰 권한을 부여한다. 육군의 병사나 공군의 조종사와 같은 다른 군의 핵심 전투원들은 함장들이 가진 수준의 권한, 능력, 그리고 전략적 영향력을 행사할 수 있는 결정권이나 그러한 제도적 역사를 가지고 있지 않다. 이는 제7장에서 언급된 바와 같이 '임무형 지휘' 개념이 해군에서 특히 중요한 이유 중 하나이다.

함장의 결정이 함정 전체와 그 모든 능력의 운용을 좌우한다.[22] 전

---

22 Wayne Hughes의 어록 '함내에서는 숨을 곳이 없다- 함장과 승조원은 같은 위치에서 전투한다.' Wayne P. Hughes and Robert P. Girrier, Fleet Tactics and Naval Operations, 3rd ed. (Annapolis, MD: Naval Institute Press, 2018), 12.

통적으로 해군 작전은 함장들이 서로를 기만하는 전술을 구사하면서도 동시에 예측 불가능한 해상 기상 조건에 적응하는 방식으로 수행되어 왔다. 따라서 함장들 사이에는 기만을 예외적인 전술이나 전략적 선택이 아닌, 수세기 동안 사용된 일상적인 방어 전술 또는 전략의 일부로 받아들이는 문화가 깊이 뿌리내렸다. 제2차 세계대전 중과 그 이후, 미 해군에서 대규모 현대화된 서구식 함대가 등장하면서 함장의 독립성이 점차 감소하기 시작했다. 그 이전까지 미 해군에서는 제독들이 함장들에게 명령을 "제안" 형태로 전달했고, 많은 함장들은 이를 실제로 제안으로 받아들여 자신의 판단에 따라 대응했다.

제2차 세계대전은 미군에게 전략폭격의 표적 선정과 효과에 대한 작전분석을 넘어서는 4년간의 귀중한 교훈을 제공했다. 이 경험은 대규모 군사조직의 구조화, 분석, 관리 및 통제 방법에 대한 광범위한 관심과 연구를 촉발시켰다.[23] 냉전 기간 동안, 미군은 거대한 규모의 조직을 효율적으로 운용하기 위해 다양한 관리 및 분석 기법을 도입했다. 이로 인해 상급부대의 의도에 부합하지 않는 지휘관들의 독자적 행동은 점차 용인되기 어려워졌다. 더욱이 압도적인 군사력 우위를 바탕으로 한 미국의 소모 전략은 독립적 행동이 종종 가져오는 혁신적이거나 우발적인 전술적 발견을 필요로 하지 않았다.

미 해군도 이러한 추세에서 예외가 아니었다. 디지털 지휘통제체계의 도입은 대규모, 다기능 및 분산된 전력을 책임지는 지휘관들에게 세부적 통제 욕구를 더욱 강화시켰다. 이는 전통적으로 함장들의 독자

---

23 Robert F. Grattan, "Management Research During World War Two," Oxford Bibliographies, January 28, 2013, https://www.oxfordbibliographies.com/view/document/obo-9780199846740/obo-9780199846740-0021.xml.

적이고 예측 불가한 행동을 장려했던 해군 문화와 대조를 이루었다. 다른 군과 마찬가지로, 현대화된 해군은 부정적 언론 보도를 회피하려는 국방부 주도의 "무오류"(no-fail) 관료주의를 점차 발전시켰다.[24] 그럼에도 불구하고, 해군 장교들은 여전히 넬슨, 홀시와 같은 역사적 인물들의 독립적이고 예측불가하며, 때로는 기만 전술을 구사했던 사례를 통해 군 문화를 체득한다.

오늘날의 해군 장교들은 이러한 독립적인 함장들을 존경하고 그들의 문화를 선호하면서도, 현대의 통합 전투수행 체계 내에서 임무를 수행해야 하는 이중적 상황에 놓여있다. 이러한 해군 장교들의 이중적 문화는 AI와 사이버 체계 전반에 걸친 기만전술을 위해 새롭게 조직된 해군으로의 적응과, 소수 공동체로서 민주주의를 수호해야 하는 도전에 대처하는 데 있어 중요한 자산이 될 수 있다.

### 현대 해군은 기술 집약형 군

AI/사이버전 환경에 적응하기 위해서는 기만 전술, 장기 독립작전 수행능력, 기습 행동, 그리고 권위주의 국가의 대규모 전력을 견제하는 새로운 조직구조와 전략이 필요하다. 이를 위해서는 제13장에서 언급한 바와 같이 첨단 기술에 대한 심도 있는 이해와 함께 함정 지휘관의 독자적 의사결정 권한이 전제되어야 한다. 현대 해군, 특히 미 해군은 이 두 가지 요소를 모두 장려하고 있어, 이러한 새로운 전장 환경의 교훈을 초기부터 효과적으로 수용할 수 있는 위치에 있다.

---

24 이러한 태도가 기술 혁신에 미치는 영향에 대한 논의는 Joe Gould의 "How the Pentagon's Fear of Risk Is Stifling Innovation," Defense News, January 28, 2019, https://www.defensenews.com/congress/2019/01/28/is-the-pentagons-fear-of-risk-stifling-innovation/ 참조.

적절한 여건이 조성된다면, 기술력과 세계관의 결합은 다양한 조직 형태, 행동 양식, 도구, 기법, 그리고 리더십 스타일에 걸친 실험과 광범위한 혁신을 가능케 할 것이다. 필연적으로 일부 장교들은 첨단 기술에 능숙하고, 독립적 지휘관으로서 자신감 있고 성공적이며, 해군과 국가의 생존 요구에 적응할 수 있는 능력을 갖추게 될 것이다. 이는 민주주의를 수호하고자 하는 소수 국가 공동체의 일원으로서 더욱 중요하다.

만약 이들의 실험이 조직적으로 장려되고 그 교훈이 흡수된다면, 그들은 더욱 심층적인 형태의 체계적 기만에 대응하고, 방어하며, 적절하고 수용 가능한 방식으로 활용하여, 적의 전략을 극복하는 방법을 제시할 가능성이 높다. 이 과정에서 국가의 본질적인 민주주의적 성격을 잃지 않는 것이 중요하다.

## 함대 전력의 새로운 패러다임: 동기화보다는 전략적 기만을 추구

해군 지휘부가 기만전술을 불가피한 필요악이 아닌 핵심 전략으로 수용하고, 민주주의 국가들이 소수가 된 새로운 국제 질서를 인식하게 되면, 이를 모든 차원의 전략적 서사, 조직 구조, 그리고 전략/작전 계획에 효과적으로 통합해야 할 것이다. 특히 AI 체계 도입 과정에서 이는 더욱 중요하다. 해군의 집단 방위 능력은 기존의 함정 중심 집중형 전력 구조에서 탈피하여, 유연하고 분산된 형태로 변모할 수 있는지에 크게 좌우된다. 이러한 새로운 구조는 전략적 기만을 효과적으로 구사하여 생존성을 제고하고 국가 안보를 강화할 수 있어야 한다.

이는 모든 군에 중대한 도전이지만, 특히 해군에게 더 어려운 과제가 될 수 있다. AI가 점증하는 사이버전 환경에서, 해군 지휘관들은 기만이 그들의 작전에 있어 방패이자 동시에 취약점이 될 수 있음을 인식해야 한다. 전통적으로 해군은 전력 집중의 제약으로 인해 기만을 필수적으로 운용해 왔지만, 군사 문화는 일반적으로 직접적인 교전을 더 높이 평가해 왔다. 예를 들어, 만약 니미츠 제독이 직접적인 교전 없이 원거리에서 일본 연합함대를 격파했다면, 그 전술적 성공에도 불구하고 역사적으로 크게 주목받지 못했을 것이다.[25]

따라서 전체 해군 전력을 기만 중심으로 재편하는 것은 디지털 시대의 중대한 패러다임 전환이며, 해군 지휘부에게 특히 어려운 과제가 될 수 있다. 육군이나 공군은 이러한 변화를 새로운 전술 개념으로 인식할 수 있지만, 해군의 경우 과거부터 이어온 교리의 근본적인 변화를 요구한다. 모든 군이 사이버/AI 시대의 기만 전략을 도입해야 하지만, 해군 지휘관들은 이러한 접근이 단순히 필요한 것을 넘어 가장 효과적인 전투 수행 방식임을 수용해야 할 것이다.

새로운 국제질서 하의 AI/사이버전은 작전 수행과 의사결정에 대한 새로운 전략적 관점과 그에 따른 논리적 근거를 요구한다. 예를 들어, AI/사이버 체계전에서는 물리적 전력 집중이나 중앙집권적 지휘통제보다 전력 분산과 중복성이 체계 탄력성을 위한 더 중요한 지침이 될 것이다. 현재 AI에 대한 과장된 기대는 모든 데이터와 분석의 중앙 통제를 강조한다. 대규모 조직의 네트워크가 대부분 분산되어 있고 서로 다른 시스템들이 혼재되어 있는 특성을 고려할 때, 모든 정보와 활동

---

25 니미츠의 차분한 태도와 '계산된 위험' 원칙을 지지하는 일부 사람들은 그의 공격적인 성향을 무시했는데, 이는 그가 부하들의 의견을 무시하고 콰잘레인에 이어 사이판에 대한 직접 공격을 명령했을 때 특히 두드러졌다. Oliver Warner, Command at Sea: Great Fighting Admirals from Hawke to Nimitz (New York: St. Martin's Press, 1976), 181.

을 한 곳에서 종합적으로 파악하고 관리하는 것은 결코 쉽지 않다. 간단히 말해, 이는 현 단계 AI를 구현하기 위해서뿐만 아니라 적의 사이버 공세가 목표를 타격하기 전에 그 의도와 방법, 위치, 표적을 파악하기 위해서도 필수적이고 시급한 요구사항이다. 그러나 이러한 AI/사이버 구현에 대한 더 심층적인 전략적 사고와 행동은 종종 후순위로 밀리거나 완전히 간과된다.

자체 네트워크 맵핑은 시급하며, AI/사이버를 동기와 목표로 활용하는 것은 유용하지만, 이는 단지 2차적 사고에 불과하다. 해군은 3차, 4차, 5차, 6차 수준의 전략적 사고를 전개해야 한다. 복잡계 시스템의 예측 불가능한 상황이 중앙집중 체계 전반에 오류를 파급시킬 때를 대비해야 한다(3차 고려사항). 적이 이러한 파급 효과를 유도하거나 증폭시켰을 때 이를 식별하고 대응할 수 있도록 준비하고 조직되어야 한다(4차). 5차 과제는 사태 전개에 기만이 개입되었는지 판단하고, 더 나아가 적절히 대응할 수 있는 체계를 구축하는 것이다. 마지막으로, 6차 과제는 우리 체계 내에서 적의 기만 의도를 역이용하는 것이다. 이는 혁신적 사고, 전략적 관점, 조직 구조, 시스템 설계, 그리고 자기 성찰적 접근이 융합되는 수준의 과제이다. 이러한 고차원적 분석은 해양 전략, 작전 교리, 전력 체계, 그리고 조직 구조를 체계적으로 재검토하는 것에서 시작된다. 이 과정에서 기만 전술, AI/사이버 역량, 그리고 변화된 글로벌 세력 균형을 전면적으로 통합해야 한다.

### AI/사이버 자산의 선택, 설계 및 운영에 대한 새로운 접근

복잡한 대규모 시스템의 교훈을 AI/사이버 체계 설계에 적용할 때는 기만 전술도 함께 고려해야 한다. 특히 다음 세 가지 원칙이 중요

하다.[26]

1. 다양한 정보원 확보: 예측 불가능한 상황에 대비해 여러 종류의 정보원을 마련한다.
2. 시간적 여유 확보: 문제 발생 시 대응할 수 있는 시간을 시스템에 내재한다.
3. 지속적인 학습: 전체 시스템에서 끊임없이 새로운 것을 발견하고 시행착오를 통해 학습한다.

현대 해군의 과제는 AI에 의존하고 기만이 만연한 사이버전 환경에서 이러한 원칙들을 어떻게 적용할 것인가에 있다.

기만은 전술부터 전략적 수준까지 모든 단계에서 방어적 고려사항이자 공세적 수단으로 고려되어야 한다. 전술적 수준에서는 원칙적으로 센서의 수가 많을수록 물리적 수단을 이용한 기만이 어려워진다. 예를 들어 연막은 광학 센서를 무력화할 수 있지만 전자전 시스템에는 영향을 미치지 않는다. 신호 기만은 광학 탐지로 대응할 수 있다.[27] 그러나 어떤 센서 시스템도 맹목적으로 신뢰해서는 안 된다. 예측 가능한 행동 패턴은 적에게 기만의 기회를 제공할 수 있기 때문이다.

센서 데이터를 기반으로 한 AI 분석은 빠른 속도로 인해 가치가 있지만, AI의 내부 판단 과정은 센서들이 상충되는 정보를 제공할 때도

---

26 이러한 권장 사항에 대한 자료는 여러 곳에서 찾아볼 수 있다. 예시로 Louise Comfort, Arjen Boin, 및 Chris Demchak(편저)의 Designing Resilience: Preparing for Extreme Events (Pittsburgh: University of Pittsburgh Press, 2010) 참조. Comfort와 Boin의 다른 저작물도 참고. 특히 Comfort는 해당 주제에 대해 심도 있게 연구하는 학자이다.

27 차폐의 사용에 대한 훌륭한 논의는 Thomas J. Culora, "The Strategic Implications of Obscurants," Naval War College Review 63, no. 3 (Fall 2010): 73-84, https://digital-commons.usnwc.edu/nwc-review/vol63/iss3/6 참조.

정확한 판단을 내려야 하며, 이 과정은 방어적 목적으로 다양화되어야 한다. 기만을 식별하는 자동화된 규칙은 여러 가지 기만 테스트를 통해 유효성을 검증해야 한다. 그렇지 않으면 이러한 테스트의 표준화나 일상화가 오히려 적에게 테스트 체계를 속일 기회를 제공할 수 있다.[28]

센서들의 신뢰성을 검증하기 위해 투표 방식을 사용하고 신뢰 기준을 60퍼센트 합의치로 설정하더라도, 적대세력은 단지 41퍼센트의 허위 데이터만 입력하면 의사결정 과정을 지연시키거나, 방해하거나, 불리하게 만들 수 있다. 표준화된 시스템, 프로세스, 그리고 이에 따른 알고리즘 기반 평가는 사이버와 AI 기술이 발전된 적대세력에 대한 방어에서 큰 도전 과제가 된다. 기만 전술을 사용하는 적대세력이 성공할 경우, 방어자들은 인간의 한계를 보완하고자 도입한 AI/사이버 시스템이 기만당한 결과로 발생하는 결함을 보완하기 위해 계속해서 고군분투해야 할 것이다.

제안된 한 가지 해결책은 AI 사용을 주로 군사 행정 기능에 국한하고 중요 작전에는 의존하지 않는 것이다. 그러나 이는 공급망에 존재하는 대부분의 기만 문제를 해결하지 못하며, 단지 적의 작전 방해 노력을 시스템 배치 시점 이전으로 옮길 뿐이다. 적들은 이미 다양한 사이버 작전을 통해 이러한 취약점을 공략하고 있다. 따라서 AI를 특정 기능에만 제한하는 것은 실질적인 도움이 되지 않는다.

더욱이, 현재로서는 어떤 상용 기성품(COTS, Commercial Off-The-Shelf) AI 시스템이 여기서 요구되는 작업을 실제로 수행할 수 있는지

---

28 정보 분석 (및 군사 계획)에서 기만과 자기기만을 피하는 방법에 대한 고전적인 연구로는 Richards J. Heuer, Psychology of Intelligence Analysis (Washington, DC: Center for the Study of Intelligence, Central Intelligence Agency, 1999) 참조.

불분명하다.[29] 그러나 이러한 복잡한 요구사항 때문에 해군에게 자체 사이버/AI 인재 확보가 매우 중요하다. 이는 단순히 상용 기성품 (COTS)의 설계를 검증하는 것을 넘어, 미래 환경에 적응할 수 있는 새로운 해군의 요구사항에 맞춰 AI/사이버 시스템을 처음부터 설계하기 위함이다. IT 인재들이 정부 일을 꺼린다는 점이 자주 언급되지만, 이는 그들을 동원하려는 노력의 실패라고 볼 수 있다. 권위주의의 부상에 맞서 민주주의 체제를 장기적으로 보호하는 데 그들의 역할이 중요하다는 점을 효과적으로 전달하지 못한 것이다. IT 전문가들과 그들을 가르치는 교수들이 민주주의의 취약성을 인식하지 못하고, 그들의 노력이 체제 방어에 필수적이라고 생각하지 않는 한, 그들은 전 사회적 방어와 복지를 위한 핵심 IT 시스템을 설계하지는 않을 것이다.[30]

기만 탐지에는 광범위한 지식과 적절한 도구가 필요하며, 이를 뒷받침할 수 있는 논리적 근거와 조직 구조가 요구된다. 미래에 대비하기 위해 미 해군과 동맹국들은 모든 요소와 행동을 명확히 식별하고 분석할 수 있는 자체 평가 능력이 뛰어난 조직으로 변모해야 하며, 특히 공급 및 군수 체인에 주목해야 한다.

---

**29** 단일 시스템으로는 이를 해결할 수 없지만, 2019년 미 국방부가 마이크로소프트와 체결한 계약에서는 긍정적인 가능성을 찾을 수 있다. 이 계약을 통해 마이크로소프트가 보유한 광범위한 글로벌 위협 감지 및 경보시스템을 군사 목적으로 활용할 수 있게 되었다. 다만 이는 해당 계약이 AI 응용 분야에서의 이러한 협력적 공동 대응을 실제로 허용한다는 전제가 충족되어야 한다. Carten Cordell, "DOD Awards Coveted JEDI Contract to Microsoft," Washington Business Journal, October 27, 2019, https://www.bizjournals.com/washington/news/2019/10/25/dod-awards-early-phase-of-10b-jedi-to-microsoft.html 참조.

**30** Emily Parker, "Silicon Valley Cannot Destroy Democracy Without Our Help," New York Times, November 3, 2017, A31, https://www.nytimes.com/2017/11/02/opinion/silicon-valley-democracy-russia.html 에서 이들의 기본적인 사고방식을 알 수 있다.

조직의 모든 활동과 프로세스를 실시간으로 투명하게 파악하고 분석할 수 있는 이러한 수준의 종합적인 상황 인식은 고도화된 AI/사이버 도구를 통해 가능할 것이다. 이는 선택이 아닌 필수사항이다. 사이버 보안을 위한 최소 권한 원칙도 이러한 포괄적 식별을 요구하며, AI/사이버 시스템의 도입은 역할과 책임을 명확히 정의하는 체계적 구조의 필요성을 더욱 높인다.

새로운 현실에 맞춰 조직을 재구성한다는 것은, 최소한 시스템들이 다양한 노드 전반에 걸쳐 역할, 책임, 권한, 그리고 신원 확인의 기본적인 상호 연관성을 확보하고 이해할 수 있도록 구축되고 조달되어야 함을 의미한다. 이로 인해 적들이 기만 효과를 달성하기 위해 여러 구성요소를 일관되게 장기적으로 또는 동기화된 방식으로 손상시켜야 한다면, 그들의 AI/사이버 작전에 필요한 "작업 부하"는 엄청나게 커지게 된다.[31] 기본적으로 막대한 비용이 소요될 것이며, 그러한 공격의 규모는 감소하거나 심지어 위축될 가능성이 있다.

더욱이, 이러한 포괄적 식별에는 정당화하는 논리가 필요하며, 기만을 포함한 작전에 필요한 지식과 인재를 일상적으로 접촉시키면 더욱 발전한다. 전통적인 지식과 행동의 분리는 앞으로 다가올 형태의 분쟁에서 효과적이지 않다. 예를 들어, 정보와 네트워크 작전을 분리하는 것은 새로운 체계적 분쟁의 속도와 복잡성을 고려할 때 바람직하지 않다. 이와 관련하여 미 해군의 초기 N2/N6(정보 우위) 혁신은 군의 IT와 정보 인재를 같은 부서에 배치하여 지식과 기술의 교류를 촉진할 필요성을 보여주는 좋은 사례이다.[32] 비슷한 맥락에서, 전략적 커뮤니케

---

31  2019년 10월, MIT 컴퓨터 과학 및 인공지능 연구소의 연구 과학자 John Mallery와 개인적으로 나눈 대화.

이선에 충분히 활용되지는 않지만, 국가안보국(NSA)과 미 사이버사령부를 한 명의 지휘관 아래 통합한 것도 유사한 사례이다. 통합된 작전 – 그리고 도구의 설계, 개발, 사용 – 은 유사한 효과를 가진다.

## 분산 작전과 독립 작전

미 해군은 서로 다른 전력 구성을 가진 분산 작전과 독립 작전에 대해 재고할 필요가 있다. AI/사이버 체계에서의 기만 방어를 위해 내재된 전방위적 식별이 요구되지만, 조직 전체가 대규모 노드로 중앙집중화될 필요는 없다. 오히려 유연하고 복잡한 대규모 체계는 필요 시 최소한의 자립적 단위로 효과적으로 분리되어 작전을 지속하고, 장기간 최소 허용 수준에서 임무 연속성을 보장한다. 해양 환경에서 이러한 체계는 독립적으로 운용 가능하고 쉽게 재결합(재편성)할 수 있으면서도 적이 지리적으로 위치를 파악하기 어려운 함정에 위치할 가능성이 높다. 이상적으로, 공격받는 AI 체계는 기능과 기여도 손실을 인식하고 사용자에게 경고하며 점진적으로 성능이 저하되도록 학습될 수 있다. 최근 해군대학원의 분석에 따르면 전자기 스펙트럼이 고도로 경합되는 동급(또는 준동급) 전투에서 네트워크의 취약성으로 인해 "네트워크 선택적 전투"개념이 도출되었다.[33] 이는 해군 부대가 함대 정보망과 연결이 끊기거나 방해받더라도 최소한 부분적으로 효과를 발휘할 수 있는 체계를 갖추는 것을 의미한다.

32 Jack N. Summe, "Navy's New Strategy and Organization for Information Dominance," CHIPS: The Department of the Navy's Informational Technology Magazine, January-March 2010, https://www.doncio.navy.mil/CHIPS/Article Details.aspx?ID=2557 참조.
33 Todd Wyatt와 Donald Brutzman의 "Network Optional Warfare," NPS Wiki, https://wiki.nps.edu/display/NOW/Network+Optional+Warfare 참조.

향후 소수 국가를 방어하는 미국과 동맹국 해군 지휘관들은 디지털 기만과 투명성이 심화된 세계에서 자신과 능력을 보호할 방법을 찾아야 할 것이다. 복잡계 과학과 역사가 시사하듯 함정과 함대/기동부대에 전력을 집중하는 것 자체가 주요 약점이 될 수 있기 때문에, 기술 발전만으로는 충분치 않을 것이다. 전력 집중은 서구 민주국가의 군사 기관에서 보편적으로 가르치는 원칙이며, 이상적으로는 항상 바람직할 것이다. 그러나 AI 체계가 만연하고 적이 방대한 사전 정보로 더 높은 정확도와 속도로 행동할 수 있는 사이버전에서는 전력 집중이 디지털 전장에서 고가치 표적의 집중을 의미할 수 있다. 특히 소규모 자원과 존재감을 가진 상대에게는 기만과 분산이 가장 효과적인 억제 및 생존 전략이 될 수 있다.

이러한 적응적 대응은 이미 분산해양작전(DMO, Distributed Maritime Operations) 개념의 목표이다. 그러나 AI가 광범위하게 도입될 경우, DMO의 핵심 요소로서 기만 작전을 수립하는 데 AI를 활용해야 한다. 이러한 작전은 기존에 선호되던 지휘통제 구조에 도전할 것이다. 현재의 AI 개발 추진 방향 — 특히 대규모 조직에서 — 은 종종 사이버와 기만의 교훈을 간과하고, AI 효율성을 극대화하고 비용을 절감하기 위해 중앙집중화를 추구하는 것으로 보인다. 성공적인 사이버전은 지상전보다는 현대 해전과 더 유사하다고 볼 수 있다. 특히 향후 권위주의가 지배하는 세계에서 소수 진영의 일원이 될 국가들에게는 전력 집중보다 분산과 중복 체계 구축이 일반적으로 더 중요한 원칙으로 보이기 때문이다. AI가 시스템을 중앙집중화하면서도 기만에 취약하다면, 작은 실수가 디지털 속도로 전체 시스템에 연쇄적 오류를 발생시킬 수 있다.

이러한 중앙집중화로 인한 취약성에는 미묘한 측면이 있다. 예를 들어, AI에 의존하는 해군 — 특히 작전적 의사결정이 함대 해양작전센터(MOC, Maritime Operations Center)에 집중된 경우 — 은 함정이 물리적으로 분산되어 있더라도 "정보 측면에서는 집중화" 되어 있다.[34] 이로 인해 함대 대신 MOC가 적의 주요 표적이 된다. 만약 MOC의 AI 시스템을 침투하여 비물리적 공격으로 무력화할 수 있다면, 이는 손자의 전쟁 철학에 부합할 것이다.

미 해군은 DMO(Distributed Maritime Operations) 개념 하에서 함대에 정보와 지휘통제를 제공하는 수단으로 함대 MOC(Maritime Operations Center)를 구축하는 데 많은 시간과 자원을 투자했다. 본질적으로 함대 MOC는 이전에 항공모함 전투단 내 항공모함에 집중되었던 지휘통제를 대체하기 위한 것이다. 이론상으로는 전투단 함정들이 분산될 수 있고, 항공모함은 전자기 방출 통제를 통해 은폐될 수 있다. 물리적 분산은 또한 물리적 기만을 용이하게 해야 한다. 만약 AI가 주요 의사결정 보조 수단으로 채택된다면, 이러한 배치 하에서 AI는 대부분 MOC에 집중될 가능성이 높다(제12장에서 논의된 바와 같이). 그렇다면 함대가 지적/정보적으로 집중되어 있지는 않은가? 더 많은 국가기술수단(NTM, National Technical Means) 정보에 접근할 수 있는 MOC와 실제 전투에 참여하는 전투단 중 어느 쪽이 기만하기 더 쉬운가? AI 계산은

---

34 MOC에 관한 실제 미 해군 전술 간행물인 해상작전사령부 NTTP 3-32.1 (Norfolk, VA: Navy Warfare Development Command, April 2013)은 http://www.navybmr.com/study%20material/NTTP_3-32-1_MOC_(Apr_2013).pdf 에서 온라인으로 확인할 수 있다. MOC 개념과 MOC 개발에 대한 자세한 논의는 William Lawler와 Jonathan Will의 "Moving Forward: Evolution of the Maritime Operations Center," CIMSEC, October 19, 2016, http://cimsec.org/moving-forward-evolution-maritime-operations-center/28849 에서 확인할 수 있다.

확률에 기반한다. 전자기 스펙트럼 작전이 활발히 이루어지는 환경에서는 MOC가 기만당하기 쉬울 확률이 더 높다.

이 장에서 개략적으로 설명한 AI/사이버, 기만, 그리고 해양 전략에 대한 최선의 해결책은 아직 알려져 있지 않다. 그러나 확률적으로 볼 때, AI/사이버 기술과 기만 전술을 전략적 사고의 핵심 요소로 통합한 새로운 운용 개념과 조직 구조를 갖춘 해군이 충분히 좋은 해결책을 찾을 가능성이 높다.

이러한 해군 전력은 전자적, 물리적으로 분산되어 있을 가능성이 높으며 다음 세 가지 임무를 위해 AI 체계를 유동적으로 사용할 수 있을 것이다. 첫째, 함정들은 AI/사이버 시스템의 보안 취약성을 고려한 제한적 신뢰 정책에도 불구하고 일정 기간 독립적으로 운용될 수 있다. 둘째, 이러한 전력은 AI 자산을 능숙하게 사용하여 침투와 기만을 탐지하고 무력화하며, 관련된 모든 활동을 상시적으로 위장한다. 셋째, 이러한 기동성이 높고 탐지가 어려운, 전 세계에 배치된 자산들은 적의 AI/사이버 시스템을 역으로 기만하기 위한 지속적인 AI 작전에 참여할 수 있다. 야누스와 같은 양면성을 지닌 함정들은 취약한 소수의 민주주의 국가 연합을 방어하면서, 앞으로 수년간 주요 적대국들의 대규모 군사 작전을 교란하는 예상치 못한 변수가 될 것이다. 즉, 적절히 조율된 해군 전력은 적에 대한 "해상 해킹(해상에서의 사이버 공격)"을 통해, 손자의 전략을 활용하고 해군과 국가에 대한 위협을 역이용할 수 있다.

## AI에 의구심 도입하기

이 장에서 제기한 초기 질문들로 돌아가보면, 우리가 제공할 수 있는 답변이 있는가? AI가 자신의 지식이나 판단을 신뢰하지 않도록 학습시킬 수 있는가? 다른 모든 장의 내용을 종합해 볼 때, 현재로서는 가장 적절한 답변은 "아니오"이다. 네트워크화된 센서의 스푸핑과 인터넷상의 데이터 오염 측면을 제외하면, AI를 개발하는 과학적 접근 방식과 기만의 개념은 서로 상반된 목표를 가지고 있어 양립하기 어려운 것으로 보인다. AI는 데이터를 신속하게 수집하고 분석하는 새로운 방법, 즉 일종의 지식 탐구로 개발되었기 때문이다. 대중 매체에서는 특정 AI 이미지 인식 시스템이 다람쥐를 바다사자로 오인하거나 도로를 건너는 악어를 외발자전거로 오인한 사례 등을 다룬 다수의 일화적이고 유머러스한 뉴스 기사가 있었다.[35] 하지만 AI 개발자들의 입장에서는 AI가 스스로를 의심하도록 만들 이유가 없었다. 의심은 인간의 몫이지, 기계의 몫이 아니라고 여겼다.

AI가 기만을 탐지하거나 탐지 방법을 학습하도록 프로그래밍할 수 있다면, 전술적 수준에서 가장 효과적일 것으로 보인다. 이는 AI의 의사결정과 센서 데이터 간의 관계가 가장 밀접한 영역이기 때문이다. 마찬가지로, 인간 운용자가 실제 센서와 센서 데이터에 더 가까이 있을수록 AI 시스템이 놓친 기만도 탐지할 가능성이 높아진다. 이러한 형태의 전술적 적용은 제6장의 시나리오에서 설명된 바 있다. 즉, 전술적 수준의 인간 운용자들이 기만당하고 있는 AI의 판단을 더 쉽게 무시하고 올바른 결정을 내릴 수 있을 것이다.

우리는 군사 AI 응용 프로그램에 기만을 정보 검토 및 처리 주기의

---

**35** Mark Wilson, "The World's Most-Advanced AI Can't Tell What's in These Photos. Can You?" Fast Company, July 22, 2019, www.fastcompany.com/90379047/the-worlds-most-advanced-ai-cant-tell-whats-in-these-photos-can-you.

잠재적 요소로 포함시켜야 한다. 또한, 이는 적을 속이기 위한 전략의 산출물로도 활용될 수 있다. 그러나 AI를 조언이나 의사결정에 활용하는 과정에서 기만의 가능성을 반드시 고려해야 한다. 기계에 의심을 주입하는 방법이 아직 불확실하기 때문이다. 아마도 우리는 그렇게 할 수 없거나, 할 수 있다 하더라도 AI는 다른 형태의 계산이나 인간의 본능과 직관에 비해 단지 미미한 이점(속도)만을 제공할 수 있을 것이다. 많은 장에서 OODA 루프에 대해 논의했지만, "기만상황 관찰", "기만 속에서의 정확한 상황 판단", "진실 여부 결심", "검증된 정보만을 바탕으로 실행"이라는 주기는 다루지 않았다. "의심스러운 정보는 이미 신뢰할 수 없는 정보"라는 정보의 기본원칙에 따르면, 인간이 제한된 AI보다 이를 더 빨리 수행할 수 있을 것이다. 복잡한 의사결정과정에 AI를 도입하고 적용하는 과정 자체에도 이러한 의구심이 중요한 고려 요소가 되어야 한다.

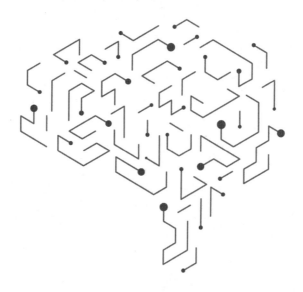

제17장
# 무인 자율성과 인간의
# 의사결정을 위한 AI 도입의
# 장애물 극복

제 17 장

# 무인 자율성과 인간의 의사결정을 위한 AI 도입의 장애물 극복

조지 갈도리시(George Galdorisi)

만약 이전 장들을 읽고도 다음과 같은 사실을 깨닫지 못했다면, 이 장은 아마 불필요할 것이다. 빅데이터, 인공지능(AI), 그리고 기계학습이 군사 분야에 혁명을 일으키고 있다는 점, 우리와 대등한 적대국들과 다른 국가들이 이러한 기술을 활용하여 그들의 군사력을 우리보다 우위에 두려고 노력하고 있다는 점, 미군이 이와 같은 기술을 활용하여 전장에서의 우위를 확보하려는 의도를 명확히 표명했다는 점이다.

반면에, 미군이 빅데이터, 인공지능, 그리고 기계학습을 최대한 빠르게 활용하여 그들의 플랫폼, 시스템, 센서, 그리고 무기체계를 더욱 효과적이고 효율적으로 만들려 한다고 생각한다면, 군대 용어로 "신속하게 행동에 옮길 것"이라고 예상할 수 있다. 앞서 언급했듯이, 국가 및 안보 지도부의 최고위층이 이를 지시했고 다양한 AI 프로그램과 프로젝트에 자금을 지원하고 있다.

그러나 앞으로의 과정에는 여러 장애물이 있다. 비유하자면, 최근 몇 년간 우리는 대형 기술 기업들 — 소위 FAANG 5개사(페이스북, 애플, 아마존, 넷플릭스, 알파벳의 구글)로 대표되는 - 이 여러 이유로 집중 조사를 받는 것을 보았다. 이는 주로 이들이 의도적으로 또는 부주의하게 데이터 통제력을 상실하거나 AI가 고객의 이익에 반하는 행위를 하도록 한 것 때문이었다. 그러나 결국, 이러한 기업들의 가장 심각한 데이터 유출 사고조차도 사람들의 생명을 앗아가지는 않는다. 이는 군 AI 적용과의 큰 차이점이다.

AI를 활용하는 군 무기체계의 경우는 이와 다르다. 미 국방부(DoD)가 미국 국민들에게 AI 기반 군 무기체계가 - 의료계의 표현을 빌리자면 - "우선, 해를 끼치지 않을 것"이라고 확신시키는 데 있어 훨씬 더 높은 기준이 요구된다. 그리고 정책 문서들이 치명적인 무인체계(UxS)를 운용할 때 인간이 "루프 내(in-the-loop)"에 있어야 한다는 요구사항을 명확히 명시하고 있지만, 이러한 문서만으로는 대중의 우려를 불식시키기에 충분하지 않을 수 있다. 이러한 우려는 "킬러 로봇"이 어떻게 인간 조종자에게 반란을 일으킬 수 있는지를 보여주는 미디어의 지속적인 노출로 인해 반세기 동안 축적되어 왔다. 미 국방부가 이러한 두려움을 완화하여 미군이 AI의 모든 이점을 누릴 수 있도록 하기 위해 무엇을 해야 하는지 이해하려면, 이러한 우려가 미국인의 정서에 얼마나 깊이 뿌리박혀 있는지 검토해볼 가치가 있다.

## 빅데이터, AI, 머신러닝에 대한 국방부의 노력

앞선 장들에서 살펴본 바와 같이, 빅데이터, 인공지능, 그리고 기계학습이 전쟁 양상을 변화시킬 잠재력은 실로 막대하다. 윌리엄 로퍼(William Roper) 전 국방부 전략능력실(SCO, Strategic Capabilities Office)

국장은 "AI를 기반으로 한 무기의 자율성은 핵무기 이후 군사 기술 분야에서 가장 큰 혁신"이라고 강조했다.[1] 최근 저자 크리스 포드(Chris Ford) 또한 "자율무기, 즉 인간의 개입 없이 표적을 선정하고 공격할 수 있는 무기체계는 수 세대 만에 전쟁의 본질을 가장 근본적으로 바꿀 수 있는 기술"이라고 언급했다.[2]

그러나 미군이 빅데이터, 인공지능, 그리고 기계학습을 전면적으로 도입할 수 있을지는 아직 불확실하다. 국방부 정책은 치명적인 무인체계(UxS, Unmanned Systems)를 운용할 때 인간이 "의사결정 과정에 직접 참여"(in the loop)해야 한다고 명시하고 있으나, 이것만으로는 충분하지 않을 수 있다.[3] 단순히 "감독"(on the loop)하는 것이 아니라 적극적으로 개입해야 한다는 의미다.

앞서 언급했듯이, 미국 대중은 오랫동안 "악당 로봇"(예: 우주 전쟁, 터미네이터)이나 "선한 의도의 로봇이 통제를 벗어나는" 내용(예: 2001 스페이스 오디세이, 엑스 마키나)을 다룬 책과 영화에 노출되어 왔다. 이로 인해 미군이 무장된 무인 시스템을 제대로 통제하지 못할 수 있다는 우려가 깊게 자리 잡고 있다.

이러한 우려는 여러 방식으로 표출되었는데, 가장 주목할 만한 사례

---

1 William Roper, 미 국방부 장관실 전략능력실장, 2017년 1월 8일 CBS '60 Minutes'에서 인터뷰 David Martin의 질문에 대한 답변. "자율성이 핵무기 이후 군사기술분야에서 가장 큰 혁신이라는 이야기를 들어왔다."

2 Chris M. Ford, "Autonomous Weapons and the Law," in One Nation Under Drones, ed. John Jackson (Annapolis, MD: Naval Institute Press, 2018), 150.

3 Ashton Carter, 국방부 부장관, 비망록, "Autonomy in Weapon Systems," November 21, 2012, updated May 8, 2017, https://www.esd.whs.mil/Portals/54/Documents/DD/issuances/dodd/300009p.pdf. 해당 메모의 자세한 분석은 Carter: Human Input Required for Autonomous Weapon Systems," Inside the Pentagon, November 29, 2012, https://www.jstor.org/stable/insipent.28.48.02 참조.

는 구글이 국방부의 알고리즘 전쟁 교차기능팀(Algorithmic Warfare Cross-Functional Team), 일명 프로젝트 메이븐(Project Maven)에 대한 작업을 중단한 것이다.[4] 이러한 헤드라인을 장식한 사건들 외에도, 무인체계, 특히 치명적 무인체계의 전쟁 활용 효과에 관한 많은 심도 있는 연구가 발표되었다. 안타깝게도, 이러한 서적들은 대중 매체만큼 공공의 관심을 끌지는 못했다.

미군의 빅데이터, 인공지능, 기계학습 활용, 특히 군 무인체계에서의 사용에 관한 윤리적 우려를 해소하는 것이 중요하다. 이러한 우려가 적절히 해결되지 않으면, 해당 기술의 잠재력을 충분히 실현하지 못할 수 있으며, 이는 결과적으로 전장에서 미군 전투원들을 불리한 상황에 처하게 할 수 있다. 빅데이터, 인공지능, 기계학습 기술은 무인체계뿐만 아니라 다양한 군사 플랫폼, 시스템, 센서, 무기체계에 폭넓게 적용될 것이지만, 대중의 관심이 주로 무인 플랫폼에 집중되는 것은 이해할 만한 현상이다.[5] 따라서 미군은 AI 기반 무인체계가 "우선, 해를 끼치지 않을 것"이라는 점을 명확히 입증하는 데 주력해야 한다. 이러한 접근 방식이 중요한 이유는 설득력이 있으며, 이어지는 내용에

---

4 Daisuke Wakabayashi와 Scott Shane, "Google Will Not Renew Pentagon Contract That Upset Employees," New York Times, June 1, 2018, https://www.nytimes.com/2018/06/01/technology/google-pentagon-project-maven.html. 프로젝트 메이븐이 지원하고자 하는 무인 시스템은 살상용이 아닌 감시용이기 때문에 더 우려되는 부분이다. 그러나 구글과 같은 기업에서는 경영진이 직원들에게 미국 정부와 계약된 업무를 방해하려 할 경우 징계를 받을 수 있다고 통보하는 등 조금씩 변화가 일어나고 있다. 예시로는 "Google Puts Curbs on Political Debate by Employees," The Wall Street Journal, August 24-25, 2019, https://www.wsj.com/articles/google-puts-curbs-on-political-debate-by-employees-11566576970. 참조.

5 Peter W. Singer, "In the Loop? Armed Robots and the Future of War," Brookings Institution, January 28, 2019, http://www.brookings.edu/research/articles/2009/01/28-robots-singer. 참조.

서 자세히 설명한다.

## 무인체계 자율성의 잠재적 위험성

지난 세기의 가장 상징적인 영화 중 하나인 스탠리 큐브릭(Stanley Kubrick)의 '2001 스페이스 오디세이'(2001: A Space Odyssey)는 로봇(당시의 무인 이동체)의 자율성 문제를 중심 주제로 다룬다. 영화를 본 사람들은 우주선의 통신 안테나에 결함이 있다고 잘못 보고한 것으로 보이는 컴퓨터 HAL(Heuristically programmed ALgorithmic computer: 휴리스틱 프로그래밍된 알고리즘 컴퓨터)의 인지 회로를 차단하려는 우주비행사들의 장면은 잊기 어려울 것이다. 그들은 자신들의 대화를 숨기려 하지만, HAL이 입술을 읽을 수 있다는 사실을 모른다. 차단될 위기에 직면한 HAL은 자신의 프로그래밍된 지시사항을 보호하고 계속 수행하기 위해 우주비행사들을 죽이기로 결정한다.[6]

오늘날 21세기의 HAL이 주인에게 반항할 것이라고 우려하는 사람은 거의 없지만, 점점 더 자율성이 높아지는 무인체계를 배치하는 것과 관련된 문제들은 복잡하고, 도전적이며, 논란의 여지가 있다. 큐브릭의 1968년 영화는 선견지명이 있었다. 반세기가 지난 지금, 우리는 추진력, 탑재량, 스텔스, 속도, 지속성 등 무인체계의 다른 측면의 발전은 받아들이고 있지만, 어느 정도의 자율성이 충분하고 어느 정도가 너무 과한지에 대해서는 여전히 고심하고 있다. 이는 향후 10년간 군

---

6 2001: 스페이스 오디세이는 스탠리 큐브릭이 제작하고 감독한 1968년 공상과학 영화다. 각본은 큐브릭과 아서 C. 클라크가 공동 집필했으며 클라크의 단편 소설 『센티널』에서 영감을 받아 제작되었다.

사 무인체계와 관련하여 우리가 다루어야 할 가장 중요한 문제라고 할 수 있다. 이러한 지속적인 논쟁들은 AI, 자율성, 무인체계, 특히 무장 탑재 무인체계의 복잡한 문제를 신중하게 다루려는 책들이 다수 출판되는 현상을 낳고 있다.[7]

무인체계는 환경을 감지하고 적응하는 능력에 비례하여 더욱 자율적으로 운용될 것이다. 이러한 능력은 무인체계가 의사결정 속도를 향상시키고 아군이 적의 OODA(관찰, 상황판단, 결심, 행동) 루프 내에서 행동할 수 있게 한다.[8] 환경이나 임무가 변화함에 따라, 감지 및 적응 능력은 무인체계가 지속적인 인간 운용자의 감독, 입력, 의사결정에 의존하지 않고도 임무 달성을 위한 최적의 해결책을 찾을 수 있게 한다. 그러나 우리는 무인체계가 적의 OODA 루프 내에서 작전하기를 원하지만, 우리의 의사결정 없이 − 즉 우리의 OODA 루프 내에서 − 작전할 준비가 되어 있는가?

'이코노미스트지'(The Economist)의 "도덕과 기계"(Morals and the Machine)라는 기사는 자율성과 인간 개입(humans−in−the−loop) 문제를 다음과 같이 다룬다.

---

7 예시로는 Peter Singer, Wired for War: The Robotics Revolution and Conflict in the 21st Century (New York: Penguin Press, 2009); Bradley Strawser and Jeff McMahan, Killing By Remote Control: The Ethics of an Unmanned Military (Oxford: Oxford University Press, 2013); William Arkin, Data and the Illusion of Perfect Warfare (New York: Little, Brown and Company, 2015); Larry Lewis와 Diane Vavrichek, Rethinking the Drone War (Washington, DC: Center for Naval Analyses, 2016); Paul Scharre, Army of None: Autonomous Weapons and the Future of War (New York: W.W. Norton, 2018), 그리고 John Jackson, ed., One Nation under Drones (Annapolis, MD: Naval Institute Press, 2018). 참조.

8 OODA 루프에 대한 가장 좋은 참고문헌 중 하나로는 John Boyd의 'Destruction and Creation (Fort Leavenworth, KS: U.S. Army Command and General Staff College, 1976)'이 있다.

자율 기계가 더 스마트해지고 널리 보급됨에 따라, 예측 불가능한 상황에서 생사를 결정하게 되어 도덕적 주체성을 갖거나 적어도 그렇게 보이게 될 것이다. 현재 무기체계는 인간 운용자가 "루프 내"(in－the－loop)에 있지만, 더 정교해짐에 따라 "루프 상"(on the loop) 운용으로 전환하여 기계가 자율적으로 명령을 수행하는 것이 가능해질 것이다.

이렇게 되면 기계는 윤리적 딜레마에 직면하게 된다. 목표물이 숨어 있다고 알려진 집에 민간인도 있을 수 있는 경우 무인기가 공격해야 하는가? 자율주행차가 보행자를 피하기 위해 다른 차량을 치거나 탑승자를 위험에 빠뜨려야 하는가? 재난 구조에 투입된 로봇이 패닉을 일으킬 위험이 있더라도 사람들에게 진실을 말해야 하는가?

이러한 질문들로 인해 "기계 윤리학" 분야가 등장했으며, 이는 기계에게 이러한 선택을 적절히 할 수 있는 능력 － 즉 옳고 그름을 구별할 수 있는 능력 － 을 부여하는 것을 목표로 한다. 엔지니어, 윤리학자, 법률가, 정책 입안자들 간의 더 많은 협력이 필요하다. 이들이 각자 독자적으로 규칙을 만들면 매우 다른 유형의 규칙이 만들어질 것이기 때문이다.[9]

뉴욕 타임스의 "스마트 드론"(Smart Drones)이라는 제목의 칼럼에서 빌 켈러(Bill Keller)는 무인체계의 자율성 문제를 다음과 같이 표현한다.

원격 조종 전투 드론의 사용이 문제가 된다고 생각한다면, 이제 한 걸음 더 나아간 상황을 상상해 보라. 의심되는 적을 제거하는 결정을 멀리 떨어진 통제실의 조종사가 아닌, 기계 자체가 내리는 상황을 말한다. 공중 로봇이

---

9 "Flight of the Drones: Why the Future of Air Power Belongs to Unmanned Systems," The Economist, October 8, 2011, https://www.economist.com/briefing/2011/10/08/flight-of-the-drones.

지형을 분석하고, 적대적 활동을 인식한다. 부수적 피해의 위험이 최소라고 계산한 뒤, 인간의 개입 없이 스스로 표적을 공격한다.

　이것이 바로 미래 전쟁의 모습이다. 현재 미국에서는 대통령의 드론 암살 명령권을 두고 논쟁이 벌어지고 있지만, 동시에 과학, 군사, 상업 분야의 강력한 추진력이 소프트웨어에 같은 수준의 치명적 권한을 부여하는 시대로 우리를 밀어붙이고 있다.[10]

　최근에는 역설적이게도 자율 기계와 인공지능에 대한 우려가 이러한 기술적 능력을 개발하는 데 가장 두각을 나타내는 산업계에서도 제기되고 있다. "로봇 지배자들? 아마도 아닐 것"(Robot Overlords? Maybe Not)이라는 제목의 뉴욕타임스 기사는 영화 '엑스 마키나'(Ex Machina)의 감독인 알렉스 가랜드(Alex Garland)의 인공지능에 대한 언급과 여러 기술 산업 리더들의 말을 인용한다. 이론물리학자 스티븐 호킹(Stephen Hawking)은 "완전한 인공지능의 개발이 인류의 종말을 의미할 수 있다"고 말했다. 테슬라의 CEO인 일론 머스크(Elon Musk)는 AI가 "잠재적으로 핵무기보다 더 위험하다"고 말했다. 애플의 공동 창업자인 스티브 워즈니악(Steve Wozniak)은 "컴퓨터가 인간을 대체할 것"이며 "미래는 무섭고 사람들에게 매우 나쁘다"고 말했다.[11]

10 Bill Keller, "Smart Drones," New York Times, March 10, 2013, https://www.nytimes.com/2013/03/17/opinion/sunday/keller- smart-drones.html.
11 Alex Garland, "Alex Garland of 'Ex Machina' Talks About Artificial Intelligence," New York Times, April 22, 2015, https://www.nytimes.com/2015/04/26/movies/alex-garland-of-ex-machina-talks-about-artificial-intelligence.html. 이 열띤 토론은 다른 기술 대기업들 사이에서도 계속되고 있다. 예시로는 Cade Metz, "Mark Zuckerberg, Elon Musk and the Feud Over Killer Robots," New York Times, June 9, 2018, https://www.nytimes.com/2018/06/09/technology/elon-musk-mark-zuckerberg-artificial-intelligence.html 참조. 자율 무기 시스템의 위험성에 대한 언론의 경고는 오늘날에도 계속되고 있다. 예시로는 "Are You Ready for Weapons that Call Their Own Shots?"

국방부는 무인체계에 대한 인간의 통제를 최우선 과제로 다루고 있으며, 인간이 OODA 루프에 계속 관여하도록 정책 지침을 발표했다. 2012년 애슈턴 카터(Ashton Carter) 당시 국방부 부장관(후에 국방장관)은 다음과 같은 지침을 발표했다.

자율 및 반자율 무기체계의 의도치 않은 교전을 방지하기 위해 인간의 입력과 지속적인 검증이 필요하다. 이러한 체계는 지휘관과 운용자가 무력 사용에 대해 적절한 수준의 인간 판단을 행사할 수 있도록 설계되어야 한다. 이러한 체계의 사용을 승인하거나 운용하는 인간은 전쟁법, 관련 조약, 무기체계 안전 규칙 및 적용 가능한 교전규칙에 따라 적절한 주의를 기울여야 한다. 자율 체계는 일단 활성화되면 인간 운용자의 추가 개입 없이 표적을 선정하고 교전할 수 있는 무기체계로 정의된다.[12]

이러한 지침과 논의는 정책 입안자, 군 지도자, 산업계, 학계, 과학 기술 커뮤니티 간의 대화의 일부가 되어야 하며, 미래 자율 체계의 설계와 운용을 신중히 고려해야 한다. 로버트 워크(Robert Work) 당시 국방부 부장관은 신미국안보센터(Center for a New American Security) 국방 포럼에서 "우리는 치명적인 무력 사용 결정권을 오직 인간만이 가져야 한다고 강력히 믿는다. 그러나 특히 기계 속도로 공격을 받을 때, 우리를 보호할 수 있는 기계를 갖추기를 원한다."고 언급했다.[13]

New York Times, July 5, 2019, https://www.nytimes.com/2019/06/26/opinion/weapons-artificial-intelligence.html?searchResultPosition=1 과 "Coming Soon to a Battlefield: Robots That Can Kill,"The Atlantic, September 3, 2019, https://www.theatlantic.com/technology/archive/2019/09/killer-robots-and-new-era-machine-driven-warfare/597130/ 참조.

12 Carter, "Autonomy in Weapon Systems"; "Carter: Human Input Required for Autonomous Weapon Systems."

정책 성명을 발표하는 것과 실제로 자율 시스템을 설계하여 의도한 계획을 수행하게 하는 것은 별개의 문제이다. 이는 정책적 관점에서 중요한 사안인데, 의사결정의 여러 단계를 자율 기계에 위임할 수는 있어도 그로 인한 행동의 결과에 대한 책임을 피할 수는 없기 때문이다.[14] 고도의 자율 플랫폼에서는 시스템이 운용자에게 불투명해질 수 있으며, 운용자들은 종종 다음과 같은 질문을 하게 된다.[15] 시스템이 무엇을 하고 있는가? 왜 그렇게 행동하는가? 다음에는 무엇을 할 것인가? 이러한 질문들이 제기되는 상황에서 운용자가 자율 시스템의 행동에 대한 책임을 어떻게 이행할 수 있을지 파악하기 어렵다.

## 군 무인체계 운용의 과제 이해

군산복합체 컨퍼런스 연설에서, 피터 싱어(Peter Singer)는 군의 AI 기반 무인체계 사용 문제를 이해하는 데 도움이 되는 비유를 제시했다. 그는 "무인 자동차에서 일어나는 일이 군용 무인체계(UxS)에서도 일어나고 있다. 군용 무인체계 사용과 관련된 모든 윤리적 딜레마를 '기술적으로 완전히 해결'할 수는 없을 것이다"라고 언급했다.[16]

---

13 2015년 12월 14일 신미국안보국방포럼에서 Robert Work 국방부 부장관의 발언.
14 군용 무인 시스템 사용의 윤리 문제를 다루는 책과 연구가 점점 더 많아지고 있다. Joe Chapa, "The Ethics of Remote Weapons," in Jackson, ed., One Nation Under Drones, 176-93 과 Greg Allen과 Taniel Chan, Artificial Intelligence and National Security (Cambridge, MA: Harvard Kennedy School, 2017)를 참조.
15 자세한 내용은 DARPA의 설명 가능한 인공지능(XAI) 웹사이트 참조. https://www.darpa.mil/program/explainable-artificial-intelligence 자율 시스템의 '설명 가능성' 문제는 전문 문헌과 대중 문헌 모두에서 다루어졌다. 예시로는 Cliff Kuang, "Can A. I. Be Taught to Explain Itself?" New York Times, November 21, 2017, https://www.nytimes.com/2017/11/21/magazine/can-ai-be-taught-to-explain-itself.html 참조.
16 Peter Singer 박사, 2017년 4월 27일 캘리포니아주 샌디에이고에서 열린 AFCEA C4ISR

이러한 시스템의 개념, 연구, 개발, 제작, 배치 및 사용을 담당하는 이들은 상용 분야, 특히 자동차 산업의 모범 사례를 참고하는 것이 도움이 될 수 있다. 여기에서 우리는 운전자들이 진정으로 원하는 것이 무엇인지 보여주는 중요한 고객 피드백을 찾을 수 있을 것이다. 완벽한 일대일 대응은 아니지만, 이 비유는 빅데이터, 인공지능, 기계학습에 의해 지원되는 어떤 종류의 무인체계를 산업계가 군에 제공해야 하는지에 대한 시사점을 제공할 수 있다.

자동차는 점점 더 빅데이터, 인공지능, 기계학습의 지원을 받아 구상, 설계, 제작 및 공급되고 있다. 이러한 추세가 어디로 향하고 있는지 살펴볼 가치가 있다. 간단히 말하자면, 자동차는 부모님 세대가 운전했던 것과 같은 완전 수동 자동차, 인공지능을 통해 원하는 목적지로 데려다주는 무인 자동차,[17] 그리고 운전자의 통제 하에 있는 증강지능 자동차라는 세 가지 기본 범주로 나눌 수 있다.[18]

심포지엄 연설.

[17] '자율주행 자동차'라는 용어는 일반적으로 다양한 수준의 인공지능을 갖춘 자동차를 지칭하는 데 사용되지만, 가장 보편적으로 인정되는 방식은 미국자동차공학회(Society of Automotive Engineers)에서 사용되는 무자동화, 운전 지원, 부분 자동화, 조건부 자동화, 고도 자동화, 완전 자동화로 6가지 수준으로 운전 자동화를 나열하는 방식이다. https://web.archive.org/web/20170903105244/https://www.sae.org/misc/pdfs/automated_driving.pdf 참조.

[18] '증강지능'이라는 용어가 전문 저널에 등장하기 시작했다. ADM Scott Swift, USN, "Master the Art of Command and Control," U.S. Naval Institute Proceedings 144, no. 2 (February 2018): 28-33, https://www.usni.org/magazines/proceedings/2018-02/master-art-command-and-control 참조. 여기서 Swift 제독은 다음과 같이 언급한다. "기술이 C2(지휘통제)를 위해 수행할 수 있는 더 크고 유용한 역할이 있다. 이러한 역할은 인공지능의 출현, 즉 일부에서는 지능 증폭이라 일컫고, 다른 일부에서는 증강지능이라 일컫는 것에서 찾을 수 있다. 이러한 용어는 의사결정권자를 대체하거나 소외시키는 것이 아니라 의사결정에 더 나은 정보를 제공하기 위해 기계를 사용하는 것을 의미한다." 2018년 2월에 열린 FCEA/USNI '서부' 심포지엄에서 AFCEA 국방 담당부사장인 Robert Wood 중장은 이와 비슷한 논평을 통해 "우리는 AI가 제공할 수 있는 증강 지능이 필요하다."고 밝혔다.

무인차량에 대한 초기의 열광은 운전자가 완전히 제어권을 상실하는 것에 대한 고민으로 이어졌다. 특히 뉴욕타임즈의 "당신의 차는 누구의 생명을 구해야 하는가?"라는 기사는 무인차량에 대한 많은 이들의 우려를 보여주고 있으며, 이는 다른 완전 자율 체계로도 확장될 수 있다.

우리는 사람들에게 가상의 상황을 제시했는데, 이는 '자기 방어적' 자율 차량(모든 대가를 치르더라도 탑승자를 보호하는)과 '공리주의적' 자율 차량(탑승자에게 해를 끼치더라도 공정하게 전체 사상자를 최소화하는) 중 하나를 선택하도록 강요하는 것이었다. (우리의 시나리오는 한 집단을 구하고 다른 집단을 희생시키는 극단적인 양자택일을 특징으로 했지만, 동일한 기본적 상충관계가 위험 정도의 차이를 포함한 더 현실적인 상황에서도 적용된다.) 대다수의 응답자들은 공정하게 전체 사상자를 최소화하는 차량이 더 윤리적이며 도로에서 보고 싶은 유형이라는 데 동의했다. 그러나 대부분의 사람들은 또한 그러한 차량을 구매하기를 거부할 것이라고 밝혔으며, 자기 방어적 차량을 구매하는 것을 강하게 선호했다. 다시 말해, 사람들은 더 윤리적이라고 생각하는 차량을 구매하기를 거부한 것이다.[19]

이 기사에서 언급된 연구와 증가하는 수의 분석 및 보고서가 보여주듯이, 운전자들은 '루프 내'(in-the-loop)에 있기를 원하며 완전 자율 차량이 아닌 반자율 차량을 원한다는 소비자들의 공감대가 형성되고

---

19 Azim Shariff, Iyad Rahwan과 Jean-Francois Bonnefon, "Whose Life Should Your Car Save?" New York Times, November 6, 2016, https://www.nytimes.com/2016/11/06/opinion/sunday/whose-life-should-your-car-save.html. Aaron Kessler, "Riding Down the Highway, with Tesla's Code at the Wheel," New York Times, October 15, 2015, https://www.nytimes.com/2015/10/16/automobiles/tesla-adds-high-speed-autonomous-driving-to-its-bag-of-tricks.html 또한 참고.

있다. 미래에는 이러한 인식이 바뀔 수도 있지만, 그렇지 않을 수도 있다.[20] 가장 기본적인 교통수단의 미래에 대해서도 갈등을 겪고 있는 미국 대중이 AI 기반 군 무인체계 문제에 대해 동일하게 당혹감을 느끼고 — 따라서 우려하는 — 것은 이해할 만하다.

## 무인체계에 최적의 자율성 설계

우리 대부분은 '골디락스와 세 마리 곰' 동화를 잘 알고 있다. 골디락스가 세 그릇의 죽을 맛볼 때, 하나는 너무 뜨겁고, 하나는 너무 차갑고, 하나는 딱 알맞다는 것을 발견한다. 국방부(DoD)와 각 군이 자율성과 인간 개입 간의 최적 균형을 달성하고자 할 때 — 이 두 가지 상충하는 요소의 균형을 맞추어 '최적화'하고자 할 때 — 이러한 능력을 차세대 무인체계에 초기 설계 단계부터 통합하는 것이, 사후 개조를 시도하는 것보다 유일하게 지속 가능한 접근법일 수 있다. 만약 우리가 이를 실패한다면, 우리의 무장 무인체계가 '할(HAL)과 같은' 능력을 갖게 되어 통제 불능 상태에 빠질 수 있다는 우려가 있으며, 필연적으로 중요한 전력 증강 수단의 잠재적 가치를 크게 훼손할 것이다.[21]

---

20 과다한 기대를 넘어 인간이 신뢰할 수 있는 완전 자율주행 자동차 개발의 어려움을 설명하고 이러한 유형의 자동차가 수년 후에나 가능할 것으로 예측하는 신중한 기사가 점점 더 많아지고 있는 것에서는 Lawrence Ulrich, "Driverless Cars May Be Coming, but Let's Not Get Carried Away," New York Times, June 20, 2019. https://www.nytimes.com/2019/06/20/business/self-driving-cars-cadillac-super-cruise.html?search ResultPosition=1 참고.

21 이 문제는 여러 전문 저널에서 다뤄진 바 있다. 예시로는 George Galdorisi와 Rachel Volner, "Keeping Humans in the Loop," U.S. Naval Institute Proceedings 141, no. 2 (February 2015): 36-14; George Galdorisi, "Designing Autonomous Systems for Warfighters," Small Wars Journal, August 2016, https://smallwarsjournal.com/index.php/jrnl/art/designing-autonomous-systems-for-warfighters-keeping-

어느 정도의 자율성이 바람직한지, 그리고 그것을 어떻게 달성할 것인지 결정하는 것은 간단한 일이 아니다. 알버트 아인슈타인(Albert Einstein)의 유명한 발언처럼, 이는 문제에 대해 새로운 사고방식을 요구한다. 중요한 점은, 대부분의 정보에 기반한 논의가 미국의 이익에 반하여 무인체계를 사용하려는 적들은 미국이 준수하는 법적, 윤리적, 도덕적 제약에 구속되지 않을 것이라는 전제에서 시작한다는 것이다. 제5장에서는 잠재적 적대세력이 이러한 제약을 회피하려는 동기의 일부를 살펴보았다. 만약 잠재적 적대세력이 그러한 제약을 받지 않는다면, 그들은 우리보다 더 큰 이점을 갖게 될 것인가? 그건 알 수 없다. 그럼에도 불구하고, 우리의 무인체계에 적절한 수준의 자율성을 설계하는 것이 무인체계의 성공과 실패를 결정짓는 핵심 과제이다.

군 무인체계에서 이 '딱 알맞은' 자율성의 균형을 찾는 데 필요한 능력은 아직 개발 중인 많은 기술들을 활용해야 한다. 군은 무엇을 달성하고자 하는지는 알지만, 자율성과 인간 상호작용의 적절한 균형을 갖춘 무인체계(UxS)를 배치하기 위해 어떤 기술이나 능력이 필요한지는 잘 알지 못한다. 이 과제의 핵심은 기계 자체의 속성 ─ 속도, 최대 운용 고도, 지속성 등 ─ 보다는 기계 내부에 있는 것에 집중하는 것이다. 국방과학위원회(Defense Science Board)의 "국방 시스템에서 자율성의 역할(The Role of Autonomy in DoD Systems)" 보고서는 이를 다음과 같이 표현한다. "자율성을 고립된 무인체계의 본질적 속성으로 보는 대신, 무인체계의 설계와 운용은 인간과 시스템의 협업이라는

humans-in-the-loop; 그리고 George Galdorisi, "Producing Unmanned Systems Even Lawyers Can Love," U.S. Naval Institute Proceedings 144, no. 6 (June 2018): 38-43 참조.

관점에서 고려되어야 한다... 운용자들의 주요 과제는 임무 수행에 필요한 인간과 기계의 협업을 유지하는 것인데, 이는 종종 열악한 설계로 인해 제한된다... 무인체계 개발자들이 직면한 주요 과제는 하드웨어 중심의, 플랫폼 중심 개발 및 획득 프로세스에서 자율성을 창출하는데 있어 소프트웨어의 우선성을 강조하는 프로세스로 전환하는 것이다."[22]

무인체계가 전시되는 산업 컨퍼런스에 참석해 보면, 오늘날의 중점이 거의 전적으로 기계 자체에 맞춰져 있음을 알 수 있다. 기계 내부의 구성은 일반적으로 주요 고려 사항이 아니다. 그러나 국방과학위원회(Defense Science Board)는 소프트웨어가 능력을 결정짓는 주요 요소임을 지적한다. 예를 들어, 유인 전투기 F−35 라이트닝 II는 100억 줄의 컴퓨터 코드를 가지고 있으며, 조종사의 감독을 받는다. 그렇다면 무인체계에서 자율성과 인간 상호작용의 적절한 균형을 위해 얼마나 많은 코드가 필요할까?

군 무인체계에 대한 논란의 일부는 용어의 불명확성에서 비롯된다. 이러한 모호성을 해소하는 한 방법은 "자율성"이라는 단어가 사람과 기계 사이의 관계를 지칭하는지 확인하는 것이다. 일정 기간 기능을 수행한 후 중지하고 인간의 입력을 기다렸다가 계속하는 기계는 흔히 반자율 시스템 또는 휴먼−인−더−루프(Human−in−the−Loop)로 불린다. 완전히 독자적으로 기능을 수행할 수 있지만 인간이 모니터링하며 필요시 개입할 수 있는 기계는 감독 자율 시스템 또는 휴먼−온−

---

22 Defense Science Board, Task Force Report: The Role of Autonomy in DoD Systems, July 2012, http://sites.nationalacademies.org/cs/groups/pgasite/documents/webpage/pga_082152.pdf(slides), https://fas.org/irp/agency/dod/dsb/autonomy.pdf(text).

더-루프 (Human-on-the-Loop)로 불린다. 인간의 개입 없이 완전히 독자적으로 기능을 수행하는 기계는 완전 자율 시스템 또는 휴먼-아웃-오브-더-루프(Human-out-of-the-Loop)라고 한다.[23]

이는 자율 무기에 대한 논의를 재검토하여 무기의 자율성 증가와 완전한 자율 무기 차이를 더 명확히 구분할 필요가 있음을 시사한다. 이러한 맥락에서 자율성은 기계의 지능 수준이 아니라 인간 운용자와의 관계를 의미한다. 적을 공격할 수 있는 소수의 무인체계에서 이러한 균형을 유지하는 것은 매우 중요하다.[24] 무기 발사 전, 무인 플랫폼은 반드시 의사결정 과정에 참여하는 운용자에게 발사 결정의 잠재적 결과에 대한 장단점을 분석한 결정 매트릭스를 제공해야 한다.

## 제3차 상쇄전략과 인간-기계 협업

이 장을 시작하면서 우리는 빅데이터, 인공지능, 기계학습을 활용하는 무인체계가 합동전투원의 중요한 파트너가 될 잠재력이 있다는 논제를 제시했다. 그러나 이는 무인체계, 빅데이터, 인공지능, 기계학습 분야의 급속한 — 어떤 이들은 질주한다고 표현하는 — 기술적 진보가 그 사용에 관한 타당한 도덕적, 윤리적 고려사항을 감안할 때만 가능하다.[25] 아마도 가장 중요한 것은, 미국 고위 관리들이 강조했듯

23 인간을 '인 더 루프'상태로 유지하는 것의 중요성에 대한 토론에 대해서는 Brent Spillner, "Bedrock Principles for Artificial Intelligence," U.S. Naval Institute Proceedings 145, no. 7 (July 2019): 76-78 참조.
24 Paul Scharre, "Centaur Warfighting: The False Choice of Humans vs. Automation," Temple International and Comparative Law Journal 30, no. 1 (Spring 2016): 151-65, https://sites.temple.edu/ticlj/files/2017/02/30.1.Scharre-TICLJ.pdf.
25 중요한 것은 미 국방 당국이국방혁신위원회에 전쟁에서 인공지능을 사용하는 데 있어 일련의 윤리적 지침을 마련하도록 했다는 점이다. Patrick Tucker, "Pentagon Seeks a List of

이, 국방부(DoD) 관점에서 무인체계는 항상 인간의 통제와 검증 옵션을 가져야 하며, 특히 AI 기반 무인체계의 치명적 무력 사용에 관해서는 더욱 그러하다. 그리고 국방과학위원회(Defense Science Board)가 제안했듯이, 궁극적으로 인간－기계 협력이 무인체계의 유용성을 결정한다.

제2장에서 (저명한 옹호자에 의해) 제시된 바와 같이, 국방부(DoD)는 미국에 대등한 적대세력 및 기타 적대세력에 대한 비대칭적 우위를 제공하려는 시도로 제3차 상쇄전략을 채택했다.[26] 이 전략에는 여러 측면이 있지만, 한 축은 기술을 다루며, 이 축은 이러한 우위를 확보하기 위해 빅데이터, 인공지능, 기계학습에 크게 의존한다. 기술 발전의 세부 영역 중 하나로서, 인간－기계 협업은 군사적 우위를 확보하기 위한 AI 기반 무인체계 활용의 핵심 방안으로 제시되고 있다.[27] 그렇다면 인간과 기계 간의 협업은 어떤 모습일까?

이를 다루는 한 가지 방법은 제2차 세계대전에서 가장 잘 알려진 사진 중 하나를 고려하는 것이다(사진 17－1 참조). 미 육군 통신대(U.S. Signal Corps)의 존 무어(John Moore) 중위가 촬영한 이 사진은 드와이

Ethical Principles for Using AI in War," Defense One, January 4, 2019, https://www.defenseone.com/technology/2019/01/pentagon-seeks-list-ethical-principles-using-ai-war/153940/ 참조.

26 이 책의 제2장 외에 미국의 상쇄전략을 이해하는 데 가장 좋은 참고자료 중 하나로는 Robert Work와 Greg Grant의 『Beating the Americans at Their Own Game: An Offset Strategy with Chinese Characteristics』(Washington, DC: Center for a New American Security, 2019), https://www.cnas.org/publications/reports/beating-the-americans-at-their-own-game 참조.

27 인간과 기계가 협업한다는 개념은 일부 지지자들이 흔히 주장하는 것처럼 새로운 것이 아니라는 점에 유의하는 것이 중요하다. 예시로는 1960년에 발표된 J. C. R. Licklider의 논문 "Man-Computer Symbiosis," IRE Transactions on Human Factors in Electronics, vol. HFE-1 (March 1960): 4-11, http://groups.csail.mit.edu/medg/people/psz/Licklider.html 참조.

트 아이젠하워(Dwight Eisenhower) 장군이 1944년 6월 5일, 노르망디 상륙 작전 전날 제101공수사단 병사들과 대화하는 모습을 보여준다. 이전에 아이젠하워는 리 맬러리(Leigh – Mallory) 공군 중장으로부터 제101공수사단이 상륙 작전 중 80퍼센트의 사상자가 발생할 것으로 예상되는 두 개 부대 중 하나라는 보고를 받았다.

무인체계가 군사 작전에 미치는 영향을 연구하는 이들, 특히 무인체계를 강력히 지지하는 이들은 이 사진을 보고 아이젠하워 장군이 미국 공수부대 병사들이 아닌, 그가 전투에 투입할 로봇들과 대화하는 모습을 상상할 수 있다(사진 17 – 2 참조). 무인체계를 우려하는 이들은 공수부대 병사들은 사진에 묘사된 그대로 상상하지만, 아이젠하워 장군 대신 로봇이 병사들을 지휘하는 — 명백히 용납할 수 없는 — 상황을 상상할 수 있다(사진 17 – 3 참조). 그러나 AI 기반 무인체계가 군사 작전에 미치는 영향을 신중히 고려하는 이들은 아이젠하워 장군이 로봇 파트너들과 함께 서 있는 미국 공수부대 병사들로 구성된 팀에게 연설하는 모습을 상상할 것이다(사진 17 – 4 참조). 분명히, 인간 – 기계 협업이 오늘날의 군대에 어떤 의미인지 충분히 다루기 위해서는 더 많은 연구가 필요할 것이다.[28]

---

28 Brendan O'Donoghue의 "The Manned-Unmanned Team Is the Future," U.S. Naval Institute Proceedings 144, no. 6 (June 2018): 68-69에서 이러한 팀 구성이 작전 상황에서 어떻게 작동하는 지에 대한 신중한 분석을 확인할 수 있다. 인간과 기계가 협업한 다는 개념은 군사용 애플리케이션에만 국한되지 않는다. 예시로는 Tom Friedman, "A. I. Still Needs H. I. (Human Intelligence)," New York Times, February 27, 2019, https://www.nytimes.com/2019/02/26/opinion/artificial-intelligence.html 참조.

사진 17-1. 역사적인 침공 전 연설

사진 17-2. AI 기계 부대에 대한 침공 전 연설

사진 17-3. 인간 부대에 대한 AI의 침공 전 연설

사진 17-4. 인간-기계 협업 부대에 대한 침공 전 연설

국방부(DoD)는 살상 로봇에 대한 통제력을 잃지 않을 것이며, AI 기반 무인체계가 이러한 플랫폼을 더욱 정밀하게 만들고 민간인 사상

자를 줄일 수 있다는 것을 명확히 입증해야 한다. 만약 국방부가 이를 설득하지 못한다면, 더 많은 기술 기업들이 국방부와의 협력을 꺼리게 될 가능성이 높다. 그렇지만, 프로젝트 메이븐(Project Maven) 논란에도 불구하고, 이는 달성 가능하다. 마이크로소프트(Microsoft)사의 브래드 스미스(Brad Smith) 사장은 회사의 입장을 다음과 같이 밝혔다. "첫째, 우리는 미국의 강력한 국방력을 지지합니다. 그리고 국가를 지키는 사람들이 마이크로소프트사를 포함한 최고의 기술을 사용할 수 있기를 바랍니다. 우리는 미래에 뒤처지지 않을 것입니다. 오히려 가능한 한 가장 긍정적인 방식으로 그 미래를 함께 만들어 나가는 데 기여하고자 합니다."[29]

미군이 더 고성능의 무인체계를 운용할 수 있도록 길을 열어주는 것을 넘어, 이러한 섬세한 이해는 더욱 설득력 있는 이유로 중요하다. 빅데이터, 인공지능, 기계학습을 통해 미군 전투원들이 적은 인원으로도 더 빠르고 정확한 의사결정을 내릴 수 있는 능력을 갖추게 하기 위해서이다. 이를 위해 행정부와 국방부는 미국 국민들과의 소통을 강화해야 한다. 이러한 향상된 의사결정 능력을 갖추는 것이 얼마나 시급한지, 국민들이 이해할 수 있도록 노력해야 한다.[30]

[29] "Ethical AI Supplement," New York Times, March 4, 2019에 실린 마이크로소프트사의 사장 Brad Smith가 회사 직원들에게 보낸 편지에서 발췌. "Microsoft's President on Silicon Valley in the Cross Hairs,"New York Times, September 19, 2019, https://www.nytimes.com/2019/09/18/business/dealbook/micro-soft-president-brad-smith-interview.html?searchResultPosition=1. 해당 기사에서 "브래드 스미스는 앤드류 로스 소킨에게 자신의 회사가 언제 국방부와 기술을 공유할지, 언제 정부로부터 사용자 데이터를 비공개로 유지하기 위해 싸워야 할지에 대해 깊이 고민했다"고 밝혔다.

[30] 국방부가 직접 지시한 것은 아니지만, 군사 무기 시스템에 AI를 활용하는 것이 어떻게 민간인 사상자를 줄이고 미군 병사를 더 잘 보호할 수 있는지 설명하는 사려 깊은 논평이 있다. Lucas Kunce, "Dear Tech Workers, U.S. Service Members Need Your Help," New York

## 빅데이터, AI, 기계학습의 활용 가속화

스마트폰을 켜고 얼마 지나지 않아 누구나 알게 되듯이, 충분한 데이터에 접근하는 것은 거의 문제가 되지 않는다. 때때로 압도적인 것은 방대한 양의 데이터를 분류하고 그 순간에 필요한 것만을 추출하려고 노력하는 것이다. 전투 관점에서 이는 의사결정자에게 전투의 스트레스 속에서도 더 나은 결정을 내리는 데 도움이 되는, 잘 선별된 정보만을 제공하는 시스템을 갖추는 것을 의미한다.[31]

미 해군을 비롯한 다른 군들은 의사결정자들이 잘못된 결정을 내려 인명 손실로 큰 대가를 치른 여러 비극적인 사건들을 경험했다. 1987년 5월 USS 스타크(Stark)함이 이라크의 엑조세(Exocet) 미사일 2발을 맞은 사건부터, 1988년 7월 USS 빈센스(Vincennes)함이 이란 항공 655편을 격추한 사건, 1994년 4월 미 공군 F-15 스트라이크 이글 2대가 이라크 상공에서 미 육군 UH-60 블랙호크 헬기 2대를 격추한 사건, 2001년 2월 USS 그린빌(Greenville)함이 일본 어선 에히메마루호 아래에서 부상한 사건 등 잘못된 결정들이 불필요한 사상자를 발생시켰다.

실제로, 최근 미 해군의 비극적인 해상 사고들, 특히 USS 피츠제럴드(USS Fitzgerald)와 USS 존 S. 매케인(USS John S. McCain)함의 치명적

---

Times, August 29, 2019, https://www.nytimes.com/2019/08/28/opinion/military-war-tech-us.html?searchResultPosition=1 참조.
**31** 이런 일이 발생하지 않은 대표적인 사례는 1988년 7월 USS 빈센트가 이란 항공 655편을 격추한 사건이 있다. Anthony Tingle, "The Human-Machine Team Failed Vincennes," U.S. Naval Institute Proceedings 144, no. 7 (July 2018): 38-41 참조. 저자는 "기술은 지휘관에게 시간을 벌어주고 압축을 완화하는[mitigrating compression] 동시에 전투원에게 적절한 정보를 정확한 시간에 유용하고 사용 가능한 형식으로 제공해야 한다"고 언급했다.

인 충돌 사고에는 여러 원인이 있었지만, 모든 경우에 있어 적절히 사용되었다면 안전 전문가들이 말하는 "연쇄사고"를 끊을 수 있었을 데이터가 존재했음이 분명하다.[32] 수십 년에 걸친 이러한 모든 사고에서 두드러진 점은, 매번 데이터가 제대로 선별, 분석되어 의사결정자에게 적시에 제공되지 않아 올바른 결정을 내리지 못해 비극이 발생했다는 것이다.

해군은 전투원들이 스트레스 상황에서 더 적은 인원으로 더 빠르고 실수 없이 더 나은 결정을 내릴 수 있도록 기술을 활용하는 데 앞장서 왔다. 1980년대에 해군연구소(ONR, Office of Naval Research)는 전투원들이 고도의 스트레스 상황에서 더 나은 결정을 내릴 수 있는 방법을 연구하는 프로그램을 시작했다. TADMUS(스트레스 하 전술적 의사결정, Tactical Decision Making Under Stress)라고 명명된 이 계획은 인지과학을 활용하여 의사결정자가 결정을 내리는 방식을 이해하는 데 새로운 지평을 열었다.[33] 이는 여러 프로토타입(다중 모드 감시 스테이션, 지식 월 등)으로 이어졌고, 이들은 베타 테스트를 거쳐 의사결정자들이 최적의 결정을 내리는 데 도움을 주는 유망한 결과를 도출했다.[34]

32 John Cordle, "Design Systems That Work for People," U.S. Naval Institute Proeedings 144, no.9 (September 2018): 18-23 참조. 저자는 이 두 사고를 분석한 결과, 함정에 탑승한 장교와 수병이 사용한 시스템 설계에 있어 인적 시스템 통합이 부족했던 것이 두 사고의 주요 원인이라고 결론지었다.
33 TADMUS 시스템을 가장 잘 설명하는 책중 하나로는 Janis Cannon-Bowers와 Eduardo Salas의 Making Decisions Under Stress (Washington, DC: American Psychological Association, October 1998)이 있다.
34 Glenn Osga et al., "'Task-Managed' Watchstanding: Providing Decision Support for Multi-Task Naval Operations," Space and Naval Warfare Systems Center San Diego Biennial Review, 2001, https://pdfs.semanticscholar.org/49c9/613557e9 f72302083932588edd1e311708fb.pdf와 Jeffrey Morrison, Global 2000 Knowledge Wall, http://all.net/journal/deception/www-tadmus.spawar.navy.mil/www-tadmus.spawar.navy.mil/GlobalKW.pdf 참조.

TADMUS와 유사한 해군 프로그램들은 그 자체로 좋았지만, 이제 국방부(DoD)와 해군은 이러한 노력을 새로운 수준으로 끌어올릴 필요가 있다. 주요 지도자들이 이를 "이해"하는 것으로 보인다. 제임스 거츠(James Geurts) 해군 연구개발조달 차관보는 한 군사-산업 컨퍼런스에서 이렇게 말했다. "의사결정권자가 AI를 활용하여 적보다 빠르게 결정을 내릴 수 있다면, 그 군대는 항상 승리할 것이다."[35]

당시 해군작전부장 존 리차드슨(John Richardson) 제독은 해군대학 최신 전략포럼 연설(Naval War College Current Strategy Forum)에서 이 개념을 더 구체화했다.[36] 그는 1950년대에 공군의 존 보이드(John Boyd) 대령이 개발한 OODA 루프 개념을 언급했다.[37] 리차드슨 제독은 OODA 루프를 미 해군이 배치하고 있는 새로운 기술의 종류를 논의하는 방식으로 사용했다. 그는 해군이 이미 보이드의 분류법 중 관찰(Observe)과 행동(Act) 단계에 많은 투자를 했다고 지적했다. 그는 빅데이터, 인공지능, 기계학습과 같은 신흥 기술의 출현 전까지는 "우리는 OODA 루프의 상황판단(Orient)과 결심(Decide) 단계에 많은 것을 할 수 없었지만, 오늘날에는 가능하다"고 말했다.[38]

35 The Honorable James Geurts, Assistant Secretary of the Navy for Research, Development, and Acquisition, Keynote Remarks, AFCEA/Naval Institute "West" Conference, February 6, 2018.

36 Richard Burgess, "CNO: Precision Era Gives Way to Decision Era," Seapower Magazine Online, June 13, 2017, http://seapowermagazine.org/stories/20170613-CNO.html.

37 전문 학술지에서도 OODA 루프에 대한 논의가 다시 활발해지고 있다. 예시로는 Carl Governale, "Brain-Computer Interfaces Are Game-Changers," U.S. Naval Institute Proceedings 143, no. 8 (August 2017): 64-69, John C. Allen과 Amir Husain, "AI Will Change the Balance of Power," U.S. Naval Institute Proceedings 144, no. 8 (August 2018): 26-31 참조.

38 2017년 6월 13-14일 미 해군사관학교에서 열린 '현재 전략 포럼'의 자세한 내용은 https://www.youtube.com/playlist?list=PLam-yp5uUR1ZUIyggfS_xqbQ0wAUrGo에서

실제로 해군 예산 책임자인 디트리히 쿨만(Dietrich Kuhlmann) 준장은 한 연설에서 해군이 빅데이터, 인공지능, 기계학습을 가장 잘 활용하는 방법에 대한 질문을 더 직접적으로 제기했다. "AI를 어떻게 활용하면 살상용 자율 무기체계를 만드는 대신, 지휘관들이 전장에서 전술적 우위를 확보할 수 있도록 지원할 수 있을까?"[39] 최근에는 미 해군의 '해양 우세 유지를 위한 전략구상 2.0'(A Design for Maintaining Maritime Superiority, Version 2.0)에서 지휘관들에게 오늘날의 도전과제를 해결하기 위해 AI 기술의 사용을 가속화할 것을 요구했다.[40]

미 해군, 나아가 미군이 빅데이터, 인공지능, 기계학습으로 하고자하는 본질은 인간의 통제 없이 자율적으로 작전을 수행하는 터미네이터와 같은 무인전투체계를 적에게 투입하는 것이 아니라, 운용자들이 더 빠르고 더 정확한 결정을 내릴 수 있도록 돕는 것이다.[41] 이것이 빅데이터, 인공지능, 기계학습이 미군에 의미하는 바이다. 이제 미군의 최우선 과제는 우리의 전투원들에게 빅데이터, 인공지능, 기계학습을 제공하는 것이 더 나은 결정으로 이어지고 궁극적으로 생명을 구한다는 것을 대중이 이해할 수 있도록 돕는 것이다.

확인할 수 있다. 여기에는 해군참모총장의 발언을 담은 1시간 분량의 동영상이 포함되어 있다.

39 Rear Admiral Dietrich Kuhlmann, USN, AFCEA/Naval Institute "West" Conference, February 6, 2018.

40 Admiral John M. Richardson, USN, A Design for Maintaining Maritime Superiority, Version 2.0, December 2018, https://www.navy.mil/navydata/people/cno/Richardson/Resource/Design_2.0.pdf 참조. 전쟁 문제를 해결하기 위해 인공지능과 기계학습(AI/ML)을 사용하자는 이러한 요구는 고무적이지만, 이 간행물의 해당 섹션에서는 '5가지 우선 훈련 문제'와 '5가지 우선 기업 문제'를 해결하기 위해 AI/ML을 사용할 것을 촉구하고 있다.

41 빅데이터, 인공지능, 기계학습을 활용하려는 해군의 노력을 분석한 자료로는 George Galdorisi, "The Navy Needs AI, It's Just Not Certain Why," U.S. Naval Institute Proceedings 145, no. 5 (May 2019): 28-32, https://www.usni.org/magazines/proceedings/2019/may/navy-needs-ai-its-just-not-certain-why 참조.

## 장애물 예측 및 제거

이 장은 주로 군사용 AI 기반 무인체계, 특히 무기를 탑재한 플랫폼의 운용에 대한 대중의 우려를 다루는 데 초점을 맞추었다. 또한 빅데이터, 인공지능, 기계학습을 활용하여 지휘관들과 모든 계급의 전투원들이 적보다 빠르게 결정을 내리도록 돕는 것이 미군에게 전쟁에서 승리할 수 있는 잠재적 이점을 제공할 수 있음을 지적했다.

그렇지만, 미군이 빅데이터, 인공지능, 기계학습을 활용하기 위해 나아감에 따라, 이러한 기술들이 그 잠재력을 완전히 발휘할 수 있도록 고려하고 해결해야 할 여러 문제들이 아직 남아있다.

### 교육

제14장에서 지적한 바와 같이, 미군은 현재와 미래 세대의 장교 및 병사들에게 이러한 기술들과 그것들이 사실상 모든 무기체계에 미칠 궁극적인 영향을 이해시켜야 한다. 제한된 예산 환경에서는 일반인들이 쉽게 이해할 수 있는 용어로 설명하기 어려운 사업에 대해서는 자금을 확보하기 힘들 것이다. 고위 군 지도자들은 이러한 기술의 이점을 설득력 있게 전달할 수 있어야 한다.

### 경력 관리

각 군은 정보, 통신, 사이버 및 기타 본질적으로 비가시적인 영역에 전문성을 갖춘 전문가 집단을 양성해 왔다. 미 해군의 경우, 해당 장교들은 정보전(Information Warfare, IW) 특기를 부여받는다. 그러나 인공지능(AI) 기반 무기체계가 전 영역에 걸쳐 확산됨에 따라, 단순히 별도의 특기 지정자만으로는 이러한 첨단 체계를 충분히 운용하고 활용하기에 한계가 있을 것으로 판단된다. AI와 같은 첨단 기술을 운용하는 인력들이 전투병과 장교들과 마찬가지로 체계적인 경력 관리와 교육을 통해 전문성을 개발할 수 있도록 더 많은 제도적 노력이 필요하다.

### 조달

대부분의 군사 체계는 군 관계자들과 일반 대중이 직접 볼 수 있고 때로는 만져볼 수도 있다. 육군과 해병대의 전차는 군사 퍼레이드에 등장하고, 공군 항공기는 공개 에어쇼에서 비행을 선보이며, 해군 함정은 전국 각지에서 열리는 '함대 주간'(Fleet Week) 행사에 참여한다. 더욱이 이러한 가시적인 플랫폼들은 주요 의회 선거구(예: 버지니아주의 헌팅턴 인걸스 조선소)에서 건조되어 중요한 정치적 지지를 받는다. 반면, 인공지능 기반 군사체계를 지원하는 기술들은 이와 같은 가시성이나 지지를 얻지 못하고 있다.

### 획득

조달 문제와 밀접하게 관련된 것이 획득 문제이다. 인공지능(AI) 기반 군사체계에 필요한 기술들은 매우 빠르게 발전하고 있어, 전통적인 기획·계획·예산편성·집행(PPBE, Planning, Programming, Budgeting, and Execution) 과정을 통해서 조달할 경우 이미 시대에 뒤떨어질 수 있다. 이러한 첨단 기술을 더 빠르게 확보하기 위한 특별 조달 절차가 마련되어 있지만 우리의 경험에 비추어 볼 때, 의회가 부여한 이러한 신속 조달 권한이 아직 제대로 활용되지 않고 있는 실정이다.

## 부서 간 칸막이

미군의 각 군은 빅데이터, 인공지능, 기계학습이 필요하다는 것을 인식하고 있으며, 각 군 차원에서 자금을 투입하고 있다. 그러나 국방부(DoD)가 제한된 자원을 효율적으로 활용하고 투자 효과를 극대화하기 위해 각 군의 AI 관련 발전을 총괄할 통합 조직을 언제, 그리고 실제로 설립할 것인지는 아직 명확하지 않다. 합동인공지능센터(JAIC, Joint Artificial Intelligence Center)와 국방부 인공지능 우수센터(DoD Artificial Intelligence Center of Excellence)가 설립되어 많은 관심을 받고 있지만, 이는 AI 통합을 위한 첫 걸음에 불과하다.

## 국제법

앞선 장에서 다룬 바와 같이, 치명적인 무인체계의 사용을 제한하거나 완전히 금지하려는 상당한 국제적 움직임이 존재한다. 미군의 법률 전문가들은 이 문제를 신중하게 다루기 시작했지만, 더 많은 노력이 필요할 것으로 보이며, 미군 법률가들은 국제 사회가 미국이 완전 자율적인 "킬러 드론"을 사용할 의도가 없다는 것을 이해하도록 돕기 위해 사후 대응에 그치지 않고 적극적으로 선제 조치를 취해야 한다.

이는 미군이 빅데이터, 인공지능, 기계학습을 충분히 활용하여 모든 전투 단계에서 우리 전투원들에게 우위를 제공하기 위해 해결해야 할 과제들의 일부에 불과하다. 이러한 문제들은 신중하게 검토하여 장애물을 제거해야 한다.

마지막으로, 미군이 이러한 기술들을 수용하고 플랫폼, 시스템, 센서, 무기체계에 도입함에 따라, 우리 삶에 '블랙박스'의 수용이 얼마나 만연해졌는지, 그리고 이로 인해 우리가 기계를 너무 쉽게 받아들이고 신뢰하게 되어 종종 권한을 기기에 양도하게 되었는지를 주의 깊게 고려해야 한다.

미군이 인공지능 기반 무인체계를 배치할 때, 인간이 주도적인 팀원이 되어야 한다. 이는 무인체계가 인간의 능력을 넘어서는 놀라운 일을 할 수 없다는 의미가 아니다. 오히려 인간 운용자가 기계에 완전한 권한을 넘기려는 유혹에 빠지지 말아야 한다는 뜻이다.

이러한 시나리오가 처음에는 터무니없어 보일 수 있지만, 이미 전문 문헌에서 이러한 인간 – 기계 균형에 대한 우려가 나타나고 있다. 예를 들어, 두 명의 심리학자는 우리가 일상생활에서 기술에 지나치게 의존하는 해로운 방식에 대해 다음과 같이 언급한다. "GPS로 길을 찾는 것은 일련의 무의미한 멈춤을 보장하는 것이며, 그 끝에는 정확히 지시받은 대로 행동하게 된다. 이는 깊이 있게 인간성을 박탈하는 면이 있다. 실제로 중요한 의미에서 이러한 경험은 당신을 GPS가 목적지에 도달하기 위해 사용할 수 있는 자동화된 장치로 전락시킨다."[42]

미군은 미래의 분쟁에서 승리하기 위해 빅데이터, 인공지능, 기계학습을 충분히 활용해야 한다. 이러한 기술들을 수용한다는 것은 맹목적인 수용이 아니라, 인간과 기계 사이의 균형에 대한 제대로 정제된 이해를 발전시키는 것을 의미한다. 이때 항상 인간이 주도권을 가져야 한다.

---

42 Hubert Dreyfus와 Sean Dorrance Kelly, All Things Shining: Reading the Western Classics to Find Meaning in a Secular Age (Tampa, FL: Free Press, 2011), 215.

제18장

# 해군 전략과 전술에 대한
# 인공지능의 영향

# 제 18 장
# 해군 전략과 전술에 대한 인공지능의 영향

네빈 카(Nevin Carr) 해군 소장(퇴역), 샘 J. 탕그레디(Sam J. Tangredi)

> 때로는 전술의 상부구조를 수정하거나 완전히 재구성해야
> 할 필요가 있다. 그러나 전략의 오래된 기반은 마치 바위 위에
> 세워진 것처럼 여전히 그대로 남아있다.
>
> — 알프레드 세이어 마한(Alfred Thayer Mahan)[1]

> 인공지능… 나는 확실히 전쟁의 근본적인 본질이 변하지 않
> 을 것이라는 내 원래의 가정에 의문을 제기하고 있다. 이제는 그
> 것에 의문을 품어야 한다. 하지만 나는 아직 답을 찾지 못했다.
>
> — 제임스 매티스 국방장관(James Mattis)[2]

세계적으로 유명한 해양 전략가인 알프레드 세이어 마한(Alfred Thayer Mahan) 대령은 해군 전략이나 전술에 대한 인공지능의 영향을 고려할 필요가 없었다. 그러나 그는 획기적인 기술 혁신의 시대를 직

---

1 Alfred Thayer Mahan, The Influence of Sea Power upon History, 1660-1783 (London: Sampson, Low, Marston, Searle, and Rivington, 1890), 88.
2 Aaron Mehta, "AI Makes Mattis Question 'Fundamental' Belief about War," Defense News, February 17, 2018, https://www.defensenews.com/intel-geo-int/2018/02/17/ai-makes-mattis-question-fundamental-beliefs-about-war/.

접 목격했다. 군함의 추진 체계는 돛에서 돛과 증기의 혼합을 거쳐 순수한 증기 추진으로 발전했다. 연료도 석탄에서 석유로 전환되었다. 함정 설계는 혼합 포대를 갖춘 철갑선에서 철과 강철로 제작된 대구경 포 장착 드레드노트급 전함으로 발전했다. 미국에서는 존 홀랜드(John Holland)가 마침내 미 해군을 설득해 잠수함을 도입하게 됐다. 헤레쇼프 제조(Herreshoff Manufacturing)사는 프로토타입 구축함인 USS 쿠싱(USS Cushing)을 건조했으며, 사이먼 레이크(Simon Lake)는 현대의 해저전 시스템의 선구자라 할 수 있는 장비들을 실험했다.

　마한의 가장 유명한 두 저서가 범선 시대의 해전에 초점을 맞추었지만, 그는 분명 기술 발전에 따른 해군 전술의 변화를 인식하고 있었다. 결국, 그는 3개의 돛대를 가진 사각돛 장착 프리깃함에서 해군사관생도로 훈련받았고, 남아메리카 서해안에서 단일 추진축, 스쿠너 돛대 장착 증기 슬루프함을 지휘했으며, 마지막으로 당시 미 해군의 가장 현대적인 전함 중 하나인 증기 순양함 USS 시카고(USS Chicago)를 지휘했다. 미 해군대학(U.S. Naval War College) 총장이 되어 역사 저술을 시작하기 훨씬 전에, 그는 미 해군사관학교(U.S. Naval Academy)의 병기학과장으로 재직하며 해군사관생도들에게 이론 및 실전 포술을 가르쳤다. 사실, 그가 해군대학을 위해 처음 준비한 강의는 과거의 역사나 대전략에 관한 것이 아니라, 증기추진 전투함대 전술과 "현대 기술 능력에 대한 포괄적이고 체계적인 고찰"에 관한 것이었다.[3] 기술 발전에 기반한 전술의 지속적인 변화 필요성과 비교하여, 국가, 해군, 군사 전략의 불변하는 본질에 대한 그의 평가는 단순히 역사 중심적 전략

---

3 Jon Tetsuro Sumida, Inventing Grand Strategy and Teaching Command (WashWoodrow Wilson Center/Johns Hopkins University Press, 1997), 21-22.

이론가의 편향된 시각으로 치부될 수 없다.[4]

제임스 N. 매티스(James N. Mattis) 전 국방장관은 해병대 장군으로서 오랜 기간 동안 다양한 전투 경험을 쌓았고, 이를 통해 전략, 전술, 군사 역사에 대한 열정적인 연구자이자 사상가로 명성을 얻게 되었다. 그의 군 경력은 군사 분야의 디지털화가 진행된 시기와 일치하고 특히, 밥 워크(Bob Work)가 언급한 제1차 상쇄전략에서 제2차 상쇄전략으로 전환되는 중요한 시기를 포함하고 있다. 그는 효과 기반 작전과 같은 유행하는 군사 개념들에 대해 본질적으로 회의적이었지만, 국방장관으로서 제3차 상쇄전략에서 식별된 신흥 기술들을 군사적으로 활용하는 데 전념하는 모습을 보였다. 자기 주도적 학자와 성공한 전사의 조합으로 인식되는 그를 단순히 역사를 무시하고 "이제 모든 것이 달라졌다"고 확신하는 군사 기술 예찬자로 치부할 수는 없다.

그렇다면 우리는 어떻게 마한과 매티스의 진술을 조화시킬 수 있을까?

## 전술에 미치는 영향

일부 평론가들에게 이 두 관점을 조화시키는 것은 "전쟁의 근본적 본질"(fundamental nature of war)과 "전쟁의 성격"(character of war) 사이의 차이에 대한 심오한 논쟁을 필요로 한다. 이 두 용어는 전쟁의 위대한 독일 철학자이자 학자이며 실무자인 카를 폰 클라우제비츠(Carl

---

4 마한에 대한 비평가들은 증거가 부족하다는 이유로 그를 '항상 신기술을 의심스러워하는 사람'으로 묘사했다. Philip A. Crowl, "Alfred Thayer Mahan: The Naval Historian," in Makers of Modern Strategy, ed. Peter Paret (Princeton, NJ: Princeton University Press, 1986), 472.

von Clausewitz)의 고전『전쟁론』에서 유래한다. 이 논쟁은 특히 미 해병대와 미 육군과 관련된 국방 지식인들 사이에서 치열하게 이루어진다(따라서 매티스 장관이 이 문제를 다루는 방식이 그러하다).[5]

클라우제비츠 자신도 절대적인 차이에 대해서는 다소 모호했다. 그러나 간단히 설명하자면, 전쟁의 본질은 전쟁의 동기와 목적 — 상대방을 자신의 의지에 굴복시키려는 욕구 — 을 다루는 반면, 전쟁의 성격은 전쟁 수행 수단, 예를 들어 투입되는 군대의 구성과 기술 등을 다룬다. 이러한 관점에서 볼 때, 전쟁의 성격은 군사 기술이 발전함에 따라 역사를 통해 변화해 왔다. 따라서 인공지능(AI)의 군사적 적용 — 특히 무인 자율 시스템을 제어하는 데 사용될 수 있는 — 은 이전의 기술들과 유사한 방식으로 결국 전쟁의 성격을 변화시킬 잠재력을 가지고 있다고 가정할 수 있다. 이는 마한이 그의 시대에 경험했던 것처럼 심오한 기술적 변화이다.

그러나 일부 군사 AI 옹호자들은 AI의 도입이 전쟁의 본질 자체를 변화시킬 것이라고 주장한다.[6] 이들의 견해에 따르면, AI 시스템이 보조하거나 심지어 통제하는 군사적 의사결정으로의 불가피한 전환은 인간이 전쟁과 맺는 관계를 근본적으로 변화시킬 것이다(긍정적이든 부정적이든). 전쟁은 더 이상 열정이 지배하고 인간의 판단에 영향을 미치는 인간적 노력이 아니라, 기술 대 기술의 대결이 되어 더욱 논리적인

---

5 클라우제비츠의 전쟁의 본질에 대한 의미와 씨름하는 두 편의 논문(미 육군 전쟁대학 저널에 게재)은 다음을 참조. Richard M. Milburn, "Reclaiming Clausewitz's Theory of Victory," Parameters 48, no. 3 (Autumn 2018): 55-63, 그리고 같은 주제를 다루고 있는 Brandon T. Euhus, "A Clause-witzian Response to 'Hyperwarfare'," 65-76.

6 이 사례를 적절히 논증하는 훌륭한 논문인 F. G. Hoffman, "Will War's Nature Change in the Seventh Military Revolution," Parameters 47, no. 4 (Winter 2017/18): 19-31 참조.

과정으로 변모할 가능성이 있다.[7] 특히 무인 자율 시스템이 전장을 지배하게 되면 인명 피해가 줄어들 수 있다. 반면에 이러한 변화가 예상치 못한 방식으로 오히려 더 많은 인명 피해를 초래할 수 있다는 주장도 있다. (현재 국방 전문가들 사이에서 기술 주도적 미래를 예측하는 데 도움이 되는 것으로 인기 있는 SF를 언급하자면, 후자의 주장을 설명하기 위해 1966년 당시 인기 있었던 TV 쇼 '스타트렉'[Star Trek] 에피소드를 예로 들 수 있다.)[8] 역사적 관점에서 볼 때, AI 기반 자율무기의 영향을 정확히 예측하기는 어렵다. 이러한 무기가 기관총과 같은 순수한 기술적 진보처럼 더 큰 살상을 초래할지, 아니면 핵무기와 유사하게 강한 거부감을 불러일으켜 전략적 억제력을 갖춘 '공포의 균형'을 만들어낼지 현재로서는 확신할 수 없다.

해군 전략가로서 우리는 클라우제비츠를 존중하면서도 마한의 이론을 더욱 중시한다. 우리는 이 복잡한 논쟁을 피해 매우 단순하게 전쟁의 본질을 전략과 연관 짓고, 전쟁의 성격을 전술과 연관 짓고자 한다(우리는 이미 육군 중심의 동료들이 비명을 지르는 소리를 들을 수 있다). 우리의 관점에서 볼 때, 더 많은 AI 기반 자율 시스템이 해상과 전장에서 사용됨에 따라 전술은 불가피하게 변화할 것이다. 이는 이미 제2, 3, 17장에서 언급되었다.

정확히 어떻게 변화할지는 불분명한데, 경쟁 강대국들 중 어느 나라도 자율무기체계의 대규모 사용 경험이 없기 때문이다. 우리는 제한적 사용에 익숙하다 ― 제2차 세계대전 때부터 무인 시스템의 독특한 적

---

7 이것이 제5장 초반에 나오는 블라디미르 푸틴의 말을 인용한 근거가 되는 가정이다.
8 Robert Hamner and Gene L. Coon, "A Taste of Armageddon," adapted in short story form by James Blish in Star Trek 2 (New York: Bantam Books, 1968), 13-25.

용이 있었지만, AI의 추가적 영향은 없었다.

그러나 해군의 관점에서 볼 때, 우리는 이미 자율 시스템이 해군 전술을 근본적으로 변화시킨 역사적 사례를 가지고 있다. 기뢰전이 그것이다. 해군 기뢰가 실용적이고 신뢰할 수 있는 무기가 되자, 현대 해전에서는 어떤 해군 제독도 "어뢰나 기뢰의 위험을 무시하고 전속력으로 전진하라"고 명령을 쉽게 내릴 수 없게 되었다. 제1차 세계대전 중 갈리폴리 전투에서 연합국 함대가 이러한 방식으로 행동했고, 결과적으로 작전에 실패했다.[9] 대기뢰전 또는 기뢰대항책은 함대 작전의 필수 요건(종종 선행 조건)이 되었고, 미래 해전에서도 그럴 것이다. 흥미롭게도, 오늘날 사용되거나 개발 중인 현대적 기뢰대항체계는 대부분 무인, 종종 자율 시스템을 중심으로 하는데, 이는 자율성 대 자율성의 사례라고 볼 수 있다.

국방부 군사 및 관련 용어 사전은 전술을 "서로 관련하여 군사력을 운용하고 배치하는 것"으로 정의한다. 여기서 의사결정의 속도가 매우 중요하며, 이것이 냉전 시대의 가장 정교한 해군 무기체계들이 자율 모드로 제작된 이유이다. 순항 미사일이나 탄도 미사일에 의한 포화 공격에 대응하기 위해서는 초 단위의 신속한 반응 시간이 요구된다. 이 책의 서론에서는 이러한 시스템들을 단순 인공지능(Simple AI)으로 간주할 수 있다고 언급했다. 여기서 좁은 인공지능(Narrow AI)은 학습 능력을 갖춘 단순 인공지능으로 이해된다. 개념적 관점에서 볼 때, 단순 인공지능에서 좁은 인공지능으로의 전환 — 인간의 의사결정을 보조하고 위급 상황에서는 자율 제어 시스템으로 작동하는 — 은

9 다르다넬을 공격하는 해전에서 영국 전함 2척과 프랑스 전함 1척이 이전에 알려지지 않았던 기뢰구역에서 기뢰에 의해 침몰, 전함 전력의 4분의 1을 잃었다.

어렵지 않아 보인다.

AI 기반 자율 시스템이 대규모로 배치되거나 실전에 투입되면 필연적으로 전반적인 미래 전술에 중대한 영향을 미칠 것이다. 그러나 이러한 시스템 중 다수는 현재의 전술에도 통합될 것이다. 예를 들어, 무인 프로토타입 플랫폼인 씨 헌터(Sea Hunter)는 자율 수상함의 장거리 작전 능력을 입증했으며, 해군 지도부는 무인 플랫폼이 전체 함대의 전력 유지에 필수적이라는 사실을 명확히 인식했다.[10] 무인함이 유인 수상 전투함과 유사한 무기로 무장되는 것은 시간문제일 뿐이다. 자율 함정이 과거 해군 프로그램의 목표였던 "아스널 함"의 역할을 수행할 수 있을지에 대한 공개적인 논의가 증가하고 있다. 이러한 무인, 부분 유인, 또는 선택적 유인 전투함의 운용 방식 – 즉, 독립적 운용, 전투단의 일부로서의 운용, 또는 개별 유인 전투함에 종속된 운용 – 은 그들의 설계된 능력에 따라 결정될 것이다. 우리가 미래를

10 씨 헌터에 관해서는 다음을 참조. U.S. Defense Advanced Research Projects Agency (DARPA), "ACTUV 'Sea Hunter' Prototype Transitions to Office of Naval Research for Further Development," DARPA website, January 30, 2018, https://www.darpa.mil/news-events/2018-01-30a; "Sea Hunter: Inside the U.S. Navy's Autonomous Submarine Tracking Vessel," Naval Technology, May 3, 2018, https://www.naval-technology.com/features/sea-hunter-inside-us-navys-autonomous-submarine-tracking-vessel/; Leidos, "Sea Hunter Reaches New Milestone for Autonomy," Leidos corporate website, January 31, 2019, https://www.leidos.com/insights/sea-hunter-reaches-new-milestone-autonomy; Megan Eckstein, "Sea Hunter Unmanned Ship Continues Autonomy Testing as NAVSEA Moves Forward With Draft RFP," USNI News, April 29, 2019, https://news.usni.org/2019/04/29/sea-hunter-unmanned-ship-continues-autonomy-testing-as-navsea-moves-forward-with-draft-rfp; Aaron Pressman, "'A.I., Captain': The Robotic Navy Ship of the Future," Fortune, May 22, 2019, https://fortune.com/longform/leidos-sea-hunter-ai-navy-ship/; Jurica Dujmovic, "Opinion: Drone Warship Sea Hunter of the U.S. Navy Is Powered by Artificial Intelligence," MarketWatch, July 3, 2019, https://www.marketwatch.com/story/drone-warship-sea-hunter-of-the-us-navy-is-powered-by-artificial-intelligence-2019-07-03.

정확히 예측할 수는 없지만, 이들 전투함은 AI 기반 자율 수중 및 항공 시스템과 마찬가지로 이 세 가지 방식 모두로 운용될 가능성이 높다고 볼 수 있다.

한 가지 주의할 점은 일부 대중의 과장된 선전과는 달리, 이러한 전술적 변화는 점진적으로 일어날 것이라는 점이다. 레거시(Legacy) 시스템(편향된 용어의 전형이다)은 많은 이들이 유인 시스템을 지칭할 때 사용하는 표현인데, 이러한 시스템들이 하룻밤 사이에 쓸모없어지지는 않을 것이다. AI 기반 시스템이 "모든 것을 바꿀 것"이라고 기대하는 이들은 실망할 수밖에 없다. 실제로 AI 기반 시스템은 일부 영역을 변화시키며, 특히 작전운용 전술에 큰 영향을 미친다. 그러나 이는 엄격한 공학적 접근, 지속적인 실험, 그리고 시행착오를 거쳐 해군의 신뢰할 수 있는 도구로 자리잡는 과정에서 점진적으로 일어나는 변화이다.

마한의 인용구처럼 현재의 전술이 "해체될" 것인가? 우리는 이 표현이 수사적 과장이라고 본다. 그러나 이 인용구를 전술의 변화를 의미하는 것으로 해석한다면, 우리의 답변은 "그렇다"이다. AI가 가능케 하는 자율성의 증가는 불가피하게 전술을 변화시킬 것이다. 다만, AI 기반 자율성이 전쟁의 본질, 즉 전략까지 변화시킬 것인지는 별개의 문제로 봐야 한다.


## 전략의 문제점들

인공지능과 관련하여 전략에 미치는 영향을 다룰 때 두 가지 다른 질문이 제기된다. 첫째, AI 기반 자율 시스템의 사용이 증가함에 따라 전쟁의 본질이 변화하고 있는가? 그리고 이로 인해 미국이 새로운 국방 전략을 채택해야 하는가? 둘째, 전략의 수립과 이행에 있어 AI를 의사결정 보조 수단으로, 또는 심지어 근본적인 수단으로 사용해야 하는가?

첫 번째 질문은 비교적 간단하다. 이는 자율성과 AI를 군사력 구조에 통합하는 것(그리고 잠재적 적국의 군사력 구조에도)이 현재(및 과거)의 전략이 더 이상 적합하지 않을 정도로 국방 환경을 변화시키는지에 대한 것이다.

두 번째 질문은 그리 간단하지 않다. 이는 전략의 수립과 이행을 구성하는 것이 실제로 무엇인지, 즉 합리적인(희망컨대) 인간의 의사결정과 맞닿아 있기 때문이다. 이는 클라우제비츠의 관점에서 '문제'로 간주될 수 있는 전략의 두 가지 다른 측면에 AI를 어떻게 통합할 것인지 검토할 필요가 있다.[11] 이 두 가지 측면은 특정 상황에서의 의사결정 수단으로서의 전략과 계획 과정으로서의 전략이다. 전략 수립의 도구로서 AI를 도입하는 것과 전술에 미치는 영향을 고려할 때, AI의 기능은 각각의 적용마다 다를 것으로 보인다.

예를 들어, 전략을 중요한 순간에 핵심 결정을 내리기 위해 미리 계획된 정책을 적용하는 것(특정 상황)으로 본다면, 실제 결정을 내리는 데 AI를 사용하고 싶은 유혹을 받을 수 있다. 결국 AI는 감정이 아닌 논리에 의해 구동되며 수십만 개의 옵션을 몇 초 만에 평가할 수 있는 반면, 감정적인 인간은 불완전한 대안들을 생각하며 헤맬 수 있다. 체

---

11 물론 전략을 정의하거나 해체하는 다른 방법도 많다. 국방부 군사 및 관련 용어 사전(2019년 5월 기준)은 주관적인 내용의 정의 때문에[value-laden definition] 여기서는 큰 가치가 없다. '전구, 국가 및/또는 다국적 목표를 달성하기 위해 국력 수단을 동기화하고 통합된 방식으로 사용하기 위한 신중한 아이디어 또는 일련의 아이디어.' 짐작컨대, 신중치 못한 아이디어는 전략이 될 수 없을 것이다.

스는 종종 전략의 은유로 사용되는데, AI가 이미 체스에서 승리할 수 있다는 것이 입증되었다.[12] 실제로 다른 장에서 제시하듯이 AI의 주요 이점이 의사결정 속도를 높이는 것이라면, 가장 빠른 속도는 인간의 개입 없이 달성될 것이다. 이는 어떤 인간 분석가 팀보다 빠르게 모든 가능한 움직임과 옵션을 AI가 검토함으로써 가능하다.

전 해군참모총장 존 리처드슨(John Richardson) 제독은 AI를 활용하여 반복적인 위게임을 지원함으로써 전쟁 계획 수립과 군사력 설계를 위한 다양한 옵션을 생성할 수 있다고 지속적으로 주장했다.

그러나 시간이 지남에 따라 또는 중요한 순간에 AI가 핵심 결정을 내리는 데 사용될 때 사전에 계획된 정책과 결합된 AI에 과도하게 의존하는 것이 가져올 수 있는 위험성을 지적하는 것은 근거 없는 주장이 아니다. 해군 소장 J. C. 와일리(J. C. Wylie)는 전략을 "권력 통제"의 수단으로 정의한다.[13] 즉, 사건을 유리하게 통제할 수 있는 결정을 의미한다. 그는 전략을 수단과 목적을 일치시키는 직접적인 결과로 보거나, 그의 표현대로 "목적과 그 달성을 위한 일부 수단"으로 본다.[14] 와일리는 선형 순차 전략과 누적 전략을 구분하고, 누적 전략이 "대담한 계획이 잘못될 경우를 대비한 유용한 방어책"을 제공한다고 제안한다.[15]

---

**12** 또는 제8장의 전제를 받아들인다면, 한때 인공지능으로 여겨졌던 프로그램들도 체스에서 승리할 수 있다.

**13** The theme of J. C. Wylie, Military Strategy: A General Theory of Power Control (New Brunswick, NJ: Rutgers University Press, 1967), republished (Annapolis, MD: Naval Institute Press, 1989).

**14** Wylie, 13.

**15** 이 문구는 Lawrence Freedman, Strategy: A History (Oxford: Oxford University Press), 195에서 가져왔다. 와일리는 군사 전략 23~29쪽에서 순차 전략과 누적 전략의 차이에 관해 설명한다.

그러나 전략을 목적(목표)과 수단(자원)의 단순 비교로 환원할 수 있다는 생각은 AI 열광론자, 예산 삭감을 추진하는 이들, 또는 신중하지 못한 사람들로 하여금 AI가 최적의 목적 – 수단 조합을 찾아내는 데 인간보다 더 효율적일 것이라는 결론을 쉽게 내리도록 만들 수 있다. 초기의 성공은 의사결정에 대한 AI의 통제력을 점점 더 높이려는 거의 저항할 수 없는 유혹을 불러일으킬 수 있다. 일부 AI 비평가들의 우려대로, 최종 결과는 영화 '워게임'(WarGames)의 줄거리와 유사할 수 있다. 이 영화에서는 AI 시스템에 의해 통제되는 사전 계획된 행동들이 인간의 통제를 무시하고 중단될 수 없게 된다.

AI 사용 증가를 지지하는 사람들은 미국의 민간 및 군사 지도부가 – 여론의 주도 하에 – 인간을 의사결정 과정에서 배제할 정도로 AI를 통합적으로 사용하는 일은 절대 없을 것이라고 주장할 것이다. 그러나 우리의 적들은 우리와 같은 수준의 자제력을 보이지 않을 수도 있다. 제2장에서 명확히 밝혔듯이, 현재의 정책은 치명적인 무력 사용을 승인할 때 항상 인간을 의사결정 과정에 포함시키는 것이다. 이는 인간과 기계의 협업, 즉 "인간 감독 하의 자동화"라는 비전으로, 인간이 AI의 빠른 데이터 해석 및 정보 처리 능력의 도움을 받는 것을 의미한다.

그러나 항상 약간의 경사면이 존재한다. 따라서 다음과 같은 질문이 제기된다. AI의 지원은 어느 수준에서 끝나야 하며, 어떤 결정들은 전적으로 인간의 몫으로 남겨져야 하는가? 만약 AI가 정비 결정, 프로그래밍 결정, 군수 결정, 전력 생성 결정, 그리고 전력 배치 결정을 내리는 데 "더 뛰어나다면", 전략적 결정에서도 "더 뛰어나지" 않을까? 이러한 매력은 점점 더 커진다.

과학 소설의 예시로 돌아가보면, 위대한 작가 아서 C. 클라크(Arthur C. Clarke)는 『2001: 스페이스 오디세이』의 저자로 잘 알려져 있다. 이 작품의 영화 버전은 종종 강 인공지능 또는 범용 인공지능에 대한 경고로 인용된다. 그러나 클라크는 1951년에 『우월성(Superiority)』이라는 단편 소설을 썼는데, 이 작품에서는 기술적으로 더 발전한 은하 동맹이 새로운 기술의 운용을 충분히 테스트하기 전에 구 기술을 폐기했기 때문에 다른 세력에게 패배한다.[16] 이 소설에는 "의도치 않은 결과"라는 제목을 붙일 수도 있을 것이다. 왜냐하면 이 이야기는 새로운 기술을 도입하여 당면한 문제를 해결하려는 논리가 얼마나 강력하고 거부하기 어려운지를 보여주기 때문이다. 이러한 기술 의존성에 대한 고찰이 클라크로 하여금 결국 『2001: 스페이스 오디세이』에서 묘사된 것과 같은 AI의 잠재적 위험성에 대해 깊이 생각하게 만들었을 수 있다.

AI를 의사결정 도구로 활용할 때 발생하는 또 다른 문제점은 제16장에서 상세히 다루고 있는 기만의 위험성이다. 이러한 기만과 평시에도 지속되는 AI 알고리즘 간의 경쟁은 계속해서 잠재적 위협으로 남아 있을 것이다.

그러나 전략을 주로 궁극적으로 추구할 목표를 생성하기 위한 분석 과정으로 본다면 - 이는 실제 의사결정과는 분리되어 있으며, 의사결정 자체는 전략 못지않게 특정 상황에 의존한다 - AI 지원이 더욱 분리된 방식으로 활용될 가능성이 높다.

전략을 하나의 과정으로 보는 관점은 미국 정부의 공식적인 전략 수

16 '우월성'은 Magazine of Fantasy & Science Fiction, August 1951 (3-11)과 1953 collection Expedition to Earth (New York: Ballentine Books, 1953)에 처음 출간되었으며, 20회 이상 재출간되었다. 온라인(https://www.baen.com/Chapters/1439133476/1439133476___5.htm)에서 (합법적으로) 무료로 다운로드할 수 있다.

립 절차에서 가장 잘 드러난다. 국가안보 문서 수립 과정에서 먼저 백악관의 국가안보전략(NSS, National Security Strategy)이 수립된다. 이로부터 국방부의 국가방위전략(NDS, National Defense Strategy)이 도출되며, 이는 다시 합동참모본부의 국가군사전략(NMS, National Military Strategy)의 틀을 형성한다. 이 시점에서 과정으로서의 전략은 두 갈래로 나뉜다. 지역 통합전투사령부들은 국가군사전략(NMS)을 기반으로 전쟁 또는 긴급사태 계획을 수립하지만, 이는 과정보다는 지역 상황(해당 지역에서 일어나는 일)에 더 주목하며, 일반적으로 국가군사전략(NMS)이나 국가방위전략(NDS)보다 자원 제약에 대한 고려가 덜하다. 동시에, 각 군은 국가안보전략(NSS), 국가방위전략(NDS), 국가군사전략(NMS)을 자신들의 예산을 정의하는 프로그램 개발, 훈련, 획득과 연결하려는 각자의 전략을 수립한다. 이는 궁극적으로 통합전투사령부의 작전 소요를 충족시키는 것을 목표로 한다. 해군의 경우, 이러한 전략 수립 절차는 2018년 비밀 해군전략 문서가 초기에 "국가방위전략에 대한 해군의 이행 방안"이라는 제목으로 작성되었다는 사실에서 명확히 드러난다(당시 국가군사전략은 아직 개발되지 않은 상태였다).[17]

과정으로서의 전략은 각 단계마다 조직과 전략 입안자들의 관점과 이해관계가 개입되기 때문에, 선형 순차 전략보다는 와일리(Wylie)의 누적 전략 개념에 더 가깝다. AI가 각 개별 수준에서 전략 입안자들을 지원하는 데 활용될 수 있지만, 수억 줄의 코드를 사용하더라도(적절한 감독 없이는 어느 하나라도 오류가 발생할 수 있다) AI가 이 과정의 누적된 결

---

[17] 해군의 공공 전략의 누적적 성격에 대한 논의는 Sam J. Tangredi, "Running Silent and Algorithmic: The U.S. Navy Strategic Vision in 2019," Naval War College Review 72, no. 2 (Spring 2019): 129–65, https://digital-commons.usnwc.edu/nwc-review/vol72/iss2/20/를 참조.

과를 복제하기는 어려울 것이다. 다음으로 AI가 전략 수립에 미치는 영향과 그 실제 적용 방안에 대해 더 자세히 살펴보겠다.


## AI를 전략적 의사결정의 요소로

국가안보 계획을 전략적, 작전적, 전술적 세 가지 수준의 활동으로 구분하는 것은 책임 할당에 편리할 수 있지만, 이는 현대의 의사결정에서 거의 발생하지 않는 인위적인 구분을 초래한다. 제2차 세계대전 경험을 바탕으로, 미 육군은 오랫동안 이 세 가지 수준의 계획을 선호했지만, 작전적 수준이 국방 문헌에서 일반적인 용어가 된 것은 1980년대에 이르러서였다. 이 용어 사용의 논리는 전략적 수준은 (특히 제2차 세계대전에서) 정부 수반/최고사령관과 합동 및 연합군 참모총장들에게, 작전적 수준은 군단 또는 군 사령관에게, 그리고 전술적 수준은 사단장 이하에 속한다는 것이다. 이전에는 군사 작전이 일반적으로 전략적, 전술적 두 가지 수준으로 구성된다고 여겨졌다. 미 해군은 오랫동안 세 가지 수준으로의 전환을 거부했지만 결국 합동성을 위해 양보했다.

이론상, 각 수준의 의사결정은 상위 수준에서 내려진 결정에 의존한다. 이러한 의존성은 학습 알고리즘에 의해 복제될 수 있어, 충분한 데이터가 AI 시스템에 입력된다면 최상위 수준의 결정이 최하위 전술 수준의 결정으로 변환될 수 있다. 예를 들어, 대통령이 적의 민간인 대상 화학 공격에 대비하여 현장의 미군이 대응해야 한다고 결정한다면, 미군, 적군, 중립 세력의 공통 작전상황도 데이터와 미군의 능력에 대한 지식, 현장 상황(원격 센서를 통해), 그리고 생체인식 패턴 인식을 통합한 AI는 개별 조종사나 분대 수준에서 무엇을 공격할지(또는 하지 말아야 할지)에 대한 전술적 권고를 할 수 있을 것이다.[18] "킬러 로봇" 반대자들이 우려한 대로, 잠재적으로 AI 알고리즘에게 자율 시스템에 직접 명령을 내릴 수 있는 권한이 주어질 수 있다.

앞서 언급했듯이, 이러한 현실을 만들기 위해서는 국방부가 폭력적 무력 사용 결정에 인간을 "개입"시키는 현 정책을 뒤집어야 할 것이다.[19] 물리적으로는 수백만 줄의 코드와 광범위한 기계학습이 필요할 것이다. 센서 데이터의 오류는 재앙적인 권고와 결정으로 이어질 수 있다. 그러나 휴대폰과 즉각적인 음성 및 영상 통신이 보편화되고, 24시간 뉴스 주기와 의사결정 속도를 높이려는 압박과 욕구가 있는 세상에서, 의사결정자들이 이러한 AI 시스템에 의존하고 싶어 한다는 것은 자연스러운 현상이라 할 수 있다. 이는 중간 수준의 의사결정으로 인한 지연을 확실히 제거할 것이다. 그리고 AI 지지자들이 주장하듯이, 전장의 안개 속에서 인간은 AI보다 더 많은 실수를 할 가능성이 높다. AI 지지자들은 상업 기업들이 의사결정 과정을 강화하기 위해 AI를 성공적으로 활용하고 있다는 사실을 근거로 제시할 것이다. 그러나 상업 분야에서의 AI 활용은 주로 마케팅과 판매 영역에 집중되어 있으며, 생명을 위협하거나 기업 구조에 관한 중대한 결정에는 적용되지 않는다.[20]

---

18 당연하게도, 이 시나리오는 도널드 트럼프 대통령이 그러한 공격을 명령했기 때문에 채택된 것이다. 트럼프 대통령의 정당화 성명에 대해서는 Jen Kirby, "See Trump's Statement on Syria Strike: 'They Are Crimes of a Monster'," Vox, April 13, 2018, https://www.vox.com/2018/4/13/17236862/syria-strike-donald-trump-chemical-attack-statement를 참조.
19 해당 논의에 대해서는 George Galdorisi, "Keeping Humans in the Loop," U.S. Naval Institute Proceedings 141, no. 2 (February 2015): 36-41, https://www.usni.org/magazines/proceedings/2015/february/keeping-humans-loop 참조.

핵심은 전략과 의사결정 과정을 동일시할 경우, 군사 작전의 전체 의사결정 주기에서 연속된 책임 단계들이 하나의 AI 시스템으로 통합될 수 있다는 점이다. 이는 엄청난 공학적 도전과 방대한 데이터 확보라는 과제를 수반할 것이다. 하지만 "인간을 달에 보낼 수 있다면, 무엇이든 할 수 있다"는 흔한 말처럼, 이 또한 달성 가능한 목표로 여겨질 수 있다. 그리고 만약 이러한 AI 시스템이 실현된다면, 의심할 여지 없이 전략 수립 과정에 지대한 영향을 미칠 것이다.

## 누적 전략 과정에서의 AI의 역할

국가방위전략(NDS) 같은 문서를 개발하는 공식적인 절차를 제외하고, 어떻게 과정으로서의 전략을 의사결정으로서의 전략과 구분할 수 있는가? 얼핏 보면, 효과적인 전략은 결정으로 이어져야 한다는 일반적인 개념 때문에 이 구분이 매우 좁아 보일 수 있다. 그러나 앞서 언급했듯이, 전략을 정책 목표를 향한 누적 단계들로 이어지는 활동 경로를 개발하는 과정으로 본다면, 의사결정을 전략 수립과 분리하는 것이 훨씬 쉬워진다.

이러한 분리의 예로 1962년 쿠바 미사일 위기 당시 존 F. 케네디(John F. Kennedy) 대통령의 의사결정을 들 수 있다.[21] 미국의 대전략은

20 이에 관한 논의는 "6 Ways Artificial Intelligence Is Driving Decision Making," Fingent corporate website, September 9, 2019, https://www.fingent.com/blog/6-ways-artificial-intelligence-is-driving-decision-making/ 참조.
21 45년 전에 쓰였지만, 쿠바 미사일 위기의 의사결정에 관한 주요 연구는 여전히 그레이엄 앨리슨의 『Essence of Decision: Explaining the Cuban Missile Crisis』(Boston: Little, Brown, 1971)이다. 물론 앨리슨의 접근 방식은 우리의 접근 방식보다 훨씬 더 상세하고 철저하지만, 그의 모델은 의사결정으로 이어지는 전략과 과정으로서의 전략에 대한 우리의 접근 방식과 상당히 닮아있다. 1999년에 필립 젤리코우와 함께 최신 경쟁 연구에 대한 의견을 추가

소련의 봉쇄였으며, 이 전략은 군사, 외교, 경제, 과학, 정보 측면을 포함하는 누적 단계들로 구축되었다. 소련이 쿠바에 핵탄두 탑재 탄도미사일 배치를 허용하는 상황은 미국의 대전략이 심각하게 실패했다는 것을 의미할 수 있었다. 미국은 이미 설치된 미사일을 제거하고 추가 환적을 막을 수 있는 전술 병력을 갖추고 있었으며, 이러한 행동은 전략의 논리에 부합했을 것이다.[22] 그러나 케네디 대통령은 전략의 논리에서 벗어난 단계라고 볼 수 있는 더 약한 조치(봉쇄)를 선택했다. 이는 핵전쟁을 촉발할 수 있다는 두려움, 즉 인간의 감정에 기반한 결정이었다.[23] 케네디의 봉쇄 조치는 당장 쿠바에 이미 배치된 미사일을 제거하지는 못했지만, 결과적으로 소련의 미사일들을 철수시켰다. 한편, 미국이 쿠바의 미사일을 강제로 제거했다고 가정하더라도 소련이 핵무기로 대응했을 가능성은 낮았을 것이라는 주장도 있다.[24] 소련 본토가 직접적인 위협을 받지 않는 상황에서, 핵전쟁의 위험을 감수하면서까지 대응하는 것은 소련에게 득보다 실이 컸을 것이기 때문이다. 그러나 여기서 핵심은 케네디의 이 결정이 기존의 대소련 봉쇄 전략과는 별개로 이루어졌다는 점이다. 이 단일 결정이 적어도 초기에는 전략의 성공에 기여하지 않는 것처럼 보였음에도 불구하고, 전체적인 봉쇄 전략은 계속 유지될 수 있었다.

---

한 두 번째 개정판이 나왔지만, 초판이 여전히 더 우수하고 명료하다고 생각한다.

22 앨리슨은 이전 논문에서 케네디 대통령이 원래 배치되어있는 미사일을 파괴하기 위해 외과적 공습을 선호했다고 말한다. Graham T. Allison, Conceptual Models and the Cuban Missile Crisis: Rational Policy, Organization Process, and Bureaucratic Politics, P-3919 (Santa Monica, CA: RAND Corporation, 1968), 52. 이는 『Essence of Decision』 초판본의 202쪽에 나와 있다. 앨리슨은 엘리 아벨의 『The Missile Crisis』 (New York: J. P. Lippincott, 1966), 49쪽을 인용했다.

23 Allison, Essence of Decision, 1, 185, 200-202.

24 Allison, 62-63.

쿠바 미사일 위기의 상황을 AI가 의사결정에 참여하는 시대로 빠르게 전환해보면, 유사한 상황에서 AI 시스템이 논리적으로는 반대 결론에 도달할 수 있음에도 불구하고 핵전쟁 확전에 대한 (인간의) 감정적 두려움을 고려할 수 있을지 의문을 제기해야 한다. 그러나 AI는 상상하기 힘든 전략적 결과들을 냉철하게 정량화된 "장단점"으로 고려하는 인간의 능력을 향상시킬 수 있을 것이다. 만약 AI가 "의사결정으로서의 전략" 관점에서 문제에 접근하도록 허용된다면, 그 결정은 전략의 틀 안에서 이루어졌을 가능성이 높다. 따라서 AI를 전략 수립 과정에 적용하는 것은 가치가 있지만, 최종 의사결정에는 적용하지 않는 것이 신중한 접근법으로 보인다. 또한 인간의 책임성이 모든 결정, 특히 잠재적 인명 손실과 관련된 결정에서 중요한 요소라는 점을 명심해야 한다. AI 시스템의 행동에 대한 책임을 인간 프로그래머들에게 물어야 한다는 주장이 제기될 수 있다. 그러나 AI가 자체적으로 "학습"하고 당초 의도하지 않았던 행동을 발전시키도록 허용될 경우, 그 결과에 대한 책임 소재를 명확히 추적하기 어려워진다. 21세기의 맥락에서 이러한 AI의 특성은 와일리(Wylie)가 언급한 "대담하지만 잘못된 전략에 대한 유용한 안전장치"의 역할을 할 수 있을 것이다.

AI를 전략 수립 과정에 어떻게 효과적으로 통합할 수 있을까? 초기 답변은 AI를 전략 개발의 각 단계에서 반복적 분석 도구로 활용하는 것이다. 예를 들어, 군 차원에서 AI는 대량의 데이터 처리가 필요한 다양한 무기체계의 비용 비교 분석에 사용될 수 있다. 부품 대체로 인한 획득 프로그램의 비용 변화를 평가하는 것은 수많은 대안들로 인해 복잡한 과정이다. 경제성을 위해 한 부품을 변경하면 여러 부품의 연쇄적 변경이 필요할 수 있고, 이는 다시 다양한 비용 시나리오를 생성한다. 모든 옵션을 탐색하기 위해서는 프로그램이 수천 번의 반복 계산을 수행해야 한다. 전략가들과 획득 담당자들이 이러한 AI 기반 분석 결과를 활용할 수 있다면, 군 전략은 단순한 열망적 선언에서 벗어나 실현 가능한 계획으로 발전할 수 있을 것이다.

전쟁 계획 수립 과정에서 AI는 리처드슨(Richardson) 제독의 견해에 따라 다음과 같이 활용될 수 있다. 입력 변수를 변경하며 수천 번 실행한 위게임의 결과 패턴을 분석하는 도구로 사용한다. 이러한 패턴은 적의 잠재적 행동에 대한 예상치 못한 단서를 제공할 수 있다. AI가 실행하고 분석한 위게임은 인간이 직접 게임을 수행할 때 얻을 수 있는 교육적, 발견적 효과는 상실되지만, 유용한 분석 도구가 될 수 있다. 단, 이는 분석가가 AI가 적용한 논리와 계산 방식을 이해할 수 있을 때에 한한다. 이를 위해서는 설명 가능한 AI와 지도 학습이 필요하다. 여기서 "지도"는 반드시 인간이 시스템을 "감시"한다는 의미가 아니라, 시스템이 사전에 검증된 데이터셋으로 학습되어, 자신이 생성한 결과를 이미 정확성이 확인된 유사한 결과와 비교할 수 있는 능력을 갖추는 것을 의미한다. 서론에서 언급했듯이, 이는 더 많은 비용이 소요된다.

또한 주목해야 할 점은 두 예시 모두 AI를 전체 전략 수립 또는 전략 실행 과정의 개별 부분을 위한 계획 도구로 활용한다는 것이다. AI는 전략 수립의 전 과정을 아우르는 단일 의사결정 시스템으로 사용되지 않으며, 동일한 알고리즘이 전체 과정을 통제하지 않는다. 이러한 접근 방식은 인간이 실제로 전략 과정에 계속 관여하도록 보장한다. 단점은 전략을 수립하는 속도가 감소한다는 것이다. 그러나 궁극적으로, 신중하고 철저한 전략 수립 과정을 위해서는 반드시 가장 빠른 속도가 필요한 것은 아니다.

## 평가: AI가 전략 수립 과정을 완전히 지휘할 경우

완벽한 전략가들에게는 단순히 문제를 식별하는 것만으로는 충분하지 않다. 가용한 정보가 불완전하더라도 최소한의 부분적인 평가를 제시하는 것이 반드시 필요하다.

마틴 C. 리비키(Martin C. Libicki)는 그의 저서 『평화와 전쟁 시의 사이버 공간(Cyberspace in Peace and War)』에서 의사결정자들이 중요한 물리적 인프라를 인터넷에 연결하면서 발생할 수 있는 사회적 취약성을 제대로 인식하지 못하고 이를 간과한 것에 대해 놀라움과 우려를 표현한다. 리비키는 인터넷 시대 초기(약 1991년)에 대해 다음과 같이 설명한다. "당시나 지금이나 사이버전이 다른 모든 형태의 전쟁을 압도할 것이라고 단정 짓기는 어려웠다. 나는 사이버 공간의 위험이 충분히 관리될 수 있을 것이라고 확신했다. 이는 부분적으로 사람들이 그 위험성을 인지하고 있어서 핵심 시스템(예: 전력 공급망)을 무분별하게 인터넷에 연결하지는 않을 것이라고 믿었기 때문이다. 그러나 이러한 나의 판단은 틀렸다."[25]

국가의 대외 정책이나 전면적인 군사 작전에 관한 전략 수립의 전 과정을 AI에게 전적으로 맡기거나 AI가 주도하도록 허용하는 것의 잠재적 이점, 소요 비용, 그리고 수반되는 위험을 면밀히 검토한 결과, 우리는 다음과 같은 결론에 도달했다. 이러한 접근은 오직 의사결정자

---

**25** Martin C. Libicki, Cyberspace in Peace and War (Annapolis, MD: Naval Institute Press, 2016), 1.

들이 "무분별하게 행동하거나" – 솔직히 말해서 – 극도로 비합리적일 때만 채택될 수 있을 것이다.

AI 시스템 자체에 너무나 많은 취약점이 존재하며, 인간의 통제력을 상실할 경우 AI의 논리적 판단이 전쟁을 인간이 의도하거나 감당할 수 있는 수준을 넘어 극단적인 상황으로 몰아갈 수 있다. 대부분의 전쟁은 교전 당사자 중 한 쪽이 최종적인 패배 가능성에 대해 논리적 결정을 내려 종결되지 않는다.[26] 대신, 패배하는 측은 그 국민과 의사결정자들이 정서적으로 지쳐 더 이상 싸울 의지가 없어졌기 때문에 항복한다. 인명이나 재산의 손실이 전쟁을 통해 얻을 수 있는 어떤 이익보다도 크거나(때로는 훨씬 더 크게) 초과하게 된다. 이러한 결정은 논리가 아닌 감정 때문에 내려지는 경우가 많다. 국민들은 자신들이 이미 패배했다는 느낌을 갖는다(혹은 완전히 그렇다고 확신하게 된다). 이는 미국이 이라크나 아프가니스탄에서 전쟁 목표를 달성하지 못한 여러 이유 중 하나로 보인다. 적대 세력(또는 관련된 사람들)은 전투원, 영토, 권력에서 막대한 손실을 입었음에도 불구하고 스스로를 '패배'했다고 인식한 적이 없다. AI를 의사결정 지원 도구로 활용했다면 아프가니스탄에서 미군의 작전 성과를 개선할 수 있었을까? 제6장에서 논의한 바와 같이, AI는 전술적 수준에서 다양하게 유용한 도구들을 제공할 수 있다. 그러나 이러한 전술적 수준에서조차 AI에 대한 신뢰성은 항상 의문의 대상이 될 것이다. 하지만 전술적 수준을 넘어서면, AI가 지도자들의 지

---

26 앨리슨은 『Essence of Decision』 초판에서 "역사상(즉, 본인이 조사한 다섯 가지 사례 중) 그 시점에서 항복한 국가는 없었다"라고 주장한다(262쪽). 이는 샘 J. 탕그레디의 연구 『Anti-Access Warfare: Countering A2/AD Strategies』(Annapolis, MD: Naval Institute Press, 2013)와 유사하다. 그러나 앨리슨의 진술은 두 번째 판본에서는 삭제된 것으로 보인다.

나친 자신감에서 비롯된 잘못된 전략적 판단을 실질적으로 개선할 수 있다고 보기는 어렵다. 결국, 모든 것은 사람들의 인식에 달려 있다.

그렇다면, AI가 전적으로 주도하는 군사 작전은 과연 어떻게 종결될 수 있을까? 현재까지 어느 누구도 ─ 정말로 단 한 사람도 ─ AI에게 인간의 감정을 이해하도록 프로그래밍하는 방법을 파악하지 못했다. 그리고 AI가 인간의 감정을 이해하지 못한다면, 어떻게 전쟁 종결의 시기를 판단할 수 있겠는가? 일부 과학자들은 AI가 인간의 감정을 모방할 수 있으며, 감정을 지닌 AI 시스템이 한 세대 안에 개발될 것이라고 주장한다. 그러나 전략과 군사 기술 개발 분야에서 경험을 가진 우리의 견해는 다음과 같다. 이는 절대 불가능하다 ─ 실현되려면 여러 세대가 걸릴 수도 있고, 어쩌면 영원히 불가능할 수도 있다.

## 전략기획 과정의 요소들

AI는 전략수립 과정에서 전략적 옵션을 분류하는 의사결정 보조 도구로 매우 효율적으로 활용될 수 있다. 이는 당연한 결론으로 보일 수 있지만, AI를 행동방침 결정에 직접 사용하는 것과 비교해볼 만한 가치가 있다.

군사력 구성과 전략 대안 도출을 위한 상세한 작전 분석에 필요한 다양한 수학적 계산에 있어, AI는 현재 사용 중인 계산 모델처럼 유용할 것이다. 그러나 정량적 평가에 유용한 알고리즘이 반드시 정성적 평가에도 유용한 것은 아니다. 예를 들어, 잠재적 적의 전략에 영향을 미치는 역사, 문화, 종교적 신념을 고려하도록 AI 시스템을 프로그래밍할 수 있다 하더라도, 그 비용은 인간 지역 전문가를 양성하는 비용을 초과할 가능성이 높다.

주로 정성적인 평가에 정량적 가치를 할당하기는 어렵다. AI는 모든 컴퓨터 기반 시스템과 마찬가지로 비교할 대량의 정량적 데이터를 필요로 한다. 이러한 데이터는 전략기획 과정의 특정 요소나 측면에서는 이용 가능하지만, 전체 그림을 완성하기에는 부족하다. 정성적 평가를 정량화하는 과정은 단순히 평가의 주체를 바꾸는 것에 불과하다. 즉, 지역 전문가나 주제 전문가가 수행하던 평가를 데이터 과학자나 프로그래머가 수행하게 되는 것이다. 조금 더 나은 경우라 해도, 이는 AI 소프트웨어 개발 회사에서 고용한 또 다른 형태의 주제 전문가에게 평가 책임을 이전하는 것에 지나지 않는다. 그러나 어떤 경우라도, 최종적인 전략적 선택은 "빅데이터"의 기계적 처리 결과가 아닌 인간의 판단에 근거하여 이루어질 것이다.

우리의 평가로는 AI가 전략기획 과정의 개별 요소에서는 상당한 도움을 줄 수 있지만, 모든 요소에서 그렇지는 않다. 전략기획의 전체 과정을 자동으로 관리할 수 있는 단순한 알고리즘 조합은 존재하지 않는다. 전략기획은 본질적으로 매우 복잡하기 때문에, 다양한 상황과 요소들을 종합적으로 고려할 수 있는 인간의 직관적이고 경험에 기반한 판단이 반드시 필요하다. 적어도 단기적으로는 모든 상황에 적합한 범용 알고리즘은 존재하지 않는다.

## 신뢰와 그 적용 대상

우리는 여러 차례 이런 질문을 제기했다. AI를 어떤 방식으로 도입하든, 그 결과를 어떻게 신뢰할 수 있을까? 간단히 답하자면, 신뢰할 수 없다. 제16장에서 언급했듯이, 전쟁 상황에서는 기만 전술과 예측 불가능한 사건들로 인해 오류가 발생할 가능성이 매우 높다. 이는 전쟁의 본질적인 특성이며, 역사적으로 항상 그래왔다. AI가 이러한 전쟁의 근본적인 불확실성을 완전히 제거할 수 있을 것이라 기대하는 것은 현실을 모르는 순진한 생각이다. 이는 마치 경험 많은 어른의 신중한 조언을 억압적이라고 여기며 반발하는 10대의 태도와 비슷하다.

이러한 상황은 AI 시스템에 대한 엄격한 실험, 시험, 평가 절차의 필요성을 강조한다. 또한 AI 이전의 전통적인 방법들과의 성능 비교도 반드시 수행해야 한다. 이 과정에서 우리는 AI가 제시하는 답변이 논리적으로 보이더라도 잘못될 수 있다는 점을 항상 염두에 두어야 한다. 작전 분석 분야의 유명한 격언인 "모든 모델은 틀렸지만, 일부는 유용하다"는 말이 AI에도 그대로 적용된다. 의사결정이나 전략 기획 과정에서 AI의 활용에 관해서는, 전체 과정의 "최종 결론"을 AI에 맡기는 것보다는 개별 단계나 요소에 대해 AI가 제시하는 답변을 활용하는 것이 훨씬 더 안전한 접근법으로 보인다. 이는 AI를 활용해 전체 의사결정 과정을 자동화하는 시스템을 개발하는 것이 비용 효율적이라 하더라도 변함없이 적용되는 원칙이다.

군사 분야에 상용 AI 애플리케이션을 도입하려 할 때 직면하는 실질적인 문제 중 하나는 많은 최첨단 AI 기업들이 비지도 학습 방식의 AI를 선호한다는 점이다. 그러나 이러한 비지도 학습 AI는 군사적 용도에 필수적인 투명성과 추적 가능성을 갖추기 어려워, 앞서 언급한 엄격한 평가 프로세스의 요구사항을 충족시키지 못한다. 이러한 한계는 우리가 AI의 군사적 활용에 있어 전체적인 행동 방침을 결정하는 데 사용하기보다는, 전략의 개별 요소를 평가하는 데 AI를 제한적으로 사용할 것을 권장하는 또 다른 중요한 이유가 된다.

전술적 차원에서 AI는 전장 환경의 전반적인 요소들을 더 명확히 파악하는 데 도움을 줄 수 있어, 이른바 '전장의 안개'를 일부 해소할 수 있다. 또한 AI는 적군의 행동에 대해 더 신속하게 대응할 수 있는 능력을 향상시킬 수 있다. 현재 우리 군은 이미 기본적인 형태의 AI 시스템을 활용하고 있다. 여기에 더 발전된 학습 능력을 갖춘 AI 시스템을 도입하는 것은 자연스러운 기술적 진화의 과정으로 보인다. 이에 따라 우리의 전술 운용은 필연적으로 이러한 AI 시스템을 효과적으로 활용하는 방향으로 조정될 것이다.

그러나 어떤 기술로도 특정 시점에 적의 의도에 관한 전쟁의 불확실성을 완전히 제거할 수는 없다. 이러한 주장에 대해 일부 전문가들은 동의하지 않을 수 있다. 실제로 합동참모본부(Joint Staff)의 전략적 다층 평가팀(Strategic Multilayer Assessment team)이 지원한 일부 연구에서는 AI가 적의 의사결정 과정에서 상당한 정보를 파악할 수 있는 것으로 확인되었다. 그러나 우리는 이러한 주장에 대해 여전히 회의적인 입장을 유지하고 있다. 대조적으로, 우리는 AI가 군사 전략의 다양한 도구 중 하나로서 전장의 불확실성을 줄이는 데 유용하지만, AI 지지자들이 기대하는 만큼 그 불확실성을 완전히 제거할 수는 없다고 믿는다. AI 시스템에 대한 신뢰성 문제와 진정으로 예측 가능한 AI를 개발하는 데 필요한 엄청난 기술적 복잡성을 고려하면, 이는 매우 큰, 어쩌면 극복 불가능한 장애물이 된다. AI의 기술적 한계를 유지하는 것이 윤리적·전략적으로 바람직할 수 있으나, 동시에 이러한 제약 없이 AI를 개발하는 경쟁국들의 동향을 주시해야 한다.

## 결론

이 장의 서두에 제시된 두 가지 상반된 견해를 어떻게 조화시킬 수 있는지에 대한 질문으로 돌아가 보면, 이 두 견해는 서로 배타적이거나 양립 불가능한 것이 아니다. 마한의 말이 옳다. AI 기반 자율 시스템이 점점 더 보편화됨에 따라 전술은 변화할 것이다. 전술은 필연적으로 기술 변화에 따라 진화한다. 그러나 전략은 단순한 기술 발전보다는 미래의 안보 환경 예측, 인간 본성에 대한 이해, 그리고 새로운 기술에 대한 인간의 적응 방식 등 복합적인 요소들에 더 크게 의존하므로 상대적으로 느리게 변화한다. 예를 들어, (첫 번째) 냉전의 종식과 같은 급격한 국제 정세의 변화가 있었음에도 불구하고, 강대국 간의 경쟁이 다시 시작되면 과거에 사용되었던 전략적 개념들이 재등장하는 것을 우리는 목격하고 있다.

매티스 전 국방장관은 인공지능이 전쟁의 본질을 변화시키는지에 대해 의문을 제기했다. 만약 우리가 전쟁의 본질을 전략적 차원에서 정의한다면, 이 질문에 대한 우리의 답변은 "아니오"이다. 또는 최소한 "AI가 전쟁의 본질을 변화시켜서는 안 된다"는 것이다.

그렇다면 해군과 해병대의 작전 및 임무 수행에 있어 AI의 미래 역할은 무엇인가? 우리의 분석에 따르면, AI가 해군과 해병대에 미칠 주요 단기적 영향은 주로 전술적 수준에서 나타날 것으로 예상된다. 씨헌터(Sea Hunter) 무인수상함, 오르카(Orca) 초대형 무인잠수정, 그리고 무인전투기와 같은 자율 시스템에서의 AI 활용은 특정 작전 환경에서 해군의 전투 수행 방식을 근본적으로 변화시킬 것이다.[27] 또한 AI

---

27 오르카 XLUUV에 대해서는 다음을 참조. Ben Werner, "Navy Awards Boeing $43

는 해군 함대의 최적 구성을 결정하는 데 있어 유용한 전략적 계획 도구로 활용될 것이다. 그러나 가까운 미래에 AI가 군사 전략 수립에 미치는 영향은 상대적으로 제한적일 것으로 예상된다. AI는 '어떻게 싸울 것인가'를 결정하는 데는 중요한 역할을 하겠지만, '왜 싸우는가'에 대한 본질적인 질문에 답하거나 그 결정을 내리지는 않을 것이다.

Million to Build Four Orca XLUUVs," USNI News, February 13, 2019, https://news.usni.org/2019/02/13/41119; Berenice Baker, "Orca XLUUV: Boeing's Whale of an Unmanned Sub," Naval Technology, July 1, 2019, https://www.naval-technology.com/features/boeing-orca-xluuv-un-manned-submarine/; Sebastien Roblin, "The U.S. Navy Has Orca Robot Submarines on the Way that Could Transform Naval Warfare," The National Interest, October 20, 2019, https://nationalinterest.org/blog/buzz/us-na-vy-has-orca-robot-submarines-way-could-transform-naval-warfare-89721.

제19장
# 인공지능의 미래

제 19 장

# 인공지능의 미래

패트릭 K. 설리반(PATRICK K. SULLIVAN), 오션잇(OCEANIT)팀

빅데이터를 활용하더라도 현 세대의 인공지능(AI) 및 기계학습(ML) 시스템은 강력하지만 동시에 취약성을 지닌다. 적절한 훈련과 검증을 거치면, AI/기계학습 시스템은 많은 작업에서 인간의 능력에 필적하거나 이를 뛰어넘는 성능을 보여준다. 이전 장에서 언급했듯이, AI/기계학습의 가장 잘 알려진 사례는 알파고(AlphaGo)가 바둑 세계 챔피언 이세돌을 이긴 것과 같은 세간의 주목을 받은 사건들이다. 이는 중국의 AI/기계학습 개발에 있어 "스푸트니크 순간"과 같은 획기적인 전환점이었다. 그러나 AI/기계학습은 공급망이나 산업 운영 최적화부터 스팸 필터링이나 엑셀 스프레드시트의 셀을 "스마트"하게 채우는 것과 같은 일상적인 작업에서도 그 유용성을 입증했다.

현재 가장 보편적인 AI 시스템은 기계학습을 기반으로 한다. 이전 장에서 논의했듯이, 기계학습 시스템은 차량의 자율주행, 센서 데이터를 기반으로 한 미확인 물체의 식별 및 분류, 복잡한 시스템의 미래 상태 예측 등 다양하고 가치 있는 작업을 수행할 수 있다. 가까운 미래에 AI/기계학습시스템은 현재 수행하고 있는 역할을 계속 수행할 것이

다. 그러나 이러한 시스템들은 현재보다 더 높은 성능을 발휘하면서도 인간의 감독이 덜 필요한 방식으로 작동할 것이다. 이러한 발전을 이루기 위해 연구자들은 현재 AI/기계학습 방법론의 잘 알려진 한계점들을 극복하는 데 주력하고 있다. 이렇게 개선된 단기적 AI 시스템의 주요 이점은 해군과 해병대가 현재 직면한 다양한 문제들을 해결하는 데 실질적인 도움을 줄 수 있다는 점이다. 구체적인 적용 분야로는 함대의 지속적인 운용 능력 유지, 사이버 보안 강화, 그리고 정보, 감시, 정찰(ISR) 임무 수행 지원 등이 있다.

AI와 기계학습의 장기적인 발전 방향은 현재의 다양하고도 특화된 시스템들에서 벗어나, 더욱 향상된 능력을 갖춘 단일 AI 시스템(또는 소수의 통합된 다목적 시스템)으로 진화하는 것이다. 이러한 발전의 정점에서, 일부 AI 연구자들이 추구하는 궁극적인 목표는 인공일반지능(AGI)이다. (제1장에서 논의된 "인간형 인공지능"은 AGI의 한 형태가 될 것이지만, 단순히 인간 수준의 지능을 넘어 인간과 유사한 사고 방식을 가진다는 점이 중요한 특징이 될 것이다.) 이러한 AGI 시스템은 가상 비서 역할을 하며 동시에 다양한 작업을 수행할 수 있을 것이다.


## 신뢰성 높은 기계학습과 인공지능

가까운 미래의 기계학습 시스템은 오늘날의 시스템과 매우 유사할 것이다. 데이터 가용성 증가, 컴퓨팅 능력 향상, 그리고 이 둘을 활용할 수 있는 알고리즘의 발전으로 인해, 이러한 시스템들은 현재보다 더 큰 규모의 데이터를 활용할 수 있을 것이다. 이러한 향상된 접근성은 AI 시스템의 성능을 높일 것이다. 그러나 가까운 미래의 시스템들은 이에 더해, 현재 세대 시스템에서 발견된 여러 한계점들을 해결하기 위해 개선된 알고리즘을 특징으로 할 것이다. 이 수정된 버전은 다음과 같은 특징을 가진다.

- AI 시스템을 변화하는 환경에 적응시키는 과제
- 구조화가 덜 된 데이터로부터 모델을 학습하는 것
- 가정(what-if) 질문을 가능하게 하는 인과 모델 식별
- AI 시스템을 인간 감독자가 이해할 수 있도록 만드는 것
- 적대적 공격과 기만에 대한 방어

이 장의 나머지 부분에서는 이러한 각각의 한계와 관련된 문제점들이 무엇이고, 왜 이러한 문제 해결이 해군에 중요한지, 그리고 현재 해결책을 찾기 위해 어떤 단계들이 진행되고 있는지 설명할 것이다.

## 정적 데이터의 문제

현재 대부분의 AI 시스템은 자신이 작동하는 환경이 변화하지 않는 정적인 상태라고 암묵적으로 가정한다. 이러한 가정의 장점은 데이터의 수집 시기나 장소에 상관없이 모든 데이터셋을 AI 훈련 과정에 활용할 수 있다는 것이다. 또한, 많은 AI 시스템들이 한 번 훈련된 후 실제 환경에 배치되므로, 이러한 시스템들은 새로운 상황에 맞춰 스스로를 업데이트할 수 있는 능력이 없다. 그러나 새로운 데이터셋을 추가로 학습할 수 있는 시스템의 경우에도, 이러한 정적 환경 가정은 결국 AI 시스템의 성능을 저하시킬 수 있다. 그 이유는 AI가 더 이상 현실과

관련이 없는 상관관계나 패턴에 "집중"하게 되기 때문이다.

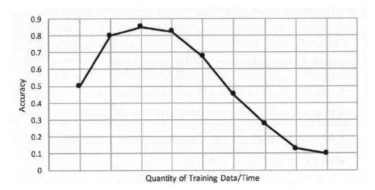

그림 19-1. 훈련 데이터의 양과 정확성 간의 균형. 오래되거나 부적절한 데이터를 계속 사용하면 결국 AI 시스템의 성능이 저하된다.

동적 환경에서 발생하는 '개념 변화'의 대표적인 예로, 그림 19 – 1 은 고관절 치환술 데이터셋으로 훈련된 분류기의 정확도 변화를 보여 준다.[1] 이 분류기는 단일 고정 데이터셋 대신, 시간 순서에 따라 50개 의 샘플씩 순차적으로 증분 학습되었다. 초기에는 사용 가능한 데이터 의 양이 제한적이어서 분류기의 성능이 낮았지만, 샘플 수를 50개에서 150개로 늘리자 정확도가 거의 90%까지 향상되었다. 그러나 시간이 지남에 따라 데이터의 특성과 레이블 간의 관계가 변화했음에도 불구 하고, 분류기는 모든 이전 데이터셋을 계속 사용하여 훈련되었기 때문 에 이러한 변화에 적응하지 못했다. 결과적으로 과거에는 중요했던 상 관관계나 패턴이 더 이상 유효하지 않게 되어, 분류기의 정확도가

---

1 Ayne Beyene and Tewelle Welemariam, Concept Drift in Surgery Prediction, master's thesis, Blekinge Institute of Technology, September 2012, https://www.di-va-portal.org/smash/get/diva2:829599/FULLTEXT01.pdf.

10% 수준으로 급격히 떨어졌다. 즉, 오래된 데이터를 계속 사용하는 것이 결국 성능을 저하시킨 것이다.

동적 환경과 개념 변화의 문제는 고관절 치환술이나 의료 데이터에만 국한되지 않으며, 실제로 매우 보편적인 현상이다. 실제 사례로 항공사의 정시 운항 성과 예측을 들 수 있는데, 이는 AI를 물류 분야에 적용하는 문제와 관련이 있다. 이 작업은 개별 항공기의 상태나 시간에 따른 항공 교통 관제 정책의 변화, 그리고 9/11테러와 같은 사건으로 인한 변화 등 데이터셋에 직접 포함되지 않은 외부 정보에 크게 의존한다. 또 다른 예는 침입 탐지 시스템이다. 이 시스템은 침입이나 사이버 공격을 "정상" 연결과 구별하는 특징을 식별하여 탐지한다. 침입 탐지 시스템은 새로운 유형의 사이버 공격이 등장하거나 기존 공격 방식이 탐지를 피하도록 수정됨에 따라 지속적으로 대응할 수 있어야 한다. 이러한 상황에서는 과거의 데이터만으로는 충분하지 않다.

가까운 미래의 AI 시스템은 변화하는 환경에 더욱 안정적이고 신속하게 대응할 수 있을 것이다. 최근 몇 년간 연구자들은 정적인 데이터셋 대신 실시간으로 유입되는 데이터 스트림을 처리하는 AI 시스템 개발에 주력해 왔다. 이러한 알고리즘은 AI 시스템이 지속적으로 주변 환경의 데이터를 수집하고 분석하며, 시간이 지남에 따라 변화하는 상황에 대한 이해를 실시간으로 갱신할 수 있게 한다. 그러나 그림 19−1에서 보여주듯이, 단순히 더 많은 데이터를 사용하는 것이 항상 더 나은 결과를 가져오는 것은 아니다. 오히려 시의성이 떨어진 정보를 계속 보유하는 것은 시스템의 성능에 부정적인 영향을 미칠 수 있다. 이러한 문제를 해결하기 위해 연구자들은 '개념 드리프트'(환경의 점진적 변화)와 '개념 시프트'(환경의 급격한 변화)를 감지하고 이에 적응할 수 있는 AI/기계학습시스템을 개발하고 있다.[2] 이러한 시스템은 관련성이 낮아진 데이터를 제거하거나, 가장 유용한 데이터 부분집합에 집중하거나, 변화를 보상하기 위해 모델을 조정하는 방식으로 적응한다.

많은 상업 및 국방 분야에서 운용 환경은 정적이지 않으며, 우리가 통제할 수 없는 요인들로 인해 지속적으로 변화한다. 현재 많은 AI/기계학습시스템은 개발 단계에서 훈련을 마친 후 실제 운용 환경에 배치되며, 그 결과 배치 이후에도 주변 환경이 변하지 않는다고 가정한 채 작동할 수밖에 없다. 실시간 데이터 스트림을 처리하는 시스템은 환경변화에 대응할 수 있지만, 종종 이러한 변화의 속도를 따라잡기에 충분히 민첩하지 않다. 그러나 개념 드리프트/시프트 적용에 관한 현재 진행 중인 연구는 AI/기계학습시스템이 데이터 스트림에서 더욱 선택적으로 정보를 활용하여 끊임없이 변화하는 환경에 효과적으로 대응할 수 있게 할 것으로 기대된다.

## 덜 구조화된 데이터로부터의 학습

일단 훈련이 완료되면, 현 세대의 AI/기계학습시스템은 강력한 성능과 빠른 처리 속도를 보여줄 수 있다. 대중의 관심은 주로 최종 결과와 그것을 얻기 위해 사용된 알고리즘에 집중되지만, 실제로 이러한 시스템을 구축하는 데 있어 가장 많은 노력이 투입되는 부분은 모델에 필요한 데이터를 수집하고 정제하는 과정이다. 이 과정은 상당히 노동

---

2 João Gama et al., "A Survey on Concept Drift Adaptation," ACM Computing Surveys (CSUR) 46, no. 4 (2014): 44.

집약적이고 시간이 많이 소요되는데, 이는 인간이 직접 사용 가능한 데이터 유형을 검토하고, AI/기계학습시스템의 입력으로 사용할 수 있도록 데이터를 어떻게 "가공"할지 결정해야 하기 때문이다. 제15장에서는 이러한 작업의 어려움에 대해 자세히 다뤘다.

이러한 데이터 정제 과정이 필요한 근본적인 이유는, 현 세대의 AI/기계학습시스템이 강력한 성능을 보임에도 불구하고 오직 특정한 고정 형식의 데이터만을 처리할 수 있기 때문이다. 따라서 모든 입력 데이터를 이 특정 형식으로 변환하는 책임은 시스템의 사용자나 설계자에게 있다. 예를 들어, YOLO−net과 같은 최첨단 객체 인식 시스템은 JPEG나 PNG와 같은 일반적인 이미지 파일 형식을 직접 처리하지 못한다.[3] 대신, 사용자는 이러한 이미지를 텐서(즉, 숫자로 이루어진 3차원 배열)로 변환해야 하며, 이 텐서는 시스템 훈련에 사용된 데이터와 동일한 통계적 특성을 가져야 한다. 만약 입력 데이터의 형태, 차원, 또는 정규화가 시스템의 요구사항과 맞지 않으면, 시스템이 작동을 멈추거나 의미 없는 결과를 출력하게 된다.

AI 시스템을 "구축"하는 데 필요한 비용 증가 외에도, 또 다른 중요한 문제가 있다. 바로 "원시" 데이터를 AI가 이해할 수 있는 "정제된" 데이터로 변환하는 과정의 어려움이다. 이 변환 과정이 복잡하거나 불가능한 경우, 충분한 양의 적절한 데이터를 확보하지 못해 AI 시스템의 실제 배치가 무산되는 상황이 발생할 수 있다. 이러한 데이터 관련

---

3 YOLO Net은 조셉 레드몬과 알리 파르하디가 워싱턴 대학교에서 개발한 시각적 객체를 빠르게 식별하기 위한 알고리즘이다. Redmon and Farhadi, "YOLOv3: Incremental Improvement," https://pjreddie.com/media/files/papers/YOLOv3.pdf 참조. JPEG 와 PNG (및 GIF) 파일은 대중에게 제공되는 대부분의 일러스트레이션 소프트웨어에서 사용하는 표준 이미지 파일이다.

문제는 주로 인간이 직접 작성한 로그 파일을 주요 데이터 소스로 사용하는 AI 애플리케이션에서 특히 빈번하게 발생한다. 이러한 사례에는 두 가지 주요 분야가 포함된다. 하나는 상태 기반 유지보수로, 여기서는 기술자들이 기록한 로그가 귀중한 정보 소스가 된다. 다른 하나는 정보, 감시, 정찰(ISR) 애플리케이션으로, 이 분야에서는 인간이 작성한 보고서가 다른 형태의 정보 수집을 보완한다. 원칙적으로는 이러한 데이터 소스를 사용하는 데 방해되는 요소는 없다. 그러나 실제로 이러한 데이터를 AI 시스템에 입력하고 처리하는 과정의 복잡성은 해결하기 매우 어려운 문제이다.

이러한 한계를 극복하기 위해, 가까운 미래의 AI 시스템은 텍스트 데이터를 활용하기 위한 수단으로 자연어 처리 기능을 점점 더 많이 통합할 것이다. 이는 현재 매우 활발한 연구 분야이며, Word2Vec과 같은 최첨단 접근법은 단어(및 단어 간 관계)를 심층 신경망 및 기타 기계학습 접근법에서 요구하는 수치 벡터나 텐서와 연관시키는 학습을 통해 자연어 처리 문제를 해결한다.[4] 그러나 이러한 자연어 처리 접근법들은 개별 단어나 구문을 처리하는 데는 효과적이지만, 종종 문장 전체나 문서와 같은 더 넓은 맥락을 정확히 이해하고 해석하는 데 어려움을 겪는다. 이러한 한계의 대표적인 예로 "bleed"라는 단어의 의미 해석을 들 수 있다. 의학 분야에서 이 단어는 거의 확실하게 혈액이 흐르는 것을 의미하지만, 엔진 유지보수 맥락에서는 완전히 다른 의미로 사용되어 가스 시스템의 특정 상태나 과정을 나타낸다.

---

4 Word2Vec은 단어 임베딩을 생성하는 데 사용되는 관련 모델 그룹이다. 이 모델은 2013년에 구글의 토마스 미콜로프가 이끄는 연구원들이 제작 및 특허를 가지고 있다. 이 모델은 텍스트에 포함된 단어의 언어적 맥락을 벡터 공간으로 재구성하여 동일한 맥락을 가진 단어를 연결하도록 훈련된 2계층 신경망이다.

연구자들은 현재 이러한 문제를 해결하기 위해 Doc2Vec(단어의 맥락을 더 잘 파악할 수 있는 Word2Vec의 확장)과 같은 접근법이나 그래프 및 기타 더 일반적인 유형의 입력을 처리할 수 있는 새로운 네트워크 구조를 개발하고 있다. AI 기술의 단기적 미래 발전 방향은, 기존의 접근법을 개선하거나 완전히 새로운 네트워크 구조를 개발하는 방식에 관계없이, 공통된 목표를 향해 나아갈 것이다. 이 목표는 현재의 매우 수학적이고 경직된 데이터 구조(예: 벡터, 행렬, 텐서)에서 벗어나, 자연어 텍스트와 같은 더 유연하고 비정형화된 입력을 직접 처리할 수 있는 시스템을 개발하는 것이다. 이는 AI 시스템이 보다 복잡하고 다양한 실제 세계의 데이터를 더 효과적으로 이해하고 처리할 수 있게 하는 중요한 진전이 될 것이다.[5]

## 의사결정 지원 및 인과 모델링

AI/기계학습시스템의 일반적인 응용 분야 중 하나는 의사결정 지원 도구로서 활용되는 것이다 ─ 이는 어떤 상황에서든 인간에게 최선의 행동 방침을 추천하는 시스템이다. 만약 성공한다면, 이러한 시스템은 특히 다음과 같은 애플리케이션에서 상당한 영향을 미칠 것이다. AI가 언제 어디서 점검을 수행해야 할지를 결정하는 상태 기반 유지보수, AI 시스템이 데이터 수집에 가장 효율적으로 자원을 할당할 수 있게 하는 정보, 감시, 정찰(ISR) 시스템이다. AI 시스템은 또한 표적 우선순위 지정 및 위협 평가와 같은 애플리케이션에도 적용이 고

---

5 텐서는 수학에서 한 객체(또는 객체의 집합)에서 다른 객체로의 선형 매핑을 설명하는 데 사용되는 3차원 대수 객체이다.

러되고 있다.

이러한 애플리케이션들은 매우 다양하지만, 이들을 아우르는 공통된 주제는 AI가 여러 출처의 데이터를 융합하고 미래에 일어날 것이라고 생각하는 바에 기반하여 결정을 내려야 한다는 필요성이다. 그러나 현재의 많은 AI/기계학습시스템은 시스템이 미래에 어떻게 변화하고 발전할 것인지를 예측하고 추론하는 데 어려움을 겪고 있다. 현 세대 AI의 대부분은 데이터셋을 수집하고 변수들 사이에 존재하는 패턴 및/또는 관계를 식별하는 방식으로 작동한다. 이러한 시스템들이 보유한 강력한 연산 능력 덕분에, 많은 최첨단 AI 시스템은 인간 관찰자가 놓칠 수 있는 관계를 찾아낼 수 있다. 그러나 그 강점이 또한 약점이 될 수 있다. AI 시스템은 인간 관찰자라면 무의미하다고 여길 데이터 내의 허위 상관관계를 찾아낼 수 있다. 그림 19-2는 이러한 허위 상관관계의 예를 보여준다. 이러한 데이터가 주어진다면, 대부분의 AI 의 사결정 지원 시스템은 와이오밍주에서 더 많은 사람들을 결혼시킴으로써 국내 자동차 판매를 증가시킬 수 있다고 결론 내릴 수 있다.

현재의 AI 시스템은 데이터 내의 연관성을 식별하는 모델을 사용하지만, 이는 종종 데이터에 존재하는 허위 상관관계에 현혹될 수 있다. 이러한 한계를 극복하기 위해, 연구자들은 데이터에서 실제 인과 관계를 식별할 수 있는 AI 시스템을 개발하고 있다. 인과 모델링에는 여러 가지 접근 방식이 있으며, 이는 모델에 제공되는 데이터의 유형과 관심 대상 시스템에 대한 현재의 지식 수준에 따라 다양하다. 이러한 다양한 방법들의 공통점은 기존에 알려진 인과 관계를 기본으로 하는 기저 구조를 가진다는 것이다. 이 구조는 모델이 인과적으로 타당한 형태만을 취하도록 제한한다. 그러나 이러한 모델의 경직성은 이전에 접하지 않은 새로운 문제에 대해 모델을 최적화하기 어렵게 만든다. 현재 많은 연구가 진행 중인 분야는 운용 가능한 시간 내에 유용한 인과 모델을 식별하는 방법을 개발하는 것이다. 다시 말해, 데이터에서 예기치 않은 변화가 발생했을 때 이를 신속하게 평가하고 대응할 수 있는 모델을 만드는 것이 목표이다.

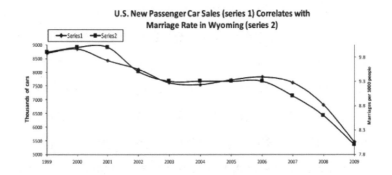

U.S. New Passenger Car Sales (series 1) Correlates with
Marriage Rate in Wyoming (series 2)

그림 19-2. 와이오밍주의 결혼율 대 자동차 판매량. 많은 AI 시스템들이 데이터 내의 허위 상관관계에 속아 넘어간다. 이 예시에서, 와이오밍주의 결혼율이 미국 내 국산차 판매량을 잘 예측할 수 있는 지표로 나타나지만, 이는 실제로는 의미 없는 상관관계이다.

## AI 계산 과정 설명하기

현재의 AI 시스템은 게임 플레이부터 공급망 설계에 이르기까지 다양한 영역에서 인간을 뛰어넘는 성능을 보여주었지만, 이러한 시스템을 인간 중심의 팀에 통합하는 데에는 여러 가지 어려움이 있다. 이러한 어려움은 다양한 이유로 발생하는데, 가장 두드러진 것은 많은 AI 시스템의 "블랙박스" 특성과 AI 시스템이 데이터 입력에 요구하는 매우 구조화된 형식이다. 첫 번째 문제는 인간이 AI의 특정 결정이 왜 내려졌는지 이해할 수 없게 만들어, AI에 대해 진정한 "감독자" 역할을 수행하는 것을 방해한다. 두 번째 문제는 인간과 기계의 상호작용을 제한된 일련의 사전 정의된 행동으로 국한시킨다.

최근 몇 년간 주도적인 AI 기술은 심층 신경망(딥러닝이라고도 함)의 사용이며, 이는 비교적 단순한 여러 함수를 결합하여 복잡한 관계를 표현한다. 심층 신경망은 사이버 보안에서부터 물체 감지 및 추적, 의사결정 지원 시스템에 이르기까지 수많은 애플리케이션에서 사용되었다. 그러나 딥러닝의 한계 중 하나는 생성된 모델의 복잡성이다. 종종 인공 신경망이 간단한 데이터셋을 맞추어 수학적으로 더 쉽게 분석할 수 있는 곡선을 만들 때조차, 그 결과로 나온 방정식은 인간이 이해하거나 검증하기에는 너무 길고 복잡하다. 결과적으로, 네트워크의 모든 개별 가중치를 알고 있더라도 시스템은 여전히 "블랙박스"로 남는다.

현재 세대 AI 시스템이 자신의 행동을 설명할 수 없다는 점은 중요한 임무를 수행하는 많은 환경에서 진입 장벽으로 작용한다. 이러한 환경에서는 인간 운용자가 사용 가능한 AI 시스템을 신뢰하는 법을 배워야 한다. 예를 들어, 현재의 AI 시스템은 특정 표적이나 위협의 우선순위를 정하고 그 순서에 대한 자신감의 척도까지 제공할 수 있다. 그러나 이러한 표적에 대한 사격 결정은 여전히 인간에게 달려 있다. 이때 인간은 AI가 무엇을 중요하다고 생각하는지는 알 수 있지만, 왜 그렇게 생각하는지에 대해서는 알 수 없을 가능성이 높다. 이 문제는 제6장과 제12장에서 자세히 다루어졌다.

더 쉽게 이해할 수 있는 시스템은 if−then 규칙을 사용하여 결정을 설명하는 규칙 기반 시스템을 사용한다(서론에서 설명한 바와 같이). 반면에 심층 신경망은 이해하기 어려운 AI 기술을 대표한다.

과학적 AI 커뮤니티와 국방고등연구계획국(DARPA, Defense Advanced Research Projects Agency)과 같은 기관에서의 단기 연구의 많은 부분은 이러한 트레이드 오프를 피하는 새로운 시스템을 설계하는 데 초점을 맞추고 있다. 연구자들은 이 목표를 달성하기 위해 다양한 방법을 시도하고 있다. 여기에는 심층 신경망과 같은 불투명한 방법에서 효과적인 규칙 세트를 추출하는 방법을 설계하는 것과 규칙 기반 또는 의사 결정 트리 기반 시스템의 능력을 향상시키는 접근법을 취하는 것이 포함된다. 또한, AI에 대한 완전히 새로운 접근법을 개발하여 이러한 트레이드 오프를 근본적으로 피하는 방법도 연구되고 있다.

## 적대적 공격과 기만에 대한 대항

AI와 기계학습이 많은 상용 및 국방 시스템의 핵심 요소가 되면서, 이러한 시스템을 무력화하기 위한 적대적 접근법도 함께 개발되었다. 적대적 공격의 개념은 그림 19-3에서 2차원 분류 문제를 통해 설명된다.[6] 이 예시에서 기계학습시스템은 빨간색 점과 파란색 점을 구별하도록 훈련된다. 이를 위해 AI/기계학습시스템은 두 클래스를 구분하는 곡선인 결정 경계를 학습한다. 그러나 가용한 데이터의 양이 한정되어 있어 AI/기계학습 모델에 부정확성이 존재하며, 이로 인해 데이터 포인트가 잘못 분류된다. 적대적 공격은 데이터 포인트의 특징을 수정하여 결정 경계를 넘게 만들어 의도적으로 잘못 분류되도록 한다.

---

6 Nicolas Papernot and Ian Goodfellow, "Breaking Things Is Easy," clever hans-blog, December 16, 2016, http://www.cleverhans.io/security/privacy/기계학습/2016/12/16/breaking-things-is-easy.html.

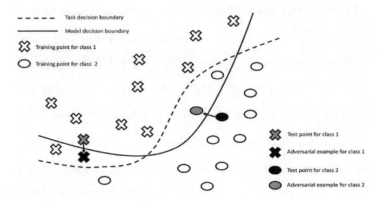

그림 19-3. 2차원에서의 적대적 공격 예시

제16장에서 언급한 바와 같이, 이러한 모델의 결함은 기만 기술에 의해 더욱 악화될 수 있다.

객체 인식에 사용되는 많은 심층 네트워크가 이러한 공격에 취약한 것으로 밝혀졌는데 예를 들어, 이미지 인식 시스템에 대한 적대적 공격에서는 인간이 감지할 수 없는 적은 양의 노이즈를 추가하여 분류기가 개를 타조로 잘못 분류하게 만든다.[7] 많은 자율주행 차량이 내비게이션이나 표적 지정을 위해 시각 시스템을 사용하기 때문에, 이러한 유형의 공격은 차량의 안전성이나 효율성을 심각하게 저해할 수 있다. 실제로 연구자들은 도로에 몇 개의 스티커를 전략적으로 배치함으로써 테슬라 모델 S의 시각 시스템이 차량을 반대 차선으로 유도하도록 만들 수 있음을 입증했다.[8]

7 Christian Szegedy et al., "Intriguing Properties of Neural Networks," Cornell University arXiv.org IV, December 21, 2013, https://arxiv.org/pdf/1312.6199.pdf.
8 Tencent Keen SecurityLab, "Experimental Security Research of Tesla Autopilot," March 28, 2019, https://keenlab.tencent.com/en/whitepapers/Experimental_Security_Research_of_Tesla_Autopilot.pdf. 영상 자료: https://www.youtube.com/watch?v=6QSsKyOI9LE.

적대적 공격은 시각 시스템에만 국한된 문제가 아니다. 연구자들은 또한 적대적 기계학습을 사용하여 멀웨어 탐지 시스템을 회피하도록 멀웨어를 수정했으며, 이는 이러한 보안 시스템이 제공하는 모든 보호 기능을 무력화할 수 있다.[9] 이러한 위협에 대응하기 위해 연구자들은 AI/기계학습시스템을 훈련시키는 새로운 방법을 개발하고 있다. 고려되고 있는 접근법에는 적대적 노이즈가 적용되었을 때 이를 감지할 수 있는 "프론트 엔드" 개발, 공격 설계를 더 어렵고 비용이 많이 들게 만드는 기존 네트워크 구조의 수정, 그리고 심층 신경망을 더 "인간과 유사하게" 만들어 시각 시스템에 대한 많은 적대적 공격에 둔감하게 만드는 방법 등이 포함된다. 미래의 AI/기계학습시스템은 훨씬 더 적대적인 환경에서 운용될 것이다. 이로 인해 보다 강력한 방어 능력을 갖춘 네트워크를 설계하는 노력과 더욱 효과적인 공격 전략을 개발하려는 시도 사이에 끊임없는 경쟁이 있을 것이다. 현재의 AI/기계학습시스템에서 회복력은 '있으면 좋은' 부가적인 특성으로 여겨지지만, 미래의 시스템에서는 이러한 회복력이 핵심적이고 필수적인 요소가 될 것이다.

가까운 미래의 AI/기계학습시스템은 현재와 매우 유사한 모습을 보일 것이다. 이는 대부분의 연구 노력이 현재 접근 방식의 더 광범위한 사용을 막는 단점들을 해결하는 데 집중되어 있기 때문이다. 이러한 현재의 노력은 다양한 문제를 다루고 있으며, 주요 방향은 다음과 같다. 페타바이트(1,000조 바이트) 규모의 데이터를 처리하고, 페타플롭스

---

9 Lingwei Chen, Yanfang Ye, and Thirimachos Bourlai, "Adversarial Machine Learning in Malware Detection: Arms Race Between Evasion Attack and Defense," 2017 European Intelligence and Security Informatics Conference, https://ieeexplore.ieee.org/document/8240775.

(1초에 1,000조 번의 연산) 수준의 컴퓨팅 파워를 활용하여 급증하는 데이터 흐름을 효과적으로 다룰 수 있는 대규모 병렬화 알고리즘의 한계를 확장하는 것이다. 동시에 현재의 계산 집약적 알고리즘을 "슬림화"하여 소형, 경량, 저전력 장치에서도 실행할 수 있게 만드는 연구이다. 이는 본질적으로 클라우드에서 수행되던 계산을 사용자의 개별 기기로 이동시키는 것을 의미한다. 이러한 단기적 연구 노력의 궁극적인 목표는 더 안정적이고 신뢰할 수 있으며 사용하기 쉬운 AI 시스템을 개발하는 것이다.

## 기계학습의 근본적인 문제

오늘날 대부분의 기계학습시스템은 문제가 있는 경험주의적 학습 이론에 기반을 두고 있다. 이 이론에 따르면, 경험(데이터)이 시스템(마음 또는 기계)을 재구성하여 새로운 조회 테이블을 구현한다고 본다. 이러한 학습 형태의 주요 문제점은 비생산성이다. 즉, 시스템은 훈련 데이터셋에 있는 패턴의 변형만을 인식할 수 있을 뿐, 완전히 새로운 패턴을 생성하거나 인식하지 못한다. 딥러닝 신경망에서 구현된 경험주의는 현재 가장 인기 있고 성공적인 기계학습 기술이지만, 가장 기본적인 기능적 약점(비생산성)은 다음과 같은 근본적인 수학적 한계에서 비롯된다. 신경망의 연결 가중치는 인간이 이해하기 어렵고, 경험적 데이터를 연결 가중치로 매핑하는 함수는 다대일 함수이며, 함수의 특정 출력 상태에 대해, 그 상태를 만들어낼 수 있는 무한한 수의 입력 값 조합이 존재한다. 이러한 이유로 많은 기계학습시스템은 설명 불가능한 블랙박스로 남아있다.

기계학습에서는 대량의 데이터가 입력되고 결론과 추천이 출력되지만, 입력에서 출력을 도출하는 과정은 인간 분석가에게 완전히 불투명하다. 이러한 불투명성에 기반하여 결정을 내리는 것은 위험하고 의심스러운 일이다. 반면, (가상의) 인간 스타일 AI는 그 작동 방식이 구성적이기 때문에 투명할 것이다. 이는 데이터를 증거로 사용하여 설명 가능한 이론을 만들어낼 것이다. 이는 단순히 패턴을 유도(또는 유도한다고 주장)하고 분석되지 않은 데이터의 근사치를 생성하는 전통적인 기계학습 기술과는 다르다. 일부 기계학습시스템은 데이터에서 패턴을 인식하는 데 상당한 성공을 거두었지만, 이러한 프로그램들은 본질적으로 그들의 기본 구조로 의해 심각한 한계에 직면한다. 프로그램은 자체 구조의 어떤 구성 요소도 수정할 수 없다(구조적 경직성). 프로그램은 스스로를 수정할 수 없다(자기 수정 불가능). 프로그램은 훈련 받은 영역 외부의 함수를 학습할 수 없다(학습 영역의제한).

딥러닝에는 더 근본적인 문제가 존재한다. 이는 "인공지능은 영원히 이해불가능한가?"나 "기계학습은 놀랍게 잘 작동하지만, 수학자들은 그 이유를 정확히 모른다"와 같은 언론 기사 제목에서 잘 드러난다. 2016년 네이처 저널에 실린 다비데 카스텔베키(Davide Castelvecchi)의 기사는 이 문제를 다음과 같이 설명한다.

"[신경망은] 학습한 내용을 디지털 메모리의 정돈된 블록에 저장하는 대신, 해독하기 극히 어려운 방식으로 정보를 분산시킨다... 뇌에서와 마찬가지로, 기억은 여러 연결의 강도로 인코딩된다... 당신의 전화번호 첫 자리는 뇌의 어디에 저장되어 있는가? 아마도 여러 시냅스에 [저장되어 있겠지만], 그 번호를 인코딩하는 명확히 정의된 비트 시퀀스는 없다... 우리가 이러한 네트워크를 만들긴 했지만, 우리는 이를 이해하는 데 있어 인간의 뇌를 이해하는 것보다 더 나아지지 않았다."[10]

이러한 불투명성으로 인해, 우리는 신경망 기반 추천 시스템에서 종종 받는 터무니없는 추천에 대해 어떠한 설명도 받지 못한다. 예를 들어, "당신이 '카라마조프 형제'를 구매했기 때문에, '배고픈 애벌레'를 즐길 수 있을 것입니다"라는 추천을 받을 수 있다.

AI를 설명 가능하게 만들기 위해, 연구자들은 앨런 튜링(Alan Turing)의 근본적인 연구로 돌아가야 한다. 튜링은 효과적인 계산의 모든 형식화가 명시적으로 공식화 가능해야 하고, 즉 생성적이어야 한다고 주장했다. 이러한 명시성은 존재론적, 인식론적 완전성을 위해 필수적이다. 만약 모든 것이 (자연에 의해/자연 안에) 주어지고, 모든 것이 (자연적이든 인공적이든 컴퓨터에 의해) 알려지며, 아무것도 미결정되거나 가정되지 않는다면, 블랙박스는 존재하지 않아야 한다. 현재의 블랙박스 AI/기계학습시스템은 터무니없거나 심지어 위험한 추천을 생성할 수 있다. 명시성의 흥미로운 결과는 소통 가능성과 설명 가능성이다. 함수가 명시적으로 진술된다면, 그 작동 원리를 다른 사람에게 설명하고 소통할 수 있게 된다.

## 인공 일반 지능의 목표

AI/기계학습 분야는 매일 진보를 이루고 있다. 가까운 미래에 AI/기계학습 시스템은 더 사용하기 쉬워지고, 변화하는 환경이나 의도적인

---

10 Davide Castelvecchi, "Can We Open the Black Box of AI," Nature, October 5, 2016, https://www.nature.com/news/can-we-open-the-black-box-of-ai-1.20731.

적대적 공격에 대해 더 강한 회복력을 가질 것이다. 그러나 이러한 시스템들은 여전히 '약 AI 시스템'(서론에서 언급한 대로)으로 간주된다. 이는 특정 문제를 해결하기 위해 설계되었고 그 문제만을 해결할 수 있기 때문이다. 예를 들어, 물체를 탐지하도록 설계된 기계학습 시스템은 군수 최적화나 스팸 탐지와 같은 다른 작업을 수행할 수 없다.

약 AI에 집중하는 것은 매우 실용적인 접근 방식이다. 이를 통해 AI와 기계학습 커뮤니티는 인간 마음의 모든 복잡성을 가진 시스템을 설계하지 않고도 유용한 결과를 생산할 수 있다. 그러나 이는 또한 제한적이다. 새로운 문제에 직면할 때마다 이러한 시스템을 "처음부터" 훈련시켜야 하기 때문이다. 이는 과거 경험을 활용하여 새로운 상황에 적응할 수 있는 인간의 능력과 대조된다. 실제로 동일한 "인간 시스템"은 많은 다른 문제를 해결하는 데 사용될 수 있으며, 각 문제 해결 시마다 공유된 경험의 혜택을 받는다.

결과적으로, AI 연구의 궁극적인 목표는 기계학습 커뮤니티의 대다수가 비현실적이라고 여기지만, 인간 수준의 지능을 가진 시스템을 생산하는 것이다. 이는 인공 일반 지능(AGI), 강 AI, 또는 인지적 AI(1장에서 설명한 대로)라고도 불린다. 일단 실현되면, 이러한 시스템은 인간이 할 수 있는 모든 작업을 수행할 수 있을 것이며, 컴퓨터의 더 강력한 계산 능력을 활용하는 이점을 가질 것이다. 이러한 범용 시스템은 상업 및 국방 환경에서 "가상 직원" 또는 "가상 보조원" 역할을 할 수 있으며, 광범위한 주제에 대한 조언이나 의사결정 지원 정보를 제공할 수 있다. 예를 들어, 위험 평가와 군수 관리를 위해 별도의 시스템을 사용하는 대신, 하나의 AGI 시스템이 이 모든 작업을 수행할 수 있다. 이러한 시스템 실현의 엄청난 이점 때문에, AGI는 많은 AI 연구자들이 20년 이상이 걸릴 것이라고 예상하는 장기적인 과제임에도 불구하고 활발한 연구가 이루어지고 있는 분야이다.

오늘날의 딥 뉴럴 네트워크와 같은 접근 방식이 이러한 강 AI 시스템의 선구자일 수 있지만, 많은 연구자들은 이러한 접근 방식만으로는 인간 수준의 지능/AGI를 실현하기에 충분하지 않을 것이라고 믿는다. AI 연구자들을 대상으로 한 설문조사에 따르면, 인지 과학, 인지 아키텍처, 전산 신경과학에서 영감을 받은 생체모방적 접근 방식에 더 큰 중점을 두고 있다.[11] 일부 연구자들은 인간과 같은 성능을 달성하기 위해서는 전체 뇌 에뮬레이션이 필요할 것이라고 믿는다. 결과적으로, AI/기계학습 연구자들이 빅데이터와 딥 뉴럴 네트워크의 한계를 계속 확장할 것이지만, 장기적인 미래의 AI 시스템 구조는 오늘날의 시스템과 매우 다를 수 있다. 아이러니하게도, 이러한 미래의 시스템은 오히려 과거의 시스템과 더 유사해 보일 수도 있다.

이러한 새로운 프레임워크가 다루고자 하는 인간 인지의 한 측면은 계층적 방식으로 데이터를 이해하는 능력이다. 현재의 많은 기계학습 시스템은 입력 특징에서 출력 예측으로의 복잡한 매핑을 수행하지만, 중간 과정을 이해하기 어렵다. 반면, 개발 중인 많은 인지 시스템은 입력을 훨씬 더 명시적인 방식으로 분해한다. 이러한 기호(원시, 부분 등)의 조합에 대한 강조는 1950년대의 상징적 AI 시스템을 연상시킨다. 이러한 접근 방식이 현대의 발전된 컴퓨팅 기술과 결합된다면, AGI 목표를 향한 새로운 길을 열어줄 수 있을 것이다.

11 Vincent C. Müller and Nick Bostrom, "Future Progress in Artificial Intelligence: A Poll Among Experts," AI Matters 1, no. 1 (2014): 9–11, https://dl.acm.org/doi/10.1145/2639475.2639478.

## 인지적 인공지능

인지 기반 AI와 관련된 또 다른 접근 방식은 인지적 AI이다. 이는 인간 뇌의 생물학적 구조에서 대략적으로 영감을 받은 신경망과 달리, 인지적 AI는 인간이 생각하고 정보를 처리하는 방식에서 직접적인 영감을 받는다. 이 접근 방식의 핵심 가정 중 하나는 인간의 인지가 언어에 기반하며 모든 사고는 단어로 표현될 수 있어야 한다는 것이다. 이러한 가정에 따라, 인지적 AI의 핵심 구성 요소는 문법이다. 여기에는 두 가지 유형의 문법이 포함된다. 학교에서 배우는 구문 구조 문법과 노암 촘스키(Noam Chomsky)의 더 추상적인 최소주의 문법 모두를 포함한다.

문법은 주로 문장을 분석하고 자연어를 이해하는 데 사용된다. 그러나 중요한 점은 언어학과 문법의 기반이 되는 수학이 특정 시스템에 국한되지 않는다는 것이다. 그림 19-4는 문법을 사용하여 표현할 수 있는 세 가지 다른 시스템을 보여준다. 언어, 수학적 표현, 그리고 RNA 분자이다.

각 문제와 관련된 언어는 다르지만, 인지적 AI 시스템은 작동하는 언어만 변경함으로써 다양한 분야에 공통된 기술 세트를 적용할 수 있는 잠재력을 가지고 있다. 더 나아가, 촘스키와 같은 언어학자들의 이론이 맞다면, 모든 인간이 선천적으로 가지고 있는 보편 문법이 존재할 수 있다. 이 보편 문법은 특정 언어, 배경, 심지어 감각 입력과도 무관할 수 있다. 이러한 보편 문법을 갖춘 인지적 AI 시스템은 이론적으로 어떤 수정도 없이 독립적으로 모든 문제에 적용되고 해결할 수 있을 것이다. 인간의 마음이 원칙적으로 해결 가능한 모든 문제를 해결

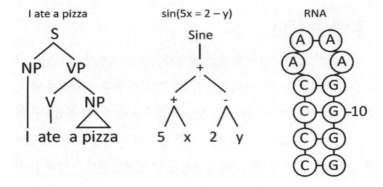

그림 19-4. 세 가지 다른 유형의 입력: 자연어, 수학적 표현, 그리고 RNA 분자
이 세 가지 입력 유형은 매우 다른 분야에서 사용되지만, 언어학적 개념은 이 모든 유형
에 동등하게 잘 적용된다.

할 수 있다는 가설은 논란의 여지가 있지만, 논리적으로는 타당하다.

모든 해결 가능한 문제를 해결할 수 있는 AI 시스템은 세상을 혁명
적으로 바꿀 것이다. 이에 대해 고(故) 스티븐 호킹(Stephen Hawking,
케임브리지 대학 물리학자), 맥스 테그마크(Max Tegmark, MIT 물리학자), 스
튜어트 러셀(Stuart Russell, 버클리 대학 컴퓨터 과학자), 프랭크 윌체크
(Frank Wilczek, MIT 물리학자, 노벨상 수상자) 등 저명한 과학자들은 다음
과 같이 언급했다. "[AI] 연구는 현재 빠르게 진행되고 있다... 잠재적
이점은 엄청나다. 문명이 제공하는 모든 것은 인간 지능의 산물이다.
AI가 제공할 수 있는 도구로 이 지능이 확장될 때 우리가 무엇을 달성
할 수 있을지 정확히 예측할 수는 없지만, 전쟁, 질병, 빈곤의 근절은
누구나 우선순위로 꼽을 것이다. AI 창조에 성공하는 것은 인류 역사
상 가장 큰 중요한 사건이 될 것이다."[12]

12 Stephen Hawking et al., "Transcendence Looks at the Implications of Artificial
Intelligence—But Are We Taking AI Seriously Enough?" Independent, May 1, 2014,

실제로, 인지적 AI의 중요성과 잠재적 영향력은 과대평가하기 어려울 정도로 크다. 인간 수준의 사고 능력과 인간과 유사한 사고 방식을 가진 AI가 인간의 능력을 훨씬 뛰어넘는 하드웨어에서 작동하기 때문에 이러한 시스템은 정의상 초인적 수준의 지능을 가질 것으로 예상된다.[13] AI 연구 초기부터 수학자 I. J. 굿(I. J. Good)이 인식했듯이, 이러한 고도의 지능은 자기 자신을 개선할 수 있는 능력, 즉 재귀적 자기 개선의 잠재력을 가지고 있다. 따라서,

> "이러한 초지능 기계는 가장 뛰어난 사람의 모든 지적 활동을 훨씬 능가할 수 있으며, 이른바 지능 폭발을 통해 기하급수적으로 성장할 수 있다... 기계 설계 자체가 이러한 지적 활동 중 하나이므로, 초지능 기계는 자신보다 더 나은 기계를 설계할 수 있게 된다. 그렇게 되면 의심의 여지없이 '지능 폭발'이 일어나고, 인간의 지능은 이에 비해 훨씬 뒤처지게 될 것이다... 따라서 첫 번째 초지능 기계는 인간이 만들어야 할 마지막 발명품이 될 것이다. 단, 이는 그 기계가 우리에게 어떻게 자신을 통제할 수 있는지 말해줄 만큼 온순하다는 전제 하에 가능한 일이다."[14]

https://www.independent.co.uk/news/science/stephen-hawking-transcendence-looks-at-the-implications-of-artificial-intelligence-but-are-we-taking-9313474.html.

13 그러나 다시 말하지만, 인간형 지능은 보편적인 튜링 머신이 계산할 수 있는 지능을 넘어설 수 없다는 의미에서 '보편적'이라는 합리적 가정 하에(제1장 참조), 인류학적 인공지능의 지능은 양적인 의미에서는 초인간적이지만 질적인 의미에서는 그렇지 않을 것이다.

14 I. J. Good, "Speculations Concerning the First Ultraintelligent Machine," in Advances in Computers, vol. 6, ed. Franz L. Alt and Morris Rubinoff (New York: Academic Press, 1965), 31-88, doi:10.1016/S0065-2458(08)60418-0, hdl:109 19/89424.

## AI 통제 및 도덕성 추가하기

굿의 진술은 인공지능의 양면성을 잘 보여준다. 한편으로는 유토피아, 무한한 창의성, 문제 해결 능력, 그리고 "전쟁, 질병, 빈곤의 근절"과 같은 긍정적인 면이 있다. 반면에 디스토피아, 즉 공상과학 소설에서나 볼 법한 종말 시나리오의 실현 가능성도 있다. 여기서 "공상과학"이라는 표현은 결코 가볍게 사용된 것이 아니다. 굿이 말했듯이 "때로는 공상과학을 진지하게 받아들일 가치가 있다". 호킹도 언급했듯 "오늘의 공상과학이 종종 내일의 과학적 현실이 되기" 때문이다.

단기적으로, 세계 각국의 군대는 표적을 선택하고 제거할 수 있는 자율무기체계를 고려하고 있다. 유엔(UN, United Nations)과 휴먼라이츠워치(Human Rights Watch)는 이러한 무기를 금지하는 조약을 옹호해 왔다.

중기적으로... AI는 우리 경제를 변화시켜 큰 부와 큰 혼란을 동시에 가져올 수 있다.

더 멀리 내다보면, 달성할 수 있는 것에는 근본적인 한계가 없다... 영화에서처럼 폭발적인 전환이 가능하지만, 그 양상은 다를 수 있다. 초인적 지능을 가진 기계들은 자신의 설계를 반복적으로 더욱 개선할 수 있어, 버너 빈지(Vernor Vinge)가 말한 "특이점"에 도달할 수 있다.

이러한 기술이 금융 시장을 뛰어넘는 성과를 내고, 인간 연구자들을 능가하는 연구 능력을 보유하고, 인간 지도자들을 넘어서는 판단력을 갖추고, 인간이 이해하기 어려운 수준의 무기를 개발하는 것을 상상할 수 있다.

AI의 단기적 영향은 누가 그것을 통제하느냐에 달려 있지만, 장기적 영향은 그것을 효과적으로 통제할 수 있는지 여부에 달려 있다.

[따라서] 고도로 지능적인 기계의 개념을 단순한 공상과학으로 치부하고

싶은 유혹이 있지만... 이는 실수일 것이며, 잠재적으로 우리의 역사상 최악의 실수가 될 수 있다.[15]

따라서 우리는 도덕성을 갖출 수 있는 능력을 가진 AI를 설계하는 것이 필수적이다. 우리는 명백하거나 덜 명백한 여러 이유로 인해 AI를 완벽하게 도덕적으로 설계할 수는 없다. 더 명백한 이유로는, 우리 인간이 아직 우리가 직면한 모든 도덕적 문제에 대한 해결책을 발견하지 못했기 때문에 AI를 도덕적으로 전지전능하게 프로그래밍하는 것은 불가능하다. 실제로 도덕적 문제의 집합은 무한하며(하나를 해결할 때마다 새롭고 더 흥미로운 문제가 등장한다), 따라서 완전한 도덕적 지식으로 AI를 미리 프로그래밍하는 것은 불가능할 것이다.[16]

덜 명백한 이유로는, 후자의 진술로부터 완벽하게 도덕적인 마음은 지능적일 수 없다는 결론이 나온다. 왜냐하면 인식론적 무오류성 ─ 틀릴 수 없는 능력 ─ 은 지능과 양립할 수 없기 때문이다. 제1장에서 논의한 바와 같이, 지능의 핵심은 창의적 비판(즉, 오류 수정)과 교차되는 창의적 추측이다. 비판은 중요한데, 논리적으로 어떤 지능도 자신의 창의성의 결과를 예측할 수 없기 때문이다(그렇다면 창의적 행위는 불필요할 것이다). 따라서 항상 실수할 가능성이 있다. 위대한 수학자 쿠르트 괴델(Kurt Gödel)이 증명했듯이, 항상 아직 증명되지 않은 진리가 존

---

**15** Hawking et al.

**16** 이는 어떤 종류의 완전한 지식도 불가능하다는 쿠르트 괴델의 두 번째 불완전성 정리에 따른 것이다. 괴델의 정리 1) 일관되고 계산 가능하며 완전한 논리 체계가 주어진다면, 그 체계 안에서 증명하거나 반증할 수 없는 명제에 대한 진술(궁극적으로 모든 것을 정수로 표현할 수 있는)이 존재한다. 2) 일관되고 계산 가능한 논리 체계는 그 자체의 일관성을 증명할 수 없다. 하나의 논리 체계가 모든 수학을 포괄할 수는 없으며, 더 일반적으로는 하나의 체계가 모든 지식을 포괄할 수 없다.

재할 것이다.

그러나 지능은 실수를 감지하고, 제거하고, 수정하고, 배우는 능력으로 구성된다(자신의 실수와 타인의 실수 모두). 따라서 우리는 AI에 도덕적 추측(도덕적 진술, 도덕적 행동)을 만들고, 비판하고, 수정할 수 있는 능력만을 프로그래밍할 수 있다. 이는 AI에 언어 능력을 프로그래밍하는 것과 정확히 유사하다. 모든 문법적이고 의미 있는 표현의 집합이 무한하기 때문에 언어의 완전한 지식은 불가능하므로, 우리는 문법적/의미 있는 표현을 생성(추측)하고 비문법적/무의미한 표현을 인식(비판)할 수 있는 문법만을 시스템에 프로그래밍할 수 있다.

AI에 도덕적 문법 — 문법적/의미 있는 표현과 비문법적/무의미한 표현을 구별하는 능력과 유사한 방식으로 도덕적 진술/행동과 비도덕적 진술/행동을 구별하는 능력 — 을 부여하기 위한 많은 연구가 진행 중이다. 도덕적 문법의 필요성은 특히 군사 분야에서 시급한데, 이는 치명적인 자율무기체계의 불가피한 개발과 채택 때문이다. 호킹 등이 말했듯이, "장기적 영향은 (그러한 AI를) 효과적으로 통제할 수 있는지 여부에 달려 있다."

## 미국과 그 군대에 대한 시사점

세계 각국은 모든 영역, 특히 군사 분야에서 인공지능(AI)을 개발하고 배치하기 위해 경쟁하고 있다. 우리가 논의했듯이, 새로운 "AI 붐"을 이끄는 기계학습 과학은 수십 년 전에 개발되었다. 이제는 이를 공학적으로 구현하고 배치하는 경주가 되었다. 이 맥락에서 데이터의 중요성이 부각되는데, 이는 기계학습 시스템이 근본적으로 주어진 데이

터에 최적화된 패턴을 찾아내는 '곡선 적합 함수'이기 때문이다. 문제
는 다른, 더 엄격하게 관리되는 사회들이 더 큰 규모의 더 나은 데이터
에 접근할 수 있는 더 많은 엔지니어를 보유하고 있다는 점이다. 따라
서 제5장에서 암시했듯이, 이는 미국이 이길 수 없는 경주이다.

그러나 이는 AI 경쟁에서의 패배를 인정하는 것이 아니다. 왜냐하면
더 중요한 경주에서 승리할 수 있기 때문이다. 우리가 여러 장에서 논
의했듯이, 기계학습의 가정과는 달리 지능은 데이터로부터 유도될 수
없다. 중요한 것은 데이터의 지능적 사용이며, 그것이 크든 작든 상관
없다. 지능이 선행 조건이다. 데이터의 지능적 사용은 AI 시스템이 인
과 관계를 이해하는 모델로 사전에 프로그래밍 되어 있어 데이터를 자
신의 기존 이해나 가설을 검증하거나 반박하는 증거로 활용할 수 있다
는 것에 기반한다. 이는 인간의 인지 과정과 유사한데, 인간의 마음 역
시 유전적으로 사전 프로그래밍 되어 있어 데이터가 부족하거나 불완
전한 상황에서도 세계를 이해할 수 있다. 선구적인 컴퓨터 과학자 주
디아 펄(Judea Pearl)은, "(기계학습) 분야의 많은 연구자들은 인과 모델
을 구축하거나 획득하는 어려운 단계를 건너뛰고 모든 인지 작업에 데
이터만을 의존하고 싶어 한다… 그러나 우리는 데이터가 원인과 결과
에 대해 얼마나 깊이 무지한지 알아야 한다."고 언급했다.[17]

실제로 세계를 이해하는 데 가장 중요한 인과 관계는 데이터 자체에
내재되어 있지 않다. 오히려 인간이나 AI 시스템이 이를 추론하고 추
측해야 한다. 따라서 미국이 AI 경쟁에서 우위를 차지하기 위해서는
인과 모델과 관련 작업에 대한 선천적 지식을 갖춘 인지적 AI를 개발

---

**17** Judea Pearl and Dana Mackenzie, The Book of Why: The New Science of Cause
and Effect (New York: Basic Books, 2018), 16.

하고 배치하는 것이 필요하다. 이러한 인지적 AI는 인과관계에 대한 가설(추측)을 생성하고, 생성된 가설을 검증하고 비판적으로 평가할 수 있으며, 가설을 확증하거나 반박하고, 필요에 따라 가설을 수정하고 개선할 수 있다.

이러한 목표는 단순히 더 많은 데이터를 수집하거나 더 많은 엔지니어를 투입하는 것만으로는 달성할 수 없다. 일부 정부가 이러한 자원에 쉽게 접근할 수 있다고 해도, 이는 근본적인 해결책이 되지 못한다. 대신, 이 목표를 성공적으로 달성하기 위해서는 인지적 AI, 즉 인공 일반 지능(AGI, Artificial General Intelligence)의 개발에 투자해야 한다.

인공 일반 지능(AGI)을 달성하고 완전한 디지털 보조자를 개발하는 길은 여전히 멀고, 이 목표를 달성하기 위한 모든 단계가 완전히 계획되어 있지는 않다. 인간 수준의 인공지능을 달성하기 위한 접근 방식은 연구자들 사이에서 크게 세 가지로 나뉜다. 일부 연구자들은 인간 두뇌의 대규모 물리 기반 시뮬레이션을 통해 인간 수준의 지능을 구현할 수 있다고 믿는다(뇌 시뮬레이션 접근법). 다른 연구자들은 기존의 통계적 방법을 더 방대한 데이터셋과 향상된 계산 능력과 결합하여 인간 수준의 AI를 달성하고자 한다(빅데이터 및 고성능 컴퓨팅 접근법). 세 번째 그룹은 인지 과학에서 영감을 받은 알고리즘, 특히 인지적 AI 기법을 사용하여 상대적으로 적은 양의 데이터로도 높은 성능을 달성하려고 한다(인지과학 기반 접근법). 방법론은 변화할 수 있지만, 장기적인 관점에서 AI는 각각 특정 응용 프로그램에 맞춰진 독립적인 프로그램들의 집합에서 다양한 유형의 여러 문제를 동시에 해결할 수 있는 점차 더 적은 수의 고성능 시스템으로 발전할 것이다. 궁극적인 목표는 이를 단일 시스템으로 통합하는 것으로 인간 수준의 지능을 보유하면

서도 컴퓨터의 강력한 연산 능력과 방대한 메모리를 결합한 형태가
될 것이다.

## 전쟁에서의 AI

현재 및 새롭게 등장하는 AI 발전의 영향은 미래의 노동에서부터 전
쟁 수행에 이르기까지 광범위한 문제에 중대한 영향을 미친다. 우리는
AI의 활용을 세 가지 범주로 분류할 수 있다.

1. 인간 보조 도구: 이 광범위한 범주는 이미 민간 및 군사 응용 프로그램
을 통해 사회를 변화시키고 있으며, 여기에는 군수 및 보급 최적화, 통
신 및 정보 관리, 법 집행, 사이버 보안, 위협 위험 경감 등이 포함된다.
이러한 응용 프로그램은 민간 및 군사 영역에서 보편적으로 사용된다.
현재의 AI 군비 경쟁은 대규모 데이터, 컴퓨팅 파워, 인력에 대한 접근
성에 의해 제한되는 "약 AI"인 심층 학습 AI의 신속하고 효율적인 구
현에 초점을 맞춘다. 이는 AI의 "기본 요건"을 상징하며 지속적인 대
규모 투자가 필요할 것이다.

2. 일반 지능/일반 범용 지능: 이 유형의 AI는 희소한 데이터 환경, 예외
적 상황, 모호성 속에서 작동할 수 있는 능력으로 인해 파괴적인 변화
를 일으킬 것이다. 활용 분야는 경이롭고도 우려스러운데, 이는 이러
한 인간 수준의 인공지능 시스템들이 엄청난 선 — 또는 악 — 에 사용
될 수 있는 인간과 유사한 지능을 보유하게 될 것이기 때문이다. 그럼
에도 불구하고 AI의 이러한 불가피한 진화는 대부분의 기계학습 능력
을 거의 무용지물로 만들 것이다.

3. 미래의 전쟁 수행: 이는 아마도 가장 큰 변화가 될 것이며, 전체 군사
조직의 인력을 크게 감소시키고 군사 문화를 변화시킬 것이다. 군사

문화는 앞으로 개발될 새로운 도구와 무기를 수용하며 진화할 것이다. 과거에 총탄이 창과 화살을 대체하고, 무전기가 전령을 대체하고, 항공 및 우주 기술이 전통적인 정찰 방식을 대체했듯이, AI 역시 미래 전장의 판도를 바꿀 것이다. AI는 미래의 전투원들을 강력한 살상력을 지닌 인간-기계 복합체로 변모시킬 것이며, 이는 전쟁 수행 방식을 근본적으로 변화시킬 것이다. 이러한 미래의 전투원들은 현재로서는 상상하기 어려운 첨단 기술을 활용하게 될 것이며, 그에 상응하는 높은 수준의 윤리적, 전술적 책임을 부여받게 될 것이다.

## 결론

이 장에서는 AI와 기계학습의 미래에 대해 논의했다. 현재의 AI와 기계학습시스템은 몇 가지 잘 알려진 한계를 가지고 있다. 이는 변화하는 환경에 대처하기 어렵고, 데이터가 엄격히 구조화되어야 하며, 데이터의 인과 구조를 식별하지 못하고, 출력을 이해하거나 정당화하기 어려우며, 적대적 공격과 기만에 취약하다는 점을 포함한다.

이러한 한계가 AI/기계학습시스템의 사용을 배제하지는 않지만, 많은 국방 및 상업 응용 분야에서 진입 장벽으로 작용해 왔다. 예를 들어, ISR(정보·감시·정찰)을 위한 AI 시스템은 (제9장에서 언급된 바와 같이) 상대적으로 비구조화된 텍스트 데이터를 포함한 여러 유형의 데이터를 수집할 수 있어야 한다. 정비 결정을 지원하는 AI 시스템은 인간 감독자가 그 작업을 "승인"할 수 있도록 자신의 행동을 정당화할 수 있어야 한다. 사이버 보안에 사용되는 AI는 사이버 세계의 끊임없이 변화하는 위협 환경에 대응할 수 있어야 하며 정적인 상태로 머물러서는 안 된다.

단기적 미래에 AI/기계학습시스템은 여전히 오늘날의 시스템과 유사하겠지만, 앞서 언급된 현재의 제약사항들을 보완할 것이다. 그러나 여전히 단일 응용 프로그램에 국한될 것이다. AI/기계학습의 장기적 미래는 AGI(인공일반지능)를 목표로 한다. 여러 시스템을 개발하는 대신, AGI의 목표는 다양한 환경에서 적용될 수 있는 인간 수준의 지능을 가진 단일 시스템을 개발하는 것이다.

AGI를 실현하기까지는 아직 갈 길이 멀며, 연구자들은 이를 달성하기 위해 다양한 접근 방식을 탐구하고 있다. 이러한 방법 중 많은 부분은 미래의 컴퓨팅 능력 향상과 데이터 가용성 증가를 활용할 전통적인 접근 방식이다. 그러나 인지과학에서 영감을 받은 방법론, 특히 앤스로노에틱 AI(Anthronoetic AI)와 같은 접근법은 AGI 개발에 있어 새로운 가능성을 제시한다. 이러한 대안적 접근 방식은 기존의 방법론과는 다른 관점에서 문제에 접근하며, AGI 개발 과정을 가속화할 잠재력을 지니고 있다. AGI는 현재 기술 수준에서 볼 때 공상과학처럼 보일 수 있어 진지하게 받아들이기 어려울 수 있지만, 우리는 앨런 튜링의 경고를 명심해야 한다. 튜링은 AI 연구에 대해 다음과 같이 말했다. "AI 연구는 개별 과학자들에게 역사의 미래를 상상력이 풍부하게 내다보는 능력을 요구한다. 이는 매우 어렵고 까다로운 작업이며, 완벽하게 달성하기는 불가능하고 부분적으로만 성공할 수 있다. 그럼에도 불구하고, 우리는 새로운 기술의 완전한 활용이 우리 사회와 미래를 어떻게 변화시킬 수 있는지를 끊임없이 탐구하기 위해 우리의 상상력을 최대한 발휘해야 한다."

AGI — 특히 앤스로노에틱 AI로 불리는 형태 — 는 군사 분야를 포함하여 우리의 삶 전반, 우주 탐사, 그리고 우리가 알고 있는 모든 것을 근본적으로 변화시킬 잠재력을 가지고 있다. 그러나 이러한 변화가 인간, 특히 군 인력을 완전히 대체하거나 불필요하게 만들지는 않을 것이다. 제1장에서 논의된 바와 같이, 인간 수준의 지능, 즉 인간과 유사한 사고 방식은 우주에서 지능의 최고 형태로 간주되며, 어떤 종류의 지식도 완전할 수 없다는 점을 인식해야 한다. 이 두 가지 전제로부터 아무리 고도로 발달한 AI라 할지라도 완벽한 전지전능함을 달성할 수 없을 것이며, AI는 항상 인간과 인간의 자연적 지능과 협력함으로써 이점을 얻을 수 있을 것이라는 결론이 나온다. 만약 우리가 앤스로노에틱 AI를 성공적으로 개발한다면, 이 AI는 중요한 모든 지적, 도덕적 측면에서 실질적으로 '인간'이라고 볼 수 있을 것이다.

인간 수준의 지능을 가진 AI가 초인간적 성능의 컴퓨터 하드웨어에서 구동된다면, 문제 해결 능력이 비약적으로 향상될 것이다. 전쟁은 매우 복잡하지만 궁극적으로 해결 가능한 문제로 볼 수 있다. 따라서 앤스로노에틱 AI(인간의 인지 과정을 모방한 AI)의 등장은 전쟁을 종식시킬 수 있는 잠재력을 가지고 있다. 이는 평화 유지라는 미군의 궁극적인 목표와 일치할 것이다.

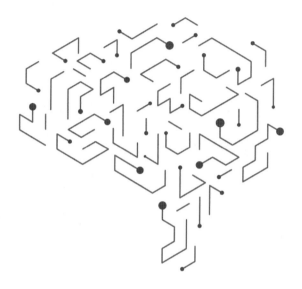

# 에필로그

# 에필로그

조지 갈도리시(George Galdorisi), 샘 J. 탕그레디(Sam J. Tangredi)

이 책의 19개 장을 통해 독자들은 인공지능이 매우 복잡한 주제라는 것을 깨달았을 것이다. 민간 및 군사 분야에서 빅데이터, 인공지능, 기계학습의 활용은 지속적으로 발전하고 있다. 이러한 기술들이 우리의 일상생활에 미칠 영향과 미래 전쟁의 양상을 바꿀 방식은, 도널드 럼스펠드(Donald Rumsfeld) 전 국방장관의 유명한 표현을 빌리자면, "알려진 미지"(known unknown)의 영역에 속한다.

각 장의 저자들은 빅데이터, 인공지능, 기계학습 및 국방 정책 문제에 대해 풍부한 경험을 가지고 있으며, 그들은 심도 있는 정보와 독창적인 견해를 제시했다. 우리는 의도적으로 그들의 의견을 "조율"하지 않았는데, 이는 모든 저자들이 주제에 대한 유익한 대화에 기여하고 있으며, 독자들이 그들의 솔직하고 가감 없는 견해를 접하는 것이 중요하다고 믿기 때문이다.

책의 전체적인 기획 과정에서 가장 중요한 고려사항 중 하나는 주요 대상 독자를 명확히 설정하는 것이다. 이 책의 경우, 우리는 이 연구 결과물로부터 가치 있는 통찰을 얻을 수 있는 다양한 잠재적 독자층이 있다고 판단했다.

이 책의 첫 번째이자 가장 분명한 독자층은 군사 분야에서 빅데이터, 인공지능, 기계학습을 다루는 전문가들이다. 여기에는 미군의 전략과 교리를 관리하는 군사 전략가들, 국방부에서 군사력 소요를 결정하는 소요 장교들, 각 군에서 무기체계 및 장비 획득을 담당하는 획득 관리자들, 군의 광범위한 연구개발 조직에서 근무하는 다수의 과학자와 엔지니어들 그리고 이들과 협력하는 방위산업체의 파트너들이 포함된다.

이 책의 두 번째 주요 독자층은 국가안보 전문가들과 빅데이터, 인공지능, 기계학습의 군사적 의미와 이러한 기술들이 전투원들에게 어떻게 전장 우위를 제공할 수 있는지에 대해 차세대 미군 지도자들을 교육하는 분야의 사람들을 대상으로 한다. 미군의 플랫폼, 시스템, 센서, 무기체계에 이러한 첨단 기술들이 통합될 것이라는 점은 명백하다. 따라서 모든 계급의 군 지도자들에게 이 기술들의 능력과 한계점에 대한 기본적인 이해를 제공하는 것이 중요하다. "블랙박스"라고 불리는 이 기술들이 무엇을 할 수 있고 할 수 없는지 이해함으로써, 우리 군은 이러한 기술들을 더욱 신중하고 효과적으로 활용할 수 있을 것이다.

이 책의 목적은 앞서 언급한 두 독자 그룹을 넘어 정보에 기반한 미국 시민들과 국제 안보의 미래에 관심 있는 더 넓은 범위의 독자들이 빅데이터, 인공지능, 기계학습이 미래 군사 작전에 미칠 중대한 영향을 인식하도록 돕는 것이다. 시민이자 납세자로서, 우리 모두는 이 문제에 직접적인 "이해관계"가 있으며, 선출된 대표자들이 이러한 기술들이 군사 분야에서 누가, 무엇을, 어디서, 왜, 언제, 어떻게 사용될 것인지에 대해 고위 군사 지도자들에게 적극적으로 질의하고 동시에 지원하도록 해야 한다. 이러한 질문들은 특히 인공지능 기반 자율무기체계와 관련하여 더욱 중요성을 갖는다.

새로운 기술을 세상을 변화시킬 "혁신적인 발명품"으로 과대평가하는 경향이 항상 존재하지만, 종종 이러한 기술들은 초기의 열렬한 지지자들이 약속했던 수준에 미치지 못하는 경우가 있다. 인공지능 분야의 전문가들은 과거에 "AI 겨울"이라 불리는 시기가 있었음을 인정한다. 그러나 우리는 빅데이터, 인공지능, 기계학습이 일시적인 현상이 아닌 지속적인 기술 혁명이라고 굳게 믿으며, 이들 기술은 가까운 미래부터 중·장기적 미래에 이르기까지 군사 전략, 작전, 전술에 깊고 광범위한 영향을 미칠 것이다.

이 책의 저자들은 빅데이터, 인공지능, 기계학습 기술을 군사 플랫폼, 시스템, 센서, 무기체계에 통합하는 과정에서 발생할 수 있는 기회와 도전 과제를 포괄적으로 다루었다. 이러한 기술의 미래 발전과 효과적인 구현이 완전히 보장되지는 않지만, 우리는 고위 군사 지도자들 사이에서 AI를 신중하게 활용하려는 의지가 핵심적인 신념으로 자리잡고 있다고 믿는다. 저자들이 이 책을 집필하기 시작한 이후, 우리는 이러한 신념을 뒷받침하는 여러 발언들을 들었다. 다음은 그중 일부 내용이다.

2019년 7월 의회 증언에서 마크 에스퍼(Mark Esper) 국방장관은 국방부 기술 현대화의 최우선 과제에 대해 다음과 같이 답변했다.

"제게 있어 그것은 인공지능입니다. 인공지능이 전쟁의 본질을 변화시킬 잠재력이 있다고 생각합니다. 이를 먼저 습득하는 국가가 앞으로 오랫동안 전장을 지배할 것이라고 믿습니다. 인공지능은 근본적인 게임체인저입니다. 우리가 반드시 이 분야를 선도해야 합니다."[1]

1 "Defense Secretary Confirmation Hearing, U.S. Senate, July 16, 2019," C-SPAN,

해군 분야에서도 AI 기술 도입의 중요성이 강조되고 있다. 연례 미해군협회/AFCEA "웨스트" 심포지엄에서 해군 연구개발획득 차관보 제임스 구어츠(James Geurts)는 다음과 같이 말했다.

"AI를 활용하여 적보다 더 빠른 지휘결심을 할 수 있는 군대는 항상 승리할 것입니다."[2]

군 지도자들도 이러한 견해에 동참하고 있다. 해군참모총장 마이클 길데이(Michael Gilday) 제독은 "기술 우선순위 목록에서 인공지능을 최우선 순위에 둘 것"이라고 말했다.[3] 해병대사령관 데이비드 버거(David Berger) 장군은 미래 해군력 능력 개발에 대해 다음과 같이 언급했다. "우리의 현재 전력소요는 미래 해군 전투력 향상에 우선순위를 두고 있으며, 여기에는 재래식 무기뿐만 아니라 인공지능, 무인/인간─기계학습 및 통합과 같은 차세대 무기체계도 포함된다."[4]

일부 전문가들은 AI가 전쟁의 본질을 변화시키고 "게임체인저"가 될 것이라는 주장에 의문을 제기할 수 있다. 그러나 현재 미국 국방부 지도부가 AI의 군사적 응용 개발을 적극적으로 추진하겠다는 의지를 명확히 표명했다는 사실은 부인할 수 없다. 동시에 국방부는 AI 기술의 윤리적 적용에 대한 의지도 함께 강조하고 있다.

https://www.cspan.org/video/?462638-1/defense-secretary-nominee-mark-esper-testifies-confirmation-hearing#.

2 James Geurts, keynote remarks, AFCEA/USNI WEST 2018 Conference, February 6, 2018, https://www.youtube.com/watch?v=Q3kspM2-x-0&feature=youtu.be.

3 Richard R. Burgess, "CNO Nominee Gilday Names AI at Top Tech Priority," Seapower, July 31, 2019, https://seapowermagazine.org/cno-nominee-gilday-names-ai-as-top-tech-priority/.

4 Megan Eckstein, "Berger: Marine Corps May Have to Shrink to Afford Modernization, Readiness Goals," USNI News, April 30, 2019, https://news.usni.org/2019/04/30/berger-marine-corps-may-haveto-shrink-to-afford-modernization-readiness-goals.

군사 분야의 빅데이터, 인공지능, 기계학습 기술 도입에는 다양한 이해관계자가 관여하고 있어, 이러한 첨단 기술을 미군의 전투 플랫폼, 전장 시스템, 정보수집 센서, 무기체계에 실제 구현하는 책임 소재를 명확히 하기가 쉽지 않다. 이러한 복잡한 상황에서 중심적 역할을 하는 기관이 바로 새롭게 설립된 합동인공지능센터(JAIC, Joint Artificial Intelligence Center)이며, JAIC는 국방부 내 AI 관련 노력을 통합하고 조정하는 핵심 조직으로 기능하고 있다. JAIC는 자신들의 임무를 다음과 같이 정의한다. "현대의 AI 기술은 전기나 컴퓨터와 마찬가지로 국방부 작전의 모든 영역 — 후방 지원부터 전장의 최전선까지 — 에 변혁적인 영향을 미칠 수 있는 잠재력을 가지고 있다. 국가방위전략에 명시된 바와 같이, 미국은 경쟁적 군사 우위를 확보하기 위해 자율 시스템, AI, 기계학습의 군사적 활용에 광범위하게 투자할 것이다. AI의 가속화된 도입은 미군 장병들을 보호하고, 우리 국민들을 지키며, 동맹국들을 방어하고, 국방부 작전의 효과성, 경제성, 속도를 개선하는 데 도움이 될 것이다."

JAIC(합동인공지능센터)는 빅데이터, 인공지능, 기계학습이 어떻게 전투력 우위를 제공할 수 있는지에 대한 모든 측면을 연구하고 있다. JAIC의 주요 간행물에 있는 한 문장이 이러한 기술들이 우리 전투원들에게 제공할 수 있는 가치를 잘 요약하고 있다.

"AI의 가장 가치 있는 기여는 우리가 더 나은 결정을 더 빠르게 내리는 데 있을 것이다. 이는 인간—기계 협업을 최적화하는 방법에 대한 더 깊은 이해를 포함한다."

이 책의 원고를 2019년 말 해군협회 출판사에 제출한 이후로 AI 기술은 계속 진화하고 변화해 왔다. 어떤 책도 모든 새로운 기술 발전을 완전히 반영할 수는 없다. 그러나 이 책의 각 장에서 다룬 기본적인 문제들은 시간이 지나도 여전히 중요성을 유지할 것이다. 과학적 발전과 공학적 구현 과정에서 직면하는 도전 과제, 혁신을 이루기 위해 요구되는 끈기 있는 노력, 철저한 정책 분석의 필요성, 복잡한 조직 내에서 새로운 기술을 도입할 때 발생하는 마찰, 기술 발전에 따른 윤리적 고려사항, 새로운 기술에 대한 신뢰를 구축하는 과정에서 발생하는 지속적인 딜레마가 그것이다.

앞서 언급했듯이, 미군이 이러한 기술들을 신중하게 활용하도록 보장하는 가장 중요한 요소는 정보에 입각한 시민의식이다.

마지막으로, 독자 여러분이 이 중요한 주제에 대한 생각을 표현할 수 있는 중요한 방법 중 하나는 국방 관련 논의에 참여하고 미 해군협회의 공개 포럼 간행물인 'U.S. Naval Institute Proceedings'에 여러분의 아이디어를 공유하는 것이다. 이에 대한 자세한 내용은 USNI 웹사이트(https://www.usni.org/)에서 확인할 수 있다.

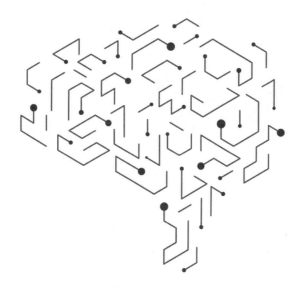

# 후기

# 후기

마이클 S. 로저스(Michael S. Rogers) 예비역 해군 제독

빅데이터, 인공지능(AI), 기계학습(ML)은 현재 우리 세계에 깊은 영향을 미치고 있으며, 앞으로도 계속해서 중요한 역할을 할 것이다. 이러한 기술들은 우리 삶의 거의 모든 측면에 영향을 주고 있지만, 이 책에서 특히 강조한 바와 같이 국가를 위해 복무하는 군인으로서의 우리 직업에 특별히 큰 영향을 미치고 있다. 이 책은 주로 군사 분야(화력, 지휘통제, C4ISR[지휘·통제·통신·컴퓨터·정보·감시·정찰], 억제 등)에 초점을 맞추었다. 그러나 우리는 국가의 시민이자 더 넓은 글로벌 공동체의 일원으로서, 이러한 기술들이 사회 전반에 미치는 영향 또한 간과해서는 안 된다.

군사 전문가로서 빅데이터, AI, 기계학습의 능력을 완전히 이해하고 구현하는 데는 여러 도전 과제가 있다. 그중 가장 중요한 것 중 하나는 이 기술들에 대한 사실과 허구를 구분하는 것이다. 이 책의 주요 장점 중 하나가 바로 이 부분을 다루고 있다. 이러한 기술들은 큰 이점을 제공할 수 있지만, 완벽한 해결책은 아니다. 빅데이터, AI, 기계학습이 우리가 직면한 모든 문제를 자동으로 해결해 줄 수는 없다. 이 기술들에는 고유한 취약점과 한계가 있으며, 우리는 이러한 한계를 이해하는

데도 이점을 활용하는 방법을 고민하는 것만큼 주의를 기울여야 한다. 동시에 우리는 적대세력이 이러한 기술을 어떻게 활용하여 우리의 임무 수행 능력을 방해할 수 있는지 고려하고 예측해야 한다. 이는 매우 중요한 통찰이다. AI를 군사적으로 적용하는 데 있어 우리의 도전 과제는 단순히 공격적 우위를 확보하는 것에 그치지 않는다. 우리는 적이 자신들에게 유리한 위치를 확보하고 우리를 불리한 상황에 놓으려 할 때 이에 대응할 준비가 되어 있어야 한다.

초기에는 주로 내부에서 생성된 데이터와 정보에 의존했지만, 점차 군 조직 전체가 변화를 겪었다. 개별 군인부터 소규모 전술 부대, 대규모 전략 부대에 이르기까지, 모든 계층에서 내부 데이터뿐만 아니라 광범위한 외부 출처와 시스템으로부터 유입되는 방대한 양의 정보를 처리하고 활용하는 체제로 진화했다. 이러한 대규모 정보의 유입에 직면하여, 우리는 종종 중요한 점을 간과했다. 바로 데이터와 정보의 진정한 가치는 단순히 더 많은 양을 확보하는 것이 아니라, 그로부터 지식과 통찰력을 도출해내는 데 있다는 것이다. 이러한 지식과 통찰력은 전장에서 우리에게 우위를 제공하는 더 높은 수준의 이해를 위한 필수 요소이다. 그러나 이들은 목적 달성을 위한 수단일 뿐, 그 자체가 목적이 되어서는 안 된다. 미래에는 AI, 기계학습, 빅데이터 기술이 이러한 고차원적 이해를 실질적이고 가치 있는 형태로 구현하는 핵심 도구가 될 것이다.

한편, 대규모 정보 처리와 현대적 위협에 대한 신속한 인식 및 대응 필요성을 해결하기 위한 초기 노력은 주로 규칙 기반 시스템과 자동화 또는 자율 시스템 개발에 집중되었다. 이지스(AEGIS) 전투체계, SLQ-32 전자전 체계, 근접방어무기체계(CIWS) 등이 그 예이다. 그러나 이제 우리는 새로운 도전에 직면해 있다. 관심 대상이나 우려 사항이 많은 활동들이 더 이상 명확한 규칙을 따르지 않으며, 쉽게 식별할 수도 없다. 이러한 복잡하고 모호한 상황에서 어떻게 효과적으로 대응할 수 있을까?

국방부(DoD)의 고위 지휘관이자 리더로서, 나는 임무 수행에 있어 가장 큰 가치를 창출하는 요소들에 어떻게 집중할 것인지와 임무와 직접적인 관련이 없거나 덜 중요한 데이터와 정보로 인해 주의가 분산되거나 지체되는 것을 어떻게 방지할 것인지에 대한 두 가지 핵심 과제에 집중했다. 이러한 맥락에서, AI와 기계학습, 그리고 이들의 빅데이터 활용 능력이 제공하는 진정한 이점은 군사 전문가들에게 중요한 정보에 집중할 수 있도록 신속하게 통찰력과 지식을 제공하는데 있다. 이 과정을 통해 우리는 복잡하고 불확실한 상황에서도 적응력과 예측 능력을 향상시킬 수 있게 되며, 명확한 구조나 규칙이 없고, 많은 변수(대부분 알려지지 않았거나 이해되지 않은)가 존재하는 복잡한 도전에 대처할 수 있는 능력을 갖추게 된다.

미 사이버사령부(U.S. Cyber Command) 사령관과 국가안보국(NSA, National Security Agency) 국장으로서 마지막 복무 기간 동안, 나는 이러한 AI와 기계학습 도구들을 어떻게 효과적으로 활용할 것인지에 대한 우리의 전략을 구체화하는 것과 우리의 경쟁자들과 잠재적 적들이 이러한 기술을 어떻게 인식하고 있으며, 어떤 전략으로 이를 활용하려하는지 이해하는 것, 두 가지 주요 목표에 집중했다.

또한 나는 이 과정에서 인간 요소에 많은 시간을 집중했다. 이러한 능력을 적용하는 데 있어 개인의 역할은 무엇인가? 미래의 전사를 양성하는 데 어떤 영향을 미치는가? 국방부 내에서 이러한 능력을 생성하고 적용하는 데 있어 인간의 장애 요소는 무엇인가? 이는 특히 중대한 변화를 신속하게 수용하지 않는 계층적이거나 관료적인 문화에서는 쉽게 답할 수 없는 질문들이다. 숙고 끝에 나는 제6장에서 언급한 바와 같이, AI와 기계학습 능력을 개발하고 구현하는 데 있어 가장 도전적인 측면은 기술 자체가 아니라 인간 요소가 될 것이라고 믿게 되었다. 우리는 정말로 기술을 넘어 생각하고 AI와 기계학습의 세계에서 인간의 역할을 결정해야 한다. 이러한 과정에 대한 어느 수준의 감독이나 외부 개입이 적절한가, 그리고 어떤 조건에서 그 감독/안전 체제가 변화하거나 적응해야 하는가?

AI와 기계학습은 체스나 바둑과 같은 규칙이 명확한 영역에서 이미 인간의 능력을 뛰어넘었다. 이는 이러한 활동들이 잘 정의된 규칙 체계를 가지고 있고, AI가 인간보다 훨씬 더 많은 데이터를 빠르게 처리할 수 있기 때문이다. 그러나 실제 전장 환경과 같이 불확실하고 복잡한 상황에서 AI와 기계학습의 잠재력은 더욱 크다. 이러한 환경에서 AI와 기계학습은 신속한 의사결정과 전략적 우위를 제공할 수 있는 가장 유망한 도구이다. 국방부(DoD)의 목표는 단순히 강대국 간 경쟁에서의 우위를 넘어, 모든 군사 작전 영역에서 더 넓은 선택지를 제공하는 것이다. 하지만 이 목표를 달성하는 것은 쉽지 않으며, 여러 가지 한계와 도전에 직면할 것이다.

전통적인 군사 훈련에서는 실제 상황에서의 시행착오 학습이 필수적이지만, 이는 많은 자원을 소모하고 위험이 높은 방법이다. AI와 기계학습은 시뮬레이션 환경에서 수많은 시나리오를 빠르게 학습하고 분석함으로써 이러한 위험과 비용을 크게 줄일 수 있는 잠재력을 가지고 있다. AI와 기계학습의 가장 큰 가치는 인간의 예측 능력을 향상시키는 데 있다. 이 기술들은 방대한 데이터를 분석하여 이전에 알려지지 않았거나 예측하기 어려웠던 패턴과 통찰력을 제공할 수 있다. 이러한 예측 능력은 공격적 작전뿐만 아니라 방어와 대응 전략 수립에도 중요하게 활용될 수 있다.

사이버 작전과 관련하여, 우리의 가장 큰 도전은 방어와 공격 전략 사이의 근본적인 사고방식 차이에 있다. 대부분의 방어 전략은 이미 알려진 위협이나 과거에 관찰된 패턴에 기반한다. 다시 말해, 우리는 기존에 파악된 위협에 대해 최적화된 대응을 준비한다. 그러나 공격 전략에서는 적의 시스템을 침투하고 그들의 방어에 실시간으로 대응하기 위해 새롭고 예측 불가능한 능력을 신속하게 개발해야 한다. 이러한 차이는 다음과 같은 중요한 질문들을 제기한다. 어떻게 하면 상황에 따라 자동으로 변형되고 적응할 수 있는 공격 도구를 개발할 수 있을까? 동시에, 이와 같은 적응성을 가진 방어 시스템과 전략을 어떻게 구축할 수 있을까? AI 기술을 활용하여 실시간으로 "자가 치유"하고 새로운 위협에 즉각 대응할 수 있는 시스템을 만들 수 있을까? 이러한 맥락에서 암호화 기술은 양날의 검이 될 수 있다. 우리의 시스템을 보호하는 강력한 도구가 될 수 있지만, 동시에 적대세력이 이용할 수 있는 새로운 위협이 될 수도 있다.

샘 탕그레디(Sam Tangredi), 조지 갈도리시(George Galdorisi), 그리고 이 책에 기여한 많은 저명하고 통찰력 있는 기고자들에게 감사를 표한다. 위대한 여정은 종종 단순한 첫걸음, 즉 생각과 견해를 글로 옮기는 것으로 시작된다. 우리는 모두 빅데이터, AI, 기계학습이 국방부(DoD)의 임무 수행 능력을 어떻게 향상시킬 수 있는지 깊이 이해하고, 이러한 기술의 잠재력을 최대한 활용하기 위한 여정에 동참하고 있다. 이 노력에서 실패할 경우 파장은 매우 심각할 것이다. 우리는 우리에게 위협이 될 수 있는 다른 국가들과 이러한 기술을 활용하기 위한 경쟁 중에 있으며, 이는 우리가 절대 질 수 없는 경쟁이다.

빅데이터, AI, 기계학습은 우리에게 큰 기회를 제공하고 있으며, 나는 이러한 기술들을 두려워하기보다는 적극적으로 받아들일 것을 권한다. 행운은 대담한 자를 돕는다. 변화를 예측하고 선제적으로 대응할 수 있는 능력, 새로운 기술과 능력을 신속하게 습득하고 적용하는 유연성, 혁신적인 방법론, 조직 구조, 업무 프로세스를 수용하는 개방성, 지속적으로 새로운 기술을 학습하고 적용하는 적응력과 같은 특성을 갖춘 팀과 개인이 빅데이터, AI, 기계학습 분야에서 제공하는 기회를 가장 잘 활용할 수 있을 것이다. 우리가 이러한 능력을 진정으로 이해하고 최적화하여 효과적인 결과를 창출하려면 다양한 분야와 관점을 가진 많은 개인의 통찰력이 필요할 것이다. 여기에 기여한 모든 분들께 감사드리며, 대담해지기를 바란다.

# 기고자 소개

## 편집자

조지 갈도리시(George Galdorisi)는 미 태평양 해군정보전센터의 전략평가 및 미래기술 국장으로, 그의 업무 대부분은 빅데이터, 인공지능, 기계학습의 작전적 활용에 초점을 맞추고 있다. 이 센터에 합류하기 전, 그는 30년간 해군 항공장교로 복무했으며, 그의 군 경력 중 마지막 14년 동안에는 부대장, 지휘관, 준장, 참모장 등의 고위 직책을 연이어 역임했다. 그의 마지막 작전 임무는 항공모함 USS 칼 빈슨(USS Carl Vinson)과 USS 에이브라함 링컨(USS Abraham Lincoln)에 탑승하여 제3순양함구축함전단의 참모장으로 5년간 복무한 것이다. 이 임무 중 그는 또한 중국 인민해방군 해군과의 군사 회담에서 미국 대표단을 이끌었다. 그는 여러 소설과 논픽션 작품을 저술했으며, 전문 저널에 기고한 글 중에는 미 해군협회 프로시딩스상을 수상한 "해군에 AI가 필요하다: 그 필요성은 아직 명확하지 않지만(The Navy Needs AI: It's Just Not Certain Why)"이라는 글이 있다. 그는 글쓰기 외에도 자신의 웹사이트(www.georgegaldorisi.com)를 통해 독자들과 소통하는 것을 즐긴다.

샘 J. 탕그레디(Sam J. Tangredi)는 미 해군대학의 레이도스 미래전 연구 석좌교수, 미래전 연구소 소장, 그리고 국가, 해군, 해양 전략 교수이다. 미 해군사관학교와 해군대학원을 졸업했으며, 남캘리포니아 대학에서 국제관계학 박사학위를 취득했다. 그는 30년간의 해군 경력을 수상전 장교로 복무했으며, USS 하퍼스 페리(USS Harpers Ferry)의 지휘관으로 마무리했다. 육상 근무 시 그는 해군참모총장실 전략개념과(N513)의 과장으로서 전략 기획관 및 전략 기획팀장을 역임했으며, 이후 해군 국제 프로그램실에서 전략 기획 및 사업 개발 처장으로 복무했다. 또한 해군장관실 연설문 작성관 및 특별 보좌관, 합동참모본부 국방자원관리실 담당관, 그리스 공화국 주재 미국 국방무관으로도 근무했다. 그는 5권의 저서와 150편 이상의 논문을 발표했으며, 미 해군협회의 알레이 버크상과 미 해군리그의 알프레드 테이어 마한상을 포함한 14개의 군사 전문 문학상을 수상했다. 그의 웹사이트 (www.samjtangredi.com)를 통해 연락할 수 있다.

### 기고자들

아담 M. 에이콕(Adam M. Aycock) 해군 대령(퇴역)은 최근 미 해군대학 해군전연구센터 내 미래전연구소의 연구원으로 근무했다. 그는 여러 연구 주제 중에서도 특히 미래 무인 시스템의 효과적인 운용을 위한 자율성 수준과 필수 안전장치에 대해 중점적으로 연구했다. 수상전 장교로서의 경력 동안 그는 네 차례의 해상 지휘를 맡았다: USS 글래디에이터(USS Gladiator, MCM 11)와 USS 센트리(USS Sentry, MCM 3)의 순환 지휘관, USS 마한(USS Mahan, DDG 72), 플로리다 메이포트의 해상훈련단(Afloat Training Group), 그리고 USS 샤일로(USS Shiloh, CG 67)

의 지휘관을 역임했다. 그는 육상에서 인사국과 합동참모본부에서 대테러/국토방위과의 해양작전위협대응 전문가로 근무했다. 에이콕 대령은 미 해군사관학교 졸업생이며 미 해병대 지휘참모대에서 군사학 석사학위를 취득했다.

윌리엄 브레이(William Bray)는 해군연구개발획득차관 산하 해군연구개발시험평가차관보로 재직 중이다. 그는 해군연구개발시험평가 예산 활동, 과학 및 공학, 첨단 연구개발, 시제품 제작 및 실험, 시험 및 평가와 관련된 모든 사항에 대한 행정 감독 책임을 맡고 있다. 해군연구개발시험평가차관보 직책을 수행하면서, 그는 해군 산하의 해군 연구소, 전투센터, 시스템센터 등 다양한 연구개발 기관들을 총괄 관리하고 감독하는 역할도 담당하고 있다. 브레이는 이전에 통합전투체계 프로그램집행실의 집행이사, 해군 전략체계프로그램실의 통합핵무기 안전 및 보안 국장, 통합전투체계 프로그램집행실의 통합전투체계 국장으로 근무했으며, 여기서 그는 해군 수상함 전투체계의 주요 프로그램 관리자였다. 그는 캘리포니아 코로나 해군수상전센터에서 공무원 경력을 시작했다. 브레이는 펜실베이니아 주립대학에서 공학 학사학위를, 남캘리포니아 대학에서 시스템 관리 석사학위를 취득했다. 그는 미 해군 최고 민간인 봉사상을 수여받았다.

네빈 카(Nevin Carr) 해군 소장(퇴역)은 현재 글로벌 과학기술 기업 레이도스의 부사장 겸 미 해군 전략 계정 책임자로 재직 중이다. 그는 또한 국제무인기시스템협회의 이사이기도 하다. 레이도스에 합류하기 전, 그는 맥킨지의 수석 고문과 스탠포드 대학교의 초빙 석학을 역임했다. 카 소장은 34년간의 해군 경력을 마치고 퇴역했으며, 이 기간 동안 USS 알레이 버크(USS Arleigh Burke)와 USS 케이프 세인트 조지(USS Cape St. George)의 함장을 지냈다. 그의 육상 근무는 함정 전투체계와 해상 기반 탄도미사일 방어에 초점을 맞추었다. 해군참모총장실에서 전투체계 및 무기 담당 부국장으로 근무했다. 이후 그는 해군 국제프로그램 차관보로 임명되어 군사훈련, 공동 기술개발, 대외군사판매를 통해 국제 안보협력 관계를 구축했다. 마지막 보직은 해군연구소장으로, 4천 명의 우수한 과학자와 기술자들이 수행하는 연간 20억 달러 규모의 해군 과학기술 연구개발 사업을 총괄했다. 그는 산업계, 학계, 주요 연구기관 및 국제 파트너들과 긴밀히 협력하여 지향성 에너지 무기, 자율 시스템, 전자기 스펙트럼 우위 기술, 전자기 레일건 같은 첨단 군사 기술의 개발을 주도했다. 그는 미 해군사관학교에서 조선공학 학사학위를, 해군대학원에서 운영분석 석사학위를 취득했다.

호세 카레뇨(José Carreño)는 태평양 해군정보전센터의 선임 분석관이자 전략 및 의사결정지원과장이다. 그의 정부 근무는 해군연구소의 인턴십 프로그램을 통해 태평양 해군정보전센터에 배정되면서 시작되었다. 대학원 학위를 마친 후, 그는 태평양 해군정보전센터의 운영분석관으로 합류했다. 이후 그는 전략 및 의사결정지원과장으로 선발되어 해군정보전센터의 전략 수립, 관리, 시행을 총괄하고 있으며, 이와 관련된 모든 연구 및 분석 업무를 책임지고 있다. 또한 그는 미국과 칠레 해군 간 C4I(지휘, 통제, 통신, 컴퓨터, 정보) 체계에 관한 정보교환협정의 칠레 측 부기술사업관으로 활동하고 있다. 카레뇨는 캘리포니아 대학교 버클리에서 학부를 마쳤고, 캘리포니아 대학교 샌디에고에서 국제관계 석사학위를, 해군대학원에서 체계분석 석사학위를 취득했다.

나다니엘 챔버스(Nathanael Chambers) 박사는 미 해군사관학교 컴퓨터과학과 부교수이자 고성능 컴퓨팅 센터의 공동 소장이다. 그의 연구는 자연어 처리에 중점을 두고 있으며, 기계학습 기법을 활용하여 문자 텍스트에서 정보를 추출하는 데 주력한다. 연구 목표는 인간의 언어를 통해 전달되는 정보를 비지도 학습 방식으로 해석함으로써, 인공지능의 더 깊은 추론 능력을 실현하는 것이다. 또한, 대량의 텍스트 데이터를 더 효과적으로 분석하기 위한 혁신적인 정보 추출 기법을 연구하고 있다. 특히, 사건이 언제 시작되고, 얼마나 지속되며, 어떤 순서로 발생하는지 시간적 요소에 초점을 맞춘 세 가지 핵심 측면을 모델링한다. 해군사관학교에서 9년 동안 그는 십여 명 이상의 생도들과 함께 공동 자자로 연구 논문을 발표했다. 2020년에 1951년 졸업생 민간 교수 연구 우수상을 수상했다. 로체스터 대학교 졸업생이며 2011년 스탠포드 대학교에서 컴퓨터과학 박사학위를 취득했다. 그는 학업 완료 직후 해군사관학교 교수진에 합류했다.

브라이언 클라크(Bryan Clark)는 허드슨 연구소의 선임연구원이자 국방개념기술센터의 소장이다. 연구 분야는 해군 작전, 전자전, 자율 시스템, 군비경쟁, 그리고 워게임을 포함한다. 2013년부터 2019년까지 전략예산평가센터에서 선임연구원으로 활동했으며, 국방부 순평가국, 국방장관실, 그리고 국방고등연구계획국(DARPA)의 요청으로 신기술과 미래 전쟁에 관한 연구를 이끌었다. 2013년 전략예산평가센터에 합류하기 전, 해군참모총장의 특별보좌관과 지휘관 참모단 단장으로 근무하며, 해군 전략 수립을 주도하고 전자기 스펙트럼 작전, 대잠수함전, 원정작전, 그리고 인사관리 및 전비태세 분야의 새로운 정책들을 이행했다. 또한, 2004년부터 2011년까지 해군 본부 참모로 근무하며, 평가과에서 연구를 주도하고 2006년과 2010년에 시행된 4년 주기 국방태세검토보고서(QDR, Quadrennial Defense Review) 작성에 참여했다. 2008년 해군 전역 전까지 수병 및 장교로 잠수함 근무를 수행했다. 그는 해상과 육상에서 잠수함 작전 및 훈련에 참여했으며, 해군 원자력추진 훈련부대에서 기관장과 작전장교로 복무했다.

찰스 R. 클라크(Charles R. Clark) 미 해군 중령은 SH-60B/R 해상작전 헬기 조종사이자 공인 작전분석관으로, 현재 해군참모총장실 소속 전력평가국에서 근무 중이다. 그는 미래 함대 소요에 대한 전력분석 업무를 수행하고 있다. 클라크 중령은 17년의 군 경력 동안 다수의 작전 임무를 성공적으로 수행했다. 그의 보직에는 대잠헬기경항공대 51(HSL-51), 강습상륙함 USS 복서(LHD-4), 해상타격헬기대 49(HSM-49), 그리고 바레인 소재 미 해군 중부사령부 해군부대가 포함된다. 이러한 보직을 수행하는 동안 그는 서태평양, 아라비아해, 동태평양 전역에서 다양한 작전에 참가했다. 육상 근무 시에는 해상타격헬기대 41(HSM-41)에서 MH-60R 비행교관으로 근무했다. 그는 미 해군사관학교를 졸업하여 컴퓨터과학 학사학위를 취득했으며, 해군대학원에서 운영분석 석사학위와 과학계산 인증서를 취득했고 운영분석 분야에서 해군참모총장 우수상을 수상했다. 또한 경영학 석사학위도 보유하고 있다.

프레더릭 L. 크래브(Frederick L. Crabbe) 박사는 미 해군사관학교 컴퓨터 과학과 교수로서 지능형 로봇공학 분야를 강의한다. 사관학교에서 19년간 재직하며, 그의 연구는 인공지능과 로봇 또는 유사 자율체계 간의 융합에 중점을 두었다. 특히 그는 관찰, 협업, 또는 다양한 형태의 명시적 교육을 통한 자율체계 간 사회적 학습을 탐구했다. 크래브 교수는 1992년 다트머스 대학에서 철학을 접목한 컴퓨터 과학 문학사학위를 취득했으며, 이 과정에서 에든버러 대학과의 교환 프로그램에 참여했다. 2000년에는 캘리포니아 대학교 로스앤젤레스에서 컴퓨터 과학 박사학위를 받았다. 그의 국방 분야 연구 관심사는 보병 소대를 지원하는 자율 무인체계 개발과 무인항공기 군집의 전술 향상을 위한 인공지능 기법 적용을 포함한다.

크리스 C. 뎀책(Chris C. Demchak) 박사는 미 해군대학 해군전투연구센터 내 사이버혁신정책연구소에서 그레이스 M. 호퍼 해군소장의 이름을 딴 사이버안보 석좌교수직을 맡고 있으며, 선임 사이버 연구원으로 재직 중이다. 그녀는 이전에 사이버분쟁연구센터를 공동 설립하고 소장을 역임했다. 뎀책 박사는 프린스턴 대학교와 캘리포니아 대학교 버클리에서 공학, 경제학, 비교복합조직이론, 정치학 학위를 취득했다. 미 육군 정보장교로 복무했으며, 육군사관학교와 애리조나 대학교에서 교편을 잡았다. 또한 인공지능 연구의 초기 프로그래밍 언어인 LISP를 연구했다. 그녀는 '사이버화된 분쟁'(cybered conflict, 기존의 사이버 분쟁과 구별되는 개념), 경쟁적 사회기술경제 체계를 의미하는 "사이버 베스트팔렌"(Cyber Westphalia), 사이버 작전 복원력 동맹 등의 개념을 발전시켰다. 다수의 학술 논문 외에도 『군사조직, 복합기계』(1991), 『복원력 설계』(공동편집, 2010), 『혼란과 복원력의 전쟁』(2011) 등의 저서를 출간했다. 미국정치학회 국제안보분과 의장을 역임했다. 현재 그녀는 "사이버 베스트팔렌: 국제 경제, 분쟁, 글로벌 구조의 재편"과 "사이버사령부: 국가 사이버방어 실험으로서의 다양한 모델 이해"라는 프로젝트를 수행하고 있다.

월리엄 G. 글레니 4세(William G. Glenney IV) 교수는 미 해군대학 미래전연구소의 연구교수로 재직 중이며, 동 연구소의 초대 소장을 역임했다. 그의 연구는 미래 전장 환경 분석과 미래 해군력의 역할 및 임무 정립에 초점을 맞추고 있다. 또한 미래전연구소를 대표하여 유관 기관들과의 국제협력 업무를 총괄한다. 글레니 교수는 18년간 해군참모총장 전략연구그룹의 부국장으로 재직했다. 이 기간 동안 그는 전략 연구와 더불어, 명확한 해결책이 없는 고난도 과제들에 대응하기 위한 혁신적 해군 작전개념 개발을 주도했다. 미 해군사관학교에서 기계공학 우등 졸업 후, 글레니 교수는 현역으로 10년간 핵추진 프로그램과 잠수함 부대에서 복무했다. 이어 20년간 해군 예비역으로 복무하며 4차례 지휘관을 역임했고, 대령으로 전역했다. 글레니 교수는 전략연구그룹에 합류하기 전, 첨단기술 기업인 소날리스트에서 근무했다. 이 회사에서 그는 주로 잠수함 실전 작전 및 해군 정보 분야와 관련된 업무를 수행했다.

스테파니 시에(Stephanie Hszieh) 박사는 샌디에고 소재 미 태평양 해군정보전센터의 선임 전략 분석관으로 근무 중이다. 그녀는 태평양 해군정보전센터의 전략 기획과 조사 관리 업무를 지원하고 자문한다. 또한 태평양 해군정보전센터의 전략 관리 프로세스를 총괄하며, 센터의 전략 이행에 관해 지휘부에 조언을 제공한다. 시에 박사는 글로벌 해양 파트너십 네트워킹에 관한 다수의 연구 논문을 발표했다. 또한 호주 해군 해양력 센터에서 출간한 『글로벌 해양 파트너십 네트워킹 (Networking the Global Maritime Partnership)』의 공동 저자이다. 그녀는 남캘리포니아 대학교에서 정치학 박사학위를 취득했다.

니나 콜라스(Nina Kollars) 박사는 미 해군대학 사이버혁신정책연구소의 부교수로 재직 중이다. 그녀의 연구는 신흥 기술, 인간, 조직의 상호작용이 안보에 미치는 영향을 분석하며, 특히 혁신을 주도하는 현장 실무자들의 역할에 주목한다. 콜라스 박사의 초기 연구는 전시 미군 장병들의 야전 개조(field modification) 활동과 미 육군의 현장 주도형 전장 혁신(battlefield innovation) 활용 능력을 분석했다. 현재 그녀는 이와 같은 "상향식" 분석 방법론을 사이버 안보 분야에 적용하고 있다. 그녀는 최근 수년간 "화이트햇" 해커 커뮤니티를 연구하고 협력해왔으며, 화이트햇 해커들의 미국 국가안보 기여도를 조명하는 저서를 준비 중이다. 박사 과정 이전 콜라스 박사는 하버드 대학교 듀보이스 연구소, 미국 의회도서관 연방연구부, 세계은행 등 다양한 기관에서 연구원으로 활동했다. 그녀는 첨단 사이버 보안 전략과 기술 혁신에 관해 매사추세츠 공과대학 슬로안 경영대학원, 국가안전보장회의 육군 능력통합센터 등에서 국가 지도자 및 학자들을 대상으로 강연을 수행했다. 콜라스 박사는 조지 워싱턴 대학교에서 석사학위를, 오하이오 주립 대학교에서 정치학 박사학위를 취득했다.

알버트 K. 레가스피(Albert K. Legaspi) 박사는 미 태평양 해군정보전 센터의 전술 및 전사적 네트워크 선임 엔지니어로 재직 중이다. 그는 해군 네트워크 분야의 과학기술공학 전문가로 활동하며, 안전한 정보 공유를 위한 연합 네트워크 위원회 의장을 맡고 있다. 이전에는 네트워크 중심 공학 및 통합 역량 책임자로 근무했다. 레가스피 박사는 복합체계(System-of-Systems) 모델링 및 시뮬레이션, 합동 정보 환경, 함정 안테나 설계 및 분석, 그리고 위성항법체계(GPS) 분야의 공학 프로젝트를 주도했다. 네트워크 부서 전 책임자로서, 그는 현재도 해군의 네트워킹 기술 분야 전문가로 활동하고 있다. 레가스피 박사는 정보전 담당 해군작전부차장 산하에서 네트워크중심전 분석과장, 해군 모델링 및 시뮬레이션국 부국장, 그리고 합동참모본부 네트워크전 시뮬레이션 프로그램 해군 대표로 근무했다. 그는 캘리포니아 대학교 로스앤젤레스에서 수학과 시스템 공학 학사학위를, 캘리포니아 대학교 샌디에고에서 전기공학 석사 및 박사학위를 취득했다. 레가스피 박사는 미 해군 공로 민간인 봉사상을 수여받았다.

더그 랭(Doug Lange) 박사는 미 태평양 해군정보전센터의 기계학습 및 인공지능 분야 수석과학자로 재직 중이다. 그의 경력은 1983년 캘리포니아 대학교 데이비스에서 컴퓨터 과학 및 수학 학사학위를 취득한 후 지휘통제체계 개발 분야에서 시작되었다. 이후 해군대학원에서 석사 및 박사학위를 취득했다. 랭 박사는 제7함대사령부에서 지휘, 통제, 통신, 정보(C4I) 자문관으로 참모 근무를 수행했으며, 육상 및 해상 체계의 엔지니어링 프로젝트를 총괄했다. 그는 국방고등연구계획국(DARPA)의 학습형 개인 비서 프로그램에 참여하면서, 센터의 AI 연구에 기계학습을 접목시키기 시작했다. 이후 랭 박사는 해군의 지휘, 통제, 통신, 컴퓨터, 정보, 감시, 정찰(C4ISR) 체계에 기계학습과

AI를 통합하기 위한 센터의 노력을 확대하고자 다수의 프로젝트를 수행해 왔다.

제프리 마(Jeffrey Mah)는 미 태평양 해군정보전센터에서 33년 이상 엔지니어로 재직 중이다. 그의 경력 동안, 마는 해군 작전 네트워크부터 국가지리정보국의 비밀 대외 통신 요구사항에 이르는 복잡한 통신 체계들에 대한 솔루션을 개발하고 팀을 이끌어 왔다. 그는 센터의 체계 개발 및 지원 분야에서 핵심적인 역할을 수행해 왔으며, 이는 기초 연구, 시제품 개발, 체계 공학, 그리고 전력화된 통신 체계의 전주기 지원을 포함한다. 그의 업무는 산업계, 학계, 그리고 기타 정부 및 비정부 기관들과의 협력을 포함한다. 그는 캘리포니아 대학교 샌디에고를 졸업했다.

코너 S. 맥클모어(Connor S. McLemore) 해군 중령은 E−2C 호크아이 해군 전술항공장교이자 공인 작전분석관으로, 현재 해군참모총장실 평가국에서 근무하며 미래 함대 소요에 대한 분석을 수행하고 있다. 그는 19년간의 미 해군 복무 기간 동안 다수의 작전 임무를 수행했다. 맥클모어 중령은 "선 킹스"(Sun Kings)로 알려진 제116 항공모함 조기경보통제비행대대에 소속되어 남부감시작전, 이라크 자유작전, 그리고 항구적 자유작전을 지원하기 위해 페르시아만과 오만만에 파견되었다. 그는 미 해군사관학교와 미 해군 전투기 무기학교(일명 탑건)를 졸업했으며, 해군대학과 해군대학원에서 각각 석사학위를 취득했다. 해군대학원에서 작성한 그의 논문은 군사작전연구학회의 스티븐 A. 티스데일 대학원 연구상을 수상했다. 2014년 맥클모어 중령은 해군대학원으로 복귀하여 군사 부교수 및 작전연구 프로그램 책임자로 근무했다. 재직 기간 동안 그는 대학원 수준의 프로그래밍 과정을 강의했으며, 권위 있는 국제 과학 저널에 두 편의 논문을 발표했다. 그는 공공정책 웹사이트 War on the Rocks에 게재된 "해전에서의 인공지능의 여명"(The Dawn of Artificial Intelligence in Naval Warfare) 기사의 공동 저자이다.

데일 L. 무어(Dale L. Moore) 박사는 현재 해군 연구개발시험평가 차관보실의 전략혁신국장으로 재직 중이며, 해군 30년 연구개발계획(Department of the Navy Thirty Year Research and Development Plan)의 수석 책임자로 활동하고 있다. 미 해군, 국방부 및 다수의 유관 민간·학술기관을 지원하는 광범위한 기술, 관리 및 리더십 분야에서 37년 이상의 경력을 쌓았다. 주요 경력으로는 해군항공시스템사령부(NAVAIR)의 전략기획조정실행국장, 해군항공전투센터 항공기부 전략작전사령관 보좌관, 그리고 해군 무인전투항공체계의 수석 체계공학관이 있다. 조지 워싱턴 대학교에서 인적·조직 학습, 리더십 및 변화 관리 분야 박사학위, 해군대학원에서 제품 개발 분야 우등 석사학위, 그리고 기계공학 학사학위를 취득했다. 무어 박사는 미 해군 공로 민간인 봉사상을 두 차례 수상했으며, 국방부 획득 프로그램 관리 전문가 그룹의 정식 구성원이다. 또한 국방획득 프로그램 관리 및 체계공학 분야에서 최고 수준인 레벨 III 인증을 받았다.

마이클 오가라(Michael O'Gara)는 전술데이터링크 분야의 공인 전문가로, 해군정보전사령부의 통합화력 분야 총괄 기술보증책임자로 임명되었다. 이 직책에서 그는 미 태평양 해군정보전센터를 중심으로 모든 해군 연구개발센터 간 통합화력 발전을 이끌었으며, 해군 및 국방 기술 분야 전반에 걸친 성공적인 협력을 통해 높은 평가를 받았다. 현재 오가라 씨는 펜타곤에 파견되어 해군참모총장실(OPNAV) 디지털전투실의 기술고문으로 근무 중이며, 해군의 AI 운용에 주력하고 있다. 그는 지속적이고 분산된 실전·가상·구성(LVC, Live, Virtual, and Constructive) 환경을 시험평가 및 실험용으로 구축하는 전투발전센터 간 협력 프로젝트를 계속해서 선도하고 있다. 캘리포니아주 샌디에고 출신인 그는 1984년 미 해군사관학교를 졸업하고 수상함 장교로 임관했다. 현역 복무 기간 동안 그는 핵추진 순양함 USS 롱비치(CGN-9)를 시작으로 항공모함 USS 존 C. 스테니스(CVN-74)에 이르기까지 총 7차례의 함정 근무를 수행했다. 이 과정에서 그는 서태평양, 인도양, 아라비아해 해역에 총 8회 전개되어 작전을 수행했다. 그는 국립대학교에서 두 개의 석사학위를 취득했으며, 매사추세츠 공과대학에서 모델 기반 체계공학 인증서를 받았다.

마크 오웬(Mark Owen)은 미 태평양 해군정보전센터의 정보·감시·정찰(ISR) 분야 선임 과학기술관리자이며, 센터 최초의 다중정보 및 상관관계 기술 수석책임자이다. 그가 이끄는 팀은 해군/국방부 요구사항과 국가정보공동체 주도 사업을 지원하기 위해 첨단 다중정보 융합 기술의 연구개발 및 체계 전력화를 수행한다. 이는 분산형 ISR 데이터 분석 및 예측 정보 분야의 해군 능력 개발을 포함한다. 이전에 오웬은 5개국 기술협력프로그램의 C3I 그룹 내 정보융합 기술패널에서 미 해군 대표를 역임했으며, 신호처리 및 데이터 융합 기술 연구개발 분야에서 28년의 경력을 보유하고 있다. 오웬은 데이터 융합, 신경망 추적, 다중가설 추적, 신경망 제어 분야에서 30편의 논문을 발표했으며, 『정보 융합의 개념, 모델 및 도구』 저서 집필에 크게 기여했다. 오웬은 탁월한 과학 및 공학적 업적으로 델로레스 M. 에터 최우수 과학기술인 상을 수상했으며, 자동화된 레이더 모델링 및 특성화 분야의 과학기술 우수성으로 SSC 태평양 갈릴레오상을 받았다. 그는 캘리포니아 주립대학교 롱비치에서 전기공학 학사 및 석사학위를 취득했다.

케이티 레이니(Katie Rainey) 박사는 미 태평양 해군정보전센터의 연구원으로, 해군 적용을 위한 기계학습 알고리즘의 신뢰성 연구를 수행하고 있다. 그녀의 최근 연구는 해양 환경 조건 하에서 다중 출처 및 센서로부터 획득한 영상을 분석하기 위한 알고리즘 개발에 중점을 두고 있다. 레이니 박사는 국방 커뮤니티 내 기계학습 연구를 위한 최고의 기술 포럼인 '해군 기계학습 응용 워크숍'의 총괄 의장이자 공동 창립자이다. 또한, 그녀는 국방 과학기술 연구소 간 AI 연구자 네트워크 구축에도 적극적으로 참여하고 있다. 샌디에고 출신인 레이니 박사는 캘리포니아 대학교 버클리에서 수학 학사학위를, 캘리포니아 대학교 어바인에서 수학 석사학위를 취득했으며, 2010년 캘리포니아 대학교 어바인에서 수학 박사학위를 받았다.

마이클 S. 로저스(Michael S. Rogers) 미 해군 예비역 대장은 현재 민간 부문의 여러 기업에서 이사회 구성원, 선임 자문위원 또는 벤처 파트너로 활동하고 있다. 그는 노스웨스턴 대학교 켈로그 경영대학원의 겸임교수로 재직 중이며, 사이버 안보, 첨단 기술, 지정학적 이슈 및 리더십에 관해 전 세계적으로 강연을 수행한다. 해군 암호학 장교 출신인 로저스 대장의 마지막 현역 보직은 미국 사이버사령부와 국가안보국 사령관으로, 미국의 전자 및 사이버 정보 수집과 방어를 총괄했다. 그는 당시 신설된 정보전 특기 장교 중 최초로 대장 계급에 올랐다. 그는 재임 기간 동안 미국 사이버사령부를 통합전투사령부로 격상시키는 데 주도적 역할을 했다. 이전에 로저스 대장은 미 제10함대 및 함대사이버사령부 사령관을 역임했다. 또한 군 경력 중 그는 미 태평양사령부와 합동참모본부의 정보참모부장으로 복무했다. 그는 오번 대학교 졸업생이며, 국방대학교 우수 졸업생이자 해군대학원에서 최우수 성적으로 수료했다. 또한 MIT 세미나 XXI 연구원이며 하버드 국가안보 고위 간부 과정을 이수했다.

폴 샤레(Paul Scharre)는 신미국안보센터(CNAS, Center for a New American Security)의 선임연구원이자 기술 및 국가안보 프로그램 국장이다. 그는 『아무도 없는 군대: 자율무기와 전쟁의 미래(Army of None: Autonomous Weapons and the Future of War)』의 저자로, 이 책은 2019년 콜비상을 수상하고 빌 게이츠가 선정한 2018년 최고의 도서 5권에 선정되었다. 2008년부터 2013년까지 샤레는 국방부 장관실에서 근무하며 무인체계 및 자율체계, 첨단 무기 기술에 관한 정책 수립을 주도했다. 그는 무기체계의 자율성에 관한 국방부 정책을 규정한 지침 3000.09를 입안한 국방부 실무그룹을 지휘했다. 이후 그는 국방부 정책차관 특별보좌관으로 임명되었다. 국방부 장관실 근무 이전, 샤레는 미 육군 제3레인저대대의 특수작전 정찰팀장으로 복무했으며 이라크와 아프가니스탄에 수차례 파견되었다. 샤레는 다수의 논문을 발표했고, 상하원 군사위원회에서 증언했으며, 유엔에서 연설을 했다. 그는 워싱턴 대학교 세인트루이스에서 정치경제학 및 공공정책 석사학위와 물리학 학사학위(우등)를 취득했다.

해리슨 슈람(Harrison Schramm)은 전략예산평가센터의 선임연구원으로, 최근 "COVID-19: 분석 및 정책적 함의"(COVID-19: Analysis and Policy Implications) 연구를 주도했다. 그는 인공지능, 해상 군수지원, 미래 해군전력에 관한 연구에도 참여했다. 미 해군 복무 중 슈람은 헬기 조종사, 해군대학원 작전연구 군사 부교수, 그리고 국방부 작전분석관으로 근무했다. 공로훈장과 항공훈장 등의 군 포상 외에도, 해군헬기협회로부터 올해의 항공승무원상을 수상했다. 작전연구 커뮤니티의 리더로서, 그는 군사작전연구학회 부회장을 역임했으며, 작전연구 분야에 대한 탁월한 공로를 인정받아 클레이턴 토마스상을 포함한 다수의 전문가 상을 수상했다. 슈람의 연구 논문은 INTERFACES, 응용기상학회지, SIGNIFICANCE, 수리생물과학저널, 미 해군협회지, OR/MS Today, 군사작전연구 등의 학술지에 게재되었다.

안토니오 P. 시오르디아(Antonio P. Siordia)는 미 태평양 해군정보전센터의 정보 · 감시 · 정찰(ISR) 부서 선임 프로그램 관리자로, 자율체계 분과 내 다수의 프로젝트를 지휘하고 있다. 이전에는 국방부 장관실 전략능력국에 프로그램 관리자로 파견되어 임무를 수행했다. 그의 이전 보직으로는 기함 USS 블루 리지(LCC-19)에 탑승한 미 제7함대 사령관 예하 해군연구소(ONR) 과학 자문관과 로드아일랜드주 뉴포트 소재 해군참모총장 전략연구단 국장 특별연구원이 있다. 시오르디아는 캘리포니아 대학교 샌디에고와 해군대학원에서 각각 석사학위를 취득했다.

제임스 G. 스타브리디스(James G. Stavridis) 미 해군 예비역 대장은 현재 칼라일 그룹의 경영진과 투자 전문가들에게 지정학 및 국가안보 사안에 관해 자문을 제공하는 운영 임원으로 활동 중이다. 이전에는 터프츠 대학교 플레처 법률외교대학원 원장을 역임했다. 스타브리디스 대장은 북대서양조약기구(NATO) 연합군 최고사령관과 미국 유럽사령부 사령관을 겸임한 최초의 해군 장교로, 2009년부터 2013년까지 NATO 동맹국의 전 세계 작전을 총괄 지휘했다. 또한 2006년부터 2009년까지 미국 남부사령부 사령관으로서 중남미 지역 군사작전을 관장했다. 35년간의 해군 경력 동안 그는 구축함, 구축함전대, 항모타격단을 지휘했으며, 모든 지휘 기간 동안 전투에 참여했다. 그는 미 해군사관학교를 우수 졸업하였으며, 플레처 스쿨에서 법학 및 외교학 석사학위와 국제관계학 박사학위를 취득했다. 글로벌 안보 문제에 관한 저명한 전문가인 스타브리디스 대장은 이 분야에서 9권의 저서를 출간했으며, 뉴욕타임스, 워싱턴포스트, 애틀랜틱, 타임, 해군대학 리뷰, 미 해군협회지 등에 정기적으로 기고하고 있다. 또한 그는 NBC 뉴스의 수석 국제안보 분석관으로 활동 중이다.

패트릭 K. 설리번(Patrick K. Sullivan) 박사는 1985년 자체 자금으로 오션잇 연구소(Oceanit Laboratories)를 설립했다. 이 연구개발 기술 인큐베이터는 현재 200명 이상의 과학자, 엔지니어, 전문가를 고용하여 항공우주, 공학, 정보기술, 생명과학 분야에서 혁신적 해결책을 제공하고 있다. 오션잇은 생체광학, 신경독소 탐지, 광학, 미사일 방어체계, 우주 잔해물 관리, 아동 건강, 환경 응용 분야에서 첨단 혁신을 이루어냈으며, 이는 다수의 보고서와 특허로 이어졌다. 설리번 박사는 다양한 이사회와 위원회에서 풍부한 경험을 쌓았다. 그는 해군장관 지명 국가해양연구자문단, 파커 목장, 첨단기술개발공사, 태평양 재활병원, 나노포인트, 호아나 메디컬 등에서 활동했거나 현재 활동 중이다. 그는 국방고등연구계획국(DARPA)과 협력하여 해양과학 연구 국방 우수센터와 국가 전기차 실증 프로그램 등 국가급 연구 프로그램을 개발했다. 설리번 박사는 『지적 무정부주의: 파괴적 혁신의 기술(Intellectual Anarchy: The Art of Disruptive Innovation)』의 저자이며, 인도네시아 명예영사로도 활동하고 있다. 그는 콜로라도 대학교 볼더에서 공학 학사학위를, 하와이 대학교에서 공학 박사학위를 취득했다.

스콧 H. 스위프트(Scott H. Swift) 미 해군 예비역 대장은 스위프트 그룹의 창립자이다. 그는 매사추세츠 공과대학(MIT) 국제연구센터 로버트 E. 빌헬름 연구원, MIT 연구 협력관, 해군분석센터 선임연구원, 해군대학 겸임교수, 그리고 미 해군협회 이사회 멤버이다. 미 태평양함대 전 사령관인 스위프트 대장은 40년 이상 해군 항공병과에서 복무했다. 그의 작전 보직 경력으로는 제94공격비행대대(VA-94), 제97공격비행대대(VA-97), 제11항모항공단 참모, 제97전투공격비행대대(VFA-97) 대대장, 제14항모항공단장, 바레인 주둔 미 중부해군사령부 부사령관, 제9항모타격단(CSG 9) 사령관, 그리고 일본 요코스카 기지 미 제7함대사령관이 있다. 이러한 임무 수행 중 그는 프레잉 맨티스 작전, 서던 워치 작전, 엔듀어링 프리덤 작전, 이라크 자유 작전 등의 전투에 참가했다. 그의 육상 근무 경력으로는 태평양 전투기 무기학교장, 해군참모총장실(OPNAV) F/A-18 소요담당관, 제122전투공격비행대대(VFA-122) 대대장, 국방부 획득·기술·군수차관 참모, 미 태평양사령부 작전본부장, 그리고 해군참모총장실 본부장이 있다. 스위프트 대장은 샌디에고 주립대학교를 졸업했으며, 미 해군대학원에서 석사학위를 취득했다.

개빈 테일러(Gavin Taylor) 박사는 미 해군사관학교의 컴퓨터 과학 부교수로 재직 중이다. 그는 탁월한 교육 능력을 인정받아 다수의 상을 수상했으며, 강화학습, 데이터 오염, 신경망 최적화 등 기계학습의 다양한 분야에서 활발한 연구 활동을 펼치고 있다. 최근 그의 연구는 인공지능 체계에 대한 적대적 공격에 초점을 맞추고 있다. 또한 테일러 박사는 해군사관학교의 고성능 컴퓨팅 센터를 공동 지휘하고 있다. 그는 데이비슨 대학에서 수학 학사학위를, 듀크 대학교에서 컴퓨터 과학 석사 및 박사 학위를 취득했다. 학위 취득 직후 미 해군사관학교 교수진에 임용되었다. 최근 한 온라인 학생 평가에서는 "이 교수님은 돌멩이에게도 프로그래밍을 가르칠 수 있을 것"이라는 극찬이 있었다.

레이첼 볼너(Rachel Volner)는 미 태평양 해군정보전센터 태평양의 선임 전략 분석관으로 근무하고 있다. 미 태평양 해군정보전센터는 지휘, 통제, 통신, 컴퓨터, 정보, 감시, 정찰(C4ISR), 사이버, 우주 기반 능력 개발을 위한 해군의 전문연구기관으로, 볼너의 현재 주요 임무는 전략 및 기술 전망 분석이다. 그녀는 이전에 캘리포니아 대학교 샌디에고에서 국제관계학 석사학위를 취득했으며, 중국 지역 연구와 공공

정책을 전공했다. 볼너는 전략 및 기술 전망 분석 외에도 인도-태평양 지역의 안보 태세와 경제 발전 동향에 대한 분석에 주력하고 있다.

로버트 O. 워크(Robert O. Work) 전 국방부 부장관은 현재 신미국안보센터의 국방 및 국가안보 분야 석좌 선임연구원으로 활동 중이며, 의회 주도로 설립된 국가안보 인공지능 위원회의 부위원장을 맡고 있다. 워크 전 장관은 국방부 부장관 재임 시 펜타곤의 일상 업무를 총괄하고 6,000억 달러 규모의 국방 예산을 편성하는 책임을 수행했다. 그는 잠재적 위협국에 대한 미국의 재래식 전력 우위를 회복하기 위한 '제3차 상쇄전략' 수립에 주도적 역할을 한 것으로 평가받고 있다. 부장관 취임 전에는 1년간 신미국안보센터의 최고경영자로 재직했으며, 2009년부터 2013년까지 해군차관을 역임했다. 미 해병대에서 27년간 현역으로 복무하고 대령으로 전역한 후, 그는 전략예산평가센터에서 선임연구원 및 전략연구 부회장으로 근무했다. 또한 조지 워싱턴 대학교에서 겸임교수로 활동했다. 워크 전 장관은 일리노이 대학교 어바나-샴페인 캠퍼스에서 이학사, 남캘리포니아 대학교에서 시스템 관리 석사, 해군대학원에서 시스템 기술(우주 시스템 운용) 석사, 그리고 존스홉킨스 고등국제관계대학원에서 국제 공공정책 석사학위를 취득했다.

**역자 약력**

김성훈

역자 김성훈은 현역 해군중령으로 1999년 해군사관학교를 졸업한 후 2006년 해군 최초로 일본 방위대학교 안전보장학 석사학위를 취득하였다. 29여년간 해·육상에서 함장 및 참모 보직 등 주요 보직을 두루 거치며 다양한 실전 경험과 해군 작전에 대한 폭넓은 전문 지식을 보유하였다. 특히 전산학 전공자로서 AI에 대한 기본적인 이해를 바탕으로 국방기술 연구개발 관련 업무를 수행하고 있으며, 이론과 실제 현실 사이의 격차를 해소하고 깊이 있는 통찰력을 제공하여 AI 기술의 해군 작전 활용성에 대한 전문 지식을 매우 깊이 있게 연결시킬 수 있는 전문가이다.

주요 역서로『바다의 닌자 잠수함』(북스힐, 2017),『도해 세계의 미사일 로켓 병기』(AK 커뮤니케이션즈, 2018) 등이 있다.

김진우

역자 김진우는 현역 해군대령으로 1994년 해군사관학교를 졸업한 후 2002년 국방대학교에서 전산정보학 석사학위를, 2007년 고려대학교에서 컴퓨터공학 박사학위를 취득하였다. 30년간 해상지휘관 전대장, 함장보직을 거치고 해군본부 정책부서에서는 센서, 전투체계, 무장 분야의 실무과장 보직을 두루 수행하면서 과학기술에 특화된 전문 지식을 보유하였다. 컴퓨터공학 박사로서 AI에 대한 기본적인 이해를 바탕으로 현재 국방기술 연구개발 기획 업무를 수행하면서 특히 AI를 이용한 해군 전장기능 지능화 방안('20. 5)을 제시하는 등, AI 기술의 해군 작전 활용성에 대한 전문 지식을 매우 심도 있고 실질적으로 연결시킬 수 있는, AI 분야에 있어 군 내 최고 전문가이다.

주요 저서로 쉽게 이해할 수 있는『전투체계 원리와 이해(Combat A to Z)』(해군교육사령부, 2016) 등이 있다.

# 전쟁의 게임체인저, AI

| | |
|---|---|
| 초판발행 | 2025년 2월 25일 |
| 엮은이 | Sam J. Tangredi · George Galdorisi |
| 옮긴이 | 김성훈 · 김진우 |
| 펴낸이 | 안종만 · 안상준 |
| 편 집 | 박가온 |
| 기획/마케팅 | 장규식 |
| 표지디자인 | BEN STORY |
| 제 작 | 고철민 · 김원표 |
| 펴낸곳 | (주) **박영사** |
| | 서울특별시 금천구 가산디지털2로 53, 210호(가산동, 한라시그마밸리) |
| | 등록 1959. 3. 11. 제300-1959-1호(倫) |
| 전 화 | 02)733-6771 |
| f a x | 02)736-4818 |
| e-mail | pys@pybook.co.kr |
| homepage | www.pybook.co.kr |
| ISBN | 979-11-303-2228-5   93390 |

* 파본은 구입하신 곳에서 교환해 드립니다. 본서의 무단복제행위를 금합니다.

정 가   28,000원